CSS新世界

张鑫旭◎著

人民邮电出版社

北京

图书在版编目（CIP）数据

CSS新世界 / 张鑫旭著. -- 北京 ： 人民邮电出版社，
2021.8（2024.4重印）
ISBN 978-7-115-56284-5

Ⅰ. ①C… Ⅱ. ①张… Ⅲ. ①网页制作工具 Ⅳ.
①TP393.092.2

中国版本图书馆CIP数据核字(2021)第068650号

内 容 提 要

　　本书是"CSS世界三部曲"的最后一部。这是一本关于CSS的进阶读物，专门讲CSS3及其之后版本的新特性。在本书中，作者结合自己多年的从业经验，讲解CSS基础知识，并充分考虑前端开发者的需求，以CSS新特性的历史背景为线索，去粗取精，注重细节，深入浅出地介绍了上百个CSS新特性。此外，作者专门还为本书开发了配套网站，用于书中实例效果的在线展示和问题答疑。

　　本书的所有内容都是作者经过深入思考和探索后提炼出来的，知识点多且内容丰富，注重技术细节、经验分享和解决问题的思路。本书的主要目标是帮助前端开发者突破CSS技能提升的瓶颈，非常适合具有一定CSS基础的前端开发者阅读。

◆ 著　　　　张鑫旭
　　责任编辑　刘雅思
　　责任印制　王　郁　焦志炜

◆ 人民邮电出版社出版发行　　北京市丰台区成寿寺路 11 号
　　邮编　100164　电子邮件　315@ptpress.com.cn
　　网址　https://www.ptpress.com.cn
　　北京天字星印刷厂印刷

◆ 开本：800×1000　1/16
　　印张：37.25　　　　　　　　2021 年 8 月第 1 版
　　字数：885 千字　　　　　　 2024 年 4 月北京第 8 次印刷

定价：129.90 元

读者服务热线：(010)81055410　印装质量热线：(010)81055316
反盗版热线：(010)81055315
广告经营许可证：京东市监广登字 20170147 号

前言

关于本书

"CSS 世界三部曲"包括《CSS 世界》《CSS 选择器世界》和《CSS 新世界》，本书是其中的第三部，也是最后一部。

CSS 这门语言从 CSS3 开始就不断出现各种新特性，不专注于这个领域的前端开发者在面对这些新特性时一般都会备感困惑：首先是对很多可以用在实际项目中的很棒的新特性并不知晓；其次是对很多特性到底是糟粕还是精华并不确定；最后是以为对很多实用的 CSS 新特性很了解但其实只了解个大概，对很多潜藏的特性和有用的细节知识知之甚少。

本书的价值就在于帮助前端开发者节约时间。作为作者，我来研究和积累、实践和总结，而开发者只要保持学习的心态，反复阅读本书，就能在很短的时间内学到 CSS 的精华和细节，收获我 10 多年积累下来的经验和技巧。

尽管我从业 10 多年，已经是行业内的老人了，但我还是坚持在一线实践和探索，所谓"实践出真知"。因此，本书的内容并不是枯燥的文档或者教条的知识陈述，而是在大量实践和对 CSS 彻底深入理解的基础上积累的干货分享。正是因为我真正投身于这个领域，对 CSS 有足够的了解，才能以通俗易懂的方式把复杂的知识呈现出来。

CSS 这门语言入门易、深入难，它与 JavaScript 相辅相成，且与用户体验关系极其密切。想要成为一名优秀的前端开发者，尤其是想成为用户体验领域的开发专家，本书绝对是你所需要的。

当然，如果你并不想成为什么专家，只想快速上手学一点儿 CSS 布局方面的知识，本书也非常适合你，因为我知道哪些特性是常用的，哪些特性是重要的，我会有的放矢地讲解，这样学比一板一眼地跟着文档学要轻松多了。

正确认识本书

本书是一本 CSS 进阶书，适合有一定 CSS 基础的前端开发者学习，新手学起来可能会有一些吃力。为了精炼内容，过于基础的知识我会直接略过不讲。

本书融入了大量的个人理解，这些理解是我根据自己多年对 CSS 的研究和思考，经过个人情感润饰和认知提炼加工的产物。因此，与一般技术书相比，本书会显得更有温度、更有情怀。但是，人非圣贤，个人的理解并不能保证百分之百正确，欢迎业内同行提出宝贵意见和建议。

配套网站

我专门为本书制作了一个网站（https://www.cssworld.cn），读者可以通过这个网站了解更多"CSS 世界三部曲"的相关信息。如果你有疑问或者要提交勘误信息，欢迎你到官方论坛https://bbs.cssworld.cn/对应板块提问或反馈，也欢迎你添加微信号"zhangxinxu-job"与我直接沟通交流。

特别感谢

衷心感谢人民邮电出版社。

感谢人民邮电出版社的杨海玲编辑，她的专业建议对我帮助很大，她对细节的关注令人印象深刻，她使我的工作变得更加轻松。

感谢致力于提高整个前端行业 CSS 水平而默默努力的优秀人士，感谢在我成长路上为我指出错误的前端行业的同仁，你们让我在探索 CSS 的道路上可以走得更快、更踏实。

感谢读者，你们的支持给了我写作的动力。

最后，最最感谢我的妻子丹丹，没有她的爱和支持，本书一定不会完成得如此顺利。

资源与支持

本书由异步社区出品，社区（https://www.epubit.com/）为您提供相关资源和后续服务。

配套资源

本书提供如下资源：

- 本书彩图文件。

要获得以上配套资源，请在异步社区本书页面中点击 配套资源 ，跳转到下载页面，按提示进行操作即可。注意：为保证购书读者的权益，该操作会给出相关提示，要求输入提取码进行验证。

提交勘误

作者和编辑尽最大努力来确保书中内容的准确性，但难免会存在疏漏。欢迎您将发现的问题反馈给我们，帮助我们提升图书的质量。

当您发现错误时，请登录异步社区，按书名搜索，进入本书页面，点击"提交勘误"，输入勘误信息，点击"提交"按钮即可（见下图）。本书的作者和编辑会对您提交的勘误信息进行审核，确认并接受后，您将获赠异步社区的 100 积分。积分可用于在异步社区兑换优惠券、样书或奖品。

扫码关注本书

扫描下方二维码,您将会在异步社区微信服务号中看到本书信息及相关的服务提示。

与我们联系

本书责任编辑的联系邮箱是 liuyasi@ptpress.com.cn。

如果您对本书有任何疑问或建议,请您发邮件给我们,并请在邮件标题中注明本书书名,以便我们更高效地做出反馈。

如果您有兴趣出版图书、录制教学视频或者参与技术审校等工作,可以直接发邮件给本书的责任编辑。

如果您来自学校、培训机构或企业,想批量购买本书或异步社区出版的其他图书,也可以发邮件给我们。

如果您在网上发现有针对异步社区出品图书的各种形式的盗版行为,包括对图书全部或部分内容的非授权传播,请您将怀疑有侵权行为的链接通过邮件发给我们。您的这一举动是对作者权益的保护,也是我们持续为您提供有价值的内容的动力之源。

关于异步社区和异步图书

"异步社区" 是人民邮电出版社旗下 IT 专业图书社区,致力于出版精品 IT 图书和相关学习产品,为作译者提供优质出版服务。异步社区创办于 2015 年 8 月,提供大量精品 IT 图书和电子书,以及高品质技术文章和视频课程。更多详情请访问异步社区官网 https://www.epubit.com。

"异步图书" 是由异步社区编辑团队策划出版的精品 IT 专业图书的品牌,依托于人民邮电出版社近 30 年的计算机图书出版积累和专业编辑团队,相关图书在封面上印有异步图书的 LOGO。异步图书的出版领域包括软件开发、大数据、AI、测试、前端、网络技术等。

异步社区

微信服务号

目录

第1章

概述

无论是学习一类应用技术，还是学习一门开发语言，对所学之物有一个清晰的整体认知都是非常重要的，因为准确清晰的认知能够让你抓住学习的精髓，明确学习的方向，从而更加游刃有余地学习。所以，在正式开启 CSS 新世界的大门之前，首先要让大家了解一下 CSS 新世界诞生的背景和 CSS 新世界的整体变化。这样在之后的学习过程中，你就会明白为什么会有这个 CSS 属性，以及为什么这个 CSS 属性要这样设计。

1.1 CSS3 出现的历史和背景

我在《CSS 世界》一书中反复强调过，CSS2.1 中的 CSS 属性的设计初衷是展示图文。因为在 CSS2.1 时代，互联网刚刚兴起，计算机硬件、网络带宽等基础设施都比较薄弱。例如：

- 屏幕像素低，所以丰富的色彩和细腻的图形细节无法呈现；
- 硬件性能差，所以动画和滤镜渲染效果不佳；
- 网络速度慢，所以高清大图和视频加载不出来。

迫于当时的环境，Web 页面只能显示图文内容，而图文内容的显示并不需要特别复杂的布局。所以，严格来说，CSS2.1 并没有专门的与布局相关的 CSS 属性。

后来的事情大家也看到了，Ajax 技术的兴起让电子商务和社交网站这样的大型网站系统开始崛起，交互和布局都越来越复杂，但是 CSS 并没有跟着进步，怎么办呢？没有办法，只能充分挖掘已有 CSS 的潜力，看看能不能实现复杂的布局。于是，大家会看到很奇怪的现象，如 float 属性，明明设计这个 CSS 属性的初衷是实现简单的文字环绕效果，结果最后这个 CSS 属性居然成了实现网站布局的中流砥柱。

由于 CSS 发展滞后，已经无法满足产品开发需求，因此扩展 CSS2.1 的功能势在必行，于是有了后来的 CSS3。从这一点可以看出，CSS3 及其以后版本的新特性（下面均称为 CSS 新特性）都是根据当下具体的 Web 场景来设计的，这里所说的 Web 场景包括用户的设备情况、用户的产品需求等。

很具有代表性的例子就是环境变量函数 env()。这个函数的出现是因为 iPhone X 等设备顶部的"刘海儿"和底部的触摸横条会和页面内容冲突，所以需要 env() 函数给网页设置安全距离。要是把时间拨回到几年前，再怎样开动脑筋都预料不到会出现这样一个函数。但是它就是出现了，就因为手机设备的变化和浏览器及时的支持。env() 函数的草案在 2018 年 8 月才制定，在 1 年多的时间内，就可以在移动端放心使用它了。

又比如说 CSS 布局，大家肯定不知道，Multi-column 多栏布局的第一版规范居然是在 1999 年 6 月制定的，比弹性布局早了整整 10 年。我们仅从规范制定的时间就可以推断 Multi-column 多栏布局和 CSS 中的 float 属性一样，它们都是为图文排版布局服务的，因为 1999 年的时候复杂布局还不是强需求，图文内容展示才是主要的用户需求。

我根据应用场景的类型将 CSS 新特性划分为下面 4 个方向：

- 更复杂、更具弹性的布局的支持，如弹性布局、网格布局等；
- 更丰富的视觉表现的支持，如圆角、盒阴影、动画和渐变等；
- 更多样的浏览设备的支持，如 CSS Media Queries 媒体查询等；
- 开发者 CSS 自定义能力的支持，如 CSS Houdini 等。

本书的内容也均是围绕这 4 个方向展开的。

下面再说一说 CSS 新特性的另外一个特点，那就是语法更加复杂，但是理解更加简单。在 CSS2.1 的世界中，很多 CSS 属性虽然语法很简单，但是要理解渲染出来的样式表现，可是要花费大功夫的。除盒模型、块级格式化上下文、包含块等 CSS 特有的概念增加了学习成本之外，更重要的是下面两个原因。

（1）CSS2.1 中 CSS 属性主要为图文排版服务，而图文排版是有一定难度的，更不用说是在英语框架体系下的排版设计了。这就导致中文开发者无法轻松理解一些样式表现，例如图文元素默认的基线对齐，这个"基线"就是英语中特有的概念。

（2）CSS 属性用在了远离设计本意的场景中。例如之前提到的 Float 布局，很多人都不明白为什么容器元素的高度会塌陷，这是因为 CSS 的 float 属性的设计初衷本来就不包括将该属性用在模块布局上。

CSS 新特性则不一样，其语法设计非常明确，布局相关的 CSS 特性就用来布局，视觉表现相关的 CSS 特性就用来实现视觉效果，背后没有其他看不见的 CSS 特性互相干涉。只要记住了语法，就不会出现意料之外的渲染场景。

但是，这并不表示学习 CSS 新特性就很容易，因为简洁明了的语法是牺牲 CSS 属性的数量换来的，也就是理解成本降低了，但是记忆的成本提高了。例如，网格布局中共有 27 个完全不同的 CSS 属性，其中还有网格布局专用的 CSS 函数和单位，想要学透网格布局是要下苦功的。

最后，总结一下，CSS 新特性是跟随时代发展而产生的，旨在构建更加丰富的 Web 应用程序。CSS 新特性分工很细，这带来的好处是让语法理解起来更简单，但是这些 CSS 特性属性种类更复杂，我们需要记住很多 CSS 特性，本书会详细介绍的 CSS 特性就不止 100 个。

1.2　模块化的 CSS 新世界

CSS 世界已经有了 CSS2 和 CSS3，那会有 CSS4 吗？

答案是：**不会有 CSS4**！实际上，现在连 CSS3 这个词都已经名存实亡了，因为 CSS3 已经解体了。

为什么说 CSS3 解体了呢?

因为 CSS 按照大版本的方式进行迭代实在是太低效了。低效的原因其实很好理解,如果 CSS 这门语言必须按照大版本迭代发布的话,只要其中一个版本有一个 CSS 特性存在极大的争议,那这个版本的 CSS 的发布时间就会延后。例如,CSS2.1 的规范在 2002 年开始制定,而一直到 2011 年才成为推荐规范,整个过程足足花费了 10 年的时间,就是因为一些次要的 CSS 特性拖了后腿。

在 Web 前端领域,新技术的发展十分迅速,而 CSS 的规范又是基于当前环境制定的。如果 CSS 的规范从开始制定到最终浏览器完全支持需要横跨很多年,保不准这个 CSS 新特性很快就过时了,或者开发者都约定俗成使用其他方案替代实现了,那之前辛苦做的工作就白费了。CSS 这门语言的竞争力和潜力也会因此下降,因为不能快速响应时代变化的语言不是一门好语言。

为了加速没有争议的 CSS 特性的标准化,W3C 的 CSS 工作组做出了一项被称为 "Beijing doctrine" 的决定,该决定将 CSS 划分为更小的组件,并把这些组件称为模块。这些模块互相独立,各自按照自己的速度走向标准化。例如,CSS 选择器模块已经到了 Level 4 了,弹性布局模块还是 Level 1。

将 CSS 划分为独立的模块是一个非常明智的决定,浏览器厂商可以根据对自己需求的判断决定究竟对哪些模块进行支持,哪怕这个模块还处于草案状态。例如 CSS 的 env() 函数的规范还是草案状态,但是 Chrome 和 Safari 浏览器的厂商却快速响应,对其进行了支持。对开发者而言,如此迅速地支持新特性犹如一场及时雨。

近几年,浏览器陆续支持一个又一个新的 CSS 特性,这已经成为一种常态。得益于 CSS 这种模块化的划分,以及浏览器厂商的积极支持,我们可以非常及时地使用这些 CSS 新特性来让我们的 Web 应用程序变得更丰富多彩,毕竟有很多内部的项目是不需要考虑兼容性问题的。

当然,这种模块化的设计也不是没有弊端,最大的问题就是设计冗余。例如,弹性布局和网格布局中的对齐属性其实可以统一,但它们却是分离的,这就会徒增学习成本;分栏布局、弹性布局和网格布局中的间隙其实可以统一,但它们也都是分离的,各有各的间隙属性。好在纠正及时,现在这三大布局全部开始改用 gap 属性表示间隙,减少了因为模块化带来的设计冗余。

模块化策略带来的好处远远大于弊端,正所谓瑕不掩瑜,与带来的好处相比,模块化设计的弊端几乎可以忽略不计。从这个角度看,CSS2.1 之后的 CSS 世界就是模块化的新世界,所以我称之为 CSS 新世界。这个 CSS 新世界带来了新的 CSS 属性,并让很多 CSS2 中模糊的概念有了明确的定义,如尺寸体系、逻辑属性、CSS 值类型划分等。CSS 新世界中各模块虽然发展独立,但是相互间还是有很多共性和联系的。因此,CSS 新世界不仅是一个模块化的世界,还是一个缤纷多彩,同时又自成一体的严谨的世界。

最后,本书和《CSS 世界》相互补充,《CSS 世界》中讲解的都是 CSS2.1 的知识,本书讲解的都是 CSS2.1 之后的知识,再加上《CSS 选择器世界》,这 3 本书中的内容一起构成 CSS 这门语言的完整面貌。

第 2 章

需要提前了解的知识

本章主要介绍 CSS 数据类型、CSS 属性值定义语法和 CSS 全局关键字属性值。这些知识适用于任何 CSS 属性，因此放在前面和大家见面。

2.1 互通互联的 CSS 数据类型

CSS 数据类型定义的是 CSS 属性中具有代表性的值，在规范的语法格式中，使用关键字外加一对尖括号（"<" 和 ">"）表示，例如数值类型是<number>、色值类型是<color>等。

掌握 CSS 数据类型对了解 CSS 新世界的体系和快速学习 CSS 新特性非常有帮助。

2.1.1 为什么要关注 CSS 数据类型

任何 CSS 属性值一定包含一个或多个数据类型。

在 CSS2 时代，CSS 数据类型的概念并不怎么重要，因为常用的 CSS 属性翻来覆去就那几个，这些 CSS 属性支持的属性值我们反复使用就记住了。但是在 CSS 新世界中，由于各个 CSS 模块独立发展，没有统一的大版本进行约束，因此 CSS 的发展和变化非常快，这导致短时间内大量的 CSS 新属性如雨后春笋般涌现。

如果此时还和过去一样，只是凭借经验去学习 CSS 新特性，那么学习起来肯定是十分困难的，因为效率比较低下。此时 CSS 数据类型的价值就体现出来了，当 CSS 新属性出现的时候，我们无须记忆数量众多的属性值名称，只需要记住支持的数据类型即可，这样学习成本就大大降低了。

举一个例子，background-image 是使用频率非常高的一个 CSS 属性，这个 CSS 属性的语法结构是下面这样的：

```
background-image: none | <image>
```

这个语法中出现的<image>就是一种数据类型，它包括下面这些类型和函数：

- <url>；
- <gradient>；
- element()；

- image();
- image-set();
- cross-fade()。

也就是说，CSS 的 background-image 属性不仅支持 url() 函数和渐变图像，还支持 element()、image()、image-set() 和 cross-fade() 等函数。

通过上面这段描述大家已经知道了 background-image 属性原来支持这么多种类型的属性值，那么请问，CSS 的 mask-image 属性支持的属性值都有哪些呢？

这么突然一问，想必大家一时也想不出准确的答案，毕竟见得少、用得少，这么细节的知识哪能知道呢？没关系，我们看一看 mask-image 属性的语法：

```
mask-image: none | <image> | <mask-source>
```

这个语法中出现了 <image> 数据类型！这下就豁然开朗了，这个 <image> 不就是 background-image 语法中的 <image> 吗？没错，两者是一样的。也就是说，mask-image 属性不仅支持 url() 函数和渐变图像，还支持 element()、image()、image-set() 和 cross-fade() 等函数。这样 CSS 的 mask-image 属性的语法就学会了一半，真是高效！

由于 CSS 属性值包含的 CSS 数据类型都是互通互联的，因此，CSS 数据类型只要学习一次，就可以广泛运用，这样要比根据经验记忆几个片面的 CSS 属性值实用多了。

CSS 数据类型除了可以帮助我们快速掌握 CSS 的语法，还能快速更新整个 CSS 世界的知识库。例如上面介绍的 <image> 数据类型中，我还故意漏了一个新成员，那就是 paint() 函数，它是 CSS Paint API 带来的新成员，相关规范在 2016 年才开始制定。

如果你是通过记住具体的 CSS 属性值来学习 CSS，那么你应该会知道 background-image 属性支持 paint() 函数，因为几乎所有 CSS Paint API 案例都是用 background-image 属性来举例的：

```
.example {
    background-image: paint(some-ident);
}
```

不过要是此时问你 mask-image 属性是否支持 paint() 函数，由于你大脑中的记忆库里没有相关信息的储备，因此你会疑惑，会不确定，会想要重新去翻阅资料学习，甚至还会做个演示案例确认一下。

如果你记忆的是 <image> 数据类型，再问你 mask-image 属性是否支持 paint() 函数，你肯定会毫不犹豫地回复支持，因为 mask-image 属性值支持 <image> 数据类型，而 paint() 函数就属于 <image> 数据类型。

不仅是 mask-image 属性，CSS 新世界中还有很多支持 <image> 数据类型的 CSS 属性，以及以后会支持 <image> 数据类型的 CSS 属性都会同步更新 paint() 函数这个新特性。因此，大家一定要关注 CSS 数据类型，这可以让我们学习 CSS 新特性更迅速，理解 CSS 新特性更轻松。

2.1.2　几个常见数据类型的简单介绍

CSS 数据类型非常多，保守估计，至少有 50 个，这里介绍几个常见且值得一提的数据类型。

CSS Shapes 布局中有一个名为 shape-outside 的属性，我们不用关心这个 CSS 属性的含义，只看这个 CSS 属性的语法：

```
shape-outside: none | <shape-box> || <basic-shape> | <image>
```

这里出现了 3 种不同的数据类型，下面分别介绍一下。

（1）**<shape-box>**支持的属性值如下：

- <box>；
- margin-box。

在 CSS 世界中，需要用到 margin-box 的属性并不多，shape-outside 属性就是一个特例。虽然<shape-box>数据类型并不常用，但是<box>数据类型却很常见，<box>数据类型包括下面这些属性值：

- content-box；
- padding-box；
- border-box。

background-origin 和 background-clip 等 CSS 属性的属性值就是<box>数据类型。

（2）**<basic-shape>**支持的属性值如下：

- inset()；
- circle()；
- ellipse()；
- polygon()；
- path()。

clip-path 和 offset-path 等 CSS 属性的属性值属于<basic-shape>数据类型。

（3）**<image>**支持的属性值如下：

- <url>；
- <gradient>；
- element()；
- image()；
- image-set()；
- cross-fade()；
- paint()。

上述属性值中<url>也是一种数据类型，用于表示使用 url() 函数调用的图像资源；<gradient>也是一种数据类型，用于表示渐变图像。

background-image 和 mask-image 等 CSS 属性的属性值属于<image>数据类型。

从上面的介绍可以看出，CSS 的 shape-outside 支持的属性值非常庞杂，不过只要牢记这 3 个数据类型，就可以轻松记住很多属性值，至于其中的每一个属性值究竟有什么含义，在这里不展开讲解，之后会有详细的阐述。

最后再介绍一下<color>数据类型，这个数据类型使用非常广泛，几乎所有带有 color 关键字的 CSS 属性都支持这个数据类型，如 border-color、outline-color、background-color 等。例如：

```
color: <color>
```

这里的<color>数据类型支持的属性值如下：

- `<rgb()>`;
- `<rgba()>`;
- `<hsl()>`;
- `<hsla()>`;
- `<hex-color>`;
- `<named-color>`;
- `currentColor`;
- `<deprecated-system-color>`。

最后一个属性值`<deprecated-system-color>`指废弃的系统颜色，这在《CSS 世界》一书的第 9 章中有专门的介绍，本书不再赘述，其他属性值在对应章节都会有详细的讲解。

以上就是我要简单介绍的几个常见且值得一提的数据类型。至于其他数据类型，要么比较简单，例如`<number>`、`<percent>`等数据类型，指数值和百分比值；要么比较生僻且唯一，例如`<quote>`数据类型，指 content 属性中表示各类引号的关键字值，如 open-quote 和 close-quote 等。

本书不会逐个展开介绍 CSS 数据类型，想要了解更完整的 CSS 数据类型，读者可以参考我的一篇文章《CSS 值类型文档大全》（https://www.zhangxinxu.com/wordpress/2019/11/css-value-type/）。

2.2 学会看懂 CSS 属性值定义语法

CSS 属性值有专门的定义语法，用来表示 CSS 属性值的合法组成。例如，线性渐变的语法为：

```
linear-gradient( [ <angle> | to <side-or-corner> ,]? <color-stop-list> )
```

如果你看得懂上面这一串字符是什么意思，就可以跳过本节内容；如果你看不懂这一串字符，那么一定要静下心来阅读接下来的内容。

2.2.1 学习 CSS 属性值定义语法的好处

在开始介绍具体的语法规则之前，我想先说说我们为什么要学会看懂 CSS 属性值定义语法（CSS value definition syntax）。就拿线性渐变的语法举例，根据我的观察，几乎无一例外，CSS 开发者会写出类似下面这样的 CSS 线性渐变代码：

```
background: linear-gradient(to bottom, deepskyblue, deeppink);
```

上面这句 CSS 声明有问题吗？从语法和功能上讲是没有任何问题的，线性渐变可以正常渲染，但是在写法上却有瑕疵，"`to bottom,`" 这几个字符是多余的。我们直接使用下面这样的书写方式就可以了：

```
background: linear-gradient(deepskyblue, deeppink);
```

如果你看得懂 CSS 的语法，那么在学习 CSS 的时候，只要稍微看一看线性渐变的语法，就能很轻松地知道"线性渐变的方向设置是可以省略的"这样一个细节知识，也就能写出更简洁的 CSS 代码。

这就是看懂 CSS 属性值定义语法的好处：不仅有助于快速了解 CSS 新属性，还有助于发现别人注意不到的细节知识，而这些细节知识就是你的竞争力所在，也是从众多 CSS 开发者中脱颖而出的重要因素之一。

2.2.2 CSS 属性值定义语法详解

CSS 属性值定义语法是专门用来限定 CSS 属性合法取值的语法，这种语法包含以下 3 种基本组成元素：

- 关键字；
- 数据类型；
- 符号。

线性渐变的语法就包含上面这 3 种基本组成元素：

```
linear-gradient( [ <angle> | to <side-or-corner> ,]? <color-stop-list> )
```

先讲一下这一语法中的几个关键点：

- to 是关键字；
- <angle>、<side-or-corner>和<color-stop-list>是数据类型，如果对这几个数据类型不了解，可以参考我的一篇文章《CSS 值类型文档大全》（https://www.zhangxinxu.com/wordpress/2019/11/css-value-type/）；
- "[]""?"","是符号。

下面稍微展开介绍一下这 3 种基本组成元素。

1. 关键字

关键字分为通用关键字和全局关键字：

- auto、none、ease 等关键字是通用关键字，或者可以称为普通关键字，这些关键字均只被部分 CSS 属性支持；
- inherit、initial、unset 和 revert 是全局关键字，属于被所有 CSS 属性支持的特殊关键字，全局关键字在 2.3 节会介绍，这里不展开。

2. 数据类型

数据类型外面有一对尖括号（"<"和">"）。有些数据类型是 CSS 规范中专门定义的，它们被称为基本类型，其他数据类型就被称为其他类型。

数据类型相关内容在 2.1.2 节已经有过专门介绍，这里也不展开。

3. 符号

符号是 CSS 语法中的重点和难点。

CSS 语法中的符号分为字面符号、组合符号和数量符号这 3 类，下面就介绍一下它们对应的含义。

（1）**字面符号**指的是 CSS 属性值中原本就支持的合法符号，这些符号在 CSS 语法中会按照其原本的字面意义呈现。目前字面符号就两个，一个是逗号（,），另一个是斜杠（/）。具体描述如表 2-1 所示。

表 2-1　字面符号描述信息表

符号	名称	描述
,	并列分隔符	用来分隔数个并列值，或者分隔函数的参数值
/	缩写分隔符	用来分隔一个值的多个部分，在 CSS 缩写中用于分离类型相同但属于不同 CSS 属性的值，以及用在部分 CSS 函数中

（2）**组合符号**用来表示数个基本元素之间的组合关系。目前共有 5 个组合符号，其中大多数组合符号的含义一目了然，除了"|"这个组合符号。因为"|"表示互斥，这在编程语言中比较少见，大家可以特别关注一下。具体描述如表 2-2 所示（表中从上往下组合符号的优先级越来越高）。

表 2-2　组合符号描述信息表

符号	名称	描述
	并列	符号为普通空格字符，表示各部分必须出现，同时需要按顺序出现
&&	"与"组合符	各部分必须出现，但可以不按顺序出现
||	"或"组合符	各部分至少出现一个，可以不按顺序出现
|	"互斥"组合符	各部分恰好出现其中一个
[]	方括号	将各部分进行分组以绕过上面几个符号的优先规则，因此方括号的优先级最高

（3）**数量符号**用来描述一个元素可以出现多少次，数量符号不能叠加出现，并且优先级高于组合符号。目前共有 6 个数量符号，大多数的数量符号的含义和在正则表达式中的含义是一样的，具体描述如表 2-3 所示。

表 2-3　数量符号描述信息表

符号	名称	描述
	无数量符号	恰好出现一次
*	星号	可以出现任意次数
+	加号	可以出现一次或多次
?	问号	可以出现零次或者一次，也就是该元素可有可无
{A,B}	花括号	出现最少 A 次，最多 B 次
#	井号	可以出现一次或多次，但多次出现时必须以逗号分隔
!	叹号	表示当前分组必须产生一个值，该符号多出现在组合符方括号的后面

有了表 2-1～表 2-3，理解 CSS 属性值定义语法就变得很容易了。

例如，线性渐变的语法解析如图 2-1 的标注说明所示。

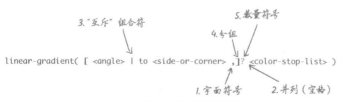

图 2-1　线性渐变语法中的符号标注

下面先讲一下语法中的元素。

- 逗号（,）是字面符号，没有什么特殊的含义，只表示这里需要有一个逗号字符。要注意下面这种写法是不合法的：

```
/* 不合法，缺少逗号 */
background: linear-gradient(0deg blue, pink);
```

- 空格（ ）是组合符号，表示并列，同时保证各部分按顺序出现。因此，如果把 `<color-stop-list>` 数据类型放在前面，那就不合法了：

```
/* 不合法，顺序不对 */
background: linear-gradient(blue, pink, 0deg);
```

- "互斥"组合符（|）表示角度和方位只能出现一个，两者不能同时出现。因此，下面的写法是不合法的：

```
/* 不合法，角度和方位不能同时出现 */
background: linear-gradient(0deg to top, blue, pink);
```

- 方括号（[]）用来分组，方便指定数量。
- 问号（?）是数量符号，表示方括号框起来的元素可以出现零次或者一次，零次的意思就是这个元素可以不出现。因此，下面的写法是不合法的：

```
/* 不合法，角度或方位最多出现一次 */
background: linear-gradient(0deg, 0deg, blue, pink);
```

综上分析，下面这些线性渐变语法都是合法的：

```
linear-gradient( <color-stop-list> )
linear-gradient( <angle>, <color-stop-list> )
linear-gradient( to <side-or-corner>, <color-stop-list> )
```

接下来只要弄清楚 `<angle>`、`<side-or-corner>` 和 `<color-stop-list>` 这几个数据类型的含义和语法，我们就可以理解线性渐变的语法了。相关内容在后面对应的章节会有非常详细且深入的介绍，这里不做展开。

最后再通过一些案例介绍一下线性渐变语法之外的符号。

4．字面符号斜杠（/）的详细介绍

在 CSS 这门语言中，凡是出现斜杠（/）的地方，斜杠前后的数据类型一定是相同或者部分相同的，否则整个语句就是非法的。很多开发者总是记不住包含斜杠的 CSS 缩写语法，那么只要记住这个规则就可以了。

例如，`background` 属性值中需要使用斜杠分隔的两个属性一定是 `background-position` 和 `background-size`，因为只有这两个属性的值的类型相似，且都可以使用百分比值表示。这样就会出现很有趣的现象，像下面这样的 CSS 语句是合法的：

```
/* 合法 */
background: 0 / 0;
```

但是下面这个看上去合法的缩写却是非法的：

```
/* 不合法 */
background: #eee url(1.png) no-repeat / contain;
```

因为斜杠前面的值 `no-repeat` 属于 `background-repeat` 属性，斜杠后面的值 `contain` 属于 `background-size` 属性，而 `background-repeat` 的属性值的类型绝不可能和 `background-size` 的属性值的类型一致，这不符合斜杠前后数据类型至少部分相同的要求，所以这条语句是非法的。

记住，`background` 缩写语法中斜杠前面只能是 `background-position` 的属性值，上面

的 CSS 语句要想合法，可以把 `background-position` 属性的初始值 0 0 写上：

```
/* 合法 */
background: #eee url(1.png) no-repeat 0 0 / contain;
```

又如，`font` 属性的斜杠前后一定是 `font-size` 的属性值和 `line-height` 的属性值，因为两者都可以使用 px 长度单位值。例如：

```
.example {
    font: 16px / 1.5 sans-serif;
}
```

斜杠这个符号除了出现在部分 CSS 的缩写语法中，还会出现在一些 CSS 函数中用来表示分隔，例如 `rgba()` 函数的语法：

```
<rgba()> = rgba( <percentage>{3} [ / <alpha-value> ]? ) | rgba( <number>{3} [ /
<alpha-value> ]? ) | rgba( <percentage>#{3} , <alpha-value>? ) | rgba( <number>#{3} ,
<alpha-value>? )
```

从上面的语法我们可以看出 `rgba()` 函数也是支持斜杠的，因此，下面的属性值都是合法的：

```
/* 合法 */
rgba(100% 0% 0% / .5);
rgba(255 0 0 / .5);
```

类似 "`rgba()` 函数支持斜杠语法" 这样的细节知识，如果不看语法是绝对不知道的。还是那句话，要想 CSS 学得好，CSS 属性值定义语法必须要学好，其重要性不亚于 JavaScript 中的正则表达式。

5. 其他符号介绍

下面介绍其他符号。

（1）"或" 组合符（||）。"或" 组合符（||）在 CSS 语法中很常见，例如 border 属性的语法：

```
border: <line-width> || <line-style> || <color>
```

这一语法表示 border 属性的 3 个值的顺序是随机的，组合也是随机的。

（2）叹号（!）。叹号（!）在 image() 函数中出现过：

```
<image()> = image( <image-tags>? [ <image-src>? , <color>? ]! )
```

这一语法表示 \<image-src\> 数据类型和 \<color\> 数据类型至少出现一个，当然，两者也可以同时出现。

（3）其他数量符号和 "与" 组合符（&&）。到目前为止，还有井号（#）、星号（*）、花括号（{A,B}）等数量符号和 "与" 组合符（&&）没有介绍，这里用 box-shadow 属性的语法加以说明，如下：

```
box-shadow: none | <shadow>#
```

等同于：

```
box-shadow: none | [ <shadow>, ]*
```

或可写成：

```
box-shadow: none | [ inset? && <length>{2,4} && <color>? ]#
```

其中出现的 "与" 组合符（&&），表明 inset 关键字、\<length\> 数据类型和 \<color\> 数据类型的顺序是可以随意排列的，所以下面这几种写法都是合法的：

```
box-shadow: 2px 2px inset #000;
box-shadow: inset #000 2px 2px;
box-shadow: #000 2px 2px inset;
```

其中 `<length>{2,4}` 表示可以使用 2~4 个 `<length>` 数据类型，很好理解。

下面要抛出一个很有意思的问题了：既然 `[ <shadow>, ]*` 等同于 `<shadow>#`，那这个 `#` 符号是不是一个多余的设计呢？

这不是多余的设计，虽然多了一个 `#` 符号就多了一点学习成本，但是语法更简洁了，更重要的是 `#` 符号有一个和其他数量符号不一样的特性，那就是 `#` 符号可以在后面指定数量范围。例如 `rgba()` 函数的语法中有下面这一段内容：

```
rgba( <number>#{3} , <alpha-value>? )
```

2.3 了解 CSS 全局关键字属性值

`inherit`、`initial`、`unset` 和 `revert` 都是 CSS 全局关键字属性值，也就是说所有 CSS 属性都可以使用这几个关键字作为属性值。

我根据实用性和兼容性整理了一个全局关键字属性值评价表，如表 2-4 所示。

表 2-4 CSS 全局关键字属性值评价表

关键字属性值	实用性	兼容性	整体评价
inherit	A	A+	A+
initial	B	B+	B
unset	B−	B−	B−
revert	B	C	B−

当然，浏览器的兼容性随着版本的演化会越来越好，本书也会迭代更新相关信息。

接下来就具体看看这几个全局关键字的作用都是什么。

2.3.1 用过都说好的继承关键字 inherit

`inherit` 这个关键字是继承的意思。IE 浏览器从 IE8（标准版）开始就已经支持该关键字了，而不是从 IE9 浏览器开始支持的。请记住，不是从 IE9 开始支持的，网络上的某些在线文档是错误的。

`inherit` 是一个实用性和兼容性俱佳的 CSS 属性值，例如我比较喜欢使用 `inherit` 关键字重置输入框的内置字体：

```
input, textarea {
    font-family: inherit;
}
```

又如，子元素设置 `height:inherit` 实现高度继承，或者子元素设置 `background-image:inherit` 实现背景图像继承等，这些都是非常实用的场景。

大家一定要养成使用 `inherit` 关键字的好习惯，这可以有效地降低开发和维护成本，谁用谁说好。

2.3.2 可以一用的初始值关键字 initial

`initial` 是初始值关键字，可以把当前的 CSS 属性的计算值还原成 CSS 语法中规定的初始值。

下面我们就通过一个简单的案例快速了解一下这个 CSS 关键字。

例如，下面这段 HTML 表示的是一个热门话题列表：

```
<ul class="initial-ul">
    <li>#追梦人#     <small>1 亿</small></li>
    <li>#票房#      <small>3 亿</small></li>
    <li>#醉拳舞#     <small>1 亿</small></li>
    <li>#余年 MV#     <small>2 亿</small></li>
    <li>#CSS 新世界#      <small>666</small></li>
</ul>
```

然后，我们给最后一行列表设置 font-size:initial，CSS 代码如下：

```
.initial-ul {
    font-size: 13px;
}
.initial-ul li:last-child {
    font-size: initial;
}
```

结果如图 2-2 所示。

从图 2-2 中可以看到最后一行 "#CSS 新世界#" 这几个文字的字号明显比上面几行文字的字号大了一些。这是因为最后一个 <li> 列表项设置了 font-size: initial，这就意味着最后一个 <li> 列表项的字号大小使用的是 CSS 规范中定义的初始值，这个初始值就是 medium 关键字。如果用户没有修改过浏览器中的默认字号设置，则 medium 关键字的计算值是 16px。

因此在本案例中，前几行的字号大小是 13px，最后一项的字号大小是 16px。

眼见为实，读者可以在浏览器中进入 https://demo.cssworld.cn/new/2/3-1.php 页面，或者扫描右侧的二维码查看效果。

initial 关键字适合用在需要重置某些 CSS 样式，但又不记得初始值的场景。initial 关键字还可以帮助我们了解 CSS 属性的初始值。例如，display 属性的初始值是什么 MDN 文档就没有明说，那我们就可以设置 display:initial 看一下效果：

图 2-2　initial 使用效果示意

```
p {
    display: initial;
}
```

结果 <p> 元素垂直方向的 margin 和 text-indent 属性都失效了，这些失效现象是典型的内联元素特性，因此，display 属性的初始值是 inline。

可能的误区

很多人有这样一个误区：把 initial 关键字理解为浏览器设置的元素的初始值。实际上两者是不一样的。

举个例子，实际开发的时候，<ul> 元素或 <ol> 元素默认的 list-style-type 样式会被 CSS 重置。但是可能会遇到这样的场景，即某些区域需要增加一些描述信息，因此需要重新使用 list-style-type 样式（小圆点或者数字），此时有些开发者就会使用 initial 关键字对该样式进行还原：

```
ol {
    padding: initial;
    list-style-type: initial;
}
```

但是没有用！因为上面的 CSS 设置等同于下面的设置：

```
ol {
    padding: 0;
    list-style-type: disc;
}
```

而不是预想的：

```
ol {
    padding: 0 0 0 40px;
    list-style-type: decimal;
}
```

此时需要的全局关键字属性值其实是 revert，而不是 initial。

兼容性

initial 关键字属性值的兼容性如表 2-5 所示。

表 2-5　**initial** 关键字属性值的兼容性（数据源自 Caniuse 网站）

IE	Edge①	Firefox	Chrome	Safari	iOS Safari	Android Browser
✗	12+ ✔	19+ ✔	4+ ✔	3.2+ ✔	4+ ✔	2.3+ ✔

　　除 IE 浏览器之外，其他浏览器都很早就支持了 initial，因此，至少在移动端项目（包括微信小程序）中大家可以百分之百放心使用这个关键字属性值。

2.3.3　了解一下不固定值关键字 unset

　　unset 是不固定值关键字，其特性如下：如果当前使用的 CSS 属性是具有继承特性的，如 color 属性，则等同于使用 inherit 关键字；如果当前使用的 CSS 属性是没有继承特性的，如 background-color，则等同于使用 initial 关键字。

　　unset 这个关键字只有配合 all 属性使用才有意义，因为对于某个具体的 CSS 属性，想要继承某个属性，那就使用 inherit 关键字；想要使用初始值，那就使用 initial 关键字，没有任何理由使用 unset 关键字。

　　举个例子，Chrome 浏览器支持 HTML 5.1 规范中的<dialog>元素，我们自然会想到借助这个<dialog>元素实现语义更好的弹框组件。然而有一个小问题，这个<dialog>元素内置了很多我们不需要的样式，内容如下（来自 Chrome 79）：

```
dialog {
    display: block;
    position: absolute;
    left: 0px;
    right: 0px;
```

---

① 本书中的 Edge 浏览器专指 Edge 12～Edge 18 版本的浏览器（参见 2.5 节）。

```
    width: -webkit-fit-content;
    height: -webkit-fit-content;
    color: black;
    margin: auto;
    border-width: initial;
    border-style: solid;
    border-color: initial;
    border-image: initial;
    padding: 1em;
    background: white;
}
```

可以看到<dialog>元素默认有黑色边框和 `padding` 内间距，还有纯白色的背景颜色和纯黑色的文字颜色，因此下面这段 HTML 就会有图 2-3 所示的效果：

```
<dialog open>CSS 新世界</dialog>
```

这个粗糙的效果显然不是我们想要的，但是我们又不想一个属性接一个属性地进行重置，怎么办呢？此时就可以先使用 `all:unset` 进行批量重置，再设置我们需要的 CSS 属性：

```
dialog {
    all: unset;
    /* ... */
}
```

图 2-3　<dialog>
元素默认效果示意

这样，无论当前浏览器是否支持<dialog>元素，最终渲染出来的样式效果都是一致的。因为不支持<dialog>元素的浏览器会把<dialog>元素按照<span>这个内联元素渲染，这就和设置了 all:unset 的效果一模一样。

兼容性

  unset 关键字属性值的兼容性要比 initial 差一些，主要是因为被浏览器支持的时间晚了一点，具体如表 2-6 所示。

表 2-6　**unset 关键字属性值的兼容性**（数据源自 Caniuse 网站）

IE	Edge	Firefox	Chrome	Safari	iOS Safari	Android Browser
✘	13+ ✔	27+ ✔	41+ ✔	9.1+ ✔	9.3+ ✔	5.0+ ✔

  虽然兼容性逊色了一点，但并不影响 unset 的使用，主要有以下两方面的原因。

  （1）需要使用 unset 的场景非常有限，既然使用的机会很少，那么兼容性问题就不是问题。

  （2）<dialog>元素的样式重置是很难得的 unset 使用场景，由于支持<dialog>元素的浏览器一定支持 unset，因此也不用担心兼容性的问题。

2.3.4　我个人很喜欢的恢复关键字 revert

  revert 关键字可以让当前元素的样式还原成浏览器内置的样式。例如：

```
ol {
    padding: revert;
    list-style-type: revert;
}
```

那么\<ol\>中的每一个\<li\>项都会有数字效果呈现，当然，前提是你没有对子元素\<li\>的 list-style-type 属性做过样式重置。

这里有必要插一句，请记住：**没有任何理由对\<li\>元素进行任何样式重置。** 因为所有浏览器的 \<li\>元素默认都没有 margin 外间距，也没有 padding 内间距，list-style-type 也是继承\<ul\> 或\<ol\>元素，所以对\<li\>元素进行任何样式重置，既浪费 CSS 代码，也不利于列表序号的样式设置。此刻，你就可以看看手中的项目中的代码有没有对\<li\>元素做过样式重置，如果有，赶快删掉：

```
/* 请删除 */
li {
    padding: 0; margin: 0;
    list-style-type: none;
}
```

我们来看一下实际效果，如图 2-4 所示（截自 Firefox 浏览器）。
完整的测试代码如下：

```
<ol class="revert-ol">
    <li>inherit 关键字实用</li>
    <li>initial 关键字可用</li>
    <li>unset 关键字配合 all 使用</li>
    <li>revert 关键字有用</li>
</ol>
.revert-ol {
    list-style: none;
}
@supports (padding: revert) {
    .revert-ol {
        padding: revert;
        list-style-type: revert;
    }
}
```

对于不支持 revert 关键字的浏览器，如 Chrome 79，则看不到前面的数字序号，如图 2-5 所示。

1. inherit关键字实用
2. initial关键字可用
3. unset关键字配合all使用
4. revert关键字有用

没有数字序号
inherit关键字实用
initial关键字可用
unset关键字配合all使用
revert关键字有用

图 2-4　Firefox 浏览器中 revert 关键字效果示意　　图 2-5　Chrome 79 中看不到数字序号示意

眼见为实，读者可以在浏览器中进入 https://demo.cssworld.cn/new/2/3-2.php 页面，或者扫描右侧的二维码查看效果。

兼容性

revert 关键字属性值的兼容性具体信息如表 2-7 所示，可以看到 Chrome 84 版本已经支持 revert 关键字属性值。

表 2-7　**revert 关键字属性值的兼容性**（数据源自 Caniuse 网站）

IE	Edge	Firefox	Chrome	Safari	iOS Safari	Android Browser
✘	✘	67+ ✔	84+ ✔	9.1+ ✔	9.3+ ✔	Chromium 81 ✘

移动端的支持稍微滞后了一点，不过 revert 在实际项目中应用的时机估计也快到了。

2.4　指代所有 CSS 属性的 all 属性

all 属性可以重置除 unicode-bidi、direction 以及 CSS 自定义属性以外的所有 CSS 属性。例如：

```
input {
    all: inherit;
}
```

该段代码表示<input>元素中所有 CSS 属性都使用 inherit 关键字作为属性值。all 属性的语法如下：

```
all: initial | inherit | unset | revert
```

从 all 的语法中可看出，只能使用 inherit、initial、unset 和 revert 中的一个值作为属性值。

all:inherit 没有任何实用价值，all:initial 也没有任何实用价值。有实用价值的是 all:unset 和 all:revert。all:unset 可以让任意一个元素样式表现和<span>元素一样。all:revert 可以让元素恢复成浏览器默认的样式，也是很有用的。例如，<progress>进度条效果在 iOS 端很好看，很有质感，那么无须对其自定义样式，我们就可以使用 all:revert 将进度条一键还原成系统默认的样式：

```
/* 仅 iOS Safari 有效 */
@supports (-webkit-overflow-scrolling: touch) {
    progress {
        all: revert;
    }
}
```

最后讲讲为什么 unicode-bidi 和 direction 这两个 CSS 属性不受 all 属性影响。

我们不妨反问一下，如果 unicode-bidi 和 direction 这两个 CSS 属性会受到 all 属性影响，那会出现什么问题呢？阿拉伯文的呈现形式是从右往左的，但是，direction 属性的初始值却是 ltr，即从左往右。如果 all 属性可以影响 direction 属性，那么执行 all:initial 的时候，这些阿拉伯文的网页文字全部都会变成从左往右呈现。大家可以想象一下我们的中文网页上的中文内容全部从右往左显示是什么样的，我敢保证，使用阿拉伯文的前端开发者绝对不会使用这个 all 属性的，all 属性在阿拉伯文中从此名存实亡。

于是答案就出来了，之所以 direction 属性不受 all 影响，是因为当年 direction 属性设计失误，将其初始值设为了 ltr，而不是 auto。现在为了照顾从右往左阅读的场景，direction 属性就被设计成不受 all 属性影响。

unicode-bidi 属性是 direction 属性的"跟屁虫"，而且它的功能还挺强大的，可以精确控制每一个文字的呈现方向，只是离开了 direction 属性就没用。既然这两个 CSS 属性形影不离，那就把 unicode-bidi 属性加入不会受 all 属性影响的属性队列吧。

如果你对 unicode-bidi 属性不太了解，可以阅读《CSS 世界》一书的第 12 章。

2.5　CSS 新特性的渐进增强处理技巧

在 CSS2 时代，浏览器层出不穷的奇怪 bug 让 CSS Hack 技巧一度盛行，例如：

```
/* IE8+ */
display: table-cell;
/* IE7 */
*display: inline-block;
/* IE6 */
_display: inline;
```

这种利用语法错误实现浏览器判别的做法可以说是 CSS 历史上的一道奇观了，直到现在，还有很多开发者在区分更高版本的 IE 浏览器的时候，使用在 CSS 属性值后面加\0 或者加\9 的方法。现在的 CSS 世界已不同于过去，CSS 特性的问题已经不在于渲染 bug，更多的是浏览器支持与不支持的问题，所以上面这些做法已经过时，且没有意义，请不要再使用了。

如果你想渐进增强使用某些 CSS 新特性，可以看看本节介绍的几个技巧，它们足以应付各种各样的场景。在开始之前，为了让我的表述更简洁，有一些名词所表示的含义需要提前和大家说明。

- **IE 浏览器**：一直到 IE11 版本的所有 IE 浏览器。
- **Edge 浏览器**：专指 Edge12~Edge18 版本的浏览器。
- **Chromium Edge 浏览器**：使用 Chromium 作为核心的 Edge 浏览器，并且是 Edge18 之后的版本，版本号从 76 开始。
- **现代浏览器**：使用 Web 标准渲染网站，不需要使用 CSS Hack，拥有高性能，同时和 CSS 新特性与时俱进的浏览器。在本书中专指 Chrome 浏览器、Safari 浏览器、Firefox 浏览器、Opera 浏览器和 Chromium Edge 浏览器。
- **IE9+浏览器**：特指 IE9 及其以上版本的 IE 浏览器，以及所有 Edge 版本浏览器和所有现代浏览器。以此类推，IE10+浏览器、IE11+浏览器、Edge12+浏览器这些名词的含义也是类似的。
- **webkit 浏览器**：特指以 webkit 为渲染引擎，或者前身是 webkit 渲染引擎的浏览器。特指 Chrome 浏览器、Safari 浏览器、Opera 浏览器和 Chromium Edge 浏览器。

以上这些名词全书统一。

2.5.1　直接使用 CSS 新特性

有很多 CSS 新特性是对现有 Web 特性的体验升级，我们直接使用这些 CSS 新特性就好了，不要担心兼容性问题。因为在支持的浏览器中体验更好，在不支持的浏览器中也就是保持原来的样子而已。例如很常见的 `border-radius`、`box-shadow`、`text-shadow`、`filter` 等与视觉表现相关的 CSS 属性，或者 `scroll-behavior`、`overscroll-behavior` 等交互体验增强的 CSS 属性，还有 `will-change` 等性能增强的 CSS 属性，都是可以直接使用的。

用常见的 `border-radius` 属性举例。我们经常会把用户头像设置成圆的，代码很简单：

```
img {
    border-radius: 50%;
}
```

对于不支持的浏览器怎么办呢？不需要做什么，放着就好了，矩形也挺好看的。

记住，做 Web 开发是没有必要让所有浏览器都显示得一模一样的，好的浏览器有更好的显示，糟糕的浏览器就只有普通的显示，这才是对用户更负责任的做法。

2.5.2　利用属性值的语法差异实现兼容

有时候我们想要渐进增强使用某些新特性，则可以在属性值语法上做文章，借助全新的属性值语法有效区分新旧浏览器。

举个例子，IE10+浏览器支持 CSS 动画属性 animation，我们要实现加载效果就可以使用一个很小的 PNG 图片，再借助旋转动画。这个方法的优点是资源占用少，动画效果细腻。于是，我们的需求来了，IE9 及其以下版本浏览器还是使用传统的 GIF 动图作为背景，IE10+浏览器则使用 PNG 背景图外加 animation 属性实现加载效果。这个需求的难点在于我们该如何区分 IE9 和 IE10 浏览器。大家千万不要再去找什么 CSS Hack 了，我们可以利用属性值的语法差异实现渐进增强效果。例如：

```
.icon-loading {
    display: inline-block;
    width: 30px; height: 30px;
    /* 所有浏览器识别 */
    background: url(./loading.gif);
    /* IE10+浏览器识别，覆盖上一行 background 声明 */
    background: url(./loading.png), linear-gradient(transparent, transparent);
    animation: spin 1s linear infinite;
}
@keyframes spin {
    from { transform: rotate(360deg); }
    to   { transform: rotate(0deg); }
}
```

关键的 CSS 代码就是上面加粗的部分。由于线性渐变函数 `linear-gradient()` 需要 IE10+浏览器支持，因此，加粗的这行 CSS 声明在 IE9 浏览器中是无法识别的，IE9 浏览器下的 GIF 背景图不会被 PNG 背景图覆盖。图 2-6 所示就是 IE9 模式下 CSS 样式的应用细节，可以看到 background 属性值和 animation 属性下方都有红色波浪线，这是无法识别的意思。

图 2-6　IE9 浏览器中 CSS 源码应用细节

图 2-7 所示则是 IE9 浏览器中的实时加载效果。

图 2-7 IE9 浏览器中 GIF 图像实现的加载效果示意

眼见为实，读者可以在浏览器中进入 https://demo.cssworld.cn/new/2/5-1.php 页面，或者扫描右侧的二维码查看效果。

类似的例子还有很多，例如，下拉浮层效果通过在 IE9+浏览器中使用 box-shadow 盒阴影、在 IE8 等浏览器中使用 border 边框来实现：

```
.panel-x {
    /* 所有浏览器识别 */
    border: 1px solid #ddd;
    /* rgba() IE9+识别，覆盖上一行 border 声明 */
    border: 1px solid rgba(0,0,0,0);
    box-shadow: 2px 2px;
}
```

又如，下面这段代码既可以去除 inline-block 元素间的空白间隙，又能保持空格特性：

```
.space-size-zero {
    font-size: .1px;
    font-size: -webkit-calc(1px - 1px);
}
```

理论上讲，直接使用 font-size:0 就可以实现想要的效果，但是在 IE 浏览器中直接设置 font-size:0 会失去空格特性，如无法实现两端对齐效果等，因此只能设置成 font-size:.1px，此时字号大小按照 0px 渲染，空格特性也保留了。但是，这种做法又带来另外一个问题，由于 Chrome 浏览器有一个 12px 的最小字号限制规则，因此 font-size:.1px 会按照 font-size:12px 渲染，怎么办呢？我们使用一个 IE 浏览器无法识别的语法就可以了，这里就使用了-webkit-calc(1px - 1px)。

又如，我们可以使用 background-blend-mode 属性让背景纹理更好看，但是 IE/Edge 浏览器均不支持这个 CSS 属性，那就退而求其次，使用资源开销较大的背景图片代替。技术方案有了，那如何区分 IE/Edge 浏览器呢？可以试试使用#RRGGBBAA 色值（下面 CSS 代码中加粗的部分）：

```
.background-pattern {
    background: url(./pattern.png);
    background: repeating-linear-gradient(...), repeating-linear-gradient(...),
#00000000;
    background-blend-mode: multiply;
}
```

#00000000 指透明度为 0 的黑色，也就是纯透明颜色。其不影响视觉表现，作用是让 IE/Edge 浏览器无法识别这行 CSS 声明，因为 IE/Edge 浏览器并不支持#RRGGBBAA 色值语法。于是，IE/Edge 浏览器会加载并渲染 pattern.png，而其余浏览器则使用纯 CSS 绘制的带有混合模式效果的很美的纹理背景，效果如图 2-8 所示。

图 2-8　带有混合模式效果的很美的纹理背景示意

眼见为实，读者可以在浏览器中进入 https://demo.cssworld.cn/new/2/5-2.php
页面，或者扫描右侧的二维码查看效果。

我们讲解的例子已经足够多了，但重要的不是例子本身，而是例子中的处
理技巧和思维方式。大家在实际开发的时候，要是遇到类似的场景，可以想一
想是不是可以借助属性值语法巧妙地解决浏览器的兼容性问题。

2.5.3　借助伪类或伪元素区分浏览器的技巧

利用属性值的语法差异渐进增强使用 CSS 新特性固然精妙，但并不是所有 CSS 属性都可以这
样使用。我们可以试试借助伪类或伪元素区分浏览器，其优点是可以一次性区分多个 CSS 属性，
同时不会影响选择器的优先级。

1．IE 浏览器、Edge 浏览器和其他浏览器的区分

想要区分 IE9+浏览器，可以使用 IE9 浏览器才开始支持的伪类或伪元素。例如，使用下面几
个伪元素：

```
/* IE9+浏览器识别 */
_::before, .some-class {}
/* 或者 */
_::after, .some-class {}
/* 或者 */
_::selection, .some-class {}
```

或者下面几个伪类：

```
_:checked, .some-class {}
/* 或者 */
_:disabled, .some-class {}
```

之所以上面的写法可以有效地区分不同版本的浏览器，是因为 CSS 选择器语句中如果存在浏
览器无法识别的伪类或伪元素，整个 CSS 规则集都会被忽略。

可能有开发者会对 `_::before` 或者 `_::selection` 前面的下划线的作用感到好奇。这个下
划线是作为一个标签选择器用来占位的，本身不会产生任何匹配，因为我们的页面中没有标签名为
下划线的元素。这里换成 `some-tag-hahaha::before` 或者 `some-tag-hahaha::selection`，
效果也是一样的，之所以使用下划线是因为可以节省字符数量，下划线只需要占用一个字符。

要想区分 IE10+浏览器，可以使用从 IE10 才开始支持的与表单验证相关的伪类，比如 `:required`、
`:optional`、`:valid` 和 `:invalid`。由于 `animation` 属性也是从 IE10 浏览器才开始支持的，
因此，2.5.2 节中出现的加载的例子的 CSS 代码也可以这么写：

```
.icon-loading {
    display: inline-block;
    width: 30px; height: 30px;
    background: url(./loading.git);
}
/* IE10+浏览器识别 */
_:valid, .icon-loading {
    background: url(./loading.png);
    animation: spin 1s linear infinite;
}
@keyframes spin {
    from { transform: rotate(360deg); }
    to   { transform: rotate(0deg); }
}
```

　　区分 IE11+浏览器可以使用`::-ms-backdrop` 伪元素。`::backdrop` 是一个从 IE11 开始支持的伪元素，可以控制全屏元素或者元素全屏时候的背景层的样式。在 IE11 浏览器中使用该元素时需要加`-ms-`私有前缀，在 Edge 等其他的浏览器中使用则不需要加私有前缀，加了反而无法识别。

　　因此，最终的 CSS 代码会有冗余，`.some-class` 下的 CSS 样式需要写两遍：

```
/* IE11+浏览器识别 */
_::-ms-backdrop, .some-class {}
@supports (display: none) {
    .some-class {}
}
```

　　区分 Edge12+浏览器可以使用`@supports` 规则，这个在 2.5.4 节会详细介绍。区分 Edge13+浏览器可以使用`:in-range` 或者`:out-of-range` 伪类，示例如下：

```
/* Edge13+浏览器识别 */
_:in-range, .some-class {}
/* 或者 */
_:out-of-range, .some-class {}
```

　　再往后的 Edge 版本区分就没什么意义了，也不会有这样的需求场景，我们无须关心。

2. 浏览器类型的区分

　　若只想让 Firefox 浏览器识别，可以使用一个带有`-moz-`私有前缀的伪类或伪元素，示例如下：

```
/* Firefox only */
_::-moz-progress-bar, .some-class {}
```

　　若只想让现代浏览器识别，可以用如下语句：

```
/* 现代浏览器 */
_:default, .some-class {}
```

　　若只想让 webkit 浏览器识别，则只能使用带有`-webkit-`前缀的伪类，而不能使用带有`-webkit-`前缀的伪元素，因为 Firefox 浏览器会认为带有`-webkit-`前缀的伪元素语法是合法的：

```
/* webkit 浏览器 */
:-webkit-any(_), .some-class {}
```

　　若只想让 Chromium Edge 浏览器识别，可以用如下语句：

```
/* Chromium Edge only */
_::-ms-any, .some-class {}
```

Chromium Edge 浏览器会把任意带有-ms-前缀的伪元素都认为是合法的，这应该是借鉴了 Firefox、Chrome、Safari 等浏览器认为带有-webkit-前缀的伪元素是合法的这一做法。

当然，使用伪类或伪元素处理浏览器的兼容性也是有风险的，说不定哪一天浏览器就改变规则了。例如，浏览器突然不支持某个伪类了，-webkit-any()伪类就有不被浏览器支持的风险；或者哪天 Firefox 浏览器也支持使用带有-moz-和-webkit-前缀的伪类了，就像 Chromium Edge 浏览器一样。

因此，本节所提供的技巧，尤其是浏览器类型的区分，只能用在一些特殊场合，解决特殊问题，切不可当作金科玉律或者炫技的资本。

2.5.4　@supports 规则下的渐进增强处理

@supports 是 CSS 中的常见的@规则，可以用来检测当前浏览器是否支持某个 CSS 新特性，这是最规范、最正统的 CSS 渐进增强处理方法，尤其适合多个 CSS 属性需要同时处理的场景。

@supports 规则的设计初衷非常好，理论上应该很常用才对，毕竟 IE 浏览器的兼容性问题非常严重。但是在实际开发的时候，@supports 规则并没有在 IE 浏览器的兼容性问题上做出什么大的贡献。原因很简单，@supports 规则的支持是从 Edge12 浏览器开始的，根本就没有 IE 浏览器什么事情。

如果非要强制使用@supports 规则，则要牺牲 IE 浏览器的部分体验。用上面加载效果实现来举例，如果我们用@supports 规则书写代码则是下面这样的：

```
.icon-loading {
    display: inline-block;
    width: 30px; height: 30px;
    background: url(./loading.gif);
}
/* Edge12+浏览器 */
@supports (animation: none) {
    .icon-loading {
        background: url(./loading.png);
        animation: spin 1s linear infinite;
    }
}
@keyframes spin {
    from { transform: rotate(360deg); }
    to   { transform: rotate(0deg); }
}
```

此时，明明 IE10 和 IE11 浏览器都支持 animation 属性，却使用了 GIF 动图作为背景，这是因为 IE10 和 IE11 浏览器不支持@supports 规则。

对追求极致用户体验的开发者而言，这种做法显然是无法容忍的，于是他们就会放弃使用 @supports 规则，转而使用其他的技巧。不过，随着浏览器的不断发展，IE10 和 IE11 浏览器用户的占比一定会越来越小，我相信这个比例很快就会小于 1%。这个时候，牺牲小部分 IE10 和 IE11 浏览器用户的体验，换来代码层面的稳健，权衡来看，也是可以接受的。

因此，在我看来，@supports 规则的应用前景一定会越来越好，对于这个 CSS 规则，我是极力推荐大家学习的。当你在实际项目中使用@supports 规则应用了一个很帅气的 CSS 新特性的时候，那种愉悦的感觉会让你终生难忘。

1. 从@supports 规则常用的语法说起

所有开发者都能轻易掌握@supports 规则最基本的用法，例如：

```
@supports (display: flex) {
    .item { flex: 1; }
}
```

这段代码的意思很明了，如果浏览器支持 display:flex，则匹配.item 类名的元素就设置 flex:1。

@supports 规则还支持使用操作符进行判断，这些操作符是 not、and 和 or，分别表示"否定""并且""或者"。利用这些操作符实现简单的逻辑判断也没什么问题，例如：

```
/* 支持弹性布局 */
@supports (display: flex) {}
/* 不支持弹性布局 */
@supports not (display: flex) {}
/* 同时支持弹性布局和网格布局 */
@supports (display: flex) and (display: grid) {}
/* 支持弹性布局或者支持网格布局 */
@supports (display: flex) or (display: grid)  {}
```

甚至连续判断 3 个以上的 CSS 声明也没问题：

```
/* 合法 */
@supports (display: flex) and (display: grid) and (gap: 0) {}
@supports (display: flex) or (display: grid) or (gap: 0) {}
```

但是，一旦遇到复杂逻辑判断，运行会出现问题，语法怎么写都写不对。

例如，写一个判断当前浏览器支持弹性布局，但不支持网格布局的@support 语句，很多人按照自己的想法就会写成下面这样，结果语法错误，最后只能找别人已经写好的复杂语法例子去套用，这哪是学习呢？这是应付工作！实际上，稍微多花一点点功夫，就能完全学会@supports 的条件判断语法，级联、嵌套，都完全不在话下。

```
/* 不合法 */
@supports (display: flex) and not (display: grid) {}
@supports not (display: grid) and (display: flex) {}
```

接下来的内容会用到 CSS 属性值定义语法，我现在就认定你已经掌握了这方面的知识。

我们先随便定义一个数据类型，将其命名为<var>，用于表示括号里面的东西，然后我们依葫芦画瓢：

```
(display: flex)
not (display: flex)
(display: flex) and (display: grid) and (gap: 0)
(display: flex) or (display: grid) or (gap: 0)
```

上面这些条件判断语句可以抽象成下面这样的正式语法：

```
<supports-condition> = ( <var> ) | not ( <var> ) | ( <var> ) [ and (<var>) ]+ | ( <var> )
[ or (<var>) ]+
```

最重点的部分来了！这个自定义的<var>的语法很神奇、很有趣：

```
<var> = <declaration> | <supports-condition>
```

居然在 CSS 语法中看到了递归——<supports-condition>嵌套<supports-condition>数据类型。原来@supports 规则的复杂条件判断就是把合法的逻辑语句放在括号里不断嵌套！

此刻才发现，"判断当前浏览器支持弹性布局，但不支持网格布局"这样的问题实在是太简单了，先把基础语法写好：

```
@supports (display: flex) and (不支持网格布局) {}
```

然后"不支持网格布局"的基础语法是 not (display: grid)，将语法嵌套一下，就可以得到正确的写法：

```
@supports (display: flex) and (not (display: grid)) {}
```

Edge12～Edge15 浏览器正好是符合上面的条件判断的，我们不妨验证一下：

```
<span class="supports-match">如果有背景色，则是匹配</span>
.supports-match {
    padding: 5px;
    border: 1px solid;
}
@supports (display: flex) and (not (display: grid)) {
    .supports-match {
        background-color: #333;
        color: #fff;
    }
}
```

在 Edge14 浏览器中的效果如图 2-9 所示，但是在 Chrome 浏览器中则只有边框。

如果有背景色，则是匹配

图 2-9　Edge14 浏览器中的文字样式示意

眼见为实，读者可以在浏览器中进入 https://demo.cssworld.cn/new/2/5-3.php 页面，或者扫描右侧的二维码查看效果。

2．@supports 规则完整语法和细节

至此，是时候看一下@supports 规则的正式语法了，如下所示：

```
@supports <supports-condition> {
    /* CSS 规则集 */
}
```

其中，<supports-condition>就是前面不断出现的<supports-condition>，之前对它的常规用法已经讲得很详细了，这里再说说它的其他用法，也就是@supports 规则支持 CSS 自定义属性的检测和 CSS 选择器语法的检测。例如：

```
@supports (--var: blue) {}
@supports selector(:default) {}
```

其中，CSS 自定义属性的检测没有任何实用价值，本书不展开讲解；而 CSS 选择器语法的检测属于 CSS Conditional Rules Module Level 4 规范中的内容，目前浏览器尚未大规模支持，暂时没有实用价值，因此本书暂不讲解。

我们现在先把条件判断的语法放一边，来看几个你可能不知道但很有用的关于@supports 规则的细节知识。

（1）在现代浏览器中，每一个逻辑判断的语法的合法性是独立的。例如：

```
/* 合法 */
@supports (display: flex) or (anything;) {}
```

但 Edge 浏览器会认为上面的语句是不合法的，会忽略整行语句，我认为这是 Edge 浏览器的 bug。因此 Edge12～Edge14 浏览器虽然不支持 CSS 自定义属性，但无法使用@supports 规则检测出来：

```
/* Edge12-Edge14 忽略下面语句 */
@supports not (--var: blue) {}
```

（2）浏览器还提供了 CSS.supports()接口，让我们可以在 JavaScript 代码中检测当前浏览器是否支持某个 CSS 特性，语法如下：

```
CSS.supports(propertyName, value);
CSS.supports(supportCondition);
```

（3）@supports 规则的花括号可以包含其他任意@规则，甚至是包含@supports 规则自身。例如：

```
@supports (display: flex) {
    /* 支持内嵌媒体查询语法 */
    @media screen and (max-width: 9999px) {
        .supports-match {
            color: #fff;
        }
    }
    /* 支持内嵌@supports 语法 */
    @supports (animation: none) {
        .supports-match {
            animation: colorful 1s linear alternate infinite;
        }
    }
    /* 支持内嵌@keyframes 语法 */
    @keyframes colorful {
        from { background-color: deepskyblue; }
        to   { background-color: deeppink; }
    }
}
```

此时，在现代浏览器中可以看到文字背景色不停变化的动画效果，图 2-10 展示的就是背景色变化时的效果。

如果背景色有动画，则是匹配

图 2-10　@supports 规则嵌套下的背景色动画效果示意

眼见为实，读者可以在浏览器中进入 https://demo.cssworld.cn/new/2/5-4.php 页面，或者扫描右侧的二维码查看效果。

3．@supports 规则与渐进增强案例

@supports 规则使用案例在后续章节会多次出现，到时候大家可以仔细研究，这里就先不展示了。

2.5.5　对 CSS 新特性渐进增强处理的总结

接下来将陆续介绍上百个 CSS 新特性，其中很多新特性都存在兼容性的问题，主要是 IE 浏览器不支持。现在移动端用户的浏览器都是现代浏览器，80%～90%桌面端用户的浏览器也都是现代浏览器，如果我们因为占比很少的低版本浏览器用户，而放弃使用这些让用户体验更好的 CSS 新特性，那将是一件非常遗憾的事情。身为前端开发者，如果没能在用户体验上创造更大的价值，总是使用传统的技术做一些重复性的工作，那么我们的工作激情很快就会被消磨掉，我们的竞争优势也会在日复一日的重复劳动中逐渐丧失。

因此，我觉得大家在日常工作中，应该大胆使用 CSS 新特性，同时再多花一点额外的时间对这些新特性做一些兼容性方面的工作。这绝对是一件非常划算的事情，无论是对用户还是对自身的成长都非常有帮助。

当然，虽然本节介绍了多个 CSS 新特性兼容处理的技巧，但是在实际开发的时候还是会遇到很多单纯使用 CSS 无法搞定的情况，此时就需要借助 JavaScript 代码和 DOM API 来实现兼容，即如果出现 CSS 无法做到兼容，或者低版本浏览器希望有近似的交互体验效果的情况，就需要 JavaScript 代码的处理。例如使用 `position:sticky` 实现滚动粘滞效果，传统方法都是使用 JavaScript 脚本来实现的，但现在大部分浏览器已经支持这个特性，我们可以让传统浏览器继续使用传统的 JavaScript 方法，现代浏览器则单纯使用 CSS 方法以得到更好的交互体验。

千万不要觉得麻烦，说什么"所有浏览器都直接使用 JavaScript 实现就好啦"。所谓技术成就人生，如果完成需求的心态都是为了应付工作，哪里来的足以成就人生的技术呢？要知道，你所获得的报酬是跟你创造的价值成正比的，如果你想获得超出常人的报酬，那你就需要比那些普通开发者创造的价值更高，而这些价值的差异往往就源自对这些技术细节的处理，日积月累之后就会有明显的差异。

这额外的一点兼容性处理工作其实也花不了你什么时间，例如：

```
.adsense {
    position: relative;
    position: sticky;
}
```

JavaScript 代码中就多一行判断代码而已：

```
if (!window.CSS || !CSS.supports || !CSS.supports('position', 'sticky')) {
    // 传统的 JavaScript 方法调用……
}
```

第 3 章

从增强已有的 CSS 属性开始

CSS 新世界中有大量的 CSS 新特性源自对 CSS2.1 中已有的 CSS 属性的增强，本章内容所讲述的就是在已有 CSS 属性上新增的那些 CSS 新特性，因此，建议将本章的内容和《CSS 世界》一书的内容对照阅读，这样会有事半功倍的学习效果。

3.1 贯穿全书的尺寸体系

在 CSS2.1 中，CSS 中的尺寸概念都隐藏在具体的 CSS 用法中。例如，`display:inline-block`、`float:left` 和 `position:absolute` 等 CSS 声明带来的 "shrink-to-fit" 收缩；`white-space:nowrap` 带来的 "最大内容宽度"；连续英文字符的宽度溢出其实是因为 "最小内容宽度"。

因为这些尺寸的表现过于隐晦，所以学习时很难理解，学起来就很吃力，这就是我在第 1 章提过的，CSS2.1 中的 CSS 语法虽简单，但理解很难。这种困扰在纯理性思维的开发者身上体现得尤为明显，因为过于理性的人不擅长将模糊的概念转换为感性的认知来进行学习，所以他们学习 JavaScript 得心应手，但是学习 CSS 就会觉得比较困难。

不过从 CSS3 开始，以前很多模糊的概念有了明确的定义，并且这些明确的定义有与之相匹配的 CSS 属性或 CSS 属性值。这种变化的优点很明显，那就是我们不需要再去理解 CSS 属性背后隐藏的含义和特性，知识变得更表层、更浅显了。虽说 CSS 学习的广度有所增加，但是总体来看，把概念规范起来的利还是远远大于弊的。例如接下来要介绍的尺寸体系，如果用一个金字塔来表示，那么在最上层的概念就是 "Intrinsic Sizing" 和 "Extrinsic Sizing"。"Intrinsic Sizing" 被称为 "内在尺寸"，表示元素最终的尺寸表现是由内容决定的；"Extrinsic Sizing" 被称为 "外在尺寸"，表示元素最终的尺寸表现是由上下文决定的。

由于新的尺寸关键字在 `width` 属性中最常用，因此，本节以 `width` 属性为示例属性，和大家深入探讨 CSS 新世界中的尺寸概念。本节内容很重要，大家请仔细阅读，如有必要，可以反复阅读。

CSS 的 `width` 属性新增了 4 个与尺寸概念相匹配的关键字，包括 `fit-content`、`fill-available`、`min-content` 和 `max-content`，每一个关键字背后都有知识点。我们先从最常用的 `fit-content` 关键字开始讲解。

3.1.1 从 width:fit-content 声明开始

fit-content 关键字是新的尺寸体系关键字中使用频率最高的关键字。你可以把 fit-content 关键字的尺寸表现想象成"紧身裤"，大腿的肉对应的就是元素里面的内容，如果是宽松的裤子，那肉眼所见的尺寸就比较大，但是如果是紧身裤，则呈现的尺寸就是大腿实际的尺寸。同样，元素应用 fit-content 关键字就像给元素里面的内容穿上了超薄紧身裤，此时元素的尺寸就是里面内容的尺寸。

实际上，fit-content 关键字的样式表现就是 CSS2.1 规范中的"shrink-to-fit"，我称其为"包裹性"。这种尺寸表现和元素应用 display:inline-block、position:absolute 等 CSS 声明类似，尺寸收缩但不会超出包含块级元素的尺寸限制。

举个例子，要实现和《CSS 世界》一书的第 21 页底部（图 3-9 和图 3-10）的例子一样的效果，需求描述为：一段文字，字数少的时候居中显示，字数多的时候左对齐显示。当然，这里我使用了和《CSS 世界》一书中不一样的方法，关键 CSS 代码如下：

```
/* 传统实现-display:table */
.cw-content {
    display: table;
    margin: auto;
}
/* fit-content 实现 */
.cw-content {
    width: fit-content;
    margin: auto;
}
```

可以看到，在现代浏览器中，两种方法实现的效果一模一样：图 3-1 所示的是使用 table 布局实现的效果，图 3-2 所示的是使用 fit-content 关键字实现的效果。

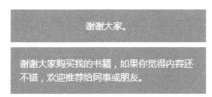

图 3-1　使用 display:table 实现的
文字对齐效果示意

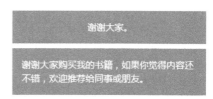

图 3-2　使用 fit-content 关键字实现的
文字对齐效果示意

眼见为实，读者可以在浏览器中进入 https://demo.cssworld.cn/new/3/1-1.php 页面，或者扫描右侧的二维码查看效果。

如果是内联元素要收缩，可以使用 display:inline-block 声明；如果是块级元素要收缩，可以使用 display:table 声明。这两种方式效果一样，兼容性还更好，IE8+浏览器都提供了支持。这么一看，fit-content 关键字岂不是没什么用？实际上并不是这样，使用 fit-content 关键字有两大优点。

（1）保护了元素原始的 display 计算值，例如<li>元素要是设置成了 display:table，前面的项目符号就不会出现，::marker 伪元素也会失效。

（2）让元素的尺寸有了确定的值，这是 fit-content 关键字最重要也最可贵的优点。

第二个优点有必要展开讲一下。

1. fit-content 关键字让元素有了确定的尺寸

CSS 中有不少布局需要有明确的元素的尺寸才能实现，非常典型的例子就是绝对定位元素使用 margin:auto 实现居中效果时需要设置具体的 width 或 height 的属性值，CSS 代码示意如下：

```
.cw-dialog {
    width: 300px; height: 200px;
    position: absolute;
    left: 0; top: 0; right: 0; bottom: 0;
    margin: auto;
    border: solid;
}
```

但是，很多时候绝对定位元素的尺寸是不固定的，最终的尺寸会根据内容自动变化，此时上面的 CSS 代码就不适合，该怎么办呢？很多人会想到使用 transform 属性进行偏移：

```
.cw-dialog {
    position: absolute;
    left: 50%; top: 50%;
    border: solid;
    transform: translate(-50%, -50%);
}
```

这是一种不错的方法，但并不完美，而且这个方法占用了 transform 属性，这会导致绝对定位元素无法使用包含 transform 属性的动画效果。例如，现在项目中有一个整站通用的体验增强的位移小动画：

```
@keyframes tinyUp {
    from { transform: translateY(5px); }
    to   { transform: translateY(0); }
}
```

.cw-dialog 元素就没办法使用这个名为 tinyUp 的位移小动画，因为 CSS 动画关键帧中的 CSS 语句的优先级最高，会干扰原本设置的 transform 偏移值：

```
.cw-dialog {
    position: absolute;
    left: 50%; top: 50%;
    border: solid;
    /* transform 会被 animation 动画干扰 */
    transform: translate(-50%, -50%);
    animation: tinyUp .2s;
}
```

有没有什么更好的方法呢？有，就是使用 fit-content 关键字，例如：

```
.cw-dialog {
    width: fit-content;
    height: fit-content;
    position: absolute;
    left: 0; top: 0; right: 0; bottom: 0;
    margin: auto;
    border: solid;
}
```

```
animation: tinyUp .2s;
}
```

此时元素尺寸自适应，同时完全居中，不用担心包括 `transform` 属性的动画带来的冲突。

眼见为实，读者可以在浏览器中进入 https://demo.cssworld.cn/new/3/1-2.php 页面，或者扫描右侧的二维码查看效果。

在 webkit 浏览器中，大家可以看到弹框出现的时候会有一个向上微移的动画，这就是 `fit-content` 关键字带来的体验增强。其他浏览器则做了降级处理（兼容到 IE9），即居中功能正常，但没有动画，兼容细节可参见示例页面源码。

2. fit-content 关键字的兼容性

`fit-content` 关键字的兼容性比较复杂，很多人会误认为 `width` 属性和 `height` 属性都表示尺寸，`fit-content` 关键字作为这两个属性的属性值，兼容性应该与它们一样，然而实际上差异很大，具体细节如下。

（1）IE 浏览器和 Edge 浏览器不支持 `fit-content` 关键字，若要兼容，可以使用传统方法进行模拟。

Chrome 浏览器最早在 2012 年的时候就已支持 `width:fit-content`，Safari 等浏览器紧随其后很快也支持了，因此 `width:fit-content` 目前在移动端是可以放心使用的。为了兼顾少部分陈旧手机用户，稳妥起见，我们可以加上 `-webkit-` 私有前缀：

```
.example {
    width: -webkit-fit-content;
    width: fit-content;
}
```

对于 Firefox 浏览器，还需要添加 `-moz-` 私有前缀，因此，对于用户量较大的对外项目，下面的书写方式是最稳妥的：

```
.example {
    width: -webkit-fit-content;
    width: -moz-fit-content;
    width: fit-content;
}
```

`height:fit-content` 则是在 2015 年才开始被支持的，比 `width:fit-content` 晚了 3 年，不过依旧可以放心大胆使用：

```
.example {
    height: -webkit-fit-content;
    height: fit-content;
}
```

至于 Firefox 浏览器，虽然它在语法上支持 `height:fit-content`，但是并没有任何实际的效果。例如我们设置 `height:-moz-fit-content`，Firefox 浏览器不会认为它是错误的语法，但是没有任何实际的效果，可以说 Firefox 浏览器目前并不支持 `height:fit-content`。因此，请勿出现下面的特征检测语法：

```
@supports (height: fit-content) or (height: -moz-fit-content) {
    /* 不合适 */
    .example {
        height: -moz-fit-content;
```

```
        height: fit-content;
    }
}
```

当然，随着时间推进，若干年后，Firefox 浏览器也可能会完美支持 `height:fit-content` 声明。

（2）`min-width` 属性和 `max-width` 属性可以正确渲染 `fit-content` 关键字，而 `max-height` 和 `min-height` 属性设置 `fit-content` 关键字虽然语法正确，但没有任何具体的样式表现。

有人可能会问，既然无效，那浏览器还认为 `fit-content` 关键字对于 `max-height` 和 `min-height` 属性是合法的，这也太奇怪了吧？

实际并不是这样，`max-height:fit-content`、`min-height:fit-content` 和 Firefox 浏览器中的 `height:-moz-fit-content` 声明在某些情况下也是有效的：

```
.parent {
    writing-mode: vertical-rl;
}
.child {
    /* 有效 */
    max-height: fit-content;
}
```

即在图文内容垂直排版的时候，`height` 相关的 CSS 属性是可以准确渲染 `fit-content` 关键字的。

3.1.2 stretch、available 和 fill-available 关键字究竟用哪个

我们在页面中放置一个没有样式设置的`<div>`元素，此时，该`<div>`元素的宽度自动填满可用空间。

`stretch`、`available` 和 `fill-available` 这 3 个关键字虽然名称有所不同，但是作用都是一致的，那就是让元素的尺寸自动填满可用空间，就如同`<div>`元素的默认尺寸表现。

下面问题来了，究竟该使用 `stretch`、`available` 和 `fill-available` 这 3 个关键字中的哪一个呢？先简单分析一下这 3 个关键字。

- `stretch` 指"弹性拉伸"，是最新的规范中定义的关键字，替换之前的 `fill-available` 和 `available`。
- `available` 指"可用空间"，是 Firefox 浏览器使用的关键字，需要配合`-moz-`私有前缀使用。
- `fill-available` 指"填充可用空间"，是 webkit 浏览器使用的关键字，需要配合`-webkit-`私有前缀使用。

因此，立足现在，面向未来，我们的 CSS 应该这么写：

```
.element {
    width: -webkit-fill-available;
    width: -moz-available;
    width: stretch;
}
```

为了统一，接下来分享的内容都以 `stretch` 关键字为代表进行介绍。

1. stretch 关键字的应用场景

实际开发的时候，我们需要用到 stretch 关键字的场景并不多。首先，block 水平的元素、弹性布局和网格布局中的子项默认都自带弹性拉伸特性；其次，对于替换元素、表格元素、内联块级元素等这些具有"包裹性"的元素，建议使用"宽度分离原则"（详见《CSS 世界》一书的第 27 页（3.2.3 节））进行自适应，例如：

```
.container {
    margin: 15px;
    padding: 10px;
}
.container > img {
    width: 100%;
}
```

也就是外面嵌套一层普通的块级元素，块级元素具有弹性拉伸特性，因此可以很好地实现替换元素的宽度自适应布局效果。

只有当我们的 HTML 标签使用受限的时候，才需要考虑使用 stretch 关键字。例如一个 <button> 按钮元素，希望距离容器左右边缘各 15px 的间距，但是外部又不方便嵌套其他标签元素，此时就非常适合使用 stretch 关键字，这样连 box-sizing 属性都可以省略：

```
button {
    height: 40px;
    width: -webkit-fill-available;
    width: -moz-available;
    width: stretch;
    margin-left: 15px;
    margin-right: 15px;
}
```

图 3-3 所示的就是上述代码在 375px 宽度屏幕中的运行效果，可以看到 <button> 元素的尺寸正好自适应屏幕尺寸。

图 3-3　<button> 元素自适应效果示意

眼见为实，读者可以在浏览器中进入 https://demo.cssworld.cn/new/3/1-3.php 页面，或者扫描右侧的二维码查看效果。

然而，IE 浏览器和 Edge 浏览器是不支持 stretch 关键字的，因此如果你的项目需要兼容这两个浏览器，stretch 关键字就不能使用，需要换成其他兼容性更好的方法，那就是使用 calc() 函数，示例如下：

```
button {
    height: 40px;
    width: calc(100% - 30px);
    margin-left: 15px; margin-right: 15px;
    box-sizing: border-box;
}
```

其实现效果和使用 stretch 关键字是一样的。兼容性问题限制了 stretch 关键字的使用场景。

当然，如果你的项目没有兼容性的顾虑，例如后台产品、实验项目或者是移动端项目，我还是建议使用 stretch 关键字。因为 calc() 函数的代码有些麻烦，宽度要手动计算，而且当 margin 在水平方向的大小发生变化的时候，width 属性值也要同步变化，这增加了维护成本，不如使用 stretch 关键字省心。

或者各退一步，既使用新特性，又兜底低版本浏览器；既满足使用新特性的要求，又不用担心兼容问题：

```
button {
    height: 40px;
    width: calc(100% - 30px);
    width: -webkit-fill-available;
    width: -moz-available;
    width: stretch;
    margin-left: 15px; margin-right: 15px;
    box-sizing: border-box;
}
```

个中权衡还需要大家根据实际场景进行判断。

2. stretch 关键字在 Firefox 浏览器中的问题

<table>元素的默认尺寸表现是收缩，并且实际开发的时候往往需要宽度自适应于外部容器，因此<table>元素很适合使用 stretch 关键字。在 CSS 重置的时候，不要再使用下面这样的 CSS 代码：

```
table {
    width: 100%;
    table-layout: fixed;
    box-sizing: border-box;
}
```

可以优化成：

```
table {
    width: 100%;
    width: -webkit-fill-available;
    width: -moz-available;
    width: stretch;
    table-layout: fixed;
    box-sizing: border-box;
}
```

这样，就算我们的<table>元素设置 margin 属性，也能完美自适应尺寸。

但是有一个例外，那就是 Firefox 浏览器。Firefox 浏览器在其他所有场景下都运行完美，唯独对 table 和 inline-table 水平的元素的渲染有问题，这些元素设置 width:-moz-available 的效果和设置 width:100%是一样的。

我们不妨来看一个例子，实现一个左右留有 15px 间距的<table>元素布局：

```
table {
    width: calc(100% - 32px);
    width: -webkit-fill-available;
    /* width: -moz-available; */
    width: stretch;
    margin-left: 15px; margin-right: 15px;
    border: 1px solid lightgray;
}
```

此时，无论<table>元素的 width、margin 或者 border 如何变化，<table>元素的宽度永远自适应外部容器。

图 3-4 展示的就是上述代码在 375px 宽度屏幕下的运行效果，可以看到<table>元素的尺寸正好自适应屏幕尺寸。

但是，如果打开 Firefox 浏览器的开发者工具，取消将 width:-moz-available 当作注释，就会发现<table>元素的宽度超出了屏幕的尺寸，如图 3-5 所示。

图 3-4　<table>元素宽度动态自适应效果示意

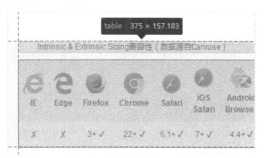

图 3-5　在 Firefox 浏览器中取消将 width: -moz-available 当作注释后的效果示意

眼见为实，读者可以在浏览器中进入 https://demo.cssworld.cn/new/3/1-4.php 页面，或者扫描右侧的二维码查看效果。

因此，如果宽度自适应拉伸效果用在<table>元素上，就不要再使用-moz-available。

3.1.3　深入了解 min-content 关键字

min-content 关键字实际上就是 CSS2.1 规范中提到的"preferred minimum width"或者"minimum content width"，即"首选最小宽度"或者"最小内容宽度"。

"首选最小宽度"在《CSS 世界》一书的第 22 页（3.2.1 节）中有过简单的介绍，这里再把最小宽度规则深入讲解一下。

众所周知，元素由 content-box、padding-box、border-box 和 margin-box 组成，元素最终占据的尺寸由这 4 个盒子占据的尺寸决定。其中 padding-box、border-box 和 margin-box 的尺寸表现规则不会因为元素的不同而有所不同，但是 content-box 不一样，它随着内容的不同，首选最小宽度也会不同。这个有必要好好讲一讲。

1. 替换元素

按钮、视频和图片等元素属于替换元素，替换元素的首选最小宽度是当前元素内容自身的宽度。例如：

```
<section>
  <img src="./1.jpg">
</section>
```

上面这段 HTML 代码中的图片，如果原始尺寸是 256px×192px，则<section>元素的首选最小宽度就是 256px。

2. CJK 文字

CJK 是 Chinese/Japanese/Korean 的缩写，指的是中文、日文、韩文这几种文字。这里以中文为代表加以说明。如果是一段没有标点的中文文字，则首选最小宽度是单个汉字的宽度。例如：

```
p {
    width: min-content;
    outline: 1px dotted;
}
<p>感谢您的支持</p>
```

最终的宽度表现效果如图 3-6 所示。

但是，如果这段中文文字包含避头标点[1]或避尾标点[2]，同时 line-break 的属性值不是 anywhere，则最终的首选最小宽度需要包含标点字符的宽度。例如：

```
<p>感谢您的支持！</p>
```

最终的宽度表现效果如图 3-7 所示。

图 3-6　无标点中文的首选最小宽度效果示意

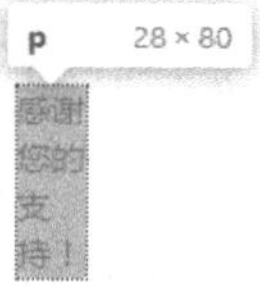

图 3-7　有标点中文的首选最小宽度效果示意

之所以首选最小宽度是两个字符的宽度，是因为叹号是避头标点，不能出现在一行的头部，前面需要其他文字字符。

有一个比较特别的标点是中文破折号，在 IE 浏览器和 Edge 浏览器中它既是避头标点，又是避尾标点；在 Firefox 浏览器中它是避头标点，不是避尾标点；在 Chrome 等 webkit 浏览器中它既不是避头标点，也不是避尾标点。但是，无论在哪个浏览器中，连续的中文破折号都会被认为是一个字符单元。例如：

```
<p>感谢——比心</p>
```

上述代码在各个浏览器中运行的首选最小宽度表现效果如图 3-8 所示。

图 3-8　破折号与首选最小宽度表现效果示意

3. 非 CJK 文字

非 CJK 文字指的是除中文、日文、韩文之外的文字，如英文、数字和标点等字符。非 CJK 文字的首选最小宽度是由字符单元的宽度决定的，所有连续的英文字母、数字和标点都被认为是一个字符单元，直到遇到中断字符。

哪些字符可以中断字符单元呢？首先无论是哪个浏览器，Space 空格（U+0020）都能中断字符单元，并且忽略 Space 空格前后字符的类型，例如 min content 的最小宽度排版是：

```
min
content
```

---

[1] 避头标点指不能在开头显示的标点，例如逗号、句号、问号、顿号、叹号等。

[2] 避尾标点指不能放在尾部的标点，例如前引号、前括号等。

而其他字符的中断规则在每个浏览器中都是不一样的。

（1）在 webkit 浏览器中，短横线（即连字符）（U+002D）和英文问号（U+003F）可以中断字符单元，各种前括号（如 "（" "[" "{"）也可以中断字符单元。其中，短横线和英文问号只有当后面是字母或数字的时候才会中断字符单元，前括号则只有当前面不是字母和数字的时候才会中断字符单元。例如，min-content 字符在最小宽度下的排版是：

```
min-
content
```

如果短横线后面的字符不是字母，而是其他标点，例如 min-.content，则最小宽度排版就会是下面这样，不会换行：

```
min-.content
```

如果新加一对括号变成 min-.(content)，则由于前括号前面是点字符，不是字母和数字，因此前括号会中断字符单元，最小宽度排版效果是下面这样的：

```
min-.
(content)
```

如果前括号前面的字符是字母或者数字，如 min-.2(content)，则不会发生换行：

```
min-.2(content)
```

（2）在 Firefox 浏览器中，英文问号（U+003F）不能中断字符单元，而短横线（U+002D）可以，不过后面的字符必须是字母而不能是数字。例如 min-content 字符在最小宽度下的排版是：

```
min-
content
```

但是，如果短横线后面是数字，如 min-2content，则不会换行：

```
min-2content
```

Firefox 浏览器中前括号的中断规则和 webkit 浏览器一致，这里就不重复介绍了。Firefox 浏览器还对斜杠（/）做了特别的中断处理，目的是优化 URL 地址的排版体验，例如：

```
<p>https://demo.cssworld.cn/new/3/3-1.php</p>
```

在 Chrome 浏览器和 Firefox 浏览器中的排版效果分别是：

```
/* Chrome 浏览器中 */
https://demo.cssworld.cn/new/3/3-1.php
/* Firefox 浏览器中 */
https://demo.cssworld.cn/new/3/3-1.php
```

至于从哪一处斜杠中断 URL 地址，是浏览器按照整体宽度最小、行数最少的算法进行计算的，因此不同的字符串的中断位置会有所不同。

（3）在 IE 浏览器和 Edge 浏览器中，英文问号（U+003F）不能中断字符单元，而短横线（U+002D）可以，但是要求短横线前后是由字母、数字或短横线组成的字符单元，且这个字符单元的长度要大于 1，例如 min-content 字符可以换行：

```
min-
content
```

但是 m-content 就不会换行，因为虽然短横线前面是字母，但是只有一个字符：

```
m-content
```

m-i-n-content 可以换行, 从前往后遍历短横线, m, i-n-content 不符合要求, m-i, n-content 和 m-i-n, content 符合要求, 本着"宽度尽可能小, 行数尽可能少"的原则, 最终的排版是下面这样的:

```
m-i-n
-content
```

如果将前面几个短横线改成下划线 m_i_n-content, 由于短横线前面符合"字母、数字或短横线"规则的字符只有 1 个 n, 因此无法换行:

```
m_i_n-content
```

但是 m_in-content 就可以, 短横线前面符合"字母、数字或短横线"规则的字符是 2 个 (字符 in), 因此可以换行:

```
m_in
-content
```

在 IE 浏览器和 Edge 浏览器中, 各种前括号也可以中断字符单元, 而且无论前面的字符类型是字母数字还是标点, 各种前括号都能中断字符单元, 例如 min-.2(content)的最小宽度排版是:

```
min-.2
(content)
```

另外, 在 IE 浏览器和 Edge 浏览器中, 百分号 (%) 的前面也是百分号的时候也能中断字符单元。

可以看到, 不同浏览器中的非 CJK 文字的字符单元的中断规则都不一样, 但是不要紧张, 我们平常是不会使用 min-content 关键字的, 因为在实际开发中没有任何场景需要专门把一个元素设置为首选最小宽度。但是, 学习 min-content 关键字的含义还是很有用的, 因为我们在实际开发的时候会非常频繁地遇到 min-content 的表现场景。如果你不了解 min-content 关键字, 就不明白为什么会有这样的行为表现。这一点在弹性布局和网格布局的学习过程中非常重要, 因为在弹性布局中, 尺寸不足是非常容易遇到的问题。就算抛开弹性布局不谈, 平常普通的文本呈现也会用到 min-content 的相关知识, 例如, 我们经常遇到的连续英文字符不换行的问题:

```
p {
    width: 210px;
    border: 1px solid deepskyblue;
}
<p>https://demo.cssworld.cn/new/3/3-1.php</p>
```

链接地址没有换行, 而是跑到了容器的外部, 如图 3-9 所示。

这是因为 content-box 的宽度不会小于首选最小宽度, 所以字符内容跑到容器的外面去了。我们可以使用 word-break:break-all 或者 word-wrap:break-word 改变字符单元的中断规则, 从而改变容器元素的首选最小宽度。但是, 中断的效果不太理想, 因为完整的英文单词被分开了, 如图 3-10 所示。

图 3-9　连续英文字符超出容器尺寸限制示意　　　　图 3-10　英文单词被分开示意

对于这个问题, 一种解决方法是使用 hyphen 属性优化; 另外一种解决方法就是使用<wbr>

标签。不过这两种方法非本节重点，因此不在这里展开介绍，详见 3.6 节。

4．最终的首选最小宽度

一个元素最终的首选最小宽度是所有内部子元素中最大的那个首选最小宽度值。例如：

```
<section>
    <img src="./1.jpg">
    <p>感谢您的支持</p>
    <p>感谢您的支持！</p>
    <p>感谢——比心</p>
    <p>https://demo.cssworld.cn/new/3/3-1.php</p>
</section>
```

每个 `<img>` 元素和 `<p>` 元素都有一个首选最小宽度的值，这些值中最大的那个值就是 `<section>` 元素的首选最小宽度，如图 3-11 所示。

图 3-11 `<section>` 元素的首选最小宽度由子元素决定

眼见为实，读者可以在浏览器中进入 https://demo.cssworld.cn/new/3/1-5.php 页面，或者扫描右侧的二维码查看效果。

最后再补充一句，随着浏览器的迭代，首选最小宽度规则的细节可能会发生变化。如果真的有所变化，欢迎反馈，本书会及时更新相关知识。

3.1.4 快速了解 max-content 关键字

`max-content` 关键字表示最大内容宽度，`max-content` 关键字的作用是让元素尽可能大，保证图文内容在一行显示，哪怕最终的宽度溢出外部容器元素。例如：

```
<div class="container">
    <p>可以让元素尽可能的大，保证图文内容在一行显示。</p>
</div>
.container {
    border: solid deepskyblue;
}
.container > p {
    width: max-content;
}
```

最终的效果如图 3-12 所示。

可以让元素的宽度尽可能的大，保证图文内容在一行显示。

图 3-12　最大内容宽度效果示意

眼见为实，读者可以在浏览器中进入 https://demo.cssworld.cn/new/3/1-6.php 页面，或者扫描右侧的二维码查看效果。

`max-content` 关键字和 `min-content` 关键字的兼容性一样，IE 浏览器和 Edge 浏览器都不支持，其他浏览器都支持，因此这两个关键字在移动端项目中是可以放心使用的。不过实际开发中却没有任何场景必须要使用 `max-content` 关键字。理论上，满足以下条件的场景是可以体现 `max-content` 关键字的价值的。

（1）各项宽度不确定，整体宽度自适应。

（2）当前项的内容较少。

（3）当前项的宽度需要尽可能的小。

表格布局、弹性布局和网格布局都可以满足上述条件，但是很遗憾，这些布局自带与内容相关的尺寸规则，在大多数时候，给子项设置 `width:max-content` 是没有任何效果的。同时所有需要使用 `max-content` 关键字的场景，都能使用 `white-space:nowrap` 声明实现一模一样的效果，并且 `white-space:nowrap` 的兼容性更好，所以实际上 `max-content` 关键字没有任何实用价值。但是，当遇到合适的场景时，我还是推荐大家使用 `width:max-content`，而不是 `white-space:nowrap`。因为使用 `width:max-content` 更有档次，可以彰显自己的 CSS 技术深度。另外，我认为 `max-content` 关键字最大的作用还是其概念本身，抽象出这样一个关键字，能帮助我们更好地理解 CSS 新世界的尺寸体系。

最后，对 CSS 新的尺寸体系做一个总结。带 content 这个单词的 3 个关键字 `fit-content`、`min-content` 和 `max-content` 都是"内在尺寸"（intrinsic sizing），尺寸表现和内容相关；`stretch` 关键字（也包括 `available` 关键字和 `fill-available` 关键字）是"外在尺寸"（extrinsic sizing），尺寸表现和上下文有关。这 4 个关键字一起撑起了 CSS 世界的尺寸体系。

3.2　深入了解 CSS 逻辑属性

整个 CSS 世界就是围绕"流"来构建的（详见《CSS 世界》一书的第 6 页，1.3.2 节）。在 CSS2.1 时代，CSS 属性的定位都是基于方向的，而不是"流"。这样的设计其实是有问题的，基于方向进行定位虽然符合现实世界认知，但和 CSS 世界基于"流"的底层设计理念不符，这样就会产生不合理的问题。

举个例子，有两个按钮，HTML 代码如下：

```
<p>
    <button>确定</button><button>取消</button>
</p>
```

这两个按钮是左对齐按钮，因为彼此之间需要一点间距，所以就设置了下面这样的 CSS：

```
button {
    margin-right: 10px;
}
```

其中，`margin-right` 就是一个基于方向的 CSS 属性，因为 right 表示右侧，和现实世界的右侧匹配。

通常情况下，我们这么使用是不会有任何问题的。但是，如果开发者使用 `direction` 属性改变了文档的水平流向，希望按钮从右往左排列，这段 CSS 声明就会有预期之外的表现，示例如下：

```
p {
    background-color: deepskyblue;
    direction: rtl;
}
```

此时 `margin-right` 产生的 **10px** 间隙就不是我们想要的，如图 3-13 所示。`margin-left:10px` 才是我们想要的。

图 3-13　`margin-right` 在文档流方向改变后的问题示意

但是，如果我们一开始设置的不是符合现实世界认知的 `margin-right` 属性，而是符合 CSS 世界"流"概念的逻辑属性 `margin-inline-end`，代码如下：

```
button {
    margin-inline-end: 10px;
}
```

那么我们使用 `direction` 属性改变文档的水平流向是不会出现布局上的任何问题的，如图 3-14 所示。

图 3-14　使用 `margin-inline-end` 后的布局效果示意

`margin-inline-end` 是一个"流淌"在文档流中的 CSS 逻辑属性，表示内联元素文档流结束的方向。也就是说，当文档流的方向是从左往右的时候，`margin-inline-end` 属性的渲染表现就等同于 `margin-right` 属性；当文档流的方向是从右往左的时候，`margin-inline-end` 属性的渲染表现就等同于 `margin-left` 属性。

上面的例子有对应的演示页面，读者可以在浏览器中进入 https://demo. cssworld.cn/new/3/2-1.php 页面，或者扫描右侧的二维码查看效果。

3.2.1　CSS 逻辑属性有限的使用场景

CSS 逻辑属性需要配合 `writing-mode` 属性、`direction` 属性或者 `text-orientation` 属性使用才有意义。

CSS 中还有其他一些 CSS 属性值也可以改变 DOM 元素的呈现方向，例如 `flex-direction` 属性中的属性值 `row-reverse` 和 `column-reverse`，但是请注意，这些属性值和 CSS 逻辑属性之间没有任何关系。例如：

```
<div class="flex">
    <div class="item">1</div>
```

```
    <div class="item">2</div>
    <div class="item">3</div>
</div>
.flex {
    display: flex;
    flex-direction: row-reverse;
}
.item {
    flex: 1;
    padding: 40px;
    border-inline-start: 1rem solid deepskyblue;
    background-color: azure;
}
```

结果如图 3-15 所示，虽然 .item 从右往左呈现，但是 border-inline-start 属性表示的依然是左边框。

图 3-15　row-reverse 和 CSS 逻辑属性没有关联示意

上面的例子有对应的演示页面，读者可以在浏览器中进入 https://demo. cssworld.cn/new/3/2-2.php 页面，或者扫描右侧的二维码查看效果。

writing-mode、direction 和 text-orientation 属性都不是常用 CSS 属性，这就导致 CSS 逻辑属性的使用场景非常有限。有些人可能会说，平常使用 margin-inline-end 属性代替 margin-right 属性不就好了？对，但是这样做没有必要，因为 margin-right 属性兼容性更好，且更容易理解，再怎么考虑也不会想到使用 margin-inline-end 属性代替。

当然，也存在非常适合使用 CSS 逻辑属性的场景，那就是对称布局，例如，图 3-16 所示的模拟微信对话的效果就是典型的对称布局。

这种布局效果使用 CSS 逻辑属性实现会有较好的体验，因为我们只需要使用 CSS 逻辑属性实现一侧的布局效果，然后另外一侧的布局效果我们只需要使用一句 direction:rtl 就完成了，代码超级简洁：

```
<section>
    <!-- 其他 HTML, 略…… -->①
</section>
<section data-self>
    <!-- 自己对话内容, 和上面 HTML 一样, 略…… -->
</section>
[data-self] {
    direction: rtl;
}
```

---

① 本段代码中省略部分内容，读者可以扫描相应二维码查看源代码。

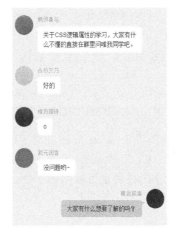

图 3-16　模拟微信对话的对称布局效果示意

如果对具体的实现细节感兴趣，读者可以在浏览器中进入 https://demo.
cssworld.cn/new/3/2-3.php 页面，或者扫描右侧的二维码查看效果。

那么问题来了，既然 CSS 逻辑属性使用场景比较有限，那我们还要不要学
呢？当然要学，因为学习它的成本实在是太低了，所以投入产出比其实还不错。

3.2.2　inline/block 与 start/end 元素

只要理解了本节的 inline/block 与 start/end，CSS 逻辑属性就算学完了，因为所有 CSS
逻辑属性都是围绕 inline/block 与 start/end 展开的。

以 margin 属性为例，在中文或英文网页环境中，默认情况下，margin 方位属性和 margin
逻辑属性相互的映射关系如下：

```
margin-left    ↔  margin-inline-start
margin-top     ↔  margin-block-start
margin-right   ↔  margin-inline-end
margin-bottom  ↔  margin-block-end
```

其中，inline/block 表示方向，start/end 表示起止方位。

在中文和英文网页环境中，inline 元素（文字、图片、按钮等）默认是从左往右水平排列的；
block 元素（如<div>、<p>元素等）默认是从上往下垂直排列的。因此，margin-inline-start
就表示内联元素排列方向的起始位置，即"左侧"；margin-inline-end 就表示内联元素排列
方向的终止位置，即"右侧"。

如果设置 direction:rtl，则水平文档流方向就是从右往左，此时 start 对应的就是"右
侧"，end 对应的就是"左侧"。如果设置 writing-mode:vertical-rl 属性，把文档流改为
垂直且从右往左排列，则此时内联元素是从上往下排列的。inline 指的是垂直方向，block 指
的是水平方向，margin 方位属性和 margin 逻辑属性相互映射关系就变成了下面这样：

```
/* writing-mode:vertical-rl 环境下 */
margin-left    ↔  margin-block-end
margin-top     ↔  margin-inline-start
margin-right   ↔  margin-block-start
margin-bottom  ↔  margin-inline-end
```

如果对上面的映射关系存疑，可以在浏览器中进入 https://demo.cssworld.cn/
new/3/2-4.php 页面，或者扫描右侧的二维码进行确认。

下面快速介绍一下你可能会用到的 CSS 逻辑属性和 CSS 逻辑属性值。

3.2.3 width/height 属性与 inline-size/block-size 逻辑属性

在中文或英文网页环境中，默认情况下，`width` 属性对应的 CSS 逻辑属性是 `inline-size`，
`height` 属性对应的 CSS 逻辑属性是 `block-size`。

`width` 属性新支持的几个关键字属性值也可以作为 `inline-size` 的属性值，例如：

```
/*浏览器支持 */
inline-size: fit-content;
inline-size: min-content;
inline-size: max-content;
```

除了 `width` 属性和 `height` 属性，`min-width`、`min-height`、`max-width` 和 `max-height`
也都有对应的 CSS 逻辑属性，示例如下：

- `min-inline-size`；
- `min-block-size`；
- `max-inline-size`；
- `max-block-size`。

兼容性

`inline-size` 和 `block-size` 属性的兼容性如表 3-1 所示。

表 3-1 **inline-size** 和 **block-size** 属性的兼容性（数据源自 MDN 网站）

IE	Edge	Firefox	Chrome	Safari	iOS Safari	Android Browser
✘	✘	41+ ✔	57+ ✔	12.1+ ✔	12.2+ ✔	5+ ✔

IE 浏览器和 Edge 浏览器并不支持这两个属性，而移动端目前全部支持这两个属性，很快
就可以放心使用。接下来要介绍的几个 CSS 逻辑属性的兼容性也是类似的。

3.2.4 由 margin/padding/border 演变而来的逻辑属性

`margin` 和 `padding` 属性对应的 CSS 逻辑属性很早就被支持了，最早可以追溯到 2008 年，然
而当时使用的不是现在的语法，且只支持水平方向上的逻辑控制，同时需要添加私有前缀，如下所示：

- `-webkit-margin-start`、`-webkit-margin-end`；
- `-webkit-padding-start`、`-webkit-padding-end`。

在规范稳定之后，`margin`、`padding` 和 `border` 属性一起，演变成了按照 inline/block 与
start/end 这几个关键字组合的新的 CSS 逻辑属性，无须私有前缀。新的 CSS 逻辑属性如下：

- `margin-inline-start`、`margin-inline-end`、`margin-block-start`、`margin-`

block-end;

- padding-inline-start、padding-inline-end、padding-block-start、padding-block-end;
- border-inline-start、border-inline-end、border-block-start、border-block-end;
- border-inline-start-color、border-inline-end-color、border-block-start-color、border-block-end-color;
- border-inline-start-style、border-inline-end-style、border-block-start-style、border-block-end-style;
- border-inline-start-width、border-inline-end-width、border-block-start-width、border-block-end-width。

现在还支持 CSS 逻辑属性的缩写语法，例如 margin-inline 属性是 margin-inline-start 属性和 margin-inline-end 属性的缩写，margin-block 属性是 margin-block-start 属性和 margin-block-end 属性的缩写。完整的 CSS 缩写逻辑属性如下：

- margin-inline、margin-block;
- padding-inline、padding-block;
- border-inline、border-block;
- border-inline-color、border-block-color;
- border-inline-style、border-block-style;
- border-inline-width、border-block-width。

可以看到 CSS 缩写逻辑属性的数量是非常多的，但是，它们都是由传统的带有方位性质的 CSS 属性按照特定规则演变而来的，即把原来的 left、top、right、bottom 换成对应的 inline/block 与 start/end 并组合。

兼容性

　　margin/padding/border 相关的 CSS 逻辑属性的兼容性如表 3-2 所示。

表 3-2　**margin/padding/border** 相关的 CSS 逻辑属性的兼容性（数据源自 MDN 网站）

逻辑属性 \ 浏览器	IE	Edge	Firefox	Chrome	Safari	iOS Safari	Android Browser
基本属性	✘	✘	41+ ✔	69+ ✔	12.1+ ✔	12.2+ ✔	5+ ✔
缩写属性	✘	✘	66+ ✔	69+ ✔	14 ✘	14.4 ✘	5+ ✔

　　由于目前 Safari 浏览器并不支持 CSS 缩写逻辑属性，因此要慎用 CSS 缩写逻辑属性，最好使用包含 start 和 end 的基本 CSS 逻辑属性。

3.2.5　text-align 属性支持的逻辑属性值

对 text-align 属性而言，演变的不是属性而是属性值。

- text-align: start。
- text-align: end。

兼容性

text-align 支持 start 和 end 属性值的兼容性如表 3-3 所示。

表 3-3 **text-align** 支持 **start** 和 **end** 属性值的兼容性（数据源自 MDN 网站）

IE	Edge	Firefox	Chrome	Safari	iOS Safari	Android Browser
3+✔	12+✔	1+✔	1+✔	1+✔	1+✔	5+✔

3.2.6 最有用的 CSS 逻辑属性 inset

使用绝对定位的时候经常会用到 left、top、right、bottom 等属性。同样，在 CSS 新世界中也有与之相对应的 CSS 逻辑属性，全部都是以 inset 开头，这其中包括：

- inset-inline-start；
- inset-inline-end；
- inset-block-start；
- inset-block-end。

也包括水平方位或者垂直方位的缩写：

- inset-inline；
- inset-inline；
- inset-block；
- inset-block。

还包括完整的缩写：

- inset。

以上属性中最有用的当属 inset 属性，在使用绝对定位或固定定位的时候，我们经常会使用下面的 CSS 代码：

```
.overlay {
    position: absolute;
    left: 0; top: 0; right: 0; bottom: 0;
}
```

有了 inset 属性，事情就简单多了：

```
.overlay {
    position: absolute;
    inset: 0;
}
```

这就很有意思了，CSS 大多数的逻辑属性在平时开发过程中都用不到，只有一个例外，那就是 inset 属性。inset 属性有两大特点，一个是逻辑，另一个是缩写。当然，逻辑就是摆设，平常根本用不到。但是缩写实在是太诱人了，因为绝对定位元素在 4 个方向上同时定位是很常见的，每次都要写 4 个属性真的很麻烦。inset 属性谁用了都说好，以后一定会成为热门的 CSS 属性。

目前阻碍 inset 属性普及的唯一因素就是兼容性，主要问题出在 Safari 浏览器。在我写本书的时候，Safari 浏览器不支持所有缩写逻辑属性，希望本书出版后能看到 Safari 浏览器支持这些缩写逻辑属性的好消息。最后提一句，inset 属性支持的值的数量范围是 1~4，例如：

```
inset: 100px;
inset: 100px 200px;
inset: 100px 200px 300px;
inset: 100px 200px 300px 400px;
```

不同数量的值所表示的方位和 margin、padding 等属性一样，这里不再赘述。

虽然前面几节列举了很多 CSS 逻辑属性，但是这不是全部，还有很多其他 CSS 逻辑属性或者 CSS 逻辑属性值，如 scroll-margin、scroll-padding，以及它们衍生出的十几个 CSS 逻辑属性，以及 float 属性和 clear 属性支持的 inline-start 和 inline-end 逻辑属性值等。CSS 逻辑属性大同小异，这里就不一一展开说明了。

3.3　在 CSS 边框上做文章

一个图形元素的装饰部件主要是边框和背景。在 CSS2.1 时代，边框只能是纯色的，效果太单调了。于是 CSS 规范制定者就开始琢磨，是不是可以在 CSS 边框上做文章，通过支持图片显示来增强边框的表现力呢？

3.3.1　昙花一现的 CSS 多边框

浏览器对多边框曾经支持过一段时间，语法示意如下：

```
.example {
    border-right: 8px solid;
    border-right-colors: #555 #666 #777 #888 #999 #aaa #bbb #ccc;
}
```

这样一条渐变边框效果就出来了。可能是因为这一功能不实用，它已经从规范中被剔除了，现在没有任何浏览器支持这种语法。想要实现类似的效果，可以使用 box-shadow 或者 border-image 属性。

3.3.2　独一无二的 border-image 属性

所有与装饰有关的 CSS 属性都能从其他设计软件中找到对应的功能，如背景、描边、阴影，甚至滤镜和混合模式，但是唯独 border-image 属性是 CSS 这门语言独有的，就算其他软件有边框装饰，也不是 border-image 这种表现机制。

这看起来是件好事情，你瞧，border-image 多么与众不同！但实际上，border-image 属性很少出现在项目代码中，其中重要的原因之一就是 border-image 属性过于特殊。

（1）对开发者而言，border-image 属性怪异的渲染机制，导致学习成本较高，掌握 border-image 属性的人并不多。而且很多时候该属性对源图像的规格和比例也有要求，这导致使用成本也比较高。

（2）对设计师而言，border-image 属性的视觉表现和现实认知是不一致的，而设计师的视觉设计多基于现实认知，因此，设计师无法为 border-image 属性量身定制图形表现。另外，当下的设计趋势是扁平化而非拟物化，边框装饰通常在项目中不会出现。

（3）border-image 属性怪异的渲染机制导致元素的 4 个边角成了 4 个尴尬的地方，实现的边框效果往往不符合预期，最终导致开发者放弃使用 border-image 属性。

至于 border-image 属性这么渲染的原因和 border-image 属性很少使用的另外一个重要原因将在 3.3.3 节中介绍。

总而言之，border-image 属性是一个颇有故事的 CSS 属性，我对 border-image 属性的感情也颇为复杂，恨铁不成钢，内心十分矛盾，既希望人人都熟练掌握这个很酷的 CSS 属性，又担心带大家入坑后发现它无用武之地。

因此，大家接下来学习 border-image 属性的时候，就保持一个从容的心态，看懂了自然最好，看不懂也没关系。大家只需要知道 border-image 属性大致是怎么回事，可以用在什么场景，等哪天遇到了类似的场景，能够条件反射般想到使用 border-image 属性来实现就可以了。当然，我也会尽量以最简单的语言把 border-image 属性讲清楚，方便大家一遍就看懂。

为了方便接下来的学习，我们约定后续所有 .example 元素都包含下面的公共 CSS 代码：

```
.example {
    width: 80px; height: 80px;
    border: 40px solid deepskyblue;
}
```

1. 九宫格

border-image 属性的基本表现并不难理解，大家记住一个关键数字 "9" 即可。

假设一个 <div> 元素就是 .example 元素，我们沿着这个 <div> 元素的 content-box 的边缘画 4 条线，则这个 <div> 元素就被划分成了 9 份，形成了 1 个九宫格，如图 3-17 所示。

border-image 属性的作用过程就是把图片划分为图 3-17 所示的 9 个区域的过程。所以，学习 border-image 属性其实很简单，记住两个点：一是源图像的划分，二是九宫格尺寸的控制。"九宫格尺寸的控制" 放在后面讲，我们暂时把边框的尺寸当作九宫格的尺寸，先将注意力全部放在学习源图像的划分上。

假设我们有一个尺寸是 162px×162px 的源图像，如图 3-18 所示。

图 3-17　元素设置边框后的九宫格区域示意

图 3-18　源图像

这个源图像一共由 9 个格子构成，每个格子占据的尺寸是 54px×54px，则下面的代码可以让这 9 个格子依次填充到九宫格的 9 个区域中：

```css
.example {
    border-image: url(./grid-nine.svg) 54;
}
```

此时渲染出来的效果如图 3-19 所示。

渲染的原理如图 3-20 所示，该图展示了源图像的 9 个格子是如何分配到九宫格的各个区域中的。

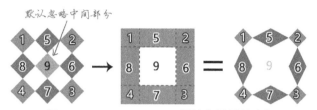

图 3-19　9 个格子分别填充到
九宫格的 9 个区域示意

图 3-20　`border-image` 属性作用原理示意

有趣的是，源图像的 9 个格子居然正好和边框划分的 9 个区域一一对应，是巧合，还是本就如此？这不是巧合，这是因为 CSS 属性在其中起了作用。

`border-image` 属性其实是多个 CSS 的缩写，其中 `url(...)` 54 是 `border-image-source` 属性和 `border-image-slice` 属性的缩写，因此下面两段 CSS 代码的效果是一样的：

```css
.example {
    border-image: url(./grid-nine.svg) 54;
}
.example {
    border-image-source: url(./grid-nine.svg);
    border-image-slice: 54;
}
```

`border-image-source` 属性的值是一个 `<image>` 数据类型，所以 CSS 中所有图像类型都可以作为边框图片，例如常见的渐变图像，因此 `border-image` 属性可以实现渐变边框或者条纹边框效果。`border-image-source` 属性的语法和 `background-image` 属性类似，不再赘述，接下来我们重点关注一下 `border-image-slice` 属性，也就是源图像的划分。

2. 理解 border-image-slice 属性

`border-image-slice` 属性的正式语法如下，表示支持 1~4 个数值或 1~4 个百分比值，后面可以带一个关键字 `fill`：

```css
border-image-slice: <number-percentage>{1,4} && fill?
```

`border-image-slice` 属性的作用是对原始的图像进行划分，划分的方位和顺序同 `margin` 属性、`padding` 属性一样，遵循上、右、下、左的顺序。例如 `border-image-slice:20` 表示在距离源图像上方 20px、距离源图像右侧 20px、距离源图像下方 20px、距离源图像左侧 20px 的地方进行划分，划分线的位置如图 3-21 所示。

此时 4 个边角区域只有很小的一部分被划分，而剩余的上、下、左、右区域会被拉伸，因此，作用在 `.example` 元素上的效果就会如图 3-22 所示，其中增加的几根辅助线可以方便大家理解。

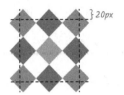

图 3-21 `border-image-slice` 属性值为 20 时的划分示意

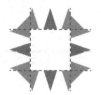

图 3-22 `border-image-slice` 属性值为 20 时的渲染效果示意

默认情况下，源图像划分的中心位置是不参与填充的。如果想要有填充效果，可以额外使用 `fill` 关键字，例如：

```css
.example {
    border-image-source: url('./grid-nine.svg');
    border-image-slice: 33.33% fill;
}
```

结果如图 3-23 所示。

为了方便大家理解，我做了一个简单的原理示意图，如图 3-24 所示。

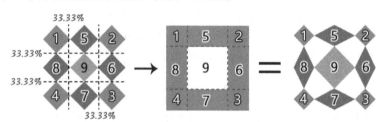

图 3-23 `border-image-slice` 属性包含 `fill` 关键字的效果示意

图 3-24 `fill` 关键字作用效果原理示意

`border-image-slice` 属性的默认值是 100%，相当于把图 3-24 中左侧 33.33% 的线移动到右边缘，把右侧 33.33% 的线移动到左边缘，把上方 33.33% 的线移动到下边缘，把下方 33.33% 的线移动到上边缘。于是除了 4 个边角区域，其他区域都因为剪裁线发生反向交叉而不可见，这才有图 3-25 所示的效果。

图 3-25 `border-image-slice` 属性使用默认值的效果示意

读者可以在浏览器中进入 https://demo.cssworld.cn/new/3/3-1.php 页面，或者扫描右侧的二维码查看上面提到的 `border-image-slice` 属性值的效果。

如果 `border-image-source` 是渐变图像，则渐变图像的尺寸是按元素的 `border-box` 尺寸来计算的。

理解了 `border-image-slice` 属性，`border-image` 属性的学习就算完

成了一半，剩下的就是学会控制九宫格的尺寸了，而控制九宫格尺寸的 CSS 属性就是 `border-image-width` 和 `border-image-outset`。

3. 了解 border-image-width 属性

`border-image-width` 属性和 `border-width` 属性支持的参数个数是一样的，都是 1~4 个，不同数量的值所对应的方位规则也是一样的。但是，这两个属性支持的属性值类型却有较大区别，为了方便大家对比，我专门整理了一个表，如表 3-4 所示。

表 3-4 `border-width` 和 `border-image-width` 属性值类型对比表

值类型	border-width	border-image-width
初始值	medium	1
长度值	✔	✔
数值	✘	✔
百分比值	✘（暂时）	✔
关键字属性值	thin|medium|thick	auto

针对 `border-image-width` 和 `border-width` 属性值类型的对比，有以下几点说明。

（1）`border-image-width` 属性支持使用数值作为属性值，这个数值会作为系数和 `border-width` 的宽度值相乘，最终的计算值作为边框图片宽度，也就是九宫格的宽度。因此，我们可以设置不同的数值来得到不同宽度的九宫格。图 3-26 所示的是设置 `border-image-width` 属性值分别为 0.75、1 和 1.5 的九宫格示意图和实际的渲染效果。

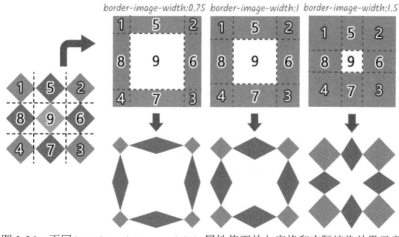

图 3-26　不同 `border-image-width` 属性值下的九宫格和实际渲染效果示意

（2）如果 `border-image-width` 属性设置的是具体的长度值，如 60px、5em 等，则九宫格的宽度就和 `border-width` 属性没有关系了。但是，有一个特殊的情况，那就是在 `border-width` 的长度为 0 的时候。理论上来说，如果 `border-image-width` 的属性值是具体的长度值，此时就算将 `border-width` 属性设置为 0，也应该可以渲染边框图片，但是在 Chrome 浏览器中，边框图片却消失了，而 Firefox 浏览器则没有这个问题。因此，如果我们希望边框宽度为 0，且 `border-image`

属性能生效，可以试试将 border-width 属性的值设置为 0.02px（不小于 1/64 像素）。

（3）border-image-width 属性的百分比值是相对于元素自身的尺寸计算的，水平方位相对于宽度计算，垂直方位相对于高度计算。例如：

```
.example {
    border-image: url(./grid-nine.svg) 54;
    border-image-width: 50% 25%;
}
```

这段代码表示九宫格上下区域高度是 50%，左右区域高度是 25%，此时的九宫格和最终的效果如图 3-27 所示。

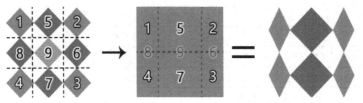

图 3-27　border-image-width 属性百分比值作用示意

（4）auto 关键字很有意思，会使用 border-image-slice 属性划分的尺寸作为九宫格宽度值。例如：

```
.example {
    border-image: url(./grid-nine.svg) 54;
    border-image-width: auto;
}
```

此时，border-image-width 属性值等同于 border-image-slice 属性设置的 54px。如果 border-image-slice 属性值是百分比值，例如：

```
.example {
    border-image: url(./grid-nine.svg) 33.33%;
    border-image-width: auto;
}
```

则此时 border-image-width 的宽度值等于 grid-nine.svg 的对应方位的尺寸和 33.33% 的计算值。

（5）border-image-width 属性和 border-width 属性都不支持负值。

（6）border-image-width 的宽度值很可能会超过元素自身的尺寸，例如：

```
.example {
    border-image: url(./grid-nine.svg) 54;
    border-image-width: 100% 50%;
}
.example {
    border-image: url(./grid-nine.svg) 54;
    border-image-width: 4 3 2 1;
}
```

这时候，border-image-width 属性的宽度表现遵循"等比例原则"和"百分百原则"，也就是九宫格宽度不超过元素对应方向的宽度，同时保持设置的数值比例。例如 border-image-width:100% 50% 等同于 border-image-width:50% 25%。那么，border-image-width:4 3 2 1 等同于什么呢？这个需要计算一下，.example 元素宽高都是 160px，边框宽度是 40px，则一个方位上的最大比例系数应该是 4，此时垂直方向的总系数是 6（4+2），则所有数值都应该乘以 2/3（4/6），所以，`border-image-width:4 3 2 1` 应该等同于 `border-image-width:2.6667 2 1.3333 0.6667`。

　　读者可以在浏览器中进入 https://demo.cssworld.cn/new/3/3-2.php 页面，或者扫描右侧的二维码查看上面提到的 `border-image-width` 属性值的效果。

　　除了 `border-image-width` 属性，`border-image-outset` 属性也能控制九宫格的尺寸，只不过 `border-image-width` 属性控制的是九宫格的边框宽度，而 `border-image-outset` 属性控制的是九宫格中间区域的尺寸。

4. 了解 border-image-outset 属性

　　首先，大家千万不要弄错 `border-image-outset` 属性的拼写，该属性最后的单词是 `outset`，不是 `offset`。`outset` 是往外扩张的意思，它和 `offset` 的区别在于，`offset` 扩展的方向既能向外也能向内，反映在属性值上就是 `offset` 既支持正值也支持负值，例如 `outline-offset`、`text-underline-offset` 等 CSS 属性；但是 `outset` 只能是正值，只能向外扩张，使用负值会被认为是语法错误。

　　下面来看一下 `border-image-outset` 属性的正式语法：

```
border-image-outset: [ <length> | <number> ]{1,4}
```

　　该属性支持 1～4 个数值，或者支持 1～4 个长度值，并且支持数值和长度值混合使用。因此，下面这些 CSS 声明都是合法的。

```
/* 长度值 */
border-image-outset: 1rem;
/* 数值 */
border-image-outset: 1.5;
/* 垂直 | 水平 */
border-image-outset: 1 .5;
/* 上 | 水平 | 下 */
border-image-outset: 30px 2 40px;
/* 上 | 右 | 下 | 左 */
border-image-outset: 10px 15px 20px 25px;
```

其中，数值是相对于 `border-width` 计算的，例如：

```
.example {
    border-image: url(./grid-nine.svg) 54;
    border-image-outset: .5;
}
```

　　由于 `.example` 元素的边框宽度是 40px，因此上面的代码的运行效果和下面的代码的运行效果一样：

```
.example {
    border-image: url(./grid-nine.svg) 54;
    border-image-outset: 20px;
}
```

　　提醒一下，这里有一个细节，那就是元素扩展了 20px 指的是九宫格中间区域的上、右、下、左这 4 个方位的尺寸都扩大了 20px，所以九宫格中间序号为 9 的区域的高和宽最终增加了 40px，九宫格尺寸变化的过程和最终效果如图 3-28 所示。

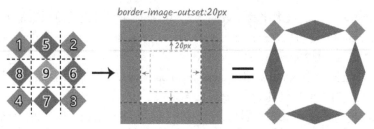

图 3-28　border-image-outset 属性作用原理示意

读者可以在浏览器中进入 https://demo.cssworld.cn/new/3/3-3.php 页面，或者扫描右侧的二维码查看上面提到的 border-image-outset 属性的效果。

最后再告诉大家一个小知识，border-image-outset 属性扩展出去的和 outline 属性扩展出去的九宫格区域的轮廓一样，不会影响布局，也不会响应鼠标经过行为或者点击行为。

我们现在回顾一下，border-image-slice 属性用于划分源图像，border-image-width 用于控制九宫格第一区到第八区的尺寸，border-image-outset 属性用于控制九宫格最中间第九区的尺寸。掌握这 3 个属性，就算完全理解 border-image 属性了。

总而言之，border-image 属性的作用就是划分源图像，然后将其依次填充到九宫格区域中。等等，好像缺了什么？好像九宫格第五区到第八区的图形永远是被拉伸的状态，如果我希望这几块区域的图形是平铺的，有什么解决办法吗？这就是最后一个子属性 border-image-repeat 做的事情了。

5. 了解 border-image-repeat 属性

border-image-repeat 属性可以控制九宫格上、右、下、左 4 个区域（对应的区域序号是 5～8，我称这几个区域为平铺区）图形的平铺规则，如图 3-29 所示。

border-image-repeat 属性的正式语法如下：

```
border-image-repeat: [ stretch | repeat | round | space ]{1,2}
```

从语法中我们可以看出该属性和 border-image 其他相关属性有一个明显的不同，即无论是 border-image-slice 属性还是 border-image-width 属性，其属性值数量都是 1～4 个，但是 border-image-repeat 属性最多只支持两个属性值同时使用。该属性强制规定水平方向的两条边的平铺规则必须是一样的，垂直方向的两条边的平铺规则也必须是一样的。

图 3-29　border-image-repeat 属性作用的区域示意

接下来我们快速了解一下 border-image-repeat 属性支持的几个关键字属性值的含义，这几个关键字属性值的含义在整个 CSS 世界中都是通用的。

- stretch：默认值，让源图像拉伸以充满显示区域。
- repeat：让源图像紧密相连平铺，保持原始比例，平铺单元在边界位置处可能会被截断。
- round：让源图像紧密相连平铺，适当伸缩，以确保平铺单元在边界位置处不会被截断。
- space：让源图像保持原始尺寸，平铺时彼此保持适当的等宽间隙，以确保平铺单元在边界位置处不会被截断；如果区域的尺寸不足以呈现至少一个源图像单元，则会以空白呈现。目前在移动端有部分浏览器并不支持该关键字，IE 浏览器中的渲染和其他现代浏览器也不一样，因此这个关键字要谨慎使用。

假设有如下 CSS 代码：

```css
.example {
    border-image: url(./grid-nine.svg) 54;
}
```

则不同 `border-image-repeat` 属性值的渲染过程和效果如图 3-30 所示。

图 3-30　`border-image-repeat` 不同属性值的作用效果示意

读者可以在浏览器中进入 https://demo.cssworld.cn/new/3/3-4.php 页面，或者扫描右侧的二维码查看上面提到的 `border-image-repeat` 属性值的效果。

可以发现，无论是哪种平铺类型，最终 4 个对角处的图形和 4 个平铺区的图形是无法做到尺寸永远一致的，除非元素尺寸固定，同时元素的尺寸和源图像尺寸匹配，显然这样的场景有限。这就导致规律的边框装饰效果实际上是不适合使用 `border-image` 属性来实现的，这就是一开始提到的 `border-image` 属性自身的缺点——4 个尴尬的边角。

当然，理论和现实有时候就是会有差异，如果边框图案比较小，同时元素尺寸比较大，则我们是可以使用 `round` 关键字实现近似规律的边框装饰效果的。因为此时，边角图案和平铺图案的尺寸差异会很小，乍一看是一样的尺寸，给用户的感觉是天衣无缝的平铺，如图 3-31 所示。图中使用的是 `round` 类型的平铺，乍一看各个菱形图案尺寸都是一样的，但实际上是有差异的，4 个边角的菱形尺寸比水平方向的菱形图案尺寸大，比垂直方向的菱形图案尺寸小，并不是严格意义上的平铺效果。

图 3-31　使用 `round` 关键字实现的近似平铺效果示意

最后提示一下，关于 `round` 关键字和 `space` 关键字的更深入的细节参见 3.10.6 节与 `background-repeat` 属性相关部分的介绍。

6．精通 border-image 缩写语法

`border-image` 属性缩写还是不缩写没什么本质区别，但是如果你想看懂别人写的代码，或者真正学会 `border-image` 属性，那么 `border-image` 属性的缩写语法是必学的。

`border-image` 属性的正式语法如下：

```
border-image: <'border-image-source'> || <'border-image-slice'> [ / <'border-image-
width'> | / <'border-image-width'>? / <'border-image-outset'> ]? || <'border-image-repeat'>
```

语法被 || 符号分成了 3 部分，分别是资源引入、尺寸控制和平铺规则。这 3 个部分可以任意

组合显示,这一点很容易理解,不展开讲解。

语法关键的难点在于"尺寸控制",不过如果你认真阅读过上面的内容,你就会发现,本书关于"尺寸控制"的剖析和缩写语法是完全一致的,即源图像的划分、九宫格边框宽度的控制、九宫格中间区域的尺寸控制。如果能够想到这一点,"尺寸控制"的语法顺序就变得很好记忆了。

"尺寸控制"相关的 3 个 CSS 属性全部使用斜杠进行分隔,结合 2.2 节介绍的 CSS 属性值定义语法,我们就可以得到下面这些合法的 CSS 声明:

```
/* slice: 54 */
border-image: 54;
/* slice: 54, width: 20px */
border-image: 54 / 20px;
/* slice: 54, outset: 20px */
border-image: 54 / / 20px;
/* slice: 54, width: 20px, outset: 20px */
border-image: 54 / 20px / 20px;
```

其中,需要重点关注"54 / / 20px"这个属性值,该属性值中出现了连续的斜杠。首先,这个写法是合法的;其次,为了便于大家理解,我在两个斜杠之间加了空格,实际上没有空格也是合法的:

```
/* 合法的 */
border-image: 54 // 20px;
```

所以如果大家在 border-image 的属性值中看到了双斜杠,千万不要误认为是多写了一个斜杠,这是遵循 border-image 属性的语法,把<'border-image-width'>数据类型给省略了。因为在正式语法中,<'border-image-width'>数据类型的后面有一个问号,这就表明这个数据类型可以省略,但是斜杠后面并无问号,因此斜杠不能省略,于是就出现了双斜杠的场景。

由于"尺寸控制"相关的 3 个 CSS 属性都支持 4 个方位的分别设置,因此 border-image 属性最复杂的缩写可能会有下面这么长。

```
.example {
    border-image: url(./grid-nine.svg) 54 33.33% 33.33% 54 / 10px 20px 30px 1 / 1 30px
20px 10px round space;
}
```

显示的效果如图 3-32 所示。

图 3-32 border-image 属性的一个复杂缩写对应的效果示意

眼见为实,读者可以在浏览器中进入 https://demo.cssworld.cn/new/3/3-5.php 页面,或者扫描右侧的二维码查看效果。

3.3.3　border-image 属性与渐变边框

为什么 `border-image` 属性的渲染机制那么怪异？

`border-image` 属性的规范出现得很早，浏览器也支持得很早。2008 年，Chrome 浏览器的第一个版本就已经支持 `border-image` 属性了（老语法）。在那个年代，所有图形效果全部都是使用图片实现的，例如圆角边框、圆角渐变选项卡等。

开发者为了让选项卡背景或者按钮的边框高宽自适应，会把源图像尺寸做得很大，然后将边缘位置专门裁好放在图像的边缘，方便使用 `background-position` 属性进行控制。例如，图 3-33 展示的就是十几年前 CSS 开发所使用的选项卡背景图，可以看到右侧的边框部分被裁开了。

通过内外两层便签分别定位左侧背景和右侧背景，就可以实现一个 1~7 个字的宽度自适应选项卡效果了，图 3-34 所示就是实现的效果图。

图 3-33　十几年前 CSS 开发所使用的选项卡背景示意　　　　图 3-34　使用传统 CSS 技巧实现的选项卡效果示意

有没有觉得这种边缘划分再重新分配定位的套路有些熟悉？对，`border-image` 属性的作用机制就是源自这里，先划分再分配。或者我们可以这么认为，`border-image` 属性的设计初衷就是用来简化自适应边框或者自适应选项卡的开发的，因为这可以让源图像的体积大大减小，灵活性大大提升。例如，图 3-35 所示的 3 个 `border-image` 应用案例，源图像都是很小的图形。

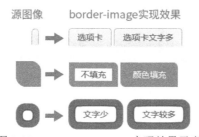

图 3-35　`border-image` 实现效果示意

眼见为实，读者可以在浏览器中进入 https://demo.cssworld.cn/new/3/3-6.php 页面，或者扫描右侧的二维码查看效果。

但是，其他 CSS 新属性的崛起把 `border-image` 属性想要实现的效果用一种更好的方式实现了。图 3-35 所示的 3 个案例，使用 CSS 就完全可以实现，圆角可以使用 `border-radius` 属性模拟，多边框可以使用 `box-shadow` 模拟，并且这样做兼容性更好，IE9+版本均支持，而 `border-image` 属性在 IE11+版本才被支持。`border-image` 属性的竞争对手 `background-image` 属性更是 bug 一样的存在，使用它配合 CSS 渐变和多背景，任何规律的图形都可以模拟出来。

以上这些原因导致 `border-image` 属性在众多 CSS 属性的竞争中逐渐没落，只在边框造型浮夸且不得不使用图片的场景中偶尔出现。然而，在 2012 年之后，随着各大浏览器对 `border-image` 属性开始了新的语法支持，`border-image` 属性又逐渐在实际项目开发中找到了属于自己的一片小天地，那就是和 CSS 渐变配合实现渐变边框、条纹边框。如果想要让某一个模块格外醒目，就可以使用渐变边框，代码如下：

```
<p class="border-linear-gradient">上下渐变边框</p>
<p class="border-radial-gradient">径向渐变边框</p>
.border-linear-gradient {
    border-style: solid;
    border-image: linear-gradient(deepskyblue, deeppink) 20 / 10px;
}
.border-radial-gradient {
    border-style: solid;
    border-image: radial-gradient(deepskyblue, deeppink) 20 / 10px;
}
```

最终效果如图 3-36 所示。

要想警示某一段内容存在风险，可以使用红色的条纹边框，代码如下：

```
<div class="border-stripe">我们可以使用红色条纹边框表示警示</div>
.border-stripe {
    border: 12px solid;
    border-image: repeating-linear-gradient(-45deg, red, red 5px, transparent 5px,
transparent 10px) 12;
}
```

最终效果如图 3-37 所示。

图 3-36 渐变边框效果示意

图 3-37 红色条纹边框效果示意

我们甚至可以用 border-image 属性重新定义元素的虚线边框，虚线的尺寸和虚实比例都可以随意控制，例如：

```
<div class="border-dashed">1:1 的虚线</div>
.border-dashed {
    border: 1px dashed deepskyblue;
    border-image: repeating-linear-gradient(135deg, deepskyblue, deepskyblue 5px,
transparent 5px, transparent 10px) 1;
}
```

图 3-38 展示的就是 Edge 浏览器、Chrome 浏览器和 Firefox 浏览器中的自定义虚线边框效果，可以看到，虽然各个浏览器默认的虚线边框不一样，但是自定义的虚线边框完成了统一。

图 3-38 自定义虚实比例和尺寸的虚线边框效果示意

眼见为实，读者可以在浏览器中进入 https://demo.cssworld.cn/new/3/3-7.php
页面，或者扫描右侧的二维码查看效果。

`border-image` 属性最适合模拟宽度为 1px 的虚线边框。如果边框宽度比
较大，实线的端点就会有明显的斜边，此时建议使用 `background-image` 属
性和线性渐变语法进行模拟，或者干脆使用 SVG 元素配合 `stroke-`
`dasharray` 实现更灵活的边框效果（详见 14.3.2 节）。

1. 圆角渐变边框

有时候为了让渐变边框有圆角效果，我们的第一反应是使用 `border-radius` 属性，但事实是
`border-radius` 属性无法改变 `border-image` 属性生成的图形效果，我们需要使用其他的方法。

（1）外层嵌套一层<div>元素，然后设置圆角和溢出隐藏，代码如下：

```
.father {
    border-radius: 10px;
    overflow: hidden;
}
```

效果如图 3-39 所示。

（2）使用 `clip-path` 剪裁，该方法无须嵌套额外的元素，代码如下：

```
.clip-path {
    clip-path: inset(0 round 10px);
}
```

实现的效果和图 3-39 所示的效果是一模一样的。

![圆角渐变边框]

图 3-39　圆角渐变边框实现效果示意

眼见为实，读者可以在浏览器中进入 https://demo.cssworld.cn/new/3/3-8.php
页面，或者扫描右侧的二维码查看效果。

2. border-image 与轮廓的模拟

CSS 中共有 3 个属性可以实现对布局没有任何影响的轮廓扩展，分别是
`outline` 轮廓、`box-shadow` 盒阴影和 `border-image` 边框图片。例如，希
望一个元素在被选中后外部有 2px 宽的深天蓝色轮廓，可以通过下面的代码实现：

```
.selected {
    outline: 2px solid deepskyblue;
}
.selected {
    box-shadow: 0 0 0 2px deepskyblue;
}
.selected {
    border: .02px solid;      /* Chrome 浏览器中 0px 无效果 */
    border-image: linear-gradient(deepskyblue, deepskyblue) 2 / 2px / 2px;
}
```

那么，在实际项目开发的时候，应该使用哪一个 CSS 属性呢？

我们不妨先来了解一下 `outline`、`box-shadow` 和 `border-image` 这 3 个 CSS 属性各自

的特征，如表 3-5 所示。

表 3-5 可以实现轮廓效果的 CSS 属性的特征对比表

属性	支持渐变	支持模糊	支持圆角	间隙控制	方位控制
outline	✘	✘	✘（仅 Firefox 支持）	✔（Edge15+）	✘
box-shadow	✘	✔	✔	✘	✔
border-image	✔	✘（可渐变模拟）	✘	✔	✔

根据表 3-5 所示内容，我们可以得到以下结论。

- 如果需要轮廓带有渐变效果，一定是使用 `border-image` 属性。
- 如果需要轮廓效果是纯色，且 4 个角为直角，则优先使用 `outline` 属性；如果 `outline` 属性不能使用（如无障碍访问需要），则使用 `box-shadow` 属性；如果 `box-shadow` 属性已经有了其他样式，则使用 `border-image` 属性。
- 如果需要轮廓有圆角效果，则一定是使用 `box-shadow` 属性。
- 如果需要轮廓和元素之间还有一段间隙，则优先使用 `outline` 属性；如果 `outline` 属性不能使用，则使用 `border-image` 属性。
- 如果需要轮廓只有一个方向，则不考虑 `outline` 属性。
- 如果需要兼容 IE 浏览器，则 `border-image` 属性不考虑。

大家可以根据实际的项目使用场景选择合适的属性。

最后还有一个很小的点要提醒大家注意，`border` 属性不能写在 `border-image` 属性的下方。例如，下面的 CSS 代码是没有边框图片效果的：

```
.selected {
    /* border-image 无效 */
    border-image: linear-gradient(deepskyblue, deepskyblue) 2 / 2px / 2px;
    border: .02px solid;
}
```

因为 `border` 属性的缩写中包含了 `border-image` 相关属性的信息。图 3-40 所示的是 Firefox 浏览器控制台中的样式信息。

如果 `border` 样式非要写在下面，则可以分开书写：

```
.extend ⚙ {
    border: ▶ .02px solid;
        border-image-outset: 0;
        border-image-repeat: stretch;
        border-image-slice: 100%;
        border-image-source: none;
        border-image-width: 1;
    border-image: ▶ linear-gradient(● deepskyblue,
    ● deepskyblue) 2 / 2px / 2px;
}
```

图 3-40 `border` 缩写属性包含 `border-image` 相关属性示意

```
.selected {
    /* border-image 有效 */
    border-image: linear-gradient(deepskyblue, deepskyblue) 2 / 2px / 2px;
    border-width: .02px; border-style: solid;
}
```

3.4 position 属性的增强

本节主要介绍一个全新的 `position` 属性值——`sticky`，单词 "sticky" 的中文意思是 "黏性的"，`position:sticky` 就是黏性定位。为了让接下来的描述更精准，我们不妨在这里先约定：黏性定位就是指元素应用了 `position:sticky` 声明；相对定位就是指元素应用了 `position:relative` 声明；绝对定位就是指元素应用了 `position:absolute` 声明；固定定位就是指元素应用了 `position:fixed` 声明。

　　`sticky` 属性值刚出来的时候，在圈子里是引发过一阵小热度的。但是，在 2014 年至 2016 年这长达 3 年的时间里，Chrome 浏览器放弃了对它的支持，后来这个新特性就淡出了大众的视野。不知道出于什么原因，2017 年之后，Chrome 浏览器又重新开始支持黏性定位了。目前所有主流浏览器都已经支持黏性定位。

兼容性

　　黏性定位的兼容性如表 3-6 所示。

表 3-6　黏性定位的兼容性（数据源自 Caniuse 网站）

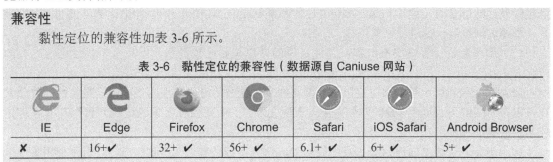

IE	Edge	Firefox	Chrome	Safari	iOS Safari	Android Browser
✘	16+✔	32+ ✔	56+ ✔	6.1+ ✔	6+ ✔	5+ ✔

　　可以说，黏性定位一定是日后高频使用的一个 CSS 新特性，所以大家务必要精通。

3.4.1　深入了解 sticky 属性值与黏性定位

　　过去，黏性定位效果一定是通过 JavaScript 代码实现的。这个效果常用在导航元素上，具体表现为：当导航元素在屏幕内的时候，导航元素滚动跟随；当导航元素就要滚出屏幕的时候，导航元素固定定位。

　　`sticky` 属性值的设计初衷就是把原来 JavaScript 才能实现的黏性效果改由 CSS 实现。下面来看一个例子。

　　读者可以在浏览器中进入 https://demo. cssworld.cn/new/3/4-1.php 页面，或者扫描右侧的二维码查看效果。滚动页面，大家就会发现，当导航元素距离上边缘距离为 0 的时候，就粘在了上边缘，效果如同固定定位的效果。这个效果的实现只需要几行 CSS 代码：

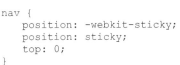

```
nav {
    position: -webkit-sticky;
    position: sticky;
    top: 0;
}
```

该效果使用非常方便，且交互流畅，体验非常棒，谁用谁喜欢。

　　人总是容易被视觉表象误导，黏性定位元素在"粘住"的时候，看起来效果跟固定定位一样。再加上传统的黏性定位效果是通过 JavaScript 计算滚动的位置，让 `position` 属性的值在 `relative` 和 `fixed` 之间切换来实现的，因此，很多 CSS 开发者误认为黏性定位就是相对定位和绝对定位的结合体。

　　请注意，黏性定位效果底层的渲染规则和固定定位没有任何关系，而是相对定位的延伸。先说说黏性定位和相对定位相似的地方。

（1）元素发生偏移的时候，元素的原始位置是保留的。

（2）创建了新的绝对定位包含块，也就是黏性定位元素里面如果有绝对定位的子元素，那这个子元素设置 `left` 属性、`top` 属性、`right` 属性和 `bottom` 属性时的偏移计算是相对于当前黏性定位元素的。

（3）支持设置 `z-index` 属性值来改变元素的层叠顺序。

再说说黏性定位和相对定位不一样的地方。

（1）偏移计算元素不一样。相对定位偏移计算的容器是父元素，而黏性定位偏移计算的元素是层级最近的可滚动元素（`overflow` 属性值不是 `visible` 的元素）。如果一个可滚动元素都没有，则相对浏览器视窗进行位置偏移。

（2）偏移定位计算规则不一样。黏性定位的计算规则比较复杂，涉及多个黏性定位专有的概念。

（3）重叠表现不一样。相对定位元素彼此独立，重叠的时候表现为堆叠；但是黏性定位元素在特定布局结构下，元素重叠的时候并不是表现为堆叠，而是会有 A 黏性定位元素推开 B 黏性定位元素的视觉表现。

接下来深入讲解上面提到的 3 点不同之处，请大家务必重点阅读这些内容，否则使用黏性定位的时候很可能会感到困惑：明明设置了黏性定位样式，浏览器也支持，但是最终却没有黏性定位效果。

1．可滚动元素对黏性定位的影响

通常的 Web 页面都是窗体滚动的，而黏性定位偏移计算的元素是层级最近的那个滚动元素。因此，如果黏性定位元素的某个祖先元素的 `overflow` 属性值不是 `visible`，那么窗体滚动的时候就不会有黏性定位效果，例如：

```
<div>
  <nav></nav>
</div>
div {
    overflow: hidden;
}
nav {
    position: sticky;
    top: 0;
}
```

此时滚动页面，<nav>元素是没有黏性效果的。注意，这不是 bug，也不是 sticky 属性值没有渲染，而是因为此时<nav>元素黏性定位的偏移计算是相对于父级<div>元素计算的，黏性效果也只有在<div>元素滚动的时候才能够体现。

我们将<div>元素样式微调一下：

```
div {
    height: 400px;
    overflow: auto;
}
div::after {
    content: '';
    display: block;
```

```
    height: 800px;
}
```

此时滚动<div>元素，大家就会发现<nav>元素没有跟着滚动，黏性定位效果表现得很好。因此，如果你的网页使用的是窗体滚动，又希望有黏性效果，那务必保证黏性定位元素的祖先元素中没有可滚动元素。

2. 深入理解黏性定位的计算规则

如果黏性定位元素的父元素的高度和黏性定位元素的高度相同，则垂直滚动的时候，黏性定位效果是不会出现的。要讲清楚这个问题，就必须深入理解黏性定位的计算规则。

黏性定位中有一个"流盒"（flow box）的概念，指的是黏性定位元素最近的可滚动元素的尺寸盒子，如果没有可滚动元素，则表示浏览器视窗盒子。黏性定位中还有一个名为"黏性约束矩形"的概念，指的是黏性定位元素的包含块（通常是父元素）在文档流中呈现的矩形区域和流盒的 4 个边缘在应用黏性定位元素的 left、top、right 和 bottom 属性的偏移计算值后的新矩形的交集。由于滚动的时候流盒不变，而黏性定位元素的包含块跟着滚动，因此黏性约束矩形随着滚动的进行是实时变化的。假设我们的黏性定位元素只设置了 top 属性值，则黏性定位元素碰到黏性约束矩形的顶部时就开始向下移动，直到它完全被包含在黏性约束矩形中。

上面就是黏性定位计算和渲染的规则，第一遍读下来肯定不知所云，不要急，对照下面这个例子，多看几次就知道什么意思了。

有一个页面是窗体滚动，包含<div>元素和<nav>元素，这两个元素是父子关系，HTML 代码如下：

```
<div>
  <nav>导航</nav>
</div>
```

其中：

```
div {
    height: 100px;
    margin-top: 50px;
    border: solid deepskyblue;
}
nav {
    position: sticky;
    top: 20px;
    background: lightskyblue;
}
```

随着滚动的进行，<nav>元素的黏性约束矩形范围和实际的渲染表现如图 3-41 所示。

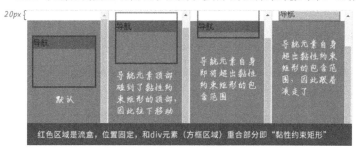

图 3-41　top 方位的黏性定位原理示意

下面介绍一下详细的计算规则。

由于 <nav> 这个黏性定位元素的 top 偏移是 20px，因此，流盒矩形就是滚动窗口矩形再往下偏移 20px，也就是图 3-41 所示的红色区域。而 <nav> 这个黏性定位元素的包含块就是其父元素 <div>（设置了边框）。黏性约束矩形指的是流盒矩形和包含块的重叠区域，因此，图 3-41 所示的黏性约束矩形就是红色区域和方框区域重叠的矩形区域。

在默认状态下（图 3-41 左一），由于 <div> 元素设置了 margin-top:50px，因此，<nav> 这个黏性定位元素的顶部距离黏性约束矩形的顶部还有 33px（即 30px 的距离加上 3px 的边框高度），此时不会有黏性效果。随着浏览器页面滚动，<nav> 元素的顶部和黏性约束矩形的顶部距离越来越小，直到距离为 0。此时 <nav> 元素开始下移，将自己约束在黏性约束矩形范围内，如图 3-41 左二所示。浏览器页面继续滚动，<nav> 元素的底部也快要超出黏性约束矩形范围的限制了，如图 3-41 右二所示。最终，<nav> 元素的底部和黏性约束矩形范围的底部重合。由于黏性定位元素不能超出黏性约束矩形范围的限制，因此此时黏性效果失效，<nav> 元素跟着一起滚走了，如图 3-41 所示右一。

如果还不是很理解，读者可以在浏览器中进入 https://demo.cssworld.cn/new/3/4-2.php 页面，或者扫描右侧的二维码进行学习。

明白了黏性定位的计算规则，也就明白了为什么黏性定位元素的父元素和自身高度计算值一样的时候没有黏性效果。因为此时包含块高度和黏性定位元素的高度相同，这导致黏性约束矩形的最大高度和黏性定位元素的高度相同，黏性定位元素已经完全没有了实现黏性效果的空间。

3．理解黏性定位的堆叠规则

黏性定位元素的偏移由容器决定，如果多个黏性定位元素在同一容器中，则这几个黏性定位元素会产生元素重叠的情况；如果黏性定位元素分布在不同的容器中，同时这些容器在布局上是上下紧密相连的，则视觉上会表现为新的黏性定位元素挤开原来的黏性定位元素，形成依次占位的效果。

例如，有一个按字母排序的通讯录页面，希望在页面滚动的时候将 26 个字母依次定位在页面的顶部。下面两种 HTML 代码结构会有不同的黏性定位效果：

```
<h6>A</h6>
<ul>
    <li>Alice</li>
</ul>
<h6>B</h6>
<ul>
    <li>贝贝王爷有点萌</li>
</ul>
------
<dl>
    <dt>A</dt>
    <dd>Alice</dd>
</dl>
<dl>
    <dt>B</dt>
    <dd>贝贝王爷有点萌</dd>
</dl>
```

其中，字母所在的元素设置了黏性定位的 CSS 声明：

```
h6, dt {
    position: sticky;
```

```
    top: 0;
}
```

在第一种 HTML 代码结构中，随着页面的滚动，A~Z 所在的字母元素是一个一个重叠上去的；在第二种 HTML 代码结构中，随着页面的滚动，A~Z 所在的字母元素是依次推上去的，如图 3-42 所示。

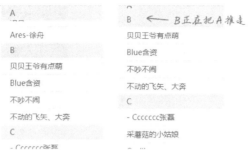

图 3-42　字母索引栏依次黏性定位效果示意

读者可以在浏览器中进入 https://demo.cssworld.cn/new/3/4-3.php 页面，或者扫描右侧的二维码对这一效果进行查看。

至于为什么黏性定位元素在同一个容器下会重叠，而在不同容器下则会依次推开，这和上面等高父元素没有黏性效果的原因一样，都是黏性定位计算规则下的样式表现。

当我们的黏性定位元素分布在不同容器的时候，就会有多个不同的黏性约束矩形。这些黏性约束矩形正好一个一个排列得很整齐，于是在视觉上就表现为上一个黏性定位元素被滚走，下一个黏性定位元素正好开始有黏性效果。当我们的黏性定位元素都在一个容器里的时候，大家都共用一个巨大的黏性约束矩形，因此，滚动的时候元素会一个一个不断往上重叠。

很显然，依次推送的黏性定位效果体验要更好。因此，在实际开发的时候，如果我们有多个并列的黏性定位元素，建议使用不同的容器元素分别将它们包起来。

4．其他细节

Safari 浏览器中使用黏性定位需要添加 -webkit- 私有前缀。

IE 浏览器可以使用 Polyfill 进行支持，可以兼容到 IE9+ 版本。

同时设置 top 属性、bottom 属性的时候，上下两个方位的黏性效果会同时生效。水平方向的 left 属性、right 属性也是类似的，不过由于水平滚动场景不常见，因此，left 属性、right 属性并不常用。

3.4.2　position:sticky 声明的精彩应用——层次滚动

黏性定位可以实现很多很棒的效果，例如巧妙配合 top 黏性定位和 bottom 黏性定位可以实现带有视差效果的层次滚动。

读者可以在浏览器中进入 https://demo.cssworld.cn/new/3/4-4.php 页面，或者扫描右侧的二维码对这一效果进行查看。

可以看到，随着页面的滚动，标题依次置顶，同时网友评论在恰当的时候从新闻内容的后面出现，如图 3-43 所示。

图 3-43 所示的富有层次感的滚动效果就是借助黏性定位效果实现的，下面介绍一下具体的原理。

（1）为标题和网友评论元素都设置黏性定位，网友评论元素同时设置 z-index:-1，将其藏在新闻内容元素的后面，CSS 代码如下：

```css
h4 {
    position: sticky;
    top: 0;
}
footer {
    position: sticky;
    bottom: 50vh;
    /* 为了默认藏在其他元素后面 */
    z-index: -1;
}
```

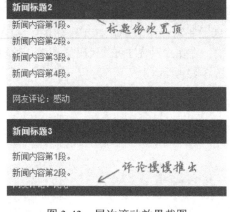

图 3-43 层次滚动效果截图

（2）每一段的标题和网友评论都使用一个<section>元素包起来，让黏性定位元素隶属于不同的容器元素，这样就实现了依次置顶占位的效果。

上面的例子只是抛砖引玉，只要是符合标题、内容和辅助信息结构的内容布局，都非常适合使用这种层次滚动交互效果，通过几行简单 CSS 代码就可以实现，性价比极高，非常推荐使用。

3.5 font-family 属性和@font-face 规则新特性

本节主要介绍与字体相关的一些新特性，包括 font-family 属性的功能加强，以及 @font-face 自定义字体。

3.5.1 system-ui 等全新的通用字体族

字体族表示一个系列字体，而非单指具体某一个字体。字体族又分为普通字体族和通用字体族，例如 Arial 就是普通字体族。通用字体族数量有限，传统的通用字体族包括下面这些（对应的示意图均来自 CSS Fonts Module Level 4 规范文档）。

- serif：衬线字体，指笔画有粗有细，开始和结束带有装饰的字体。图 3-44 所示的就是衬线字体。
- sans-serif：无衬线字体，指笔画粗细均匀，没有额外装饰的字体。图 3-45 所示的就是无衬线字体。

永远 Aa　　　永远 Aa

Source Han Serif SC　Times　　Source Han Sans CN　Verdana

图 3-44 衬线字体示意 　　　　图 3-45 无衬线字体示意

- monospace：等宽字体，指所有字形具有相同的固定宽度的字体。图 3-46 所示的就是等宽字体。
- cursive：手写字体，中文中的楷体（font-family:Kaiti）就属于手写字体。图 3-47

所示的就是手写字体。

- fantasy：奇幻字体，主要用来装饰和表现效果，字形和原本字符可以没有关系。从这一点看，自定义的小图标字体就属于奇幻字体。图 3-48 所示的就是奇幻字体。

| Andale Mono | Courier | Corsiva | STXingkai | Cracked | Curlz MT |

图 3-46　等宽字体示意 　　　　图 3-47　手写字体示意 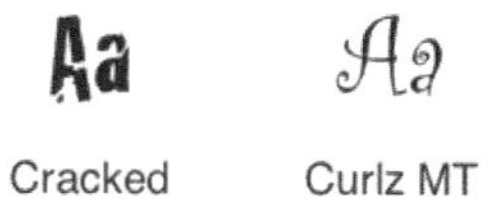　　　　图 3-48　奇幻字体示意

传统的通用字体族在《CSS 世界》一书的第 8 章中已经详细介绍过了，这里不再赘述，我们把目光投向全新的通用字体族。全新的通用字体族包括以下几种。

- system-ui：系统 UI 字体。
- emoji：适用于 emoji 字符的字体家族。
- math：适用于数学表达式的字体家族。
- fangsong：中文字体中的仿宋字体家族。

system-ui 和 emoji 这两种通用字体族尤其实用。下面我就对每一种通用字体族做一下详细的介绍。

1. system-ui 通用字体族

在过去，如果想要使用系统字体，只能使用 font:menu、font:status-bar 等 CSS 声明。但是，menu、status-bar、small-caption 等 font 关键字属性值是包含字号的，不同操作系统中的字号会不一样，因此我们还需要通过设置 font-size 属性值重置字号大小，比较麻烦。

system-ui 字体族的出现很好地解决了使用系统字体的需求。有人会有疑问：为什么要使用系统字体？这是因为所有网站都会设置通用字体，过去流行在网站中指定具体的字体，例如：

```
body {
    font-family: Helvetica, Segoe UI, Arial, "PingFang SC", "Microsoft YaHei", sans-serif;
}
```

指定具体的字体存在以下不足。

（1）字体可能会相互冲突。例如，有些用户给自己的 Windows 操作系统安装了苹方字体，但显示器密度并没有跟上，导致网页里显示的字体效果很奇怪，文字瘦瘦的，边缘糊糊的，不利于阅读，如图 3-49 所示。

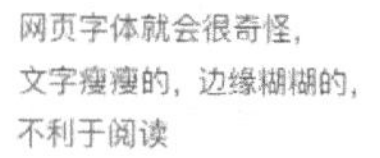

（2）系统升级后可能有了更适合网页的字体，但是由于网页指定了字体，因此并不能使用更适合网页的字体。例如 OS X 10.9 Mavericks 版本、OS X 10.10 Yosemite 版本和 OS X 10.11 El Capitan 版本分别使用了不同的默认字体，如表 3-7 所示。

网页字体就会很奇怪，文字瘦瘦的，边缘糊糊的，不利于阅读

图 3-49　Windows 操作系统中苹方字体效果示意

表 3-7　OS X 10.9～10.11 系统字体

OS X 版本	系统字体
10.11 Mavericks	San Francisco
10.10 Yosemite	Helvetica Neue
10.9 EI Capitan	Lucida Grande

San Francisco 字体具有动态特性，更适合小屏幕，可以提升阅读体验。如果我们代码中指定

了 Helvetica Neue 字体，则我们的页面就没办法跟着系统一起提升体验。

综上所述，全局的字体设置应该随着系统字体变动，理论上只需要下面的 CSS 代码就可以实现：

```
body {
    font-family: system-ui;
}
```

但是，由于兼容性问题的存在，实际开发过程中是不能直接使用上面的 CSS 代码的，还需要使用其他字体族兜底。

兼容性

system-ui 字体族的兼容性如表 3-8 所示。

表 3-8　system-ui 字体族的兼容性（数据源自 Caniuse 网站）

IE	Edge	Firefox	Chrome	Safari	iOS Safari	Android Browser
✘	✘	43+ ✔ 仅 macOS	56+ ✔	11+ ✔	11+ ✔	5+ ✔

关于其他兜底字体的设置可以参考一些大型网站，例如 GitHub 站点的字体设置：

```
body {
    font-family: -apple-system, BlinkMacSystemFont, Segoe UI, Helvetica, Arial,
sans-serif, Apple Color Emoji, Segoe UI Emoji;
}
```

先具体分析一下这个字体设置的组成。

- -apple-system 只在 macOS 中有效，是 system-ui 字体族还没出现之前的一种私有语法，可以让 Firefox 浏览器和 Safari 9.1～Safari 10.1 浏览器使用系统字体。

- BlinkMacSystemFont 也只在 macOS 中有效，是 Chrome 53～Chrome 55 浏览器使用系统字体的一种非标准语法。考虑到目前 system-ui 字体族的兼容性，并从适应未来的角度来看，BlinkMacSystemFont 可以删掉了。

- Segoe UI、Helvetica、Arial 是给不支持系统字体的浏览器兜底用的，如 IE 浏览器、Edge 浏览器等。其中需要注意以下 3 点。

  - Segoe UI 是 Windows 操作系统从 Vista 版本开始默认的西文字体族，可以在 Windows 操作系统上以最佳的西文字体显示。

  - Helvetica 是 macOS 和 iOS 中很常用的一款无衬线字体。

  - Arial 是全平台都支持的一款无衬线字体，可以作为最后的兜底，例如较老版本的 Windows 操作系统。

    可能是 GitHub 的开发者不喜欢 Android 操作系统,这里的字体设置遗漏了 Roboto 字体。Roboto 字体是为 Android 操作系统设计的一款无衬线字体，可以在 Android 操作系统上以最佳的西文字体显示。

- Apple Color Emoji 和 Segoe UI Emoji 是 emoji 字体，此处同样遗漏了 Android 操作系统的 emoji 字体。关于 emoji 字体的更多内容后面会讲解，这里先不做介绍。

通过上面的分析讲解，我们可以去粗取精，得到一段最佳的系统字体设置代码（暂时不考虑 emoji 字体）：

```
body {
    font-family: system-ui, -apple-system, Segoe UI, Roboto, Helvetica, Arial,
sans-serif;
}
```

字体设置还没结束，上面的 CSS 代码还差对 emoji 字体的设置。

2.　emoji 通用字体族

目前主流的操作系统都已经内置 emoji 字体，如 macOS、iOS、Android 操作系统和 Windows 10 操作系统等。然而，虽然主流的操作系统内置了 emoji 字体，但是有些 emoji 字符并不会显示为彩色的图形，需要专门指定 emoji 字体，代码如下：

```
.emoji {
    font-family: Apple Color Emoji, Segoe UI Emoji, Segoe UI Symbol, Noto Color Emoji;
}
```

我先具体分析一下这个字体设置的组成。

- Apple Color Emoji 用在 Apple 的产品中的，如 iPhone（iOS）或者 Mac Pro（macOS）等。
- Segoe UI Emoji 是用在 Windows 操作系统中的 emoji 字体。
- Segoe UI Symbol 是在 Windows 7 操作系统中添加的一种新字体，是一种 Unicode 编码字体，显示的是单色图案，非彩色图形。
- Noto Color Emoji 是谷歌的 emoji 字体，用在 Android 和 Linux 操作系统中。

以上 4 种字体涵盖了所有主流的操作系统。不过每次使用 emoji 字体都要指定 4 个元素有些麻烦，加上 Noto Color Emoji 直接作为 font-family 属性值没有效果，因此我们可以专门定义一个新的 emoji 字体来优化代码，例如：

```
@font-face {
    font-family: Emoji;
    src: local("Apple Color Emoji"),
      local("Segoe UI Emoji"),
      local("Segoe UI Symbol"),
      local("Noto Color Emoji");
}
.emoji {
    font-family: Emoji;
}
```

我们来看一下上面 emoji 字体设置的效果。下面是两段不同的 HTML 代码：

```
<p>笑脸☺: \263a, 铅笔✏: \270f, 警示⚠: \26a0</p>
<p class="emoji">笑脸☺: \263a, 铅笔✏: \270f, 警示⚠: \26a0</p>
```

在 Windows 10 操作系统下的 Chrome 浏览器中为图 3-50 所示的效果。

在 Android 操作系统下的 Chrome 浏览器中为图 3-51 所示的效果。

图 3-50　Windows 10 操作系统下的 Chrome 浏览器中 emoji 字体效果示意

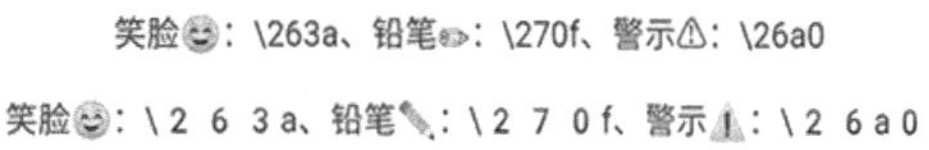

图 3-51　Android 操作系统下的 Chrome 浏览器中 emoji 字体效果示意

可以看到，应用了 emoji 字体的那段文字的字符图案都变成了彩色的 emoji 图形。

眼见为实，读者可以在浏览器中进入 https://demo.cssworld.cn/new/3/5-1.php 页面，或者扫描右侧的二维码查看效果。

如果我们仔细观察，就会发现 emoji 字体对普通文本的渲染也产生了影响。例如在 Windows 10 操作系统下的 Chrome 浏览器中，文字在应用 emoji 字体后显示的字体不再是微软雅黑；在 Android 操作系统下的 Chrome 浏览器中，在应用 emoji 字体后，数字和字母的字形变粗了，字宽加大了。这种效果肯定不是我们需要的，因此，在实际开发的时候，emoji 字体设置应该放在系统字体设置后面。结合前面的最佳系统字体设置代码，有：

```css
@font-face {
    font-family: Emoji;
    src: local("Apple Color Emoji"),
      local("Segoe UI Emoji"),
      local("Segoe UI Symbol"),
      local("Noto Color Emoji");
}
body {
    font-family: system-ui, -apple-system, Segoe UI, Roboto, Helvetica, Arial,
sans-serif, Emoji;
}
```

实际效果如何？我们可以做一个测试：

```css
p {
    font: menu;
}
.emoji {
    font-family: system-ui, -apple-system, Segoe UI, Roboto, Helvetica, Arial,
sans-serif, Emoji;
}
```

为了方便演示，我们在 HTML 代码中增加一个 Unicode 值为 1f600 的笑脸，代码如下：

```html
<p>笑脸：☺\263a😀\1f600、铅笔：✏\270f、警示：⚠\26a0</p>
<p class="emoji">笑脸：☺\263a😀\1f600、铅笔：✏\270f、警示：⚠\26a0</p>
```

在 Windows 10 操作系统和 macOS 下的 Chrome 浏览器中分别有图 3-52 和图 3-53 所示的效果。

笑脸：☺\263a😀\1f600、铅笔：✏\270f、警示：⚠\26a0   笑脸：😊\263a😀\1f600、铅笔：✏\270f、警示：⚠\26a0

笑脸：☺\263a😀\1f600、铅笔：✏\270f、警示：⚠\26a0   笑脸：😊\263a😀\1f600、铅笔：✏\270f、警示：⚠\26a0

图 3-52　Windows 10 操作系统的 Chrome　　　　图 3-53　mac OS 的 Chrome 浏览器
浏览器中的 emoji 字体对比效果示意　　　　　中的 emoji 字体对比效果示意

在 Android 操作系统下的 Chrome 浏览器和 iOS 下的 Safari 浏览器中有图 3-54 和图 3-55 所示的效果。

笑脸：😊\263a😀\1f600、铅笔：✏\270f、警示：⚠\26a0   笑脸：☺\263a😀\1f600、铅笔：✏\270f、警示：⚠\26a0

笑脸：😊\263a😀\1f600、铅笔：✏\270f、警示：⚠\26a0   笑脸：😊\263a😀\1f600、铅笔：✏\270f、警示：⚠\26a0

图 3-54　Android 操作系统下的 Chrome　　　　图 3-55　iOS 下的 Safari 浏览器中的
浏览器中的 emoji 字体对比效果示意　　　　　emoji 字体对比效果示意

很有意思，图 3-52～图 3-55 所示的 emoji 字体效果居然没有一个是一样的。

眼见为实，读者可以在浏览器中进入 https://demo.cssworld.cn/new/3/5-2.php 页面，或者扫描右侧的二维码查看效果。

很多开发者懵了，emoji 效果的出现难道没有规律的吗？emoji 字体放在后面居然让 emoji 图形还原成字符了？实际上，上面所有问题出现的原因都是 emoji 前面的那些字体的 Unicode 范围涵盖了 emoji 字符的 Unicode 范围。例如，😀这个字符的 Unicode 值是 1f600，是非常靠后的字符，这种以 1f 开头的 5 位数的 Unicode 值都是非常安全的字符，常规字体的 Unicode 范围并未覆盖这么广。因此，大家可以看到，无论在哪个操作系统下或哪个浏览器中，😀都能以 emoji 图形显示。

但是，那些靠前的传统的 Unicode 字符就不是这样的。例如☺这个字符，其 Unicode 值是 263a，比较小，位置非常靠前，很多常见字体中就有这个字符的字体信息。例如，Helvetica 和 Arial 字体可以让\263a 笑脸以字符图案呈现而不是 emoji 图形，因此，无论是在 Windows 操作系统还是在 macOS 中，\263a 笑脸都是字符效果。但是\263a 笑脸在 iOS 下 Safari 浏览器中显示的是 cmoji 图形，这是因为 iOS 中的 system-ui 字体族包含了 emoji 字体，如果我们删掉 system-ui，类似下面的 CSS 代码：

```
.emoji {
    font-family: Helvetica, Arial, sans-serif, Emoji;
}
```

大家可以发现，emoji 笑脸又变成单调的字符图案了。

最后再说一下为何\263a 笑脸在 Android 操作系统下的 Chrome 浏览器中没有变成字符，这是因为 Android 浏览器并没有 Helvetica 和 Arial 这两个字体。所以，将 emoji 字体设置放在最后，出现部分字符没有变成 emoji 图形的情况，并不是 emoji 字体的问题，而是被为了兼容而设置的其他字体干扰的结果。

于是，我想到了一种优化方法，那就是把 emoji 字体放在 Helvetica 和 Arial 这两个字体的前面，同时通过 unicode-range 属性调整 emoji 字体生效的 Unicode 范围：

```
@font-face {
    font-family: Emoji;
    src: local("Apple Color Emoji"),
      local("Segoe UI Emoji"),
      local("Segoe UI Symbol"),
      local("Noto Color Emoji");
    unicode-range: U+1F000-1F644, U+203C-3299;
}
.emoji {
        font-family: system-ui, -apple-system, Segoe UI, Roboto, Emoji, Helvetica, Arial,
sans-serif;
}
```

此时，系统字体、emoji 字体和向下兼容字体达到了完美的平衡。

假设有如下 HTML 代码：

```
<p> &#x263a;\263a&#x270f;\270f&#x26a0;\26a0&#x1f600;\1f600&#x1f638;\1f638&#x1f921;
\1f921 </p>
<p
class="emoji">&#x263a;\263a&#x270f;\270f&#x26a0;\26a0&#x1f600;\1f600&#x1f638;
\1f638&#x1f921;\1f921</p>
```

这段代码在 Windows 10 操作系统下的 Chrome 浏览器中的效果会如图 3-56 所示。

☺\263a━\270f⚠\26a0😀\1f600😸\1f638😡\1f921

☺\263a✏\270f⚠\26a0😀\1f600😸\1f638😡\1f921

图 3-56　emoji 字体位置前移后在 Windows 10 操作系统的
Chrome 浏览器中的 emoji 图形效果示意

其他操作系统下第二行内容中的 emoji 图形也都全部正常显示了。

眼见为实，读者可以在浏览器中进入 https://demo.cssworld.cn/new/3/5-3.php 页面，或者扫描右侧的二维码查看效果。

于是，我们就可以得到无衬线字体 CSS 最佳实践代码，这套 CSS 代码适合用于设置页面主体文字内容。大家可以看看自己的代码，如果还是传统的字体设置，就可以换成下面这段 CSS 代码：

```css
@font-face {
    font-family: Emoji;
    src: local("Apple Color Emoji"),
        local("Segoe UI Emoji"),
        local("Segoe UI Symbol"),
        local("Noto Color Emoji");
    unicode-range: U+1F000-1F644, U+203C-3299;
}
body {
    font-family: system-ui, -apple-system, Segoe UI, Roboto, Emoji, Helvetica, Arial,
sans-serif;
}
```

下面附上我觉得不错的衬线字体和等宽字体的字体族设置代码：

```css
.font-serif {
    font-family: Georgia, Cambria, "Times New Roman", Times, serif;
}
.font-mono {
    font-family: Menlo, Monaco, Consolas, "Liberation Mono", "Courier New", monospace;
}
```

3. math 通用字体族

math 通用字体族的作用是方便在 Web 中展现数学公式。数学公式包含非常多的层次关系，需要特殊的字体进行支持。图 3-57 所示的就是一个相对比较复杂的数学公式。

$$f(x) = \sum_{n=-\infty}^{\infty} c_n e^{2\pi i(n/T)x} = \sum_{n=-\infty}^{\infty} \hat{f}(\xi_n) e^{2\pi i\xi} n^x \, \Delta\xi$$

图 3-57　数学公式示意

有一种名为 MathML 的 XML 语言专门用来呈现富有层级关系的数学公式（对 MathML 的详细介绍见 https://www.zhangxinxu.com/wordpress/?p=8108）。数学标签（如<math>）背后使用的 font-family 就是 math 通用字体族。例如，Windows 操作系统中使用的字体是 Cambria Math，这种字体包括额外的数据信息（如 OpenType 数学表），可以帮助数学公式实现层次化的布局，如可以对一些数字和符号进行拉伸等字体变形。

理论上在开发的时候，我们只要使用 MathML 语言进行数学公式书写就好了，无须关心背后的字体。但是，在实际操作中，Chrome 浏览器并不支持 MathML。为了兼容 Chrome 浏览器，我们需要对数学标签进行 CSS 重定义，此时就需要用到 math 通用字体族：

```css
math {
    font-family: Cambria Math, Latin Modern Math;
}
```

其中，Cambria Math 是 Windows 操作系统中的数学字体，Latin Modern Math 是 macOS 中的数学字体。

其他数学字体还有很多，如 STIX Two Math、XITS Math、STIX Math、Libertinus Math、TeX Gyre Termes Math、Asana Math、Lucida Bright Math、Minion Math 等。不过这些字体在实际情况中一般都用不到，因此不必深究。

4．fangsong 通用字体族

这个字体族来自中文字体"仿宋"，仿宋是介于宋体（衬线字体）和楷体（手写字体）之间的一种字体。和宋体相比，仿宋笔画的水平线通常是倾斜的，端点修饰较少，笔画宽度变化较小。一般非常正式的公告才会用到这个字体，平常开发项目中很少用到：

```
article {
    font-family: fangsong;
}
```

5．其他系统关键字

在未来的某个网站中可能会使用下面的系统关键字：

- `ui-serif`；
- `ui-sans-serif`；
- `ui-monospace`；
- `ui-rounded`。

其中：

- `font-family:ui-serif` 表示使用和系统一样的衬线字体；
- `font-family:ui-sans-serif` 表示使用和系统一样的无衬线字体；
- `font-family:ui-monospace` 表示使用和系统一样的等宽字体；
- `font-family:ui-rounded` 表示使用和系统一样的圆形字体（边和角都很圆润的字体），如果系统中没有这样的字体，则不指向任何系统字体。

目前 ui-开头的这些系统字体只有 **Safari** 浏览器支持，不过在实际项目中也是可以用的，可以添加在传统的字体族关键字 serif、sans-serif 或 monospace 之前，例如：

```
body {
    font-family: system-ui, -apple-system, Segoe UI, Roboto, Emoji, Helvetica, Arial,
ui-sans-serif, sans-serif;
}
.font-serif {
    font-family: Georgia, Cambria, "Times New Roman", Times, ui-serif, serif;
}
.font-mono {
    font-family: Menlo, Monaco, Consolas, "Liberation Mono", "Courier New",
ui-monospace,monospace;
}
```

3.5.2　local()函数与系统字体的调用

从 **IE9** 浏览器开始，@font-face 规则开始支持使用 local()函数调用系统安装的字体。

使用 local() 函数主要有两大好处。

（1）**简化字体调用**。例如我们要使用等宽字体，但是不同操作系统中的等宽字体不一样。为了兼容，我们需要一长串不同的字体名称作为 font-family 属性值，但是根本就记不住这么多字体，没关系，有了 local() 函数，使用这些字体的方法就一下子变得简单了：

```
@font-face {
    font-family: Mono;
    /* 单个单词可以不用加引号 */
    src: local("Menlo"),
        local("Monaco"),
        local("Consolas"),
        local("Liberation Mono"),
        local("Courier New"),
        local("monospace");
}
.code {
    font-family: Mono;
}
```

（2）**在自定义字体场景下提高性能**。例如我们希望在各个平台都能使用 Roboto 字体，则可以像下面这样重新定义下 Roboto 字体：

```
@font-face {
    font-family: Roboto;
    font-style: normal;
    font-weight: 400;
    src: local("Roboto"), local("Roboto-Regular"), url(./Roboto.woff2) format("woff2");
}
```

此时 local() 函数可以让已经安装了 Roboto 字体的用户无须发起额外的 Roboto 字体请求，优化了这部分用户的使用体验。

3.5.3 unicode-range 属性的详细介绍

我们在使用 @font-face 规则自定义字体的时候，还可以通过使用 unicode-range 属性来决定自定义的字体作用在哪些字符上。例如设置 emoji 字体的作用范围：

```
@font-face {
    font-family: Emoji;
    src: local("Apple Color Emoji"),
        local("Segoe UI Emoji"),
        local("Segoe UI Symbol"),
        local("Noto Color Emoji");
    unicode-range: U+1F000-1F644, U+203C-3299;
}
```

上面演示了 unicode-range 属性的基本用法，下面详细展开讲一下 unicode-range 属性的值和语法。

unicode-range 属性值的写法是 "U+" 加上目标字符的 Unicode 编码或者 Unicode 范围。初始值为 U+0-10FFFF，也就是所有字符集。其语法如下：

```
/* 支持的值 */
unicode-range: U+26;                    /* 单个字符编码 */
unicode-range: U+0-7F;
unicode-range: U+0025-00FF;             /* 字符编码区间 */
unicode-range: U+4??;                   /* 通配符区间 */
unicode-range: U+0025-00FF, U+4??; /* 多个值 */
```

有些读者可能不知道 U+4??是什么意思，?可以理解为占位符，表示 0-F 的值，因此，U+4??表示从 U+400 到 U+4FF。

在前端领域，使用 Unicode 编码显示字符在各种语言中都是可以的，不过前缀各有不同。

（1）在 HTML 中，字符输出可以使用&#x 加上 Unicode 编码。

（2）在 JavaScript 文件中，为了避免中文乱码需要转义，应使用\u 加上 Unicode 编码。

（3）在 CSS 文件中，如 CSS 伪元素的 content 属性，就直接使用\加上对应字符的 Unicode 编码值。

（4）unicode-range 属性则是使用 U+加上 Unicode 编码。

1. unicode-range 属性常用的 Unicode 编码值

对中文用户而言，最常用的 Unicode 编码值有下面这些。

- 基本二次汉字：[0x4e00,0x9fa5]（或十进制[19968,40869]）。
- 数字：[0x30,0x39]（或十进制[48, 57]）。
- 小写字母：[0x61,0x7a]（或十进制[97, 122]）。
- 大写字母：[0x41,0x5a]（或十进制[65, 90]）。

如果想获取某一个具体字符的 Unicode 编码值，例如\263a 编码对应的笑脸字符☺，可以使用下面的 JavaScript 代码：

```
U = '☺'.codePointAt().toString(16);
// U的值是'263a'
```

需要注意的是，IE 浏览器并不支持 codePointAt()方法，要想兼容 IE 浏览器，需要先引入一段 Polyfill 代码。

2. 结语

unicode-range 属性还是很实用的，大家一定要重视。当你遇到中文排版问题，或者需要对某些字符进行精修，一定要想到 unicode-range 属性，说不定爱上 CSS 这门语言就是从 unicode-range 属性开始的。

3.5.4　woff/woff2 字体

为了方便在网页中高效使用自定义字体，woff 和 woff2 应运而生，它们是两个专门用在 Web 中的字体。其中，woff 字体在 2012 年 12 月被 World Wide Web Consortium（W3C）推荐使用，IE9+浏览器支持该字体。woff2 字体最早在 2013 年 7 月的 Chrome Canary 版本上就可以使用了，发展到现在，几乎已经成为自定义图标字体使用的标准配置，目前浏览器对它的兼容性已经相当不错了。

兼容性

woff2 字体的兼容性如表 3-9 所示。

表 3-9 woff2 字体的兼容性（数据源自 Caniuse 网站）						
IE	Edge	Firefox	Chrome	Safari	iOS Safari	Android Browser
✘	14+✔	39+✔	36+✔	12+✔	10+✔	5+✔

woff2 字体最大的优点在于传输的体积小，借用 Google Chrome 官方的话：新的 woff 2.0 Web 字体压缩格式平均要比 woff 1.0 小 30% 以上（某些情况下可以达到 50%）。图 3-58 展示了 woff 和 woff2 字体大小对比情况。

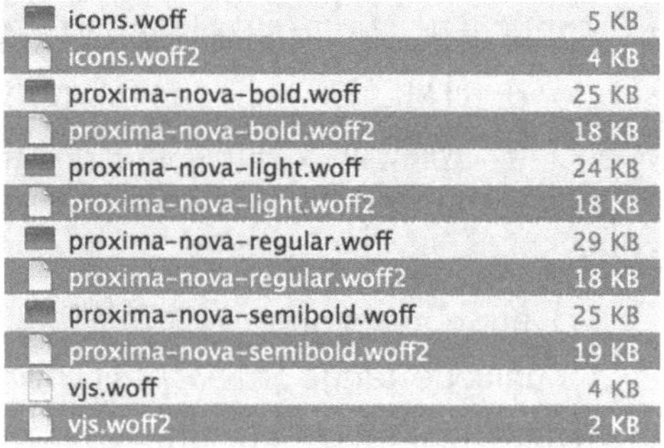

如果你的项目无须兼容 IE8 浏览器，直接使用 woff2 和 woff 字体就可以了：

```
@font-face {
    font-family: MyFont;
    src: url(myfont.woff2) format("woff2"),
        url(myfont.woff) format("woff");
}
```

icons.woff	5 KB
icons.woff2	4 KB
proxima-nova-bold.woff	25 KB
proxima-nova-bold.woff2	18 KB
proxima-nova-light.woff	24 KB
proxima-nova-light.woff2	18 KB
proxima-nova-regular.woff	29 KB
proxima-nova-regular.woff2	18 KB
proxima-nova-semibold.woff	25 KB
proxima-nova-semibold.woff2	19 KB
vjs.woff	4 KB
vjs.woff2	2 KB

图 3-58 woff 和 woff2 字体大小对比示意

如果你的字体文件不是很大，也可以直接以 Base64 的形式将 woff 或 woff2 字体内嵌在 CSS 中，加载体验比外链字体时的加载体验要好一些，语法是类似的：

```
@font-face {
    font-family: MyFont;
    src: url("data:font/woff2;base64,...") format("woff2"),
        url("data:font/woff;base64,...") format("woff");
}
```

起初我以为 woff2 和 woff 字体无法像 OpenType 字体（扩展名 otf）那样可以包含其他字体信息，也就是 woff2 和 woff 字体无法配合 `font-feature-settings` 属性呈现出不同的字体特征效果，结果我发现并不是这样的。woff2 和 woff 字体也是可以包含其他字体特征信息的，不过具体的实现细节我还不清楚。

另外，woff2 字体没有必要再开启 GZIP，因为这个字体文本本身就是压缩过的。

最后说一下 woff 字体的 MIME type 值。关于这一点有点小争议，拿 woff2 字体举例，Google 使用的是 font/woff2，而 W3C 则推荐使用 application/font-woff2。我个人的建议是，在 Web 中使用的时候采用 font/woff2，在服务器端进行 MIME type 配置的时候采用 application/font-woff2。

为了方便大家学习，我专门整理了一个关于各种字体类型及其用法的表，如表 3-10 所示。

表 3-10 `@font-face` 支持的字体一览表

格式	文件扩展名	MIME Type	补充信息
Web Open Font Format 2	.woff2	font/woff2	Web 字体加载首选
Web Open Font Format	.woff	font/woff	Web 字体加载备选

续表

格式	文件扩展名	MIME Type	补充信息
TrueType	.ttf	font/ttf	没有在 Web 中使用的理由，请转换成 woff2 字体
OpenType	.otf	font/otf	支持更高级的排版功能，如小型大写字母、上标下标、连字等。但是由于缺乏包含高级排版的中文字体，因此中文场景中没有使用的理由
Embedded OpenType	.eot	application/vnd.ms-fontobject	只有需要兼容IE6～IE8浏览器的时候才用到

3.5.5　font-display 属性与自定义字体的加载渲染

假设我们定义一个名为 MyFont 的自定义字体，并且采用 url() 函数外链的方式引入，代码如下：

```
@font-face {
    font-family: MyFont;
    src: url(myfont.woff2) format("woff2");
}
body {
    font-family: MyFont;
}
```

这时浏览器的字体加载行为表现为，应用 MyFont 字体的文本会先被隐藏，直到字体加载结束才会显示，但是这个隐藏最多持续 3s，3s 后字体仍未加载结束则会使用其他字体代替。这种加载体验利弊参半。

如果我们使用自定义字体的目的是实现图标字体功能，则这种加载行为就比较合适。因为渲染出来的小图标和小图标使用的真正字符往往外形差异巨大，那些用户看不懂的字符需要被隐藏起来，以此提升视觉体验。但是，如果我们使用自定义字体来呈现普通文本内容，则这种加载行为就不太合适。因为文字内容应该第一时间呈现给用户，而不应该出现长时间的空白，内容绝对比样式更重要。

由于英文字体体积小，最多几百 KB，因此自定义字体的使用非常普遍。自定义字体加载时候空白的问题是一个普遍的现象，在这种背景下，font-display 属性出现了，font-display 属性可以控制字体加载和文本渲染之间的时间线关系。

在对 font-display 属性值展开介绍之前，我先来讲一下字体显示时间线。

1. 字体显示时间线

字体显示时间线开始于浏览器尝试下载字体的那一刻，整个时间线分为 3 个时段，浏览器会在这 3 个时段让元素表现出不同的字体渲染行为。

- 字体阻塞时段：如果未加载字体，任何试图使用它的元素都必须以不可见的方式渲染后备字体；如果在此期间字体成功加载，则正常使用它。
- 字体交换时段：如果未加载字体，任何试图使用它的元素都必须以可见的方式渲染后备字体；如果在此期间字体成功加载，则正常使用它。

- 字体失败时段：如果未加载字体，则浏览器将其视为加载失败，并使用正常字体进行回退渲染。

`font-display` 的属性值就是围绕字体显示时间线展开的。

2. 正式语法

`font-display` 的语法如下：

```
font-display: [ auto | block | swap | fallback | optional ]
```

属性值的含义如下所示。

- `auto`：字体显示策略由浏览器决定，大多数浏览器的字体显示策略类似 `block`。
- `block`：字体阻塞时段较短（推荐 3s），字体交换时段无限。此值适合图标字体场景。
- `swap`：字体阻塞时段极短（不超过 100ms），字体交换时段无限。此值适合用在小段文本，同时文本内容对页面非常重要的场景。
- `fallback`：字体阻塞时段极短（不超过 100ms），字体交换时段较短（推荐 3s）。此值适合用于大段文本，例如文章正文，同时对字体效果比较看重的场景，例如广告页面、个人网站等。
- `optional`：字体阻塞时段极短（不超过 100ms），没有字体交换时段。此值的作用可以描述为，如果字体可以瞬间被加载（例如已经被缓存了），则浏览器使用该字体，否则使用回退字体。`optional` 是日常 Web 产品开发更推荐的属性值，因为无论任何时候，网页内容在用户第一次访问时快速呈现是最重要的，不能让用户等待很长时间后再看到你认为的完美效果。

总结一下，如果你的自定义字体是用于字体呈现，就使用 `optional`，否则使用默认值。至于 `swap` 和 `fallback`，如果对你而言自定义字体的效果很重要，同时你能忍受页面字体突然变化的问题，就可以使用下面的设置：

```css
@font-face {
    font-family: MyFont;
    src: url(myfont.woff2) format("woff2");
    font-display: swap;
}
body {
    font-family: MyFont;
}
```

3. 其他小的知识点

网上有不少资料会提到 FOIT（Flash of Invisible Text）、FOUT（Flash of Unstyled Text）和 FOFT（Flash of Faux Text）等概念。需要注意的是，千万别拿这些概念去理解 `font-display` 属性，W3C 官方没有这样的概念。这些是十几年前的开发者基于 `font-display` 属性外在表现提出的概念，请使用官网提供的字体显示时间线来理解 `font-display` 属性。

如果自定义字体的大小在 30 KB 以内，建议直接用 Base64 将其内联在页面中。不过只有 woff2 字体采取内联处理，woff 字体依旧采用 `url()` 函数外链体验最佳，因为此时现代浏览器中的字体都是瞬间渲染，根本无须使用 `font-display` 属性进行字体加载优化。示意如下：

```css
@font-face {
    font-family: MyFont;
    src: url("data:font/woff2;base64,...") format("woff2"),
        url(myfont.woff) format("woff");
}
```

我们还可以使用<link rel="preload">对字体进行预加载，从而提高字体的加载体验：

```
<link rel="preload" href="myfont.woff2" as="font" type="font/woff2" crossorigin>
```

@font-face 定义的字体只有在被使用的时候才会加载，例如：

```
@font-face {
    font-family: MyFont;
    src: url(myfont.woff2);
}
h1 {
    font-family: MyFont;
}
```

此时页面中<h1>元素对应的 HTML 代码如下：

```
<h1></h1>
```

myfont.woff2 这个字体是不会被加载的，但是如果<h1>元素里面有内联元素，例如：

```
<h1><img src="logo.png"></h1>
```

或者

```
<h1>logo</h1>
```

myfont.woff2 字体才会被加载。

这种加载行为可能会给 canvas 文字绘制带来困扰，有些前端开发者打算使用 MyFont 字体在 canvas 画布上绘制几个文字，结果最终的效果却是默认字体。这其实是因为 MyFont 字体还没有被加载，所以绘制出的文字没有 MyFont 字体的效果。

解决上面的困扰有两个方法：第一个方法是创建一个包含文字同时应用了 MyFont 字体的隐藏元素，第二个方法是使用 FontFaceSet.load()方法解决此问题，例如：

```
document.fonts.load("12px MyFont").then(…);
```

font-display 属性只能用在@font-face 规则中，其在中文场景下使用的机会并不多，因为中文字体文件都很大，不会使用包含完整字符内容的字体，都是使用借助工具按需生成的。例如，"CSS 新世界"这几个字想应用思源黑体，就可以使用中文字体生成工具动态生成一个仅包含"CSS 新世界"这几个字的极简思源黑体。

通常这种小段文本常用于标题，标题属于次重要的文本内容，因此无须额外设置 font-display 属性，直接使用浏览器默认的字体就可以了。

当然，在中文场景下，我们也会使用自定义的数字字体。如果数字字体是使用 url()函数外链的，则可以使用 font-display:optional 进行体验优化，因为数字内容一定是非常重要的，务必优先展示内容。但是由于自定义的数字字体文件大小不超过 20KB，因此实际开发的时候往往会内联在 CSS 文件中以获得最佳体验，此时也用不到 font-display 属性。

font-display 属于体验增强的 CSS 属性，大家无须考虑其兼容性，大胆使用即可。支持 font-display 属性的浏览器体验更好，不支持的浏览器还是目前的体验，功能依旧。

3.6 字符单元的中断与换行

CSS 这门语言在文字排版这一块的功能是非常强大的，例如有大量的 CSS 特性可以对字符单元的中断与换行进行精确控制。如果你想要成为文字排版的高手，本节的内容不容错过。本节会大量出现"CJK 文本"这个词，其中 CJK 是 Chinese/Japanese/Korean 的缩写，因此 CJK 文本指的是中文/日文/韩文这几种文字。

字符单元默认的中断与换行规则如下。

- Space 普通空格、Enter（回车）空格和 Tab（制表符）空格这 3 种空格无论怎样组合都会合并为单个普通空格。
- 文字可以在 CJK 文本、普通空格和短横线连字符处换行，连续英文单词和数字不换行。

上面的排版规则有时候并不能实现我们想要的排版效果，怎么办呢？此时可以使用专门的 CSS 属性对排版进行控制。

例如，我们不希望 Enter（回车）空格合并为普通空格，想保留换行效果，就可以使用 `white-space` 属性进行设置。这个在《CSS 世界》一书的 8.6.5 节中已经详细介绍过了，这里不再展开讲解。又如，我们希望 CJK 文本不换行，但是空格处正常换行，怎么办呢？这就是接下来要介绍的 CSS 新特性。

3.6.1 使用 keep-all 属性值优化中文排版

`word-break` 属性语法如下：

```
word-break: normal | break-all | keep-all | break-word
```

不同的属性值对应不同的换行规则。`keep-all` 这个属性值可以让 CJK 文本不换行排版，同时又不影响非 CJK 文本的排版行为。

CSS 中有些属性见得少、用得少，并不是因为它们不实用，而是因为知道的人少。`keep-all` 就是一个典型代表，其看起来是一个鲜为人知的属性值，但是在中文排版领域非常强大，一旦遇到合适的使用场景，效果就非常理想。

中文虽然是一个字一个字拼起来的，但是有些文字的组合是固定的，不建议断开，如人的姓名、一些固定的词组等。然而默认的排版规则会断开这些姓名和词组，`keep-all` 属性值可以用来优化这个排版细节。我们看一个例子：有一个表格需要在移动端显示，而移动端设备的宽度是有限的，因此，如果我们不做任何处理，排版效果就会是图 3-59 所示的这样。

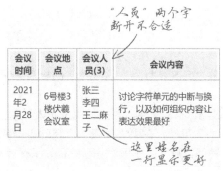

图 3-59 默认表格排版的细节问题示意

"会议人员"里的"会议"是一个词，"人员"也是一个词，但是标题那里"人"和"员"两个字断开了，这种中断就非常不利于阅读。"会议人员"标题下方的列表项中的"王二麻子"是一个人名，结果也断开了，这种中断也是可以优化的排版细节。

这种情况下，使用 `keep-all` 属性值就可以保护我们的中文词组不被断开。完整的代码如下：

```
<table>
    <tr>
        <th>会议时间</th>
        <th>会议地点</th>
        <th>会议人员(3)</th>
        <th>会议内容</th>
    </tr>
```

```
    <tr>
        <td>2021 年 2 月 28 日</td>
        <td>6 号楼 3 楼伏羲会议室</td>
        <td class="keep-all">张三 李四 王二麻子</td>
        <td>讨论字符单元的中断与换行，以及如何组织内容让表达效果最好</td>
    </tr>
</table>
th, td.keep-all {
    word-break: keep-all;
}
```

给表头还有"会议人员"所在的这一列的单元格设置了 `word-break:keep-all` 声明，此时的排版效果和阅读体验就得到了提升，如图 3-60 所示的箭头所指位置的效果。

会议时间	会议地点	会议人员 (3)	会议内容
2021年 2月28日	6号楼 三楼伏羲会议室	张三 李四 王二麻子	讨论字符单元的中断与换行如何组织内容表达效果最好。

图 3-60　`keep-all` 属性值优化后的中文排版效果示意

眼见为实，读者可以在浏览器中进入 https://demo.cssworld.cn/new/3/6-1.php 页面，或者扫描右侧的二维码查看效果。

`keep-all` 属性值的兼容性非常好，IE 浏览器也完全支持，之所以这个属性值不常用，完全是因为现代浏览器对其支持得较晚，普遍在 2015 年之后才开始支持。当然，现在大家可以放心使用这一属性值，因为就算浏览器不支持，也会采用默认的中文排版效果。

3.6.2　break-all 属性值的问题和 line-break 属性

与鲜为人知的 `keep-all` 属性值相比，`word-break` 属性的另外一个属性值 `break-all` 可就广为人知了，其经常会被用到。

测试工程师喜欢输入一些连续的英文和数字进行内容测试，就会出现连续英文字符溢出容器的情况。这个时候设置 `word-break:break-all` 声明不仅解决了字符溢出问题，同时排版看起来也更整齐了，因此 `break-all` 属性值深受广大开发者喜爱，甚至有开发者会这样夸张地设置：

```
* {
    word-break: break-all;
}
```

这种通配符设置的做法确实有点过了，要知道，应用 `word-break:break-all` 声明其实是为了少数场景下可能出现的排版问题，使用这种做法牺牲了大多数场景的阅读体验，并不是上佳之选。我们来看一个例子，有两段文字，第二段文字应用了 `word-break:break-all` 声明：

```
p {
    width: 150px;
    padding: 10px;
    border: solid deepskyblue;
}
```

```
.break-all {
    word-break: break-all;
}
<p>本节会大量出现 "CJK 文本" 这个词。</p>
<p class="break-all">本节会大量出现 "CJK 文本" 这个词。</p>
```

最终的排版效果如图 3-61 所示。

可以看到，第二段文字中 CJK 这个固定词组被分开了，这大大降低了阅读体验。因此，站在用户阅读体验的角度来看，使用 `word-break:break-word`（表现为尽量不断开单词）所带来的收益要大于 `word-break:break-all`。

但是在大多数产品经理和设计师眼中，视觉上的愉悦要比阅读时的舒适更重要，因为 `word-break:break-word` 声明在有大段连续英文字符的情况下会留下较大的空白，例如，图 3-61 所示上面那个框内的右侧就有明显的空白。虽然上面一段文字阅读速度更快，但是空白的存在导致看上去文字内容没有左右居中，这种不和谐的视觉感受没有哪个设计师可以容忍。因此，在现实世界中，只要文本内容是用户动态产生的，都是使用 `word-break:break-all` 声明。

稍等，事情还没结束。照理说，按照字面意思，元素应用 `word-break:break-all` 声明后，任何文本内容都不会溢出元素，但是有几个意外情况，那就是连续的破折号、连续的点字符，以及避首标点在设置 `word-break:break-all` 声明后无法换行。

还是根据图 3-61 所示的案例，我们修改一下 HTML 内容，在最后插入一段连续的破折号，代码如下：

```
<p>本节会大量出现 "CJK 文本" 这个词。————————————</p>
<p class="break-all">本节会大量出现 "CJK 文本" 这个词。————————————</p>
```

在 Edge 浏览器中的效果如图 3-62 所示。

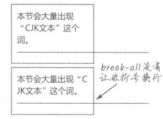

图 3-61　word-break:break-all
声明的不足之处示意

图 3-62　word-break:break-all 声明
无法中断破折号示意

眼见为实，读者可以在浏览器中进入 https://demo.cssworld.cn/new/3/6-2.php 页面，或者扫描右侧的二维码查看效果。

破折号不换行的问题在 Chrome 浏览器和 Firefox 浏览器中同样存在，想要让连续的破折号换行，可以使用 `break-word` 这个 CSS 属性值。

CSS 中有 3 个属性都有 `break-word` 属性值，且它们的作用都是一样的，分别是：

```
word-break: break-word;
word-wrap: break-word;
overflow-wrap: break-word;
```

不过考虑到 IE 浏览器和 Edge 浏览器不支持 `overflow-wrap` 属性，以及 IE 浏览器和 Edge

浏览器虽然支持 `word-break` 属性，却不支持 `word-break:break-word` 声明，最终动态内容的换行控制可以写成下面这样的组合：

```
p {
    /* 字符换行主力 */
    word-break: break-all;
    /* 兼容 IE 浏览器和 Edge 浏览器的破折号换行 */
    word-wrap: break-word;
}
```

虽然上面的代码可以让连续英文和连续破折号换行，但是依然会在中文标点的前后留下空白，如图 3-63 所示。

如果希望中文标点也能成为换行点，彻底告别空白，则可以使用 `line-break` 属性：

```
p {
    /* 中文标点也能换行 */
    line-break: anywhere;
}
```

此时的效果如图 3-64 所示，读者可以在浏览器中进入 https://demo.cssworld. cn/new/3/6-2.php 页面，或者扫描右侧的二维码查看效果。

图 3-63　避尾标点带来的空白区域示意　　图 3-64　使用 `line-break:anywhere` 实现的换行效果示意

从图 3-64 可以看出，布局空间被字符充分利用了。不过，虽然布局规整了，阅读体验却不一定好，例如避尾标点前引号出现在了一行的末尾，而避首标点句号出现了在一行的开头。因此，究竟要换行到何种程度，请大家根据实际项目场景自行判断。

以上提到的换行处理技术非常适合动态内容。如果呈现的文本内容是静态的，我们有能力对其中每个字符进行精确调整，这时候可以试试更高级的排版技术。

3.6.3　hyphens 属性与连字符

`hyphens` 是专为英文场景设计的一个属性，这个属性可以让英文单词断开换行的时候带上连字符（也就是短横线），这样可以让读者知道上一行的尾部和下一行的头部连起来是一个完整的单词。其语法如下：

```
hyphens: none | manual | auto
```

其中，属性值 `auto` 可以让英文单词在行尾自动换行，同时带上短横线。需要注意的是，英文单词换行不需要设置 `word-break` 或者 `word-wrap` 属性，`hyphens` 属性自带换行能力。如果你设置了 `word-break:break-all` 声明，反而不会有短横线效果。

举个例子，假设页面的 `<html>` 元素的 `lang` 属性值是 en，则下面的代码就会有图 3-65 所示的样式效果：

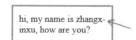

图 3-65　Firefox 浏览器中的
连字符自动出现效果示意

```
<p class="hyphens">hi, my name is zhangxinxu, how are you?</p>
p {
    width: 150px;
    padding: 10px;
    border: solid deepskyblue;
}
.hyphens {
    hyphens: auto;
}
```

乍一看，hyphens:auto 还是有点儿用的，但可惜的是，在中文场景中，hyphens:auto 一点儿用处都没有，具体原因有以下几条。

（1）需要在英语环境中，也就是需要祖先元素设置 lang="en"属性。

（2）由于中文语句中随时可以换行，因此在中文场景下，轮不到 hyphens 属性起作用。就算真的遇到长串的连续字母和数字，也不一定是英文单词，多半是 URL 网址或者特殊字符串，而在网址换行位置添加短横线是不可以的，因为增加一个短横线会导致原本正确的网址变成错误的网址。

（3）只有在 Android 操作系统下和 macOS 下的 Chrome 浏览器中才有效果，在用户量较大的 Windows 操作系统中无效。

综上所述，在中文场景下，使用 hyphens 属性自动添加短横线是行不通的。这是不是就说明 hyphens 属性彻底无用呢？是的，彻底无用！我们没有在中文项目中使用 hyphens 属性的理由。但是，请注意，我们可以使用 hyphens 属性的默认特性来设置类似 auto 属性值的排版体验。hyphens 属性的默认值是 manual，表示单词在有换行机会的时候才换行，其中一个常见的换行机会就是连字符。

很多人并不清楚，连字符总共分两种。一种是"硬连字符"（U+2010），称为可见的换行机会。这个字符就是我们键盘上的短横线"–"，是可见的。另一种是"软连字符"（U+00AD），称为不可见的换行机会。这个字符很有意思，通常情况是隐藏的，但是，如果浏览器觉得有必要在软连字符所在位置打断单词，则连字符又会变为可见。

在这里，我们需要用到的就是软连字符。在 HTML 中，可以使用­表示软连字符，单词 shy 的意思是害羞的，因此很好记忆，"害羞"的符号就是软连字符。当然，也可以使用 Unicode 编码表示，即­。例如，下面这段 HTML 代码，在 zhangxinxu 每个汉字的拼音连接处插入了"害羞"的软连字符：

```
<p>大家好，我叫 zhang&shy;xin&shy;xu，感谢大家购买我的书。</p>
```

同时设置为两端对齐：

```
p {
    padding: 10px;
    border: solid deepskyblue;
    text-align: justify;
    text-justify: inter-ideograph;
}
```

效果如图 3-66 所示，换行符在换行位置显示了，在非换行位置则不可见。

如果我们没有在文字中插入连字符，则效果如图 3-67 所示，第一行中文文字之间会有很大的间隙，排版效果看起来非常不自然。

图 3-66 软连字符效果示意 图 3-67 不包含软连字符效果示意

眼见为实，读者可以在浏览器中进入 https://demo.cssworld.cn/new/3/6-3.php
页面，或者扫描右侧的二维码查看效果。

由于软连字符需要提前手动插入，因此，这种排版优化只适合文本内容固定的
静态场景。如果想要取消软连字符的换行特性，可以使用 hyphens:none，不过由
于在 Chrome 浏览器中不支持 hyphens:none 这个声明，因此其没有实用价值。

软连字符的兼容性是极好的，IE 浏览器已经完全支持，大家可以放心大胆使用。但是，软连
字符实现换行只适合英文单词，类似 https://www.cssworld.cn 这样的 URL 地址会因为连字符的出
现而产生语义上的干扰，那有没有其他什么符号可以让连续的英文和数字出现换行机会，同时不
会影响语义呢？还真有！

3.6.4 <wbr>与精确换行的控制

HTML 中有一个<wbr>元素标签，可以实现连续英文和数字的精准换行，具体效果如下：如
果宽度足够，不换行；如果宽度不足，则在<wbr>元素所在的位置进行换行。也就是说，<wbr>
元素提供了一个换行机会。

借用图 3-66 所示对应的例子，如果我们把­换成<wbr>标签，代码如下：

```
<p>大家好，我叫 zhang<wbr>xin<wbr>xu，感谢大家购买我的书。</p>
```

则会有图 3-68 所示的效果。

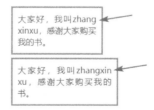

图 3-68 使用<wbr>实现指定位置换行效果示意

眼见为实，读者可以在浏览器中进入 https://demo.cssworld.cn/new/3/6-4. php
页面，或者扫描右侧的二维码查看效果。

1. <wbr>实现换行原理

<wbr>之所以能够创造新的换行机会，是因为其创建了一个带有换行特性
的宽度为 0px 的空格。该空格的 Unicode 编码是 U+200B，因此<wbr>标签也可
以替换为，例如下面 HTML 代码实现的效果和图 3-68 所示的效果是一样的：

```
<p>大家好，我叫 zhang&#x200B;xin&#x200B;xu，感谢大家购买我的书。</p>
```

不过的语义不太好，建议大家还是使用<wbr>。

2．IE 浏览器的兼容处理

IE 浏览器并不支持<wbr>标签，不过好在有简单的方法使 IE 浏览器也兼容<wbr>的换行特性，那就是加上以下 CSS 代码：

```
wbr:after { content: '\00200B'; }
```

3．<wbr>与
换行的区别

<wbr>是"Word Break Opportunity"的缩写，表示有机会就断开换行；而
则是直接换行显示，无论宽度是否足够。

4．其他

<wbr>换行和­换行的区别在于<wbr>在换行的时候不会有额外的字符显现，因此，其非常适用于非英文单词的内容换行，例如 URL 网址，或者长长的 API 名称等。例如，Canvas RenderingContext2D.globalCompositeOperation 就可以使用<wbr>进行排版优化，保证换行在完整单词末尾处，提高阅读体验：

```
Canvas<wbr>Rendering<wbr>Context2D<wbr>.global<wbr>Composite<wbr>Operation
```

同样，由于<wbr>需要提前插入，因此其更适合文本内容固定的静态场景。

word-break:keep-all 声明可以让 CJK 文本不换行，我们可以在 CJK 文本中的恰当位置插入<wbr>标签，实现在宽度不足的时候一行变两行的排版优化效果。在应用了 white-space: nowrap 声明的场景下也是类似的。和­字符一样，<wbr>不能与 word-break:break-all 同时使用，因为这会使<wbr>变得没有意义。

最后，总结一下本节的内容。

- 动态文本内容换行使用 word-break:break-all 和 word-wrap:break-word 组合代码，如果要彻底换行，还可以使用 line-break:anywhere。
- 静态内容排版不建议使用 word-break 属性、word-wrap 属性或者 line-break 属性，如果是英文单词，则使用­软连字符优化排版；如果是非英文单词，则使用<wbr>标签优化排版。

3.6.5　overflow-wrap:anywhere 声明有什么用

overflow-wrap 属性就是以前的 word-wrap 属性，由于 overflow-wrap 属性在 IE 浏览器中不被支持，而其他现代浏览器依然支持 word-wrap 属性语法，因此，没有任何理由使用 overflow-wrap 属性。如果某一天 overflow-wrap 属性突然支持了一个新的属性值 anywhere，那时就有了使用 overflow-wrap 属性的理由。

overflow-wrap 属性的正式语法如下：

```
overflow-wrap: normal | break-word | anywhere
```

这里主要讲一下属性值 anywhere 的作用。在展开讲解之前，先给大家讲解一个概念，关于"硬换行"和"软换行"。硬换行会在文本的换行点处插入实际换行符；而软换行的文本实际上仍在同一行，但看起来它被分成了多行，例如通过 word-break:break-all 让长英文单词换行就属于软换行。

属性值 anywhere 正常状态下的效果和属性值 break-word 类似，具体描述为：如果行中没有其他可接受的断点，则可以在任何点断开原本不可断开的字符串（如长单词或 URL），并且

在断点处不插入连字符。

属性值 anywhere 和属性值 break-word 的不同之处在于，overflow-wrap:anywhere 在计算最小内容尺寸的时候会考虑软换行，而 overflow-wrap:break-word 则不会考虑软换行。看下面这个例子：

```html
<p class="anywhere">I'm zhangxinxu.</p>
<p class="break-word">I'm zhangxinxu.</p>
```

```css
p {
    display: inline-block;
    width: min-content;
    padding: 10px;
    border: solid deepskyblue;
    vertical-align: top;
}
.anywhere {
    overflow-wrap: anywhere;
}
.break-word {
    overflow-wrap: break-word;
}
```

在 Chrome 浏览器中的效果如图 3-69 所示。

大家可以看到，应用了 overflow-wrap:anywhere 声明的元素的最小宽度是把每一个英文单词都断开后的宽度，而应用了 overflow-wrap:break-word 声明的元素还是按照默认的最小宽度规则进行计算。也就是说，属性值 anywhere 和 break-word 均按照最小宽度渲染，都保留标点符号的避首规则和避尾规则，但是 anywhere 的换行点是单词的任意位置，而 break-word 的换行点是单词之间的空格。

图 3-69　anywhere 和 break-word 属性值效果对比示意

眼见为实，读者可以在浏览器中进行入 https://demo.cssworld.cn/new/3/6-5.php 页面，或者扫描右侧的二维码查看效果。

由此可见，overflow-wrap:anywhere 就像 overflow-wrap:break-word 和 word-break:break-all 声明的混合体，适合用在弹性布局中，即元素尺寸足够的时候尽量让长串的数字和英文完整显示，不随便中断；如果尺寸不够，那就能断则断。overflow-wrap:anywhere 的行为表现和 line-break:anywhere 是有明显区别的，line-break:anywhere 不管元素尺寸是否足够，都是能断则断。

兼容性

overflow-wrap:anywhere 声明目前的兼容性还不算乐观，在 2021 年 2 月 Safari 浏览器还不支持，具体信息如表 3-11 所示。

表 3-11　**overflow-wrap:anywhere** 声明的兼容性（数据源自 MDN 网站）

IE	Edge[①]	Firefox	Chrome	Safari	iOS Safari	Android Browser
✘	✘	65+ ✔	80+ ✔	14+ ✘	14.4+ ✘	80+ ✔

---

① 这里的 Edge 专指非 Chromiun 内核的 Edge。

由于 `overflow-wrap:anywhere` 的兼容性不佳，因此它目前的实用性远不及 `line-break:anywhere`，大家了解即可。

3.7 text-align 属性相关的新特性

`text-align` 属性支持常用的属性值 `left`、`right`、`center`、`justify`，也支持逻辑属性值 `start`、`end`，除此之外，还新增了多个其他属性值。包括：

```
text-align: match-parent;
text-align: justify-all;
text-align: <string>;
```

不过这几个新增的属性值的兼容性都不太好，因此不适合在生产环境中使用，大家先简单了解一下即可。

3.7.1 match-parent 等新属性值

先了解一下 `match-parent` 属性值。`match-parent` 视觉表现类似 `inherit`，由于 `text-align` 属性本身就具有继承性，因此，`match-parent` 不是用来改变视觉上的对齐效果的，而是用来改变"看不见"的对齐计算值。

没错，`match-parent` 属性值的作用是有些奇怪，我们看一个例子来帮助我们理解这个属性值，HTML 代码如下：

```
<section>
    <p id="p1"></p>
</section>
<section>
    <p id="p2"></p>
</section>
```

有 p1 和 p2 两个元素，此时，我们给 p2 设置 `text-align:match-parent`，代码如下：

```
section {
    direction: rtl;
    text-align: start;
}
#p2 {
    text-align: -webkit-match-parent;
    text-align: match-parent;
}
```

此时，p1 和 p2 两个元素的对齐表现是一样的，但是如果我们使用 JavaScript 代码去获取 p1 和 p2 两个元素的 `text-align` 计算值，就会有不同的表现：

```
// 显示的是'start'
console.log(getComputedStyle(p1).textAlign);
// 显示的是'right'
console.log(getComputedStyle(p2).textAlign);
```

```
> console.log(getComputedStyle(p1).textAlign);
  console.log(getComputedStyle(p2).textAlign);
  start
  right
< undefined
```

图 3-70 所示的就是上述代码在浏览器控制台运行的实时结果。

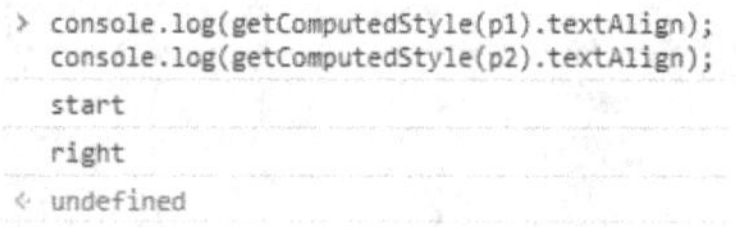

图 3-70 `match-parent` 的计算值是 `left` 或 `right` 示意

`match-parent` 的计算值是视觉上的 `left` 或者 `right`，哪怕继承自 `start` 或者 `end` 这类

逻辑属性值。这样有助于我们在 JavaScript 应用中知道元素对齐的视觉方位。

接下来了解一下 justify-all 属性值。justify-all 属性值的作用是实现两端对齐，它和 justify 属性值的区别在于 justify-all 属性值可以让最后一行也表现为两端对齐。可惜目前还没有浏览器支持 justify-all 属性值，因此要实现最后一行两端对齐，可以使用目前兼容性最好的 CSS 属性 text-align-last 属性，示意如下：

```
text-align-last: justify;
```

可惜 Safari 浏览器一直到 Safari 14 版本都没有支持 text-align-last 属性。

说到两端对齐，顺便提一下 text-justify 属性。在现代浏览器中，两端对齐的算法是：CJK 文本使用 letter-spacing 间隔算法，非 CJK 文本使用 word-spacing 间隔算法。如果我们希望非 CJK 文本也使用 letter-spacing 间隔算法，也就是每个字母彼此都可以拉开间隙，则可以使用：

```
text-justify: inter-character;
```

可惜 Safari 浏览器一直到 Safari 14 版本都没有支持 text-justify 属性。

3.7.2 text-align 属性的字符对齐特性

在 CSS Text Module Level 4 规范中，text-align 属性还新增了对字符属性值的支持。

这个字符属性值必须是单个字符，否则会被忽略，同时只能作用在单元格中，让单元格基于这个指定的字符对齐。字符可以和关键字属性值一起使用，如果没有关键字属性值，字符会显示在右侧。例如：

```
td { text-align: "." center; }
```

HTML 如下：

```
<table>
<col width="40">
<tr> <th>长途电话费用
<tr> <td> ¥1.30
<tr> <td> ¥2.50
<tr> <td> ¥10.80
<tr> <td> ¥111.01
<tr> <td> ¥85.
<tr> <td> N/A
<tr> <td> ¥.05
<tr> <td> ¥.06
</table>
```

此时，单元格的数值会按照字符"."进行对齐：

```
+--------------------+
|     长途电话费用     |
+--------------------+
|        ¥1.30       |
|        ¥2.50       |
|       ¥10.80       |
|      ¥111.01       |
|        ¥85.        |
|       N/A          |
|         ¥.05       |
|         ¥.06       |
+--------------------+
```

更细节的对齐规则（如边界和换行）这里做了省略。

3.8 text-decoration 属性全新升级

顾名思义，`text-decoration` 就是"文字装饰"的意思，常见应用之一就是控制链接元素的下划线样式，代码如下：

```
a { text-decoration: none; }
a:hover { text-decoration: underline; }
```

还可以和 `<del>` 元素一起使用以实现贯穿线删除效果：

```
del { text-decoration: line-through; }
```

不少前端开发者对 `text-decoration` 属性的认识就只有上面这点信息，实际上，`text-decoration` 属性包含的细节知识还是比较多的。

3.8.1 text-decoration 属性现在是一种缩写

在过去，`text-decoration` 属性就是一个单一的 CSS 属性。但是现在，`text-decoration` 属性则是一个 CSS 缩写属性，完整的 CSS 属性包括 `text-decoration-line`、`text-decoration-style`、`text-decoration-color` 和 `text-decoration-thickness`。

- `text-decoration-line`：表示装饰线的类型。语法如下：

```
/* 没有装饰线 */
text-decoration-line: none;
/* 下划线装饰 */
text-decoration-line: underline;
/* 上划线装饰 */
text-decoration-line: overline;
/* 贯穿线装饰 */
text-decoration-line: line-through;
```

  `text-decoration-line` 属性支持多个值同时使用，例如：

```
/* 上划线装饰和下划线装饰同时出现 */
text-decoration-line: underline overline;
```

- `text-decoration-style`：表示装饰线的样式风格。语法如下：

```
/* 实线 */
text-decoration-style: solid;
/* 双实线 */
text-decoration-style: double;
/* 点线 */
text-decoration-style: dotted;
/* 虚线 */
text-decoration-style: dashed;
/* 波浪线 */
text-decoration-style: wavy;
```

  不同的 `text-decoration-style` 属性值效果如图 3-71 所示。

- `text-decoration-color`：表示装饰线的颜色。

text-decoration-style: solid;
text-decoration-style: double;
text-decoration-style: dotted;
text-decoration-style: dashed;
text-decoration-style: wavy;

图 3-71 不同的 `text-decoration-style` 属性值效果示意

- `text-decoration-thickness`：表示装饰线的粗细。

缩写的正式语法如下：

```
text-decoration: <'text-decoration-line'> || <'text-decoration-style'> ||
<'text-decoration-color'> || <'text-decoration-thickness'>
```

意思就是，4 个子属性值位置随机、组合随机，因此下面这些语法都是合法的：

```
text-decoration: underline;
text-decoration: dotted underline;
text-decoration: red underline dashed;
text-decoration: wavy underline 3px red;
```

不过由于 `text-decoration-thickness` 属性是在 CSS Text Decoration Module Level 4 规范中加入的，因此兼容性要差一些，因此属性值 `wavy underline 3px red` 建议分开设置：

```
text-decoration: wavy underline red;
text-decoration-thickness: 3px;
```

3.8.2 text-decoration 属性的累加特性

`text-decoration` 最有意思的特性要数装饰线的累加特性了。

过去我一直坚信，如果父元素和子元素使用相同的 CSS 属性，那么子元素的属性值一定会覆盖父元素的属性值。CSS 属性那么多，几乎都遵循了这个规律，然而，在这么多 CSS 属性中出现了一个异类，那就是 `text-decoration` 属性。当父元素和子元素同时设置 text-decoration 效果的时候，文字的装饰线效果是累加的，而不是覆盖的。例如：

```
<section>
    <p>父元素设置了 text-decoration:dashed underline</p>
    <p>子元素设置了 text-decoration:wavy overline。</p>
</section>
section {
    text-decoration: dashed underline;
}
p {
    text-decoration: wavy overline;
}
```

按照我们的日常开发经验，`<p>` 元素是子元素，其设置的 `text-decoration` 属性值 `wavy overline` 应该覆盖 `<section>` 父元素设置的 `text-decoration` 属性值 `dashed underline`，但是实际上，最终呈现的是两个属性值合并的效果，如图 3-72 所示。

父元素设置了 text-decoration:dashed underline

子元素设置了 text-decoration:wavy overline。

图 3-72 text-decoration 父属性值合并效果示意

眼见为实，读者可以在浏览器中进入 https://demo.cssworld.cn/new/ 3/8-1.php 页面，或者扫描右侧的二维码查看效果。

3.8.3 唯一实用的 wavy 波浪线

`text-decoration` 属性虽然新增了多个装饰线样式，同时可以控制线条颜色和粗细，乍一

看使人感觉这个属性非常强大，实际上 text-decoration 属性还没有 10 年前"混得好"，至少
10 年前还流行给链接加个下划线（现在链接都是通过颜色区分）。

text-decoration 属性境遇尴尬的另外一个原因就是它竞争不过 border 属性：用 border
属性实现实线、双实线、点线或虚线效果很轻松，它对颜色和粗细的控制能力也很强，而且 border
属性配合 padding 属性还能灵活控制装饰线和文字之间的距离，也支持多行下划线（元素需要保
持 inline 水平）；虽然新出现的 text-underline-offset 属性可以控制文字和下划线的距离，
但是其兼容性比 border 属性差得多。所以无论怎么看都是 border 属性更有优势。

好在 text-decoration 属性并非一无是处，它有一个特性要比 border 属性强，那就是可
以实现波浪线装饰线效果，这个是 border 属性实现不了的。

例如，想要绘制一个宽度 100% 的波浪线效果，可以自定义 wavy 标签，然后应用如下 CSS 代码：

```
wavy {
    display: block;
    height: .5em;
    white-space: nowrap;
    letter-spacing: 100vw;
    padding-top: .5em;
    overflow: hidden;
}
wavy::before {
    content: "\2000\2000";
    /* IE 浏览器用实线代替*/
    text-decoration: overline;
    /* 现代浏览器，Safari 浏览器不支持 text-decoration: overline wavy 缩写*/
    text-decoration-style:  wavy;
}
```

此时，只要插入下面这段 HTML 代码，就会有波浪线效果了：

```
<wavy></wavy>
```

实现的原理很简单，伪元素生成两个空格，使用 letter-spacing 属性控制两个空格占据足
够的宽度，这样空格字符的装饰线的尺寸一定可以充满整个容器，此时只要设置装饰线的类型是波
浪线，宽度 100% 自适应的波浪线效果就实现了。最终效果如图 3-73 所示（截自 Chrome 浏览器）。

图 3-73　宽度 100% 自适应的波浪线效果示意

眼见为实，读者可以在浏览器中进入 https://demo.cssworld.cn/new/3/8-2.php
页面，或者扫描右侧的二维码查看效果。

与用图片实现的波浪线相比，这里借助 text-decoration 属性实现的波
浪线更加灵活，颜色可以通过 color 属性控制，大小可以通过 font-size 控
制。虽然使用 CSS 渐变也能生成波浪线效果，但是那个要难理解多了。总而言
之，波浪线效果的最佳实现方法就是使用 text-decoration 属性，这也是 text-decoration
属性唯一无可替代的新特性。

3.8.4　可能需要 text-underline-position:under 声明

text-underline-position 属性可以用来设置下划线的位置。text-underline-position 这个属性很有意思，虽然是最近几年现代浏览器才开始支持的 CSS 新属性，但是 IE 浏览器很早就支持这个 CSS 属性了，而且从 IE6 浏览器就开始支持了。

但是，别高兴得太早，不要以为 IE 浏览器这次挣回了点面子，其实 IE 浏览器支持的那些属性值在 CSS 规范中压根就没被承认，而且一点也不实用。为了对比方便，我专门整理了一个表，把各个浏览器目前支持的 text-underline-position 属性值罗列到了一起，个中关系一目了然，如表 3-12 所示。

表 3-12　各个浏览器支持的 **text-underline-position** 属性值

属性值	浏览器			
	IE/Edge	Chrome	Firefox	Safari（PC）
auto（初始值）	✔	✔	✔	✔
above（非标准）	✔	✘	✔	✘
below（非标准）	✔	✘	✔	✘
under	✘	✔	✔	✔
left	✘	✔	✔	✘
right	✘	✔	✔	✘
from-font（Level 4 新增）	✘	✘	✔	✘

虽然表 3-12 所示的 text-underline-position 支持的属性值很多，但是实用的属性值其实就只有一个，那就是 under。

在默认状态下，下划线在基线位置附近显示，于是就会和 "g" "q" 这些下方有 "小尾巴" 的字符发生重叠，以及会和中文字体，尤其是那些字重偏下的中文字体（如微软雅黑）的下边缘重叠，这样的视觉体验很不好，例如：

```
<p>看看下划线的位置在哪里？</p>
p {
    text-decoration: underline;
}
```

上面代码的效果如图 3-74 所示，可以看到很多汉字最下面的 "横" 笔画和下划线重叠在一起了，看起来很不舒服。

text-underline-position:under 声明就是专门用来解决这个糟糕的视觉体验问题的，例如：

```
<p class="under">看看下划线的位置在哪里？</p>
p {
    text-decoration: underline;
}
.under {
    text-underline-position: under;
}
```

上面代码的效果如图 3-75 所示，可以看到汉字最下面的 "横" 笔画和下划线明显分开了，这个下划线效果看起来就舒服多了。

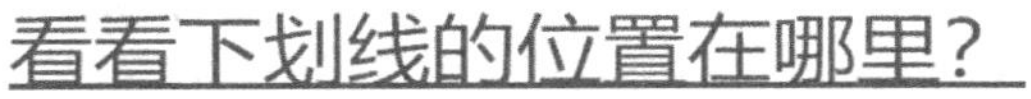

看看下划线的位置在哪里？　看看下划线的位置在哪里？

图 3-74　微软雅黑字体汉字笔画和下划线重叠示意 　图 3-75　微软雅黑字体汉字笔画和下划线分开示意

眼见为实，读者可以在浏览器中进入 https://demo.cssworld.cn/new/3/8-3.php
页面，或者扫描右侧的二维码查看效果。

如果是桌面端的网页项目，下面这段 CSS 语句务必引入：

```css
a {
    text-underline-position: under;
}
```

text-underline-position 属性除了支持 under，还支持 left、right 和 from-font
这几个 CSS 规范定义的属性值。

- left 和 right 这两个属性值平常根本用不到，只有在使用 writing-mode 属性让文字垂直排版，并且需要控制下划线左右位置的时候才会用到。

- from-font 是 CSS 文本装饰规范 Level 4 新增的属性值，表示优先使用字体文件中设置的下划线位置，如果字体没有设置下划线对齐信息，就使用 auto 效果。大家目前可以无视 from-font 这个属性值，因为就算不考虑其目前糟糕的兼容性，这个属性值也是非常不实用的，限制太多了。

总而言之，如果使用了文字的下划线效果，你可能需要 text-underline-position:
under 来优化下划线的显示位置。

3.8.5 更需要 text-underline-offset 属性

text-underline-position 属性虽然可以调整下划线的位置，但是调整的位置都是固定的，不能满足多变的开发需求。此时，你更需要 text-underline-offset 属性。

text-underline-offset 属性可以用来设置下划线的位置，其偏移量支持数值和百分比值。例如：

```html
<p class="offset">看看下划线的位置在哪里？</p>
```
```css
p {
    text-decoration: underline;
}
.offset {
    text-underline-offset: 1em;
}
```

表示下划线从原来的位置继续向下偏移 1em，对应的效果如图 3-76 所示。

看看下划线的位置在哪里？

图 3-76　下划线向下偏移 1em 的效果示意

眼见为实，读者可以在浏览器中进入 https://demo.cssworld.cn/new/3/8-4.php
页面，或者扫描右侧的二维码查看效果。

百分比值表示偏移量相对于 1em 的大小。因此，text-underline-offset:
100%等同于 text-underline-offset:1em。

text-underline-offset 支持负值，此时下划线就会向上偏移。

text-underline-offset 属性只对下划线类型的装饰线有效，对删除线和上划线都无效。
例如，对下面两种装饰线设置 text-underline-offset 属性是无效的：

```
/* 设置 text-underline-offset 属性无效 */
text-decoration: through;
text-decoration: overline;
```

如果父元素设置了下划线，然后希望子元素的下划线位置偏移，下面的 CSS 语句是无效的：

```
p {
    text-decoration: underline;
    text-underline-offset: 0.5em;
}
p span {
    text-underline-offset: 1.5em; /* 无效 */
}
```

此时子元素明确声明具有下划线才有效，例如：

```
p {
    text-decoration: underline;
    text-underline-offset: 0.5em;
}
p span {
    text-decoration: underline;
    text-underline-offset: 1.5em; /* 有效 */
}
```

目前所有现代浏览器均已支持 text-underline-offset 属性，读者可以尝试使用。

3.8.6 讲一讲 text-decoration-skip 属性的故事

text-decoration-skip 属性可以用来控制装饰线和文字之间的重叠关系，这里的装饰线专指下划线。因为一些英文字符（如 "g" "q"）的 "小尾巴" 会和下划线重叠，所以需要使用 text-decoration-skip 属性设置装饰线是跳过文字，还是和文字连在一起。虽然删除线（text-decoration:line-through）也会和文字重叠，但是它并不是 text-decoration-skip 属性的目标装饰线，因为删除线必须贯穿文字。

如果了解 text-decoration-skip 属性的历史，你会发现 text-decoration-skip 属性也是一个颇有故事的 CSS 属性。text-decoration-skip 属性最初是 Safari 浏览器的私有特性，从 Safari 8 开始被支持，语法如下所示：

```
-webkit-text-decoration-skip: none;
-webkit-text-decoration-skip: auto;
-webkit-text-decoration-skip: skip;
-webkit-text-decoration-skip: ink;
```

其中，auto、skip、ink 等值的表现都是一样的，就是下划线会跳过和字符重叠的部分，如图 3-77 所示的字母 "g" 和下划线的重叠效果（截自 Safari 浏览器）。

zhangxinxu

图 3-77　Safari 浏览器中 text-decoration-skip:skip 效果示意

因此，一些文档直接就认为 Safari 的 text-decoration-skip 属性仅仅支持 none 和 skip 这两个属性值，我觉得可以认为 Safari 的 text-decoration-skip 属性仅仅支持 none 和 ink 这两个属性值，因为属性值 ink 和 CSS 规范 "走得更近"。

随着时间的推移，Safari 浏览器从 12.1 版本开始取消了-webkit-私有前缀（iOS 的 Safari 是从 12.2 版本开始取消私有前缀的），因此现在在 Safari 浏览器中其实可以直接这么设置：

```
text-decoration-skip: none;
text-decoration-skip: ink;
```

在 Safari 浏览器取消私有前缀之前的一段时期，`text-decoration-skip` 属性成了 CSS Text Decoration 模块规范中的一员，正式成为 CSS 标准属性，并且一开始是在 Level 3 规范中的。那时候 `text-decoration-skip` 属性的语法是下面这样的：

```
text-decoration-skip: objects;
text-decoration-skip: none;
text-decoration-skip: spaces;
text-decoration-skip: ink;
text-decoration-skip: edges;
text-decoration-skip: box-decoration;
text-decoration-skip: trailing-spaces;
```

先来看一下各个属性值的含义。

- `objects` 是默认值，表示装饰线跳过内联对象，如图片或者 `inline-block` 元素。
- `none` 表示装饰线穿过一切，包括本应跳过的内联对象。
- `spaces` 表示装饰线跳过空格或字符间分隔，以及 `letter-spacing` 或 `word-spacing` 形成的间距。
- `ink` 表示装饰线跳过符号或下沉字母。
- `edges` 表示装饰线起始于内容起始边缘的后面，结束于内容结束边缘的前面。这个属性值的目的是让两个靠在一起的下划线元素看上去是分离的。这对中文字体很有用，因为中文语境中会使用下划线作为一种标点符号（如使用下划线表示专有名词）。
- `box-decoration` 表示装饰线跳过继承的 `margin`、`border` 和 `padding`。
- `trailing-spaces` 表示装饰线跳过 `pre` 或 `white-space:pre-wrap` 里面前后的空格。

理想的效果如图 3-78 所示。

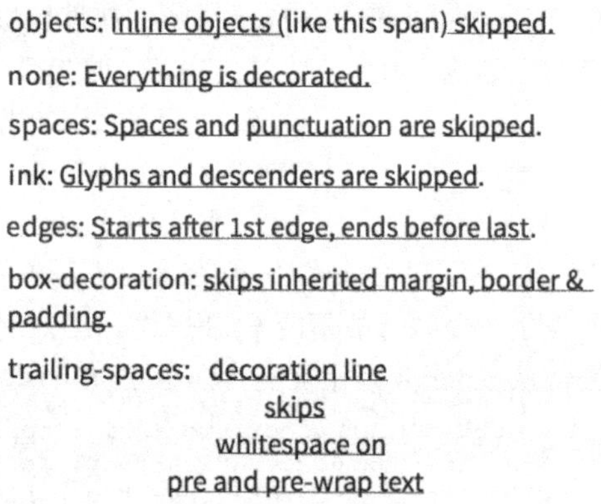

或许是因为存在诸多争议，所以图 3-78 中出现的属性值没有任何浏览器进行跟进支持，然后由于 `text-decoration-skip` 属性的规范文档需要大改，同时又不想影响 CSS Text Decoration Module Level 3 的发布，因此 `text-decoration-skip` 属性的规范文档就被移到了 CSS Text Decoration Module Level 4 中，规范内容也发生了巨大的变化。

objects: Inline objects (like this span) skipped.

none: Everything is decorated.

spaces: Spaces and punctuation are skipped.

ink: Glyphs and descenders are skipped.

edges: Starts after 1st edge, ends before last.

box-decoration: skips inherited margin, border & padding.

trailing-spaces: decoration line skips whitespace on pre and pre-wrap text

图 3-78 `text-decoration-skip` 各个属性值理想效果示意

发生了什么变化呢？那就是 `text-decoration-skip` 从一个单一的 CSS 属性变成了 5 个 CSS 属性的缩写集合，这 5 个 CSS 属性分别如下：

- `text-decoration-skip-self`；
- `text-decoration-skip-box`；
- `text-decoration-skip-inset`；

- `text-decoration-skip-spaces`；
- `text-decoration-skip-ink`。

其实这 5 个 CSS 属性分别对应一个 `text-decoration-skip` 之前的规范中的属性值：

- `text-decoration-skip-self:objects` 对应之前的 `text-decoration-skip:objects`；
- `text-decoration-skip-box:all` 对应之前的 `text-decoration-skip:box-decoration`；
- `text-decoration-skip-inset:auto` 对应之前的 `text-decoration-skip:edges`；
- `text-decoration-skip-spaces:all` 对应之前的 `text-decoration-skip:spaces`；
- `text-decoration-skip-ink:all` 对应之前的 `text-decoration-skip:ink`。

由于上面的很多 CSS 属性和属性值还在审查阶段，之后变动的可能性还很大，因此暂不展开介绍。不过，`text-decoration-skip-ink` 这个 CSS 属性除外，因为 Chrome 浏览器在 2018 年 1 月、Firefox 浏览器在 2019 年 10 月均对 `text-decoration-skip-ink` 属性进行了支持，它可以用来设置下划线是贯穿还是避让，语法如下所示：

```
text-decoration-skip-ink: auto;    /* 初始值 */
text-decoration-skip-ink: none;
```

其中，`text-decoration-skip-ink:auto` 等同于 Safari 浏览器支持的 `text-decoration-skip:ink`，`text-decoration-skip-ink:none` 等同于 Safari 浏览器支持的 `text-decoration-skip:none`。

于是，理论上所有现代浏览器都有控制下划线是否贯穿所有字母的能力。在默认状态下，现代浏览器的下划线都会避让 "g" "q" 等字母多出来的 "小尾巴"，如果希望下划线直接贯穿这些字母，则可以这么设置：

```
p {
    -webkit-text-decoration-skip: none;
    text-decoration-skip: none;
}
```

在所有现代浏览器中均支持以上写法，不过问题在于，存在需要下划线贯穿字母的场景吗？考虑到目前下划线效果并不多见，因此我觉得 `text-decoration-skip` 属性使用的概率并不大，大家了解一下就可以了。

3.9　color 属性与颜色设置

`color` 属性支持的颜色关键字到现在已经发展了 4 个阶段。

- 第一阶段只包含 16 种基本颜色，称为 VGA 颜色，因为它们提取自 VGA 图形卡上的一组可显示的颜色。
- 第二阶段的 `color` 属性支持了 orange 颜色关键字和 RGB 颜色值，兼容性很好，且所有浏览器都支持，大家可以放心使用。
- 第三阶段的 `color` 属性新增了 130 个源自 "X11 颜色列表" 的颜色关键字，同时支持 HSL 颜色、Alpha 透明通道，以及 `transparent` 和 `currentColor` 这两个关键字。其功能显著增强，且有 IE9+浏览器支持。

- 第四阶段的 `color` 属性增加了对名为 rebeccapurple 的颜色关键字的支持，同时扩展了 RGB 颜色和 HSL 颜色的语法，这部分内容现代浏览器都支持了，本书会重点介绍。

HWB 颜色、`gray()` 函数、`color()` 函数、`device-cmyk()` 函数目前还没有被浏览器支持，本书不予介绍。

3.9.1　148 个颜色关键字

目前 `color` 属性已经累计支持 148 个颜色关键字，我将它们按照字母顺序整理成了一个表格，读者可以在浏览器中进入 https://demo.cssworld.cn/new/3/9-1.php 页面，或者扫描右侧的二维码查看。

这其中有一些知识并不是所有人都知道的。

（1）HTML 中 `color` 属性算法和 CSS 中的 `color` 属性算法是不一样的。同样是一个无法识别的颜色关键字，在 HTML 中这个无法识别的颜色关键字会渲染成另外一个颜色，而在 CSS 中会直接忽略这个颜色关键字。具体案例参见《CSS 世界》一书的 9.1.1 节。

（2）颜色关键字设置的颜色都是实色，不带透明度。目前没有 CSS 语法可以直接让颜色关键字带有透明度，唯一可行的方式是借助 animation-delay 负值实现。

（3）颜色关键字不区分大小写。例如下面语法也是可以正常解析的：

```
.error {
    color: RED;
}
```

（4）有一些颜色关键字是互相等同的：

- aqua/cyan；
- fuchsia/magenta；
- darkgray/darkgrey；
- darkslategray/darkslategrey；
- dimgray/dimgrey；
- lightgray/lightgrey；
- lightslategray/lightslategrey；
- gray/grey；
- slategray/slategrey。

（5）所有颜色关键字中，只有两个颜色关键字是以"deep"开头的，分别是深天蓝色 deepskyblue 和深粉色 deeppink，这是我最喜爱的两个颜色关键字。

（6）暗灰色 darkgray 的颜色要比灰色 gray 更浅，因此，并不是有"dark"前缀的颜色关键字控制的颜色就更深。

（7）在 148 个颜色关键字中，只有 CSS Color Level 4 新增的颜色关键字 rebeccapurple 不是规范的颜色名词，有人或许会奇怪为什么会有这样"不规范"的命名，实际上，这个命名的背后有一段你不知道的温情故事[①]。

3.9.2　transparent 关键字

在 CSS3 之前，虽然 `border-color` 属性和 `background-color` 属性也支持 `transparent` 关键字，但是此时的 `transparent` 关键字还并不是一个真正的颜色，只是一个特殊的关键字，目的是方便重置 `border-color` 属性和 `background-color` 属性设置的纯色。一直到 IE9 浏览器，也就是 CSS3 时代，`<color>` 数据类型开始支持 Alpha 通道，`transparent` 关键字才被重新定义为真正的颜色。因此 `color:transparent` 声明是从 IE9 浏览器才开始支持的，比很多开发者认为的要晚。

在 CSS 的颜色渐变或者颜色过渡动画效果中，`transparent` 关键字可以和其他任意色值表现出良好的过渡效果。例如：

```css
.gradient {
    width: 300px; height: 150px;
    background: linear-gradient(transparent, red);
}
```

此时的渐变效果如图 3-79 所示，很多人会认为出现图 3-79 所示的效果不是理所当然的。实际上，Web 视觉表现领域的三大语言 CSS、SVG 和 Canvas，也就只有 CSS 表现出图 3-79 所示的渐变渲染效果。说来话长，`transparent` 关键字其实是 `rgba(0,0,0,0)` 的另外一种快捷书写方式，这是 CSS 规范文档中明确定义的，并且所有浏览器也遵循这个规范。

下面以 `background-color` 属性为例，`background-color` 属性的初始值是 `transparent`，然后我们使用 JavaScript 代码获取对应的计算值，示意如下：

```javascript
console.log(window.getComputedStyle(document.body).backgroundColor);
// 输出是: rgba(0, 0, 0, 0)
```

`transparent` 到 `red` 的渐变效果本质上就是色值 `rgba(0,0,0,0)` 到 `rgba(255,0,0,1)` 的渐变效果。接下来我抛出一个问题，请问渐变 50%位置的色值是什么？我敢肯定很多人的答案是 `rgba(128,0,0,0.5)`。但是仔细一想就会发现这个答案肯定有问题，因为这个答案中的颜色已经与红色无关了。所以，`transparent` 关键字实现符合认知的渐变效果是需要特别的算法的，否则，如果只是按照字面上的色值进行纯数学的计算，最终的渐变效果就会变得"不干净"，例如透明到红色的渐变效果会渲染成透明→灰红色→红色的渐变效果，渐变中间会出现让人感觉很"脏"的红色。

举个例子，使用如下 SVG 渐变代码：

```html
<svg style="border: 1px dotted;">
  <defs>
    <linearGradient id="myGradient">
      <stop offset="0%" stop-color="transparent" />
      <stop offset="100%" stop-color="red" />
    </linearGradient>
  </defs>
  <circle cx="150" cy="75" r="70" fill="url(#myGradient)"></circle>
</svg>
```

得到的渐变效果如图 3-80 所示。

[①] Eric Meyer 是一位 Web 设计顾问和作家，他被称为 Web 先驱。在 Web 标准刚刚兴起的时候，他写了很多关于 CSS 的书和文章，做了很多关于 CSS 的演讲，为 CSS 这门语言的推广做出了巨大贡献。但是很不幸，2014 年 Eric Meyer 6 岁的女儿 Rebecca Alison Meyer 因为脑瘤去世，Rebecca 最喜欢的颜色就是紫色，于是为了纪念 Eric Meyer 的女儿，颜色#663399 被命名为 rebeccapurple（丽贝卡紫）。

图 3-79　CSS 中 transparent 到 red 的
渐变效果示意

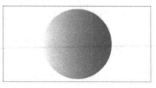

图 3-80　SVG 中 transparent 到 red 的
渐变效果示意

可以看到渐变图像中出现了大量的夹杂着灰红色，这种渐变效果绝不是开发者想要的。在 Canvas 中的透明渐变也有类似的渲染表现。

CSS 和 SVG、Canvas 渐变渲染的不一致性有时候会影响实际的开发。例如 Web 中的截图功能都是通过将 Web 内容转换成 SVG 图像或 Canvas 图像实现的，如果截图内容正好包括一个透明渐变，你就会发现最终生成的截图会有一团莫名其妙的灰黑色，其原因就是 SVG 和 Canvas 中的透明渐变算法与 CSS 的渐变算法不一致。

其实早期的 Safari 浏览器也有类似的渲染问题，使用 transparent 实现渐变或者颜色过渡动画效果的时候，图像都会先变黑，就是因为使用了和 SVG、Canvas 一样的算法。

因此，为了安全，有些老一辈的前端开发者在实现透明到红色的渐变时还是习惯写成 linear-gradient(rgba(255,0,0,0), red)。其实大可不必，Safari 浏览器已经修复了这个问题，现在已经可以放心使用 transparent 关键字了。

3.9.3　currentColor 关键字

currentColor 关键字非常实用，且无可替代，它表示当前元素（或伪元素）所使用的 color 属性的计算值，currentColor 关键字从 IE9 浏览器开始被支持。比较常用的全局设置是：

```
body {
    fill: currentColor;
}
```

用在 SVG Sprites 图标使用场景中，表示图标的填充颜色使用的是当前的 color 属性的计算值，也就是说我们可以使用 color 属性直接设置图标的颜色，详见 14.2.1 节。

需要注意的是，CSS 中很多属性的默认颜色就是 color 属性值，没有必要专门指定 currentColor 关键字，包括 border-color、outline-color、caret-color、text-shadow、box-shadow 等 CSS 属性。例如我们使用 box-shadow 模拟图形效果的时候，为了控制方便，会让盒阴影颜色跟着 color 属性变化，于是有些前端开发者会指定当前盒阴影颜色为 currentColor，如下所示：

```
.example {
    box-shadow: currentColor 0 2px;
}
```

实际上，上面 CSS 代码中的 currentColor 关键字是多余的，直接写成 box-shadow:0 2px 就可以了。

currentColor 关键字主要还是用在背景颜色和背景渐变颜色中，例如实现一个背景颜色由 color 属性控制的按钮效果，我们就可以设置 background-color 属性值为 currentColor，CSS 代码如下：

```
/* IE9+浏览器均支持 */
.button {
    background-color: currentColor;
}
```

```
.button::first-line {
    color: white;
}
```

或者：

```
/* 现代浏览器均支持 */
.button {
    -webkit-text-fill-color: white;
    background-color: currentColor;
}
```

3.9.4　RGB 颜色和 HSL 颜色的新语法

从 IE9 浏览器开始，颜色新增了 3 种表示方法，分别是 HSL 颜色、RGBA 颜色和 HSLA 颜色。从 2016 年开始，现代浏览器开始陆续支持#RRGGBBAA 颜色和其他新语法。

1．HSL 颜色

HSL 颜色是由色调（Hue）、饱和度（Saturation）和亮度（Lightness）这 3 个元素组成的。HSL 就是由这 3 个元素对应的英文单词的首字母组成的。

色调值的大小是任意的，因为 CSS 世界中与色调相关的数值都是角度值，其单位是 deg，所以无论设置什么值，最终都会在 0～360deg 这个范围中解析，例如−120deg=240deg、480deg=120deg。

图 3-81 所示的是色值 hsl(0,100%,50%) 到 hsl(360,100%,50%) 的色值带，可以看出来 HSL 颜色色调从 0～360deg 大致按照红、橙、黄、绿、青、蓝、紫、红的颜色顺序分布。其中，红

图 3-81　色调 0～360 的颜色效果示意

色、绿色和蓝色这 3 个颜色的色调值有时候会用到，大家可以专门记一下，分别是 red=0deg、green=120deg、blue=240deg。

饱和度和亮度的值是任意的，最终解析的数值范围均在 0%～100%，数值后面的百分号一定不能少，否则整个语句无效，所有浏览器中均是如此。

日常开发的时候，前端开发者习惯使用 RGB 颜色，尤其喜欢使用 RGB 颜色中的十六进制格式，例如#f0f0f0，毕竟其兼容性足够好。但是，如果你的项目不需要兼容 IE8 浏览器，则可以试试使用 HSL 颜色，它很适合用在颜色变化的场合。

举个例子，对于一个临时项目，设计师在百忙之中出了一个视觉稿，结果视觉稿中的按钮只设计了默认状态，并没有设计按钮按下时候的颜色。此时，如果使用 HSL 颜色，那么在实现按钮按下的效果时直接把亮度值变小就可以了。假设按钮色值是#2a80eb，则：

```
.button {
    background-color: hsl(213.3, 82.8%, 54.3%);
}
.button:active {
    background-color: hsl(213.3, 82.8%, 50%);
}
```

亮度直接从 54.3%降低到 50%。无须计算，无须取色，就能实现按钮按下时的颜色变化效果。

试想下，如果按钮背景颜色使用传统的#2a80eb 格式，想要获得更深一点色值是不是就很麻烦了？要么求助设计师，要么自己重新取色，这比使用 HSL 色值麻烦很多。

和 RGB 颜色不同，控制 HSL 颜色的值可以是小数，但是包含小数的 RGB 颜色在 IE 浏览器

中是无法识别的。

```
rgb(213.3, 82.8, 54.3)     /* 在 IE 浏览器中无效 */
hsl(213.3, 82.8%, 54.3%)   /* 有效 */
```

2．RGBA 颜色和 HSLA 颜色

从 IE9 浏览器开始，支持设置颜色的透明度了，RGBA 和 HSLA 中的字母 A 指的就是 Alpha 透明通道，透明度取值范围任意，但是渲染范围是 0～1，也就是小于 0 的透明度会当作 0 渲染，大于 1 的透明度会当作 1 渲染。因此，下面的语法均是合法的：

```
/* 全部有效 */
rgba(255, 0, 0, .9)
rgba(255, 0, 0, 999999)
rgba(100%, 0%, 0%, -999999)
hsla(240, 100%, 50%, 0.5)
```

在开发中经常会设置白色半透明，此时，我就会使用 HSLA 颜色实现，而不是 RGBA 颜色，因为可以少写一些字符，如下所示：

```
hsla(0, 0%, 100%, .5);
```

3．#RRGGBBAA 颜色

目前现代浏览器已经全面支持#RRGGBBAA 颜色。其中 R、G、B 还是原来的十六进制表示的 RGB 色值，范围为 00～FF，至于这里新出现的 AA，则表示透明度，范围也是 00～FF。

#RRGGBBAA 颜色虽然很实用，但是透明度的转换却没有 RGB 色值那么方便，因为透明度范围是 0%～100%，而 00～FF 的十进制范围是 0～255，所以需要转换，如下：

```
// Alpha 范围 0～1
AA = (Alpha * 255).toString(16);
```

透明度 50%就等于(0.5*255).toString(16)，结果是 7f.8，约等于 80。因此#FF000080 就表示透明度约为 50%的红色。

我专门整理了一个透明度百分比和十六进制值之间对应关系的数据表，如表 3-13 所示。

表 3-13　透明度百分比和十六进制值对应关系表

透明度	十六进制值	透明度	十六进制值
0%	00	55%	8C
5%	0D	60%	99
10%	1A	65%	A6
15%	26	70%	B3
20%	33	75%	BF
25%	40	80%	CC
30%	4D	85%	D9
35%	59	90%	E6
40%	66	95%	F2
45%	73	100%	FF
50%	80	—	—

同样，#RRGGBBAA 颜色也支持缩写，例如#f308 等同于#ff330088。

4．极致自由的新语法

在现代浏览器中，对 RGB 颜色和 HSL 颜色的语法的使用已经变得无比自由。

（1）rgb() 和 rgba() 函数语法互通，即下面的语法也是可以解析的：

```
/* 有效 */
rgb(0, 0, 0, 1)
rgba(0, 0, 0)
```

（2）hsl() 和 hsla() 函数语法互通，即下面的语法也是可以解析的：

```
/* 有效 */
hsl(0, 0%, 0%, 1)
hsla(0, 0%, 0%)
```

（3）rgb() 函数中的数值可以是小数，即下面语法也是可以解析的：

```
/* 有效 */
rgb(99.999, 102.5, 0)
rgb(1e2, .5e1, .5e0, +.25e2%)
```

（4）透明度可以使用百分比表示，即下面的语法也是可以解析的：

```
/* 有效 */
rgb(0, 0, 0, 100%)
hsla(0, 100%, 50%, 80%)
```

（5）hsl() 函数中的色调可以使用任意角度单位，即下面的语法也是可以解析的：

```
/* 有效 */
hsl(270deg, 60%, 70%)
hsl(4.71239rad, 60%, 70%)
hsl(.75turn, 60%, 70%)
```

（6）rgb() 和 hsl() 函数语法中的逗号可以忽略，即下面的语法也是可以解析的：

```
/* 有效 */
rgb(255 0 0)
hsl(270 60% 70%)
```

但以上所有语法在 IE 浏览器中均不被支持。

5. RGB 颜色和 HSL 颜色新语法

现代浏览器还支持全新的空格加斜杠语法。例如：

```
rgb(255 0 153 / 1)
rgb(255 0 153 / 100%)
rgba(51 170 51 / 0.4)
rgba(51 170 51 / 40%)
hsl(270 60% 50% / .15)
hsl(270 60% 50% / 15%)
```

也就是说，RGB 色值或者 HSL 色值之间使用空格分隔，透明度使用斜杠分隔。

空格语法和传统的逗号语法相比，只是书写形式不同，唯一的优点是书写速度更快了，原因很简单，键盘上的 Space 键要大得多。

3.10 必学必会的 background 属性新特性

本节要介绍的 background 新特性都非常实用，兼容性强，IE9+ 浏览器均支持，是务必要牢牢掌握的。

3.10.1 最实用的当属 background-size 属性

所有 background 新特性相关的属性中，background-size 属性的使用率是最高的。因为现在的电子设备的屏幕密度普遍都很高，所以为了避免因为图像的像素点不够而造成渲染模糊，开发者会使用 2 倍图甚至 3 倍图作为背景图。

把一张大图限制在一个小的区域里面就需要用到 background-size 属性。例如一个删除按钮，按钮元素的尺寸是 20px×20px，按钮元素使用 SVG 图标作为背景，这个 SVG 图标的原始尺寸是 2000px×2000px，此时，我们可以用多种语法将这个尺寸巨大的 SVG 图标限制在按钮元素范围内。

```
background-size: cover;
background-size: contain;
background-size: 100%;
background-size: 20px;
background-size: auto 100%;
background-size: auto 20px;
background-size: 100% 100%;
background-size: 20px 20px;
```

以上语法包含了 background-size 属性的常用用法。

1. cover 和 contain

cover 和 contain 是两个关键字属性值，两者都不会改变背景图的原始比例，非常适合背景图像高、宽不确定的场景。

cover 是覆盖的意思，表示背景图尽可能把当前元素完全覆盖，不留任何空白。contain 是包含的意思，表示背景图尽可能包含在当前元素区域内，同时没有任何剪裁。

我们来看一个例子，一张 256px×192px 的图像需要在 128px×128px 的区域内显示，background-size 属性值分别是 cover 和 contain：

```
.bg-cover,
.bg-contain {
    width: 128px; height: 128px;
    border: solid deepskyblue;
    background: url(./1.jpg) no-repeat center;
}
.bg-cover {
    background-size: cover;
}
.bg-contain {
    background-size: contain;
}
```

结果如图 3-82 所示。

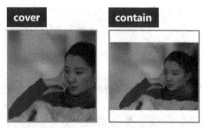

图 3-82 属性值 cover 和 contain 对应效果示意

大家可以看到，如果显示区域的比例和原始图像的比例不一致，那么 cover 属性值最终的表现效果就是有一部分图像被剪裁掉，而 contain 属性值的表现效果是图片有一部分的区域会留白。但是无论是 cover 属性值还是 contain 属性值，都至少有一个方向的元素边界和图像边界是重合的。

眼见为实，读者可以在浏览器中进入 https://demo.cssworld.cn/new/3/10-1.php 页面，或者扫描

右侧的二维码查看效果。

2. 理解 auto 关键字下的尺寸渲染规则

在深入理解 auto 关键字的尺寸渲染规则之前，我们需要先了解一下常见图像的内在尺寸和内在比例。在 CSS 世界中，常见的图像有以下几种。

- 位图。例如 JPG 或者 PNG 图片都属于位图，这些图像总是有自己的内在尺寸（原始图像大小）和内在比例（原始图像比例）。
- 矢量图。例如 SVG 图像就属于矢量图，这些图像不一定具有内在尺寸。如果水平尺寸和垂直尺寸都设置了，那么它就具有内在的比例；如果没有设置尺寸，或者只设置了一个方向的尺寸，它可能有比例，也可能没有比例，要视 SVG 内部代码而定，如有些 SVG 元素内部只有 `<defs>` 元素，此时矢量图就没有比例。
- 渐变图像。就是使用 CSS 渐变语法绘制的图像，这些图像是没有内在尺寸和内在比例的。
- 元素图像。例如使用 `element()` 函数把 DOM 元素作为背景图，此时的内在尺寸就是这个 DOM 元素的尺寸。

下面讲一下 auto 关键字的尺寸渲染规则。

如果 background-size 的属性值是 auto，或者 background-size 的属性值是 auto auto，又或者没有设置 background-size 属性（此时会使用初始值 auto auto），那么：

（1）如果图像水平和垂直方向同时具有内在尺寸，则按照图像原始大小进行渲染。例如一个 PNG 图片尺寸是 800px×600px，那么背景图的尺寸就是 800px×600px，这就是多倍图一定要设置 background-size 属性的原因，否则只能显示部分图像内容。

（2）如果图像没有内在尺寸，也没有内在比例，则按照背景定位区域的大小进行渲染，等同于设置属性值为 100%。所以，CSS 渐变图像默认都是覆盖整个背景定位区域的，例如：

```
.bg-gradient {
    width: 300px; height: 100px;
    background: linear-gradient(deepskyblue, deeppink);
}
```

此时的渐变背景的大小就是 300px×100px。

（3）如果图像没有内在尺寸，但具有内在比例，则渲染效果等同于设置属性值为 contain。例如，有一个名为 triangle.svg 的 SVG 文件，XML 源码如下：

```
<svg viewBox="0 0 1024 1024"
    <path d="M512 0L1024 1024L0 1024Z"/>
</svg>
```

其中，`<svg>` 元素没有设置 width 属性和 height 属性，也就是没有设置内在尺寸。此时这个 SVG 文件作为背景图，我们无须指定 background-size 属性值，SVG 图像就能自动被包含在背景定位区域内。CSS 示意代码如下：

```
.svg-nosize {
    width: 40px; height: 40px;
    border: solid deepskyblue;
    background: url(./triangle.svg);
}
```

结果如图 3-83 所示。

图 3-83　无内在尺寸 SVG
背景图的渲染效果示意

眼见为实，读者可以在浏览器中进入 https://demo.cssworld.cn/new/3/10-2.php 页面，或者扫描右侧的二维码查看效果。

（4）如果图像只有一个方向有内在尺寸，但又具有内在比例，则图像会拉伸到该内在尺寸的大小，同时宽高比符合内在比例。例如，某个 SVG 图像的内在比例是 1:1，但是 SVG 图像源码中的<svg>元素只设置了 width 属性，没有设置 height 属性，则最终的 SVG 图像会按照 width 属性设置的宽度渲染，高度和宽度保持 1:1 的比例进行渲染。

例如上面的 triangle.svg 文件，我们对其设置 width 属性，而不设置 height 属性，如下所示：

```
<svg width="30" viewBox="0 0 1024 1024">
    <path d="M512 0L1024 1024L0 1024Z"/>
</svg>
```

同样的 CSS 代码：

```
.svg-one-size {
    width: 40px; height: 40px;
    border: solid deepskyblue;
    background: url(./triangle.svg);
}
```

结果如图 3-84 所示，图像展示的尺寸是 30px×30px。

然而，在 Edge 浏览器中，只有一个方向设置了尺寸的 SVG 图像还是按照 contain 属性值进行渲染的。因此在实际开发中，不建议 SVG 图像只设置一侧尺寸。

图 3-84　设置一侧尺寸的 SVG 背景图的渲染效果示意

（5）如果图像只有一个方向有内在尺寸而没有内在比例，则图像有内在尺寸的一侧会拉伸到该内在尺寸大小，没有设置内在尺寸的一侧会拉伸到背景定位区域大小。例如：

```
<svg viewBox="0 0 200 50" height="50" preserveAspectRatio="none">
    <text x="0" y="30">只有一侧有内在尺寸，没有内在比例</text>
</svg>
```

preserveAspectRatio="none"可以去除 SVG 图像的内在比例，根据我的测试，除 Firefox 浏览器的渲染有问题外，IE、Edge 和 Chrome 浏览器都可以达到预期效果。

如果 background-size 的属性值一个是 auto，另外一个值不是 auto，有如下两种情况。

（1）如果图像有内在比例，则图像会拉伸到指定的尺寸，高宽依然保持原始的比例。

假设 PNG 背景图片的尺寸是 800px×600px，则 background-size:40px 的效果是将图片宽度拉伸到 40px，高度和宽度的比例保持原始的 4:3，所以高度值是 30px。类似的，background-size: auto 30px 表示宽度 auto，高度拉伸到 30px，由于图片内在比例是 4:3，因此最终的背景尺寸是 40px×30px。

（2）如果图像没有内在比例，则图像会拉伸到指定的尺寸。同时，如果图像有内在尺寸，则 auto 的计算尺寸就是图像的尺寸；如果图像没有内在尺寸，则 auto 的计算尺寸就是背景定位区域的尺寸。例如：

```
.bg-gradient {
    width: 300px; height: 100px;
    border: solid deepskyblue;
    background: linear-gradient(deepskyblue,nosize) no-repeat center;
```

```
    background-size: 150px;
}
```

`background-size:150px` 等同于 `background-size:150px auto`。因此，背景图像
的宽度会拉伸到 150px。渐变是没有内在尺寸的，因此 `auto`
的计算值是背景定位区域的高度，也就是 100px。于是，最终的
渐变背景呈现的尺寸大小是 150px×100px，如图 3-85 所示。

3．数值或百分比值

`background-size` 属性值无论是数值还是百分比值，都

图 3-85　渐变图像在 `background-size` 单侧定值下的效果示意

不能是负值，其中百分比值是相对于元素的背景定位区域计算
的。背景定位区域是由 `background-origin` 属性决定的，默认值是 `padding box`。例如：

```
.bg-percent {
    width: 100px; height: 75px;
    border: 20px solid rgba(0,192,255,.5);
    padding: 20px;
    background: url(1.jpg) no-repeat;
    background-size: 100% 100%;
}
```

`100%` 是相对于 `padding box` 计算的，需要把设置的 `padding:20px` 的大小计算在内，
因此，此时背景图的尺寸是 140px×115px，效果如图 3-86 左图所示。如果我们设置 `background-
origin:content-box`，则 `100%` 是相对于 `content-box` 计算的，在本例中，`content-box`
的尺寸是 100px×75px，因此，此时背景图的尺寸是 100px×75px，效果如图 3-86 右图所示。

图 3-86　`background-size` 百分比计算与 `background-origin` 属性值作用对比示意

眼见为实，读者可以在浏览器中进入 https://demo.cssworld.cn/new/3/10-3.php 页
面，或者扫描右侧的二维码查看效果。

以上就是对 `background-size` 属性的不同类型属性值的介绍，下面介
绍 `background-size` 其他的一些细节知识。

`background-size` 属性值是可以作为缩写直接在 `background` 属性中
设置的，但是需要注意的是，`background-size` 属性值只能写在 `background-position` 属
性值的后面，并且使用斜杠分隔，其他写法都是无效的。例如下面的写法都是无效的：

```
/* 无效 */
background: url(1.jpg) no-repeat / 100%;
background: url(1.jpg) / 100%;
background: url(1.jpg) fixed / 100%;
```

下面这些写法都是有效的：

```
/* 有效 */
background: url(1.jpg) no-repeat center / 100%;
background: 0 / 100% url(1.jpg);
background: linear-gradient(red, blue) round 100%/100% scroll;
```

`background-size` 属性值作为缩写的语法是较近版本的浏览器才支持的，一些过时的浏览器是不支持的，主要体现在 2014 年之前的 iOS 和 Android 设备上。如果你的项目还需要兼容这些陈旧的浏览器，那么就需要将 `background-size` 属性分开写。

3.10.2　background 属性最成功的设计——多背景

background 多背景指的是一个 background 属性可以同时定位多个独立的背景图像，例如：

```
.multiple-backgrounds {
    background: url(1.jpg) no-repeat top, url(2.jpg) no-repeat bottom;
}
```

语法很简单，就是使用逗号分隔多个独立的背景定位语法。

多背景原本的设计初衷是方便 PNG 背景图的定位，因为在那个年代，凡是装饰性的效果无一例外都是 PNG 小图片，想要实现尺寸自适应的背景图效果，需要嵌套多层 HTML 标签元素并将其一层一层定位，这种实现方法显然很麻烦。而多背景的出现很好地解决了这个问题，只需要一个 HTML 标签就可以实现任意个数的背景图的定位。

然而人算不如天算，很快 Web 产品的设计趋势从拟物化设计转变成了扁平化设计，那种花哨的装饰背景变得越来越少，于是多背景一时间显得有些不实用了。

好在这个时候有一个 CSS 新特性"横空出世"了，它改变了多背景的命运，这个 CSS 新特性就是 CSS 渐变。

CSS 渐变本质上也是一种图像，它也可以作为 `background-image` 的属性值。为什么 CSS 渐变的出现让多背景重获新生了呢？有两个原因。

（1）CSS 渐变可以实现纯色效果，只要渐变起止颜色一样即可。

（2）`background-size` 属性也支持多背景，且可以任意控制尺寸。

借助上面这两个特性，我们可以在元素的中心轻轻松松绘制一个深天蓝色的像素点，例如：

```
.pixel {
    background: linear-gradient(deepskyblue, deepskyblue) no-repeat center/1px 1px;
}
```

既然任意像素点都可以实现，那么再配合 CSS 多背景，岂不是可以实现任意图形效果？毕竟所有图形都是由一个个的像素点组成的。不过，我们在日常开发中不会使用拼接像素点的方法绘制图形，一是性能跟不上，二是实现的效果本质上还是位图，并不是矢量图，无法缩放自如。不过这个使用多背景拼接图形的原理在日常开发实践中是极其有用的。

例如，要实现一个数值加减的图标按钮，使用 `background` 属性就可以轻松实现，这比使用 `::before` 或 `::after` 伪元素绘制简单多了，关键 CSS 代码示意如下：

```
.btn-add, .btn-sub {
    width: 1.5rem; height: 1.5rem;
    border: 1px solid gray;
    background: linear-gradient(currentColor, currentColor) no-repeat center / .875em 2px,
            linear-gradient(currentColor, currentColor) no-repeat center / 2px .875em;
```

```
    color: dimgray;
}
.btn-sub {
    background-size: .875em 2px, 0;
}
```

图 3-87　CSS 渐变和多背景实现的加减图标按钮效果示意

实现的效果如图 3-87 所示。

眼见为实，读者可以在浏览器中进入 https://demo.cssworld.cn/new/3/10-4.php 页面，或者扫描右侧的二维码查看效果。

除了常规的图形效果，我们还可以借助多背景实现更复杂的背景纹理效果。例如，实现用来表示 PNG 透明背景的灰白网格效果，如图 3-88 所示。

实现的 CSS 代码如下，为了方便大家理解，CSS 背景相关属性都分开书写了：

```
.square {
    width: 304px; height: 160px;
    background-color: #fff;
    background-image: linear-gradient(45deg, #eee 25%, transparent 25%, transparent 75%, #eee 75%),linear-gradient(45deg, #eee 25%, transparent 25%, transparent 75%, #eee 75%);
    background-size: 16px 16px;
    background-position: 0 0, 8px 8px;
}
```

这里的方格效果的实现方法非常巧妙，利用线性渐变和元素的边角绘制两个等腰直角三角形，再利用 background-position 属性让两个三角单元视觉错位重合，以此实现方格效果，原理示意如图 3-89 所示。

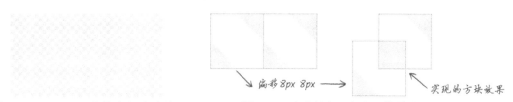

图 3-88　Photoshop 软件中表示透明背景的网格效果示意

图 3-89　多背景实现灰白网格效果原理示意

读者可以在浏览器中进入 https://demo.cssworld.cn/new/3/10-5.php 页面，或者扫描右侧的二维码查看动画原理示意。

正方形网格可以说是 CSS 渐变加多背景实现的比较基本的图案效果了，想看到更复杂、更"炫酷"的背景图案和纹理效果可以访问 CSS3 Patterns Gallery 网站，部分效果如图 3-90 所示，有兴趣的读者可以研究一下相关的图案和纹理实现方法。另外，图案和纹理效果配合背景混合模式属性 background-blend-mode 还可以把视觉效果进一步升级，这里不做展开讲解，详见 11.4 节。

最后讲一个关于多背景的小知识，那就是如果想要同时使用 CSS 渐变和 CSS 背景色，下面的语句是非法的：

```
/* 不合法 */
background: deepskyblue linear-gradient(deepskyblue, deeppink);
```

图 3-90   一些使用 CSS 渐变加多背景实现的图案和纹理示意

如果想让语句合法，则需要使用 CSS 多背景语法，并且颜色值必须放在最后，代码如下：

```
/* 合法 */
background: linear-gradient(deepskyblue, deeppink), deepskyblue;
```

3.10.3　background-clip 属性与背景显示区域限制

先看一段 CSS 代码：

```
.example {
    width: 180px; height: 80px;
    border: 10px dashed deeppink;
    background-color: deepskyblue;
}
```

此时背景色会一直填充到虚线框的下方，如图 3-91 所示。

出现此现象的原因是 background-clip 属性在起作用。

background-clip 属性支持下面几个属性值：

```
background-clip: border-box;
background-clip: padding-box;
background-clip: content-box;
background-clip: text;
```

图 3-91   虚线框透出了背景色
效果示意

其中 border-box 是默认值，表示背景图像或者背景颜色的显示区域是整个 border-box，也就是边框的下方也会显示背景内容。

background-clip 属性最实用的应用场景之一就是控制背景颜色的显示范围。举个例子，我们想要模拟一个复选框效果，设计师设计的复选框尺寸只有 18px×18px，区域太小了，不容易点中，尤其是在移动端，此时我们就可以借助透明边框增大点击区域的范围，例如：

```
.checkbox {
    width: 18px; height: 18px;
    border: 3px solid transparent;
}
```

那么问题来了，复选框选中状态是有一个深色背景的，如何让透明边框区域不显示这个背景色呢？可以使用 background-clip 属性，我们设置 background-clip 属性的值为 content-box 或者 padding-box。完整代码如下：

```
.checkbox {
    display: inline-block;
```

```
   width: 18px; height: 18px;
   border: 3px solid transparent;
   box-shadow: inset 0 1px, inset -1px 0, inset 0 -1px, inset 1px 0;
   color: gray;
}
.checkbox.checked {
   color: deepskyblue;
   background: currentColor;
   background-clip: padding-box;
}
.checkbox.checked::before {
   /* 选中(√)效果略 */
}
```

此时，就可以得到一个视觉上是 18px×18px 大小，实际点击区
域是 24px×24px 大小的复选框了，如图 3-92 所示。

图 3-92 复选框实际尺寸是 24px×24px

眼见为实，读者可以在浏览器中进入 https://demo.cssworld.cn/new/3/10-6.php 页面，或者扫描右侧的二维码查看效果。

background-clip 属性的特点是剪裁。在 background-clip 属性值
发生变化的时候，背景图像显示的尺寸是不会变的，变的是图像显示的范围。
因此，background-clip 属性在一定程度上可以实现类似 clip-path 的效
果，缺点是只能针对背景元素，优点是兼容性足够好，IE9 及以上浏览器均支持。

如果我们想要改变背景图像定位的范围，也就是定位的原点，可以使用 background-origin
属性。

3.10.4　background-clip:text 声明与渐变文字效果

background-clip:text 原本是 webkit 内核浏览器的私有声明，只在 Safari 浏览器和
Chrome 浏览器中有效。后来，因为这个特性还挺实用，所以其被加入了最新的 CSS 边框和背景
模块规范，目前 Firefox 浏览器和 Edge15+浏览器也提供了支持。

background-clip:text 可以让背景图像按照字符形状进行剪裁，此时我们只要隐藏文
字，就可以看到字符形状的背景效果了。这个特性可以用来实现文字纹理效果和更常见的文字渐
变效果，例如：

```
<p class="text-gradient">我是渐变文字</p>
.text-gradient {
   background: linear-gradient(deepskyblue, deeppink);
   -webkit-background-clip: text;
   background-clip: text;
   color: transparent;
}
```

效果如图 3-93 所示。

我是渐变文字

图 3-93　文字渐变效果示意

background-clip:text 声明实现渐变文字效果是一种侵入式的实现方式。如果你的项目

还需要兼容 IE 浏览器，则建议使用@supports 规则进行设置，这样可以保证在 IE 浏览器中文字依然可见，具体代码可参考对应的演示页面。读者可以在浏览器中进入 https://demo.cssworld.cn/ new/3/10-7.php 页面，或者扫描右侧的二维码查看效果。

另外，如果使用 background-clip:text 声明实现渐变文字效果，那么原本彩色的 emoji 字符的颜色会丢失。

3.10.5　background-origin 属性与背景定位原点控制

先看一段代码，之前至少有两位同行请教过我类似的问题：

```
.example {
    width: 180px; height: 70px;
    border: 20px dashed;
    background: linear-gradient(deepskyblue, deeppink);
}
```

此时，虚线框上边间隙的背景颜色为深粉色，虚线框下边间隙的背景颜色为深天蓝色，渐变图像并没有在整个元素区域完整显示，像被断开了，如图 3-94 所示，这显然不是我们想要的效果。

之所以渐变图像会断开，是因为 background-origin 属性在起作用。background-origin 属性支持下面几个属性值：

```
background-origin: border-box;
background-origin: padding-box;
background-origin: content-box;
```

其中 padding-box 是默认值，表示背景图像定位的左上角位置是从 padding-box 开始的，默认的背景定位区域大小也是 padding-box 大小。因此，若希望渐变背景从边框位置开始就是一个完整的自上而下的渐变效果，只要设置 background-origin 属性值为 border-box 即可，代码如下：

```
.example {
    width: 180px; height: 70px;
    border: 20px dashed;
    background: linear-gradient(deepskyblue, deeppink);
    background-origin: border-box;
}
```

效果如图 3-95 所示。

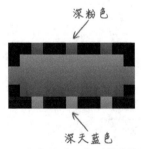

图 3-94　渐变效果没有无缝连接示意

图 3-95　从边框位置开始的完整的渐变效果示意

3.10.6 space 和 round 平铺模式

background-repeat 属性新增了 space 和 round 这两个关键字属性值，下面就具体介绍其作用。

1. space

让背景图像尽可能地重复，而不进行剪裁，每个重复单元的尺寸不会变化。其中第一张和最后一张图像固定在元素的两边，然后通过拉伸空白区域让剩余的图像均匀分布，例如：

```css
.space {
    background: url(1.jpg) center / auto 100%;
    background-repeat: space;
    outline: 1px dotted;
}
```

效果如图 3-96 所示。

space 主要用来平铺小尺寸图像，但是凡事都有例外，万一背景图像的尺寸比背景定位区域的尺寸还要大，那么会有怎么样的效果呢？

图 3-96 space 平铺效果示意

首先，原本无效的 background-position 属性此时就生效了，也就是背景显示区域只能显示一张图像的情况下，我们是使用 background-position 属性来控制这张图像的定位的。

其次，如果背景显示区域尺寸比平铺图像尺寸小，则在不同浏览器中的渲染效果是不一样的，在 Chrome 浏览器和 Firefox 浏览器中，图像可以显示；但是在 IE 和 Edge 浏览器中，图像无法显示，一片空白。这个兼容性差异最终导致如果要使用 space 平铺，要么不在 IE 浏览器中渲染，要么保证元素尺寸比平铺图像的尺寸大，这在一定程度上限制了 space 平铺模式的普及。

2. round

背景图像会被拉伸，并保证不留间隙。随着定位区域空间的增加，如果（假设图像都是原始尺寸下的）剩余空间大于图像宽度的一半，则添加另外一张图像。在添加下一张图像时，当前的所有图像都会压缩以留出空间放下这个新添加的图像，例如：

```css
.round {
    background: url(1.jpg) left / auto 100%;
    background-repeat: round;
    outline: 1px dotted;
}
```

效果如图 3-97 所示。

在 Firefox 浏览器中，设置了 round 平铺后 background-position 属性是会被忽略的，这个其实是有问题的（以后的版本可能会修复此问题），而在 IE 浏览器、Edge 浏览器和 Chrome 浏览器中都没有这个问题。因此，为了保证兼容，我们在使用 round 平铺的时候，一定要设置 background-position 边缘定位，而不能设置居中定位。

图 3-97 round 平铺效果示意

读者可以在浏览器中进入 https://demo.cssworld.cn/new /3/10-8.php 页面，或者扫描右侧的二维码查看图 3-96 和图 3-97 所示的效果。

space 和 round 这两个关键字属性值除了可以设置背景图像的平铺方式，还改变了 background-repeat 属性的语法，那就是可以分别指定水平和垂直方向上的图像平铺方式。例如我们可以指定水平方向是 round 平铺，垂直方向是 space 平铺，语法如下：

```
background-repeat: round space;
```

在 IE9 浏览器之前，background-repeat 只能使用一个关键字属性值。表 3-14 所示的是单个 background-repeat 属性值对应的双值语法。

表 3-14 **background-repeat** 单值对应的双值语法表

单值	等同的双值
repeat-x	repeat no-repeat
repeat-y	no-repeat repeat
repeat	repeat repeat
space	space space
round	round round
no-repeat	no-repeat no-repeat

space 和 round 适合用在装饰性的背景图中，不过当下推崇扁平化设计，追求纯粹的色彩，并不推崇华丽的背景图案效果，因此 space 和 round 值在实际项目开发中用得并不多，这是 10 年前的我没有想到的。

3.10.7 可以指定 background-position 的起始方位了

由于 background-position 的百分比定位的计算比较特殊（详见《CSS 世界》一书的 9.2.2 节），因此，在过去，我们想要实现一个距离元素右下方特定距离的定位就不太容易，唯一的方法就是借助透明边框帮助定位。好在 IE9 浏览器已经开始支持指定 background-position 的起始位置了，于是我们想要让背景图像在距离右下方 20px 的位置就非常简单了：

```
.example {
    width: 300px; height: 200px;
    border: solid deepskyblue;
    background: url(1.jpg) no-repeat right 20px bottom 20px;
}
```

效果如图 3-98 所示。

图 3-98 背景图基于右下方定位示意

眼见为实，读者可以在浏览器中进入 https://demo.cssworld.cn/new/3/10-9.php
页面，或者扫描右侧的二维码查看效果。

我多次看到有人是这样实现图 3-98 所示的效果的：

```
.example {
    background: url(1.jpg) no-repeat calc(100% - 20px) calc(100% - 20px);
}
```

虽然这种写法也有效果，但是性能不够好，而且这种写法可能会让 IE9 浏览器崩溃。因此，
请使用 background-position 属性的原生语法实现。

下面逐个介绍 background-position 属性的具体语法。

1. 1 个值语法

如果只有 1 个值，无论是具体的数值、百分比值，还是关键字属性值，则另外一个值一定是
center，如表 3-15 所示。

表 3-15　**background-position** 单值对应的双值语法表

单值	等同的双值
20px	20px center
20%	20% center
top	top center
right	right center
bottom	bottom center
left	left center
center	center center

2. 2 个值语法

如果有 2 个值，则分 3 种情况。

（1）2 个值都是关键字属性值。left 关键字和 right 关键字表示水平方向，top 关键字和
bottom 关键字表示垂直方向，因此 top right 和 right top 的效果是一样的。需要注意的是，
不能包含对立的方位，也就是说 left right 和 top bottom 这样的语法是无效的。

（2）1 个值是关键字属性值，另外一个值是数值或百分比值。如果数值或百分比值是第一个
值，则表示水平方向，另外一个关键字属性值就表示垂直方向。如果数值或百分比值是第二个值，
则表示垂直方向，另外一个关键字属性值就表示水平方向。因此属性值 20px left 是非法的，
因为 20px 是数值且是第一个值，此时第二个值应该表示垂直方向，但是 left 显然是水平方向
关键字属性值，出现了对立方位，所以为无效语法。

（3）2 个值都是数值或百分比值。第一个值表示水平方向，第二个值表示垂直方向。因
此 20px 20%表示在距离默认定位原点（左上角）水平方向 20px、垂直方向 20%的位置开
始定位。

background-position 属性的初始值是 2 个值，即 0% 0%，其等同于 left top。

3. 3 个值和 4 个值语法

数值和百分比值表示偏移量，第一个值一定要是关键字属性值，这个关键字属性值用来表示偏
移是从哪个方向开始的。如果是 3 个值，则认为缺少的偏移量是 0。因此，20px left top 一定

是不合法的,其第一个值不是关键字属性值。left 20px right 也是不合法的,因为 left 和 right 方位对立。left 20px top 就是合法的,其等同于 left 20px top 0px,表示距离左侧 20px,距离顶部 0。由于 background-position 默认的定位就是 left top,因此 left 20px top 0 也等同于 20px 0px。下面的 CSS 代码展示了相对于左上角偏移的各种语法和计算值:

```
background-position: left 10px top 15px;   /* 10px, 15px */
background-position: left      top  ;      /* 0px, 0px */
background-position:      10px      15px;  /* 10px, 15px */
background-position: left           15px;  /* 0px, 15px */
background-position:      10px top  ;      /* 10px, 0px */
background-position: left      top 15px;   /* 0px, 15px */
background-position: left 10px top  ;      /* 10px, 0px */
```

background-position 属性也可以用在多背景中,用于分别指定每一个背景图像的定位,如:

```
.example {
    background-image: linear-gradient(deepskyblue, deeppink), url(1.jpg);
    background-position: 0 0, right 3em bottom 2em;
}
```

总结一下,IE 浏览器从 IE9 版本开始就已经支持 background-position 属性的 3 值和 4 值语法,因此不要再使用 calc() 函数实现相对于右下方的定位了。

3.11　outline 相关新属性 outline-offset

outline-offset 属性用于改变 outline 属性设置的轮廓的偏移位置。

以我的经验来看,outline-offset 属性使用负值来缩小轮廓的频率要比使用正值来扩大轮廓的频率高很多。

默认情况下,我们给元素设置的 outline 轮廓都是紧贴元素外边缘的,但是,如果多个元素紧密相连,那么 outline 轮廓就会出现互相覆盖遮挡的情况,如图 3-99 所示。

此时就可以使用 outline-offset 属性优化这个小小的体验问题,CSS 代码如下:

```
img {
    outline-offset: -3px;
}
```

借助 outline-offset 属性让轮廓范围收缩,这样轮廓就只会在图片所在区域显示,而不会有轮廓相互覆盖的问题了,如图 3-100 所示。

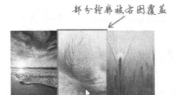

图 3-99　outline 轮廓部分被覆盖示意

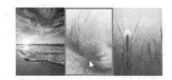

图 3-100　outline 轮廓正常显示示意

眼见为实，读者可以在浏览器中进入 https://demo.cssworld.cn/new/3/11-1.php 页面，或者扫描右侧的二维码查看效果。

另外，让合适的 outline 尺寸配合合适的 outline-offset 负值，我们可以通过颜色覆盖的方式实现渐变边框效果，或者绘制一个加号图案，如下所示：

```css
.example {
    width: 120px; height: 120px;
    background: linear-gradient(deepskyblue, deeppink);
    outline: 40px solid #fff;
    outline-offset: -92px;
}
```

效果如图 3-101 所示。

虽然实现的方法很巧妙，但这并不是常用技巧，大家了解一下即可。

Edge15+浏览器和现代浏览器均支持 outline-offset 属性，该属性的兼容性还算不错。

图 3-101 使用 outline-offset 实现加号图形效果示意

3.12 cursor 属性新增的手形效果

本节介绍两组新增的手形效果，分别是缩放和抓取。

3.12.1 放大手形 zoom-in 和缩小手形 zoom-out 简介

cursor:zoom-in 的鼠标指针是🔍形状，cursor:zoom-out 的鼠标指针是🔍形状，多用于在桌面端的网页中查看大图的交互场景中：

```css
.zoom-in {
    /* 放大 */
    cursor: zoom-in;
}
.zoom-out {
    /* 缩小 */
    cursor: zoom-out;
}
```

效果如图 3-102 所示。

读者也可以访问 https://demo.cssworld.cn/new/3/12-1.php 页面，自己感受一下交互效果。

Edge 浏览器从 Edge12 版本开始支持 zoom-in 和 zoom-out 效果，Chrome 和 Firefox 等浏览器也都支持。如果想要兼容 IE 浏览器，则需要制作两个放大和缩小的 CUR 文件进行自定义，CSS 代码示意如下：

图 3-102 缩放效果示意

```css
.zoom-in {
    cursor: url(zoom-in.cur);
    cursor: zoom-in;
}
```

```
.zoom-out {
    cursor: url(zoom-out.cur);
    cursor: zoom-out;
}
```

3.12.2　抓取手形 grab 和放手手形 grabbing 简介

cursor:grab 的鼠标指针是一个五指张开的手的形状🖐，cursor:grabbing 的鼠标指针
是一个五指收起的手的形状✊，它们多用在元素预览空间不足并需要拖动元素的交互场景中：

```
.element {
    /* 准备抓取 */
    cursor: -webkit-grab;
    cursor: -moz-grab;
    cursor: grab;
}
.element:active {
    /* 已经抓住 */
    cursor: -webkit-grabbing;
    cursor: -moz-grabbing;
    cursor: grabbing;
}
```

两者的效果如图 3-103 所示。

读者也可以访问 https://demo.cssworld.cn/new/
3/12-2.php 页面，自己感受一下交互效果。

Edge 浏览器从 Edge15 版本开始支持 grab 和
grabbing，Chrome 和 Firefox 等浏览器也都支持，
且最新的版本中已经不需要加私有前缀。不过由
于浏览器支持无私有前缀语法的时间比较晚，为

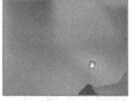

图 3-103　抓取和放手手形效果示意

了安全起见，目前最好加上私有前缀，等到 2022 年之后就可以放心去除了。如果想要兼容 IE 浏
览器，可以使用 move 属性值代替 grab 和 grabbing，CSS 代码示意如下：

```
.element {
    cursor: move;
    cursor: grab;
}
.element:active {
    cursor: grabbing;
}
```

第 4 章

更细致的样式表现

随着显示器的不断升级，人们对 Web 产品的视觉效果的要求也越来越高，如半透明、圆角、阴影等效果。于是，这些细致的样式表现就率先加入了 CSS 新世界中。本章将介绍这些 CSS 新属性的细节知识，并且这些 CSS 属性都非常实用，值得读者反复阅读、深入学习。

4.1 透明度控制属性 opacity

opacity 属性可以让元素表现为半透明，属性计算值范围是 0~1，初始值是 1.0，没有继承性。大多数开发者对 opacity 属性的认识就只有这些，实际上，opacity 属性还有很多细节知识。

例如，在所有支持 CSS 过渡和动画的 CSS 属性中，opacity 属性是性能最高的，因此很多动画效果都可以使用 opacity 属性进行性能优化。例如盒阴影动画效果很耗性能，就可以使用伪元素在元素底部创建一个盒阴影，然后使用 opacity 属性控制这个伪元素的显示与隐藏，性能会因此提高很多，具体参见 4.3 节中与 box-shadow 相关的介绍。

又如，opacity 属性值不为 1 的元素会创建一个层叠上下文，层叠顺序会变高。因此，如果你希望某个 DOM 顺序在前的元素覆盖后面的元素，可以试试设置 opacity:0.99。

下面讲解一些细节。

4.1.1 opacity 属性的叠加计算规则

由于 opacity 属性没有继承性，因此父、子元素同时设置半透明时，半透明效果是叠加的。例如：

```
.father { opacity: .5; }
.son { opacity: .5; }
```

此时，子元素的视觉透明度不是 0.5，而是一个叠加计算的值，即 0.25，没错，就是 0.5×0.5 的计算值。下面这个例子可以证明这一点：

```
<div class="father opacity1">
    <p class="son"></p>
</div>
<div class="father opacity2">
    <p class="son"></p>
```

```
</div>
.father {width: 120px;}
.son {height: 120px; background: deepskyblue;}
.opacity1,.opacity1 .son {opacity: 0.5;}
.opacity2 {opacity: .25;}
```

两个<p>元素呈现的色值是一模一样的，如图 4-1 所示，这表明父、子元素同时为半透明时，最终的透明度值就是两者的乘积。

CSS 中半透明颜色和非透明颜色的叠加算法如下：

```
r = (foreground.r * alpha) + (background.r * (1.0 - alpha));
g = (foreground.g * alpha) + (background.g * (1.0 - alpha));
b = (foreground.b * alpha) + (background.b * (1.0 - alpha));
```

例如，deepskyblue 的 RGB 值是 rgb(0, 191, 255)，白色的 RGB 值是 rgb(255, 255, 255)，因此 25% deepskyblue 色值和白色的混合值就是：

```
r = (0 * 0.25) + (255 * (1.0 - 0.25)) = 191.25 ≈ 191;
g = (191 * 0.25) + (255 * (1.0 - 0.25)) = 239;
b = (255 * 0.25) + (255 * (1.0 - 0.25)) = 255;
```

于是，最终呈现的颜色就是 rgb(191, 239, 255)，这和图 4-1 所示的色值完全一致，详见图 4-2 所示的取色结果。

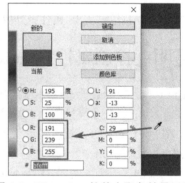

图 4-1   不同半透明值的对比效果示意   图 4-2   Photoshop 软件中取色结果示意

4.1.2   opacity 属性的边界特性与应用

opacity 属性有一个实用的边界特性，即 opacity 属性设置的数值大小如果超出 0~1 的范围限制，最终的计算值是边界值，如下所示：

```
.example {
    opacity: -999;  /* 解析为 0，完全透明 */
    opacity: -1;    /* 解析为 0，完全透明 */
    opacity: 2;     /* 解析为 1，完全不透明 */
    opacity: 999;   /* 解析为 1，完全不透明 */
}
```

不仅 opacity 属性有边界特性，RGBA 颜色或者 HSLA 颜色中任意一个颜色通道数值都有边界特性，如下所示：

```
.example {
    color: hsl(0, 0%, -100%);    /* 解析为 hsl(0, 0%, 0%)，黑色 */
    color: hsl(0, 0%, 200%);     /* 解析为 hsl(0, 0%, 100%)，白色 */
}
```

这种边界特性配合 CSS 变量可以在 CSS 中实现类似于 `if...else` 的逻辑判断，可以用在元素显隐或者色值变化的场景。

案例 1：自动配色按钮

借助透明度和颜色的边界特性可以实现这样一个效果：如果按钮背景颜色比较浅，则按钮的文字颜色自动变成黑色，同时显示边框；如果按钮的背景颜色比较深，则按钮的文字颜色自动变成白色。CSS 代码如下：

```
:root {
  /* 定义 RGB 变量 */
  --red: 44;
  --green: 135;
  --blue: 255;
  /**
   * 亮度算法：
   * lightness = (red * 0.2126 + green * 0.7152 + blue * 0.0722) / 255
   */
  --lightness: calc((var(--red) * 0.2126 + var(--green) * 0.7152 + var(--blue) * 0.0722) /
255);
}
.button {
  /* 固定样式 */
    border: .2em solid;
  /* 背景颜色 */
  background: rgb(var(--red), var(--green), var(--blue));
  /* 文字颜色，只可能是黑色或白色 */
  color: hsl(0, 0%, calc((var(--lightness) - 0.5) * -999999%));
  /* 文字阴影，黑色文字才会出现 */
  text-shadow: 1px 1px rgba(calc(var(--red) + 50), calc(var(--green) + 50),
calc(var(--blue) + 50), calc((var(--lightness) - 0.5) * 9999));
    /* 边框样式，亮度大于 0.8 才出现 */
  border-color: rgba(calc(var(--red) - 50), calc(var(--green) - 50), calc(var(--blue)
- 50), calc((var(--lightness) - 0.8) * 100));
  }
```

此时 `.button` 按钮的文字颜色、文字阴影和边框颜色都是由 `--red`、`--green`、`--blue` 这 3 个变量决定的，而且前景颜色、背景颜色和边框颜色是自动适配的。

图 4-3 所示的是使用不同的 R、G、B 色值后的按钮效果，可以看到深色背景的按钮的文字颜色是白色（图 4-3 左图）；浅色背景的按钮的文字颜色是黑色，还有浅色的投影（图 4-3 中图）；当背景颜色足够浅的时候，边框也出现了（图 4-3 右图）。

图 4-3　按钮文字颜色和边框颜色自动匹配示意

原理其实很简单，有了 R、G、B 色值我们就可以计算出亮度 `--lightness`。

- 这里 color 属性使用的是 HSL 颜色，L 的值是 0%，即黑色；如果 L 的值是 100%，则是白色。L 色值的计算公式是 var((--lightness) - 0.5) * -999999%。如果亮度大于 0.5，则是一个正数和-999999%相乘，最后计算结果是一个巨大的负数，这时会按照 L 色值的最小边界 0%渲染，于是文字颜色就是黑色；如果亮度小于 0.5，则是一个负数和-999999%相乘，最后结果就是一个很大的正数，这时会按照 L 色值的最大边界 100%渲染，于是文字颜色就是白色。

- 我们重点关注 text-shadow 属性的(var(--lightness) - 0.5) * 9999 这个计算。如果亮度大于 0.5，则最终的计算值极大概率大于 1，因此透明度就是 1，文字投影会显示；如果亮度小于 0.5，则最终的计算值一定是负数，此时会按照透明度的边界值 0 来渲染，于是文字投影就不会显示。这就实现了背景颜色亮度比较高时显示更强的文字投影效果。

- border-color 边框颜色的出现和 text-shadow 的出现类似，只不过边框颜色比背景颜色更深。边框颜色是在亮度大于 0.8 的时候显示，这样，按钮在白色页面中也不会显得刺眼。

本案例中使用亮度 0.5 和亮度 0.8 作为判断点，不过这不一定是最佳判断点，在实际开发的时候大家可以根据自己的需求进行调整。

眼见为实，读者可以在浏览器中进入 https://demo.cssworld.cn/new/4/1-1.php 页面，或者扫描右侧的二维码查看效果。

案例 2：静态饼图

这个案例将展示如何利用 opacity 属性的边界特性控制元素的显示与隐藏。图 4-4 所示的就是利用 opacity 属性的边界特性实现的静态饼状图效果。

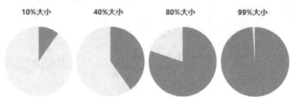

图 4-4　静态饼状图效果示意

饼状图的比例通过 CSS 变量--percent 控制，HTML 代码如下：

```
<div class="pie-simple" style="--percent: 10;">
    <div class="pie-left"></div>
    <div class="pie-right"></div>
</div>

<div class="pie-simple" style="--percent: 40;">
    <div class="pie-left"></div>
    <div class="pie-right"></div>
</div>

...
```

CSS 代码如下：

```
.pie-simple {
    width: 128px; height: 128px;
    background-color: #eee;
    border-radius: 50%;
    overflow: hidden;
```

```
}
.pie-left,
.pie-right {
    width: 50%; height: 100%;
    float: left;
    position: relative;
    overflow: hidden;
}
.pie-left::before,
.pie-right::before,
.pie-right::after {
    content: "";
    position: absolute;
    width: 100%; height: 100%;
    background-color: deepskyblue;
}
.pie-left::before {
    left: 100%;
    transform-origin: left;
    transform: rotate(calc(3.6deg * (var(--percent) - 50)));
    /* 比例小于或等于50%的时候左半圆隐藏 */
    opacity: calc(99999 * (var(--percent) - 50));
}
.pie-right::before {
    right: 100%;
    transform-origin: right;
    transform: rotate(calc(3.6deg * var(--percent)));
}
.pie-right::after {
    /* 比例大于50%的时候左半圆一直显示 */
    opacity: calc(99999 * (var(--percent) - 50));
}
```

实现原理如下所述。

左右两个矩形区域拼接，且左右两个矩形中都有一个会跟着旋转的半圆，由.pie-left::before和.pie-right::before 这两个::before 伪元素创建，我们可以称它们为"左半圆"和"右半圆"。右边的矩形里面还藏了一个不会旋转的撑满整个矩形的半圆，我们可以称它为"右覆盖圆"，由.pie-right::after 创建。

（1）左半圆和右半圆一直处于旋转状态。

（2）比例不大于50%时候，左半圆隐藏，右半圆显示，因此只能看到右半圆旋转。

（3）比例大于50%时候，左半圆显示，于是可以看到左半圆旋转，同时右覆盖圆显示，挡住后面的右半圆。此时可以看到右侧完整的静止半圆和左侧旋转的左半圆。

可以看出，我们除了要控制左右半圆的旋转，还需要控制左半圆和右覆盖圆的显隐，这个效果非常巧妙地利用了 opacity 属性的边界特性来实现，关键 CSS 代码如下：

```
.pie-left::before {
    opacity: calc(99999 * (var(--percent) - 50));
}
.pie-right::after {
    opacity: calc(99999 * (var(--percent) - 50));
}
```

假设--percent 的值是40，也就是40%范围的饼状图，将40代入99999 * (var (--percent)-50)计算可以得到-999990的结果，opacity:-999990 等同于 opacity:0，也就是饼状图百分比不足50%的时候，左半圆和右覆盖圆是隐藏的，只有右半圆在旋转。假设--percent 的值是

80，可以发现最终的 opacity 计算值远大于 1，此时会按照 opacity:1 渲染，也就是饼状图百分比大于 50% 的时候，左半圆和右覆盖圆是显示的。于是，我们就实现了一个基于 CSS 变量自动绘制的饼状图效果了。

眼见为实，读者可以在浏览器中进入 https://demo.cssworld.cn/new/4/1-2.php 页面，或者扫描右侧的二维码查看效果。

4.2　深入了解圆角属性 border-radius

border-radius 属性是一个典型的符合"二八原则"的 CSS 属性，也就是说要想深入了解 border-radius 属性，需要花费额外 80% 的学习精力，但是用这一部分精力所学到的知识只能用在 20% 的场景中。

在日常开发中，我们使用 border-radius 属性的场景无非下面两类。

（1）为按钮、输入框等控件，或者为背景色块增加小圆角，例如：

```
input, button {
    border-radius: 4px;
}
```

（2）将用户头像变成圆形：

```
.user-avatar {
    border-radius: 50%;
}
```

上面两类场景就满足了日常 80% 与圆角相关的开发需求了，那么到此结束了吗？显然没有，如果继续深入了解 border-radius 属性，你会发现 border-radius 属性远没有你想的那么简单，它可以呈现的效果也绝对超出你的预期。

4.2.1　了解 border-radius 属性的语法

我们平时使用的 border-radius 属性其实是一种缩写，它是 border-top-left-radius、border-top-right-radius、border-bottom-left-radius 和 border-bottom-right-radius 这 4 个属性的缩写。这 4 个属性的圆角位置如图 4-5 所示。

这 4 个属性很好理解，因为属性名称就暴露了一切，例如 border-top-left-radius 显然就是用来设置左上角圆角大小的。不过，虽然它们好理解，但是不好记忆，一段时间后就会不记得到底是 border-top-left-radius 还是 border-left-top-radius。我是使用这

图 4-5　CSS 圆角属性方位示意

种方法让自己记住的：圆角属性的方位顺序和中文表述是相反的。例如中文我们都是说左上角、右上角，或者左下角、右下角，顺序是先左右再上下，但是，CSS 圆角属性却是先上下再左右，例如 border-top-left-radius 先是 top 再是 left，又如 border-bottom-right-radius 先是 bottom 再是 right。

1. 1~4 个值表示的方位

border-radius 属性支持 1~4 个值，分别表示不同的角。

（1）如果只有 1 个值，则表示圆角效果作用在全部 4 个角，效果如图 4-6 所示，代码如下：

```
border-radius: 10px;
```

（2）如果有 2 个值，则第一个值作用于左上角和右下角，第二个值作用于右上角和左下角，效果如图 4-7 所示，代码如下：

```
border-radius: 10px 50%;
```

图 4-6　只有 1 个值时的圆角效果示意　　图 4-7　有 2 个值时的圆角效果示意

（3）如果有 3 个值，则第一个值作用于左上角，第二个值作用于右上角和左下角，第三个值作用于右下角，效果如图 4-8 所示，代码如下：

```
border-radius: 10px 50% 30px;
```

（4）如果有 4 个值，则 4 个值按照顺时针方向依次作用于左上角、右上角、右下角和左下角，效果如图 4-9 所示。

```
border-radius: 10px 50% 30px 0;
```

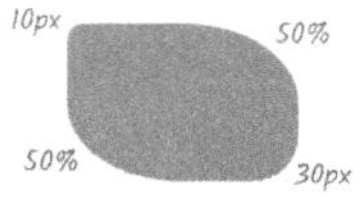

图 4-8　有 3 个值时的圆角效果及标注示意　　图 4-9　有 4 个值时的圆角效果示意

2．水平半径和垂直半径

还有很多人不知道我们平时使用的圆角值也是一种缩写。例如，下面 CSS 代码中的 `10px` 就是一种缩写：

```
border-top-left-radius: 10px;
```

它等同于：

```
border-top-left-radius: 10px 10px;
```

其中，第一个值表示水平半径，第二个值表示垂直半径。又如：

```
border-top-left-radius: 30px 60px;
```

表示左上角的圆角是由水平半径（短半轴）为 30px、垂直半径（长半轴）为 60px 的椭圆产生的，效果如图 4-10 所示。

如果是 `border-radius` 属性，则水平半径和垂直半径不是通过空格进行区分，而是通过斜杠区分。例如：

```
border-radius: 30px / 60px;
```

表示 4 个角落的圆角的水平半径都是 30px，垂直半径都是 60px，效果如图 4-11 所示。

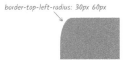

图 4-10　`border-top-left-radius:30px 60px`
效果示意

图 4-11　`border-radius:30px/60px`
效果示意

斜杠前后都支持 1~4 个长度值。因此，下面的语法都是合法的：

```
/* 左上 右上+左下 右下 / 左上 右上+左下 右下 */
border-radius: 10px 5px 2em / 20px 25px 30%;
/* 左上+右下 右上+左下 / 左上 右上 右下 左下 */
border-radius: 10px 5% / 20px 25em 30px 35em;
```

现在了解了语法，那这里的水平半径和垂直半径究竟是如何作用才让边角产生圆角效果的呢？这个问题就是接下来要深入探讨的。

4.2.2　弄懂圆角效果是如何产生的

虽然我们口头上都称 border-radius 为圆角属性，实际上 border-radius 属性的字面意思不是"圆角"，而是"边界半径"，也就是圆角效果来自以这个半径值绘制的圆或以半轴值绘制的椭圆。例如，图 4-10 所示左上角的圆角效果是由水平半径为 30px、垂直半径为 60px 的椭圆产生的，原理如图 4-12 所示。

如果进一步放大半径值，例如设置垂直半径大小和元素等高，也就是 100%高度值，如下所示：

```
border-top-left-radius: 30px 100%;
```

效果和原理此时如图 4-13 所示。

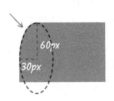

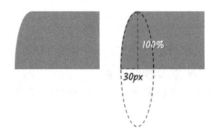

图 4-12　border-radius:30px 60px
效果和原理示意

图 4-13　border-radius:30px 100%
效果和原理示意

重叠曲线的渲染机制

左上角和左下角的垂直半径都是 100%，代码如下：

```
border-top-left-radius: 30px 100%;
border-bottom-left-radius: 30px 100%;
```

显然，元素的高度并不足以放下两个半轴为 100%尺寸的椭圆，如果我们对这种场景不加以约束，则曲线一定会发生重叠，而且曲线的交叉点一定不是平滑的，最后得到的绝对不会是我们想看到的效果。

因此，CSS 规范对圆角曲线重叠这一问题做了额外的渲染设定，具体算法如下：设置 $f=\min(L_h/S_h, L_v/S_v)$，其中 S 是半径之和，L 是元素宽高，下标 h 和 v 表示方向，f 是计算值，简称"f 计算值"。CSS 圆角曲线的渲染规则很简单，如果 f 计算值小于 1，则所有圆角半径都乘以 f。

回到这里的例子，左上角和左下角的垂直半径都是 100%，水平半径都是 30px，因此，$f=\min(L_h/S_h, L_v/S_v)=\min(150/60, 100/200)=0.5$，$f$ 计算值是 0.5，小于 1，所有圆角值都要乘以 0.5，因此：

```
border-top-left-radius: 30px 100%;
border-bottom-left-radius: 30px 100%;
```

实际上，这等同于：

```
border-top-left-radius: 15px 50%;
border-bottom-left-radius: 15px 50%;
```

此时会有图 4-14 所示的效果。

明白了重叠曲线的渲染机制，一些常见却不太理解的现象也就明白了。

如果元素的高度和宽度是一样的，例如都是 150px，则下面两段 CSS 声明的效果是一样的：

```
border-radius: 100%;
border-radius: 150px;
```

但是，如果元素的高度和宽度是不一样的，例如宽度是 150px，高度是 100px，则下面两段 CSS 声明的效果就不一样：

```
border-radius: 100%;
border-radius: 150px;
```

效果如图 4-15 所示。

 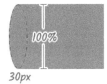 

图 4-14　曲线重叠下的渲染效果示意　　　　图 4-15　百分比值和长度值在曲线重叠下的渲染差异示意

为什么会不一样呢？很多人百思不得其解。其实，简单套用一下重叠曲线的算法，一切就豁然开朗了：

- `border-radius:100%` 的 f 计算值是 0.5，因此，最终的圆角半径都要乘以 0.5，等同于：

```
border-radius: 75px / 50px;
```

- `border-radius:150px` 水平方向的 L/S 的计算值是 0.5，而垂直方向的 L/S 计算值是 100/300，也就是 0.3333，于是 $f=\min(0.5, 0.3333)=0.3333$，也就是所有圆角半径（都是 150px）都要乘以 0.3333，等同于：

```
border-radius: 50px;
```

4.2.3　border-radius 属性渲染 border 边框的细节

如果元素设置了 border 边框，则圆角半径会被分成内半径和外半径，如图 4-16 所示。其中直线为外半径，圆心到内部虚线圆的距离为内半径。

（1）padding 边缘的圆角大小为设置的 border-radius 大小减去边框的厚度，如果结果为负，则内半径为 0。例如：

```
.radius {
    width: 100px; height: 100px;
    border-top: 40px solid deepskyblue;
    border-left: 40px solid deepskyblue;
    border-radius: 40px 0 0;
}
```

圆角半径大小和边框的大小均是 40px，此时内半径大小为 0，因此，padding 边缘是直角，没有弧度。最终效果如图 4-17 所示。

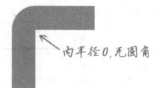

图 4-16 内半径和外半径示意 图 4-17 内半径为 0 示意

此特性在边框颜色透明的场景下依旧适用。另外，当内半径大于 0 的时候边框会和 padding box 重叠，此时文字内容可能会出现在边框之上。

（2）如果相邻两侧边框的厚度不同，则圆角大小将在较厚和较薄边界之间显示平滑过渡。例如：

```
.radius {
    width: 100px; height: 100px;
    border-top: 40px solid deepskyblue;
    border-left: 20px solid deepskyblue;
    border-radius: 40px 0 0 / 60px 0 0;
}
```

最终效果如图 4-18 所示。可以明显看出在圆角位置处，边框的厚度在 20px～40px 范围内变化的时候是平滑的，是流畅的。

我们可以利用这一特性实现图 4-24 所示的带尾巴的小尖角效果。

（3）圆角边框的连接线和直角边框连接线位置一致，但是角度会有所不同。例如：

```
width: 100px; height: 100px;
    border-top: 40px solid deepskyblue;
    border-left: 20px solid deeppink;
    border-right: 20px solid deeppink;
    border-radius: 40px 0 0 / 60px 0 0;
```

最终效果如图 4-19 所示。

图 4-18 边框厚度平滑过渡示意 图 4-19 圆角和直角边框连接处细节示意

下面是其他一些细节。

（1）border-radius 不支持负值。

（2）圆角以外的区域不可点击，无法响应 click 事件。

（3）border-radius 没有继承性，因此父元素设置了 border-radius，子元素依然是直角效果。我们可以通过给父元素设置 overflow:hidden 让子元素视觉上表现为圆角。

（4）border-radius 属性支持 transition 过渡效果，也支持 animation 动画效果，因此在图形表现领域，border-radius 属性会非常给力。

（5）border-radius 属性也是可以应用于 display 的计算值为 table、inline-table 或者 table-cell 的元素上的，但是有一个前提，那就是表格元素的 border-collapse 属性值需要是 separate（separate 是 border-collapse 属性的默认值），如果 border-collapse 属

性值是 `collapse`，那么是没有圆角效果的。

4.2.4 border-radius 属性的高级应用技巧

`border-radius` 在实际开发中的高级应用主要在两方面，一个是增强原本的圆角效果，另外一个就是绘制各类图形效果。

1. border-radius 与不规则圆角头像

我们平时给头像设置的圆角效果都是规则的圆，其实还可以使用百分比值设置不同的水平半径和垂直半径，实现不规则的圆角效果，例如：

```css
.avatar {
    border-radius: 70% 30% 30% 70% / 60% 40% 60% 40%;
}
```

效果如图 4-20 所示。

再配点标题和描述，一个非常有设计感的布局效果就出来了，如图 4-21 所示。

图 4-20 不规则圆角头像效果示意　　　图 4-21 不规则圆角头像布局效果示意

读者可以在浏览器中进入 https://demo.cssworld.cn/new/4/2-1.php 页面，或者扫描右侧的二维码查看效果。

如果是很多个头像，我们还可以利用"蝉原则"（质数）实现随机圆角效果。

一种方法是直接指定圆角大小，IE9+浏览器均提供支持，例如：

```css
.avatar {
    border-radius: 87% 91% 98% 100%;
}
.avatar:nth-child(2n+1) {
    border-radius: 59% 52% 56% 59%;
}
.avatar:nth-child(3n+2) {
    border-radius: 84% 94% 83% 72%;
}
.avatar:nth-child(5n+3) {
    border-radius: 73% 100% 82% 100%;
}
.avatar:nth-child(7n+5) {
    border-radius: 93% 90% 85% 78%;
}
.avatar:nth-child(11n+7):hover {
    border-radius: 58% 98% 78% 83%;
}
```

另外一种方法是选取圆角动画中的某一帧，这可以借助 `animation-delay` 负值技术实现，例如：

```
.avatar {
    border-radius: 50%;
    animation: morph 6s paused linear;
}
@keyframes morph {
    0% { border-radius: 40% 60% 60% 40% / 60% 30% 70% 40%; }
    100% { border-radius: 40% 60%; }
}
.avatar:nth-child(2n+1) {animation-delay: -1s;}
.avatar:nth-child(3n+2) {animation-delay: -2s;}
.avatar:nth-child(5n+3) {animation-delay: -3s;}
.avatar:nth-child(7n+5) {animation-delay: -4s;}
.avatar:nth-child(11n+7) {animation-delay: -5s;}
```

最终可以实现图 4-22 所示的随机不规则圆角头像效果，支持任意数量的头像。

图 4-22　随机不规则圆角头像效果示意

读者可以在浏览器中进入 https://demo.cssworld.cn/new/4/2-2.php 页面，或者扫描右侧的二维码查看效果。

2．border-radius 图形绘制技巧

一句话，只要是带圆弧的图形效果，border-radius 属性都能绘制出来，前提是对 border-radius 属性有足够深入的了解。想要出神入化地绘制图形，离不开人的创造力，下面先来介绍几个常用的图形效果，其他效果可以在此基础上延伸。

下面两个例子纯属抛砖引玉。

（1）绘制 1/4 圆作为角标，用来显示序号，关键 CSS 代码如下：

```
.corner-marker {
    border-bottom-right-radius: 100%;
}
```

效果如图 4-23 所示。

（2）例如，border 边框应用 border-radius 属性时，可以使用平滑特性实现带尖角的对话框小尾巴效果：

```
.corner-tail {
    width: 15px; height: 10px;
    border-top: 10px solid deepskyblue;
    border-top-left-radius: 80%;
}
```

效果如图 4-24 所示。

图 4-23 1/4 圆作为角标效果示意

图 4-24 border-radius 实现带尖角的
对话框小尾巴效果示意

读者可以在浏览器中进入 https://demo.cssworld.cn/new/4/2-3.php 页面，或者扫描右侧的二维码查看上面两个小例子的效果。

4.3 box-shadow 盒阴影

box-shadow 盒阴影也是非常实用的 CSS 属性，可以给元素设置阴影效果，让视觉表现更富有层次。例如，为固定定位的头部元素设置方向朝下的阴影效果可以让页面层次更清晰：

```
header {
    background-color: #fff;
    position: fixed;
    left:0; right: 0; top: 0;
    box-shadow: 0 2px 4px rgba(0, 0, 0, .2);
}
```

其中，box-shadow:0 2px 4px rgba(0,0,0,.2)这段 CSS 声明包含 box-shadow 属性最常使用的几个值，0 表示水平偏移，2px 表示垂直偏移，4px 是模糊大小，rgba(0,0,0,.2)则是投影的颜色。

常规的投影效果使用上面几个值就可以了：偏移+模糊+颜色，例如 filter 属性中的 drop-shadow 投影滤镜就是上面几个部件组成的。

无论是盒阴影还是投影效果，其光源都默认在页面的左上角。因此水平偏移的值如果是正数则表示投影偏右，如果是负数则表示投影偏左，垂直偏移也是类似效果。这种偏移方位与文档流的方向没有任何关系，例如我们设置文档流是从右往左（direction:rtl），正数偏移值依然表示投影偏右下，不会有任何变化。

本书不会在 box-shadow 属性的常规用法上多费笔墨，主要介绍你可能不知道的其他的一些应用。

4.3.1 inset 关键字与内阴影

box-shadow 属性支持 inset 关键字，表示阴影朝向元素内部。先看一个简单的内外阴影对比案例：

```
.inset {
    width: 180px; height: 100px;
    background-color: deepskyblue;
    box-shadow: inset 2px 2px 4px rgba(0, 0, 0, .5);
}
.normal {
    width: 180px; height: 100px;
```

```
    background-color: deepskyblue;
    box-shadow: 2px 2px 4px rgba(0, 0, 0, .5);
}
```

效果如图 4-25 所示。

从图 4-25 中可以看出以下两点。

（1）box-shadow 内阴影效果适合实现内嵌效果，表现更低一层级的视觉效果。

图 4-25　内阴影和外阴影基础效果对比示意

（2）box-shadow 内阴影的水平和垂直偏移方向和外阴影一致，都是左上角光源。

然而，根据我多年的实践经验，内阴影更常见的使用场景并不是视觉层级表现，而是辅助图形效果。

1．模拟边框

在 border 边框被占用，或者不方便使用 border 属性的情况下，我们可以借助 box-shadow 内阴影来模拟边框效果。

例如，一套按钮组件，深色背景按钮无边框，浅色背景按钮需要有边框，这就带来了一点小麻烦。因为 border 会影响元素的尺寸，为了保证所有按钮尺寸一致的同时代码被高度复用，很多人会给深色背景按钮设置透明边框。其实还有更好的做法，那就是使用 box-shadow 内阴影模拟边框，例如：

```
<button class="normal">正常</button>
<button class="primary">主要</button>
<button class="warning">警示</button>
button {height: 40px; border: 0; border-radius: 4px;}
.normal {
    background-color: #fff;
    /* 模拟边框 */
    box-shadow: inset 1px 0 #a2a9b6, inset -1px 0 #a2a9b6, inset 0 1px #a2a9b6, inset
0 -1px #a2a9b6;
    }
.primary { color: #fff; background-color: #2a80eb;}
.warning { color: #fff; background-color: #eb4646;}
```

效果如图 4-26 所示，有边框按钮和无边框按钮的尺寸完全一致。

图 4-26　内阴影模拟边框效果示意

读者可以在浏览器中进入 https://demo.cssworld.cn/new/4/3-1.php 页面，或者扫描右侧的二维码查看效果。

2．颜色覆盖

box-shadow 内阴影有一个实用特性，那就是生成的阴影会位于文字内容的下面、背景颜色的上面。于是我们可以使用 box-shadow 属性在元素上面再覆盖一层颜色，这种做法在不少场景下非常有用。

在 Chrome 浏览器中，输入框在自动填充的时候会自带背景颜色，一般是黄色或者浅蓝色，我们可以使用 box-shadow 内阴影创建白色颜色层对其进行覆盖，代码如下：

```
input:-webkit-autofill {
    -webkit-box-shadow: inset 0 0 0 1000px #fff;
    background-color: transparent;
}
```

又如，按钮在被按下的时候其背景色要深一点，这用来给用户提供操作反馈。使用 box-shadow 内阴影，只用一行代码便可以搞定所有按钮，无须一个一个专门进行颜色设置，例如：

```
button:active {
    box-shadow: inset 0 0 0 999px rgba(0, 0, 0, .1);
}
```

效果如图 4-27 所示，在中间按钮被按下的时候背景颜色明显加深了。

box-shadow 内阴影颜色覆盖也是有局限的，其对于部分替换元素是无效的，例如<img>元素：

图 4-27　内阴影模拟按钮激活态效果示意

```
/* 无效 */
img:active {
    box-shadow: inset 0 0 0 999px rgba(0, 0, 0, .1);
}
```

因为替换元素的内容在盒阴影之上。此时可以使用 outline 属性进行模拟，假设图片尺寸是 75px×100px，则可以：

```
img:active {
    outline: 50px solid rgba(0, 0, 0, .1);
    outline-offset: -50px;
}
```

4.3.2　不要忽略第四个长度值

box-shadow 属性支持 2~4 个长度值，前两个长度值是固定的，表示水平偏移和垂直偏移，第三个长度值表示模糊半径，还有第四个长度值，表示扩展半径。"扩展"这一特性并不符合现实世界对投影的认知，因此在模拟真实世界投影效果的时候是用不到的，用得少自然知道的人就少。

不过扩展半径在某些时候还是很有用的，扩展半径主要用在以下两个场景：一是轮廓模拟，二是实现单侧阴影。

1．轮廓模拟

理论上，按钮的轮廓可以借助第四个长度值，即扩展半径来实现，代码如下：

```
.normal {
    background-color: #fff;
    /* 模拟轮廓*/
    box-shadow: inset 0 0 0 1px #a2a9b6;
}
```

使用扩展半径模拟轮廓的代码量要比实现 4 个方向分别投影的代码量小很多。但是很遗憾，在有圆角的情况下，使用扩展半径的方法在 IE 浏览器中的渲染是有问题的，4 个圆角阴影会重叠，如图 4-28 所示，这不符合我们的预期。

因此，扩展半径多用来模拟大范围的色块效果，例如新手引导的蒙层效果：

图 4-28　在 IE 浏览器中使用扩展半径模拟轮廓效果示意

```
.guide {
    box-shadow: 0 0 0 9999px rgba(0, 0, 0, .75);
    border radius: 50%;
}
```

相比 outline 属性，使用 box-shadow 属性实现蒙层效果出现的 bug 要更少（Firefox 浏览器的 outline 轮廓有些小问题），同时还支持圆角，是最佳的实现方法，效果如图 4-29 所示。

图 4-29　box-shadow 实现的新手引导效果示意

读者可以在浏览器中进入 https://demo.cssworld.cn/new/4/3-2.php 页面，或者扫描右侧的二维码查看效果。

2．单侧阴影

扩展半径还支持负值，可以用来实现单侧阴影效果。理论上，实现单侧阴影效果只要设置一侧阴影的偏移大小为 0 即可，但是，如果模糊半径设置得较大，就会看到有部分阴影显示在左右两侧了，并不是单侧阴影效果，例如：

```
header {
    width: 150px;
    padding: 10px;
    background-color: white;
    box-shadow: 0 2px 5px rgba(0,0,0,.5);
}
```

效果如图 4-30 所示。

此时可以设置扩展半径为负值，让阴影只在一侧显示，相关代码如下：

```
header {
    box-shadow: 0 7px 5px -5px rgba(0, 0, 0, .5);
}
```

效果如图 4-31 所示。

图 4-30　模糊半径过大导致非单侧阴影效果示意　　　图 4-31　扩展半径为负值时的单侧阴影效果示意

4.3.3　多阴影特性与图形绘制

box-shadow 属性支持无限多个阴影效果不断累加，因此理论上 box-shadow 属性可以实现任意图形效果，我们只需要设置 1px×1px 的元素，然后不断投影。当然，我们在实际开发中不会这么使用，因为没必要，性能也很糟糕。但是，box-shadow 属性的多阴影特性确实让 box-shadow 属性在图形绘制领域大放光彩。

1. 多边框和渐变边框效果

我们可以使用 box-shadow 属性模拟多边框效果，该属性也支持圆角效果，例如：

```
.multi-border {
    height: 100px;
    border-radius: 10px;
    background-color: deepskyblue;
    box-shadow: 0 0 0 4px #fff,
        0 0 0 8px deeppink,
        0 0 0 12px yellow,
        0 0 0 16px purple;
}
```

效果如图 4-32 所示。

如果我们多边框的过渡颜色足够细腻，我们还可以使用 box-shadow 属性实现由内往外但并不是径向渐变的渐变效果，例如：

```
.gradient-border {
    height: 100px;
    border-radius: 10px;
    background-color: deepskyblue;
    box-shadow: 0 0 0 1px #07b9fb,
        0 0 0 2px #17aef4,
        0 0 0 3px #27a4ee,
        0 0 0 4px #3799E7,
        0 0 0 5px #478ee0,
        0 0 0 6px #5784d9,
        0 0 0 7px #6779d3,
        0 0 0 8px #776ecc,
        0 0 0 9px #8764c5,
        0 0 0 10px #9759be,
        0 0 0 11px #a74eb8,
        0 0 0 12px #b744b1,
        0 0 0 13px #c739aa,
        0 0 0 14px #d72ea3,
        0 0 0 15px #e7249d,
        0 0 0 16px #f71996;
}
```

效果如图 4-33 所示。

图 4-32　使用 box-shadow 属性
实现多边框效果示意

图 4-33　使用 box-shadow 属性
实现渐变边框效果示意

2. 加载效果

box-shadow 属性可以实现多种 CSS 加载效果，例如下面这个经典的旋转加载效果：

```
.loading {
    width: 4px; height: 4px;
    border-radius: 100%;
    color: rgba(0, 0, 0, .4);
    box-shadow: 0 -10px rgba(0,0,0,.9),
```

```
        10px 0px,
        0 10px,
        -10px 0 rgba(0,0,0,.7),
        -7px -7px rgba(0,0,0,.8),
        7px -7px rgba(0,0,0,1),
        7px 7px,
        -7px 7px;
    animation: spin 1s steps(8) infinite;
}
@keyframes spin {
    0%   { transform: rotate(0deg); }
    100% { transform: rotate(360deg); }
}
```

效果如图 4-34 所示。

3．云朵效果

使用 box-shadow 属性实现云朵效果的代码如下：

```
.cloud {
    width: 60px; height: 50px;
    color: white;
    background-color: currentColor;
    border-radius: 50%;
    box-shadow: 100px 0px 0 -10px,
        40px 0px,
        70px 15px,
        30px 20px 0 -10px,
        70px -15px,
        30px -30px;
}
```

效果如图 4-35 所示。

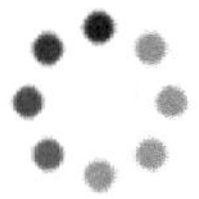

图 4-34　使用 box-shadow 属性　　　　　图 4-35　使用 box-shadow 属性
实现加载效果示意　　　　　　　　　实现云朵效果示意

实现原理很简单，就是使用 box-shadow 属性克隆多个圆，然后让圆不断交错重叠。

4．3D 投影效果

给按钮设置一个 3D 投影效果，按下按钮的时候按钮的位置发生偏移，同时投影高度降低，这可以实现非常有立体感的按钮效果，代码如下：

```
.shadow-3d-button {
    width: 100px; height: 36px;
    border: 1px solid #a0b3d6;
    background-color: #f0f3f9;
    box-shadow: 1px 1px #afc4ea, 2px 2px #afc4ea, 3px 3px #afc4ea;
}
.shadow-3d-button:active {
    transform: translate(1px, 1px);
    box-shadow: 1px 1px #afc4ea, 2px 2px #afc4ea;
}
```

效果如图 4-36 所示。

按钮

图 4-36　使用 box-shadow 属性实现 3D 投影按钮效果示意

读者可以在浏览器中进入 https://demo.cssworld.cn/new/4/3-3.php 页面，或者扫描右侧的二维码查看本节所有使用 `box-shadow` 属性制作的图形效果。

4.3.4　box-shadow 动画与性能优化

在日常开发中，对 `box-shadow` 属性的使用没有什么限制，不用担心相对较大的性能开销。个别元素应用 `box-shadow` 动画也没问题，毕竟抛开数量谈性能是没有意义的。但是，如果页面本身比较复杂，应用渐变、半透明、盒阴影、滤镜等特性的元素很多，则此时 `box-shadow` 动画所带来的性能开销就会很大，实现的动画效果帧率不足 60f/s，GPU 加速疯狂运转，手机电量迅速减少。这时可以使用一些小技巧优化一下。

例如，有一个盒阴影过渡效果：

```
.normal {transition: all .5s; box-shadow: 0 8px 12px rgba(0, 0, 0, 0.5);}
.normal:hover {box-shadow: 0 16px 24px rgba(0, 0, 0, 0.7);}
```

在鼠标经过盒的时候会伴随大量的样式重计算和 GPU 加速，此时，我们可以使用伪元素创建盒阴影，然后在鼠标经过盒的时候改变盒阴影的透明度，以此进行优化，代码如下：

```
.optimize::before,.optimize::after {content: "";transition: opacity .6s;}
.optimize::before {box-shadow: 0 8px 12px rgba(0, 0, 0, 0.5);}
.optimize::after {opacity: 0; box-shadow: 0 16px 24px rgba(0, 0, 0, 0.7);}
.optimize:hover::before {opacity: 0;}
.optimize:hover::after {opacity: 1;}
```

图 4-37 所示是优化前后的一些性能指标，从左往右共 4 段动画区间，分别代表正常实现鼠标经过、正常实现鼠标移开、优化实现鼠标经过和优化实现鼠标移开触发的 `transition` 过渡效果，可以看到正常实现的盒阴影动画的样式重计算和 GPU 开销明显更大（左方块内的栅格数量更多）。

图 4-37　box-shadow 动画优化实现前后的性能指标对比示意

读者可以在浏览器中进入 https://demo.cssworld.cn/new/4/3-4.php 页面，或者扫描右侧的二维码查看效果。

4.4　CSS 2D 变换

本节主要介绍 2D 变换，3D 变换会在 5.2 节详细讲解。

首先说一下私有前缀，现在已经不是 10 年前了，没有任何理由需要给 transform 属性添加 -moz- 和 -o- 私有前缀。如果是需要兼容 IE 浏览器的传统 Web 产品，则需要加上 -ms- 私有前缀，但不需要加上 -webkit- 私有前缀，示例如下：

```
.pc {
    -ms-transform: none;
    transform: none;
}
```

如果是移动端项目，考虑到还有不到 4% 的 Android 4.4 操作系统用户[①]，因此还需要加 -webkit- 私有前缀，但不需要加 -ms- 私有前缀。

```
.mobile {
    -webkit-transform: none;
    transform: none;
}
```

transform 属性相关特性和细节非常多，读者想要理解本节内容需要反复阅读本书。

4.4.1　从基本的变换方法说起

2D 变换常用的变换方法包括位移、旋转、缩放和斜切，示例如下：

```
/* 位移 */
transform: translate(0, 0);
/* 旋转 */
transform: rotate(0deg);
/* 缩放 */
transform: scale(1);
/* 斜切 */
transform: skew(0deg);
```

我们先逐个快速了解一下各个变换方法的基本特性。

1．translate() 位移

以自身坐标为基准，进行水平方向或垂直方向的位移，语法如下：

```
/* 往右偏移 10px，往下偏移 20px */
transform: translate(10px, 20px);
/* 往右偏移 10px */
transform: translateX(10px);
/* 往下偏移 20px */
transform: translateY(20px);
```

其中，translate() 函数中的第二个值可以省略，省略后表示垂直方向的偏移大小是 0。因此，translate(10px) 等同于 translate(10px, 0)，也等同于 translateX(10px)。大家千万不要被 scale() 函数的语法误导，translate(10px) 不是 translate(10px, 10px) 的简写。

---

① 源自腾讯 MTA 2020 年第二季度数据。

位移的方向和文档流的顺序没有任何关系，也就是即使祖先元素设置 `direction:rtl`，`translateX(10px)`依然表示往右偏移。

位移变换最不可替代的特性就是设定百分比偏移值，因为 CSS 世界中就没有几个属性的百分比值是相对于自身尺寸计算的，示例如下：

```
/* 往左偏移自身宽度的一半，往上偏移自身高度的一半 */
transform: translate(-50%, -50%);
```

百分比值相对于自身计算的这个特性非常适合用来实现高宽不固定元素的水平垂直居中效果，例如，弹框元素想要居中定位，可以使用下面的 CSS 语句：

```
.dialog {
   position: absolute;
   left: 50%; top: 50%;
   transform: translate(-50%, -50%);
}
```

然而对于绝对定位元素，如果可以，请尽量避免使用 `transform` 属性进行位置偏移，应改用 `margin` 属性进行偏移定位，这样就可以把 `transform` 属性预留出来，方便实现各种 `animation` 动画效果。例如，我们希望元素出现的时候有一个缩放动画效果，但是如果偏移是使用 `transform` 属性实现的，那么这个动画执行的时候元素的定位就会出现问题。

2．rotate()旋转

例如，将图片旋转 45 度：

```
img {
   transform: rotate(45deg);
}
```

效果如图 4-38 所示。

图 4-38 图片旋转 45 度之后的效果示意

由此可见，正值是顺时针旋转。

这里顺便详细介绍一下角度单位，CSS 中的角度单位包括表 4-1 所示的 4 个单位。

表 4-1 角度单位表

单位	含义
deg	degrees，表示角度
grad	grads，表示百分度
rad	radians，表示弧度
turn	turns，表示圈数

下面分别介绍一下这 4 个单位。

- 角度（deg）：角度范围为 0～360 度，角度为负值可以理解为逆时针旋转。例如，−45deg 可以理解为逆时针旋转 45 度。
- 百分度（grad）：一个梯度，或者说一个百分度表示 1/400 个整圆。因此 100grad 相当于 90deg，它和 deg 单位一样支持负值，负值可以理解为逆时针方向旋转。
- 弧度（rad）：1 弧度等于 180/π 度，或者大致等于 57.3 度。1.5708rad 相当于 100grad 或是 90deg，如图 4-39 所示。

- 圈数（turn）：这个很好理解，1 圈表示 360 度，平时体操或跳水中出现的"后空翻 720 度"，也就是后空翻两圈的意思。于是有等式 1turn=360deg、2turn=720deg 等。

下面的 CSS 代码均表示顺时针旋转 45 度：

```
transform: rotate(45deg);
transform: rotate(50grad);
transform: rotate(0.7854rad);
transform: rotate(.125turn);
```

在实际开发的时候，我们只需要使用 deg 单位就好了，没必要"炫技"使用其他角度单位。那么什么时候使用 grad 或者 rad 这些 CSS 单位呢？这些单位一般用在动态计算的场景（例如 JavaScript 计算运动轨迹或者根据坐标计算角度的时候，使用弧度更方便）。

3. scale()缩放

缩放变换也支持 x 和 y 两个方向，因此，下面的语法都属于 2D 变换的语法：

```
/* 水平放大 2 倍，垂直缩小 1/2*/
transform: scale(2, .5);
/* 水平放大 2 倍 */
transform: scaleX(2);
/* 垂直缩小 1/2*/
transform: scaleY(.5);
```

图 4-40 所示就是图片元素应用 scale(2, .5) 变换后的效果。

图 4-39　90 度对应的百分度和弧度大小示意　　图 4-40　水平放大 2 倍，垂直缩小 1/2 的效果示意

缩放变换不支持百分比值，仅支持数值，因此 scale(200%,50%) 是无效的。

缩放变换支持负值。如果我们想要实现元素的水平翻转效果，可以设置 transform:scaleX(-1)；想要实现元素的垂直翻转效果，可以设置 transform:scaleY(-1)。如果水平缩放和垂直缩放的大小一样，我们可以只使用一个值，例如，transform:scale(2) 表示将元素水平方向和垂直方向的尺寸放大到现有尺寸的 2 倍。

4. skew()斜切

斜切变换也支持 x 和 y 两个方向，例如：

```
/* 水平斜切 10 度，垂直斜切 20 度 */
transform: skew(10deg, 20deg);
/* 水平斜切 10 度 */
transform: skewX(10deg);
/* 垂直斜切 20 度 */
transform: skewY(20deg);
```

所有包含 X 和 Y 字符的变换函数都不区分大小写，例如 skewX(10deg) 写作 skewx(10deg) 是合法的，translateX(10px) 写作 translatex(10px) 也是合法的，不过我们约定俗成字符 X 和 Y 都是大写。skew(10deg) 可以看成 skew(10deg, 0) 的简写，效果等同于 skewX(10deg)。

图 4-41 所示的是图片元素分别应用 skewX (10deg) 和 skewY(20deg) 变换后的效果。

旋转是 360 度一个轮回,斜切则是 180 度一个轮回。元素处于 90 度或者 270 度斜切的时候是看不见的,因为此时元素的尺寸在理论上是无限的。对浏览器而言,尺寸不可能是无限的,因为没办法表现出来!于是这种情况下的尺寸为 0,所以元素在 90 度或者 270 度斜切的时候是不会影响祖先元素的滚动

图 4-41　水平斜切 10 度,垂直斜切 20 度效果示意

状态的。如果读者对这句话不理解,把 skewY() 函数的角度调成 89 度或者 271 度就知道什么意思了。skew() 函数支持所有角度单位值。

斜切变换在图形绘制的时候非常有用,这是一个被低估的变换特性。举个例子,使用 CSS 实现图 4-42 所示的导航效果。

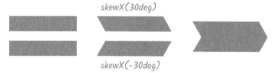

图 4-42　指明方向的导航效果示意

有些人会使用 clip-path 属性以剪裁方式实现这个效果,有些人会使用 border 属性以模拟边框方式实现这个效果,其实,完全不需要这么复杂,使用斜切变换就可以轻松实现这个效果。

首先按照正常的方块布局进行排版,让每一个导航元素由上下两个矩形盒子组成,使用 skew() 函数斜切一下效果就出来了,连定位都不需要,这是最佳实现方式,没有之一。实现原理如图 4-43 所示。

图 4-43　skew() 函数实现箭头效果原理示意

4.4.2　transform 属性的若干细节特性

这里介绍的 transform 特征对于 2D 变换和 3D 变换均适用。

1. 盒模型尺寸不会变化

页面中的元素无论应用什么 transform 属性值,该元素盒模型的尺寸和位置都不会有任何变化。例如,页面中有一个<img>元素,尺寸是 128px×96px,则无论应用什么 transform 属性值,这个<img>元素的尺寸依然是 128px×96px,位置依然是原来的位置。例如:

```
img {
    transform: translateX(-9999px);
}
```

图片原来的位置会变成一片空白,图片在视觉上已经不知道偏移到何处了。这和position:relative相对定位偏移的行为有些类似。又如:

```
img {
    transform: scale(2);
}
```

虽然图片的视觉尺寸放大了 2 倍,但是,并不会推开旁边的元素,只会在视觉上重叠与覆盖。

元素尺寸和位置不会变化的特性让人又爱又恨,爱的是可以放心使用 transform 实现各

类交互效果，恨的是有时候我们又希望位置可以发生变化。例如，我们希望一个元素往上移动自身高度的 50%，同时后面的元素也跟着一起位移，这在目前的 CSS 世界中，是没有有效的实现方法的，需要借助 JavaScript 计算实现。原因在于相对自身尺寸偏移的特性只有 translate 位移才有，但是 translate 位移无法影响其他元素的布局；可以影响其他元素布局的 margin 负值定位虽然也支持百分比值，但这个百分比值却是相对宽度计算的。于是，这就形成了一个死结。

但需要注意的是，元素应用 transform 变换后还是可能因为某些间接的原因影响排版，主要是在触发滚动条的显示与隐藏的情况下影响容器的可用尺寸（Windows 操作系统中的滚动条默认占据一定的宽度和高度）。且看下面这个具有代表性的案例：

```
<p><img src="1.jpg"></p>
img {
    width: 100%;
}
p {
  width: 128px;
  border: solid deepskyblue;
  overflow: auto;
}
```

很显然，此时<img>元素的宽度是 128px，但是，如果<img>元素旋转一下，则<img>元素尺寸就会发生变化，尺寸瞬间变小了。

```
img {
    width: 100%;
    transform: rotate(45deg);
}
```

例如，在 Windows 10 操作系统下的 Chrome 浏览器中，<img>元素的宽度变成了 111px，如图 4-44 所示。

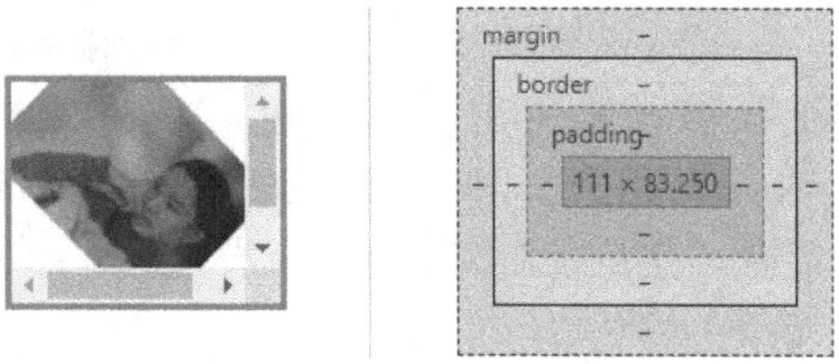

之所以是这样的结果，是因为<img>元素旋转导致<p>元素出现滚动条，滚动条占据了 17px 的宽度，进而导致 width:100%的<img>元素的宽度变成了 111px。

图 4-44   图片旋转之后因为滚动条的出现尺寸变小示意

2. 内联元素无效

内联元素（不包括替换元素）是无法应用 transform 变换的，且不支持所有变换特性。例如：

```
<span>不能变换</span>
span {
    transform: translateX(99px);
}
```

此时<span>元素是不会有位移效果的。但有两种方法可以实现位移效果，一种是给元素增加块状特性，例如设置 display 属性值为 inline-block，如下所示：

```
span {
    display: inline-block;
    transform: translateX(99px);
}
```

还有一种方法是改用相对定位：

```
span {
    position: relative;
    left: 99px;
}
```

3．锯齿或虚化的问题

在应用旋转或者斜切变换的时候，元素边缘会表现出明显的锯齿，文字会明显虚化。这个现象主要出现在桌面端浏览器上，而且这个问题是没有办法避免的，因为显示器的密度跟不上。

目前大部分桌面显示器还都是 1 倍屏，显示的最小单元是 1px×1px，你可以理解为显示器屏幕是由一个个 1px×1px 大小的格子组成的。如果像素点旋转 45 度，那么这个正方形像素点的端点和边必然就会穿过其他的格子，如图 4-45 所示。

于是，有一个问题出现了，显示器没有能力显示小于 1px×1px 的图形，于是，要么裁剪像素点（锯齿），要么使用算法进行边缘模糊计算（虚化）。因此，要想解决 transform 变换锯齿和虚化的问题，只要把我们的显示器换掉就可以了。换成一个高清屏，类似 iMac 那种 5K 显示屏，这个现象就没了。因为这类屏幕密度足够高，0.2px×0.2px 的元素都可以细腻渲染。

图 4-45　格子旋转后在像素网格中的理论效果示意

4．不同顺序不同效果

我们可以一次性应用多个不同的变换函数，但需要注意的是，即使变换内容一样，如果顺序不同，最终的效果也会不一样，例如：

```
<p><img src="1.jpg" class="transform-1"></p>
<p><img src="1.jpg" class="transform-2"></p>
p {
    width: fit-content;
    border: solid deepskyblue;
}
.transform-1 {
    transform: translateX(40px) scale(.75);
}
.transform-2 {
    transform: scale(.75) translateX(40px);
}
```

结果两张图片的位置表现出了明显的不一致，如图 4-46 所示。

图 4-46　变换属性顺序不同造成不一样的渲染结果示意

下面一张图片实际偏移大小是 30px，因为先缩小到了原大小的 75%。

读者可以在浏览器中进入 https://demo.cssworld.cn/new/4/4-1.php 页面，或者扫描右侧的二维码查看效果。

5．clip/clip-path 前置剪裁

一个元素应用 `transform` 变换之后，同时再应用 `clip` 或者 `clip-path` 等属性，此时很多人会误认为剪裁的是应用变换之后的图形，实际上不是的，剪裁的还是变换之前的图形，也就是先剪裁再变换。例如：

```
img {
    width: 128px; height: 96px;
    transform: scale(2);
    clip-path: circle(48px at 64px 48px);
}
```

如果是先执行 `transform` 再执行 `clip-path`，则最终剪裁的圆的半径应该还是 `circle()` 函数中的 48px，即最终剪裁的圆的直径是 96px；如果是先执行 `clip-path` 再执行 `transform`，则最终剪裁的圆的直径应该是 192px，在各个浏览器中实际渲染的结果都是直径为 192px 的圆，如图 4-47 所示。

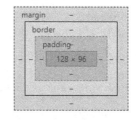

图 4-47　`transform` 和 `clip-path` 同时应用后的效果示意

由此可以证明，`transform` 和 `clip-path` 同时用的时候，是先执行 `clip-path` 剪裁，另外一个剪裁属性 `clip` 也是类似的。

读者可以在浏览器中进入 https://demo.cssworld.cn/new/4/4-2.php 页面，或者扫描右侧的二维码查看效果。

6．动画性能优秀

CSS 高性能动画三要素指的是绝对定位、`opacity` 属性和 `transform` 属性。因此，同样的动画效果，优先使用 `transform` 属性实现。例如，元素移动动画应使用 `transform` 属性，而不是 `margin` 属性。

4.4.3　元素应用 transform 属性后的变化

元素应用 `transform` 属性后还会带来很多看不见的特性变化。

1．创建层叠上下文

和 `opacity` 属性值不是 1 的元素类似，如果元素的 `transform` 属性值不是 `none`，则会创建一个新的层叠上下文。

这一特性常被用在下面两个场景中。

（1）覆盖其他元素。

（2）限制 `z-index:-1` 的层级表现。

在默认情况下，多个<img>元素相互重叠的时候，一定是 DOM 位置偏后的<img>元素覆盖 DOM 位置靠前的元素，例如：

```
img + img {
    margin-left: -60px;
}
```

效果如图 4-48 所示，可以看到 DOM 位置靠后的图片覆盖了 DOM 位置靠前的图片。

但是，如果我们给 DOM 位置靠前的图片设置 transform 属性，例如：

```
img:first-child {
    transform: scale(1);
}
```

则此时 DOM 位置靠前的图片会覆盖 DOM 位置靠后的图片，如图 4-49 所示。

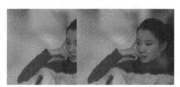

图 4-48　DOM 位置靠后的图片
覆盖 DOM 位置靠前的图片示意

图 4-49　DOM 位置靠前的图片覆盖
DOM 位置靠后的图片示意

读者可以在浏览器中进入 https://demo.cssworld.cn/new/4/4-3.php 页面，或者扫描右侧的二维码查看效果。

这就是我们实现鼠标悬停图片放大效果的时候无须指定层级的原因。

我们再看一个使用 transform 属性限制 z-index:-1 层级位置的案例，有一个模拟纸张投影的效果，HTML 代码结构如下：

```
<div class="container">
    <div class="page"></div>
</div>
```

其中，容器元素设置了让效果更突出的深灰色背景，纸张元素使用::before 和::after 伪元素创建了模拟卷角投影的效果，由于投影效果需要放在纸张元素后面，因此 z-index 设为了负值，如下所示：

```
.container {
    background-color: #666;
}
.page {
    width: 300px; height: 200px;
    background-color: #f4f39e;
    box-shadow: 0 2px 10px 1px rgba(0, 0, 0, .2);
    border-bottom-right-radius: 50% 10px;
    position: relative;
}
.page::before {
    transform: skew(-15deg) rotate(-5deg);
    left: 15px; bottom: 10px;
    box-shadow: 0 8px 16px rgba(0, 0, 0, .3);
}
.page::after {
    transform: skew(15deg) rotate(8deg);
```

```
    right: 15px; bottom: 25px;
    box-shadow: 8px 8px 10px rgba(0, 0, 0, .4);
}
.page:before, .page:after {
    content: "";
    width: 90%; height: 30%;
    position: absolute;
    z-index: -1;
}
```

此时，`::before` 和 `::after` 伪元素创建的投影效果不见了，如图 4-50 所示。

图 4-50　底角处的阴影效果不可见示意

原因就在于，z-index:-1 是定位在第一个层叠上下文祖先元素的背景层上的，而网页在默认状态下的层叠上下文元素就是<html>根元素，也就是伪元素创建的阴影效果其实是在页面根元素的上面、在 .container 元素的下面，而 .container 元素设置了背景颜色，挡住了伪元素，因此阴影效果在视觉上不可见。

要想解决这个问题很简单，把 .container 元素作为层叠上下文元素即可，实现这个操作的方法很多，比较合适的方法就是设置一个无关紧要的 transform 属性值。例如我就喜欢设置 scale(1)，因为拼写更快：

```
.container {
    transform: scale(1);
}
```

此时的结果如图 4-51 所示，可以看到纸张底部两个角落均出现了明显的卷角投影效果。

图 4-51　底角处的阴影效果可见示意

这个案例可谓 border-radius、box-shadow 和 transform 属性的集大成者，读者可以在浏览器中进入 https://demo.cssworld.cn/new/4/4-4.php 页面，或者扫描右侧的二维码查看效果。

2. 固定定位失效

想要实现固定定位效果，可以应用 `position:fixed` 声明。大部分情况下，最终的样式表现是符合预期的，但是，如果父元素设置了 `transform` 变换，则固定定位效果就会失效，样式表现就会类似于绝对定位。例如：

```
<p>
    <img src="1.jpg">
</p>
<p class="transform">
    <img src="1.jpg">
</p>
img {
    position: fixed;
}
.transform {
    transform: scale(1);
}
```

结果页面滚动的时候，第一张图片纹丝不动，第二张图片跟着页面滚动，这说明第二张图片的固定定位效果失效了。

这个效果无法通过截图展示，读者可以在浏览器中进入 https://demo.cssworld.cn/new/4/4-5.php 页面，或者扫描右侧的二维码查看效果。

此特性表现不包括 **IE** 浏览器。

另外，顺便提一下，`filter` 滤镜也会让子元素的固定定位效果失效。那么，问题来了，如何让变换效果和固定定位同时有效呢？之前有人问过我这样一个问题：产品的要求是既要有动画又要固定定位，有什么方法可以使两者共存呢？解决方法就是使用嵌套，外层元素负责固定定位，内层元素负责实现动画。

3. 改变 overflow 对绝对定位元素的限制

下面这句话源自 CSS2.1 规范：

如果绝对定位元素含有 `overflow` 属性值不为 `visible` 的祖先元素，同时，该祖先元素以及到该绝对定位元素之间的任何嵌套元素都没有 `position:static` 的声明，则 `overflow` 对该 `absolute` 元素不起作用。

现在这个规范已经不准确了，因为现在不仅 `position` 属性值不为 `static` 的元素可以影响绝对定位在 `overflow` 元素中的表现，`transform` 属性值不为 `none` 的元素也可以影响绝对定位在 `overflow` 元素中的表现。例如：

```
<p>
    <img src="1.jpg">
</p>
<p class="transform">
    <img src="1.jpg">
</p>
p {
    border: solid deepskyblue;
    width: 150px; height: 150px;
```

```
    overflow: hidden;
}
img {
    position: absolute;
}
.transform {
    transform: scale(1);
}
```

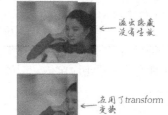

图 4-52　transform 影响绝对定位
在 overflow 元素中的表现示意

第一个<img>元素没有被 overflow:hidden 隐藏，第二个<img>元素被 overflow:hidden 隐藏了（因为设置了 transform 变换），如图 4-52 所示。

眼见为实，读者可以在浏览器中进入 https://demo.cssworld.cn/new/4/4-6.php 页面，或者扫描右侧的二维码查看效果。

在所有浏览器中的表现均是如此。

4．改变绝对定位元素的包含块

过去绝对定位元素的包含块是第一个 position 属性值不为 static 的祖先元素，现在 transform 属性值不为 none 的元素也可以作为绝对定位元素的包含块。例如：

```
<p>
    <img src="1.jpg">
</p>
p {
    width: 150px; height: 150px;
    transform: scale(1);
    border: solid deepskyblue;
}
img {
    position: absolute;
    width: 100%;
}
```

图 4-53　transform 影响绝对
定位元素包含块示意

<img>元素的宽度是 150px，因为此时的 100%宽度是相对于父元素<p>计算的，如图 4-53 所示。但是，如果父元素<p>没有设置 transform:scale(1)，则图片的宽度就不一定是 150px 了。

眼见为实，读者可以在浏览器中进入 https://demo.cssworld.cn/new/4/4-7.php 页面，或者扫描右侧的二维码查看效果。

在所有浏览器中的表现均是如此。

4.4.4　深入了解矩阵函数 matrix()

transform 变换还支持矩阵函数 matrix()。无论是位移、旋转、缩放还是斜切，其变换的本质都是应用矩阵函数 matrix()进行矩阵变换。所谓矩阵变换，就是套用矩阵公式，把原先的坐标点转换成另外一个坐标点的过程。其语法如下：

```
transform: matrix(a, b, c, d, e, f);
```

可以看到总共有 6 个参数（a~f），参数数量多是多了点，但是，只要你认真学习，就会发现，矩阵真的很难！所以，这里只介绍 2D 变换中的矩阵变换，关于 3D 变换中的矩阵变换大家可以参考更专业的资料。

`matrix()`函数的 6 个参数对应的矩阵如图 4-54 所示。

注意书写方向是从上到下的。

大家可以把矩阵想象成古代的士兵方阵，若要让其发生变化，就要让其与另外一个士兵方阵对战，即使这是一个小方阵。这个变化过程可以用图 4-55 所示的转换公式表现。

图 4-55 所示的 x 和 y 表示转换元素的所有坐标变量，后面的 $ax+cy+e$ 和 $bx+dy+f$ 就是转换之后的新的坐标，这个新的坐标是如何计算得来的呢？

$$
\begin{bmatrix} a & c & e \\ b & d & f \\ 0 & 0 & 1 \end{bmatrix}
\qquad
\begin{bmatrix} a & c & e \\ b & d & f \\ 0 & 0 & 1 \end{bmatrix}
\begin{bmatrix} x \\ y \\ 1 \end{bmatrix}
=
\begin{bmatrix} ax + cy + e \\ bx + dy + f \\ 0 + 0 + 1 \end{bmatrix}
$$

图 4-54　`matrix()`函数的参数对应的矩阵　　　　图 4-55　矩阵转换公式示意

这就是大学线性代数的知识了，其实挺简单的。3×3 矩阵每一行的第一个值与后面 1×3 矩阵的第一个值相乘，3×3 矩阵每一行的第二个值与 1×3 矩阵的第二个值相乘，3×3 矩阵每一行的第三个值与 1×3 矩阵的第三个值相乘，然后将 3 个乘积结果相加，如图 4-56 所示。其中，$ax+cy+e$ 表示变换后的水平坐标，$bx+dy+f$ 表示变换后的垂直坐标。

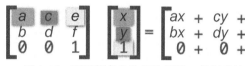

图 4-56　不同颜色色块标注了第一行相乘的值

我们通过一个简单的例子来快速了解一下，假设矩阵参数如下：

```
transform: matrix(1, 0, 0, 1, 30, 30); /* a=1, b=0, c=0, d=1, e=30, f=30 */
```

我们随便选取一个点坐标，例如(0, 0)，即 $x=0$，$y=0$。于是，矩阵计算后的 x 坐标就是 $ax+cy+e = 1×0+0×0+30 = 30$。矩阵计算后的 y 坐标就是 $bx+dy+f = 0×0+1×0+30 = 30$。

也就是点坐标从(0, 0)变成了(30, 30)。请读者好好想象一下，原来(0, 0)的位置，经过矩阵变换后就移到了(30, 30)的位置，是不是等同于往右方和下方各偏移了 30px？如果我们再选取其他坐标点进行计算，就会发现计算后的坐标相比原坐标同样是往右方和下方各偏移了 30px。实际上 `transform:matrix(1, 0, 0, 1, 30, 30)` 等同于 `transform:translate(30px, 30px)`。

注意，`translate()`、`rotate()`等函数都是需要单位的，而 `matrix()` 函数中的参数的单位是省略的。

1. 位移：translate()函数

位移变换函数 `translate(x, y)` 中的 x 和 y 分别对应 `matrix()` 函数中的 e 和 f 两个参数，语法示意如下：

```
transform: matrix(a, b, c, d, 水平偏移距离, 垂直偏移距离);
```

我们只要关心最后 2 个参数就可以了，至于前面 4 个参数，它们和位移变化没有关系。

2. 缩放：scale()函数

偏移变换只需要关心最后 2 个参数，缩放变换同样也只需要关心 2 个参数，那么是哪两个呢？

下面的 CSS 声明是位移变换使用的矩阵变换值，其中两个数值为 1 的参数就是与缩放变换计算相关的参数，因为缩放默认大小就是 1：

```
transform: matrix(1, 0, 0, 1, 30, 30); /* a=1, b=0, c=0, d=1, e=30, f=30 */
```

其中参数 a 表示 x 轴缩放大小，参数 d 表示 y 轴缩放大小。

我们套用矩阵计算公式计算下就明白了，假设原始坐标是(x, y)，缩放比例是 s，则：

$x' = ax+cy+e = sx+0y+0 = sx$；

$y' = bx+dy+f = 0x+sy+0 = sy$；

可以看到最终的坐标就是原始坐标按缩放比例缩放的结果，表明参数 a 和参数 d 确实是和缩放相关的矩阵参数。我们不妨测试一下：

```
img {
    transform: matrix(3, 0, 0, 1, 0, 0);
}
```

其中参数 a 是 3，参数 d 是 1，这表示水平 x 轴放大 3 倍，垂直 y 轴的大小是原来的 1 倍（相等），最终的效果如图 4-57 所示。

可以看到图片水平拉伸了 3 倍。

3．旋转：rotate()函数

旋转要比位移和缩放难一些，需要用到三角函数的知识。

假设旋转角度为 θ，则矩阵计算方法和参数如下：

```
matrix(cosθ, sinθ, -sinθ, cosθ, 0, 0)
```

结合矩阵公式，就有：

$x' = x\cos\theta - y\sin\theta + 0 = x\cos\theta - y\sin\theta$

$y' = x\sin\theta + y\cos\theta + 0 = x\sin\theta + y\cos\theta$

假设原坐标是$(100, 100)$，旋转角度为 60 度，则有：

$x' = 100×0.5 - 100×0.866025 = -36.6025$

$y' = 100×0.866025 + 100×0.5 = 136.6025$

用坐标图表示就是图 4-58 所示的 A 点$(100, 100)$变换到了 B 点$(-36.6025, 136.6025)$。

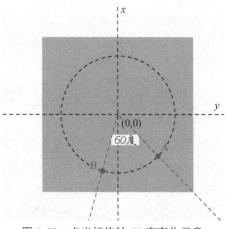

图 4-57　图片应用矩阵缩放语法后的效果示意　　图 4-58　点坐标旋转 60 度变化示意

因此，元素旋转 60 度也可以使用下面的矩阵函数表示：

```
transform: matrix(0.500000, 0.866025, -0.866025, 0.500000, 0, 0);
/* 等同于 */
transform: rotate(60deg);
```

4．斜切：skew()函数

斜切用到了三角函数 tan，对应的是 b 和 c 两个参数，需要注意的是 b 参数表示的是 y 轴的斜切，而后面的参数 c 才是 x 轴的斜切。计算公式如下：

```
matrix(1, tan(θy), tan(θx), 1, 0, 0)
```

假设原坐标是 (x, y)，则套用矩阵公式后的坐标计算结果为：

$x' = x+y\tan(\theta x)+0 = x+y\tan(\theta x)$

$y' = x\tan(\theta y)+y+0 = x\tan(\theta y)+y$

5．汇总说明

通过上面的分析，我们可以得到下面的结论：

- 位移变换使用的是矩阵参数 e 和 f；
- 缩放变换使用的是矩阵参数 a 和 d；
- 旋转变换使用的是矩阵参数 a、b、c 和 d；
- 斜切变换使用的是矩阵参数 b 和 c。

仔细查看上面的结论，不难发现同时使用不同的变换就会有参数冲突的问题，假如想要同时使用旋转变换和缩放变换，各个参数值该如何使用矩阵表示呢？使用空格分开表示即可，例如：

```
transform: matrix(0.5, 0.866, -0.866, 0.5, 0, 0) matrix(3, 0, 0, 1, 0, 0);
```

可以看到，使用 matrix()函数表示实在太麻烦了，参数很多，还要计算和记忆。因此日常开发中我们使用的都是更加语义化的快捷函数，例如上面的矩阵表示实际上可以写作：

```
transform: rotate(60deg) scale(3, 1);
```

但是，这并不表示 matrix()函数一无是处，举两个应用场景例子。

（1）跨语言的图形变换处理。矩阵的计算是各个语言通用的，在跨语言、跨设备处理的时候，matrix()函数就很有用。例如，在 Web 中呈现医学影像的图形，后台数据库存储的往往就是矩阵变换坐标，此时有了 matrix()函数，就可以直接呈现了。

（2）前面提到运行 transform: scale(.75) translateX(40px)最后元素的水平偏移大小是 **30px**，这让不少开发者"踩了坑"，如果使用 matrix()函数表示，就不会有这样的问题出现了：

```
transform: matrix(.75, 0, 0, .75, 40, 0);
```

6．3D 矩阵变换

最后，关于 3D 矩阵变换再多说一两句。3D 矩阵变换不再是 3×3，而是 4×4，其计算方式和 2D 变换一致，只是上升了 1 个维度，计算复杂度增加了。这里简单示意下 3D 缩放效果的矩阵计算公式，如图 4-59 所示。

$$\begin{bmatrix} sx & 0 & 0 & 0 \\ 0 & sy & 0 & 0 \\ 0 & 0 & sz & 0 \\ 0 & 0 & 0 & 1 \end{bmatrix}$$

图 4-59　3D 缩放的矩阵变换公式

用代码表示就是：

```
transform: matrix3d(sx, 0, 0, 0, 0, sy, 0, 0, 0, 0, sz, 0, 0, 0, 0, 1);
```

大家如有兴趣可以自行探索关于 3D 矩阵变换更多深入的知识，本书不再做过多介绍。

4.4.5　常常被遗忘的 transform-origin 属性

transform-origin 属性可以用来改变元素变换的中心坐标点。很多开发者容易把这个 CSS 属性给遗忘，这个属性还是很实用的，大家可以强化记忆一下。

变换默认是相对于元素的中心点进行的，这个中心点是由 transform-origin 属性决定的。IE9 浏览器中的 transform-origin 属性支持 2 个属性值，IE10 及以上版本浏览器则支持 3 个属性值，分别表示 x 轴、y 轴和 z 轴的变换中心点，初始值是 50%、50% 和 0，其中需要注意以下几点。

- z 轴只能是数值。
- x 轴和 y 轴支持百分比值、数值和关键字属性值（left | center | right | top | bottom）。
- 关键字属性值自带方位，因此 y 轴关键字写在前面也是合法的，例如：

```
/* x 轴 | y 轴 */
transform-origin: right top;
/* y 轴 | x 轴 */
transform-origin: top right;
```

center 关键字可省略，例如：

```
transform-origin: bottom center;
/* 可以写作 */
transform-origin: bottom;
```

同样，如果看到单个值语法，则另外一个省略的值就是 50%，例如：

```
transform-origin: 20px;
/* 等同于 */
transform-origin: 20px 50%;
```

transform-origin 属性在实际项目开发中主要用在下面两个场景。

（1）**模拟现实世界物体的运动**。例如，我以前做项目的时候实现过蜡烛火焰摆动的效果，该效果需要设置火焰元素的 transform-origin 属性值为 bottom，这样火焰摆动的时候才自然。又如实现钟摆运动的动画效果，需要设置 transform-origin 属性值为 top，这样钟摆顶部就会固定，下方会摆动。

（2）**布局与定位**。例如，在 Chrome 浏览器中想要实现 10px 大小的字符，可以先设置 12px 大小的字符，然后缩放一下：

```
.text {
    transform: scale(0.83333);
}
```

但是这样做有一个问题，transform 变换的时候元素的原始位置是保留的，这会导致元素缩小后间距变大，此时可以使用 transform-origin 属性优化一下。

如果元素是左对齐的，则可以设置：

```
transform-origin: left;
```

如果元素是右对齐的，则可以设置：

```
transform-origin: right;
```

`transform-origin` 属性是支持 CSS 过渡和 CSS 动画效果的，活用这个特性可以实现体现数学之美的运动轨迹效果，本书不展开讲解。

transform-origin 属性作用原理

`transform-origin` 属性的作用原理就是改变 `transform` 变换的中心点坐标。`transform` 变换默认的中心点坐标为 $(0, 0)$，如图 4-60 所示。

为了方便大家理解，我就使用这个中心点坐标来做原理讲解。在默认状态下，这个点的坐标是 $(0, 0)$。2D 矩阵变换的坐标转换公式如下：

$$x' = ax + cy + e$$
$$y' = bx + dy + f$$

坐标 $(0, 0)$ 表示 x 是 0，y 是 0，因此，此时无论旋转多少度，变换后的坐标还是 $(0, 0)$，因为旋转相关的 4 个参数 a、b、c、d 都是与 0 相乘。

现在，我们设置变换中心点位于左上角：

```
transform-origin: 0 0;
```

现在的中心点坐标就不是 $(0, 0)$ 了，而是 $(140, -145)$（这是因为色块尺寸为 280px×290px），如图 4-61 所示。

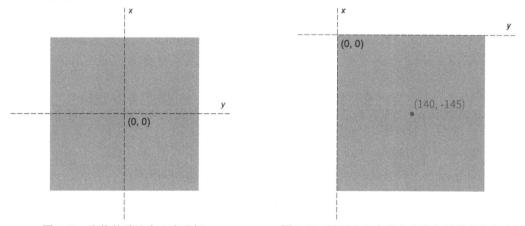

图 4-60　变换的默认中心点坐标　　　　图 4-61　设置中心点在左上角之后的中心点坐标值

此时，中心点的旋转变换坐标值就变成了：

$$x' = ax + cy + e = a \times 140 - c \times 145 + e$$
$$y' = bx + dy + f = b \times 140 - d \times 145 + f$$

显然是一个有着明显坐标变化的新的坐标点，于是视觉上就有元素绕着左上角旋转的效果了。

总结一下，所有 `transform` 变换本质上都是坐标点位置的矩阵变换，`transform-origin` 属性变化后，所有点的坐标都会发生变化，这导致最终的矩阵变换计算结果也发生变化。

4.4.6　scale()函数缩放和 zoom 属性缩放的区别

除了 Firefox 浏览器不支持 `zoom` 属性，其他所有浏览器都支持，且支持时间非常早，移动端也可以放心使用。

zoom 属性的正式语法如下：

```
zoom: normal | reset | <number> | <percentage>
```

从语法中可以看出 zoom 属性支持以下属性值。

- 百分比值。zoom:50%，表示缩小到原来的一半。
- 数值。zoom:0.5，表示缩小到原来的一半。
- normal 关键字。zoom:normal 等同于 zoom:1，是默认值。
- reset 关键字。zoom:reset，表示用户按 Ctrl 和−或 Ctrl 和+进行文档缩放的时候，元素不跟着缩小与放大。不过，这个关键字兼容性很糟糕，仅被 Safari 浏览器支持。

下面我通过对比 zoom 属性缩放和 scale() 函数缩放的不同之处带大家快速了解一下 zoom 属性。

（1）标准和非标准区别。zoom 属性是一个非标准属性，虽然 MDN 文档建议不要在生产环境使用，但是根据我的判断，浏览器日后绝无可能放弃对 zoom 属性的支持。

（2）坐标系不同。zoom 属性缩放的中心坐标是相对于元素的左上角，且不能修改。transform 变换中的 scale() 函数缩放默认的中心坐标是元素的中心点。

（3）占据的尺寸空间表现不同。zoom 属性缩放会实时改变元素占据的尺寸空间。例如，一个图片原始尺寸是 128px×96px，则应用下面的 CSS 代码后，图片占据的尺寸就会变成 256px×192px，该图片周围的元素会被推开，并会触发重绘和重计算，因此 zoom 属性缩放的性能比 scale() 函数缩放的性能差。

```
img {
    zoom: 2;
}
```

如果图片使用的是 scale() 函数缩放，则占据的尺寸还是原先的 128px×96px。

（4）元素应用 zoom 属性不会出现应用 transform 属性后的 *N* 个变化。元素应用 zoom 属性不会创建层叠上下文，不会影响 fixed 元素的定位和 overflow 属性对绝对定位的溢出隐藏，也不会改变绝对定位元素的包含块。

总而言之，zoom 属性就是一个普普通通的改变元素比例的 CSS 属性。

4.4.7 了解全新的 translate、scale 和 rotate 属性

最新的 CSS Transforms Level 2 规范针对位移、缩放和旋转定义了全新的 CSS 属性。例如，位移可以直接使用 translate 属性，该属性支持 1~3 个值，分别表示 *x* 轴、*y* 轴和 *z* 轴，语法如下：

```
translate: 50%;
translate: 10px 20px;
translate: 50% 105px 5rem;
```

缩放可以直接使用 scale 属性，支持 1~3 个值，分别表示 *x* 轴、*y* 轴和 *z* 轴，语法如下：

```
scale: 1;
scale: 1 .5;
scale: 1 2 3;
```

旋转可以直接使用 rotate 属性，语法相对复杂些：

```
rotate: 45deg;
/* 指定旋转轴 */
rotate: x 90deg;
```

```
rotate: y .25turn;
rotate: z 1.57rad;
/* 矢量角度值 */
rotate: 1 1 1 90deg;
```

下面将逐一讲解上述语法中的元素：

- `rotate:45deg` 等同于 `transform:rotate(45deg)`，是一个 2D 旋转变换；
- `rotate:x 90deg` 等同于 `transform:rotateX(90deg)`；
- `rotate:y .25turn` 等同于 `transform:rotateY(.25turn)`；
- `rotate:z 1.57rad` 等同于 `transform:rotateZ(1.57rad)`；
- `rotate:1 1 1 90deg` 等同于 `transform:rotate3D(1, 1, 1, 90deg)`。

在我写下这段文字内容的时候，只有 Firefox 浏览器支持这个新特性，想要在实际项目中使用这个新特性，还需要一段时间，大家了解即可。最后，没有 `skew` 属性。

4.5　简单实用的 calc() 函数

`calc()` 函数非常实用，项目使用率接近 100%，且其语法简单，效果显著，深受广大开发者喜欢。

4.5.1　关于 calc() 函数

`calc()` 函数支持加减乘除 4 种运算，任何可以使用 `<length>`、`<frequency>`、`<angle>`、`<time>`、`<percentage>`、`<number>` 或者 `<integer>` 数据类型的地方都可以使用 `calc()` 函数。但这并不表示上述数据类型都可以出现在 `calc()` 函数中，该函数是有很多约束的。

在 `calc()` 函数中，不能使用当前 CSS 属性不支持的数据类型。例如，下面这些 CSS 声明都是不合法的：

```
/* 不合法 */
width: calc(100% - 10deg);
width: calc(10s / 10);
```

在 `calc()` 函数中，运算符前后带单位或者带百分号的值只能进行加减运算，不能进行乘除运算，否则是不合法的，例如：

```
/* 不合法 */
width: calc(10px * 10px);
width: calc(90% / 1rem);
```

在 `calc()` 函数中，除法运算斜杠右侧必须是不为 0 的数值类型，否则是不合法的，例如：

```
/* 不合法 */
width: calc(100 / 10px);
width: calc(100px / 0);
```

关于 `calc()` 运算符的书写也是有一定的限制的，如加号和减号左右两边一定要有空格，否则是不合法的：

```
/* 不合法 */
width: calc(100%-2rem);
width: calc(1em+2px);
```

因为浏览器无法区分−2rem 和+2px 是表示正负还是表示计算。

乘法和除法符号两侧无须空格，但是为了格式一致、便于阅读，建议也要设置空格。

calc() 函数在过去很长一段时间的发展中都处于一种很平和的状态，主要是以一种非常硬朗的方式实现各种自适应布局效果。

例如，替换元素的宽度自适应：

```
button {
    width: calc(100% - 20px);
}
```

又如，根据设备屏幕设定根字号大小：

```
html {
    font-size: calc(16px + 2 * (100vw - 375px) / 39);
}
```

再如，让等比例的列表尺寸之和可以 100%匹配容器尺寸，如果写成 width：16.67%，则 6 个列表尺寸之和可能会超过容器尺寸，如果写成 width：16.66%，则 6 个列表尺寸之和可能会小于容器尺寸 1～2 像素。

```
.list {
    width: calc(100% / 6);
}
```

在数年前，calc() 函数突然大量地出现在 CSS 代码中，原因就是 CSS 变量出现了。

我们只需要定义一个 CSS 自定义属性，让其他 CSS 样式全部基于这个自定义属性构建，然后我们只需要通过 JavaScript 代码重置这个唯一的 CSS 自定义属性值，整个网页的样式效果就会神奇地跟着变化，大大降低了实现成本和日后的维护成本。而基于 CSS 自定义属性构建其他 CSS 样式必须依赖 calc() 函数，这就导致 calc() 函数迎来了爆发式的发展。

举个自定义进度条效果例子，以前我们需要先使用双层 HTML 标签模拟出进度条的样式，然后使用 JavaScript 代码实时改变内层 DOM 元素的宽度，这很麻烦。但是现在有了 CSS 自定义属性和 calc() 函数，就可以很方便地实现这个效果，HTML 代码和 CSS 代码如下：

```
<label>图片 1：</label>
<div class="bar" style="--percent: 60;"></div>
<label>图片 2：</label>
<div class="bar" style="--percent: 40;"></div>
<label>图片 3：</label>
<div class="bar" style="--percent: 20;"></div>
.bar {
    line-height: 20px;
    background-color: #eee;
}
.bar::before {
    counter-reset: progress var(--percent);
    content: counter(progress) "%\2002";
    display: block;
    width: calc(1% * var(--percent));
    color: #fff;
    background-color: deepskyblue;
    text-align: right;
}
```

加载的进度数值和加载的进度条宽度全部由--percent 这个 CSS 自定义属性控制，最终的效果如图 4-62 所示。

图片1:

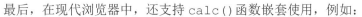

图片2:

图片3:

图 4-62　CSS 自定义属性配合 calc()函数实现自定义进度条效果示意

读者可以在浏览器中进入 https://demo.cssworld.cn/new/4/5-1.php 页面，或者扫描右侧的二维码查看效果。

类似的案例非常多。随着陈旧设备的迅速淘汰，calc()函数一定会铺天盖地袭来，大家准备好迎接 calc()函数的暴风雨吧。

最后，在现代浏览器中，还支持 calc()函数嵌套使用，例如：

```
.list {
    --size: calc(100% -  2rem);
    width: calc(var(--size) / 6);
}
```

等同于：

```
.list {
    width: calc(calc(100% -  2rem) / 6);
}
```

4.5.2　了解 min()、max()和 clamp()函数

min()、max()和 clamp()这 3 个函数是现代浏览器从 2018 年底开始支持的，理论上还不是可以放心使用的 CSS 特性。但是由于这几个函数太实用了，因此我建议大家尽量使用。至于那些陈旧的不支持的浏览器，直接使用固定值兜底，保证样式不乱即可。

例如：

```
html {
  font-size: 16px;
  font-size: clamp(16px, calc(16px + 2 * (100vw - 375px) / 39), 20px);
}
```

如果浏览器支持，则根字体大小随着浏览器宽度不同在 16px～20px 弹性变化，如果浏览器不支持，则依然使用浏览器默认的根字体大小 16px。

1. 语法

和 calc()函数类似，任何可以使用<length>、<frequency>、<angle>、<time>、<percentage>、<number>或者<integer>数据类型的地方都可以使用 min()、max()和 clamp()这 3 个函数。

min()、max()和 clamp()这 3 个函数与 calc()函数是可以相互嵌套使用的，例如：

```
width: calc(min(800px, 100vw) / 6);
```

下面具体介绍一下 min()、max() 和 clamp() 这 3 个函数。

2. min()函数

min() 函数语法如下：

```
min(expression [, expression])
```

min() 函数支持一个或多个表达式，每个表达式之间使用逗号分隔，然后将最小的表达式的值作为返回值。例如：

```
width: min(10vw, 5em, 80px);
```

其中出现了 2 个相对长度值，1 个固定长度值，因此上面的 width 计算值最大就是 80px。至于真实的宽度值，如果浏览器视口宽度小于 800px，或文字字号小于 16px，真实宽度值则会更小。也就是说，虽然函数的名称是 min()，表示最小，但实际上这个函数是用来限制最大值的。

min() 函数的表达式可以是数学表达式（使用算术运算符）、具体的值或其他表达式（如 attr() 新语法）。因此，下面这些 CSS 声明都是合法的：

```
/* 合法 */
width: min(10px * 10, 10em);
width: min(calc(10px * 10), 10em);
width: min(10px * 10, var(--width));
```

如果我们希望网页在桌面端浏览器中的宽度为 1024px，在移动端的宽度为 100%，过去是这么实现的：

```
.constr {
    width: 1024px;
    max-width: 100%;
}
```

有了 min() 函数，我们只需要一句 CSS 声明就可以实现这个效果了：

```
.constr {
    width: min(1024px, 100%);
}
```

3. max()函数

max() 函数和 min() 函数语法类似，区别在于 max() 函数返回的是最大值，min() 函数返回的是最小值。例如：

```
width: max(10vw, 5em, 80px);
```

表示最小宽度是 80px，如果浏览器视口宽度大于 800px，或者文字字号大于 16px，则最终的宽度值会更大。也就是说，虽然 max() 函数从名称上看表示最大，但是其实际作用是限制最小值。max() 函数其他特性都和 min() 函数类似，在此不赘述。

4. clamp()函数

clamp() 函数的作用是返回一个区间范围的值，语法如下：

```
clamp(MIN, VAL, MAX)
```

其中，MIN 表示最小值，VAL 表示首选值，MAX 表示最大值。这段语句的意思是：如果 VAL 在 MIN~MAX 范围内，则使用 VAL 作为函数返回值；如果 VAL 大于 MAX，则使用 MAX 作为返回值；如果 VAL 小于 MIN，则使用 MIN 作为返回值。clamp(MIN, VAL, MAX) 实际上等同于 max(MIN, min(VAL, MAX))。

我们通过一个例子看一下效果：

```
<button>我的宽度是？</button>
button {
    width: clamp(200px, 50vw, 600px);
}
```

如果我们不断改变浏览器视口的宽度，可以看到按钮的宽度在 200px～600px 范围内变化。

例如，在浏览器视口很宽的时候，按钮宽度是 600px，如图 4-63 所示。随着浏览器视口宽度不断变小，小到宽度为 646px 的时候，按钮宽度变成了 323px，如图 4-64 所示。随着浏览器视口宽度进一步变小，按钮宽度维持在 200px 并不再变小，如图 4-65 所示。

我的宽度是？

此时宽度是：600px

图 4-63　按钮宽度 600px

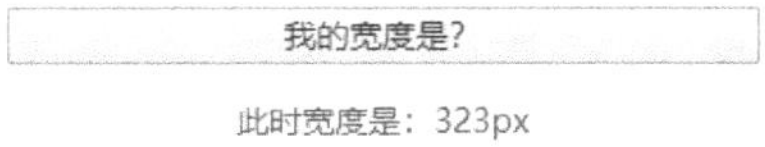

我的宽度是？　　　　我的宽度是？

此时宽度是：323px　　　　　　此时宽度是：200px

图 4-64　按钮宽度 323px 示意 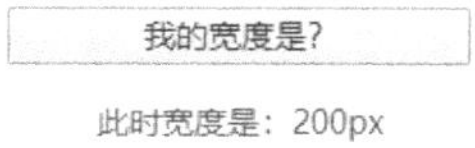　　　图 4-65　按钮宽度 200px 示意

眼见为实，读者可以在浏览器中进入 https://demo.cssworld.cn/new/4/5-2.php 页面，或者扫描右侧的二维码查看效果。

在弹性布局中（宽度自适应布局中），min()、max() 和 clamp() 函数可以帮助我们简化很多 CSS 代码，用过的开发者都说好用，有机会大家一定要在项目中试一试。

第 5 章

更强的视觉表现

本章介绍 CSS 渐变、CSS 3D 变换、CSS 过渡和 CSS 动画这 4 部分内容，如果没有专门说明，相关 CSS 属性均是被 IE10+浏览器支持的。本章介绍的这些 CSS 属性都非常实用，且细节众多，读者需要反复阅读才能理解。

5.1 CSS 渐变

CSS 渐变是 CSS 世界中第一次真正意义上使用纯 CSS 代码创建的图像。它可以应用在任何需要使用图像的场景，因此非常常用，读者一定要牢记相关语法。如果 CSS 的学习有期末考试的话，那么 CSS 渐变一定是必考内容。我们先从最简单的线性渐变学起。

5.1.1 深入了解 linear-gradient()线性渐变

我们从最简单的表示自上而下、从白色到天蓝色的渐变的语法开始：

```
linear-gradient(white, skyblue);
```

如果渐变方向是自上而下的，就无须专门指定角度，所以在所有线性渐变语法中，to bottom 一定是多余的，代码如下：

```
/* to bottom 是多余的 */
linear-gradient(to bottom, white, skyblue);
```

如果是其他渐变方向，则需要专门指定。渐变的方向共有两种表示方法，一种是使用关键字 to 加方位值，另一种是直接使用角度值，示意如下：

```
/* 使用关键字 to 表示渐变方向 */
linear-gradient(to right, white, skyblue);
linear-gradient(to right bottom, white, skyblue);
/* 使用角度值表示渐变方向 */
linear-gradient(45deg, white, skyblue);
linear-gradient(.25turn, white, skyblue);
```

日常开发更多使用 "to 方位值" 表示法，一方面是因为语义清晰，容易理解与记忆；另一方面是因为项目中的渐变效果要么是对角渐变，要么就是水平或垂直渐变，更适合使用 "to 方位值"

表示法，这种方法实现的渐变不会受到元素的尺寸限制，适用性更广，也无须专门计算角度。例如，使用 CSS 渐变绘制两条对角线来表示没有数据的时候的占位效果，此时只有使用 "to 方位值" 表示法才能适配任意尺寸，CSS 代码示意如下：

```
img:not([src]) {
    background-color: #eee;
    background-image: linear-gradient(to right bottom, transparent calc(50% - 1px), #ccc
            calc(50% - 1px), #ccc, transparent calc(50% + 1px)),
            linear-gradient(to top right, transparent calc(50% - 1px), #ccc calc(50% - 1px),
            #ccc, transparent calc(50% + 1px));
}
```

此时，无论元素的尺寸是多少，对角线都有符合预期的表现，如图 5-1 所示。

图 5-1　不同尺寸下的对角线效果均符合预期示意

读者可以在浏览器中进入 https://demo.cssworld.cn/new/5/1-1.php 页面，或者扫描右侧的二维码查看效果。

下面着重讲一讲不少人会比较困惑的角度值表示法。先看代码：

```
.example {
    width: 300px; height: 150px;
    border: solid deepskyblue;
    background-image: linear-gradient(45deg, skyblue, white);
}
```

请问这段代码中的 45deg 表示的渐变起始方向是左上角、右上角、左下角还是右下角呢？正确答案是：45deg 表示的渐变的起始方向是**左下角**。上面代码对应的效果如图 5-2 所示。

这个问题回答错了不怪大家，因为 CSS 渐变中的角度值表示的方向和常见的各种设计软件中的渐变的角度值表示的方向不一样。

假设有一个圆盘，圆盘有一个中心点，以这个中心点为起点创建一个指针，在各类设计软件（如 Adobe Photoshop 或者 Keynote）中，指针水平向右表示渐变角度是 0 度，逆时针旋转表示角度值递增，因此指针垂直朝上表示 90 度。图 5-3 所示的是 Adobe Photoshop 软件中渐变方位值和角度值之间的关系，可以看到垂直朝上是 90 度，朝右上方是 45 度，朝右下方是−45 度。

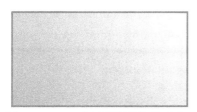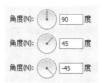

图 5-2　45deg 表示的渐变效果示意　　　　图 5-3　Adobe Photoshop 软件中几个渐变角度和
　　　　　　　　　　　　　　　　　　　　　　　　　渐变方位之间的关系示意

CSS 中有着截然不同的渐变角度和渐变方位关系，规范中对此有专门的描述：

using angles

For the purpose of this argument, "0deg" points upward, and positive angles represent clockwise rotation, so "90deg" point toward the right.（在这个参数中，0deg 表示向上，顺时针旋转是正角度，所以 90deg 表示向右。）

为了便于读者理解，我整理了一个常规渐变和 CSS 渐变角度方位关系对比表，参见表 5-1。

表 5-1　常规渐变和 CSS 渐变角度方位关系对比表

角度	常规渐变	CSS 渐变
0 度	向右	向上
正角度	逆时针	顺时针

借助图 5-2 所示的效果，我们可以把 CSS 渐变角度和方位关系标注一下，图 5-4 所示的箭头指向的位置就是 CSS 渐变中 45deg 渐变和−45deg 渐变角度示意。

从图 5-4 中可以明显看出，45deg 渐变的方向是自左下方而来、往右上方而去的，图 5-2 所示的渐变角度也就一目了然了。

另外，如果渐变角度是 0deg，不建议简写成 0。例如，linear-gradient(0, skyblue, white)这样的写法是不推荐的，因为 IE 浏览器和 Edge 浏览器会认为这是不合法的。

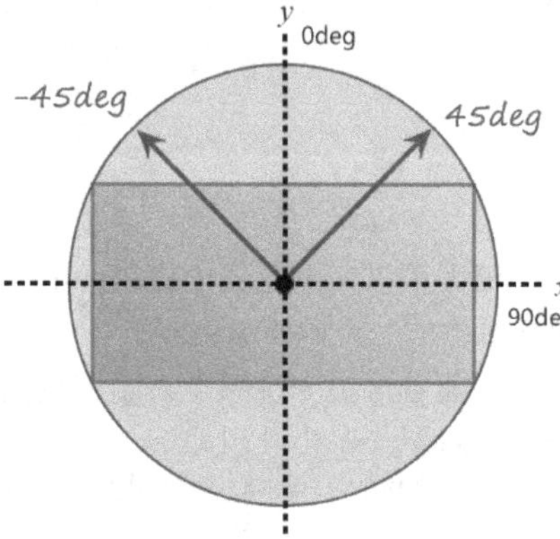

图 5-4　CSS 渐变中 45deg 渐变和−45deg 渐变角度示意

1. 渐变的起点和终点

明白了 CSS 线性渐变的角度值对应的方位，再弄清楚线性渐变的起点和终点的位置，理解线性渐变渲染表现就不成问题了。下面举例说明。例如，想一下下面的 CSS 渐变中 skyblue 100px 200px 对应的起止位置在哪里：

```
.example {
    width: 300px; height: 150px;
    border: solid deepskyblue;
    background-image: linear-gradient(45deg, white 100px, skyblue 100px 200px, white 200px);
}
```

这个 100px 的起点位置不是从端点开始的，也不是从元素的某一条边开始的，而是沿着渐变角度所在直线的垂直线开始的，该垂直线就是图 5-5 所示的虚线。因此，最终的线性渐变效果如图 5-6 所示。

如果渐变断点中出现了百分比值，那么这个百分比值就是相对渐变的起点到终点的这段距离计算的。

2. 关于渐变断点

<color-stop-list>数据类型也就是我们常说的渐变断点，包括众多你可能不知道的细节知识，这些细节知识对所有渐变类型均适用。

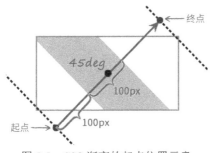

图 5-5　CSS 渐变的起点位置示意

图 5-6　白色—天蓝色—白色色带渐变效果示意

（1）渐变断点至少有 2 个颜色值，因此下面这种写法是不合法的：

```
/* 不合法 */
linear-gradient(white);
```

（2）断点语法中的颜色值和位置值的前后顺序是有要求的，位置值必须在颜色值的后面，因此下面这种写法是不合法的：

```
/* 不合法 */
linear-gradient(white, 50% skyblue);
```

需要使用下面这种写法才可以：

```
/* 合法 */
linear-gradient(white, skyblue 50%);
```

（3）没有指定具体断点位置的时候，各个渐变颜色所形成的色块大小是自动等分的。例如：

```
linear-gradient(red, orange, yellow, green);
```

其中，red、orange、yellow、green 这 4 种颜色形成了 3 个渐变色块，因此等同于下面的写法：

```
linear-gradient(red 0%, orange 33.33%, yellow 66.66%, green 100%);
```

（4）如果起点和终点的颜色与相邻断点的颜色值一样，则起点色值和终点色值是可以省略的。例如，25%～75%的渐变效果，不少人是这么写的：

```
linear-gradient(white, white 25%, skyblue 75%, skyblue);
```

其实前后两个色值可以不用写，直接用下面的 CSS 代码即可：

```
linear-gradient(white 25%, skyblue 75%);
```

（5）渐变的断点位置可以是负数，也可以大于 100%。例如：

```
linear-gradient(white -50%, skyblue, white 110%);
```

（6）在同一个渐变中，不同类型的断点位置值是可以同时使用的。例如：

```
linear-gradient(white 100px, skyblue 50%);
```

此时，如果渐变范围小于 200px，假设是 160px，则白色的位置（100px）反而会比天蓝色的位置（50%×160px）靠后，不符合渐变逻辑，那么究竟该如何渲染呢？继续往下看。

（7）当存在多个渐变断点的时候，前面的渐变断点设置的位置值有时候比后面的渐变断点设置的位置值要大，这时后面的渐变断点位置值会按照前面的断点位置值计算。例如：

```
linear-gradient(skyblue 20px, white 0px, skyblue 40px);
```

会按照下面的语法渲染：

```
linear-gradient(skyblue 20px, white 20px, skyblue 40px);
```

（8）渐变断点还支持一次性设置两个位置值。例如：

```
linear-gradient(white 40%, skyblue 40% 60%, white 50%);
```

表示 40%～60% 这个范围内的颜色都是天蓝色。

需要注意的是，这个语法是新语法，IE 浏览器和 Edge 浏览器是不支持的，其他现代浏览器也刚支持没多久，因此，建议大家在生产环境中还是使用传统语法：

```
linear-gradient(white 40%, skyblue 40%, skyblue 60%, white 50%);
```

（9）除渐变断点之外，我们还可以设置颜色的转换点位置，例如：

```
linear-gradient(white, 70%, skyblue);
```

表示白色和天蓝色渐变的中心转换点位置在 70% 这里，上面代码的效果如图 5-7 所示。该方法可以用来模拟更符合真实世界的立体效果。

需要注意的是，IE 浏览器是不支持这个语法的，因此，在生产环境中要谨慎使用。

（10）如果不是高清显示器，则在 Chrome 浏览器中，不同颜色位于同一断点位置的时候，两个颜色连接处可能会有明显的锯齿。例如：

```
linear-gradient(30deg, red 50%, skyblue 50%);
```

锯齿效果如图 5-8 所示。

图 5-7　70% 转换点渐变效果示意

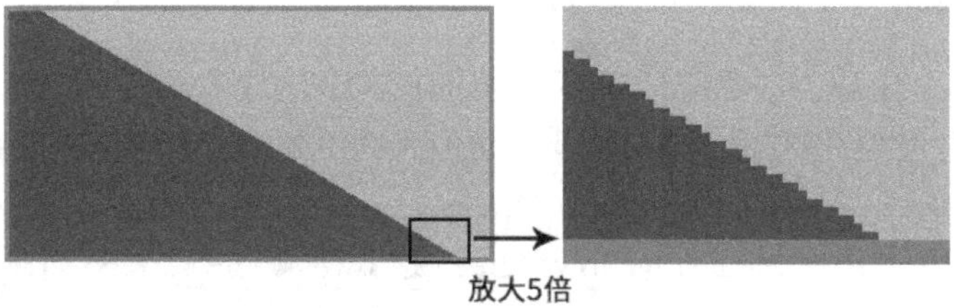

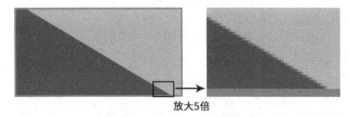

图 5-8　渐变颜色交界处的锯齿效果示意

此时，可以在颜色连接处留 1px 的过渡区间，优化视觉表现：

```
linear-gradient(30deg, red 50%, skyblue calc(50% + 1px));
```

优化后的效果如图 5-9 所示。

图 5-9　渐变颜色交界处锯齿优化后的效果示意

3．渐变与动画

CSS 渐变中虽然有很多数值，例如角度值、断点位置值等，但是很遗憾，CSS 渐变本质上是一个 <image> 图像，因此无法使用 transition 属性实现过渡效果，也无法使用 animation 属性实现动画效果。虽然我们无法直接让渐变背景不停地旋转，但是有间接的方法可以实现 CSS 渐变的动画效果，这个在最后的第 15 章会有介绍，这里就不展开了。

5.1.2 深入了解 radial-gradient()径向渐变

径向渐变指的是从一个中心点向四周扩散的渐变效果，光的扩散、波的扩散等都有径向渐变的特性。

在 CSS 中，使用 radial-gradient()函数表示径向渐变，其语法比较复杂，所以我就琢磨如何让大家比较容易地学习径向渐变的语法。最后我决定通过一个接一个的案例带领大家深入径向渐变的语法，因为每个案例都有对应的效果示意，更加直观，自然更加轻松易懂。

学习这些案例还有一个好处，那就是非常实用。因为本节的径向渐变案例覆盖了几乎所有常见的径向渐变应用场景，所以如果大家在项目中需要使用径向渐变，但又记不清径向渐变的语法细节，就可以翻到本节，找个案例套用一下，就可以实现了。

接下来介绍的这些案例，如果没有专门说明，径向渐变效果就都是作为 background-image 的属性值呈现的。

1. 最简单的径向渐变语法

先从最简单的径向渐变说起，CSS 代码如下：

```
.example {
    width: 300px; height: 150px;
    background-image: radial-gradient(white, deepskyblue);
}
```

效果如图 5-10 所示，是一个椭圆渐变效果。

从图 5-10 可以看出，径向渐变的方向是由中心往外部的，默认终止于元素的边框内边缘，如图 5-11 所示。

图 5-10　最基本的径向渐变效果示意

图 5-11　径向渐变的起点和终点示意

所有径向渐变语法都是围绕改变径向渐变的半径值、中心点坐标，以及渐变颜色的起点和终点位置展开的。

2. 设置渐变半径的大小

如果希望图 5-10 所示的径向渐变的水平半径只有 50px，垂直半径还是默认大小，则可以设置 50px 50%作为第一个参数，渐变代码如下：

```
radial-gradient(50px 50%, white, deepskyblue);
```

效果如图 5-12 所示。

如果希望径向渐变的水平半径和垂直半径都是 50px，则无须设置为 50px 50px，直接设置为 50px，当作圆形径向渐变处理即可，代码如下：

```
radial-gradient(50px, white, deepskyblue);
```

效果如图 5-13 所示。

图 5-12 指定水平半径大小的径向渐变效果示意

图 5-13 水平半径和垂直半径都是 50px 的径向渐变效果示意

但是要注意，水平半径和垂直半径合写的时候，只能是长度值，不能是百分比值，也就是说下面的语法是不合法的：

```
/* 不合法 */
radial-gradient(50%, white, deepskyblue);
```

如果想要使用百分比值，就必须给出两个值。例如，下面的语法就是合法的：

```
/* 合法 */
radial-gradient(50% 50%, white, deepskyblue);
```

3．设置渐变中心点的位置

如果想要改变中心点的位置，我们可以使用 at <position>语法。<position>这个数据类型在 background-position 那里已经详细介绍过了，已经忘记的读者可以翻回去再看看。

例如，如果想让渐变的中心点在左上角，则下面两种写法都是可以的：

```
radial-gradient(100px at 0 0, white, deepskyblue);
radial-gradient(100px at left top, white, deepskyblue);
```

效果如图 5-14 所示。

如果想让渐变的中心点在距离右边缘和下边缘 100px 的位置，则可以使用下面的 CSS 代码：

```
radial-gradient(100px at right 100px bottom 100px, white, deepskyblue);
```

效果如图 5-15 所示，可以看到白色中心点位置距离右边缘和下边缘都是 100px。

图 5-14 径向渐变的中心点在左上角效果示意

图 5-15 径向渐变的中心点在距离右边缘和下边缘 100px 的位置示意

4．设置渐变终止点的位置

如果渐变的中心点不在元素的中心位置，又希望渐变的结束位置在元素的某一侧边缘或某一个边角，那么渐变终止点该怎么设置呢？

CSS 径向渐变语法中提供了专门的数据类型<extent-keyword>，该数据类型包含 4 个关键字，可以指定渐变终止点的位置，如表 5-2 所示。

表 5-2　指定渐变终止点位置的 4 个关键字的含义

关键字	描述
`closest-side`	渐变中心距离容器最近的边作为终止位置
`closest-corner`	渐变中心距离容器最近的角作为终止位置
`farthest-side`	渐变中心距离容器最远的边作为终止位置
`farthest-corner`	默认值。渐变中心距离容器最远的角作为终止位置

各个关键字对应的位置如图 5-16 所示。

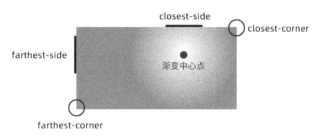

图 5-16　渐变终止点 4 个关键字对应的位置示意

我们试一下，看看使用关键字 `farthest-corner` 的渲染效果：

`radial-gradient(farthest-corner circle at right 100px bottom 100px, white, deepskyblue);`

效果如图 5-17 所示，可以看到白色到深天蓝色的渐变一直过渡到左下角。

如果图 5-17 看得不是很清晰，我们可以稍微改变下，将渐变转换点位置调整到接近渐变结束点的位置，代码如下：

`radial-gradient(farthest-corner circle at right 100px bottom 100px, white, 99%, deepskyblue);`

此时效果如图 5-18 所示，可以明显看到白色一直延伸到元素左下角位置，表明在这个例子中，`farthest-corner` 对应的位置就是左下角。

图 5-17　使用 `farthest-corner`
关键字的渲染效果示意

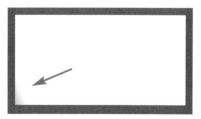

图 5-18　转换点调整后的 `farthest-corner`
对应的位置示意

上面的例子中出现了一个关键字 `circle`，它表示一个圆。与之对应的还有一个关键字 `ellipse`，它表示椭圆。由于径向渐变的默认形状就是椭圆，因此，没有任何一个场景必须要使用 `ellipse` 关键字。

`circle` 关键字必须要出现的场景也不多，多用在需要使用 `closest-side`、`closest-corner`、`farthest-side` 或者 `farthest-corner` 关键字的场景。

5．径向渐变中的语法细节

上面这些示例已经覆盖了常见的径向渐变的语法，是时候给出径向渐变的正式语法了，再看看是否还有遗漏的细节：

```
radial-gradient(
  [ [ circle || <length> ] [ at <position> ]? , |
    [ ellipse || [ <length> | <percentage> ]{2} ] [ at <position> ]? , |
    [ [ circle | ellipse ] || <extent-keyword> ] [at <position> ]? , |
    at <position> ,
  ]?
  <color-stop-list> [ , <color-stop-list> ]+
)
```

下面说明一下具体细节。

（1）从 [circle || <length>] 可以看出，如果只有 1 个值，或者出现了 circle 关键字，后面的值只能是长度值，不能是百分比值，因此下面的语法是不合法的：

```
/* 不合法 */
radial-gradient(circle 50%, white, deepskyblue);
```

（2）circle 关键字和 ellipse 关键字在与半径值或者 <extent-keyword> 一起使用的时候，前后顺序是没有要求的，也就是下面的语法都是合法的：

```
/* 合法 */
radial-gradient(50px circle, white, deepskyblue);
radial-gradient(circle farthest-side, white, deepskyblue);
```

但是，at <position> 的位置是固定的，其一定是在半径值的后面、渐变断点的前面，否则语法就不合法。例如，下面的语法都是不合法的：

```
/* 不合法 */
radial-gradient(circle, white, deepskyblue, at center);
radial-gradient(at 50%, farthest-side, white, deepskyblue);
```

最后，如果能一眼就看出下面这些径向渐变代码的效果都是一样的，说明对径向渐变语法的学习合格了：

```
radial-gradient(white, deepskyblue);
radial-gradient(ellipse, white, deepskyblue);
radial-gradient(farthest-corner, white, deepskyblue);
radial-gradient(ellipse farthest-corner, white, deepskyblue);
radial-gradient(at center, white, deepskyblue);
radial-gradient(ellipse at center, white, deepskyblue);
radial-gradient(farthest-corner at center, white, deepskyblue);
radial-gradient(ellipse farthest-corner at center, white, deepskyblue);
```

6．径向渐变在实际开发中的应用举例

在实际项目中，径向渐变除了用来实现元素本身的渐变效果，还被用来绘制各类圆形图案。例如，给按钮增加白色高光：

```
button {
    color: #fff;
    background-color: #2a80eb;
    background-image: radial-gradient(160% 100% at 50% 0%, hsla(0, 0%, 100%, .3) 50%,
hsla(0, 0%, 100%, 0) 52%);
}
```

效果如图 5-19 所示。

径向渐变也可以让按钮背景呈现多彩的颜色融合效果：

```
button {
    color: #fff;
    background-color: #2a80eb;
    background-image: radial-gradient(farthest-side at bottom left, rgba(255, 0,
255, .5), transparent),
        radial-gradient(farthest-corner at bottom right, rgba(255, 255, 50, .5),
transparent);
}
```

效果如图 5-20 所示。

图 5-19　白色高光按钮效果示意　　图 5-20　多种颜色互相融合按钮效果示意

径向渐变还可以实现点击按钮的时候，出现一个圆形扩散的效果：

```
button {
    color: #fff;
    background: #2a80eb no-repeat center;
    background-image: radial-gradient(closest-side circle, rgba(255, 70, 70, .9),
rgba(255, 70, 70, .9) 99%, rgba(255, 70, 70, 0) 100%);
    background-size: 0% 0%;
    transition: background-size .2s;
}
.button-c:active {
    background-size: 250% 250%;
}
```

效果如图 5-21 所示，这里为了方便示意，扩散的圆形使用了红色。

读者可以在浏览器中进入 https://demo.cssworld.cn/new/5/1-2.php 页面，或者扫描右侧的二维码查看上面与按钮相关的 3 个例子的效果。

径向渐变还可以用来绘制各种波形效果，例如绘制优惠券边缘的波形效果：

```
<div class="radial-wave"></div>
.radial-wave {
    width: 200px; height: 100px;
    background: linear-gradient(to top, transparent 10px, red 10px) no-repeat,
        radial-gradient(20px 15px at left 50% bottom 10px, red 10px, transparent 11px);
    background-size: auto, 20px 10px;
}
```

效果如图 5-22 所示。

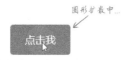

图 5-21　点击按钮时出现的图形扩散效果示意　　图 5-22　波形边缘实现效果示意

读者可以在浏览器中进入 https://demo.cssworld.cn/new/5/1-3.php 页面，或者扫描右侧的二维码查看效果。

径向渐变可以实现的图形效果非常多，就不一一举例了。总而言之，要想将径向渐变用得出神入化，一定要牢牢掌握其语法。

5.1.3 了解 conic-gradient() 锥形渐变

锥形渐变是 CSS Images Module Level 4 规范中新定义的一种渐变，也很实用，但其兼容性不太好，IE 浏览器和 Edge 浏览器并不支持，因此只适合在移动端项目和中后台项目中使用。

锥形渐变的语法比径向渐变要简单不少，正式语法如下：

```
conic-gradient( [ from <angle> ]? [ at <position> ]?, <angular-color-stop-list> )
```

可以看出锥形渐变由以下 3 部分组成：

- 起始角度；
- 中心位置；
- 角渐变断点。

其中起始角度和中心位置都是可以省略的，因此，最简单的锥形渐变用法如下：

```
.example {
    width: 300px; height: 150px;
    background-image: conic-gradient(white, deepskyblue);
}
```

效果如图 5-23 所示。

图 5-23 所示的锥形渐变渲染的关键要素如图 5-24 所示。

图 5-23 白色到深天蓝色锥形渐变效果示意

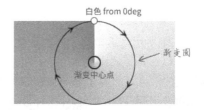

图 5-24 锥形渐变渲染的关键元素示意

我们可以改变起始角度和中心位置，让图 5-23 所示的锥形渐变效果发生变化，例如：

```
conic-gradient(from 45deg at 25% 25%, white, deepskyblue);
```

渐变起始角度改成 45 度，中心点位置移动到了相对元素左上角 25% 的位置，效果如图 5-25 所示。

最后说一下角渐变断点，它的数据类型是 <angular-color-stop-list>。角渐变断点与线性渐变和径向渐变的区别在于角渐变断点不支持长度值，支持的是角度值。例如：

```
conic-gradient(white, deepskyblue 45deg, white);
```

效果如图 5-26 所示，可以明显看到 1 点钟方向的颜色最深。

需要注意的是，角渐变断点中设置的角度值是一个相对角度值，最终渲染的角度值是设置的角度值和起始角度累加的值，例如：

```
conic-gradient(from 45deg, white, deepskyblue 45deg, white);
```

图 5-25　45 度起始角度锥形渐变效果示意

图 5-26　使用角度值设置断点效果示意

此时 deepskyblue 实际渲染的坐标角度是 90deg（45deg + 45deg），效果如图 5-27 所示，可以明显看到 3 点钟方向的颜色最深。

由此可见，锥形渐变中颜色断点角度值和百分比值没有什么区别，两者可以互相转换。一个完整的旋转总共 360 度，45deg 就等同于 12.5%，因此，下面两段 CSS 代码的效果是一模一样的：

```
/* 下面两段语句效果一样 */
conic-gradient(white, deepskyblue 45deg, white);
conic-gradient(white, deepskyblue 12.5%, white);
```

如果作为渐变转换点，角度值和百分比值也可以互相转换。例如，下面的两条语句都是合法的：

```
/* 合法 */
conic-gradient(white, 12.5%, deepskyblue);
/* 合法 */
conic-gradient(white, 45deg, deepskyblue);
```

效果如图 5-28 所示。由于把渐变转换点移动到了 12.5% 的位置（原来是在 50% 位置处），因此渐变的后半部分颜色就比较深。

图 5-27　渐变断点角度值是相对值效果示意　图 5-28　渐变转换点移动到 12.5% 位置处的效果示意

锥形渐变的应用举例

用锥形渐变可以非常方便地实现饼状图效果，例如：

```
.pie {
    width: 150px; height: 150px;
    border-radius: 50%;
    background: conic-gradient(yellowgreen 40%, gold 0deg 75%, deepskyblue 0deg);
}
```

效果如图 5-29 所示。

图 5-29　使用锥形渐变实现的饼状图效果示意

读者可以在浏览器中进入 https://demo.cssworld.cn/new/5/1-4.php 页面，或者扫描右侧的二维码查看效果。

其中，可能有人会以为代码部分的"gold 0deg 75%"是什么新语法，其实不是的，这个语法在线性渐变那里介绍过（渐变断点第八个细节点），就是颜色值后面紧跟着的两个值表示颜色范围，另外这里 0deg 换成 0%也是一样的效果，并非必须使用角度值。

注意，重点来了！理论上，这里设置的数值应该是 40%，或者 144deg，而不是 0deg，那为何这里设置 0deg 效果也是正常的呢？至于原因，同样在线性渐变那里介绍过（渐变断点第七个细节点），后面的渐变断点位置值比前面的渐变断点位置值小的时候，后面的渐变断点的位置值会按照前面较大的渐变断点位置值渲染。于是，gold 0deg 75%这里的 0deg 就会使用 yellowgreen 40%中的 40%位置值进行渲染，同理，deepskyblue 0deg 实际是按照 deepskyblue 75%渲染的。也就是说，如果我们想要 A、B 两种渐变颜色界限分明，只要设置 B 颜色的起始位置值为 0%就可以了，无须动脑子去计算，这算是一个 CSS 实用小技巧。

图 5-30 所示是使用锥形渐变实现的基于色相和饱和度的取色盘，CSS 代码如下：

图 5-30   使用锥形渐变实现的取色盘效果示意

```
.hs-wheel {
    width: 150px; height: 150px;
    border-radius: 50%;
    background: radial-gradient(closest-side, gray, transparent),
        conic-gradient(red, magenta, blue, aqua, lime, yellow, red);
}
```

读者可以在浏览器中进入 https://demo.cssworld.cn/new/5/1-5.php 页面，或者扫描右侧的二维码查看效果。

3.10.2 节演示过使用 CSS 多背景实现灰白网格效果（棋盘效果），如果使用锥形渐变来实现，只需要一行 CSS 代码就足够了：

```
.checkerboard {
    width: 200px; height: 160px;
    background: conic-gradient(#eee 25%, white 0deg 50%, #eee 0deg 75%, white 0deg) 0
/ 20px 20px;
}
```

效果如图 5-31 所示。

图 5-31   锥形渐变实现的灰白网格效果（棋盘效果）示意

读者可以在浏览器中进入 https://demo.cssworld.cn/new/5/1-6.php 页面，或者扫描右侧的二维码查看效果。

最后一个例子，演示如何借助锥形渐变实现很实用的加载效果，代码如下：

```
.loading {
    width: 100px; height: 100px;
    border-radius: 50%;
    background: conic-gradient(deepskyblue, 30%, white);
    --mask: radial-gradient(closest-side, transparent 75%, black 76%);
    -webkit-mask-image: var(--mask);
    mask-image: var(--mask);
    animation: spin 1s linear infinite reverse;
}
@keyframes spin {
    from { transform: rotate(0deg); }
    to { transform: rotate(360deg); }
}
```

效果如图 5-32 所示。

原理很简单，图 5-32 所示的其实就是一个锥形渐变，使用 CSS 遮罩属性只让外圈 25% 的范围显示，于是 loading 的圆环效果就出现了。如果想要小尺寸的 loading 效果，直接修改上述 CSS 代码中的 width 属性值和 height 属性值即可。

图 5-32　锥形渐变实现的 loading 效果示意

读者可以在浏览器中进入 https://demo.cssworld.cn/new/5/1-7.php 页面，或者扫描右侧的二维码查看 loading 效果。

本例 CSS 代码中出现了 CSS 自定义属性（指 --mask）、CSS 遮罩属性 mask-image 和 CSS 动画属性 animation，它们都是非常实用的 CSS 属性，均会在本书的后面着重介绍，敬请期待。

5.1.4　重复渐变

线性渐变、径向渐变和锥形渐变都有对应的重复渐变函数，就是在各自的函数名前面添加 repeating- 前缀，示意如下：

```
repeating-linear-gradient(transparent, deepskyblue 40px);
repeating-radial-gradient(transparent, deepskyblue 40px);
repeating-conic-gradient(transparent, deepskyblue 40deg);
```

假设上面的语句是作为 background-image 应用在尺寸为 200px×100px 的元素上的，则最终的效果如图 5-33 所示。

重复线性渐变　　　　　　重复径向渐变　　　　　　重复锥形渐变

图 5-33　重复渐变效果简单示意

无论是重复线性渐变、重复径向渐变还是重复锥形渐变，其语法和对应的非重复渐变语法是一模一样的，区别在渲染表现上，非重复渐变的起止颜色位置如果是 0% 和 100%，则可以省略，但是对于重复渐变，起止颜色位置需要明确定义。

　　重复渐变就这么点内容，很多人会觉得重复渐变复杂难懂，这只是因为对基本的渐变特性了解还不够深入而已。

　　重复渐变非常适合实现条纹效果。例如，使用 `border-image` 属性和重复线性渐变实现条纹边框效果，代码如下：

```css
.stripe-border {
    width: 150px; height: 200px;
    border: 20px solid;
    border-image: repeating-linear-gradient(135deg, deepskyblue 0 6px, white 7px 12px) 20;
}
```

效果如图 5-34 所示。

图 5-34　条纹边框效果示意

　　读者可以在浏览器中进入 https://demo.cssworld.cn/new/5/1-8.php 页面，或者扫描右侧的二维码查看效果。

5.2　CSS 3D 变换

　　在所有 3D 成像技术中，最容易学习且最容易上手的技术一定是 CSS 3D 变换技术，即使你不懂 JavaScript 也能实现 3D 效果。因此，不少优秀的设计师能使用 CSS 3D 变换实现很多酷酷的 3D 效果。

5.2.1　从常用的 3D 变换函数说起

　　CSS 位移变换函数包括 `translateX()`、`translateY()` 和 `translateZ()`，其中 `translateX()` 和 `translateY()` 属于 2D 变换，`translateZ()` 属于 3D 变换。此外，CSS 缩放变换函数包括 `scaleX()`、`scaleY()` 和 `scaleZ()`，其中 `scaleX()` 和 `scaleY()` 属于 2D 变换，`scaleZ()` 属于 3D 变换。

　　于是，就有不少人想当然地认为 CSS 斜切变换函数也包括 `skewX()`、`skewY()` 和 `skewZ()`，其中 `skewZ()` 属于 3D 函数。这种想法是不正确的，事实上，CSS 斜切变换没有 3D 函数，也就是说 `skewZ()` 函数是不存在的，自然也不存在 `skew3d()` 函数，因此下面的写法是不合法的：

```css
/* 不合法 */
transform: skewZ(45deg);
transform: skew3d(0deg, 0deg, 45deg);
```

　　也有不少人想当然地认为 CSS 旋转变换函数包括 `rotateX()`、`rotateY()` 和 `rotateZ()`，其中 `rotateX()` 和 `rotateY()` 属于 2D 变换，`rotateZ()` 则属于 3D 变换。这种想法也是不正

确的，这回倒不是不存在上面 3 种函数，而是 `rotateX()`、`rotateY()` 和 `rotateZ()` 均属于
3D 变换。

加上各种变换的 3D 合法语法，可以得到下面这些属于 3D 变换的 CSS 函数（这些函数不区
分大小写）：

```
translateZ(0);
translate3d(0, 0, 0);
rotateX(0deg)
rotateY(0deg)
rotateZ(0deg);
rotate3d(1, 1, 1, 45deg);
scaleZ(1);
scale3d(1, 1, 1);
matrix3d(
  1, 0, 0, 0,
  0, 1, 0, 0,
  0, 0, 1, 0,
  0, 0, 0, 1
);
```

其中，`matrix3d()` 函数表示使用 3D 矩阵表示 3D 变换效果，共需要 16 个参数，由于过于复杂
且使用概率较小，因此本书不做介绍。`rotate3d()` 函数的语法比较特别，这里专门讲一下。

在展开介绍 `rotate3d()` 函数之前，我们有必要先了解一下 CSS 中的 3D 坐标。CSS 中的 3D
坐标如图 5-35 所示，横向为 x 轴，垂直为 y 轴，纵向为 z 轴，箭头所指的方向为偏移正值对应的
方向。

下面正式开始介绍 `rotate3d()` 函数，`rotate3d()` 函数的语法如下：

```
rotate3d(x, y, z, angle)
```

其中，参数 x、y、z 分别表示旋转向量的 x 轴、y 轴、z 轴的坐标。参数 angle 表示围绕该旋转
向量旋转的角度值，如果为正，则顺时针方向旋转；如果为负，则逆时针方向旋转。

有不少人看到"向量"就想起了大学时候被数学支配的恐惧，不过这里 3D 旋转的向量很简
单，就是一条以坐标原点为起点，以坐标(x, y, z)为终点的直线，所谓 3D 旋转就是元素绕着这条直
线旋转而已，例如：

```
transform:rotate3d(1, 1, 1, 45deg);
```

表示元素绕着坐标$(0, 0, 0)$和坐标$(1, 1, 1)$连成的向量线旋转 45 度，图 5-36 中蓝色箭头所示即
向量。

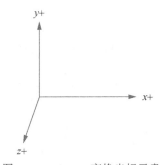

图 5-35　CSS 3D 变换坐标示意

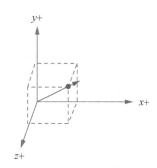

图 5-36　向量坐标$(1, 1, 1)$在 3D 变换坐标中位置示意

如果此时有一个正面印有数字 1、上下分别印有数字 5 和 6、左右分别印有数字 4 和 3 的立方体应用 rotate3d(1, 1, 1, 45deg)，那么它的 3D 旋转效果如图 5-37 所示。

按照我多年实践的经验，rotate3d() 函数很少会被用到，因为大多数的 3D 效果都是很简单的旋转效果，开发者往往使用更简单的 rotateX()、rotateY() 和 rotateZ() 函数。其中 rotateY() 函数是所有 3D 变换函数中最高频使用的函数之一，因此，本书就以 3D 旋转为切入点，带领大家快速进入 3D 变换的世界。

3D 旋转变换有下面 3 个函数：

- rotateX(angle);
- rotateY(angle);
- rotateZ(angle)。

它们分别表示绕着三维坐标的 x 轴、y 轴和 z 轴旋转。其中，rotateX() 函数的表现反映在现实世界中，就如体操运动员的单杠旋转；rotateY() 函数的表现反映在现实世界中，就如旋转木马围绕中心柱旋转；rotateZ() 函数的表现反映在现实世界中，就如正面观察摩天轮的旋转。

使用简单的图形演示以上 3 个旋转函数，就有图 5-38 所示的效果。

图 5-37　立方体盒子应用
3D 旋转后的效果示意

图 5-38　rotateX()、rotateY() 和 rotateZ()
旋转函数效果示意

5.2.2　必不可少的 perspective 属性

perspective 的中文意思是透视、视角。perspective 属性的存在与否决定了你所看到的画面是二维的还是三维的，这不难理解，即没有透视，不成 3D。学美术或者学建筑的读者肯定接触过透视的一些东西。例如，图 5-39 所示的透视效果。

不过，CSS 3D 变换的透视点与图 5-39 所示的有所不同，CSS 3D 变换的透视点在显示器的前方。例如，显示器宽度是 1680px，浏览器中有一个 <img> 元素设置了下面的 CSS 代码：

```
img {
    perspective: 2000px;
}
```

这就意味着这张图片的 3D 视觉效果和本人在距离 1.2 个显示器宽度远的地方（1680×1.2≈2000）所看到的真实效果是一致的，如图 5-40 所示。

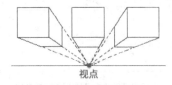

图 5-39　透视效果示意

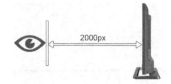

图 5-40　2000px 透视点位置示意

5.2.3　用 translateZ()函数寻找透视位置

如果说 rotateX()、rotateY()和 rotateZ()可以帮你理解三维坐标，那么 translateZ()则可以帮你理解透视位置。我们都知道"近大远小"的道理，translateZ()函数的功能就是控制元素在视觉上的远近距离。例如，如果我们设置容器元素的 perspective 属性值为201px：

```
.container {
    perspective: 201px;
}
```

那么就会有以下几种情况。

- 子元素设置的 translateZ()函数值越小，则子元素的视觉大小越小，因为子元素在视觉上远去，我们眼睛看到的子元素的视觉尺寸就会变小。
- 子元素设置的 translateZ()函数值越大，该元素的视觉大小也会越大，因为元素在视觉上越近，看上去也就越大。
- 当子元素设置的 translateZ()函数值非常接近 201 像素，但是不超过 201 像素的时候（如 200 像素），该元素就会撑满整个屏幕（如果父元素没有类似 overflow:hidden 的限制的话）。因为这个时候，子元素正好移到了你的眼睛前面，看起来非常大，所谓"一叶障目，不见泰山"，就是这么回事。
- 当子元素设置的 translateZ()函数值再变大，即超过 201 像素的时候，就看不见该元素了——这很好理解，我们是看不见眼睛后面的东西的！

再生动的文字描述也不如一个实例来得直观，读者可以在浏览器中进入 https://demo.cssworld.cn/new/5/2-1.php 页面，或者扫描右侧的二维码查看效果。

拖动滑杆控制子元素的 translateZ()函数值，大家会发现当值为-100的时候视觉尺寸最小；随着值慢慢变大（例如值为 40 的时候），子元素的视觉尺寸明显变大；等到值继续增加到 200 的时候，会发现子元素充满了整个屏幕；而值是 250 的时候，由于子元素已经在透视点之外，因此是看不见子元素的，子元素如消失一般。整个视觉变化过程如图 5-41 所示。

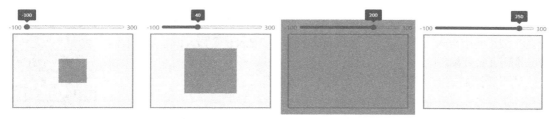

图 5-41　translateZ()函数值与透视点的关系变化过程示意

此时，我们再换一个视角，从侧面观察 translateZ()函数的作用原理，如图 5-42 所示，可以更清楚地明白为什么 translateZ()函数值会影响元素的视觉尺寸。

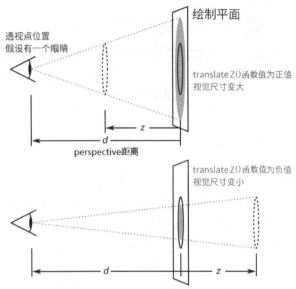

图 5-42　`translateZ()`函数值与透视点的关系侧面示意

5.2.4　指定 perspective 透视点的两种写法

有两种书写形式可以指定元素的透视点，一种设置在舞台元素上，也就是设置在 3D 渲染元素的共同父元素上；第二种是设置在当前 3D 渲染元素上，与 `transform` 其他变换属性值写在一起，代码示例如下：

```
.stage {
    perspective: 600px;
}
.box {
    transform: rotateY(45deg);
}
```

第二种：

```
.stage .box {
    transform: perspective(600px) rotateY(45deg);
}
```

为了方便示意两种透视点写法的效果，我专门制作了一个演示页面，读者可以在浏览器中进入 https://demo.cssworld.cn/new/5/2-2.php 页面，或者扫描右侧的二维码查看效果。

读者看到的效果如图 5-43 所示，其中左侧的是 `perspective` 属性写法，右侧的是 `perspective()` 函数写法。

仔细对比图 5-43 左右两侧图形的效果，会发现虽然透视点设置的方法不一样，但是效果貌似是一样的。果真是这样吗？其实不然，图 5-43 左右两侧图形的效果之所以会一样，是因为舞台上只有一个元素，因此，两种书写形式的表现正好一样。如果舞台上有多个元素，那么两种书写形式的表现差异就会立刻显示出来，如图 5-44 所示。

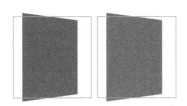

图 5-43　透视点两种写法效果示意

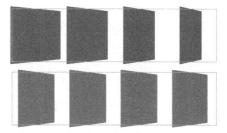

图 5-44　透视点两种写法不同之处示意

图 5-44 所示的效果其实不难理解。图 5-44 上面一排元素把整个舞台作为透视元素，也就是我们看到的每个子元素都共用同一个透视点，因此每一个子元素的视觉形状都不一样，这个效果比较符合现实世界的 3D 透视效果。例如视线前方有一排人，远处的人只能被看到侧脸，近处的人可以被看到正脸。而图 5-44 下面一排元素中的每个子元素都有一个自己独立的透视点，加上旋转的角度又是一样的，因此每个元素看上去也就一模一样了。

读者可以在浏览器中进入 https://demo.cssworld.cn/new/5/2-3.php 页面，或者扫描右侧的二维码查看效果。

5.2.5　理解 perspective-origin 属性

`perspective-origin` 属性很好理解，表示我们的眼睛相对 3D 变换元素的位置，你可以通过改变眼睛的位置来改变元素的 3D 渲染效果，原理如图 5-45 所示。

正式语法如下：

```
perspective-origin: <position>;
```

一看到 `<position>` 数据类型，就应该赶快回想起 `background-position` 属性支持哪些值，也就知道了 `perspective-origin` 属性支持哪些值。例如，下面这些语句都是合法的：

```
perspective-origin: top left;
perspective-origin: right 20px bottom 40%;
perspective-origin: 50% 50%;
perspective-origin: -200% 200%;
perspective-origin: 20cm 100ch;
```

`perspective-origin` 属性初始值是 `50% 50%`，表示默认的透视点是舞台或元素的中心。但是有时候，需要让变换的元素不在舞台的中心，或让透视角度偏上或者偏下，此时就可以通过设置 `perspective-origin` 属性值实现。

图 5-46 所示的就是一个立方体应用 `perspective-origin:25% 75%` 声明后的透视效果图。

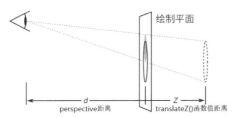

图 5-45　`perspective-origin` 属性作用原理示意

图 5-46　`perspective-origin` 属性应用效果示意

5.2.6 transform-style:preserve-3d 声明的含义

transform-style①支持两个关键字属性值,分别是 preserve-3d 和 flat,语法如下:

```
transform-style: preserve-3d;
transform-style: flat;
```

先讲一下这一语法中的几个关键点。

- preserve-3d 表示应用 3D 变换的元素位于三维空间中,preserve-3d 属性值的渲染表现更符合真实世界的 3D 表现。
- flat 是默认值,表示应用 3D 变换的元素位于舞台或元素的平面中,其渲染表现类似"二向箔",把三维空间压缩在舞台元素的二维空间中。

我们通过一个例子直观地了解一下 preserve-3d 和 flat 这两个属性值的区别,HTML 和 CSS 代码如下:

```
<section class="stage preserve-3d">
    <div class="box"></div>
</section>
<section class="stage">
    <div class="box"></div>
</section>
.stage {
    width: 150px; height: 150px;
    background-color: rgba(0, 191, 255, .75);
    perspective: 600px;
}
.box {
    height: 100%;
    opacity: .75;
    background-color: darkred;
    transform: rotateY(45deg);
}
.preserve-3d {
    transform-style: preserve-3d;
}
```

应用了 transform-style:preserve-3d 声明的 3D 变换元素有部分区域藏到了舞台元素的后面,因为此时整个舞台按照真实的三维空间渲染,自然看不到旋转到后面的图形区域,如图 5-47 左侧图形所示。默认情况下,元素无论怎么变换,其 3D 效果都会被渲染在舞台元素所在的二维平面之上,因此没有视觉上的穿透效果,如图 5-47 右侧图形所示。

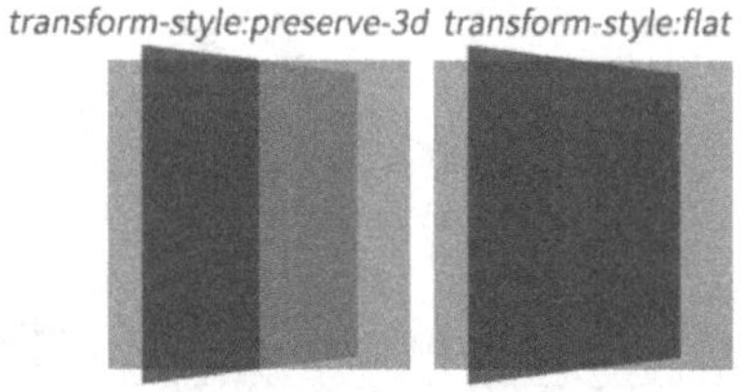

图 5-47 transform-style 两个关键字属性值效果对比示意

读者可以在浏览器中进入 https://demo.cssworld.cn/new/5/2-4.php 页面,或者扫描右侧的二维码查看效果。

需要注意的是,transform-style 属性需要用在 3D 变换元素的父元素上,也就是舞台元素上才有效果。

5.2.7 backface-visibility 属性的作用

在 CSS 世界中,一个元素的背面表现为其正面图像的镜像,因此,当我们使用翻转效果使其

---

① IE 浏览器不支持该属性值。

背面展示在用户面前的时候，显示的是该元素正面图像的镜像。

这一特性和现实中的 3D 效果并不一致，例如我们要实现扑克牌翻转的 3D 效果，很显然，扑克牌的背面一定是花纹，不可能是正面的牌号。因此，当我们对扑克牌进行翻转使其背面展示在用户面前的时候，显示扑克牌的正面镜像显然是不合理的。我们需要隐藏扑克牌元素的背面，至于扑克牌背面花纹的效果，我们可以使用其他元素进行模拟，然后让前后两个元素互相配合来实现 3D 扑克牌翻转效果。这个控制扑克牌的背面不显示的 CSS 属性就是 `backface-visibility`。

`backface-visibility` 属性语法如下：

```
backface-visibility: hidden;
backface-visibility: visible;
```

其中，`visible` 是默认值，也就是元素翻转时背面是可见的；如果 `backface-visibility` 的属性值是 `hidden`，则表示元素翻转时背面是不可见的。

我们通过一个例子直观地了解一下 `hidden` 和 `visible` 这两个属性值的区别，HTML 和 CSS 代码如下：

```html
<section class="stage backface-hidden">
    <div class="box"></div>
    <div class="box"></div>
</section>
<section class="stage">
    <div class="box"></div>
    <div class="box"></div>
</section>
.stage {
    width: 150px; height: 150px;
    border: 1px solid darkgray;
    perspective: 600px;
    transform-style: preserve-3d;
}
.box {
    width: inherit; height: inherit;
    opacity: .75;
    background-color: darkred;
    transform: rotateY(225deg);
}
.box:first-child {
    transform: rotateY(-45deg);
    background-color: darkblue;
    position: absolute;
}
.backface-hidden .box {
    backface-visibility: hidden;
}
```

设置了 `backface-visibility:hidden` 后，绕 y 轴旋转 225 度后元素被隐藏了，因为 `rotateY` 值在大于 180 度、小于 360 度的时候，我们看到的就是元素的背面了，如图 5-48 左侧所示；而 `backface-visibility` 属性值是 `visible` 的元素绕 y 轴旋转 225 度后依然清晰可见，效果如图 5-48 右侧所示。

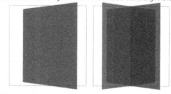

图 5-48   `backface-visibility` 两个关键字属性值效果对比示意

读者可以在浏览器中进入 https://demo.cssworld.cn/new/5/2-5.php 页面，或者扫描右侧的二维码查看效果。

5.2.8　值得学习的旋转木马案例

这里举一个图片列表旋转木马效果案例，它可以用来替换常见的 2D 轮播效果，如果读者能弄明白这个例子，那么对 CSS 3D 变换的学习就算是合格了。

读者可以在浏览器中进入 https://demo.cssworld.cn/new/5/2-6.php 页面，或者扫描右侧的二维码查看效果。

实现的效果如图 5-49 所示，点击任意图片可以看到图片列表的旋转木马效果。

图 5-49　3D 旋转木马效果示意

实现原理

这个案例用到的 CSS 属性就是前面提到的几个常用 CSS 属性，包括透视、3D 变换和三维空间设置。

首先，HTML 代码结构如下：

```
舞台
    容器
        图片
        图片
        图片
        ......
```

相关 HTML 代码是：

```html
<div class="stage">
    <div class="container">
        <img src="1.jpg" style="--index:0;">
        <img src="2.jpg" style="--index:1;">
        <img src="3.jpg" style="--index:2;">
        <img src="4.jpg" style="--index:3;">
        <img src="5.jpg" style="--index:4;">
        <img src="6.jpg" style="--index:5;">
        <img src="7.jpg" style="--index:6;">
        <img src="8.jpg" style="--index:7;">
        <img src="9.jpg" style="--index:8;">
    </div>
</div>
```

对于舞台，需要为其设置视距，例如设置为 800px：

```css
.stage {
    perspective: 800px;
}
```

对于容器，需要为其添加 3D 视图声明：

```
.container {
    transform-style: preserve-3d;
}
```

然后就是图片元素了，为了方便定位，我们让所有图片应用 position:absolute 声明，共用一个 3D 变换中心点。

显然，图片旋转木马的运动方式需要应用的 3D 变换函数是 rotateY() 函数。因此，图片元素需要设置的 rotateY() 函数值就是 360 度除以图片数量后的计算值，这里有 9 张图片，则每张图片的旋转角度比前一张图片多 40 度（360 / 9 = 40）。如果需要兼容 IE 浏览器，我们可以这样书写：

```
img:nth-child(1) { transform: rotateY(   0deg ); }
img:nth-child(2) { transform: rotateY(  40deg ); }
img:nth-child(3) { transform: rotateY(  80deg ); }
img:nth-child(4) { transform: rotateY( 120deg ); }
img:nth-child(5) { transform: rotateY( 160deg ); }
img:nth-child(6) { transform: rotateY( 200deg ); }
img:nth-child(7) { transform: rotateY( 240deg ); }
img:nth-child(8) { transform: rotateY( 280deg ); }
img:nth-child(9) { transform: rotateY( 320deg ); }
```

如果无须兼容 IE 浏览器，我们可以使用 CSS 自定义属性实现：

```
img {
    transform: rotateY(calc(var(--index) * 40deg));
}
```

这样就好了吗？还没有。

虽然 9 张图片的方位都不一样，但由于它们共用一个 3D 变换中心点，因此一定会挤成一团，如图 5-50 所示，图片挤成一团的效果显然不是我们需要的，我们需要拉开图片之间的距离。

如何拉开距离呢？其实很简单。我们可以把 9 张图片想象成 9 个人，现在这 9 个人站在一起分别面朝不同的方位，这 9 个人是不是只要每个人向前走 4～5 步，彼此之间的距离就拉开了？不妨想象一下夜空中礼花绽开的场景。这里的向前走 4～5 步的行为，就相当于应用 translateZ() 函数的行为，当 translateZ() 函数值为正值的时候，元素会向其面对的方向走去。

现在只剩下一个问题了：要向前走多远呢？这个距离是有计算公式的！这 9 张图片宽度均是 128px，因此就有图 5-51 所示的理想方位效果。

图 5-50　9 张图片挤成一团效果示意

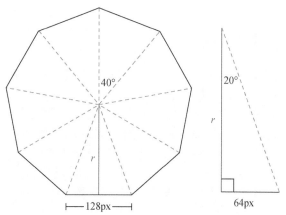

图 5-51　旋转木马 9 张图理想方位效果示意

图 5-51 中使用红色标注的 *r* 就是图片需要设置的 `translateZ()` 函数的理想值，使用该值可以让所有图片无缝围在一起。

r 的计算比较简单：

$r = 64 / \mathrm{Math.tan}(20 / 180\ \mathrm{Math.PI}) \approx 175.8$

为了好看，图片左右两边可以留点间距，例如 20px，最终得到需要使用的 `translateZ()` 函数值为 175.8 + 20 = 195.8。于是，最终图片元素设置的 `transform` 属性值是：

```
img {
    transform: rotateY(calc(var(--index) * 40deg)) translateZ(195.8px);
}
```

最后，要让图片旋转起来，只要让容器每次旋转 40 度就可以了，这个可以使用 CSS 动画完成，或者使用 JavaScript 设置也是可以的。理解了旋转木马 3D 效果实现原理，其他 3D 效果基本上就都可以轻松驾驭了。

5.2.9　3D 变换与 GPU 加速

3D 变换除了用来实现 3D 效果，还经常被用来开启 GPU 加速，例如实现左位移 100px，下面两种写法都是有效的：

```
transform: translate(-100px, 0);
transform: translate3d(-100px, 0, 0);
```

但是，使用 `translate3d()` 函数的变换效果性能要更高，因为使用该函数会开启 GPU 加速。然后问题就来了，很多开发者一看到"性能更好"就激动了，遇到了元素变换效果就使用 3D 变换，甚至实现其他简单的图形表现时也会添加一段无关紧要的 CSS 3D 变换代码，例如：

```
transform: translateZ(0);
```

这是一个很糟糕的做法，Web 网页是如此简单，2D 变换原本的性能就很高，根本就没有任何必要去开启 GPU 加速，至少以我 10 多年的开发经验来看，没有遇到任何一个场景非得使用 3D 变换才不卡顿的。要知道，不必要的 GPU 加速会增加内存的使用，这会影响移动设备的电池寿命。因此，我直接就下结论了：单纯的 2D 变换请一定使用 2D 变换函数，没有任何理由需要使用 3D 变换函数，此时让 GPU 加速是一种糟糕的做法。

5.3　CSS 过渡

使用 `transition` 属性可以实现元素 A 状态到 B 状态的过渡效果，经常使用 `:hover` 伪类或者 `:active` 伪类触发。

目前，我们已经无须给 `transition` 属性增加私有前缀了，无论是什么项目都不需要。我多次看到 `-ms-transition` 这样的写法，每次看到都十分生气。IE 浏览器从 IE10 版本开始，就从未支持过 `-ms-` 私有前缀，完全没有任何需要添加 `-ms-` 私有前缀的理由。

至于添加 `-moz-` 和 `-webkit-` 私有前缀也是很多年以前的事情了，目前已经无须再添加。即使有个别用户使用的是非常古老的浏览器也没有关系，因为 `transition` 是一个体验增强的 CSS 属性，即使浏览器不支持，也只会导致一些交互效果生硬一点，对页面功能没有任何影响。

transition 是一个常用属性，相信基础的知识大家都比较了解，因此，接下来我只会介绍一些我认为读者可能不知道的关于 transition 属性的知识。

5.3.1 你可能不知道的 transition 属性知识

transition 属性是一个缩写属性，它是 transition-duration、transition-delay、transition-property、transition-timing-function 这 4 个 CSS 属性的缩写，每一个 CSS 属性的背后都有大家所不知道的细节。

1. transition-duration 属性

transition-duration 属性表示过渡时间，它的值可以是 0，但是不能是负值，其他就没什么好说的……真的是这样吗？请看下面这段 CSS 声明：

```
transition: 1s .5s;
```

很多开发者都知道，第一个时间值 1s 表示过渡时间，第二个时间值表示延时时间（transition-delay），这两个时间值的顺序是固定的，绝对不能调换，否则含义会颠倒过来。久而久之大家容易陷入一个误区，认为 transition 属性如果设置了两个时间值，其顺序必须是固定的，其实不然！有一种场景下 transition 属性的两个时间值的顺序是可以任意调换的。什么场景呢？就是其中一个时间值是负值的时候。例如，下面两句 CSS 声明都是合法的，且含义一模一样：

```
/* 效果一样 */
transition: 2s -1s;
transition: -1s 2s;
```

原因就在于不起眼的"transition-duration 不能是负值"的特性，所以上面代码中的 -1s 只能是 transition-delay 的属性值，两个值就可以无序排列。

2. transition-delay 属性

transition-delay 属性用来指定延时过渡效果执行的时间，单位是 s（秒）或者 ms（毫秒），其值可以是负值，例如：

```
transition-delay: 200ms;
transition-delay: .2s;
transition-delay: -.5s;
```

当 transition-delay 属性值为负值的时候，会带来一个很有意思的现象，那就是可以省略部分动画进程，例如：

```
.example {
    transform: translateX(0);
    transition-duration: 1s;
    transition-delay: -.5s;
}
.example:hover {
    transform: translateX(100px);
}
```

此时当鼠标经过 .example 元素的时候，元素的 transform 位移位置不是从 0 开始，而是从靠近 50px 的位置开始的，且过渡效果执行的时间不是 1s，而是 0.5s，因为最终过渡执行的时间等于动画过程时间加动画延时时间，也就是 1s + (−0.5s) = 0.5s。

transition-delay 属性有一个隐蔽的但却很实在的作用，那就是可以提高用户的交互体验。

例如，使用:hover 伪类实现的浮层是一种很常见的交互效果，传统的效果都是鼠标指针一旦经过元素，浮层立即出现。这其实是有问题的，因为鼠标非常容易误触该交互效果。优秀的交互体验是会增加一定的延时判断的，也就是如果鼠标指针快速经过元素，会被认为是不小心经过，浮层就不会出现。

想要实现这个交互效果，目前只能使用 transition-delay 属性，请看下面这个具体的案例：

```
<a href class="target">显示图片</a>
<img src="1.jpg">
```

当鼠标指针经过"显示图片"这个链接的时候，浮层图片在鼠标指针停留在元素上一定的时间后才会显示，使用的 CSS 代码如下：

```
.target + img {
    position: absolute;
    transition-delay: .2s;
    visibility: hidden;
}
.target:hover + img {
    visibility: visible;
}
```

此时鼠标指针悬停在<a>元素上200ms之后浮层图片才会显示，效果如图 5-52 所示。

图 5-52　浮层图片延时显示效果示意

此交互效果有对应的演示页面，读者可以在浏览器中进入 https://demo.cssworld.cn/new/5/3-1.php 页面，或者扫描右侧的二维码查看效果。

3．transition-property 属性

transition-property 属性用来设置应用过渡效果的 CSS 属性，其初始值是 all，表示默认所有 CSS 属性都应用过渡效果。

不知道"初始值是 all"有没有让你意识到什么。我已经记不清有多少次见到过下面的 CSS 代码了：

```
transition: all .2s;
```

上面这段 CSS 代码的语法和功能都没有问题，表示所有 CSS 属性都执行 0.2s 的过渡效果，那问题在哪里呢？问题就在于其中的 all 完全是多余的，直接写成下面的 CSS 代码就可以了：

```
transition: .2s;
```

也就是我们只需要指定过渡时间就可以了。

不过不是所有 CSS 属性都支持过渡效果，例如 display 属性就不支持过渡效果，而且，不支持也就罢了，有时候还会"搞破坏"。例如设置了 transition 过渡效果的元素应用 display: none 时，过渡效果会被瞬间中断，导致 transitionend 事件不会被触发。

因此，如果希望元素有过渡效果，同时可以隐藏，请使用 visibility 属性，visibility 属性在 CSS Transition 过渡效果中很实用，后面会专门对此进行介绍。

transition-property 支持任意<custom-ident>数据类型值，不需要是合法的 CSS 属性名称，例如下面语句也是合法的：

```
/* 合法 */
transition-property: 笑脸-☺;
```

但是该属性不支持以数字或引号开头的数据类型，关于<custom-ident>数据类型的深入介

绍参见 5.4.3 节。

最后，我们可以同时设置多个参与过渡效果的 CSS 属性，使用逗号分隔，例如：

```
transition-property: color, background-color, opacity, transform;
```

下面讲一下属性值列表的长度不同时的样式计算规则。用一句话概括就是"有缺则补，多之则除"。例如：

```
div {
    transition-property: opacity, left, top;
    transition-duration: 3s, 5s;
}
div {
    transition-property: opacity, left, top, height;
    transition-duration: 3s, 5s;
}
```

等同于：

```
div {
    transition-property: opacity, left, top;
    transition-duration: 3s, 5s, 3s;
}
div {
    transition-property: opacity, left, top, height;
    transition-duration: 3s, 5s, 3s, 5s;
}
```

如果 `transition-property` 的属性值列表长度过短，则其他过渡属性多余的列表值会被忽略。例如：

```
div {
    transition-property: opacity, left;
    transition-duration: 3s, 5s, 2s, 1s;
}
```

等同于：

```
div {
    transition-property: opacity, left;
    transition-duration: 3s, 5s;
}
```

子属性支持逗号分隔，自然 `transition` 缩写属性也支持逗号分隔多个独立的过渡效果设置。例如：

```
.example {
    transition: opacity .2s, transform .5s;
}
```

4. transition-timing-function 属性

`transition-timing-function` 属性通过设置过渡时间函数来影响过渡效果的过渡速率，`transition-timing-function` 属性和 `animation-timing-function` 支持的属性值类型一致，总共分为三大类。

- 线性运动类型：使用 `linear` 表示。
- 三次贝塞尔时间函数类型：`ease`、`ease-in`、`ease-out`、`ease-in-out` 等关键字和 `cubic-bezier()` 函数。
- 步进时间函数类型：`step-start`、`step-start` 等关键字和 `steps()` 函数。

`transition-timing-function` 属性平常用得很少，因为默认值 `ease` 就可以应付几乎所有场景了。

例如我写了 10 多年 CSS 代码，在 CSS Transition 过渡效果中从未使用过线性运动类型和步进时间函数类型（对天发誓一次都没有用过），不过我倒是在 CSS 动画效果中经常用到它们，因此这部分内容会在 5.4 节深入介绍。至于贝塞尔时间函数类型，则偶尔会在 CSS Transition 过渡效果中用到，因此，可以在这里详细介绍一下。

5.3.2 了解三次贝塞尔时间函数类型

"贝塞尔"源于著名的法国工程师 Pierre Bézier 的名字，Pierre Bézier 最杰出的贡献是发明了贝塞尔曲线，奠定了计算机矢量图形学的基础，因为有了贝塞尔曲线之后，无论是直线或曲线都能在数学上予以描述。

三次贝塞尔时间函数类型写作 <cubic-bezier-timing-function>，其正式语法如下：

```
<cubic-bezier-timing-function> = ease | ease-in | ease-out | ease-in-out |
cubic-bezier(<number>, <number>, <number>, <number>)
```

其中，`ease`、`ease-in`、`ease-out`、`ease-in-out` 这几个关键字是计算机领域通用的运动函数关键字，其贝塞尔函数值是固定的，在其他图形语言中也是适用的，具体分析如下。

- `ease`：等同于 `cubic-bezier(0.25, 0.1, 0.25, 1.0)`，是 `transition-timing-function` 属性的默认值，表示过渡的时候先加速再减速。该时间函数曲线如图 5-53 所示，横坐标是时间，纵坐标是进程，曲线越陡速率越快，曲线越缓速率越慢。
- `ease-in`：等同于 `cubic-bezier(0.42, 0, 1.0, 1.0)`，表示过渡速度刚开始慢，然后过渡速度逐渐加快。单词 in 表示进入的意思，非常符合先慢后快，例如剑插入剑鞘，线穿进针里，都是先慢慢瞄准，再快速进入的。该时间函数曲线如图 5-54 所示。

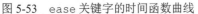

图 5-53　`ease` 关键字的时间函数曲线

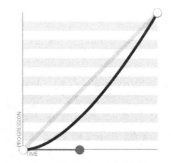

图 5-54　`ease-in` 关键字的时间函数曲线

- `ease-out`：等同于 `cubic-bezier(0, 0, 0.58, 1.0)`，表示过渡刚开始速度快，然后速度逐渐变慢。单词 out 表示移出的意思，非常符合先快后慢，例如拔剑是先快后慢。该时间函数曲线如图 5-55 所示。
- `ease-in-out`：等同于 `cubic-bezier(0.42, 0, 0.58, 1.0)`，表示过渡刚开始速度慢，然后速度逐渐加快，最后再变慢。该时间函数曲线如图 5-56 所示。`ease-in-out` 是一个对称曲线，因此非常适合用在钟摆运动中。

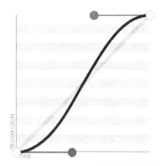

图 5-55　`ease-out` 关键字的时间函数曲线　　　图 5-56　`ease-in-out` 关键字的时间函数曲线

cubic-bezier()函数

贝塞尔曲线种类很多，包括线性贝塞尔曲线、二次方贝塞尔曲线、三次方贝塞尔曲线、四次方贝塞尔曲线、五次方贝塞尔曲线等。`cubic-bezier()`函数是三次方贝塞尔曲线函数。所有三次方贝塞尔曲线都是由起点、终点和两个控制点组成，在 SVG 或者 Canvas 中，三次方贝塞尔曲线的所有控制点都是不固定的。但是在 CSS 的 `cubic-bezier()` 函数中，起点和终点的坐标是固定的，分别是(0, 0)和(1, 1)，因此，`cubic-bezier()`函数支持的参数值只有 4 个，代表了两个控制点的坐标，语法如下：

```
cubic-bezier(x1, y1, x2, y2)
```

其中坐标`(x1, y1)`表示控制点 1 的坐标，坐标`(x2, y2)`表示控制点 2 的坐标。

例如 ease 关键字对应的贝塞尔曲线函数 `cubic-bezier(0.25, 0.1, 0.25, 1.0)`的曲线图就是根据(0.25, 0.1)和(0.25, 1.0)这两个控制点坐标生成的，如图 5-57 所示。

有一个网站（cubic-bezier[①]）专门用来调试 CSS 的贝塞尔曲线函数值，图 5-57 所示的曲线图就是使用这个网站生成的。

在初期的时候，`cubic-bezier()`函数值的取值范围是 0~1，如果超过 1 会被认为是不合法的，不过现在浏览器早已放开了这个限制，因此，我们可以使用 `cubic-bezier()`函数实现回弹效果。例如：

```css
.target {
    transition: 1s cubic-bezier(.16, .67, .28, 1.46);
}
.target.run {
    transform: translateX(200px);
}
```

.target 元素的运动轨迹如图 5-58 所示，元素会运动到超出 200px 的位置，然后回到 200px 的位置，形成回弹效果。

最后，附上其他一些非 CSS 标准，但也属于常用缓动类型的贝塞尔曲线值，为了方便调用，这里使用了 CSS 自定义属性表示，具体如下：

```css
:root {
    --ease-in-quad: cubic-bezier(.55, .085, .68, .53);
    --ease-in-cubic: cubic-bezier(.55, .055, .675, .19);
    --ease-in-quart: cubic-bezier(.895, .03, .685, .22);
```

---

① 读者可通过搜索"cubic-bezier"进入该网站。

```
  --ease-in-quint: cubic-bezier(.755, .05, .855, .06);
  --ease-in-expo: cubic-bezier( .95, .05, .795, .035);
  --ease-in-circ: cubic-bezier( .6, .04, .98, .335);
  --ease-out-quad: cubic-bezier( .25, .46, .45, .94);
  --ease-out-cubic: cubic-bezier( .215, .61, .355, 1);
  --ease-out-quart: cubic-bezier( .165, .84, .44, 1);
  --ease-out-quint: cubic-bezier( .23, 1, .32, 1);
  --ease-out-expo: cubic-bezier(.19, 1, .22, 1);
  --ease-out-circ: cubic-bezier(.075, .82, .165, 1);
  --ease-in-out-quad: cubic-bezier(.455, .03, .515, .955);
  --ease-in-out-cubic: cubic-bezier(.645, .045, .355, 1);
  --ease-in-out-quart: cubic-bezier(.77, 0, .175, 1);
  --ease-in-out-quint: cubic-bezier(.86, 0, .07, 1);
  --ease-in-out-expo: cubic-bezier(1, 0, 0, 1);
  --ease-in-out-circ: cubic-bezier(.785, .135, .15, .86);
}
```

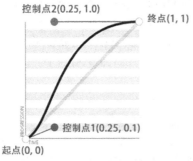

图 5-57　ease 关键字的贝塞尔曲线坐标点示意

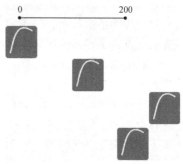

图 5-58　cubic-bezier() 参数值
大于 1 时的回弹效果示意

5.3.3　transition 与 visibility 属性的应用指南

如果希望元素在出现和隐藏时有淡入淡出或者移入移出效果，则建议使用 visibility 属性对元素进行隐藏与控制。原因很简单，因为 visibility 属性是支持 CSS 过渡效果和 CSS 动画效果的。

这里举一个移动端经常使用的底部 Popup 浮层的案例，实现遮罩层淡入淡出，底部内容移入移出的效果，HTML 代码结构如下：

```
<div class="popup">
    <div class="content">底部浮层</div>
</div>
```

淡入淡出效果是使用 opacity 属性实现的，但是 opacity:0 仅仅是在视觉上让浮层元素不可见，浮层元素依然覆盖在页面上，影响正常的交互，因此，需要使用其他方法来真正隐藏浮层元素。由于 display:none 不支持过渡效果，因此只能使用 visibility:hidden 声明来实现，核心 CSS 代码如下：

```
.popup {
    position: fixed;
    left: 0; right: 0; bottom: 0; top: 0;
    background: rgba(0,0,0,.5);
    overflow: hidden;
```

```
    /* 显隐控制关键 CSS 代码 */
    opacity: 0;
    visibility: hidden;
    transition: opacity .2s, visibility .2s;
}
.content {
    /* 底部浮层移入移出控制关键 CSS 代码 */
    transform: translateY(100%);
    transition: transform .2s;
}
/* 通过切换 "active" 类名实现交互效果 */
.popup.active {
    transition-property: opacity;
    opacity: 1;
    visibility: visible;
}
.active > .content {
    transform: translateY(0%);
}
```

　　淡入淡出和移入移出没什么好讲的，就是属性的变化，这里比较有意思的是 visibility 对元素显隐的控制。根据定义，当过渡时间函数的值在 0~1 的时候，visibility 的计算值是 visible，也就是显示；如果时间函数大于 1 或者小于 0，则 visibility 属性的计算值由设置的起止点值决定，例如：

```
.popup {
    visibility: hidden;
    transition: visibility 2s cubic-bezier(.25, .5, 0, -1);
}
.popup.active {
    visibility: visible;
}
```

此时，.popup 元素会出现先显示，再隐藏，再显示的过渡效果。因为 cubic-bezier(.25, .5, 0, -1) 时间函数曲线的一部分在时间轴的下方，这段时间内会按照设置的过渡效果的起始状态，也就是 visibility:hidden 渲染，如图 5-59 所示。

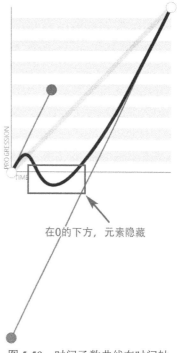

在0的下方，元素隐藏

图 5-59　时间函数曲线在时间轴下方的这部分时间中元素是隐藏的

　　由于在实际开发中时间函数的值小于 0 的情况很罕见，因此，我们可以认定 visibility 属性的过渡效果是显示的时候立即显示，隐藏的时候遵循 transition-duration 设置的时间延时隐藏。于是理论上，我们只需要一行 transition 属性代码就可以实现想要的效果，例如：

```
.popup {
    opacity: 0;
    visibility: hidden;
    /* transition 如下设置即可 */
    transition: opacity .2s, visibility .2s;
}
.popup.active {
    opacity: 1;
    visibility: visible;
}
```

但是，不知道是浏览器故意为之还是其他什么原因，在过去的 Chrome 浏览器和现在的 Firefox 浏览器中，通过类名增减触发 transition 过渡效果的时候，元素是在 transition-duration 设置的时间结束的时候才突然显示，而通过 :hover 伪类触发的过渡行为则没有此问题。

因此，在实际开发的时候，为了安全考虑，需要在触发结束状态的 CSS 代码那里重置下 transition-property 值，例如：

```css
.popup.active {
    /* visibility属性不参与过渡效果，因此元素会立即显示 */
    transition-property: opacity;
    opacity: 1;
    visibility: visible;
}
```

点击演示页面中心的按钮即可体验，效果如图 5-60 所示。

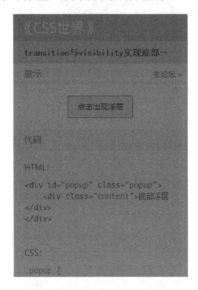

图 5-60　popup 浮层交互效果示意

本案例有对应的演示页面，读者可以在浏览器中进入 https://demo.cssworld. cn/new/5/3-2.php 页面，或者扫描右侧的二维码查看效果。

5.4　CSS 动画

本节深入介绍 CSS 动画相关知识，知识量较大，但都很重要，相信大家一定可以学到很多东西。

先从常用的淡出动画效果说起：

```css
.fade-in {
    animation: fadeIn .25s;
}
```

```
@keyframes fadeIn {
    from {opacity: 0;}
to {opacity: 1;}
}
```

下面逐一分析上述代码中的项。

- `fadeIn` 是开发者自己定义的动画名称，命名限制不多，具体命名规则在 5.4.3 节有介绍。
- `.25s` 是 0.25s 的简写，表示动画执行的时间。
- `animation` 是调用自定义动画规则的 CSS 属性。
- `@keyframes` 规则用来定义动画的关键帧。

一个 CSS 动画效果要想出现，动画名称、动画时间、`animation` 属性和 `@keyframes` 规则是必不可少的基本单元。CSS 动画自然还包括其他特性，例如动画次数、动画顺序的控制等，但是这些特性不是必需的，因此，单从入门和上手这个角度看，CSS 动画算是简单的。但是，上手简单并不代表 CSS 动画是简单的，随着本节学习内容的逐渐深入，你一定会发现 CSS 动画可以做的事情远远超出了你的想象。下面就先从最基本的 `animation` 属性说起。

5.4.1　初识 animation 属性

`animation` 属性是多个 CSS 属性的缩写，这些属性包括 `animation-name`、`animation-duration`、`animation-timing-function`、`animation-delay`、`animation-iteration-count`、`animation-direction`、`animation-fill-mode` 和 `animation-play-state`。例如：

```
/* animation: name | duration | timing-function | delay | iteration-count | direction
| fill-mode | play-state */
animation: fadeIn 3s ease-in 1s 2 reverse both paused;
```

`animation` 属性支持同时应用多个动画规则，例如实现元素淡出和右侧划入同时进行的动画效果。正确做法是分隔设置，而不是设置在一个动画规则中，也就是不推荐使用下面的 CSS 代码：

```
.element {
    animation: fadeInSlideInRight .2s;
}
@keyframes fadeInSlideInRight {
    from {opacity: 0; transform:translateX(100%);}
    to{opacity: 1; transform:translateX (0%);}
}
```

而是推荐将代码分隔成多个独立的动画规则，CSS 代码如下：

```
.element {
    animation: fadeIn .2s, slideInRight .2s;
}
@keyframes fadeIn {
    from {opacity: 0;}
    to {opacity: 1;}
}
@keyframes slideInRight {
    from {
        transform: translateX(100%);
    }
    to {
        transform: translateX(0%);
```

```
    }
}
```

这样做的好处在于我们自定义的动画规则可以在其他场合重复利用，例如希望弹框在出现的时候有淡出动画效果，并且我们无须再额外定义淡出动画规则，直接复用即可：

```
dialog {
    animation: fadeIn .2s;
}
```

5.4.2　@keyframes 规则的语法和特性

首先@keyframes 的后面有个"s"，因为动画效果不可能只有 1 个关键帧。@keyframes 规则的语法如下：

```
@keyframes <keyframes-name> {
  <keyframe-block-list>
}
```

其中<keyframe-block-list>指的是定义的关键帧列表，每个关键帧由关键帧选择器和对应的CSS 样式组成。

关键帧选择器用来指定当前关键帧在整个动画过程中的位置，其支持 from、to 这两个关键字和百分比值。from 关键字等同于 0%，to 关键字等同于 100%。

也就是说，下面两段 CSS 代码的作用是一样的：

```
@keyframes fadeIn {
    from { opacity: 0; }
    to   { opacity: 1; }
}
@keyframes fadeIn {
    0%   { opacity: 0; }
    100% { opacity: 1; }
}
```

下面讲一下@keyframes 规则中你可能不知道的一些特性。

1. 起止关键帧可以不设置

例如定义淡出效果，可以这样设置：

```
@keyframes fadeInBy {
    100% { opacity: 1; }
}
```

此时动画初始状态的透明度就是当前元素的透明度，例如：

```
.element {
    opacity: 0.5;
}
.element.active {
    animation: fadeInBy .2s;
}
```

.element 元素在匹配.active 类名之后会有透明度从 0.5（初始状态的透明度）变化到透明度 1的效果。

但是，这种做法在实际开发的时候并不常见，因为通常会使用更加方便快捷的 transition属性实现类似的效果。

2．关键帧列表可以合并

如果关键帧对应的 CSS 样式是一样的，则可以合并在一起书写，例如：

```
@keyframes blink {
    0%, 50%, 100% {
        opacity: 0;
    }
    25%, 75% {
        opacity: 1;
    }
}
```

3．不同的关键帧选择器是无序的

虽然动画的执行是有顺序的，从 0% 到 100%，但是在代码层面，不同的关键帧选择器是不分先后顺序的。例如，下面两段 CSS 的效果是一样的：

```
@keyframes fadeIn {
    0%   { opacity: 0; }
    100% { opacity: 1; }
}
@keyframes fadeIn {
    100% { opacity: 1; }
    0%   { opacity: 0; }
}
```

4．重复定义的关键帧不是完全被覆盖的

例如：

```
@keyframes identifier {
    50% { top: 30px; left: 20px; }
    50% { top: 10px; }
}
```

最终在 50% 这一帧用来动画的 CSS 样式是 `top:10px` 和 `left:20px`。

也就是说，如果关键帧重复定义，则不同的 CSS 样式是累加的，而相同的 CSS 样式是后面的样式覆盖前面的样式，和普通的 CSS 选择器的样式计算规则一致。

5．关键帧中的样式可以不连续

前后关键帧的 CSS 属性无须保持一致，例如：

```
@keyframes identifier {
    0% { top: 0; left: 0; }
    30% { top: 50px; }
    60%, 90% { left: 50px; }
    100% { top: 100px; left: 100%; }
}
```

这里，`top` 属性应用动画的帧是 0%、30% 和 100%，`left` 属性应用动画的帧是 0%、60%、90% 和 100%。

6．!important 无效

例如：

```
@keyframes identifier {
    0% {
        top: 30px;
        /* 无效 */
        left: 20px !important;
```

```
    }
    100% {
        top: 10px;
    }
}
```

其中 `left:20px` 这句 CSS 声明是没有任何效果的。

其实，根本就没有必要在@keyframes 规则语句中使用!important 提高权重，因为当 CSS 动画执行的时候，关键帧中定义的 CSS 优先级就是最高的。

7. 优先级最高

请看下面这个例子：

```
<img src="1.jpg" style="opacity: .5;">
img {
    animation: fadeIn 1s;
}
@keyframes fadeIn {
    0%   { opacity: 0; }
    100% { opacity: 1; }
}
```

`<img>`元素出现了透明度从 0 到 1 的动画效果，这就表明@keyframes 规则中的 CSS 优先级要比 style 属性设置的 CSS 属性的优先级要高。

接下来我们更进一步，使用 CSS 世界中优先级最高的!important 语法：

```
<img src="1.jpg" style="opacity: .5!important;">
```

结果是 Chrome 浏览器、IE 浏览器、Edge 浏览器和 Safari 浏览器均出现了透明度动画效果，只有 Firefox 浏览器中的`<img>`元素一直保持 0.5 的透明度。这表明在 Firefox 浏览器中，@keyframes 规则中的 CSS 优先级大于 style 设置的 CSS 属性，小于!important 语法中的 CSS 属性，而其他所有浏览器@keyframes 规则中的 CSS 优先级最高。

眼见为实，读者可以在浏览器中进入 https://demo.cssworld.cn/new/5/4-1.php 页面，或者扫描右侧的二维码查看效果。

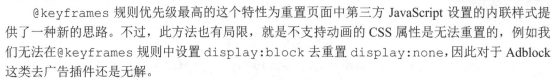

根据以往的经验，规范中没有定义到的特性会随着浏览器版本的升级而进行调整，因此说不定过几年 Firefox 浏览器也会把@keyframes 规则中的 CSS 优先级调至最高。

@keyframes 规则优先级最高的这个特性为重置页面中第三方 JavaScript 设置的内联样式提供了一种新的思路。不过，此方法也有局限，就是不支持动画的 CSS 属性是无法重置的，例如我们无法在@keyframes 规则中设置 display:block 去重置 display:none，因此对于 Adblock 这类去广告插件还是无解。

5.4.3　动画命名与<custom-ident>数据类型

按照规范，动画的名称可以是下面两种数据类型：

```
<custom-ident> | <string>
```

其中，`<string>`数据类型表示需要带引号的字符串，例如，下面 CSS 代码中的`'...'`和`'Microsoft Yahei'`就是`<string>`数据类型：

```
content: '...';
font-family: 'Microsoft Yahei'
```

因此，理论上 CSS 动画也是支持使用引号命名的动画效果的，例如：

```
.element {
    animation: 'hello world' 2s;
}
@keyframes 'hello world' {
    0%   { opacity: 0; }
    100% { opacity: 1; }
}
```

实际测试下来，仅 Firefox 浏览器支持`<string>`数据类型的 CSS 动画名称，Chrome 浏览器和 IE 浏览器均认为这是不合法的语法。

眼见为实，读者可以在浏览器中进入 https://demo.cssworld.cn/new/5/4-2.php 页面，或者扫描右侧的二维码查看效果。

因此，我们的注意力还是放在兼容性更好的`<custom-ident>`数据类型上。CSS 中可以自定义的名称均是`<custom-ident>`数据类型，例如 counter-reset 和 counter-increment 属性中自定义的计数器，CSS 网格布局中对行和列的命名等。故`<custom-ident>`数据类型是一学百用的。

\<custom-ident\>数据类型语法

`<custom-ident>`数据类型的语法和 CSS 的标识符（例如，CSS 属性就属于 CSS 标识符）很相似，区别就在于`<custom-ident>`数据类型是区分大小写的。`<custom-ident>`数据类型可以由下面这些字符进行组合：

- 任意字母（a~z 或 A~Z）；
- 数字（0~9）；
- 短横线（-）；
- 下划线（_）；
- 转义字符（使用反斜杠\转义）；
- Unicode 字符（反斜杠\后面跟十六进制数字）。

由于`<custom-ident>`数据类型区分大小写，因此 id1、Id1、ID1 和 iD1 是不同的名称。而一些看起来差异很大的名称却是相同的，例如，☺和\263a 其实是相同的，因此，下面 CSS 代码中的 CSS 动画是可以执行的：

```
.element {
    animation: ☺ 2s;
}
@keyframes \263a {
    0%   { opacity: 0; }
    100% { opacity: 1; }
}
```

下面通过案例说一说`<custom-ident>`数据类型的合法性。

（1）不能是 CSS 属性本身支持的关键字，例如 animation 属性支持关键字 none，也支持全局关键字 unset、initial 和 inherit。因此，在 CSS 动画中，不能把动画名称定义为 none、unset、initial 或 inherit。

（2）不能以十进制数字开头。例如，下面的名称就是不合法的：

```
/* 不合法 */
2333fadeIn
```

（3）可以使用短横线作为开头，但是短横线后面不能是十进制数字，也就是说，下面的名称是合法的：

```
/* 合法 */
-fadeIn
```

而下面这个名称就不合法：

```
/* 不合法 */
-2333fadeIn
```

（4）除短横线和下划线之外的英文标点字符（包括空格）都需要转义。例如，下面的名称是合法的：

```
/* 合法 */
example\.png
hello\ world
```

而下面这个名称就不合法：

```
/* 不合法 */
example.png
hello world
```

（5）连续短横线开头的名称在 MDN 文档中被认为是不合法的，但是根据我的测试，除了 IE 浏览器不支持，其他浏览器都认为连续短横线的动画名称是合法的，例如：

```
/* 除 IE 浏览器外均合法，即使和 CSS 自定义属性名称一致 */
.element {
    --fadeIn: 2;
    animation: --fadeIn 2s;
}
@keyframes --fadeIn {
    0%   { opacity: 0; }
    100% { opacity: 1; }
}
```

因此，我认为连续短横线开头的名称是合法的。

（6）如果是 Unicode 编码转义字符，记得在后面添加一个空格，例如：

```
/* 合法 */
\233 haha
```

5.4.4　负延时与即时播放效果

`animation-delay` 可以让动画延时播放，例如：

```
animation-delay: 300ms;
```

表示动画延时 300ms 播放。

需要注意的是，如果动画是无限循环的，设置的延时不会跟着循环，例如：

```
.loading {
    animation: spin 1s infinite;
    animation-delay: 300ms;
```

```
}
@keyframes spin {
   0%   { transform: rotate(0deg); }
   100% { transform: rotate(360deg); }
}
```

此时`.loading`元素会在延时 300ms 后不断旋转，而不是在延时 300ms 后旋转一圈，再在延时 300ms 后旋转一圈，不断循环。

想要实现每次动画循环都有延时效果，常用的方法是在自定义动画关键帧处进行设置，例如：

```
.loading {
   animation: spin 1s infinite;
}
@keyframes spin {
   0%, 30% { transform: rotate(0deg); }
   100%    { transform: rotate(360deg); }
}
```

`animation-delay`属性比较经典的应用就是通过设置负值让动画即时播放，播放的位置为动画中间的某一阶段。

举一个音频波形动画的案例，实现图 5-61 所示的效果，可以用来表示音频文件处于加载态或者播放态。

音频波形由一个一个的矩形组成，每一个矩形都会有垂直缩放的动画效果。想要形成此起彼伏的波形运动效果，最好的方法就是给每一个矩形的动画设置延时，例如（这里使用 4 个矩形示意）：

```
<div class="loading">
   <i></i><i></i><i></i><i></i>
</div>
.loading i {
   display: inline-block;
   border-left: 2px solid deepskyblue;
   height: 2px;
   animation: scaleUp 4s linear infinite alternate;
   margin: 0 1px;
}
.loading i:nth-child(2) {animation-delay: 1s;}
.loading i:nth-child(3) {animation-delay: 2s;}
.loading i:nth-child(4) {animation-delay: 3s;}
@keyframes scaleUp {
   to { transform: scaleY(10); }
}
```

然而，真正运行的时候却发现一个比较严重的问题，由于设置了延时，动画开始执行的时候，后面的矩形都是默认的高度，如图 5-62 所示。这显然不符合预期，矩形的初始高度应该参差不齐才对。

图 5-61　音频波形动画效果示意

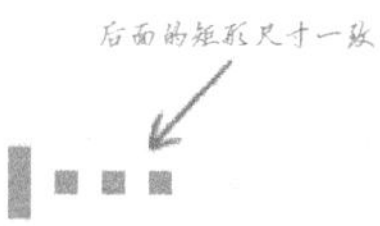

图 5-62　出现同尺寸现象示意

要解决这个问题其实很简单，只要把延时的时间全部换成负数即可，代码如下：

```
.loading i:nth-child(2) {animation-delay: -1s;}
.loading i:nth-child(3) {animation-delay: -2s;}
.loading i:nth-child(4) {animation-delay: -3s;}
```

这样既保留了各个元素动画的时间差，又实现了动画效果的立即播放，且不会带来各个矩形初始状态尺寸相同的问题。

眼见为实，读者可以在浏览器中进入 https://demo.cssworld.cn/new/5/4-3.php 页面，或者扫描右侧的二维码查看效果。

准确理解 animation-delay 负值

提个问题，下面代码的透明度变化是 0.75→1 还是 0.25→1？

```
.element {
    animation: fadeIn 1s linear -.25s;
}
@keyframes fadeIn {
    0%   { opacity: 0; }
    100% { opacity: 1; }
}
```

相信很多人都会搞错，因为容易受 JavaScript 中 splice() 或者 slice() 函数负值的作用误导。

在很多语言中，负值表示序列的序号前移，或者时间线往前，于是，很多人就认为 animation-delay:-.25s 就是在整个播放时间线上往前移动 0.25s，因此透明度变化应该是 0.75→1。但实际上并不是这样，其实透明度变化是 0.25→1。

以上变化其实不难理解，关键点就是理解何为"延时"，例如 animation-delay:.25s 表示动画在 0.25s 之后从 0%开始播放，那 animation-delay:-.25s 显然就表示在 0.25s 之前就已经从 0%开始播放，即动画真正播放的时候动画已经执行了 0.25s，因此，我们可见的变化就是 0.25→1 这段过程。

5.4.5　reverse 和 alternate 关键字的区别和应用

animation-direction 属性可以用来控制动画的方向，其本质上是通过控制@keyframes 规则中定义的动画关键帧执行的方向来实现的。该属性语法如下：

```
animation-direction: normal;    /* 初始值 */
animation-direction: reverse;
animation-direction: alternate;
animation-direction: alternate-reverse;
```

其中，reverse 和 alternate 这两个关键字都有"相反"的意思，不同之处在于，reverse 关键字是让每一轮动画执行的方向相反，而 alternate 关键字是让下一轮动画的执行方向和上一轮动画的执行方向相反。

举个例子，实现一个常见的淡入淡出动画效果，这里设置动画播放 2 次：

```
.element {
    /* fadeIn 动画执行 2 次 */
    animation: fadeIn 1s 2;
}
@keyframes fadeIn {
    0%   { opacity: 0; }
    100% { opacity: 1; }
}
```

先讲一下这一语法中的几个关键点。

- animation-direction 属性值如果是 normal，那么动画执行的方向是 0%→100%、0%→100%，每一轮的动画方向都是正常的。
- animation-direction 属性值如果是 reverse，那么动画执行的方向是 100%→0%、100%→0%，每一轮的动画方向都是相反的。
- animation-direction 属性值如果是 alternate，那么动画执行的方向是 0%→100%、100%→0%，每 $2n+1$ 轮的动画方向是相反的。
- animation-direction 属性值如果是 alternate-reverse，那么动画执行的方向是 100%→0%、0%→100%，每 $2n$ 轮的动画方向是相反的。

由此可见，reverse 和 alternate 关键字的区别是让动画反向播放的轮数不同。从效果表现来看，alternate 关键字的动画效果表现为来回交替播放，这也是为什么 alternate 关键字要被命名为 "alternate"（交替的、来回的）。

1. reverse 关键字的应用场景

我有个朋友以前做过一件很傻的事情，就是在一个项目中，有的图形需要顺时针旋转，有的图形需要逆时针旋转（类似图 5-32 所示使用锥形渐变实现的加载图形），于是，我这个朋友就定义了两个旋转动画：

```
@keyframes spin {
    from { transform: rotate(0deg); }
    to   { transform: rotate(360deg); }
}
@keyframes spin2 {
    from { transform: rotate(360deg); }
    to   { transform: rotate(0deg); }
}
```

然后：

```
.turntable {
    animation: spin 5s 5;
}
.loading {
    animation: spin2 1s infinite;
}
```

这就是 CSS 动画相关知识不扎实的体现，虽然效果是正常的，但代码实在烦琐。其实无须再额外定义一个逆时针动画，直接使用 reverse 关键字即可，代码如下：

```
.turntable {
    animation: spin 5s 5;
}
.loading {
    animation: spin 1s reverse infinite;
}
@keyframes spin {
    from { transform: rotate(0deg); }
    to   { transform: rotate(360deg); }
}
```

对了，忘记说了，这个朋友其实就是我自己。

2．alternate 关键字的应用场景

先看反例，实现一个钟摆运动。有一些对 CSS 动画不太熟悉的开发者会通过自定义动画关键帧来实现：

```
.clock-pendulum {
    transform-origin: top;
    animation: pendulum 2s infinite;
}
@keyframes pendulum {
    0%, 100% { transform: rotate(10deg); }
    50% { transform: rotate(-10deg); }
}
```

乍一看好像效果还行，其实是有问题的，除了代码烦琐且需要额外计算之外，最大的问题在于运动效果并不准确，因为此时一个动画周期是 10deg→-10deg→10deg。对于钟摆运动，元素两次到达 0deg 的位置时运动速度最快，但是目前的 CSS 时间函数是无法同时指定两处加速点的，因此，上面这种自以为是的用法是无论如何也不可能实现真实的钟摆运动的。

唯一且最佳的实现方法就是使用 alternate 关键字，同时使用 ease-in-out 作为时间函数，要知道钟摆运动是使用 ease-in-out 时间函数最具代表性的案例。代码示意如下：

```
.clock-pendulum {
    transform-origin: top;
    animation: pendulum 1s infinite alternate ease-in-out;
}
@keyframes pendulum {
    0% { transform: rotate(-10deg); }
    100% { transform: rotate(10deg); }
}
```

读者可以在浏览器中进入 https://demo.cssworld.cn/new/5/4-4.php 页面，或者扫描右侧的二维码查看高质量的钟摆动画。

不过，凡事无绝对，有些动画需要通过在动画帧中自定义实现，而无法通过 alternate 关键字实现。那么，什么类型的动画无法通过 alternate 关键字实现呢？就是那种来回时间不一致的动画，典型代表就是"呼吸动画"，人的呼吸是吸气快，呼气慢，时间为 3~7s。这一类模拟人体呼吸节奏的动画都是通过调整@keyframes 自定义关键帧中间状态的时间来实现的。例如，下面 opacity:1 的状态就不在 50%的位置，而是在 70%的位置：

```
.breath {
    animation: breath 7s infinite;
}
@keyframes breath {
    0%, 100% { opacity: 0; }
    70% { opacity: 1; }
}
```

3．关于 alternate-reverse

alternate-reverse 关键字的作用是让动画第一次反向播放，然后不断来回播放。

alternate-reverse 关键字不能写作 reverse-alternate，这样写是不合法的。至于为何将 "alternate" 写在 "reverse" 的前面，可能是按照首字母排序的吧。

5.4.6 动画播放次数可以是小数

动画播放的次数是可以任意指定的，很多人并不知道。我们可以使用 animation-iteration-count 属性任意指定动画播放的次数，甚至是小数。例如：

```css
.element {
    animation: fadeIn 1s linear both;
    animation-iteration-count: 1.5;
}
@keyframes fadeIn {
    0%   { opacity: 0; }
    100% { opacity: 1; }
}
```

动画播放的进度为 0%→100%、0%→50%，也就是在第二轮播放的时候，播放到一半就会停止，此时元素的透明度是 0.5。

大家千万不要误认为 animation-iteration-count 的属性值不能为小数，该属性对小数也是可以精确解析的，这一点和 z-index 属性不一样。对比两个属性的正式语法就可以看出差别了：

```css
animation-iteration-count: infinite | <number>
z-index: auto | <integer>
```

animation-iteration-count 支持的是<number>数值类型，而 z-index 支持的是<integer>整数类型。animation-iteration-count 的中文意思是"动画—迭代—数目"，初始值是 1，表示动画播放 1 次就结束了。

1. 小数值的作用

小数值的应用场景虽然不多，但是一旦用起来，会让人非常愉悦，因为这非常体现 CSS 技术。例如，淡出效果的 CSS 关键帧代码如下：

```css
@keyframes fadeIn {
    0%   { opacity: 0; }
    100% { opacity: 1; }
}
```

页面中有些元素处于禁用态，透明度只有 40%，此时，使用完整的 fadeIn 动画就不合适（因为动画帧中的样式优先级太高，会覆盖 40%透明度）。于是不少人会重新定义一个禁用元素的淡出动画：

```css
@keyframes disableFadeIn {
    0%   { opacity: 0; }
    100% { opacity: .4; }
}
```

其实大可不必，还是使用 fadeIn 动画，只要把播放次数调整为小数即可。对于 ease 时间函数，透明度提高到 40%只需要 25%的完整动画时间，因此，我们只需要播放 0.25 次即可，CSS 代码如下：

```css
.visible {
    animation: fadeIn .25s both;
}
.visible:disabled {
```

```
    animation: fadeIn 1s .25 both;
}
```

HTML 代码如下：

```
<input class="visible" value="可用">
<input class="visible" value="禁用" disabled>
```

效果如图 5-63 所示，可以看到禁用态输入框的透明度只有 40%。

图 5-63　使用动画实现禁用态输入框淡出效果示意

眼见为实，读者可以在浏览器中进入 https://demo.cssworld.cn/new/5/4-5.php
页面，或者扫描右侧的二维码查看效果。

如果只希望使用淡出动画的后半截，则使用 animation-iteration-count
小数值的方法就不管用了。

此时可以使用 animation-delay 负属性值实现我们想要的效果：

```
.visible-second-half {
    animation: fadeIn 1s -.25s;
}
```

如果只希望使用淡出动画的中间部分，可以同时使用 animation-iteration-count 小数
值和 animation-delay 负时间值。例如，选取中间 50%的时间区域：

```
.visible-middle-part {
    animation: fadeIn 1s -.25s .75;
}
```

2. 关于 infinite

关键字属性值 infinite 表示无限，作用是让动画一刻不停地无限播放，钟摆运动或者
loading 旋转就属于这样的动画。

3. 关于值范围

animation-iteration-count 的属性值不能是负数，否则会被认为不合法，但是可以是
0，表示动画一次也不播放。因此，如果想要重置 animation 属性，可以使用 animation:0，
比使用 animation:none 的代码少。

5.4.7　forwards 和 backwards 属性值究竟是什么意思

animation-fill-mode 属性的字面意思是"动画填充模式"，主要用来定义动画在执行时
间之外应用的值。

animation-fill-mode 属性的语法如下：

```
animation-fill-mode: none;      /* 默认值 */
animation-fill-mode: forwards;
animation-fill-mode: backwards;
animation-fill-mode: both;
```

其中 none 是默认值，表示动画开始之前和动画结束之后不会对元素应用 @keyframes 规则中定义的任何样式。例如：

```
.element {
    opacity: 0.5;
    animation: fadeIn 2s 1s;
}
@keyframes fadeIn {
    0%   { opacity: 0; }
    100% { opacity: 1; }
}
```

此时的 .element 元素的透明度变化过程如下。

（1）透明度 0.5 保持 1s。

（2）透明度从 0.5 突变到 0，然后透明度从 0 逐渐过渡到 1，过程持续 2s。

（3）透明度从 1 突变到 0.5，并保持不变。

实际上，这里的 .element 元素的透明度无论设置为多少，都会有透明度突变的糟糕体验，这显然不是我们想要的，因此需要使用 animation-fill-mode 属性优化动画效果。但 forwards 和 backwards 这两个关键字属性值不太好理解，下面详细讲解一下。

1. forwards 和 backwards 的含义

forwards 是"前进"的意思，表示动画结束后（什么时候结束由 animation-iteration-count 属性决定），元素将应用当前动画结束时的属性值。例如：

```
.element {
    opacity: 0.5;
    animation: fadeIn 2s 1s forwards;
}
@keyframes fadeIn {
    0%   { opacity: 0; }
    100% { opacity: 1; }
}
```

此时的 .element 元素在动画结束之后会使用 100% 这一帧的透明度属性值，因此透明度变化过程如下。

（1）透明度 0.5 保持 1s。

（2）透明度从 0.5 突变到 0，然后透明度从 0 逐渐过渡到 1，过程持续 2s。

（3）透明度一直保持为 1（forwards 的作用）。

backwards 是"后退"的意思，表示在动画开始之前，元素将应用当前动画第一轮播放的第一帧的属性值。例如：

```
.element {
    opacity: 0.5;
    animation: fadeIn 2s 1s backwards;
}
@keyframes fadeIn {
    0%   { opacity: 0; }
    100% { opacity: 1; }
}
```

此时的 .element 元素在动画开始执行之前会使用 0% 这一帧的透明度属性值，因此透明度变化过程如下。

（1）透明度为 0 并保持 1s 不变（backwards 的作用）。

（2）透明度由 0 逐渐过渡到 1，过程持续 2s。

（3）透明度从 1 突变到 0.5，并保持不变。

有人可能会奇怪，forwards 语义包含"前"，为什么应用的却是最后一帧样式？而 backwards 语义包含"后"，为什么应用的却是第一帧样式？

这是因为这里的 forwards 指动画向前，backwards 指动画向后。如果把时间画在一把尺子上，则动画所经过的时间就是这把尺子的一部分，如图 5-64 红色部分所示，可以看到，动画向前的方向是动画的结束位置；动画向后的方向是动画的开始位置。也就是说 forwards 表示动画的结束，backwards 表示动画的开始。

图 5-64　forwards 和 backwards 在时间尺度上的解释

因此，forwards 的"前进"指的是最后一帧继续前进的样式，backwards 的"后退"指的是第一帧还要后退的样式。

2．forwards 和 backwards 的细节

由于动画的最后一帧是由 animation-direction 和 animation-iteration-count 属性共同决定的，因此 forwards 有时候对应的是@keyframes 规则中的 to 或 100%对应的帧，有时候对应的是@keyframes 规则中的 from 或 0%对应的帧，具体对应细节如表 5-3 所示。

表 5-3　**forwards** 不同情境下应用的关键帧

animation-direction	animation-iteration-count	最后一个关键帧
normal	奇数或偶数（不包括 0）	100%或 to
reverse	奇数或偶数（不包括 0）	0%或 from
alternate	正偶数	0%或 from
alternate	奇数	100%或 to
alternate-reverse	正偶数	100%或 to
alternate-reverse	奇数	0%或 from
normal 或 alternate	0	0%或 from
reverse 或 alternate-reverse	0	100%或 to

而 backwards 只取决于 animation-direction 的属性值，因为 backwards 设置的是动画第一次播放的第一帧的状态，与 animation-iteration-count 次数没有任何关系，具体对应细节如表 5-4 所示。

表 5-4　**backwards** 不同情境下应用的关键帧

animation-direction	第一个关键帧
normal 或 alternate	0%或 from
reverse 或 alternate-reverse	100%或 to

可以看出，其实 animation-iteration-count 的属性值为 0 的时候，forwards 等同于 backwards。

3. 记不住 forwards 和 backwards 怎么办

一个知识点往往需要反复阅读与实践才能记忆深刻，所以如果不常写 CSS 代码，则一段时间后记不清应该使用 forwards 还是 backwards 是很正常的，这个时候干脆就使用 both 关键字代替。

animation-fill-mode:both 可以让元素的动画在延时等待时保持第一帧的样式，在动画结束后保持最后一帧的样式，适用于绝大多数的开发场景。例如：

```
.element {
    opacity: 0.5;
    animation: fadeIn 2s 1s both;
}
@keyframes fadeIn {
    0%   { opacity: 0; }
    100% { opacity: 1; }
}
```

此时的 .element 元素的透明度变化过程如下。

（1）透明度为 0 并保持 1s 不变（等同于 backwards 的作用）。

（2）透明度从 0 逐渐过渡到 1，时间持续 2s。

（3）透明度保持为 1 不变（等同于 forwards 的作用）。

可以看到元素的透明度变化过程很流畅、很自然。

还有一点小小的建议，依赖 CSS 动画保持元素的显隐状态有功能上的风险，例如动画如果没执行，元素就永远显示不出来。因此，常规的 CSS 语句里的元素样式也要同步变化，例如下面的元素显示是通过添加类名 .active 触发的，此时需要同时设置 opacity:1，代码如下：

```
.element {
    opacity: 0;
}
.element.active {
    /* opacity: 1 记得写上*/
    opacity: 1;
    animation: fadeIn 2s 1s both;
}
@keyframes fadeIn {
    0%   { opacity: 0; }
    100% { opacity: 1; }
}
```

5.4.8　如何暂停和重启 CSS 动画

CSS 动画是可以暂停的。

使用 animation-play-state 属性可以控制 CSS 动画的播放和暂停，语法如下：

```
/* 播放 */
animation-play-state: running;
/* 暂停 */
animation-play-state: paused;
```

只要设置 animation-play-state 的属性值为 paused 就可以让一个正在播放的 CSS 动

画暂停。举个例子，使用 CSS Sprites 背景图和 animation 属性实现一个可暂停的动图效果，CSS
代码如下：

```css
.love {
    width: 100px; height: 100px;
    background: url(heart-animation.png) no-repeat;
    background-size: 2900%;
    animation: heart-burst steps(28) .8s infinite both;
}
.stop {
    animation-play-state: paused;
}
@keyframes heart-burst {
  0% {background-position: 0%;}
100% {background-position: 100%;}
}
```

读者可以在浏览器中进入 https://demo.cssworld.cn/new/5/4-6.php 页面，或
者扫描右侧的二维码查看相应的演示页面。

点击演示页面中间区域的按钮，会给 .love 元素添加类名 .stop，此时就
会看到类似 GIF 动图的"心花怒放"效果动画瞬间被暂停了，如图 5-65 所示。

相比传统的 GIF 动图，这种使用 animation 实现的动图效果，支持无损
PNG，图像质量更高，而且可以随时播放和暂停。

配合 animation-delay 负值，动画暂停可以让元素停留在动
画的任一时段，我们可以利用这一特性解决一些 CSS 难题。例如，
希望设置 50% 透明度的 deepskyblue 色值就可以这样处理：

图 5-65　使用 animation-
play-state 暂停模拟的
GIF 动图效果示意

```css
p {
    animation: opacityColor 1s -.5s linear paused;
}
@keyframes opacityColor {
  0%   { color: transparent; }
  100% { color: deepskyblue; }
}
```

此时<p>元素的 color 色值就是 50% 透明度的 deepskyblue。

CSS 动画重启

这里顺便讲一下如何重启 CSS 动画，例如：

```css
<div class="element active"></div>
.element.active {
    animation: fadeIn 2s 1s both;
}
@keyframes fadeIn {
  0%   { opacity: 0; }
  100% { opacity: 1; }
}
```

想要 CSS 动画重新执行一遍，可以使用下面的 JavaScript 代码（假设 .element 元素的 DOM
对象是 ele）：

```javascript
ele.classList.remove('active');
ele.offsetWidth;    // 触发重绘
ele.classList.add('active');
```

如果不是重新执行动画，而是让已经暂停的动画继续播放，则设置 animation-play-
state 属性值为 running 即可。

5.4.9　深入理解 steps() 函数

animation-timing-function 的属性值由 cubic-bezier() 函数和 steps() 函数组成。steps() 函数可以让动画效果不连续，就像楼梯，与之相对应的 cubic-bezier() 函数则更像是平滑的无障碍坡道，如图 5-66 所示。

cubic-bezier() 函数在 5.3.2 节已经详细介绍过，这里专门深入介绍 steps() 函数及其相对应的关键字。

学习 steps() 函数有一定的难度，主要是容易分不清楚 start 和 end。

常见的 steps() 函数用法示例如下：

图 5-66　steps() 函数似楼梯，cubic-bezier() 函数似无障碍坡道

```
steps(5, end);
steps(2, start);
```

语法表示就是：

```
steps(number, position)
```

先讲一下这一语法中的几个关键点。

* number 指数值，且是整数值，这个很好理解，表示把动画分成了多少段。假设有如下 @keyframes 规则，定义了一段从 0~100px 的位移：

```
@keyframes move {
    0% { left: 0; }
    100% { left: 100px; }
}
```

同时 number 参数的值是 5，则相当于把这段移动的距离分成了 5 段，如图 5-67 所示。

图 5-67　steps() 分段示意

* position 指关键字属性值，是可选参数，表示动画跳跃执行是在时间段的开始还是结束。其支持众多关键字值，这里先了解一下传统的 start 和 end 关键字。
    * start 表示在时间段的开头处跳跃。
    * end 表示在时间段的结束处跳跃，是默认值。

1. 深入理解 start 和 end 关键字

steps() 函数本质上是一个阶跃函数，阶跃函数是一种特殊的连续时间函数，可以实现从 0 突变到 1 的过程。图 5-68 所示的 steps(1, start)、steps(1, end)、steps(3, start)、steps(3, end) 就是阶跃函数。

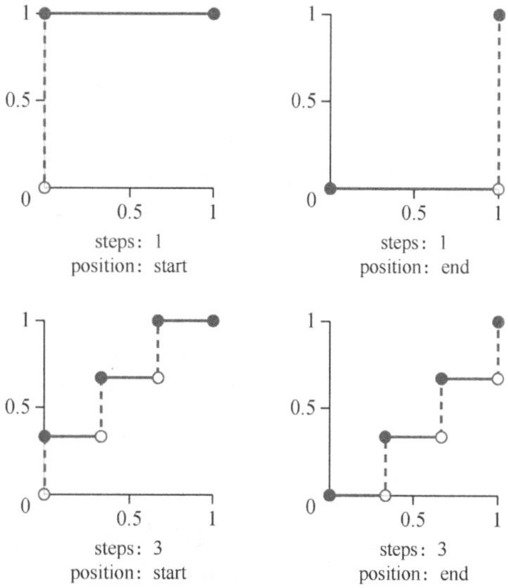

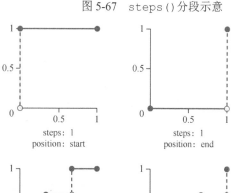

通过分析图 5-68 所示内容，我们可以得到对 start 和 end 关键字的进一步解释。

图 5-68　阶跃函数 steps() 示意

- **start**：表示直接开始，也就是时间段才开始，就已经执行了一个距离段。动画执行的 5 个分段点是下面这 5 个，起始点被忽略，因为时间一开始直接就到了第二个点，如图 5-69 所示。

- **end**：表示戛然而止，也就是时间段一结束，当前动画执行就停止。于是，动画执行的 5 个分段点是下面这 5 个，结束点被忽略，因为在要执行结束点的时候已经没时间了，如图 5-70 所示。

图 5-69　start 关键字执行的分段点示意

图 5-70　end 关键字执行的分段点示意

然而，上述的分析是站在函数的角度和时间的角度进行的，虽然仔细琢磨一下也能理解，但是由于这并不符合人的主观视角和实际感知，一段时间后，认知就会发生混乱。

混乱的原因在于认知失调。steps(5) 是把动画时间段分成 5 段，对这个点的认识应该都没有问题，关键是对 steps(5, start) 的认识，看到这里是 start，几乎所有人的第一反应就是动画应用的样式是对应时间段开始的样式，不然怎么叫作"start"呢？可现实真是残酷，steps(5, start) 应用的样式不是 5 个时间段的 start 样式，而是 5 个时间段的 end 样式，例如 left:0 到 left:100px 的位移，最终元素表现出来的位移是 20px、40px、60px、80px 和 100px。

steps(5, end) 也是反直觉的表现，其应用的是 5 个时间段的 start 样式，而不是字面上的 end 样式，例如 left:0 到 left:100px 的位移，最终元素表现出来的位移是 0px、20px、40px、60px 和 80px。

眼见为实，读者可以在浏览器中进入 https://demo.cssworld.cn/new/5/4-7.php 页面，或者扫描右侧的二维码查看 steps(5, start) 和 steps(5, end) 的样式表现。

大家可以看到，以 20px 为一个分段，start 的位置在分段的结束处，而 end 的位置在分段的开始处，图 5-71 所示的就是执行 5 次 step() 的位置示意图。

因此，为了避免认知混乱，当需要用到 steps() 函数的时候，无须思考过于抽象的阶跃函数及其准确含义，只需要记住符合直觉认知的这么一句话："**一切都是反的。start 不是开始，而是结束；end 不是结束，而是开始。**"

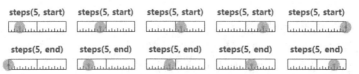
图 5-71　执行 5 次 steps() 时 start 和 end 关键字占用的分段位置对比示意

这样，至少使用 start 和 end 关键字的时候不会犯错，至于相反的原因，可以参考图 5-68 所示的 steps() 阶跃函数慢慢理解。

2. animation-fill-mode 属性与 steps() 函数同时设置会怎样

animation-fill-mode 属性和 steps() 函数同时使用，可能会影响元素的断点表现。例如，下面这个语句：

```
animation: move 5s forwards steps(5, end);
```

forwards 关键字会使动画停留在动画关键帧最后一帧的状态。于是，图 5-72 所示的 6 个分段点都会执行，整个动画停止在第六个分段点上，也就是由于设置了 animation-fill-mode，因此虽然将时间分成了 5 段，但是视觉表现上却是元素总共移动了 6 个位置。

图 5-72 使用 animation-fill-mode 属性让元素移动 6 个位置示意

这显然不是我们想要的，怎么处理呢？可以减少分段个数和减小动画运动的跨度，调整如下：

```
@keyframes move {
    0% { left: 0; }
    100% { left: 80px; }
}
```

也就是将终点从 100px 改成 80px，同时将 CSS 调用改成：

```
animation: move 5s forwards steps(4, end);
```

也就是将原来的 steps(5, end) 改成 steps(4, end)，最后将 100% 这一帧交给 forwards。

3. step-start 和 step-end 关键字

step-start 和 step-end 是 steps() 函数的简化关键字，注意，是 step-*，step 后面没有 s。step-start 等同于 steps(1, start)，表示"一步到位"；step-end 等同于 steps(1, end) 或者 steps(1)，表示"延时到位"。

之所以专门设置两个关键字 step-start 和 step-end，不是因为这两个关键字常用，而是因为这两个关键字实用。它们可以让动画按照设定的关键帧步进变化，特别适合非等分的步进场景。例如实现一个打点动画，CSS 代码如下：

```
正在加载中<dot>...</dot>
dot {
    display: inline-block;
    height: 1em; line-height: 1;
    vertical-align: -.25em;
    overflow: hidden;
}
dot::before {
    display: block;
    content: '...\A..\A.';
    white-space: pre-wrap;
    animation: dot 3s infinite step-start both;
}
@keyframes dot {
    33% { transform: translateY(-2em); }
    66% { transform: translateY(-1em); }
}
```

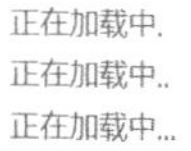

正在加载中.
正在加载中..
正在加载中...

图 5-73 step-start 实现的打点效果示意

效果如图 5-73 所示。

读者可以在浏览器中进入 https://demo.cssworld.cn/new/5/4-8.php 页面，或者扫描右侧的二维码查看效果。

在这个例子中，如果你想通过在 @keyframes 规则中设置好 0% 和 100% 的位置，再使用 steps(2) 或 steps(3) 进行位置划分实现这个效果，你会发现位置总是对不上。其实完全不用这么麻烦的，手动设置好断点的位置，然后使用一个

step-start 关键字就搞定了，无须计算，无须微调，就算把 33% 改成 50% 功能也是正常的，只是打点速度不均匀而已，定位字符点绝对没问题。

这就是 step-start 和 step-end 关键字的精妙作用，可以让任意自定义的 CSS 关键帧步进呈现，很实用。

4．新的 jump-start、jump-end、jump-none 和 jump-both 关键字

从 2019 年开始，Chrome 浏览器和 Firefox 浏览器开始陆续支持 jump- 开头的用在 steps() 函数中的关键字。下面先介绍一下 jump-start、jump-end、jump-none 和 jump-both 关键字的含义。

- jump-start：动画开始时就发生跳跃，和 start 关键字的表现一样。
- jump-end：动画结束时发生跳跃，和 end 关键字的表现一样。
- jump-none：动画开始时和结束时都不发生跳跃，然后中间部分等分跳跃。
- jump-both：动画开始时和结束时都发生跳跃。

假设时间函数分为 3 段，则 jump-start、jump-end、jump-none 和 jump-both 关键字对应的阶跃函数如图 5-74 所示。

目前 jump- 开头的这几个关键字的兼容性还不太好，在生产环境中还无法使用，就不进一步展开讲解了。

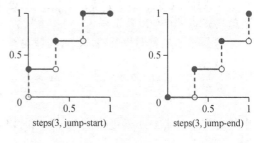

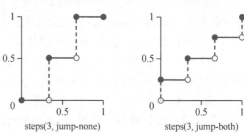

图 5-74　jump-start、jump-end、jump-none 和 jump-both 函数示意

5.4.10　标签嵌套与动画实现的小技巧

遇到某些属性被占用，或者动画场景复杂的情况，可以试试使用标签嵌套来实现。例如，某个悬浮提示框的居中定位是使用 transform 属性实现的：

```
.toast {
    position: absolute;
    left: 50%; top: 50%;
    transform: translate(-50%, 50%);
}
```

同时希望提示框出现的时候有放大的动画效果，也就是应用下面的 CSS 动画：

```
@keyframes scaleUp {
    from { transform: scale(0); }
    to   { transform: scale(1); }
}
```

很显然，此时 transform 属性冲突了，怎么办？很简单，使用标签进行嵌套就好了：

```
<div class="toast">
    <div class="content">提示内容</div>
</div>
.toast {
    position: absolute;
```

```
    left: 50%; top: 50%;
    transform: translate(-50%, 50%);
}
.content {
    color: #fff;
    background-color: rgba(0, 0, 0, .75);
    animation: scaleUp 300ms;
}
```

同样，我们还可以通过元素嵌套，分别应用动画实现更复杂的动画效果，典型的例子就是动画时间函数分解实现抛物线运动效果。

在页面中点击"加入购物车"按钮，就会看到有商品以抛物线运动的方式飞向购物车，效果如图 5-75 所示。

这里有一个纯 CSS 实现抛物线的案例，读者可以在浏览器中进入 https://demo.cssworld.cn/new/5/4-9.php 页面，或者扫描右侧的二维码查看效果。

图 5-75 CSS 实现的抛物线运动效果示意

假设飞出去的元素的 HTML 代码结构如下：

```
div class="fly-item">
    <img src="./book.jpg">
</div>
```

实现抛物线效果的关键 CSS 代码如下：

```
.fly-item,
.fly-item > img {
    position: absolute;
    transition: transform .5s;
}
.fly-item {
    transition-timing-function: linear;
}
.fly-item > img {
    transition-timing-function: cubic-bezier(.55, 0, .85, .36);
}
```

其中，父元素 .fly-item 只负责横向线性运动，子元素 <img> 只负责纵向运动，只不过纵向运动是先慢后快的。

将纵向运动和横向运动合并，就产生了抛物线运动的视觉效果。大家可以想象一下扔铅球，铅球水平飞行的速度其实近似匀速，但是受到重力的影响，铅球下落的速度是越来越快的，于是抛物线效果就产生了。

类似的通过标签嵌套实现动画效果的例子还有很多，在这里就不一一列举了，重要的是思路和意识，希望大家遇到类似场景时能够想到这样的小技巧。

第 6 章

全新的布局方式

之前，CSS 世界中除受限诸多的表格布局之外是没有专门的布局属性的，随着 Web 应用越来越复杂，显示设备越来越多样，原有的 CSS 特性已经无法满足现代 Web 开发需求了。于是，CSS 定义了很多全新的布局方式，这些新的布局 CSS 使用简单，效果精美，是所有前端开发者必学必会的技能。

6.1 分栏布局

分栏布局也被称为多列布局、多栏布局，这种布局可以将内容布局到多个列框中，类似报纸上的排版。

分栏布局比较特殊，有别于传统布局，它将子元素在内的所有内容拆分为列，这与打印网页的时候将网页内容分成多个页面的方式类似。分栏布局主要针对图文排版布局，应用在横向排版场景中，文档流是倒 N 方向。有个别布局只能使用分栏布局实现，分栏布局虽然在日常开发中用得不多，但是遇到合适的场景时是一种非常有用的布局方式。

IE10+浏览器都可以使用分栏布局，API 稳定，在移动端的兼容性比弹性布局要好，可以放心使用。例如，有一段无序列表，HTML 代码如下：

```
<ul>
    <li>重庆市</li>
    <li>哈尔滨市</li>
    <li>长春市</li>
    <li>兰州市</li>
    <li>北京市</li>
    <li>杭州市</li>
    <li>长沙市</li>
    <li>沈阳市</li>
    <li>成都市</li>
    <li>合肥市</li>
    <li>天津市</li>
    <li>西安市</li>
</ul>
```

可以看到每一个列表项的内容很少，如果容器的宽度足够，则可以使用 columns 属性实现分栏布局，让排版更舒服，代码超级简单：

```
ul {
    columns: 2;
}
```

效果如图 6-1 所示。

- 重庆市　　　　● 长沙市
- 哈尔滨市　　　● 沈阳市
- 长春市　　　　● 成都市
- 兰州市　　　　● 合肥市
- 北京市　　　　● 天津市
- 杭州市　　　　● 西安市

图 6-1　无序列表 2 栏布局效果示意

读者可以在浏览器中进入 https://demo.cssworld.cn/new/6/1-1.php 页面，或者扫描右侧的二维码查看效果。

相比其他布局方法，分栏布局最大的优点是不会改变元素原本的 display 计算值。例如，在默认状态下，<li>元素会出现项目符号，如圆点或数字序号。此时，如果对<li>元素使用弹性布局或网格布局，则项目符号就会消失，因为 display:flex 或 display:grid 会重置<li>元素内置的 display:list-item 声明。

我通过以上内容带大家初步了解了分栏布局的特性和使用方法，接下来，我们开始详细了解与分栏布局相关的 CSS 属性。与分栏布局相关的 CSS 属性共有以下 10 个：

- `columns`；
- `column-width`；
- `column-count`；
- `column-rule`；
- `column-rule-color`；
- `column-rule-style`；
- `column-rule-width`；
- `column-span`；
- `column-fill`；
- `column-gap`。

虽然这 10 个 CSS 属性都有各自的作用，但是在实用程度上却有明显的差异。根据我的开发经验，超过 80%的分栏布局只需要使用 columns 属性就足够，因此，大家的学习重心可以放在 columns 属性上，column-gap 属性有时候也会用到，所以也可以关注下，至于剩下的属性，大家了解一下基本作用即可。

6.1.1　重点关注 columns 属性

columns 属性是 column-width 和 column-count 属性的缩写，举几个使用 columns 属性的例子：

```
/* 栏目宽度 */
columns: 18em;
```

```
/* 栏目数目 */
columns: auto;
columns: 2;

/* 同时定义宽度和数目，顺序任意 */
columns: 2 auto;
columns: auto 2;
columns: auto 12em;
columns: auto auto;
```

因此，关注 columns 属性本质上就是关注 column-width 和 column-count 这两个 CSS 属性。

1. 关于 column-width

column-width 表示每一栏/列的最佳宽度，注意，是"最佳宽度"，实际渲染宽度多半和指定的宽度是有出入的，例如：

```
.container {
    width: 300px;
    column-width: 200px;
}
```

这里容器宽度为 300px，设定每一栏的宽度是 200px，不足以分栏，此时容器里面的内容会无视 column-width:200px 声明，并按照容器的 300px 宽度排版。

又如：

```
.container {
    width: 200px;
    column-width: 300px;
}
```

这里容器宽度为 200px，设定的每一栏宽度是 300px，比容器宽度还要宽，此时容器里面的内容会无视 column-width:300px 声明，并按照容器的 200px 宽度排版。

那么，什么情况下 column-width 设置的宽度值和实际渲染的宽度值一致呢？这个问题的答案可能会出乎大家的意料：几乎不存在分栏布局的栏目宽度就是 column-width 设置的宽度这样的场景。

因为 column-width 和传统的 width 属性不同，column-width 更像是一个期望尺寸，浏览器会根据这个期望尺寸确定分栏数目，一旦分栏数目确定了，column-width 属性的使命也就完成了，接下来根据分栏数目对容器进行的分栏布局就和 column-width 属性没有任何关系了。

没错，column-width 属性在分栏布局中就是一个工具属性。而且 column-width 相比 width 属性在语法上还有很多限制，例如 column-width 不支持百分比值，即下面的语句是不合法的：

```
/* 不合法 */
column-width: 30%;
```

2. 关于 column-count

column-count 表示理想的分栏数目，又出现了很微妙的词——"理想的"，也就是意味着最终的分栏数目可能不受 column-count 属性值的控制。

没错，在分栏布局中，最终分栏的数量是由 column-count 与 column-width 属性共同决定的，不对，不能称为"共同决定"，应该叫作"互相制约"。也就是说，在分栏布局中，最终分栏的数量要么由 column-count 属性决定，要么由 column-width 属性决定，这两个 CSS 属性都可能有更高的决定权，至于哪个 CSS 属性的决定权更高，是要看具体场景的。

决定权优先级的计算诀窍可以用一句话概括：统一转换 `column-count` 值，哪个值小就使用哪一个。例如，下面的 CSS 代码：

```
.container-1 {
    width: 360px;
    column-count: 2;
    column-width: 100px;
}
.container-2 {
    width: 360px;
    column-count: 4;
    column-width: 100px;
}
```

图 6-2　分栏数量计算规则对比示意

其中 `.container-1` 是 2 栏显示，而 `.container-2` 是 3 栏显示。效果如图 6-2 所示。

具体解析过程如下。

（1）`.container-1` 元素宽度为 360px，因此 `column-width:100px` 换算成 `column-count` 的值是 3.6，而 `.container-1` 元素已经设定了 `column-count:2`，遵循"哪个值小哪个优先级高"的规则，最终 `.container-1` 元素的内容分成了 2 栏。

（2）`.container-2` 元素设置的是 `column-count:4`，比 `column-width:100px` 换算成的 `column-count` 值大，因此，最终 `.container-2` 元素的内容分成了 3 栏（3.6 栏向下取整）。

读者可以在浏览器中进入 https://demo.cssworld.cn/new/6/1-2.php 页面，或者扫描右侧的二维码查看效果。

另外，从图 6-2 所示的 `.container-2` 的效果可以看出，分栏布局的每一栏的高度并不总是相等的，内容的分割也不总是均匀的，浏览器有一套自己的算法。

6.1.2　column-gap 和 gap 属性的关系

`column-gap` 属性表示每一栏之间的空白间隙的大小，可以是长度值，也可以是百分比值，语法示意如下：

```
/* 关键字属性值 */
column-gap: normal;

/* 长度值 */
column-gap: 3px;
column-gap: 3em;

/* 百分比值 */
column-gap: 3%;
```

`column-gap` 属性本身没什么好说的，但是 `column-gap` 属性和 `gap` 属性之间的关系值得一提。实际上，在分栏布局中，如果不考虑 IE 浏览器，我们可以直接使用 `gap` 属性设置分栏间隙大小，例如：

```
.container {
    columns: 2;
    gap: 1rem;
}
```

至于原因，用一句话解释就是：column-gap 是 gap 属性的子属性。

在网格布局规范制定之后的一段时间，CSS 世界中的行与列之间的间隙使用了 gap 属性进行了统一，也就是分栏布局、弹性布局和网格布局的间隙都全部统一使用 gap 属性表示，而 gap 属性实际上是 column-gap 属性和 row-gap 属性的缩写。

6.1.3   了解 column-rule、column-span 和 column-fill 属性

本节介绍的 3 个分栏布局属性都有各自独特的作用，平常不太用得到，多出现在对分栏布局效果要求更高的场景中。

1．了解 column-rule 属性

column-rule 属性是 column-rule-width、column-rule-style 和 column-rule-color 这 3 个 CSS 属性的缩写，正如 border 是 border-style、border-width 和 border-color 的缩写一样。

column-rule 属性和 border 属性的语法和规则是一模一样的，只是 column-rule 是设置各个分栏的分隔线样式，border 是设置元素的边框样式。例如：

```
.container {
    width: 320px;
    border: solid deepskyblue;
    padding: 10px;
    column-count: 2;
    column-rule: dashed deepskyblue;
}
```

> column-rule属性是 column-rule-width，column-rule-style和 | column-rule-color这3个CSS属性的缩写。

效果如图 6-3 所示，2 栏文字内容的中间出现了 3px 宽的虚线分隔线。

图 6-3   使用 column-rule 属性实现虚线分隔线效果示意

读者可以在浏览器中进入 https://demo.cssworld.cn/new/6/1-3.php 页面，或者扫描右侧的二维码查看效果。

2．了解 column-span 属性

column-span 属性有点类似表格布局中的 HTML 属性 colspan，表示某一个内容是否跨多栏显示。这个 CSS 属性是作用在分栏布局的子元素上的。语法如下：

```
column-span: none;
column-span: all;
```

先讲一下这一语法中的几个关键点。

- none 表示不横跨多栏，默认值。
- all 表示横跨所有垂直列。

我们一起来看一个例子，就知道这个属性是做什么的了，HTML 和 CSS 代码如下：

```
<div class="container">
    <p>第 1 段</p>
    <p>第 2 段</p>
    <p>第 3 段</p>
    <p class="span-all">第 4 段</p>
    <p>第 5 段</p>
</div>
.container {
```

```
    width: 320px;
    border: solid deepskyblue;
    padding: 10px;
    column-count: 3;
}
.container p {
    background: deepskyblue;
}
.span-all {
    column-span: all;
    color: white;
}
```

结果如图 6-4 所示，对比图中左侧的默认效果，可以看到，设置了 column-span:all 的"第 4 段"文字所在的<p>元素几乎贯穿了整个容器元素。

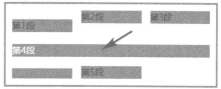

图 6-4　贯穿分栏布局效果示意

眼见为实，读者可以在浏览器中进入 https://demo.cssworld.cn/new/6/1-4.php 页面，或者扫描右侧的二维码查看效果。

图 6-4 所示的"第 1 段"内容之所以偏下，是因为第一个<p>元素默认的 margin-top 无法参与分栏计算。

想要在分栏布局中插入广告，可以使用 column-span:all 声明。

3. 了解 column-fill 属性

column-fill 的作用是当内容分栏的时候平衡每一栏填充的内容。语法如下：

```
column-fill: auto;
column-fill: balance;
column-fill: balance-all;
```

先讲一下这一语法中的几个关键点。

- auto 的作用是按顺序填充每一列，内容只占用它需要的空间。
- balance 是默认值，作用是尽可能在列之间平衡内容。在分隔断开的上下文中，只有最后一个片段是平衡的。例如，有多个<p>元素，正好最后一个<p>换行了，那这个<p>元素的内容前后等分，保持平衡。这会造成最后一栏内容较少的问题。
- balance-all 的作用是尽可能在列之间平衡内容。在分隔断开的上下文中，所有片段都是平衡的。该属性值目前没有任何浏览器支持，可以忽略。

我们测试一下各个属性值的渲染表现，假设代码如下（这里给容器设置了 80px 的高度）[①]：

```
.container {
    width: 300px; height: 80px;
```

_____

① 此处代码省略一部分内容。

```
    border: solid deepskyblue;
    padding: 10px;
    column-count: 2;
}
<div class="container" style="column-fill: auto">内容略</div>
<div class="container" style="column-fill: balance">内容略</div>
<div class="container" style="column-fill: balance-all">内容略</div>
```

最后的渲染效果如图 6-5 所示，可以看到容器元素应用 column-fill:auto 声明的时候，里面的文字内容会优先填充第一列，而不是尽可能让两列内容平衡。

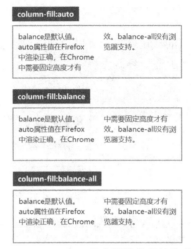

图 6-5　column-fill 几个属性值的渲染表现示意

　　眼见为实，读者可以在浏览器中进入 https://demo.cssworld.cn/new/6/1-5.php 页面，或者扫描右侧的二维码查看效果。

　　经过仔细地对比测试可以发现以下几点。

　　（1）所有浏览器都能识别 column-fill:auto，但是，需要容器有固定的高度才能准确渲染。如果容器没有设置具体的高度值，则仅在 Firefox 浏览器中有比较符合预期的渲染。因此，在实际开发的时候，column-fill:auto 声明的使用一定要配合容器元素的 height 属性。

　　（2）所有浏览器都不能识别 column-fill:balance-all，我在 W3C 官方的规范文档 CSS Multi-column layout Module level1 中也没有找到任何的示例，因此，column-fill:balance-all 声明大家可以忽略。

6.1.4　分栏布局实现两端对齐布局

　　分栏布局非常适合实现单行的两端对齐布局效果，例如：

```
<div class="container">
    <div class="list"></div>
    <div class="list"></div>
    <div class="list"></div>
</div>
.container {
```

```
    width: 300px;
    border: solid deepskyblue;
    column-count: 3;
    column-gap: 5%;
}
.list {
    height: 100px;
    background-color: deeppink;
}
```

不需要改变元素的 display 属性，也不需要定位，只需要设置好 column-count 属性的值，然后使用 column-gap 属性设置想要的间隙就好了，这个时候，列表元素就会自动两端对齐，效果如图 6-6 所示。

图 6-6 使用 column-gap 属性实现两端对齐效果示意

眼见为实，读者可以在浏览器中进入 https://demo.cssworld.cn/new/6/1-6.php 页面，或者扫描右侧的二维码查看效果。

由于 column-gap 属性不仅支持固定的长度值，还支持百分比值，兼容性也不错，所有支持分栏布局的浏览器都表现一致，因此其应用场景广泛且很实用。column-gap 唯一的缺点是只适合实现单行内容的两端对齐效果。

分栏布局另外一个经典应用是实现电子书的水平翻页阅读效果，并且这种效果只能使用分栏布局实现。原理是所有文字按照屏幕的高宽分栏，每一栏是一页，因为屏幕只有这么大，所以用户每次最多只会看到一页内容，只要容器元素每次移动屏幕同等的宽度，就有了水平翻阅的效果。具体细节就不在这里展开了，有兴趣的读者可以阅读我的一篇文章《基于 CSS 3 column 多栏布局实现水平滑页翻页交互》（https://www.zhangxinxu.com/wordpress/2017/02/css3-multiple-column- layout-read- horizontal/）。

6.1.5 break-inside 属性与元素断点位置的控制

break-inside 属性可以定义页面打印、分栏布局或 Regions 布局（已废弃）发生中断时元素的表现形式。如果没有发生中断，则忽略该属性。

break-inside 支持的属性值包括：

break-inside: auto | avoid | avoid-page | avoid-column | avoid-region

由于兼容性等原因，我们目前只需要关注下面两个属性值就好了：

break-inside: auto;
break-inside: avoid;

先讲一下这一语法中的几个关键点。

* auto 表示元素可以中断。
* avoid 表示元素不能中断。

用分栏布局举例，分栏布局在流动和平衡内容方面做得很好。但是，并非所有元素都能按预期效果流动，有时元素会断开，分布在两个列中，如图 6-7 所示。

有时候，我们希望每个列表元素都是独立的，前后都不断开，此时，就可以使用 break-inside:avoid 实现：

```
.list {
  -webkit-column-break-inside: avoid; /* Chrome, Safari, Opera */
          page-break-inside: avoid; /* Firefox */
                break-inside: avoid; /* IE 10+, Chrome, Safari, Opera */
}
```

此时效果如图 6-8 所示。

图 6-7　分栏布局中列表内容断开到不同列效果示意　　图 6-8　分栏布局中列表内容不断开显示效果示意

　　眼见为实，读者可以在浏览器中进入 https://demo.cssworld.cn/new/6/1-7.php 页面，或者扫描右侧的二维码查看效果。

　　`break-inside` 属性还可以在页面打印时控制某个元素不跨页。

6.1.6　box-decoration-break 属性与元素断点装饰的控制

　　在默认情况下，元素片段在跨行、跨列或跨页（如打印）时候的样式是分割渲染的，例如边框或者圆角都是分割开的。举个例子：

```
<div class="container">
    <p>CSS box-decoration-break 属性...</p>
</div>
.container {
    width: 300px;
    columns: 2;
}
.container p {
    border: solid deepskyblue;
}
```

　　此时，<p>元素的边框是随着文字内容左右分开的，如图 6-9 所示。

　　如果希望因为分栏断开的文字在每一栏中都拥有独立完整的边框，则可以使用 `box-decoration-break` 属性实现。

图 6-9　分栏布局中的元素边框随着分栏一起分开效果示意

　　`box-decoration-break` 属性的语法如下：

```
box-decoration-break: slice;  /* 默认值 */
box-decoration-break: clone;
```

先讲一下这一语法中的几个关键点。

- `slice` 为默认值，表示各个元素断开的部分如同被切开一般。
- `clone` 表示断开的各个元素的样式独自渲染。

需要注意的是，`box-decoration-break` 属性只能影响部分 CSS 属性的渲染，这些 CSS

属性如下：

- `background`；
- `border`；
- `border-image`；
- `box-shadow`；
- `border-radius`；
- `clip-path`；
- `margin`；
- `padding`。

下面来看一下 `box-decoration-break:clone` 声明对分栏布局样式的影响，CSS 代码如下：

```
.container {
    width: 300px;
    columns: 2;
}
.container p {
    border: solid deepskyblue;
    -webkit-box-decoration-break: clone;
    box-decoration-break: clone;
}
```

此时，`<p>`元素的边框是随着分栏各自完整渲染的，如图 6-10 所示，图截自 Firefox 浏览器。

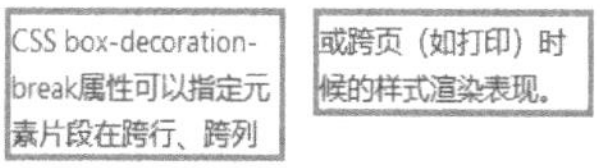

图 6-10　分栏布局中的元素边框随着分栏各自独立渲染效果示意

眼见为实，读者可以在浏览器中进入 https://demo.cssworld.cn/new/6/1-8.php 页面，或者扫描右侧的二维码查看效果。

不过，在 Chrome 浏览器中并没有表现出预期的效果，而在 Firefox 浏览器中是完全正常的。这是因为 Chrome 浏览器和 Safari 浏览器目前只是部分支持 `box-decoration-break` 属性，对分栏和分页场景是不支持的，而上面是分栏布局的例子，所以在 Chrome 浏览器中才没有预期的效果，而普通的内联元素换行的装饰设置 Chrome 浏览器和 Safari 浏览器是支持的。举一个例子，HTML 和 CSS 代码如下：

```
<div class="box">
  <span class="text">专门弄了个社交专用的微信号：zhangxinxu-job</span>
</div>
.box {
    width: 200px;
    color: #fff;
}
.text {
    border-radius: 30px;
    background-color: #cd0000;
}
```

结果如图 6-11 所示，文字换行的位置是直角，圆角只在句子的开头和结尾处出现。

对 CSS 代码做一点儿改动，给`<span>`元素设置 `box-decoration-break:clone` 声明：

```
/* 新增如下 CSS */
.text {
```

```
    -webkit-box-decoration-break: clone;
    box-decoration-break: clone;
}
```

此时，在 Chrome 浏览器中，文字换行位置不再是直角，而是圆角了，如图 6-12 所示。

图 6-11   圆角只在句子首尾出现，文字换行处没有圆角   图 6-12   文字换行处也出现了圆角

因此，在生产环境中，我们还是可以使用 box-decoration-break 属性美化内联元素的换行效果的。至于跨列和跨页的装饰效果，目前 box-decoration-break 属性不太适合在生产环境中使用。

兼容性

IE 浏览器和 Edge 浏览器完全不支持 box-decoration-break 属性。

box-decoration-break 属性的兼容性如表 6-1 所示，可见现代浏览器很早就支持该属性了，唯一的缺点就是只有浏览器的部分版本支持。

表 6-1   **box-decoration-break** 属性的兼容性（数据源自 Caniuse 网站）

IE	Edge	Firefox	Chrome	Safari	iOS Safari	Android Browser
✗	✗	32+ ✔	22+ ✔ （部分）	6.1+ ✔ （部分）	7+ ✔ （部分）	4.4+ ✔ （部分）

6.2   弹性布局

CSS 2.1 定义了 4 种布局方式。

- 块布局：设计初衷是用于布局文档，指设置元素 display:block 的布局方式。
- 内联布局：设计初衷是用于布局文本，指设置元素 display:inline 的布局方式。
- 表格布局：设计初衷是用于表格格式布局二维数据，指设置元素 display:table 或 display:inline-table 的布局方式。
- 定位布局：设计初衷是用于精确定位，而不考虑文档中的其他元素，如 position: absolute 绝对定位。

在上面 4 种布局方式中，没有任何一种方式是专门让一维的数据结构按照二维的样式结构渲染的。随着 Web 应用程序日渐复杂，二维布局的需求越来越多，于是前端开发者就在块布局和内联布局中苦苦寻找解决方案，然后发现了以下两点。

- float 属性让元素高度塌陷的副作用可以让一维的 DOM 结构呈现出二维的布局效果。
- display:inline-block 元素的内联块状特性配合众多控制内联元素的 CSS 属性也可以实现二维布局效果。

于是，float 布局和 inline-block 布局成了 CSS2.1 中的主流布局方式。然而，这些布局方式均脱离了这些 CSS 属性原本设计的初衷，因此，这两个布局方式理解成本高，不太容易上手，同时在布局效果上也有诸多局限。

在这种背景下，全新的 CSS 布局模式出现了，它们就是本节即将详细介绍的弹性布局和 6.3 节要介绍的网格布局。这两种布局是专门为现代 Web 应用设计的布局方式，代码简单，样式丰富，目前已经逐渐成为主流的布局方式，是所有前端开发者需要重点学习的布局方式。

那么，什么时候应该使用弹性布局，什么时候使用网格布局呢？想要实现图 6-13 所示的布局效果，则建议使用弹性布局；想要实现图 6-14 所示的布局效果，则建议使用网格布局。

图 6-13 弹性布局典型布局结构示意　　　　图 6-14 网格布局典型布局结构示意

接下来，我们先来系统学习一下弹性布局。

1. 一些约定

在展开讲解之前，有一些约定需要和大家提前说明一下。

（1）在本书中，约定设置 display:flex 声明或者 display:inline-flex 声明的元素为"flex 容器"，里面的子元素为"flex 子项"。如果没有专门的说明，本节所有 flex 案例均采用下面的 HTML 代码结构示意：

```
container(flex 容器)
  div(flex 子项) > img
  div(flex 子项) > img
  div(flex 子项) > img
```

为了便于视觉区分，flex 容器外部会设置虚线框，flex 子项会设置白色到深天蓝色的径向渐变背景，同时图片上会标记原始的序号。代码如下：

```
.container {
    display: flex;
    /* 外部虚线框 */
    outline: 1px dotted;
}
/* 白色到深天蓝色的径向渐变 */
.container > div {
    background: radial-gradient(circle, white, deepskyblue);
}
/* 显示原始序号 */
.container {
    counter-reset: index;
}
.container > div::before {
    counter-increment: index;
    content: counter(index);
}
```

（2）弹性布局中还有主轴和交叉轴的概念，由于过多的概念增加理解成本，不利于快速学习，因此，在本节的描述中，主轴和交叉轴都是使用水平方向和垂直方向代替的（即假设不考虑 writing-mode 属性改变文档流方向的场景）。

2．宏观介绍

弹性布局相关属性分为 4 个大的类目，分别是流向控制、对齐设置、顺序控制和弹性设置。

流向控制对应 flex-flow 属性及其相关属性。与对齐设置相关的 CSS 属性在弹性布局和网格布局中是通用的，大家可以关注一下 6.2.5 节的综述。顺序控制对应 order 属性，平常用得不多。弹性设置对应 flex 属性及其相关属性。

我将与流向控制、对齐设置和顺序控制对应的 CSS 属性称为"表面 flex 属性"，就是说最终的布局表现就是 CSS 属性字面上的意思。这些属性学习难度低，背后细节少，主要的学习成本在语法的记忆上，因此本书在介绍相关内容的时候会详细展示各个语法以及对应的效果，方便大家记忆。对于之前已经学习过弹性布局的读者，这部分内容可以快速带过（6.2.1 节和 6.2.5 节除外）。

重点来了，无论你是初学者，还是自认为精通弹性布局的人，flex 属性这部分内容（6.2.10 节）一定要耐心阅读，你会发现很多之前没注意到的细节，并对弹性布局的机制有真正的了解。

可以这么说，flex 属性才是弹性布局的内核，当你真正精通 flex 属性后，可以进一步挖掘弹性布局的潜能。好，不急，咱们慢慢进入弹性布局的世界。

6.2.1   设置 display:flex 声明发生了什么

给任意元素设置 display:flex 声明或者 display:inline-flex 声明，弹性布局就会被创建。

display:inline-flex 声明可以让 flex 容器保持内联特性，也就是可以让图片和文字在一行显示，多用在精致的小控件布局中，至于其他特性表现则和 display:flex 声明一模一样。因此，接下来的内容均使用更常用的 display:flex 声明示意。

假设有如下 HTML 和 CSS 代码：

```
<div class="container">
    <content>1</content>
    <content>2</content>
    <content>3</content>
</div>
.container {
    display: flex;
}
```

.container 元素应用了 display:flex 声明，因此在这个例子中，.container 元素是 flex 容器，<content>元素是 flex 子项。此时 flex 子项没有设置任何 CSS 属性，但是其内部已经发生了很多变化。

1．flex 子项块状化

默认状态下，<content>元素的 display 计算值是 inline，而在上面这个例子中，<content>元素的 display 计算值是 block，其变成了块级元素。

```
console.log(getComputedStyle(document.querySelector('.container content')).display);
// 结果是'block'
```

我整理了元素变成 flex 子项前后的 display 计算值的变化，如表 6-2 所示。

表 6-2　变成 `flex` 子项前后的 `display` 计算值

原 `display` 值	变成 `flex` 子项后的 `display` 值
inline/inline-block/block	block
flow-root	flow-root
list-item	list-item
inline-table/table	table
table-*	block
inline-flex/flex	flex
inline-grid/grid	grid

从表 6-2 所示的数据可以看出，`flex` 子项都是块级水平元素，因此，在 `flex` 子项元素中使用 `vertial-align` 属性一定是没有任何效果的。

`flex` 子项的块状化特性对匿名内联元素同样适用，所谓匿名内联元素指的就是没有嵌套标签的裸露的文本元素，例如下面 HTML 代码中的字符 2 就是匿名内联元素：

```
<div class="container">
    <content>1</content>
    2
    <content>3</content>
</div>
```

此时字符 2 会变成匿名块级元素，和前后两个 `<content>` 元素并排显示，如图 6-15 所示。但是，如果仅是空格字符（Enter 空格、Space 空格或 Tab 空格），则不会渲染，即使设置 `white-space:pre` 或者 `white-space:pre-wrap` 也是如此。

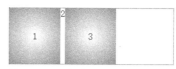

图 6-15　匿名内联元素作为 `flex` 子项的样式表现示意

2. flex 子项浮动失效

这是弹性布局中的一个常识，但是很多人都不知道。例如，下面 `<content>` 元素设置的 `float:left` 和 `float:right` 都是无效的：

```
<div class="container">
    <content style="float:left;">1</content>
    <content>2</content>
    <content style="float:right;">3</content>
</div>
```

控制 `flex` 子项左右对齐是有专门的 CSS 属性的。

3. flex 子项支持 z-index 属性

即使 `flex` 子项的 `position` 属性的计算值是 `static`，`flex` 子项也是支持 `z-index` 属性的。如果 `z-index` 属性值不是 `auto`，则会创建新的层叠上下文（关于层叠上下文请阅读《CSS 世界》一书的 7.5 节）。

4. flex 子项的 margin 值不会合并

`flex` 子项的 `margin` 值是不会合并的，这一点和普通的块级元素不一样。

5. flex 子项是格式化的尺寸

`flex` 子项的尺寸是一种格式化的尺寸，也就是经过精确计算的、应用某个计算值后的尺寸，具体的尺寸计算规则比较复杂，在 `flex-basis` 属性那里会进一步讲解。在这里，我们只需要知道 `flex`

子项的尺寸在底层是有具体的计算值的，因此，我们可以使用 margin:auto 进行剩余空间的智能分配（如果这里的因果关系看不明白，请参考《CSS 世界》一书的 4.3.4 节）。例如，下面这个例子：

```
<div class="container">
    <content>1</content>
    <content>2</content>
    <content>3</content>
</div>
.container {
    display: flex;
}
```

如果希望第二个 <content> 元素居中显示，其他 <content> 元素靠边显示，除了给 flex 容器设置 justify-content:space-between，还有一个简单的方法，就是设置第二个 <content> margin:auto，代码如下：

```
content:nth-of-type(2) {
    margin: auto;
}
```

效果如图 6-16 所示。

如果我们只希望最后一个 <content> 元素右对齐，则可以使用下面的 CSS 代码：

```
content:last-child {
    margin-left: auto;
}
```

效果如图 6-17 所示。

图 6-16　使用 margin:auto 实现弹性布局　　　　图 6-17　flex 子项最后一项右对齐
　　　两端对齐效果示意　　　　　　　　　　　　　　效果示意

6. 其他

flex 子项如果被设置为绝对定位，则会脱离弹性布局。flex 子项的尺寸默认表现为收缩，如果要设置建议的尺寸，可以给 flex 子项使用 flex-basis 属性，或者使用缩写的 flex 属性。

flex 子项默认是水平排列的，这个特性表现是由 flex-direction 属性决定的。而且就算 flex 子项的宽度之和超过 flex 容器，flex 子项也不会换行，这个特性表现是由 flex-wrap 属性决定的。因此，如果我们想要改变 flex 子项的排版方向或者 flex 子项的换行规则，就需要用到 flex-direction 属性和 flex-wrap 属性。

6.2.2　flex-direction 属性与整体布局方向

flex-direction 属性用来控制 flex 子项整体布局方向,决定是从左往右排列还是从右往左排列，是从上往下排列还是从下往上排列。flex-direction 属性的语法如下：

```
flex-direction: row | row-reverse | column | column-reverse;
```

先讲一下这一语法中的几个关键点。

- row 是默认值，表示 flex 子项显示为水平排列。方向为当前文档水平流方向，默认情况下是从左往右排列；如果当前水平文档流方向是 rtl（如设置 direction:rtl），则从右往左排列。在默认文档流下的排版效果如图 6-18 所示，图片上的序号就是图片元素在 DOM 文档中的位置顺序。
- row-reverse 表示 flex 子项显示为水平排列，但方向和 row 属性值相反。在默认文档流下的排版效果如图 6-19 所示，可以看到图片元素从右往左排列。

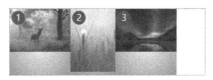

图 6-18　flex-direction:row
声明下的布局表现示意

图 6-19　flex-direction:row-reverse
声明下的布局表现示意

- column 表示 flex 子项显示为垂直排列。默认情况下的排列顺序是从上往下排列，使用 writing-mode 属性可以改变这个排列顺序。在默认文档流下的排版效果如图 6-20 所示，元素从上往下排列[①]。属性值 column 在移动端垂直排版布局中经常被使用。
- column-reverse 表示 flex 子项显示为垂直排列，但方向和 column 属性值相反。在默认文档流下的排版效果如图 6-21 所示，图片按照序号依次从下往上排列。

图 6-20　flex-direction:column
声明下的布局表现示意

图 6-21　flex-direction:column-reverse
声明下的布局表现示意

读者可以在浏览器中进入 https://demo.cssworld.cn/new/6/2-1.php 页面，或者扫描右侧的二维码查看不同 flex-direction 属性值的效果。

flex-direction 属性没有隐藏的细节，就是字面上的样式表现。

6.2.3　flex-wrap 属性与整体布局的换行表现

flex-wrap 属性用来控制 flex 子项是单行显示还是换行显示，以及在换行情况下，每一行内容是否在垂直方向的反方向显示。

flex-wrap 属性比较好记忆，在 CSS 世界中，只要看到单词 "wrap"，则一定是与换行显示相关的操作，例如 word-wrap 属性、white-space:nowrap 声明或者 pre-wrap 值等。

---

① 图片和图片之间的间隙是 "幽灵空白节点" 导致的，详见《CSS 世界》第 133 页。

flex-wrap 的语法如下：

```
flex-wrap: nowrap | wrap | wrap-reverse;
```

先讲一下这一语法中的几个关键值。

- nowrap 是默认值，表示 flex 子项是单行显示，且不换行。由于 flex 子项不换行，因此可能会出现子项宽度溢出，如图 6-22 所示。此时，可以为图片设置 max-width:100% 来避免宽度溢出，原因在于 max-width 属性的优先级大于 width 属性的优先级，能够使图片尺寸从固定值变成相对值，flex 子项的最小尺寸不再是 100px，flex 子项弹性收缩就可以生效了，此时的效果如图 6-23 所示。

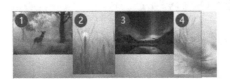

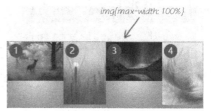

img{max-width: 100%}

图 6-22　flex-wrap:nowrap 声明下 flex　　　　图 6-23　max-width 属性让 flex
　　　　子项宽度溢出示意　　　　　　　　　　　　子项支持弹性收缩示意

- wrap 表示 flex 容器宽度不足的时候，flex 子项会换行显示，如图 6-24 所示。由于 flex 容器宽度不足以放下 4 个图片元素，于是第四张图片就换行显示了。
- wrap-reverse 表示宽度不足的时候，flex 子项会换行显示，但是 flex 子项是从下往上开始排列的，也就是原本换行到下面一行的 flex 子项现在换行到上面一行，如图 6-25 所示，第四张图片在第一行显示了。

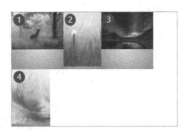

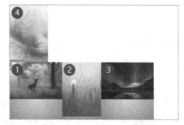

图 6-24　flex-wrap:wrap 声明下　　　　　图 6-25　flex-wrap:wrap-reverse 声明下
　　　flex 子项的换行表现示意　　　　　　　　　flex 子项换行的另一种表现示意

读者可以在浏览器中进入 https://demo.cssworld.cn/new/6/2-2.php 页面，或者扫描右侧的二维码查看不同的 flex-wrap 属性值的效果。

6.2.4　熟练使用 flex-flow 属性

flex-flow 属性是 flex-direction 属性和 flex-wrap 属性的缩写，表示弹性布局的流动特性。

flex-flow 属性的语法如下：

```
flex-flow: <'flex-direction'> || <'flex-wrap'>
```

当多属性值同时使用的时候，使用空格分隔，且不区分前后顺序。举个例子，容器元素设置如下：

```
.container {
    display: flex;
    flex-flow: row-reverse wrap-reverse;
}
```

效果如图 6-26 所示，可以看到水平排列顺序是从右往左，垂直排列顺序是从下往上，这和默认的排列方向完全相反。

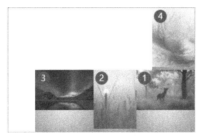

图 6-26 `flex-flow:row-reverse wrap-reverse` 声明效果示意

读者可以在浏览器中进入 https://demo.cssworld.cn/new/6/2-3.php 页面，或者扫描右侧的二维码查看效果。

在日常开发的时候，我们没有必要使用 flex-direction 属性和 flex-wrap 属性，直接使用 flex-flow 这个缩写属性就好了。

flex-direction 属性和 flex-wrap 属性支持的所有值 flex-flow 属性都支持，例如下面的语法都是合法的：

```
/* flex-flow: <'flex-direction'> */
flex-flow: row;
flex-flow: row-reverse;
flex-flow: column;
flex-flow: column-reverse;

/* flex-flow: <'flex-wrap'> */
flex-flow: nowrap;
flex-flow: wrap;
flex-flow: wrap-reverse;

/* <'flex-direction'> 和 <'flex-wrap'> */
flex-flow: row nowrap;
flex-flow: nowrap row;
flex-flow: column wrap;
flex-flow: column-reverse wrap-reverse;
```

flex-flow 属性代码简洁，语义较好，学习和使用成本低，大家应该熟练使用。

6.2.5 CSS 全新的对齐特性综述

从这里开始，会陆续介绍多个 CSS 对齐相关属性。例如在弹性布局这一节中，会介绍 justify-content、align-items 和 align-content（作用在 flex 容器上的 CSS 属性），以及 align-self（作用在 flex 子项上的 CSS 属性）；在 6.3 节的网格布局中会介绍更多的 CSS 对齐属性，包括 justify-items 和 justify-self 等属性。这些 CSS 属性名称都是几个固定单词的组合，且这些单词在整个 CSS 世界中是有通用的含义的，具体如下：

- justify 表示水平方向的样式设置；
- align 表示垂直方向的样式设置；
- items 表示全体元素的样式设置；
- content 表示整体布局的样式设置；
- self 表示元素自身的样式设置，其一定是应用在子元素上的。

因此，justify-content 属性就表示整体布局的水平对齐设置，align-items 就表示全体元素的垂直对齐样式设置。

重点来了。虽然这些 CSS 对齐属性仅在弹性布局和网格布局中有效（以后可能会扩展到其他布局中），甚至有些 CSS 对齐属性仅在网格布局中有效，但是就语法而言，这些属性在所有布局场景中都是合法的。例如给<body>元素设置下面的 CSS 代码虽然没有任何效果，但是语法上是没有问题的：

```
body {
    place-items: center;
}
```

明白这一点很重要，因为如果我们看 W3C 规范或者 MDN 文档，会发现一个普通的对齐属性或者一个普通的关键字属性值的释义都是非常复杂的。例如 align-items:normal 声明，会有大段内容描述其在绝对定位布局下的表现，绝对定位的描述还分替换元素和非替换绝对定位元素，也会有大段内容描述其在弹性布局下的表现，还会有大段内容描述其在网格布局下的表现，看得人头晕。实际上，完全没有那么复杂！

CSS 所有新特性的设计都有一个必须向前兼容的准则，即 align-items 属性是一个全新的 CSS 属性，那它的各种特性就必须兼容各种传统布局的尺寸模型，也就必须解释对齐属性的默认值在传统布局场景下的计算规则，使其符合 CSS2.1 中的定义的行为，这才导致规范对属性值的解释过于复杂和怪异。

甚至有些解释在我看来就很牵强，例如，W3C 规范文档指出："对于 display:table-cell 元素，align-content:normal 的行为表现取决于 vertical-align 属性，如果 vertical-align 属性值是 top，则 align-content 属性的表现为 start，如果 vertical-align 属性值是 middle，则 align-content 属性的表现为 center，如果 vertical-align 属性值是 bottom，则 align-content 属性的表现为 end，如果 vertical-align 属性值是其他值，则 align-content 属性的表现为 baseline。"

乍一看，还以为单元格元素可以使用 align-content 属性控制垂直对齐。实际上，虽然弹性布局和网格布局支持 align-content 属性已经很多年了，但是单元格元素到现在依然不支持 align-content 属性中任何对齐值。一是没必要，二是对浏览器厂商来说是一个较大的挑战，因为需要修改过去几十年一直运行良好的 CSS 解析模块，这样很容易出现新的渲染 bug。因此，根据我的判断，单元格元素或者绝对定位布局支持新的 CSS 对齐属性，至少最近 5 年是不会出现的。

因此，对于 CSS 新世界中的对齐属性，大家就只盯着弹性布局和网格布局就可以了。块级元素该如何表现，绝对定位布局该怎么表现，单元格该如何表现，这些问题目前都可以放在一边，完全不用考虑。

另外，很多文档把 CSS 对齐属性支持的所有属性值都罗列到了一起，这对学习是非常不友好的，例如 6.2.6 节要介绍的 justify-content 属性，其支持的属性值包括下面这些（尚不包括众多组合写法）：

```
justify-content: normal | flex-start | start | left | flex-end | end | right | center
| stretch | space-between | space-around | space-evenly | safe | unsafe | baseline |
first-baseline | last-baseline;
```

这些属性值五花八门，看得人眼花缭乱，初学者无法知道哪些属性值在弹性布局中有效，哪些值在网格布局中有效，结果造成知识混乱。所以，本书会对弹性布局和网格布局的对齐属性值进行针对性的介绍，方便大家学习。有哪些针对性的描述呢？

（1）只会介绍当前布局方式下支持的属性值，不支持的属性值就不做介绍。例如，四大对齐属性均支持 unsafe 和 safe，它们用来设置元素溢出容器时的对齐表现，目前还没有浏览器兼容，因此接下来的内容就都不会介绍，只字不提。

又如，first-baseline 和 last-baseline 分别表示子项中第一行内容的基线对齐和子项中最后一行内容的基线对齐。不过由于 Chrome 浏览器中 last-baseline 的对齐表现有些问题（Firefox 浏览器中的对齐效果符合定义），因此，只会重点介绍 baseline 基线对齐。

（2）默认值指的是当前布局下的默认值，而非语法上的初始值。例如，虽然在语法上 justify-content 属性的初始值是 normal（以前是 auto），但是在弹性布局中，normal 的对齐表现是 flex-start，因此，在表述的时候，会称 flex-start 是弹性布局中 justify-content 属性的默认值；在网格布局中，normal 的对齐表现是 stretch，因此，在表述的时候，会称 stretch 是网格布局中 justify-content 属性的默认值。

相信大家现在对 CSS 对齐属性的整体面貌已经有了大致的了解，接下来就可以更加从容地学习具体布局中各个对齐属性的作用和特性了。

6.2.6　justify-content 属性与整体布局的水平对齐

justify-content 属性在弹性布局中的常用语法如下：

```
justify-content: normal | flex-start | flex-end | center | space-between | space-around
| space-evenly;
```

先讲一下这一语法中的几个关键点。

- normal 是初始值，表示根据环境不同，可以采用不同的对齐表现。如果有列的概念，normal 的行为类似与 stretch，例如网格布局和分栏布局；如果没有列的概念，例如，在 flex 容器中，normal 的行为表现类似于 start（规范的说法，实际应该是 flex-start）。
- flex-start 可以看成默认值，它是一个逻辑 CSS 属性值，与文档流方向相关，默认表现为整体布局左对齐。需要注意的是该值是 flex-start，不是 start（目前 start 在弹性布局中无效，以后可能会支持），而网格布局中的 justify-content 属性支持的是 start。（弹性布局中其他逻辑属性值也都是以 flex- 开头，网格布局中并没有这样的特性表现，这个细节大家可以专门记一下。）
- flex-end 是逻辑 CSS 属性值，与文档流方向相关，默认表现为整体布局右对齐。注意，如果 flex 容器设置了 overflow 滚动，同时应用 justify-content:flex-end，滚动效果会失效。
- center 表现为整体布局居中对齐。这个属性值多用在弹性布局有多行且个数不确定的场景下。为了让最后一行居中显示，需要设置 justify-content:center，如图 6-27 所示。

- space-between 表示多余的空白间距只在元素中间区域分配,效果如图 6-28 所示,可以看到 3 个 flex 子项的中间有两处宽度一致的空白间距,视觉上表现为两端对齐效果。

- space-around 表示每个 flex 子项两侧都环绕互不干扰的等宽的空白间距,最终在视觉表现上边缘两侧的空白只有中间空白宽度的一半,效果如图 6-29 所示,可以看到 3 个 flex 子项的两侧都环绕了空白间距,最终的空白间距比例是1:2:2:1。

图 6-27　使用
justify-content:center
声明的布局效果示意

图 6-28　space-between 分布效果示意

图 6-29　space-around 分布效果示意

- space-evenly 表示每个 flex 子项两侧空白间距完全相等,效果如图 6-30 所示,可以看到 3 个 flex 子项的左右两侧的空白间距都是一样的,最终的空白间距比例是 1:1:1:1。

图 6-30　space-evenly 分布效果示意

读者可以在浏览器中进入 https://demo.cssworld.cn/new/6/2-4.php 页面,或者扫描右侧的二维码查看不同 justify-content 属性值的效果。

6.2.7　垂直对齐属性 align-items 与 align-self

align-items 属性和 align-self 属性的一个区别是 align-self 属性是设置在具体的某一个 flex 子项上的,而 align-items 属性是设置在 flex 容器元素上的,控制所有 flex 子项的垂直对齐方式;另一个区别是 align-self 属性的初始值是 auto,其余的属性值 align-items 属性和 align-self 属性的是一样的,含义也是一样的。

align-items 属性和 align-self 属性的常用语法如下:

```
align-items: stretch | flex-start | flex-end | center | baseline;
align-self: auto | stretch | flex-start | flex-end | center | baseline;
```

先讲一下这一语法中的几个关键点。

- auto 是 align-self 属性的默认值,表示 flex 子项的垂直对齐方式是由 flex 容器的 align-items 属性值决定的。

- stretch 可以看成弹性布局中 align-items 属性的默认值,表示 flex 子项在垂直方向上拉伸。例如，图 6-30 所示的 flex 子项的白色到深天蓝色的径向渐变背景区域是上下占据整个 flex 容器的，这就是值 stretch 的渲染表现，它可以让 flex 子项的高度拉伸到容器高度。如果 flex 子项设置了具体的高度值，则按照设置的高度值渲染，而非拉伸，也就是 stretch 值渲染尺寸的优先级小于 height 等属性。

- flex-start 是逻辑 CSS 属性值，与文档流方向相关，默认表现为 flex 子项顶部对齐，效果如图 6-31 所示。可以看到白色到深天蓝色的径向渐变背景区域不再是拉伸，而是适应图片的高度，同时，每一行的 flex 子项都是顶部对齐的。
- flex-end 是逻辑 CSS 属性值，与文档流方向相关，默认表现为 flex 子项底部对齐，效果如图 6-32 所示。可以看到每一行的 flex 子项都是底部对齐的。

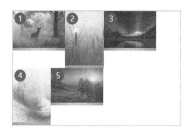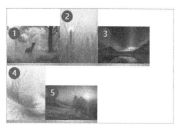

图 6-31　align-items:flex-start 顶部对齐效果示意　　　　图 6-32　align-items:flex-end 底部对齐效果示意

- center 表示 flex 子项都是垂直居中对齐，效果如图 6-33 所示。可以看到每一行的 flex 子项都是垂直居中对齐。
- baseline 表示 flex 子项参与基线对齐。注意这里的措辞是"参与基线对齐"，并不是指 flex 子项和基线对齐，而是让所有 flex 子项的内外基线都在一条水平线上，换句话说，就是给每个 flex 子项里里外外写上多个字母"x"，这些字母"x"的下边缘保持对齐。

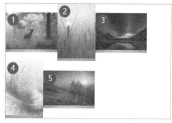

图 6-33　align-items:center 垂直居中对齐效果示意

baseline 属性值的理解成本要稍微高一点，为了让大家直观了解这个属性值的含义，我将其中一个 flex 子项的字号设置得很大，同时写入字母"x"，然后对比 flex-end 属性值的效果，结果如图 6-34 所示。可以看到，在两种对齐方式下，"图片 2"所在的 flex 子项的底部对齐有明显的区别，这说明 baseline 对齐是字母"x"下边缘对齐，而 flex-end 对齐则是 flex 子项的下边缘对齐。

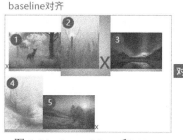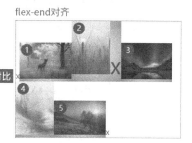

图 6-34　baseline 和 flex-end 属性值的垂直对齐效果对比示意

如果 flex 子项没有对应的基线，则沿着 flex 子项的边框盒子线对齐。

读者可以在浏览器中进入 https://demo.cssworld.cn/new/6/2-5.php 页面，或者扫描右侧的二维码查看不同 align-items 属性值的效果。

补充一个小知识点，如果 flex-direction 属性的值是 column 或是 column-reverse，则 flex 子项的垂直对齐不应使用 align-items 属性控制，而是应该使用 justify-content 属性控制。另外，align-items 属性实际的初始值是 normal，其在弹性布局中和 stretch 的效果一模一样，但是在网格布局中会有所不同，大家可以关注一下 6.3.12 节中对 align-items:normal 的详细介绍。

align-self 属性的各个属性值的表现和 align-items 属性的各个属性值一样，区别在于 align-self 属性设置的是具体某个 flex 子项的垂直对齐方式，例如：

```
.container {
    display: flex;
    height: 150px;
    outline: 1px dotted;
}
.container > div {
    background: radial-gradient(circle, white, deepskyblue);
}
.container > div:nth-child(2) {
    align-self: flex-end;
}
```

结果如图 6-35 所示，可以看到"图片 2"所在的 flex 子项和 flex 容器的底部边缘对齐了。

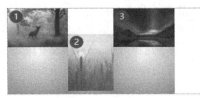

图 6-35 align-self 属性控制单个元素的对齐效果示意

眼见为实，读者可以在浏览器中进入 https://demo.cssworld.cn/new/6/2-6.php 页面，或者扫描右侧的二维码查看效果。

6.2.8 align-content 属性与整体布局的垂直对齐

align-content 属性和 align-items 属性的区别在于 align-items 属性设置的是每一个 flex 子项的垂直对齐方式，而 align-content 属性将所有 flex 子项作为一个整体进行垂直对齐设置。

align-content 属性的常用语法如下：

```
align-content: stretch | flex-start | flex-end | center | space-between | space-around | space-evenly;
```

先讲一下这一语法中的几个关键点。

- stretch 可以看成弹性布局中 align-content 属性的默认值，表示每一行 flex 子项都等比例拉伸。例如，如果共两行 flex 子项，则每一行拉伸的高度是 50%。
- flex-start 是逻辑 CSS 属性值，与文档流方向相关，默认表现为顶部堆砌。
- flex-end 是逻辑 CSS 属性值，与文档流方向相关，默认表现为底部堆放。
- center 表现为整体垂直居中对齐。
- space-between 表现为上下两行两端对齐，剩下的每一行元素等分剩余空间。
- space-around 表现为每一行元素上下都享有独立不重叠的空白空间。
- space-evenly 表现为每一行元素上下的空白空间的大小都是一致的。

align-content 属性没有隐藏的细节，也没有难理解的地方，所有属性值的效果如图 6-36 所示。

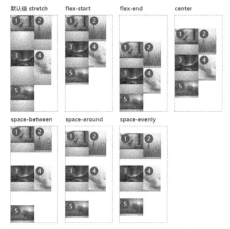

图 6-36 align-content 各个属性值的对齐效果示意

隐藏图 6-36 所示的图片元素和序号，我们可以更清楚地看到 align-content 属性控制整体布局垂直对齐的表现，如图 6-37 所示。

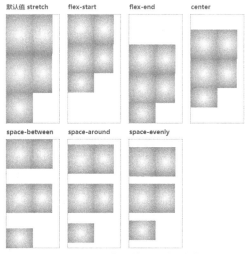

图 6-37 align-content 各个属性值更简洁的垂直对齐效果示意

读者可以在浏览器中进入 https://demo.cssworld.cn/new/6/2-7.php 页面，或扫描右侧的二维码查看不同的 align-content 属性值的效果。

6.2.9 order 属性与单个子项的顺序控制

我们可以通过设置 order 属性来改变某一个 flex 子项的排序位置。

order 属性的语法如下：

```
order: <integer>; /* 整数值，默认值是 0 */
```

所有 flex 子项的默认 order 属性值是 0，因此，如果我们想要某一个 flex 子项在最前面显示，则可以设置比 0 小的整数（如–1）就可以了，代码如下：

```
.container > div:nth-child(2) {
    order: -1;
}
```

结果第二个图片元素和第一个图片元素互换了位置，如图 6-38 所示。

图 6-38　使用 order 属性值更改 flex 子项位置效果示意

眼见为实，读者可以在浏览器中进入 https://demo.cssworld.cn/new/6/2-8.php 页面，或者扫描右侧的二维码查看效果。

6.2.10 必读：深入理解 flex 属性

flex 属性是弹性布局的精髓，因为弹性布局的"弹性"就是 flex 属性的作用，所以如果大家想成为弹性布局高手，本节的内容值得反复阅读。

1．隐藏的友善细节

flex 属性是 flex-grow、flex-shrink 和 flex-basis 这 3 个 CSS 属性的缩写，这个很多人都知道，但是，我相信很多人并不知道 flex 属性悄悄做了很多其他 CSS 缩写属性都没有的优化。例如，border 属性是 border-width、border-style 和 border-color 这 3 个 CSS 属性的缩写，当 border 属性设置了 1 个值或 2 个值的时候，剩下的属性值一定是默认值，举几个例子。

- border:2px 等同于 border:2px none currentColor，也就是此时 border-style 的值是默认值 none，border-color 的计算值是当前的色值。
- border:#fff 等同于 border:medium none #fff，也就是此时 border-width 的值是默认值 medium。
- border:solid 等同于 border:medium solid currentColor。

background 等缩写属性也是这样的特性表现，以至于不少开发者认为使用默认值补全缩写缺省值是理所当然的。注意，flex 属性不遵循这个规则，当 flex 属性是 1 个值或 2 个值的时候，另外的值并不一定是默认值。已知 `flex-basis` 默认值是 `auto`，`flex-grow` 默认值是 `0`，`flex-shrink` 默认值是 `1`。大家可以使用下面的代码测试一下，运行结果如图 6-39 所示：

```
console.log(getComputedStyle(document.body).flexGrow);
console.log(getComputedStyle(document.body).flexShrink);
console.log(getComputedStyle(document.body).flexBasis);
```

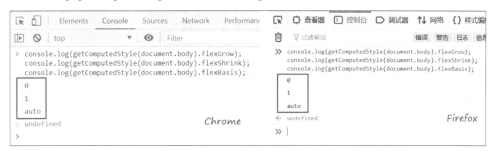

图 6-39　Chrome 浏览器和 Firefox 浏览器获取的 `flex` 子属性的默认值示意

我们观察下面几个 `flex` 声明的计算值，就会发现不一样的事情。

- `flex:1` 等同于 `flex:1 1 0%`，`flex:1 2` 等同于 `flex:1 2 0%`，即 `flex-basis` 使用的不是默认值 `auto`，而是使用的 `0%`。
- `flex:100px` 等同于 `flex:1 1 100px`，即 `flex-grow` 使用的不是默认值 `0`，而是使用的 `1`。

大家会不会感到奇怪，为何 `flex` 属性会有这样与众不同的行为呢？按照 CSS 规范的说法，这样设计的目的是让 `flex` 属性的表现更符合我们日常开发需要的效果。意思就是，当我们使用 `flex:1` 的时候，正常情况下就是要 `flex-basis` 为 `0%`，即基础尺寸为 `0`；当我们使用 `flex:100px` 的时候，正常情况下就是需要 `flex-grow` 为 `1`，也就是尺寸保持向外的弹性。

`flex` 属性站在实用主义的角度对计算值进行了优化，我认为这是 CSS 规范一种友善的处理，而这种友善在 `flex` 的关键字属性值中体现得更加明显。

除了几个全局关键字，`flex` 属性还支持 `auto` 和 `none` 这两个关键字属性值。

- `flex:auto` 等同于设置 `flex: 1 1 auto`，其作用就和它的名称一样，表示"自动"，即 `flex` 子项自动填满剩余空间或自动收缩。
- `flex:none` 等同于设置 `flex: 0 0 auto`，作用就和名称一样，表示"没有"，即 `flex` 子项没有弹性，适合固定尺寸元素（无须设置 `width` 属性）。

`flex` 单值缩写语法的作用就是让 `flex` 属性的作用语义化和表面化，由此降低开发者上手 `flex` 属性的难度，因为 `flex` 属性完整的 3 值语法的学习和理解成本是很高的（后面会深入介绍），真正使用的时候没几个人记得到底哪个值对应哪一个属性。现在有了单值语法，开发者只需要根据场景使用对应语义的关键字属性值或者单个属性值就好了，使用的难度和成本大大降低。

因此，在实际开发的时候，只要不是那种特别复杂的尺寸分配场景，均推荐大家使用 `flex` 单值语法，而不是完整的 3 值语法或者 2 值语法。至于什么场景下使用哪个单值语法，会在 6.2.11 节专门介绍。接下来以比较正式的方式介绍 `flex` 属性的语法，并深入讲解 `flex` 的各个子属性。

2. flex 属性的语法

`flex` 属性的语法如下：

```
flex: auto;
flex: none;
flex: <'flex-grow'> <'flex-shrink'>? || <'flex-basis'>
```

我们重点关注 flex 属性的多值语法：

```
flex: <'flex-grow'> <'flex-shrink'>? || <'flex-basis'>
```

其中双管道符"||"表示或者，可以无序，也可以同时存在；问号"?"表示 0 个或 1 个，也就是 flex-shrink 属性可有可无。因此，下面这些语法都是合法的：

```
/* 1 个值，flex-grow */
flex: 1;
/* 1 个值，flex-basis */
flex: 100px;
/* 2 个值，flex-grow 和 flex-basis */
flex: 1 100px;
/* 2 个值，flex-grow 和 flex-shrink */
flex: 1 1;
/* 3 个值 */
flex: 1 1 100px;
```

可以看出随着 flex 属性值的数量不同，其对应的含义也会不同，具体描述如下。

（1）如果 flex 的属性值只有 1 个值，则具体规则如下。

- 如果是数值，如 flex: 1，则这个 1 为 flex-grow 属性的值，此时 flex-shrink 属性和 flex-basis 属性的值分别是 1 和 0%。注意，这里的 flex-basis 属性的值是 0%，而不是默认值 auto。

- 如果是长度值，如 flex:100px，则这个 100px 显然为 flex-basis 属性的值，因为 3 个缩写 CSS 属性中只有 flex-basis 的属性值支持长度值。此时 flex-grow 属性和 flex-shrink 属性的值都是 1，注意，这里的 flex-grow 属性的值是 1，而不是默认值 0。

（2）如果 flex 的属性值有 2 个值，则第一个值一定是 flex-grow 属性值（因为表示 0 个或 1 个的问号"?"在 flex-shrink 的后面），第二个值根据值的类型不同对应不同的 CSS 属性，具体规则如下。

- 如果第二个值是数值，例如 flex: 1 2，则这个 2 是 flex-shrink 属性的值，此时 flex-basis 属性计算值是 0%，并非默认值 auto。

- 如果第二个值是长度值，例如 flex: 1 100px，则这个 100px 为 flex-basis 属性值。

（3）如果 flex 的属性值有 3 个值，则长度值为 flex-basis 属性值，其余 2 个数值分别为 flex-grow 和 flex-shrink 的属性值。下面两行 CSS 语句都是合法的，且含义也是一样的：

```
/* 下面两行 CSS 语句含义是一样的 */
flex: 1 2 50%;
flex: 50% 1 2;
```

上面了解了 flex 属性的基本语法，算是热身结束，下面开始对 flex 属性值进行深入的理解与学习。

3. 理解 flex-grow 属性、flex-shrink 属性和 flex-basis 属性

为了让这 3 个属性更容易被理解，我们不妨把弹性布局中的尺寸分配看成分配家产。

故事是这样的，有一个姓范的人家生了 5 个孩子，分别叫作范张、范鑫、范旭、范帅和范哥。要是只有一个孩子，那这个孩子就继承 100%的家产，但是现在有 5 个孩子，家长范某需要提早定

好家产分配规则。而 flex 属性的作用就如同制定分配家产的规则。

- flex-basis 属性用来分配基础数量的家产。
- flex-grow 属性用来家产仍有富余的时候该如何分配。
- flex-shrink 属性用来家产不足的时候该如何分配。

下面具体描述一下 flex-grow、flex-shrink 和 flex-basis 这 3 个属性的语法和作用。

（1）flex-grow 属性指定了容器剩余空间多余时候的分配规则，默认值是 0，表示多余空间不分配，语法如下：

```
flex-grow: <number>; /* 数值，可以是小数，默认值是 0 */
```

具体规则如下。

- 所有剩余空间总量是 1。
- 如果只有 1 个 flex 子项设置了 flex-grow 属性值，则有两种分配情况。
  - 如果 flex-grow 属性值小于 1，则 flex 子项扩展的空间就是总剩余空间和这个比例的计算值。
  - 如果 flex-grow 属性值大于 1，则 flex 子项独享所有剩余空间。
- 如果有多个子项 flex 设置了 flex-grow 属性值，则有两种分配情况。
  - 如果 flex-grow 属性值的总和小于 1，则每个 flex 子项扩展的空间就是总剩余空间和当前 flex 子项设置的 flex-grow 比例的计算值。
  - 如果 flex-grow 属性值的总和大于 1，则所有剩余空间被利用，分配比例就是各个 flex 子项的 flex-grow 属性值的比例。例如，所有 flex 子项都设置 flex-grow:1，则表示剩余空间等分；如果设置的 flex-grow 比例是 1:2:1，则中间的 flex 子项占据一半的剩余空间，剩下另外一半的剩余空间由前后两个 flex 子项等分。

（2）flex-shrink 属性指定了容器剩余空间不足时候的分配规则，默认值是 1，表示空间不足要分配，语法如下：

```
flex-shrink: <number>; /* 数值，默认值是 1 */
```

具体规则如下。

- 如果只有 1 个 flex 子项设置了 flex-shrink 属性值，则有两种分配情况。
  - 如果 flex-shrink 属性值小于 1，则收缩不完全，会有一部分内容溢出 flex 容器。
  - 如果 flex-shrink 属性值大于等于 1，则收缩完全，元素正好填满 flex 容器。
- 如果多个 flex 子项设置了 flex-shrink 属性，则有两种分配情况。
  - 如果 flex-shrink 属性值的总和小于 1，则收缩不完全，每个元素收缩尺寸和"完全收缩的尺寸"的比例就是该元素的 flex-shrink 属性的值。
  - 如果 flex-shrink 属性值的总和大于 1，则收缩完全，每个元素收缩尺寸的比例和 flex-shrink 属性值的比例一样。

（3）flex-basis 属性则是指定的分配基础尺寸，默认值是 auto，语法如下：

```
flex-basis: <length> | auto; /* 默认值是 auto */
```

flex-basis 属性的表现和 width 属性较类似，具体细节会在后面进行介绍。

我先解释一下为什么会有容器剩余空间多余和不足的情况出现，我们还是用分配家产的例子来讲解。范某的家产分配遗嘱是在自己 50 岁时候制定的。由于范张、范鑫和范旭都已经成家立业，各自在外独立生活，因此，给这 3 个人分配了固定数目的家产，每人 100 万元；而范帅和范哥尚未成年，和范某还住在一起，所以，遗嘱就是剩下的家产由范帅和范哥两人平分，按照范某 50 岁时候的资产，范帅和范哥也分得人均 100 万元的家产。但是世事难料，没过几年范家家道中落，范某总资产已经不足 300 万元，此时，扣除答应范张、范鑫和范旭的 300 万元，已经没有多余家产了，范帅和范哥就没有家产可继承了，这就相当于容器剩余空间不足。

因此，为了应对各种状况出现，在家产分配规则制定的时候，一定要明确好基础家产数量 flex-basis，家产充足时候的分配规则 flex-grow，以及家产不足时候的分配规则 flex-shrink。

我们来看一个案例，请实现范张、范鑫和范旭每人有 100 万元固定家产，范帅和范哥有 20 万元保底家产。如果范某去世那天家产还有富余，则范帅和范哥按照 3:2 比例分配；如果没有剩余家产，则范张、范鑫和范旭按照 2:1:1 的比例分别给范帅和范哥匀 20 万元保底家产。HTML 代码结构如下：

```html
<div class="container">
    <item clas="zhang">范张</item>
    <item clas="xin">范鑫</item>
    <item clas="xu">范旭</item>
    <item clas="shuai">范帅</item>
    <item clas="ge">范哥</item>
</div>
```

读者也可以先不看后面的 CSS 代码，想想看，如果是自己来实现，会怎么设置 flex 属性值呢？如果是我，我会使用下面的 CSS 代码实现：

```css
.container {
    /* 范某：来，家产分配开始了 */
    display: flex;
}
.zhang {
    /* 老大不会争夺多余家产，但是会在家产不足时分出 2 倍于老二和老三分出的家产，这是作为老大应有的姿态 */
    flex: 0 2 100px;
}
.xin,
.xu {
    /* 老二和老三不会争夺多余家产，但是会在家产不足时分出部分家产，照应老四和老五
    这里也可以直接写成 flex: 100px */
    flex: 0 1 100px;
}
.shuai {
    /* 老四会争夺多余家产,且会在家产不足时获得哥哥们分出的家产,确保能够活下去,感谢 3 位哥哥的照顾 */
    flex: 3 0 20px;
}
.ge {
    /* 老五会争夺多余家产，不过拿到的比哥哥少一点，且会在家产不足时获得哥哥们分出的家产，感谢哥哥们的照顾 */
    flex: 2 0 20px;
}
```

最终的布局表现如下。

- 如果 flex 容器尺寸足够,范帅和范哥会按照 flex-grow 属性 3:2 的比例分配剩余空间，如图 6-40 所示。
- 随着 flex 容器尺寸变小，范帅和范哥可支配的剩余空间也越来越小，直到接近 flex-basis 属性设置的保底的 20px 尺寸，如图 6-41 所示。
- 随着 flex 容器尺寸进一步变小，范帅和范哥的宽度稳定在了设置的 20px 保底尺寸上，而范张、范鑫和范旭的尺寸则开始减小，减小的比例符合 flex-shrink 属性设定好的

2:1:1 比例，因此，范张是 3 位哥哥中的宽度最小的，如图 6-42 所示。

图 6-40 flex 容器宽度充足时的布局效果示意

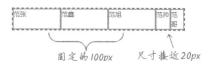

图 6-41 flex 容器宽度变小时的
布局效果示意

可见，最终的布局表现完全符合了家产分配的要求。

图 6-42 flex 容器宽度不足时的布局效果示意

读者可以在浏览器中进入 https://demo.cssworld.cn/new/6/2-9.php 页面，或者扫描右侧的二维码不同尺寸下的布局表现。

如果大家可以理解上面这个兄弟分配家产的案例的样式表现，则说明对 flex 属性的学习和理解已经合格了。

6.2.11 应该在什么时候使用 flex:0/1/none/auto

6.2.10 节深入探讨了适合复杂弹性布局场景使用的 flex 属性的 3 值语法，本节则深入探讨 flex 属性的单值语法，适合常规的简单弹性布局场景使用。为了避免无谓的干扰，接下来的讨论不考虑 width、min-width、max-width 等 CSS 属性，这些属性对 flex 子项尺寸的影响将在 6.2.12 节介绍。

表 6-3 所示的是常见的 flex 属性单值语法对应的计算值，涵盖了绝大多数 flex 属性的使用场景。

表 6-3 **flex 属性单值语法对应的计算值**

单值语法	等同于	备注
flex: initial	flex: 0 1 auto	初始值，常用
flex: 0	flex: 0 1 0%	适用场景少
flex: none	flex: 0 0 auto	推荐
flex: 1	flex: 1 1 0%	推荐
flex: auto	flex: 1 1 auto	适用场景少，但很有用

1. flex:initial 的基本表现

flex:initial 等同于设置 flex: 0 1 auto，可以理解为 flex 属性的默认值。该默认值的分解如图 6-43 所示。

其行为表现用文字描述为：应用 flex:initial 的元素在 flex 容器有剩余空间时其尺寸不会增长（flex-grow:0），在 flex 容器尺寸不足时尺寸会收缩变小（flex-shrink:1），同时当前应用 flex:initial 的元素的尺寸自适应于内容（flex-basis:auto）。

图 6-43 flex 属性初始值
分解示意

举个例子，HTML 代码如下：

```
<div class="container">
    <item>范张</item>
    <item>范鑫</item>
    <item>范旭</item>
    <item>范帅</item>
    <item>范哥</item>
</div>
```

然后，给 flex 容器设置深红色的虚线框，给 flex 子项设置深天蓝色的轮廓，CSS 代码如下：

```
.container {
    display: flex;
    border: 2px dashed crimson;
}
.container item {
    border: 2px solid deepskyblue;
}
```

由于每个 flex 子项的内容都比较少，因此会有图 6-44 所示的效果，剩余空间依然保留。

如果子项内容很多，那么剩余空间就会不足。由于 flex-shrink:1，因此子项的尺寸会缩小，表现效果就是文字换行。换行效果如图 6-45 所示。

图 6-44　flex 子项内容较少时候的尺寸表现示意　　图 6-45　flex 子项内容较多时候的尺寸表现示意

"initial"是 CSS 中的一个全局关键字，表示 CSS 属性的初始值，通常用来还原已经设置的 CSS 属性。因此日常开发不会专门设置 flex:initial 声明，但是不设置并不是说 flex 默认属性值用得不多。

2. 适合使用 flex:initial 的场景

flex:initial 声明适用于图 6-46 所示的布局轮廓。

图 6-46 所示的布局轮廓常见于按钮、标题、小图标等小部件的排版布局，这些小部件都不会很宽，水平方向的控制多使用 justify-content、margin-left:auto 和 margin-right: auto 实现。

除图 6-46 所示的布局轮廓外，flex:initial 声明还适用于一侧内容宽度固定，另外一侧内容宽度不固定的两栏自适应布局场景，布局轮廓如图 6-47 所示（图中的点表示文本内容）。

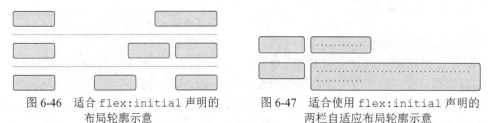

图 6-46　适合 flex:initial 声明的　　　图 6-47　适合使用 flex:initial 声明的
布局轮廓示意　　　　　　　　两栏自适应布局轮廓示意

这种情况下，无须任何其他弹性布局相关的 CSS 设置，只需要容器元素设置 `display:flex` 即可。

总结一下，就是在那些希望元素尺寸收缩，同时元素内容较多又能自动换行的场景中可以不做任何 `flex` 属性设置。

3. flex:0 和 flex:none 的区别

`flex:0` 等同于设置 `flex: 0 1 0%`，`flex:none` 等同于设置 `flex: 0 0 auto`，这两个值的分解如图 6-48 所示。

- 从图 6-48 可以看出，`flex:0` 元素尺寸不会弹性增大（`flex-grow:0`），但是会弹性收缩（`flex-shrink:1`），考虑到此时 `flex-basis` 属性值是 0%，表示基础尺寸是 0，因此设置 `flex:0` 的元素尺寸表现为最小内容宽度，也就是文字会呈现"一柱擎天"的效果。

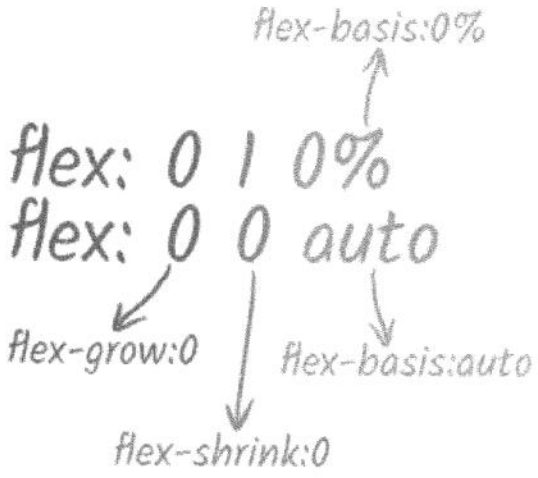

图 6-48　flex:0 和
flex:none 分解示意

- `flex:none` 的尺寸同样不会弹性增大（`flex-grow:0`），但是也不会弹性收缩（`flex-shrink:0`），我们可以理解为元素的尺寸没有弹性变化，考虑到此时 `flex-basis` 属性值是 auto，即基础尺寸由内容决定，因此设置 `flex:none` 的元素最终尺寸通常表现为最大内容宽度。

举个例子，给每个 `flex` 子项设置足够多的内容，HTML 代码如下：

```
<h4>flex:0</h4>
<div class="container flex-0">
    <item>范张范张范张</item>
    <item>范鑫范鑫范鑫</item>
    <item>范旭范旭范旭</item>
    <item>范帅范帅范帅</item>
    <item>范哥范哥范哥</item>
</div>
<h4>flex:none</h4>
<div class="container flex-none">
    <item>范张范张范张</item>
    <item>范鑫范鑫范鑫</item>
    <item>范旭范旭范旭</item>
    <item>范帅范帅范帅</item>
    <item>范哥范哥范哥</item>
</div>
```

然后将 `flex` 子项分别设置为 `flex:0` 和 `flex:none`，CSS 代码如下：

```
.container {
    display: flex;
}
.flex-0 item {
    flex: 0;
}
.flex-none item {
    flex: none;
}
```

结果如图 6-49 所示。

可以看到，应用了 `flex:0` 的元素中一行只有一个字，表现为最小内容宽度；而应用了 `flex:`

none 的元素则无视容器的尺寸限制, 直接溢出容器, 没有换行, 表现为最大内容宽度。

（1）适合使用 flex:0 的场景。

由于应用了 flex:0 的元素表现为最小内容宽度, 因此, 适合使用 flex:0 的场景并不多, 除非元素内容的主体是替换元素, 这种情况下文字内容就会被包围在替换元素的宽度下, 从而不会出现"一行一字"的排版效果。适合使用 flex:0 的场景的布局示意如图 6-50 所示。

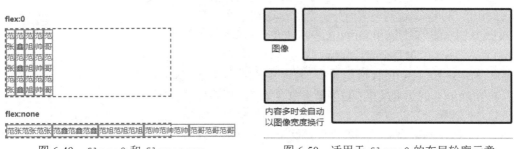

<table>
<tr><td>图 6-49　flex:0 和 flex:none
的布局效果示意</td><td>图 6-50　适用于 flex:0 的布局轮廓示意</td></tr>
</table>

图 6-50 所示左上方的矩形表示一张图像, 图像下方会有文字内容不定的描述信息, 这种情况下左侧内容就适合设置 flex:0, 这样, 无论文字的内容有多少, 文字内容的宽度都和图像的宽度相同。

（2）适合使用 flex:none 的场景。

当 flex 子项的宽度就是内容的宽度, 且内容永远不会换行时, 则适合使用 flex:none, 这种场景比 flex:0 适用的场景要更常见。

例如列表右侧经常会有一个操作按钮, 对按钮元素而言, 里面的文字内容一定是不能换行的, 此时就非常适合设置 flex:none。例如下面这个例子, 示意按钮使用了 flex:none 之后的布局变化, HTML 和 CSS 代码如下：

```
<div class="container">
    <img src="1.jpg">
    <p>右侧按钮没有设置 flex:none, 表现为最小内容宽度。</p>
    <button>按钮</button>
</div>
<div class="container">
    <img src="1.jpg">
    <p>右侧按钮设置了 flex:none, 按钮正常显示了。</p>
    <button class="none">按钮</button>
</div>
.container {
    display: flex;
    padding: .5rem;
    border: 1px solid lightgray;
    background-color: #fff;
}
img {
    width: 3rem; height: 3rem;
    margin-right: .5rem;
}
```

```
button {
    align-self: center;
    padding: 5px;
    margin-left: .5rem;
}
.none {
    flex: none;
}
```

从代码可以看出两个布局的唯一区别就是下面的布局对按钮元素设置了 flex:none，结果就有图 6-51 所示的不同的布局效果。

不仅按钮正常显示了，整个布局还会自动适配按钮的尺寸，也就是按钮文字增多后，中间的文字内容的宽度就会自动减小，整个布局依然是弹性的。

4．flex:1 和 flex:auto 的区别

flex:1 等同于设置 flex: 1 1 0%，flex:auto 等同于设置 flex: 1 1 auto，这两个值的分解如图 6-52 所示。

图 6-51　设置和未设置 flex:none
的对比效果示意

图 6-52　flex:1 和 flex:auto
分解示意

结合 flex 属性值的描述，我们可以得出 flex:1 和 flex:auto 的行为表现：元素尺寸可以弹性增大，也可以弹性减小，但是 flex:1 在容器尺寸不足时会优先最小化内容尺寸，flex:auto 在容器尺寸不足时会优先最大化内容尺寸。

可以通过一个例子明白上面的描述是什么意思，这里给第一项设置更多的文字内容，HTML代码如下：

```
<h4>flex:1</h4>
<div class="container flex-1">
    <item>范张范张范张范张范张范张范张范张</item>
    <item>范鑫</item>
    <item>范旭</item>
    <item>范帅</item>
    <item>范哥</item>
</div>
<h4>flex:auto</h4>
<div class="container flex-auto">
    <item>范张范张范张范张范张范张范张范张</item>
    <item>范鑫</item>
    <item>范旭</item>
    <item>范帅</item>
    <item>范哥</item>
</div>
```

可以看出两段 HTML 代码中<div>的结构和内容都是一样的，现在，对两段 HTML 设置不同的
CSS 样式，代码如下：

```
.flex-1 item {
    flex: 1;
}
.flex-auto item {
    flex: auto;
}
```

结果就会看到图 6-53 所示的布局效果。

图 6-53 所示内容清晰地体现了 flex:1 和 flex:auto 的区别，虽然都是充分分配容器的尺
寸，但是 flex:1 的尺寸表现更为"内敛"（优先牺牲自己的尺寸），flex:auto 的尺寸表现则
更为"霸道"（优先扩展自己的尺寸）。

从某种程度上讲，flex:1 的表现类似 table-layout:fixed，flex:auto 的表现类似
table-layout:auto。

（1）适合使用 flex:1 的场景。

当希望元素充分利用剩余空间，同时不会侵占其他元素应有的宽度的时候，适合使用 flex:1，
这样的场景在弹性布局中非常多。例如所有等分列表或等比例列表都适合使用 flex:1，适合的
布局效果轮廓如图 6-54 所示。

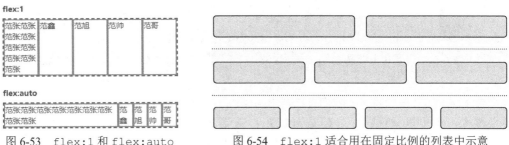

图 6-53   flex:1 和 flex:auto   图 6-54   flex:1 适合用在固定比例的列表中示意
　　　　　的对比效果示意

flex:1 同时还适用于无规律布局中动态内容元素，我们不妨继续使用 flex:none 那里演
示的例子进行说明。下面这段 HTML 和 CSS 代码中的按钮元素是换行显示的（效果如图 6-51 上
半部分所示）：

```
<div class="container">
    <img src="1.jpg">
    <p>右侧按钮没有设置 flex:none，表现为最小内容宽度。</p>
    <button>按钮</button>
</div>
.container {
    display: flex;
    padding: .5rem;
    border: 1px solid lightgray;
    background-color: #fff;
}
img {
    width: 3rem; height: 3rem;
```

```
        margin-right: .5rem;
    }
    button {
        align-self: center;
        padding: 5px;
        margin-left: .5rem;
    }
```

除了给`<button>`元素设置`flex:none`，在这个例子中，我们还可以通过给`<p>`元素设置`flex:1`实现类似的效果。

```
    p {
        flex: 1;
    }
```

结果就是图 6-55 所示的效果，`<p>`元素设置了`flex:1`之后，按钮元素正常显示了。

图 6-55　主体动态的文本元素设置
`flex:1` 之后的效果对比示意

读者可以在浏览器中进入 https://demo.cssworld.cn/new/6/2-10.php 页面，或者扫描右侧的二维码查看效果。

（2）适合使用 `flex:auto` 的场景。

当希望元素充分利用剩余空间，但是元素各自的尺寸又需要按照各自内容进行分配的时候，就适合使用 `flex:auto`。

`flex:auto` 多用于内容固定和内容可控的布局场景，例如导航数量不固定且每个导航文字数量也不固定的导航效果就适合使用 `flex:auto` 来实现，我做了一个很简单的示意，代码如下：

```
<nav class="flex">
  <span>首页</span>
  <span>排行榜</span>
  <span>我的订单</span>
  <span>个人中心</span>
</nav>
nav span {
    flex: auto;
    line-height: 3rem;
    background: #444;
    color: #fff;
    text-align:center;
}
span + span {
    border-left: 1px solid #eee;
}
```

此时大家就可以看到一个基于内容自动分配宽度的自适应导航效果了，如图 6-56 所示，文字越多的导航元素占据的宽度越大，这完全是由浏览器自动分配的。

图 6-56　使用 `flex:auto` 实现的基于内容宽度自动分配的导航效果示意

以上就是 flex 属性常见缩写语法的适用场景说明，读者可以在浏览器中进入 https://demo. cssworld.cn/new/6/2-11.php 页面，或者扫描右侧的二维码查看效果。

最后再总结一下。

- **flex:initial** 表示默认的弹性布局状态，无须专门设置，适合小控件元素的分布布局（其中某一个 flex 子项的内容动态变化也没有关系）。

- **flex:0** 适用场景较少，适合设置在替换元素的父元素上。
- **flex:none** 适合设置在内容不能换行显示的小控件元素上，如按钮。
- **flex:1** 适合等分布局。
- **flex:auto** 适合基于内容动态适配的布局。

6.2.12 详细了解 flex-basis 属性与尺寸计算规则

为了便于讲解，避免无谓的干扰，本节中提及的所有尺寸均指水平尺寸，对应 CSS 均是与宽度相关的 CSS 属性，例如 width、min-width 和 max-width。

在弹性布局中，一个 flex 子项的最终尺寸是基础尺寸（或内容尺寸）、弹性增长或收缩、最大最小尺寸共同作用的结果。

最终尺寸计算的优先级是：

最大最小尺寸限制 > 弹性增长或收缩 > 基础尺寸

- 基础尺寸由 flex-basis 属性或 width 属性，以及 box-sizing 盒模型共同决定；
- 内容尺寸指最大内容宽度，当没有设置基础尺寸时会顶替基础尺寸的角色；
- 弹性增长指的是 flex-grow 属性，弹性收缩指的是 flex-shrink 属性；
- 最大尺寸主要受 max-width 属性限制；最小尺寸则比较复杂，受最小内容宽度、width 属性和 min-width 属性共同影响。

上面提到的"弹性增长或收缩"是 6.2.10 节的内容，这里不再赘述，上面列表中提到的其余内容接下来会详细介绍。

1. flex-basis 属性与盒模型

flex-basis 属性的尺寸是作用在 content-box 上的，这一点和 width 属性是一样的。例如下面两段 CSS 代码：

```
.flex-basis {
    padding: 1em;
    border: 1em solid deepskyblue;
    color: deepskyblue;
    flex-basis: 100px;
}
.width {
    padding: 1em;
    border: 1em solid deepskyblue;
    color: deepskyblue;
    width: 100px;
}
```

在外在尺寸够大，内容尺寸够小的情况下，width 属性和 flex-basis 属性的表现是一样的，效果如图 6-57 所示。

我们可以通过设置 box-sizing 属性改变元素的盒模型，例如：

```
.flex-basis {
    padding: 1em;
    border: 1em solid deepskyblue;
    color: deepskyblue;
    flex-basis: 120px;
    box-sizing: border-box;
}
```

结果发现 flex-basis 属性和 width 属性的样式表现不一致，如图 6-58 所示。

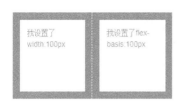

图 6-57 width 属性和 flex-basis 属性
在宽度足够的情况下效果一致示意

图 6-58 flex-basis 属性和 width 属性在
border-box 盒模型下的不同表现示意

这是因为 flex-basis 属性不支持 box-sizing 属性吗？其实并不是，设置 flex-basis
属性的元素的最小尺寸是最小内容宽度（文字内容在所有换行点换行后的尺寸），而在本例中 flex
子项里面的文本内容存在连续英文单词导致最小尺寸比较大，最终尺寸大于 120px，关于这一点后
面会有专门介绍。如果我们给 flex 子项增加下面的 CSS 代码来改变元素的最小内容宽度：

```
.flex-basis {
    word-break: break-all;
}
```

则 flex-basis 属性和 width 属性的宽度表现就一样了，如图 6-59 所示。

眼见为实，读者可以在浏览器中进入 https://demo.cssworld.cn/new/6/2-12.php
页面，或者扫描右侧的二维码查看效果。

不过在 IE11 浏览器中，使用 box-sizing:border-box 是没有任何效果
的，如图 6-60 所示。

图 6-59 word-break:break-all 对
flex-basis 尺寸渲染的影响示意

图 6-60 在 IE11 浏览器中使用 flex-basis
尺寸设置 box-sizing 无效示意

因此在弹性布局中，如果项目需要兼容 IE11 浏览器，就需要避免改变 flex 子项默认的
box-sizing 属性值；当然，如果是移动端项目则可以不用顾忌那么多。

2. 理解 flex-basis 属性、width 属性和基础尺寸之间的关系

弹性布局中的尺寸表现几乎都是围绕基础尺寸展开的。其中 flex-basis 属性和 width 属

性都可以用来设置 flex 子项的基础尺寸，对基础尺寸的影响关系如下。

（1）如果 flex-basis 属性和 width 属性同时设置了具体的数值，width 属性值会被忽略，优先使用 flex-basis 的属性值作为基础尺寸。例如：

```
<div class="container">
    <item-basis-width>项目 1</item-basis-width>
    <item-basis-width>项目 2</item-basis-width>
    <item-basis-width>项目 3</item-basis-width>
    <item-basis-width>项目 4</item-basis-width>
</div>
```

对应的 CSS 代码如下：

```
.container {
    display: flex;
}
item-basis-width {
    padding: 1em;
    border: 1px solid deepskyblue;
    color: deepskyblue;
    box-sizing: border-box;
    width: 200px;
    flex-basis: 100px;
}
```

结果设置的 width:200px 完全没有渲染出来，最终每一项的宽度表现为 100px，如图 6-61 所示。

（2）如果 flex-basis 的属性值是初始值 auto，则会使用 width 属性设置的长度值作为基础尺寸。

（3）如果 flex-basis 和 width 的属性值都是 auto，则会使用 flex 子项的最大内容宽度作为基础尺寸，此时称为"内容尺寸"。示意效果如图 6-62 所示，最终尺寸大小是由文字内容长度决定的。

图 6-61　使用 flex-basis 重置 width 宽度效果示意

图 6-62　flex-basis 和 width 的属性值都是 auto 时，基本尺寸由文字内容长度决定

由于内容尺寸是 flex 子项的最大内容宽度（文字内容全部一行显示的宽度），因此，往往都是配合 flex-shrink 属性使用的，通过弹性收缩让文字内容自然换行，这就是 flex 子项的默认布局表现。因此，要想暴露 flex 子项真实的内容尺寸，只需要设置 flex-shrink 属性值为 0 或者设置 flex:none 就可以了，此时是不是就理解了 flex:none 的样式表现了？

好，上面介绍了基础尺寸和内容尺寸，接下来开始介绍本节的重点（也是难点）——最小尺寸。理解了下面的内容，再看到大家对很多平时想不明白的 flex 渲染效果时就会恍然大悟。

3．深入理解最小尺寸

在弹性布局中，虽然 flex-basis 属性和 width 属性的语法类似（例如百分比值的计算规则是一样的），性质也类似（例如都可以作为基础尺寸），但是如果涉及最小尺寸，两者的差异就体现出来了。

例如下面这个和图 6-58 类似的案例，对 4 个 flex 子项分别设置 flex-basis:100px 和 width:100px，最终的渲染效果如图 6-63 所示，可以看到设置 width:100px 的 flex 子项出现了文字内容溢出 flex 子项的情况，如图 6-63 圆圈中的部分所示。

原因就在于，flex-basis 属性下的最小尺寸是由内容决定的，而 width 属性下的最小尺寸是由 width 属性的计算值决定的。

这里出现的"最小尺寸"表示最终尺寸的最小值，这个"最小尺寸"是最小内容宽度、width 属性和 min-width 属性共同作用的结果。

图 6-63　flex-basis 属性和 width 属性差异示意

具体规则如下，如果 flex-shrink 属性不为 0，则：

- 如果 min-width 属性值不是 auto，则元素的最小尺寸就是 min-width 的属性值，此时 width 属性无法影响最小尺寸，哪怕 width 的属性值大于 min-width 的属性值；
- 比较 width 属性的计算值和最小内容宽度的大小，较小的值就是元素的最小尺寸；
- 如果 width 的属性值和 min-width 的属性值均为 auto，则元素的最小尺寸就是最小内容宽度；
- 如果 flex 子项设置了 overflow:hidden，且最小尺寸是由最小内容宽度决定的，则最小尺寸无效。

理解了上述最小尺寸规则，图 6-63 对应的案例就容易理解了：当设置 flex-basis:100px 的时候，由于没有设置 width 属性和 min-width 属性，因此最小尺寸就是最小内容宽度，由于最后一项的文字是"css_new_world"，属于连续英文字符，因此最小内容宽度就是整个词组的宽度，也就是说最小尺寸是整个词组的宽度，明显大于此时的基础尺寸 100px，因此最终尺寸就是整个词组的宽度；当设置 width:100px 的时候，width 属性设置的 100px 小于最小内容宽度，根据哪个小哪个就是最小尺寸的规则，此时的最小尺寸是 100px，和基础尺寸一样大，因此最终尺寸就是 100px。

好，现在再看一个复杂案例，同时设置 width 属性和 flex-basis 属性，看看最小尺寸是如何影响最终尺寸的计算的。代码如下：

```
<div class="container">
    <item>设置了 width:160px，同时设置了 flex-basis:100px</item>
    <item>设置了 width:120px，同时设置了 flex-basis:100px</item>
    <item>设置了 width:80px，同时设置了 flex-basis:100px</item>
</div>
.container {
    display: flex;
}
.container item {
    box-shadow: 0 0 0 1px deepskyblue;
    font-size: 20px;
}
.container item:nth-child(1) {
    width: 160px;
    flex-basis: 100px;
}
.container item:nth-child(2) {
    width: 120px;
    flex-basis: 100px;
}
```

```
.container item:nth-child(3) {
    width: 80px;
    flex-basis: 100px;
}
```

在上面的代码中，3 个 <item> 元素同时设置了 width 属性和 flex-basis 属性，按照之前的结论，同时设置 width 属性和 flex-basis 属性时，基础尺寸是由 flex-basis 属性决定的，因此 3 个 <item> 元素的基础尺寸都是 100px。此时的 width 属性扮演的仅仅是影响最小尺寸的角色。

在本例中，最小内容宽度是"width:160px,"或者"width:80px,"这几个字符的宽度，宽度受字体影响，在我自己的 Windows 操作系统上，其占据的宽度是 136.583px（取自 Firefox 浏览器，Chrome 浏览器认为宽度是 136.59px），于是 3 个 <item> 元素的最终尺寸的表现将如下所示。

- 第一个 <item> 元素设置 width:160px，大于最小内容宽度 136.583px，因此 width 属性设置的最小尺寸无效，最小尺寸是 136.583px，因此第一个 <item> 元素的最终宽度是 136.583px。

- 第二个 <item> 元素设置 width:120px，小于最小内容宽度 136.583px，因此最小尺寸以值较小的 width 属性值为准，最小尺寸是 120px，因此第二个 <item> 元素的最终宽度是 120px。

- 第三个 <item> 元素设置了 width:80px，意味着 width 属性设置的最小尺寸是 80px，小于最小内容宽度 155.617px，此时元素的最小尺寸就是 80px，但是此时元素的基础尺寸是 100px，大于最小尺寸，最小尺寸的限制无效，因此第三个 <item> 元素的最终宽度是 100px。

实际的渲染结果如图 6-64 所示（采编自 Firefox 浏览器）。

图 6-64 所示的案例是一个非常经典的理解 width 属性和 flex-basis 属性如何影响最终尺寸的案例。从左往右有 3 个元素，最终尺寸的决定因素分别是内容、width 属性和 flex-basis 属性，这种区别仅仅是由 width 属性值的不同导致的。实际上，这 3 个元素中的 width 属性扮演的是最小尺寸的角色，而不是传统意义上的尺寸，如果不明白这一点，你永远也梳理不清楚其中的尺寸计算规则。

图 6-64 所示的效果在 Chrome 浏览器、Safari 浏览器、Edge 浏览器下也是一样的。但是，请注意，在 IE11 浏览器以及 Firefox 浏览器 2020 年第四季度之前的版本下，最终的尺寸表现并不符合上述计算规则，而是呈现图 6-65 所示的效果。

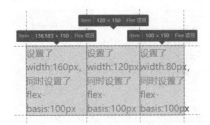

设置了 width:160px 同时设置了 flex- basis:100px	设置了 width:120px 同时设置了 flex- basis:100px	设置了 width:80px, 同时设置了 flex- basis:100px

图 6-64　Firefox 浏览器下的尺寸表现示意　　　　图 6-65　IE11 浏览器下的尺寸表现示意

IE 浏览器如此渲染的背后规则很简单，那就是同时使用 width 属性和 flex-basis 属性时，width 属性如同不存在，不再扮演最小尺寸的角色，可以直接忽略。

　　因此，如果项目需要兼容 IE 浏览器，就不要同时使用 flex-basis 数值属性值和 width 数值属性值，以免出现浏览器兼容性差异。

　　眼见为实，读者可以在浏览器中进入 https://demo.cssworld.cn/new/6/2-13.php 页面，或者扫描右侧的二维码查看效果。另外，如果读者还是看不懂上面的描述，可以使用 2021 年之后的 Firefox 浏览器版本打开演示页面，通过开发者工具查看对应的弹性布局。Firefox 浏览器的布局清晰地演示了 flex 元素的最终尺寸是如何计算出来的，有助于大家理解。

4. flex-basis 属性与 min-width/max-width 属性

　　min-width 属性和 max-width 属性也能够很有效地限制 flex 子项的尺寸。其中 min-width 属性用来设置最小尺寸；max-width 属性用来设置最大尺寸。

　　由于 min-width 属性和 max-width 属性语义明确、上手简单、优先级高、兼容性强，不少前端开发者在进行弹性布局的时候会经常使用这两个属性。但是，实际上大部分 min-width 属性和 max-width 属性都是没有必要使用的，活用属性 flex-basis、flex-grow 和 flex-shrink 可以实现类似的效果，并且布局会更加弹性，对内容的适应性更强。

　　例如希望列表中的每一项最小宽度是 100px，尽可能填满整个容器，请问该如何实现？

　　无须使用 min-width 属性，可以试试下面的 CSS 代码：

```
.container {
    display: flex;
    flex-wrap: wrap;
}
.container item {
    flex-basis: 100px;
    flex-grow: 1;
}
```

　　一个自适应各种设备宽度的布局就实现了，效果如图 6-66 所示，图中展示了上述代码在各种尺寸下表现出的布局效果。

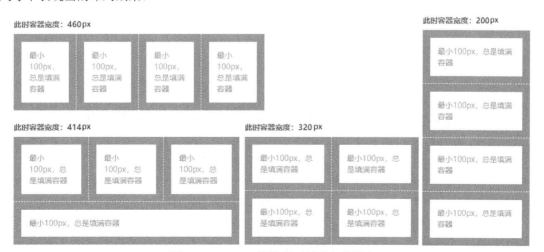

图 6-66　Chrome 浏览器下尺寸表现示意

眼见为实，读者可以在浏览器中进入 https://demo.cssworld.cn/new/6/2-14.php 页面，或者扫描右侧的二维码查看效果并进行体验（拉伸容器右下角的拖拽器）。

当然，凡事都有例外，在弹性布局中，有一种情况下 min-width 属性非常好用，那就是帮助实现单行文字溢出打点效果。

问题代码示意：

```
<div class="container">
    <item>宽度不确定项</item>
    <item><p class="ellipsis">文字内容文字内容文字内容文字内容文字内容文字内容文字内容
</p></item>
</div>
.container {
    display: flex;
}
.ellipsis {
    white-space: nowrap;
    text-overflow: ellipsis;
    overflow: hidden;
}
```

此时并未出现打点效果，其效果如图 6-67 所示。

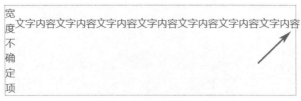

图 6-67　打点无效示意

要理解为何打点效果没有出现，需要深入理解这里的尺寸计算规则。\<item\>元素属于 flex 子项，最终尺寸由基础尺寸、弹性增长或收缩、最大最小尺寸决定。在本例中有以下情况。

- width 属性和 flex-basis 属性都没有设置，因此基础尺寸就是内容尺寸，内容尺寸是最大内容宽度，也就是\<item\>里面内容在一行显示的宽度。
- flex-shrink 属性值是 1（默认值），且内容超出，因此弹性收缩是执行的。如果这里的弹性收缩可以顺利执行，则打点效果是可以出现的。
- width 属性和 min-width 属性都没有设置，因此最小尺寸就是最小内容宽度。然后这里出现了问题，如果\<item\>里面的\<p\>元素没有设置 white-space:nowrap，那么最小内容宽度就是 1em，也就是一个中文字符的宽度（每个中文都是换行点），弹性收缩可以顺利执行。但是这里的\<p\>元素设置了 white-space:nowrap，此时\<p\>元素就像一个不会换行的连续英文单词，于是\<item\>元素的最小尺寸就变成了\<p\>元素内容在一行显示的宽度，和基本尺寸一样。

由于最终尺寸计算的优先级是最小尺寸>弹性收缩>基本尺寸，而最小尺寸和基本尺寸一样大，导致弹性收缩无效，最终尺寸就是内容的尺寸，单行打点效果需要内容尺寸大于容器尺寸，这里两者尺寸一样，因此没有打点效果。

所以，要想得到打点效果，有以下两个思路。

- 给\<p\>元素设置比文字内容宽度小的具体的宽度值，width 属性和 max-width 属性都可以。
- 使\<item\>元素的最小尺寸变小或无效，让 flex-shrink 属性可以正常弹性收缩。

在本例中，\<item\>元素尺寸是不固定的，因为\<p\>元素无法设置准确的宽度值。所以，思路 1 提到的 width 属性和 max-width 属性并不合适，只能通过思路 2 解决此问题。改变\<item\>元素最小尺寸有两个方法——设置较小的 width 属性值或者 min-width 属性值，但是设置 width 属性会同时影响\<item\>元素的基础尺寸，最后就只能使用 min-width 属性改变\<item\>元素的最小尺寸。CSS 代码如下：

```
.container item {
    min-width: 0;
}
```

一句简单的 min-width:0 声明，让\<item\>元素的最小尺寸从最小内容宽度变成 0，于是 flex-shrink 属性就可以正常弹性收缩了，\<item\>元素尺寸正常减小，于是里面\<p\>元素的打点效果也可以正常生效了，最终效果如图 6-68 所示。

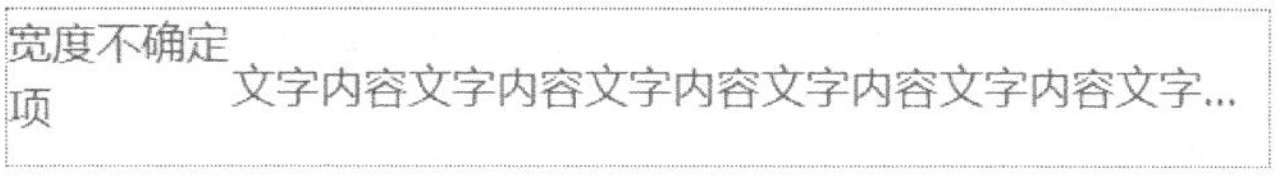

图 6-68　设置 min-width:0 后的打点效果示意

眼见为实，读者可以在浏览器中进入 https://demo.cssworld.cn/new/6/2-15.php 页面，或者扫描右侧的二维码查看效果。

最后，也可以通过设置 overflow:hidden 让最小尺寸无效（仅当最小尺寸是最小内容宽度的时候才能无效）的方法让打点效果生效：

```
.container item {
    overflow: hidden;
}
```

不过此方法不如 min-width 属性好用，因为如果此时设置了 flex-basis 属性或者有元素需要定位在 flex 容器区域外，使用 overflow:hidden 就会影响布局，而用 min-width:0 则不会造成影响。

5. flex-basis 属性还支持关键字属性值

flex-basis 属性不仅支持数值，还和 width 属性一样，支持很多关键字属性值，包括：

```
/* 根据 flex 子项的内容自动调整大小 */
flex-basis: content;

/* 内在尺寸关键字 */
flex-basis: fill;
flex-basis: max-content;
flex-basis: min-content;
flex-basis: fit-content;
```

但是我要提前先泼点冷水，在撰写本书的时候，Chrome 浏览器尚未支持上述任何一个关键字属性值。

其中，content 关键字是被 Edge12+浏览器和 Firefox 61+浏览器所支持的，max-content 关键字和 min-content 关键字目前仅有 Firefox 22+浏览器提供支持，而 fill 关键字和 fit-content

关键字还没有任何浏览器提供支持。

几个关键字属性值的含义如下。

- `content`：尺寸根据内容决定，根据我自己的测试，其表现和 `max-content` 接近。
- `max-content`：最大内容宽度。
- `min-content`：最小内容宽度。
- `fill`：作用不详。
- `fit-content`：作用不详。

由于 `flex-basis` 关键字属性值的兼容性很糟糕，大家只需简单了解一下即可。

6. 小结

最后总结下本节关于 `flex-basis` 属性的一些要点。

- `flex-basis` 属性默认作用在 content box 上，IE11 浏览器会忽略 box-sizing 属性。
- `flex-basis` 属性优先级比 `width` 属性高，同时设置的时候，`width` 属性无法影响基础尺寸，但是会影响最小尺寸（IE11 除外）。
- 最小尺寸与 `flex-basis` 属性无关，而与最小内容宽度、`width` 属性和 `min-width` 属性有关。
- `flex-basis` 属性使用得当可以实现类似 `min-width` 属性或 `max-width` 属性的效果，`min-width` 属性可以在不影响基础尺寸的前提下设置最小尺寸，从而解决弹性布局中打点无效的问题。
- `flex-basis` 属性还支持很多关键字属性值，只不过目前兼容性不太好。

6.2.13 弹性布局最后一行不对齐的处理

在 CSS 弹性布局中，使用 `justify-content` 属性可以控制列表的水平对齐方式，例如属性值 `space-between` 可以实现两端对齐。但是，如果最后一行元素的个数不足以填满一行，就会出现最后一行没有完全垂直对齐的问题，示例代码如下：

```css
.container {
    display: flex;
    justify-content: space-between;
    flex-wrap: wrap;
}
.list {
    width: 24%; height: 100px;
    background-color: skyblue;
    margin-top: 15px;
}
```

列表的个数不多不少，正好 7 个：

```html
<div class="container">
    <div class="list"></div>
    <div class="list"></div>
    <div class="list"></div>
    <div class="list"></div>
    <div class="list"></div>
    <div class="list"></div>
    <div class="list"></div>
</div>
```

此时最后一行元素的排列就显得很尴尬了，出现了尺寸明显不一致的间隙，如图 6-69 所示。类似这种场景，最后一行左对齐排列才是我们想要的效果，该如何实现呢？

1. 如果每一行列数固定

如果每一行列数是固定的，则下面两种方法可以实现最后一行左对齐。

第一种方法是模拟 space-between 属性值和间隙大小，也就是说，我们不使用 justify-content:space-between 声明模拟两端对齐效果，而使用 margin 对最后一行内容中出现的间隙进行控制。例如：

```
.container {
    display: flex;
    flex-wrap: wrap;
}
.list {
    width: 24%; height: 100px;
    background-color: skyblue;
    margin-top: 15px;
}
.list:not(:nth-child(4n)) {
    margin-right: calc(4% / 3);
}
```

此时的布局效果如图 6-70 所示，可以看到布局很规整。

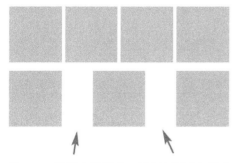

图 6-69　弹性布局最后一行内容不对齐示意　　　图 6-70　margin 属性控制间隙让弹性布局规整示意

要实现该效果，理论上最好的方法是使用 gap 属性设置间隙，代码如下：

```
.container {
    display: flex;
    flex-wrap: wrap;
    gap: calc(4% / 3);
}
.list {
    width: 24%; height: 100px;
    background-color: skyblue;
    margin-top: 15px;
}
```

不过由于目前仅有 Firefox 浏览器和 Chrome 浏览器最新的几个版本支持 gap 属性，因此目前这个方法无法应用在生产环境。

第二种方法是根据元素的个数给最后一个元素设置动态 margin 值。

由于每一列的数目都是固定的，因此，我们可以计算出不同元素个数的列表应当设置多大的 `margin` 值才能保证完全左对齐。例如，假设每行可以存放 4 个元素，结果最后一行只有 3 个元素，如果最后一个元素的 `margin-right` 大小是"列表宽度+间隙大小"，那最后一行的 3 个元素也是可以完美左对齐的。

借助树结构伪类数量匹配技术（《CSS 选择器世界》一书中介绍过这种技术），我们可以知道最后一行有几个元素，举两个例子。

- `.list:last-child:nth-child(4n - 1)` 说明最后一行要么有 3 个元素，要么有 7 个元素。
- `.list:last-child:nth-child(4n - 2)` 说明最后一行要么有 2 个元素，要么有 6 个元素。

在本例中，一行有 4 个元素，因此，我们可以有下面的 CSS 设置：

```css
.container {
    display: flex;
    /* 两端对齐 */
    justify-content: space-between;
    flex-wrap: wrap;
}
.list {
    width: 24%; height: 100px;
    background-color: skyblue;
    margin-top: 15px;
}
/* 如果最后一行是 3 个元素 */
.list:last-child:nth-child(4n - 1) {
    margin-right: calc(24% + 4% / 3);
}
/* 如果最后一行是 2 个元素 */
.list:last-child:nth-child(4n - 2) {
    margin-right: calc(48% + 8% / 3);
}
```

此时，最后一行无论是几个列表元素，都是完美左对齐的，最后一行有 2 个列表元素的效果如图 6-71 所示。

2. 如果 flex 子项宽度不固定

有时候，每一个 `flex` 子项的宽度都是不固定的，这个时候希望让最后一行左对齐如何实现呢？由于这种情况下间隙的大小不固定，对齐不严格，因此我们可以直接让最后一行左对齐，具体实现方法有两种。

图 6-71　给最后一个列表元素设置动态 `margin`，使 2 个列表元素左对齐的布局效果示意

第一种方法是给最后一项设置 `margin-right:auto`，CSS 代码如下：

```css
.container {
    display: flex;
    justify-content: space-between;
    flex-wrap: wrap;
}
.list {
    background-color: skyblue;
    margin: 10px;
```

```
}
/* 最后一项 margin-right:auto */
.list:last-child {
    margin-right: auto;
}
```

第二种方法是使用伪元素在列表的末尾创建一个 `flex` 子项，并设置 `flex:auto` 或设置 `flex:1`，CSS 代码如下：

```
.container {
    display: flex;
    justify-content: space-between;
    flex-wrap: wrap;
}
.list {
    background-color: skyblue;
    margin: 10px;
}
/* 使用伪元素辅助左对齐 */
.container::after {
    content: '';
    flex: auto;      /* 或者 flex: 1 */
}
```

上面两种方法都可以实现图 6-72 所示的对齐效果。

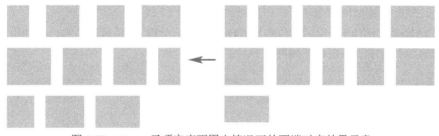

图 6-72　`flex` 子项宽度不固定情况下的两端对齐效果示意

3. 如果每一行列数不固定

如果每一行的列数不固定，则上面的这些方法均不适用，需要使用其他方法来实现最后一行左对齐。

这个方法其实很简单，也很好理解，就是使用足够的空白标签进行填充占位，具体的占位数量是由最多列数的个数决定的。例如布局最多有 7 列，那我们可以使用 7 个空白标签进行填充占位；布局最多 10 列，那我们需要使用 10 个空白标签进行填充占位。HTML 示意如下：

```
<div class="container">
    <div class="list"></div>
    <div class="list"></div>
    <div class="list"></div>
    <div class="list"></div>
    <div class="list"></div>
    <div class="list"></div>
    <div class="list"></div>
    <i></i><i></i><i></i><i></i><i></i>
</div>
```

实现该方法的关键是要将占位的\<i\>元素宽度和 margin 值设置得与 .list 列表元素一样，其他样式都不需要设置，相关 CSS 代码如下：

```css
.container {
    display: flex;
    justify-content: space-between;
    flex-wrap: wrap;
    margin-right: -10px;
}
.list {
    width: 100px; height:100px;
    background-color: skyblue;
    margin: 15px 10px 0 0;
}
/* 与列表元素一样的元素宽度和 margin 值 */
.container > i {
    width: 100px;
    margin-right: 10px;
}
```

由于\<i\>元素高度为 0，因此，如此设置并不会影响垂直方向上的布局呈现，最终可以实现与图 6-72 所示一样的效果。

4．如果列数不固定，HTML 又不能调整

有时候，由于客观原因，前端重构人员没有办法去调整 HTML 代码结构，同时布局的列表个数又不固定，这时候该如何实现最后一行左对齐效果呢？

我们不妨使用 6.3 节要介绍的网格布局（Grid 布局）。网格布局自带间隙，且网格对齐排布，因此，实现最后一行左对齐可以使用网格布局，CSS 代码如下：

```css
.container {
    display: grid;
    justify-content: space-between;
    grid-template-columns: repeat(auto-fill, 100px);
    grid-gap: 10px;
}
.list {
    width: 100px; height:100px;
    background-color: skyblue;
    margin-top: 5px;
}
```

可以看到，这段 CSS 代码非常简洁。HTML 代码如下：

```html
<div class="container">
    <div class="list"></div>
    <div class="list"></div>
    <div class="list"></div>
    <div class="list"></div>
    <div class="list"></div>
    <div class="list"></div>
    <div class="list"></div>
</div>
```

实现的效果如图 6-73 所示。

本节所有演示页面均可以在我的一篇文章《让 CSS flex 布局最后一行列表左对齐的 N 种方法》（https://www.zhangxinxu.com/wordpress/2019/08/css-flex-last-align/）页面中找到。

图 6-73 网格布局下的两端对齐效果示意

6.3 网格布局

给 HTML 元素设置 display:grid 或者 display:inline-grid，网格布局就创建完成了！例如：

```
div {
    display: grid;
}
```

此时该 div 就是 "grid 容器"，其子元素被称为 "grid 子项"。

display:grid 和 display:inline-grid 的区别是：inline-grid 容器外部盒子保持内联特性，因此可以和图片文字在同一行显示；grid 容器保持块状特性，宽度默认为 100%，不和内联元素在一行显示。

在网格布局中，所有相关 CSS 属性可以分为两组，一组作用在 grid 容器上，还有一组作用在 grid 子项上，具体如表 6-4 所示。

表 6-4 网格布局属性分组

作用在 grid 容器上	作用在 grid 子项上
grid-template-columns	grid-column-start
grid-template-rows	grid-column-end
grid-template-areas	grid-row-start
grid-template	grid-row-end
grid-column-gap	grid-column
grid-row-gap	grid-row
grid-gap	grid-area
justify-items	justify-self
align-items	align-self
place-items	place-self
justify-content	
align-content	
place-content	
grid-auto-columns	
grid-auto-rows	
grid-auto-flow	
grid	

从表 6-4 可以看出，与网格布局相关的 CSS 属性接近 30 个（其中近 1/3 是缩写属性），且不少 CSS 属性的规则还挺复杂，想要完全掌握是需要反复记忆与实践的，这对初学者来说挑战很大。因此，为了方便大家快速上手学习，我把需要重点关注的，与网格布局相关的 CSS 属性罗列了一下，大家学到相关内容的时候要特别注意：

- `grid-template-columns`/`grid-template-rows` 基础语法；
- `fr` 单位；
- `repeat()` 函数基本语法；
- `grid` 属性缩写语法；
- `grid` 对齐属性；
- `grid-area` 属性。

剩余 CSS 属性则是网格布局进阶必学的。

在正式开始介绍网格布局之前，有一些信息需要提前说明一下。

- 本节只会介绍 Grid 2.0 语法，老版本语法不做介绍。
- 本节所有水平和垂直、左侧和右侧这类方位的描述均是在默认文档流方向下的表述。
- 网格布局是一个二维的布局方法，其中的很多布局概念与农田或街道布局的划分很匹配，因此部分 CSS 属性会列举农田或街道的例子加以解释。

6.3.1   grid-template-columns 和 grid-template-rows 属性简介

`grid-template-columns` 和 `grid-template-rows` 属性主要用来指定网格的数量和尺寸等信息。

`grid-template-columns` 属性在网格布局中非常常用，因为网格布局的默认布局和块布局非常类似，就是简单地从上往下依次垂直排列。例如，有如下 HTML 代码和 CSS 代码：

```
<div class="container">
    <item>1</item>
    <item>2</item>
    <item>3</item>
    <item>4</item>
</div>
.container {
    display: grid;
}
```

实现的布局效果如图 6-74 所示，网格简单地从上往下排列，而实际项目中的网格布局以多列为主，因此需要使用 `grid-template-columns` 属性指定列的数量和尺寸。

于是 `grid-template-columns` 属性就变得非常常用，也正出于这个原因，我才把 `grid-template-columns` 和 `grid-template-rows` 这两个属性归为重点学习内容。

让我们先从最简单、最基本的例子开始。例如，下面的 CSS 语句会实现图 6-75 所示的网格布局效果。

```
.container {
    grid-template-columns: 80px auto 100px;
    grid-template-rows: 25% 100px auto 60px;
}
```

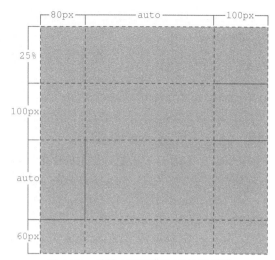

图 6-75　最基本的网格布局效果示意

图 6-74　网格布局默认的排版效果示意

先看一下这个 CSS 语句的具体含义。

- grid-template-columns 属性含 3 个值，表示网格分为 3 列，从左往右每列的尺寸分别是 80px、auto（自动）和 100px。
- grid-template-rows 属性含 4 个值，表示网格分为了 4 行，从上往下每行的高度分别是 25%、100px、auto（自动）和 60px。

我们再看一下这段 CSS 代码：

```
.container {
    grid-template-columns: 80px auto 100px;
    grid-template-rows: 25% 100px auto 60px;
}
```

只是用了几个普普通通的值表示尺寸，值的个数正好对应行和列的个数，挺好理解的。唯一的不足就是 CSS 属性名称有点儿长，不太好记，这个不足可以通过使用缩写属性解决。例如，使用 grid-template 属性：

```
.container {
    grid-template: 25% 100px auto 60px / 80px auto 100px;
}
```

甚至可以再短一点，直接使用 grid 属性：

```
.container {
    grid: 25% 100px auto 60px / 80px auto 100px;
}
```

好，到这里算是一个分界线，往上的这部分内容就是 grid-template-columns 属性和 grid-template-rows 属性的基础语法，以及实际项目中经常出现的使用场景，而往下的这部分内容适合对网格布局有所了解的人进一步深入学习。对于初学者，我建议先了解个大概，没有必要追求一次性理解全部，可以在以后的学习中通过不断阅读与实践加深理解，因为这两个 CSS 属性语法的复杂程度远超你们的想象，属性且有些语法并不常用，贪多反而嚼不烂。

由于 grid-template-columns 属性和 grid-template-rows 属性语法一致，因此，接

下来会选择 `grid-template-columns` 属性为代表进行讲解。

1. 网格线的命名

`grid-template-columns` 属性有一个特别的功能，就是可以给网格线命名，语法如下：

```
grid-template-columns: <line-name> <track-size> ...;
```

使用中文示意可以写作：

```
grid-template-columns: <道路名称> <小区占地> ...;
```

先讲一下这一语法中的几个关键点。

- `<track-size>` 表示划分出来的小区的尺寸，可以是长度值、百分比值、`fr` 单位（网格剩余空间比例单位）和尺寸关键字等多种类型的属性值。
- `<line-name>` 表示划分的街道的名称，命名规则和 CSS 动画的命名规则一样。

上述语法用 CSS 代码示意就是：

```
grid-template-columns: [道路名称-起始] 80px [道路名称2] auto [道路名称3] 100px [道路名称-结束];
```

也就是使用 `[]` 包裹我们自定义的命名，可以是中文命名。

给网格线命名的作用是方便描述网格的各个区域，就好比如果我们不给道路起个名字，想要描述这片区域的时候就不好描述。例如：

南京东路东起外滩即中山东一路，西至西藏中路。

因为我们给道路设定了名称，所以我们对某个区域的描述既清晰又方便辨认。如果没有给道路命名，而是像下面这样描述：

南京东路东起靠近黄浦江第一条路，西至靠近黄浦江第八条路。

这个区域描述就有问题，万一哪天封路，或者新建了路，岂不就混乱了？也就是说，给网格布局中的分隔线命名，目的就是更好地对区域进行描述。网格线命名主要用于 `grid-column-start`、`grid-column-end`、`grid-row-start`、`grid-row-end` 等属性，该功能作用在 grid 子项上，方便描述 grid 子项占据的网格区域。

当然，如果我们没有描述某片区域的需求，自然也不需要命名了，因此，虽然给网格线命名看起来很新潮，但实际上使用场景有限且只有在语义非常明确的页面级的布局中才有必要使用，在常规的具体某个模块的布局中根本用不到。

另外，由于网格的中间区域的网格线是由两边格子公用的，因此，我们给网格线起名字的时候可以起两个名称（使用空格分隔），分别表示网格线的两侧。例如：

```
.container {
    grid-template-columns: [广告区-左] 120px [广告区-右 内容区-左] 600px [内容区-右];
}
```

2. 聊聊 `<track-size>`

`grid-template-columns` 属性的默认值是 `none`，可以使用 `grid-auto-columns` 属性设定网格尺寸。

`grid-template-columns` 属性还支持名为 `subgrid` 的关键字，字面意思是"次网格"，适用于当前网格既是 grid 子项同时也是 grid 容器的场景，该场景中元素的尺寸由父网格定义，而不是通过具体的数值指定。`subgrid` 关键字是新支持的特性，目前仅 Firefox 浏览器对其提供支持，实用性有限，因此本书暂不展开介绍。

grid-template-columns 属性支持的其他值全都属于<track-size>数据类型，共支持 9 种数据类型，分别如下：

- 长度值；
- 百分比值；
- 关键字属性值，包括 min-content、max-content 和 auto；
- <flex>数据类型，也就是以 fr 为单位的值；
- 函数值，包括 repeat()、minmax() 和 fit-content()。

长度值和百分比值比较简单，不展开介绍，可以好好讲一下几个关键字属性值。

（1）**min-content**。

网格布局中的同一行 grid 子项的高度和同一列 grid 子项的宽度都是一致的，因此 min-content 指的并不是某一个格子的最小内容尺寸，而是一排或者一列格子中所有最小内容尺寸中最大的那个最小内容尺寸值。举个例子，有下面的 CSS 代码和 HTML 代码：

```
.container {
    display: grid;
    grid-template-columns: min-content auto;
}
<div class="container">
    <item>css</item>
    <item></item>
    <item>css_world</item>
    <item></item>
    <item>css_new_world</item>
    <item></item>
</div>
```

这是一个 2 列 3 行的网格布局，其中第一列的宽度设置为 min-content，那最终第一列的宽度是多少呢？

按照定义，先求得这一列从上到下 3 个格子的最小内容宽度，依次是 24px、72px 和 104px。于是，最终这一列的宽度就是最大的那个值，也就是 104px。在浏览器中运行上面的代码，果不其然，第一列宽度是 104px，效果如图 6-76 所示。

（2）**max-content**。

max-content 关键字和 min-content 关键字类似，只是最终的尺寸是最大内容宽度中最大的那一个值。

（3）**auto**。

auto 关键字的计算规则有些复杂，W3C 规范中是这样描述的：尺寸的上限是最大内容尺寸的最大值，但是不同于 max-content 关键字，max-content 关键字的尺寸是固定的，这里的尺寸是会受到 justify-content 属性和 align-content 属性影响的。例如有如下 HTML：

```
<div class="container">
    <item>内容</item>
    <item>很多内容</item>
    <item>内容</item>
    <item>很多内容</item>
</div>
```

同时有两段CSS代码应用在上述HTML代码上，区别就在于两者设置的 `justify-content` 属性值不同，CSS代码如下：

```
.container {
    display: grid;
    grid-template-columns: auto auto;
    /* 拉伸，默认值 */
    justify-content: stretch;
}
.container {
    display: grid;
    grid-template-columns: auto auto;
    /* 两端对齐 */
    justify-content: space-between;
}
```

结果如图 6-77 所示，可以看到在 `justify-content:stretch` 声明下的 grid 子项的尺寸都是大于 max-content 尺寸的，这就是 auto 关键字的尺寸上限和 max-content 关键字的区别。

图 6-76　min-content 关键字影响下
的尺寸效果示意

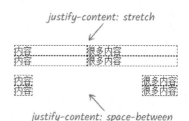

图 6-77　auto 关键字的尺寸上限受
`justify-content` 属性影响示意

另外，当多列的宽度同时设置为 auto 的时候，这些列的宽度并不是等分的，而是在 max-content 尺寸的基础上增加同样大小的尺寸。例如，图 6-77 所示的拉伸效果那里，第二列的宽度比第一列大 32px，这个尺寸就是多出来的 2 个中文字符的宽度。

尺寸下限是最小尺寸的最大值。注意，这里说的是最小尺寸，并不是最小内容尺寸，虽然大多数场景下确实是最小内容尺寸的最大值，但并不总是如此。当 min-width、min-height 的属性值比最小内容尺寸大的时候，最小尺寸就是 min-width、min-height 的属性值，例如：

```
<div class="container">
    <item>内容</item>
    <item>css_new_world</item>
    <item>内容</item>
    <item></item>
</div>
.container {
    display: grid;
    width: 200px;
    grid-template-columns: 180px auto;
}
```

此时，第二列的宽度的尺寸下限就是字符"css_new_world"和字符""的最小内容尺寸的最大值，因为字符"css_new_world"没有任何换行点，因此，最终的尺寸就是字符"css_new_world"的宽度，但是，如果设置了下面的 CSS 代码：

```
.container item:nth-child(4) {
    min-width: 150px;
}
```

则尺寸下限就是字符"css_new_world"的宽度和 150px 中的较大的那个值，结果如图 6-78 所示。图 6-78 中下面这个布局的第二列的宽度就是 min-width 设置的 150px，而上面这个布局是没有设置 min-width 属性的效果，可以看到第二列的宽度是最小内容宽度。

图 6-78　auto 关键字的尺寸下限并不总是最小内容尺寸示意

除非使用了 minmax() 函数指定了新的尺寸上下限，否则 auto 关键字的尺寸表现都在上面说的上限尺寸和下限尺寸之间，等同于 minmax(auto, auto) 函数值，且在大多数场景下行为类似 minmax(min-content, max-content) 函数。请注意，并非所有场景都类似，原因已经通过上面两个案例解释过了，即 justify-content 和 min-width/max-width 等属性可以改变尺寸的上下限。

再接下来是 <flex> 数据类型，也就是 fr 单位，这个值得专门用一节来解释。

6.3.2　了解网格布局专用单位 fr

fr 是单词 fraction 的缩写，表示分数。

是这样的，网格布局往往有多列或者多行，其中有些列有固定的宽度，有些列的宽度就由页面自动分配，而 fr 就表示这些自动分配列的尺寸划分比例。

auto 关键字也可以自动分配列的尺寸，但是 auto 关键字的尺寸划分是随着内容变化的，内容多则尺寸大，内容少则尺寸小，而 fr 就是纯粹按比例计算，与内容多少无关。

fr 单位值的计算规则如下。

* 如果所有 fr 值之和大于 1，则按 fr 值的比例划分可自动分配尺寸。
* 如果所有 fr 值之和小于 1，最终的尺寸是可自动分配尺寸和 fr 值的乘法计算值。

我们通过几个例子熟悉一下 fr 单位的作用。

1. 所有列都使用 fr

先从最简单的开始，看一下下面的 CSS 代码：

```
.container {
    grid-template-columns: 1fr 1fr 1fr;
}
```

此时 fr 值的和是 3，大于 1，因此按照比例划分，比例是 1:1:1，因此网格宽度为三等分，效果如图 6-79 所示。

如果是下面的 CSS 代码：

```
.container {
    grid-template-columns: .2fr .2fr .2fr;
}
```

虽然 fr 值的比例还是 1:1:1，但是由于 fr 值的和是 0.6，小于 1，因此网格的宽度是容器尺寸和 0.2 的乘法计算值，会有 40% 的尺寸是没有网格元素的，效果如图 6-80 所示。

图 6-79   fr 值一样时的显示效果示意　　　　图 6-80   fr 值相同但和小于 1 时的显示效果示意

2. 部分列是固定长度值

如果部分列是固定长度值,那么可自动分配尺寸就是容器尺寸减去固定的尺寸。例如:

```
.container {
    grid-template-columns: 200px 1fr 1fr 1fr;
}
```

该网格共有 4 列,后面 3 列的宽度分别为 grid 容器宽度减去 200px 后的三等分大小,于是会有图 6-81 所示的效果。

3. 和 auto 关键字混合使用

如果部分列使用的是 auto 关键字,则 fr 值的计算规则就与设置 auto 这一列的内容密切相关。先看一个 fr 值之和大于 1 的例子,CSS 代码如下:

```
.container {
    grid-template-columns: auto 1fr 1fr 1fr;
}
```

这段代码实现的效果如图 6-82 所示。

图 6-81   包含固定尺寸情况下的 fr 值的　　　　图 6-82   使用 auto 关键字同时
　　　　　　　布局表现示意　　　　　　　　　　　　fr 值之和大于 1 时的效果示意

是这样的,fr 值的可自动分配尺寸是容器尺寸减去设置 auto 关键字的列的 fit-content 尺寸。在本例中,由于设置 auto 关键字的这一列里面内容比较少,fit-content 尺寸就是这几个字符的宽度尺寸,因此,最终的尺寸表现就是最后 3 列按照 1:1:1 的比例平分了容器尺寸减去 “宽度 auto” 这几个字符的宽度得到的尺寸。

如果 fr 值之和小于 1,例如:

```
.container {
    grid-template-columns: auto .25fr .25fr .25fr;
}
```

则会有图 6-83 所示的效果。

其渲染原理与 fr 值之和大于 1 时的渲染原理是一样的,fr 值的可自动分配尺寸是容器尺寸减去 “宽度 auto” 这几个字符宽度得到的尺寸,后面 3 个设置 .25fr 网格的宽度为可自动分配尺寸乘以 0.25 的值,剩余的尺寸就是第一个网格宽度。

图 6-83   设置 auto 关键字同时 fr 值之和
小于 1 时的效果示意

通过上面 3 种不同场景的描述和解释,相信大家对 fr 值应该有比较清楚的认识了。接下来我就带大家学习<track-size>数据类型中的 3 个函数,即 repeat()函数、minmax()函数和 fit-content()函数。

6.3.3 详细介绍 minmax()和 fit-content()函数

在展开介绍 repeat()、minmax()和 fit-content()这 3 个网格布局函数之前,我先带大家快速了解一下这 3 个函数之间的关系。

repeat()函数的性质与 fit-content()函数和 minmax()函数是不同的,repeat()函数不直接参与尺寸设置,其作用更像一种简化代码的语法形式,可以包含 fit-content()函数和 minmax()函数。而 fit-content()函数和 minmax()函数的作用则是设置弹性尺寸,不可以包含 repeat()函数。

因此,我们先从基础一点的 fit-content()函数和 minmax()函数说起。

1. minmax()函数

minmax()函数支持两个参数值,例如:

```
minmax(min, max)
```

表示尺寸范围限制在 min~max 范围内。

minmax()函数的正式语法如下:

```
minmax( [ <length> | <percentage> | min-content | max-content | auto ] , [ <length> |
<percentage> | <flex> | min-content | max-content | auto ] )
```

其中有一个细节需要注意一下, <flex>数据类型(如以 fr 为单位的值)只能作为第二个参数出现,因此,下面的语句是不合法的,grid-template-columns 属性失效:

```
/* 非法,无效 */
grid-template-columns: minmax(1fr, 200px) 1fr 1fr;
```

以下这些用法则是合法的:

```
/* 合法 */
minmax(200px, 1fr)
minmax(400px, 50%)
minmax(30%, 300px)
minmax(100px, max-content)
minmax(min-content, 400px)
minmax(max-content, auto)
minmax(auto, 300px)
```

网格布局的尺寸本身就是弹性的,如果再使用 minmax()函数,则不同宽度设备下的尺寸变化会更智能,会有种变魔术的感觉,这个 CSS 函数值得学习。

兼容性

minmax()函数的兼容性如表 6-5 所示。

表 6-5 **minmax()** 函数兼容性(数据源自 MDN 网站)

IE	Edge	Firefox	Chrome	Safari	iOS Safari	Android Browser
✘	16+ ✔	52+ ✔	57+ ✔	10.1+ ✔	10.3+ ✔	5+ ✔

2. fit-content()函数

fit-content()函数的作用用一句话解释就是：让尺寸适应于内容，但不超过设定的尺寸。底层计算公式如下：

```
fit-content(limit) = max(minimum, min(limit, max-content))
```

其中，minimum 是尺寸下限，如果不考虑 min-width/min-height 属性，这个尺寸就是最小内容尺寸。

为了方便理解，我们索性放弃考虑 min-width/min-height 属性，于是参数 minimum 可以替换成 min-content，也就有了下面的"不算精确的"公式：

```
fit-content(limit) = max(min-content, min(limit, max-content))
```

这就表示最终的尺寸大于 min-content，小于设定尺寸（即 limit）和 max-content 的较小值。换句话说，fit-content()函数实现的效果是：尺寸由内容决定，内容越多尺寸越大，但不超过限定的尺寸。例如：

```
<div class="container">
    <item>内容少</item>
    <item>内容很多，多到足够换行</item>
    <item>40px</item>
    <item>auto</item>
</div>
.container {
    display: grid;
    grid-template-columns: fit-content(100px) fit-content(100px) 40px auto;
}
item {
    outline: 1px dashed;
}
```

其中，第一列和第二列使用了 fit-content()函数，于是有如下分析。

- 第一列文字内容很少，由于都是中文，因此，min-content 尺寸是一个中文尺寸。假设字体是宋体，则尺寸是 16px，而 max-content 尺寸是 "内容少" 这 3 个字的尺寸，为 48px。因此，最终尺寸是 48px，计算过程如下：

```
fit-content(100px) = max(16px, min(100px, 48px)) = 48px
```

- 第二列文字内容较多，由于包含避头标点逗号，因此，min-content 尺寸是 2 个中文尺寸。假设字体是宋体，则尺寸是 32px，而 max-content 尺寸是全部文字的尺寸，为 176px。因此，最终尺寸是 100px，计算过程如下：

```
fit-content(100px) = max(32px, min(100px, 176px)) = 100px
```

最终真实的渲染结果如图 6-84 所示，第一列宽度是 48px，第二列宽度是 100px。

这就是 fit-content()函数的作用，常用于希望 grid 子项的宽度随着内容变化，但是又不希望宽度太大的场景。

事实上，fit-content()函数的表现和 fit-content 关键字的表现都是一样的，fit-content 的尺寸表现也是宽度随着内容变化，但是尺寸最大不超过包含块（通常是父元素）的尺寸。但在网格布局中，往往多项并存，多个元素共享一个包含块元素，因此 fit-content 尺寸是没有任

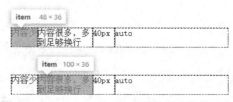

图 6-84　fit-content()函数尺寸表现示意

何意义的，只能通过参数限制尺寸的上限，于是才有了 `fit-content()` 函数。

`fit-content()` 函数的正式语法如下：

```
fit-content( [ <length> | <percentage> ] )
```

也就是说，`fit-content()` 函数只支持数值和百分比值，`fr` 值是不合法的。因此，下面的写法是无效的：

```
/*不合法，无效 */
grid-template-columns: fit-content(1fr);
```

兼容性

　　`fit-content()` 函数的兼容性要比 `minmax()` 函数好一些，具体如表 6-6 所示。

表 6-6　**fit-content()** 函数兼容性（数据源自 MDN 网站）

IE	Edge	Firefox	Chrome	Safari	iOS Safari	Android Browser
✘	16+✔	51+✔	29+✔	10.1+✔	10.3+✔	5+✔

6.3.4　repeat()函数的详细介绍

下面详细介绍 `repeat()` 函数。

1. repeat()函数的作用

先看下面的代码：

```
.container {
    grid-template-columns: 40px auto 60px;
}
```

这段代码表示网格布局分为 3 列，每列的宽度分别是 40px、auto 和 60px。

再看下面的代码：

```
.container {
    grid-template-columns: 40px auto 60px 40px auto 60px;
}
```

这段代码表示布局分为 6 列，每列的宽度分别是 40px、auto、60px、40px、auto 和 60px。

现在，假设我们的布局是 12 列的，请问，CSS 代码会是怎样的？如果按照上面的写法，是不是应该写成下面这样？代码如下：

```
.container {
    grid-template-columns: 40px auto 60px 40px auto 60px 40px auto 60px 40px auto 60px;
}
```

代码量多，看得眼花，还不好理解，维护起来也不方便。此时，`repeat()` 函数的价值就体现出来了。请看：

```
.container {
    grid-template-columns: repeat(4, 40px auto 60px);
}
```

这段代码非常好理解，重复 4 次，每次的重复单元是 40px auto 60px 这 3 个尺寸。于是就有图 6-85 所示的在不同 grid 容器尺寸下的 12 列布局效果。

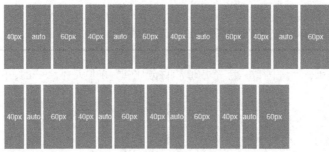

图 6-85　repeat(4, 40px auto 60px)布局效果示意

由此可见，repeat()函数的作用很简单，就是当网格尺寸可以重复的时候简化属性值的书写，正式语法如下：

```
repeat( [ <positive-integer> | auto-fill | auto-fit ] , <track-list> )
```

其中，<track-list>就是不包括 repeat()函数在内的所有 grid-template-columns 支持的属性值，包括 fr 值和 min-content/max-content 关键字，以及 minmax()函数和 fit-content()函数等。因此，下面这些语法都是合法的：

```
/* 合法 */
repeat(4, 1fr)
repeat(4, [col-start] 250px [col-end])
repeat(4, [col-start] 60% [col-end])
repeat(4, [col-start] 1fr [col-end])
repeat(4, [col-start] min-content [col-end])
repeat(4, [col-start] max-content [col-end])
repeat(4, [col-start] auto [col-end])
repeat(4, [col-start] minmax(100px, 1fr) [col-end])
repeat(4, [col-start] fit-content(200px) [col-end])
repeat(4, 10px [col-start] 30% [col-middle] auto [col-end])
repeat(4, [col-start] min-content [col-middle] max-content [col-end])
```

然后来看参数<positive-integer>。<positive-integer>，顾名思义，就是正整数的意思，表示尺寸重复的次数，例如 repeat(4, 40px auto 60px)函数中的参数 4 就是<positive-integer>参数。

那还有两个关键字参数 auto-fill 和 auto-fit 有什么作用呢？

有时候，我们无法确定网格布局的列数，例如希望网格布局的列数随着容器宽度变化，这个时候就不能将重复次数设置为固定的整数值，而应该使用 auto-fill 关键字或 auto-fit 关键字代替。

auto-fill 和 auto-fit 相当于一个变量，表示一个不确定的重复次数，究竟重复多少次，是由 grid 容器和每一个 grid 子项的尺寸计算得到的。

2. auto-fill 关键字

auto-fill 和 auto-fit 这两个关键字的规则很接近，这里先通过一个简单的案例来了解一下 auto-fill 关键字。

假设有 5 个 grid 子项，HTML 代码如下：

```
<div class="container">
    <item></item>
```

```
    <item></item>
    <item></item>
    <item></item>
    <item></item>
</div>
```

关键 CSS 代码如下：

```
.container {
    grid-template-columns: repeat(auto-fill, 100px);
}
```

- 如果 grid 容器宽度是 640px，可以放下 6 个 100px 宽的 grid 子项，则此时 auto-fill 关键字值等同于 6。只不过，由于这里 grid 子项元素（<item>元素）只有 5 个，因此还有一个 grid 子项是空白的。真实渲染效果（图 6-86 上半部分）和网格线效果（图 6-86 下半部分）如图 6-86 所示。
- 如果 grid 容器宽度是 375px，最多每行可以放下 3 个 100px 宽的 grid 子项，则此时 auto-fill 关键字值等同于 3。此时的布局效果如图 6-87 所示。

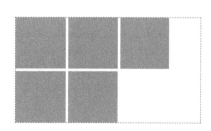

图 6-86 auto-fill 关键字在宽度足够大时的布局表现示意

图 6-87 auto-fill 关键字在 375px 宽度下的布局表现示意

在实际开发的时候，我们不会期望出现图 6-87 所示的效果，因为右侧留有严重影响视觉体验的不对称的空白区域，所以，auto-fill 关键字往往会和其他网格布局函数一起使用，例如 minmax() 函数，示例如下：

```
.container {
    grid-template-columns: repeat(auto-fill, **minmax(100px, 1fr)**);
}
```

这就实现了无论 grid 容器多宽，grid 子项都会等比例充满 grid 容器（因为设置了 1fr），同时保证宽度不小于 100px，网格布局的列数自动计算分配的智能弹性布局效果。例如，当 grid 容器宽度是 375px 时的布局效果如图 6-88 所示。

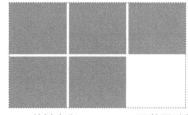

图 6-88 auto-fill 关键字和 minmax() 函数同时使用时的布局表现

静态的图片无法体现这种布局的健壮性，读者可以在浏览器中进入 https://demo.cssworld.cn/new/6/3-1.php 页面，或者扫描右侧的二维码，然后改变 grid 容器的宽度进行体验。

这里有一个细节知识需要注意一下，当我们使用 auto-fill 关键字自动填充的时候，repeat()函数是不能和 auto 一起使用的。例如，下面这种写法是无效的：

```
.container {
    /* 无效 */
    grid-template-columns: repeat(auto-fill, minmax(100px, 1fr)) auto;
}
```

但是 repeat()函数可以与长度值和百分比值一起使用，例如：

```
.container {
    /* 有效 */
    grid-template-columns: repeat(auto-fill, minmax(100px, 1fr))20%;
}
```

这样，每一行的最后一列的宽度都会是容器的 20%大小，如图 6-89 所示。

3. auto-fit 关键字

auto-fit 和 auto-fill 关键字的作用是相似的，区别在于 auto-fit 关键字会把空白匿名网格进行折叠合并，而这个合并的 0px 大小的格子可以被认为具有单个格子轨道大小调整的功能，同时，空白匿名格子两侧的过道（grid-gap 设置的间隙）也会合并。

什么意思呢？这个需要对比 auto-fill 关键字才容易理解。

下面两段CSS语句的区别就在于前者设置的是 auto-fill 关键字，后者设置的是 auto-fit 关键字。

```
.container {
    grid-template-columns: repeat(auto-fill, 100px);
}
.container {
    grid-template-columns: repeat(auto-fit, 100px);
}
```

前者在容器宽度为 640px 的情况下的网格线效果在图 6-86 中已经展示过了，这里为了方便对比，就和 auto-fit 关键字的效果放在了一起，结果如图 6-90 所示。

图 6-89　repeat()函数和百分比值同时应用的效果示意

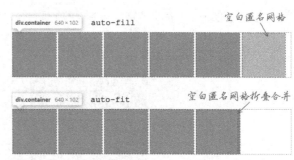

图 6-90　auto-fit 和 auto-fill 关键字效果对比示意

可以看到，`auto-fit` 关键字把空白匿名网格连同左侧的间隙也一起合并了。这种合并设计有什么好处呢？好处就在于，如果配合 `fr` 值一起使用，可以保证无论 grid 容器宽度多大，grid 子项都可以填满 grid 容器。例如：

```
.container {
    grid-template-columns: repeat(auto-fit, minmax(100px, 1fr));
}
```

此时，在 640px 宽度下的效果如图 6-91 所示，可以看到 5 个 grid 子项充分利用了 grid 容器的尺寸，如果在同样的条件下使用 `auto-fill` 关键字，则会出现一片空白区域，效果如图 6-92 所示。

图 6-91　`auto-fit` 关键字在宽度足够的条件下充分利用空间

图 6-92　`auto-fill` 关键字在宽度足够的条件下预留了空白

可见，使用 `auto-fit` 关键字实现的布局效果要比 `auto-fill` 关键字实现的更符合常规的布局需求。读者可以在浏览器中进入 https://demo.cssworld.cn/new/6/3-2.php 页面，或者扫描右侧的二维码查看 `auto-fit` 关键字实现的弹性布局效果。

4．一些小细节和兼容性

`repeat()` 函数只能作用在 `grid-template-columns` 和 `grid-template-rows` 这两个 CSS 属性上。

兼容性

在 Firefox 浏览器中，`grid-template-rows` 属性对 `repeat()` 函数仅仅是部分支持，不支持的是 `auto-fill` 和 `auto-fit` 这两个关键字参数，`grid-template-columns` 属性对 `repeat()` 函数则是完全支持的。

`repeat()` 函数的兼容性如表 6-7 所示。

表 6-7　**`repeat()`** 函数兼容性（数据源自 MDN 网站）

IE	Edge	Firefox	Chrome	Safari	iOS Safari	Android Browser
✘	16+ ✔	59+ ✔ 部分支持 76+ ✔	57+ ✔	10.1+ ✔	10.3+ ✔	5+ ✔

6.3.5　了解 grid-template-areas 属性

grid-template-areas 属性用来指定网格区域的划分，注意是 areas，不是 area，后面有个 s。网格区域的划分性质和城市的行政区划分、小区的划分、农田的划分都很接近，划分网格区域可以更方便网格的管理与维护。

grid-template-areas 属性的语法如下：

```
.container {
    grid-template-areas:
        "<grid-area-name> | . | none | ..."
        "...";
}
```

先讲一下这一语法中的几个关键点。

- <grid-area-name>表示对应网格区域的名称，命名规则和 animation-name 属性值一样。
- . 表示空的网格单元格。例如：

  ```
  grid-template-areas:
      "a a ."
      ". b c";
  ```

  就表示第一行第三列和第二行第一列的网格是一个空的单元格。

- none 表示没有定义网格区域。

我们通过一个案例熟悉一下 grid-template-areas 属性的使用方法和作用。张老板承包了一块土地，希望开展农作物种植和水产养殖业务，那么就需要对这块土地进行区域划分，决定哪片区域搞种植，哪片区域搞养殖。于是张老板就把这片土地划分成了 3×4 共 12 个小格子，最上面 3 个格子种葡萄，最下面 3 个格子种西瓜，中间 6 个格子，左边 2 个养龙虾，右边 4 个养鱼。土地区域划分如图 6-93 所示。

对应的 CSS 代码如下：

```
.container {
    grid-template-columns: 1fr 1fr 1fr;
    grid-template-rows: 1fr 1fr 1fr 1fr;
    grid-template-areas:
        "葡萄 葡萄 葡萄"
        "龙虾 养鱼 养鱼"
        "龙虾 养鱼 养鱼"
        "西瓜 西瓜 西瓜";
}
```

共 12 个格子，4 片区域，因此，grid 子项只需要 4 个元素即可，HTML 示意如下：

```
<div class="container">
    <item class="putao"></item>
    <item class="longxia"></item>
    <item class="yangyu"></item>
    <item class="xigua"></item>
</div>
```

此时只要使用 grid-area 属性指定 grid 子项隶属于哪个区域就可以了（支持中文区域名称）：

```
.putao { grid-area: 葡萄; }
.longxia { grid-area: 龙虾; }
.yangyu { grid-area: 养鱼; }
.xigua { grid-area: 西瓜; }
```

网格布局效果如图 6-94 所示。

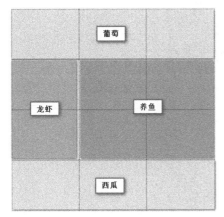

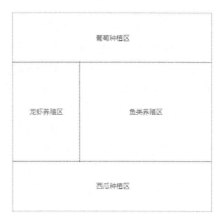

图 6-93　张老板的土地区域划分示意　　　　图 6-94　土地区域划分网格布局效果示意

眼见为实，读者可以在浏览器中进入 https://demo.cssworld.cn/new/6/3-3.php 页面，或者扫描右侧的二维码查看效果。

实际上，上面的土地划分就是一个典型的桌面端网页结构，葡萄种植区就是头部区域，龙虾养殖区就是侧边栏区域，鱼类养殖区就是主区域，西瓜种植区就是底部区域。

下面我再强调一下其他几个重要的细节。

（1）如果我们给网格区域命名了，但是没有给网格线命名，则系统会自动根据网格区域名称生成网格线名称，规则是在区域名称后面加-start 和-end。例如，某网格区域名称是"葡萄"，则左侧网格线名称就是"葡萄-start"，右侧网格线名称就是"葡萄-end"。

因此，表面上设置在 grid 容器上的 grid-template-areas 属性需要与设置在 grid 子项上的 grid-area 属性（区域名称匹配）配合使用才能发挥作用。实际上，设置在 grid 子项上的 grid-row-start 属性、grid-row-end 属性、grid-column-start 属性和 grid-column-end 属性（网格线名称匹配）也是可以使用 grid-template-areas 的区域命名的（因为会自动生成网格线名称）。

（2）网格区域一定要形成规整的矩形区域，无论是 L 形，还是凹的或凸的形状都会认为是无效的属性值。

6.3.6　缩写属性 grid-template

grid-template 属性是 grid-template-rows、grid-template-columns 和 grid-template-areas 属性的缩写。语法示意如下：

```
.container {
    grid-template: none;
}
.container {
    grid-template: <grid-template-rows> / <grid-template-columns>;
}
```

```
.container {
    grid-template: [ <line-names>? <string> <track-size>? <line-names>? ]+ [ /
<explicit-track-list> ]?;
}
```

其中，前两种缩写相对简单，最后一种缩写略复杂，具体如下。

（1）属性值 none 表示将 3 个 CSS 属性都设置为初始值 none。

（2）<grid-template-rows> / <grid-template-columns>表示行尺寸或列尺寸的设置，例如：

```
grid-template: 100px 1fr / 50px 1fr;
grid-template: auto 1fr / auto [col-name1] 1fr [col-name2] auto;
```

支持 repeat() 函数，例如：

```
grid-template: auto 1fr repeat(2, 200px) / repeat(3, 1fr);
```

自然也支持 minmax() 函数和 fit-content() 函数，例如：

```
grid-template: minmax(100px, 30%) / fit-content(40%) auto;
```

（3）第三种缩写是包含 grid-template-areas 属性的语法，其中<string>指的就是 grid-template-areas 属性值，更准确地说是每一行网格的区域名称。

例如，前面张老板土地划分例子的完整代码用 grid-template 缩写属性表示就是下面这样，布局效果也和图 6-94 所示一模一样：

```
.container {
    grid-template:
        "葡萄 葡萄 葡萄" 1fr
        "龙虾 养鱼 养鱼" 1fr
        "龙虾 养鱼 养鱼" 1fr
        "西瓜 西瓜 西瓜" 1fr
        / 1fr 1fr 1fr;
}
```

上面的代码也可以写成一行，如下所示：

```
.container {
    grid-template: "葡萄 葡萄 葡萄" 1fr "龙虾 养鱼 养鱼" 1fr "龙虾 养鱼 养鱼" 1fr "西瓜 西瓜 西
瓜" 1fr / 1fr 1fr 1fr;
}
```

只是这代码可读性太差了，因此，在实际开发中，我们会约定俗成地把每一行网格的区域名称、尺寸等放在一行显示。

从语法可以看出，只有<string>数据类型是必需的，其他数据类型都可以省略。例如<track-size>（也就是尺寸）可以省略（会使用 auto 代替计算）：

```
.container {
    grid-template:
        "葡萄 葡萄 葡萄" 1fr
        "龙虾 养鱼 养鱼"
        "龙虾 养鱼 养鱼"
        "西瓜 西瓜 西瓜" 1fr;
}
```

网格线的名称（也就是<line-name>数据类型）也是可以省略的。但是，如果需要设置该数据类型，则书写形式需要注意一下，<line-name>（网格线名称）数据类型总是出现在<track-size>

（网格尺寸）和<string>（区域名称）数据类型的两侧，例如：

```
.container {
    grid-template:
        [row-name1-start] "葡萄 葡萄 葡萄" 1fr [row-name1-end row-name2-start]
        "龙虾 养鱼 养鱼" 1fr [row-name2-end]
        "龙虾 养鱼 养鱼" 1fr [row-name3-end]
        [row-name4-start] "西瓜 西瓜 西瓜" 1fr [row-name4-end]
        / [col-name-start] 1fr [col-name-end] auto;
}
```

grid-template 缩写语法支持<line-name>分开书写,什么意思呢？对于 grid-template-columns 属性，下面的写法就是不合法的：

```
/* 不合法，无效 */
.container {
    grid-template-columns: 1fr [col-name1-end] [col-name2-start] auto;
}
```

[col-name1-end]和[col-name2-start]必须放在同一个中括号里面，否则就是不合法的。但是，在包含<string>（区域名称）的 grid-template 缩写语法中，[col-name1-end][col-name2-start]既可以放在一个中括号中，也可以分开放在两个中括号中，效果是一样的。例如下面两段 CSS 代码的效果是一样的：

```
.container {
    grid-template:
        "a" 1fr [name1-end name2-start]
        "b";
}
.container {
    grid-template:
        "a" 1fr [name1-end]
        [name2-start] "b";
}
```

另外，包含<string>（区域名称）的 grid-template 缩写属性是不支持 repeat()函数的，例如下面的语法是不合法的：

```
/* 不合法，无效 */
.container {
    grid-template:
        "葡萄 葡萄 葡萄" 1fr
        "龙虾 养鱼 养鱼" 1fr
        "龙虾 养鱼 养鱼" 1fr
        "西瓜 西瓜 西瓜" 1fr
        / repeat(3, 1fr);
}
```

而 minmax()函数和 fit-content()函数是可以无障碍使用的，例如下面的语法就是合法的：

```
/* 合法，有效 */
.container {
    grid-template:
        "葡萄 葡萄 葡萄" 1fr
        "龙虾 养鱼 养鱼" 1fr
        "龙虾 养鱼 养鱼" 1fr
        "西瓜 西瓜 西瓜" 1fr
```

```
                 / auto minmax(100px, 1fr) fit-content(400px);
    }
```

由于 `grid-template` 属性不会重置一些隐式的 `grid` 属性（如 `grid-auto-columns` 属性、`grid-auto-rows` 属性和 `grid-auto-flow` 属性），因此，大多数时候，还是推荐使用 `grid` 缩写属性代替 `grid-template` 缩写属性。

6.3.7 了解 grid-auto-columns 和 grid-auto-rows 属性

`grid-auto-columns` 和 `grid-auto-rows` 属性的作用是指定任何自动生成的网格（也称为隐式网格）的尺寸大小。

这里需要了解网格布局中"隐式网格"和"显式网格"这两个概念，"隐式网格"是非正常网格，其在 `grid` 子项多于设置的单元格数量，或 `grid` 子项的位置出现在设定的网格范围之外时出现，而在规定容器内显示的网格称为"显式网格"。

举个例子，下面的 CSS 代码指定了一个 2×2 的网格：

```
.container {
    grid-template: 1fr 1fr / 1fr 1fr;
}
```

但是 `flex` 子项却有 5 项，具体如下：

```
<div class="container">
    <item>1</item>
    <item>2</item>
    <item>3</item>
    <item>4</item>
    <item>5</item>
</div>
```

此时，第五个 `<item>` 元素就是"隐式网格"。

`grid-auto-columns` 属性和 `grid-auto-rows` 属性就是用来控制"隐式网格"的尺寸的。例如：

```
.container {
    display: grid;
    grid-template: 1fr 1fr / 1fr 1fr;
    /* 隐式网格高度是 60px */
    grid-auto-rows: 60px;
}
```

结果如图 6-95 所示，第五个 `<item>` 元素的高度为 60px，而其他显式网格（第一到第四个 `<item>` 元素）的高度依然表现为 `auto`。

再举一个 `grid` 子项的位置出现在设定的网格范围之外的例子，HTML 和 CSS 代码如下：

```
<div class="container">
    <item class="item-a">a</item>
    <item class="item-b">b</item>
</div>
.container {
    display: grid;
    grid-template: 1fr 1fr / 1fr 1fr;
    /* 隐式网格宽度是 60px */
    grid-auto-columns: 60px;
```

```
    }
    .item-b {
        /* 只有 2 列尺寸设置，但这里列范围大于 2，隐式网格创建 */
        grid-column: 3 / 4;
        background-color: rgba(255, 255, 0, .5);
    }
```

.item-b 元素的 grid-column 属性值范围是第三网格线到第四网格线，超过 grid-template 属性设置的 2 列网格范围，因此.item-b 元素是一个隐式网格，其宽度是 60px，效果如图 6-96 所示。

图 6-95　grid-auto-rows 控制
隐式网格高度效果示意

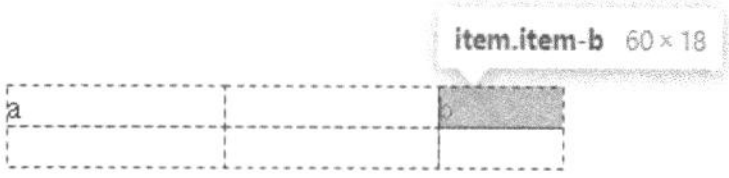

图 6-96　grid-auto-columns 控制
隐式网格宽度效果示意

grid-auto-columns 属性和 grid-auto-rows 属性的语法如下：

```
    .container {
        grid-auto-columns: <track-size> ...;
        grid-auto-rows: <track-size> ...;
    }
```

其中，<track-size>表示隐式网格的尺寸大小。这两个属性的默认值是 auto，可以是长度值、百分比值和 fr 值，也可以是 min-content 关键字和 max-content 关键字，也支持 mimmax() 函数和 fit-content() 函数，但是不支持 repeat() 函数。

grid-auto-columns 属性和 grid-auto-rows 属性在 IE10+浏览器中可以使用非标准的 -ms-grid-columns 属性和-ms-grid-rows 属性代替。

6.3.8　深入了解 grid-auto-flow 属性

grid-auto-flow 属性用来定义子项目元素的自动流动状态，grid-auto-flow 属性在网格布局中的地位非常类似于弹性布局中的 flex-direction 属性。

我们先从最基本的语法开始了解 grid-auto-flow 属性。grid-auto-flow 属性语法如下：

grid-auto-flow: [row | column] || dense

因此，下面这些写法都是合法的：

```
grid-auto-flow: row;
grid-auto-flow: column;
grid-auto-flow: dense;
grid-auto-flow: row dense;
grid-auto-flow: column dense;
```

先讲一下这一语法中的几个关键点。

- **row** 是默认值，表示没有指定位置的网格在水平（行）方向上自然排列。
- **column** 表示没有指定位置的网格在垂直（列）方向上自然排列。
- **dense** 表示网格的自然排列启用"密集"打包算法，也就是说，如果稍后出现的网格比较小，则尝试看看其前面有没有合适的地方放置该网格，使网格尽可能排列紧凑。

网格布局中的网格总是表现为：grid 子项从第一行开始，从左往右依次填入网格格子，全部格子填满后，继续转到下一行，从左往右再次填满格子。例如：

```
<div class="container">
    <item>格子 1</item>
    <item>格子 2</item>
    <item>格子 3</item>
    <item>格子 4</item>
    <item>格子 5</item>
    <item>格子 6</item>
    <item>格子 7</item>
    <item>格子 8</item>
    <item>格子 9</item>
</div>
.container {
    display: grid;
    grid-template-columns: 1fr 1fr;
    line-height: 40px;
}
```

此时的网格布局效果和 grid 子项的流动顺序如图 6-97 所示。

很多前端开发者并没有意识到，这种优先水平排列的布局现象并不是理所当然的，也不是一成不变的，因为这种布局表现的底层是由 grid-auto-flow 属性控制的。因为 grid-auto-flow 属性的默认值是 row，所以才优先水平排列。如果我们将 grid-auto-flow 的属性值修改为 column：

```
.container {
    display: grid;
    grid-template-columns: 1fr 1fr;
    grid-auto-flow: column;
    line-height: 40px;
}
```

网格布局的效果和 grid 子项的流动顺序就会变成图 6-98 所示的样子。

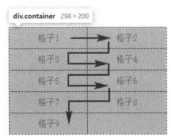

图 6-97　网格布局默认的 grid 子项的流动顺序示意

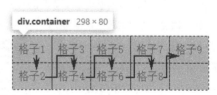

图 6-98　设置 grid-auto-flow:column 时 grid 子项的流动顺序示意

从图 6-98 所示的效果可以看出，在 grid 容器上设置 grid-auto-flow:column 声明后，grid 子项的排列顺序就变成优先垂直排列了，和 CSS 分栏布局的排列顺序有些类似，但显然，网格布局更适合块状元素的布局。例如，要实现图 6-99 所示的 A|B+C 布局效果，注意图片上面的序号顺序，是优先垂直方向排列的，此时，

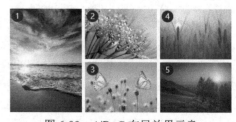

图 6-99　A|B+C 布局效果示意

我们可以使用 grid-auto-flow:column 声明。

HTML 代码结构如下：

```
<div class="container">
    <item><img src="./1.jpg"></item>
    <item><img src="./2.jpg"></item>
    <item><img src="./3.jpg"></item>
    <item><img src="./4.jpg"></item>
    <item><img src="./5.jpg"></item>
</div>
```

相关 CSS 代码如下：

```
.container {
    display: grid;
    grid-template: "a . ." 1fr
                   "a . ." 1fr
                   / 1fr 1fr 1fr;
    grid-auto-flow: column;
    grid-gap: 6px;
}
.container item:first-child {
    grid-area: a;
}
.container img {
    display: block;
    width: 100%; height: 100%;
}
```

由此就实现了图 6-99 所示的网格布局效果，其中的关键就是设置 grid-auto-flow:
column 声明。

眼见为实，读者可以在浏览器中进入 https://demo.cssworld.cn/new/6/3-4.php
页面，或者扫描右侧的二维码查看效果。

dense 关键字

dense 关键字单从字面含义是不太好理解，dense 的意思是"密集的""稠
密的""浓密的"。密集的是树林，稠密的是奶昔，浓密的是头发，跟网格布局
都不搭边。实际上，dense 这个词的含义大家应该用一种更感性的方式去理解。

举个通俗的例子，村里 9 户人家，每一户都分得了一块田地，大家的田地都是紧密相连的。
孤寡老人李大爷和王大爷相继去世，于是就有两块田地是空的，因为有空缺，所以这个时候，如
果我们使用无人机从田地上方拍一个照片，就会看到照片中的田地是稀疏的，不是紧密的。这个
时候，村里又来了两户新人家，也要分田地。如果使用 dense 属性值，则优先分配之前李大爷和
王大爷留下的空缺的土地，因为这样会让整片田地没有空缺，让田地是"密集的"（"紧密的"）。

grid-auto-flow:dense 也是类似的意思。上面的例子我们可以使用代码实现。首先，让
前面的 grid 格子留空，人为制造出稀疏布局结构，CSS 代码如下：

```
.container {
    display: grid;
    grid-template-columns: 1fr 1fr;
}
.container item:first-child {
    grid-column-start: 2;
}
```

结果如图 6-100 所示，第一个格子空缺了。

如果我们希望第一个格子被充分利用，让整个排列是紧密相连的，则可以使用 dense 关键字属性值。

```
.container {
    display: grid;
    grid-template-columns: 1fr 1fr;
    grid-auto-flow: dense;
}
.container item:first-child {
    grid-column-start: 2;
}
```

此时浏览器的渲染表现如图 6-101 所示。

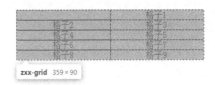

图 6-100　第一个格子空缺示意

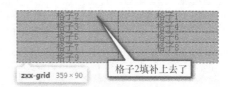

图 6-101　第一个格子被填充示意

原本第一个格子的空缺被格子 2 给填上了。此时这个网格布局又是"紧密的"了，这就是 dense 属性值的作用。

另外，dense 可以和 row 与 column 这两个关键字同时使用，例如：

```
grid-auto-flow: row dense;   // 等同于 dense
grid-auto-flow: column dense;
```

6.3.9　缩写属性 grid

熟练使用 grid 缩写属性，是掌握网格布局的重要标志之一。

grid 属性的缩写规则比较复杂。grid 是这些 CSS 属性的缩写集合：grid-template-rows、grid-template-columns、grid-template-areas、grid-auto-rows、grid-auto-columns 和 grid-auto-flow。

grid 缩写根据语法分为以下四大类。

1. grid: none

这个语法最简单：

```
grid: none
```

none 表示设置所有子属性为初始值。

2. grid: <grid-template>

grid: <grid-template>和 grid-template 的缩写语法一模一样，这一点在前面有详细介绍，这里不再赘述，只举个很常用的例子说明一下：

```
.container {
    grid: 100px 300px / 3fr 1fr;
}
```

等同于下面：

```
.container {
    grid-template-rows: 100px 300px;
    grid-template-columns: 3fr 1fr;
}
```

3. auto-flow 在后面

第三种和第四种缩写语法需要用到 auto-flow 关键字，auto-flow 关键字是一个只在 grid 缩写属性中出现的关键字，本质上是一个变量关键字。

还是先看一下正式语法：

```
grid: <grid-template-rows> / [ auto-flow && dense? ] <grid-auto-columns>?
```

其中，<grid-template-rows>就是 grid-template-rows 属性的值，也就是每一行的高度尺寸和网格线命名等信息；<grid-auto-columns>就是 grid-auto-columns 属性的值，也就是隐式网格的宽度大小。

由于<grid-auto-columns>后面有个问号，表示 0 或 1，即可有可无的意思，因此，grid-auto-columns 属性的值是可以省略的，省略时会将 grid-auto-columns 属性的值解析为 auto。

下面重点讲一下 auto-flow && dense?的含义。

实际上，auto-flow && dense?就是 grid-auto-flow 属性的值，等同于 row、column、row dense 或 column dense。也就是关键字 auto-flow 既可以表示关键字 row，又可以表示关键字 column，就像是 row 和 column 这两个关键字的变量关键字。

这样一来就有下面两个疑问。

- auto-flow关键字在什么时候解析成row关键字，又在什么时候解析成column关键字呢？
- 为什么这么设计，直接使用 row 关键字和 column 关键字表示不行吗？

首先回答第一个问题，auto-flow 关键字究竟是解析成 row 关键字还是解析成 column 关键字，是根据 auto-flow 关键字是在斜杠的左侧还是右侧决定的。如果 auto-flow 关键字在斜杠左侧，则解析为 row 关键字；如果在斜杠右侧，则解析为 column 关键字。因为在网格布局的缩写属性中，斜杠左侧的都表示行控制，斜杠右侧的都表示列控制。

然后回答第二个问题，设计关键字 auto-flow 的作用。我认为这样设计的作用是避免出错，例如，假设没有 auto-flow 关键字，很可能就会写出这样的 CSS 代码：

```
.container {
    grid: 100px 300px / row 200px;
}
```

把 row 关键字写到斜杠的后面去了，导致语法错误。使用 auto-flow 关键字就不用关心到底斜杠前面是 row 关键字还是斜杠后面是 row 关键字了[①]。

下面通过一个案例学习一下这种语法：

```
.container {
    grid: 100px 300px / auto-flow 200px;
}
```

这里 auto-flow 关键字是在斜杠的右侧，因此会将 auto-flow 关键字解析为 column。上面 CSS

---

① 如果我是设计者，我更愿意直接使用 row 和 column，忽略语法的错误。因为，至少对于新人而言，直接使用 row 和 column 更容易上手，更符合直觉，而关键字 auto-flow 的出现让网格布局的规则和细节又多了一条，增加了额外的学习成本。

代码省略了 dense 关键字，启用了<grid-auto-columns>，因此，等同于下面的 CSS 代码：

```
.container {
    grid-template-rows: 100px 300px;
    grid-auto-flow: column;
    grid-auto-columns: 200px;
}
```

4．auto-flow 在前面

正式语法如下：

```
grid: [ auto-flow && dense? ] <grid-auto-rows>? / <grid-template-columns>
```

此语法和 auto-flow 关键字在后面的语法类似，只是这里的语法表示斜杠前面是隐式网格，后面是显式网格。在这里，由于 auto-flow 关键字在斜杠左侧，因此解析为 row 关键字。所以：

```
.container {
    grid: auto-flow dense 100px / 1fr 2fr;
}
```

等同于下面 CSS：

```
.container {
    grid-auto-flow: row dense;
    grid-auto-rows: 100px;
    grid-template-columns: 1fr 2fr;
}
```

最后再给大家梳理一下 grid 缩写的语法。

- grid:none 很简单，没什么好说的。
- 如果没有隐式网格，且无须改变网格布局的自然流向，则使用 grid-template 属性。
- 最后两个语法是在出现隐式网格，或者需要改变网格布局的自然流向的时候使用，要么使用 grid-template/auto-flow，要么使用 auto-flow/grid-template，就这么简单。

grid 缩写属性其实也没什么难点，一开始使用不熟练是很正常的，多实践几次，多手写几次，很快就能掌握并成为网格布局小能手了。

6.3.10　间隙设置属性 column-gap 和 row-gap（grid-column-gap 和 grid-row-gap）

以前是使用 grid-column-gap 属性和 grid-row-gap 属性来对网格布局中各个网格之间的间隙进行设置的，后来，随着 CSS Box Alignment Module Level 3 的制定，无论是分栏布局、弹性布局还是网格布局，全部统一使用 column-gap 属性和 row-gap 属性来设置。

以 column-gap 属性举例，各大布局兼容性排序如下：

分栏布局 > 网格布局 > 弹性布局

各个布局的浏览器兼容性如下。

- 分栏布局中，column-gap 属性在 IE10+浏览器中全兼容。
- 网格布局中，column-gap 属性在 Edge16+浏览器中都提供支持。
- 弹性布局中，column-gap 属性目前仅有 Chrome 浏览器和 Firefox 浏览器提供不错的支持。

row-gap 属性的兼容性也类似，只是分栏布局中没有行的概念，因此，使用 row-gap 属性没有效果。

目前在这三大布局中，column-gap 属性和 row-gap 属性在网格布局中的支持最完整。虽然目前浏览器依然支持 grid-column-gap 属性和 grid-row-gap 属性，但是保不准日后会被舍弃，因此在网格布局中，推荐使用 column-gap 属性和 row-gap 属性。语法如下：

```
.container {
    column-gap: <line-size>;
    row-gap: <line-size>;
}
```

其中，<line-size>是网格间的间隙尺寸，可以是长度值，也可以是百分比值。下面的语句都是合法的：

```
row-gap: 20px;
row-gap: 1em;
row-gap: 3vmin;
row-gap: 10%;

row-column: 15px;
row-column: 1rem;
row-column: 3vmax;
row-gap: 15%;
```

用实例说话，给定一个简单的 2×2 网格，设置垂直间隙（列间隙）为 20px，水平间隙（行间隙）为 10px，如下所示：

```
.container {
    display: grid;
    height: 150px;
    grid: 1fr 2fr / 2fr 1fr;
    /* 列间隙20px，行间隙10px  */
    column-gap: 20px;
    row-gap: 10px;
}
```

此时，4 个 grid 子项的虚线轮廓效果如图 6-102 所示。

图 6-102　使用 column-gap 属性和 row-gap 属性设置的间隙效果示意

6.3.11　缩写属性 gap（grid-gap）

本章到目前为止介绍的三大布局，即分栏布局、弹性布局和网格布局，全部统一采用 gap 缩写属性设置间隙。例如：

```
.container {
    gap: 10px;
}
```

会让分栏布局的列间隙大小为 10px，弹性布局的行和列的间隙大小为 10px，网格布局的行和列的间隙大小为 10px。

在网格布局中，gap 属性的前身是 grid-gap 属性，这里推荐使用 gap 属性，grid-gap 属性已经确定被替换了。gap 属性的语法如下：

```
.container {
    gap: <row-gap> <column-gap>;
}
```

和其他网格布局中的 CSS 属性一样，表示行的部分写在前面，表示列的部分写在后面。例如，CSS 代码：

```
.container {
    display: grid;
    grid: 1fr 2fr / 2fr 1fr;
    column-gap: 20px;
    row-gap: 10px;
}
```

可以缩写成：

```
.container {
    display: grid;
    grid: 1fr 2fr / 2fr 1fr;
    gap: 10px 20px;
}
```

如果 gap 属性值只有 1 个值，则表示行间隙和列间隙同时设置为这个值。例如，CSS 代码：

```
gap: 20px;
```

等同于：

```
gap: 20px 20px;
```

gap 属性值支持数值和百分比值，也支持 calc() 函数，因此下面这些用法都是合法的：

```
/* 合法 */
gap: 20px;
gap: 1rem;
gap: 3vmin;

gap: 16%;
gap: 100%;

gap: 20px 10px;
gap: 1em .5em;
gap: 3vmin 2vmax;

gap: 16% 100%;
gap: 21px 82%;

gap: calc(10% + 20px);
gap: calc(20px + 10%) calc(10% - 5px);
```

gap 属性非常浅显易懂，这里就点到为止，不再多说。

6.3.12　元素对齐属性 justify-items 和 align-items

网格布局的对齐属性的值和弹性布局中对齐属性的值有很多相同之处，但区别在于网格布局是二维布局，多了列的概念，因此部分在网格布局中有效果的属性在弹性布局中是没有效果的。

在网格布局中，以 -items 结尾的对齐属性表示控制每一个元素在自己所在的网格中的对齐表现。justify-items 属性用来定义元素在网格中的水平对齐表现，align-items 属性则是用来定义元素在网格中的垂直对齐表现。

1. justify-items

justify-items 的常用语法如下：

```
.container {
    justify-items: stretch | start | end | center;
}
```

其中有几点需要注意（假设当前元素处于网页默认的文档流方向中）。

- stretch 表现为元素水平尺寸拉伸，填满整个网格的水平空间。
- start 表现为元素的水平尺寸收缩为内容大小，同时沿着网格线左侧对齐显示，效果如图 6-103 所示，可以看到元素所在网格的背景和轮廓范围在水平方向收缩了，同时元素在网格线的左侧对齐显示了。
- end 表现为元素的水平尺寸收缩为内容大小，同时沿着网格线右侧对齐显示，效果如图 6-104 所示。
- center 表现为元素的水平尺寸收缩为内容大小，同时在当前网格区域内部水平居中对齐显示，效果如图 6-105 所示。其中图 6-105 左侧是实际显示效果，图 6-105 右侧是网格线显示后的效果，可以看到元素尺寸水平收缩，同时在网格中居中对齐显示。

justify-items 属性在弹性布局中也是被支持的，例如下面的语法也是合法的：

```
justify-items: flex-start;
justify-items: flex-end;
```

不过该属性在弹性布局中并没有任何效果，因为弹性布局中并没有列的概念，明明属性值以 flex-开头，其反倒是在网格布局中有对齐效果。

图 6-103　justify-items:start 效果示意

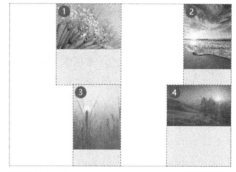

图 6-104　justify-items:end 效果示意

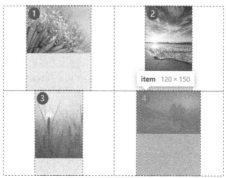

图 6-105　justify-items:center 效果示意

justify-items 属性还支持下面几个属性值，不过都不常用，大家了解一下即可。

- self-start：它和 start 的区别在于相对当前元素所处的网格的起始线对齐。例如，

  设置第二个网格元素 direction:rtl，则 self-start 可以让这个网格元素右对齐显示，和其他网格元素区分开来，效果如图 6-106 所示。不过，通常我们都是直接在 flex 子项上通过 justify-self 属性设置，因此，使用 self-start 的机会并不多。

- self-end：它和 self-start 的区别在于相对当前元素所处的网格的结束线对齐。

- left：无视文档流方向，元素尺寸收缩，同时容器的网格线左对齐。

- right：无视文档流方向，元素尺寸收缩，同时容器的网格线右对齐。

图 6-106　justify-items:self-start 效果示意

- legacy：justify-items 属性新的默认值（以前是 auto），作用是让关键字属性值更有效地被子元素继承，通常和 left 关键字、right 关键字或 center 关键字一起使用，例如：

```
justify-items: legacy left;
justify-items: legacy right;
justify-items: legacy center;
```

和其他对齐关键字属性值一起使用是非法无效的。

如果子元素设置的是 justify-self:auto，则 legacy 关键字是不会沿用的，只能使用 left 关键字、right 关键字或 center 关键字。legacy 关键字的设计初衷是实现 HTML 的 <center>元素和 align 属性的对齐行为。不过根据我的测试，虽然浏览器语法支持 legacy 关键字，但是并没有在浏览器中看到明显的特性表现，大家可以不必深究。

2．align-items

align-items 属性的表现和 justify-items 属性类似，区别就在于方向不同，因此，align-items 属性和 justify-items 属性相似部分的介绍会相对简单一点。

align-items 属性常用语法如下：

```
.container {
    align-items: normal | stretch | start | end | center | baseline;
}
```

其中有如下几点需要注意（假设当前元素处于网页默认的文档流方向中）。

- normal 是默认值，会根据使用场景的不同表现为 stretch 或者 start。

- stretch 表现为元素的尺寸在垂直方向进行拉伸，以填满整个网格的垂直空间。

- start 表现为元素的垂直尺寸收缩为内容大小，同时沿着上网格线对齐显示，效果如图 6-107 所示。

- end 表现为元素的垂直尺寸收缩为内容大小，同时沿着下网格线对齐显示，效果如图 6-108 所示。

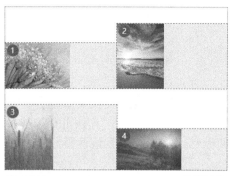

图 6-107　`justify-items:start` 效果示意　　图 6-108　`justify-items:end` 效果示意

- `center` 表现为元素的垂直尺寸收缩为内容大小，同时在当前网格区域内部垂直居中对齐显示，效果如图 6-109 所示。
- `baseline` 表现为每一行的各个 `grid` 子项沿着基线对齐。如果某一项都是块级元素，没有基线，则在 Firefox 浏览器中的对齐会失败；而在 Chrome 浏览器中，`grid` 子项的底边缘会作为基线，依然会有基线对齐效果。因此，如果项目需要兼容 Firefox 浏览器，务必要保证 `grid` 子项中都有内联元素。

图 6-110 所示是应用 `baseline` 属性值后的对齐效果，可以看到按钮的对齐基线是第一行文字内容，说明 `baseline` 属性值的效果等同于 `first baseline`。

图 6-109　`justify-items:center` 效果示意　　图 6-110　`justify-items:baseline` 对齐效果示意

以上常见关键字属性值的样式表现均可以访问 https://demo.cssworld.cn/new/6/3-5.php 这个页面或扫描右侧的二维码进行查看。

下面专门讲一下 `align-items:normal` 在网格布局中的对齐表现。

在网格布局中，在绝大多数场景下 `normal` 的表现和 `stretch` 的表现是一模一样的，但是如果 `grid` 子项是具有内在尺寸或具有内在比例的元素，则此时 `normal` 的表现类似于 `start` 属性值的表现。

最典型的具有内在尺寸和比例的元素就是 `<img>` 图片元素。例如：

```
<div class="container">
    <img src="pattern.png">
    <button>按钮的垂直对齐表现是？</button>
</div>
```

```
.container {
    display: grid;
    height: 120px;
    grid: auto / 1fr 1fr;
}
```

grid 子项是两个替换元素，一个替换元素是图片，具有内在的尺寸和比例；另一个替换元素是按钮，没有内在尺寸和比例。结果垂直方向的对齐表现如图 6-111 所示，图片的表现与 start 的表现一样，位置居顶且没有拉伸，而按钮的表现与 stretch 的表现一样，在垂直方向上完全被拉伸了。

如果 align-items 的值设置为 stretch，图片也会表现为拉伸，说明图片的默认表现确实是 start。同样，如果 align-items 的值设置为 start，按钮也会表现为自身内容的高度，说明按钮的默认表现确实是 stretch，具体可参见图 6-112 所示的效果对比图。

图 6-111　网格布局中图片和按钮
不同的垂直对齐表现示意

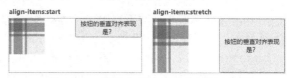

图 6-112　网格布局中图片和按钮在不同
align-items 值下的垂直对齐表现示意

读者可以在浏览器中进入 https://demo.cssworld.cn/new/6/3-6.php 页面，或者扫描右侧的二维码查看效果。

6.3.13　缩写属性 place-items

使用 place-items 属性可以让 align-items 和 justify-items 属性写在单个声明中。语法如下：

```
place-items: <align-items> <justify-items>?
```

垂直对齐写在前面，水平对齐写在后面，不过这种缩写顺序只适合 CSS 对齐属性，网格布局相关属性还是行在前、列在后。使用示意如下：

```
place-items: center end;
place-items: space-between space-evenly;
place-items: first baseline legacy right;
```

place-items 属性在弹性布局中也是有效的，不过其只能控制垂直方向上的对齐表现。

根据 MDN 文档的数据，IE 浏览器和 Edge 浏览器都不支持 place-items 属性。如果不考虑浏览器的兼容性，在 CSS 中实现垂直居中对齐效果的最佳方法就是使用 place-items 属性：

```
.container {
    display: grid;
    place-items: center;
}
```

6.3.14　整体对齐属性 justify-content 和 align-content

justify-content 属性和 align-content 属性分别指定了网格元素整体水平方向和垂

直方向上的分布对齐方式。

要想 justify-content 属性和 align-content 属性起作用，就需要让 grid 子项的总尺寸小于 grid 容器的尺寸。要么给 gird 子项设置较小的具体的尺寸值，要么让 gird 子项的尺寸是 auto，同时保证内容尺寸较小。例如：

```
.container {
    display: grid;
    width: 240px; height: 240px;
    grid-template: 100px 100px / 100px 100px;
}
```

水平和垂直方向都有 40px 的剩余空间，此时的 justify-content 属性和 align-content 属性就有用武之地了。又或者：

```
.container {
    display: grid;
    width: 240px; height: 240px;
    grid-template: auto auto / auto auto;
}
```

每个 grid 子项里面内容的尺寸不超过 100px×100px，此时，水平方向和垂直方向会有至少 40px 的剩余空间，在这种情况下 justify-content 属性和 align-content 属性也是有对齐效果的。下面"常用语法"内容中的图 6-113～图 6-118 所示内容均采用了这里所描述的情景。而使用 fr 值是看不到效果的，因为剩余空间都被 fr 值拿去使用了，例如下面的 CSS 代码总是表现为拉伸：

```
.container {
    display: grid;
    width: 240px; height: 240px;
    grid-template: 1fr 1fr / 1fr 1fr;
}
```

常用语法

常用语法如下：

```
justify-content: normal | stretch | start | end | center | space-between | space-around | space-evenly;
align-content: normal | stretch | start | end | center | space-between | space-around | space-evenly;
```

先讲一下这一语法中的几个关键点。

- normal 是默认值，效果和 stretch 一样。
- stretch 可以看成 justify-content 属性和 align-content 属性的默认值，表示拉伸，表现为尺寸填满 grid 容器。拉伸效果需要在网格目标尺寸设为 auto 的时候才有效，如果固定了宽高，则无法拉伸。
- start 是逻辑 CSS 属性值，与文档流方向相关。水平方向上默认表现为左对齐，垂直方向上默认表现为顶对齐，效果如图 6-113 所示。
- end 是逻辑 CSS 属性值，与文档流方向相关。水平方向上默认表现为右对齐，垂直方向上默认表现为底对齐，效果如图 6-114 所示。
- center 表现为水平居中对齐或垂直居中对齐，效果如图 6-115 所示。

justify-content:start

align-content:start

图 6-113 关键字属性值 start 的对齐表现示意

justify-content:end

align-content:end

图 6-114 关键字属性值 end 的对齐表现示意

justify-content:center

align-content:center

图 6-115 关键字属性值 center 的对齐表现示意

- space-between 表现为 grid 子项两端对齐，中间剩余空间等分，效果如图 6-116 所示。

justify-content:space-between

align-content:space-between

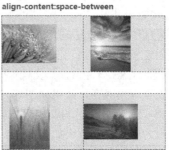

图 6-116 关键字属性值 space-between 的分布表现示意

- `space-around` 表现为每个 grid 子项的上下或左右两侧都环绕互不干扰的相同尺寸的空白间距，在视觉上表现为 grid 子项边缘处的空白尺寸只有中间空白尺寸的一半，效果如图 6-117 所示。

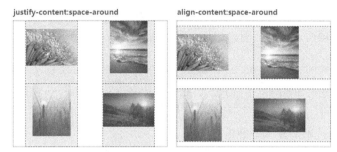

图 6-117 关键字属性值 `space-around` 的分布表现示意

- `space-evenly` 表现为每个 grid 子项上下或左右两侧的空白间距完全相等，效果如图 6-118 所示。

图 6-118 关键字属性值 `space-evenly` 的分布表现示意

读者可以在浏览器中进入 https://demo.cssworld.cn/new/6/3-7.php 页面，或者扫描右侧的二维码查看以上配图的效果。

6.3.15 缩写属性 place-content

使用 `place-content` 属性可以让 `align-content` 属性和 `justify-content` 属性写在同一个 CSS 声明中，也就是缩写。语法如下：

```
place-content: <align-content> <justify-content>?
```

使用示意如下：

```
place-content: start center;
place-content: space-between space-evenly;
place-content: first baseline end;
```

`place-content` 属性在弹性布局中也是有效的，不过需要注意一下兼容性，IE 浏览器和 Edge 浏览器都不支持 `place-content` 缩写。

6.3.16 区间范围设置属性 grid-column-start/grid-column-end 和 grid-row-start/grid-row-end

列范围设置属性 grid-column-start/grid-column-end 和行范围设置属性 grid-row-start/grid-row-end 是应用在 grid 子项上的，通过指定 grid 子项行和列的起止位置来表明当前 grid 子项所占据的范围。这几个属性的语法如下：

```
.item {
    grid-column-start: <integer> | <name> | <integer> <name> | span <number> | span <name> | auto;
    grid-column-end: <integer> | <name> | <integer> <name>| span <number> | span <name> | auto;
    grid-row-start: <integer> | <name> | <integer> <name>| span <number> | span <name> | auto;
    grid-row-end: <integer> | <name> | <integer> <name>| span <number> | span <name> | auto;
}
```

先讲一下这一语法中的几个关键点。

（1）<integer>指起止于第几条网格线，可以是负整数，但是不能是 0，负整数表示从右侧开始计数网格线。例如：

```
.container {
    display: grid;
    grid: auto / repeat(6, 1fr);
}
.item {
    grid-column-start: -3;
    grid-column-end: 2;
    /* 设置背景色 */
    background: deepskyblue;
}
```

表示.item 元素区间起始于从右边缘往左数第三条线（包括边缘线），终止于从左边缘往右数的第二条线（包括边缘线），于是最终 grid 子项占据了第二至第四个显式网格，效果如图 6-119 所示。

（2）<name>是自定义的网格线的名称。需要注意的是，这里的名称有一个自动补全-start后缀和-end 后缀的特性，这是什么意思呢？以下面的 CSS 代码为例：

```
.container {
    display: grid;
    grid-template-columns: [A-start] 100px [A-end B-start] auto [B-end] auto;
}
```

此时，使用下面的代码指定.item 元素列的区间是可以找到对应的网格线的：

```
.item {
    grid-column-start: A;
    grid-column-end: B;
    /* 设置背景颜色 */
    background: deepskyblue;
}
```

虽然 grid-column-start 的值是 A，但是，浏览器在找不到名称为 A 的网格线的时候，会自动补全-start 继续寻找；同样，grid-column-end:B 会依次寻找名称为 B 和 B-end 的网格线。于是.item 元素区间就是从[A-start]到[B-end]，跨度是 2 个显式网格，效果如图 6-120 所示。

在设置网格布局的时候，我总是推荐用-start 和-end 给网格线命名，这样的命名语义好，同时也不必担心在设定区间范围的时候名称过长。同样，如果你喜欢使用中文命名，例如"侧边栏开始"或者"侧边栏结束"，请把"开始"和"结束"改成-start 和-end，这样匹配网格范围的 CSS 代码会更简单，例如：

```
aside {
    grid-column-start: 侧边栏;
    grid-column-end: 侧边栏;
}
```

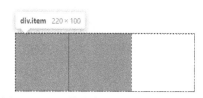

图 6-119 网格线序号为负值时的范围结果示意　　图 6-120 网格线名称自动补全效果示意

可以进一步缩写成：

```
aside {
    grid-area: auto / 侧边栏;
}
```

（3）<integer> <name>这个语法非常难理解，属于高阶应用，平常实践中的网格布局是用不到的。

这个语法表示当前名称为<name>的第<integer>个网格线，从定义上看，网格布局中需要有很多个名称一样的网格线才能匹配对应的网格线，但如果没有这么多同样名称的网格线会怎样呢？此时，浏览器会自动创建符合数量的隐式网格，这些隐式网格的网格线都是指定的这个名称。同样，看一个例子：

```
.container {
    display: grid;
    grid-template-columns: [A] 80px [B] auto [C] 100px [D];
}
.item {
    grid-column-start: B 4;
    grid-column-end: C;
    /* 设置背景颜色 */
    background: deepskyblue;
}
```

请问.item 元素的区间是哪里到哪里？我们直接看最终的效果吧，如图 6-121 所示。

这是一个匪夷所思的布局效果，为何.item 元素的起止区间都不在网格线 B 和 C 的位置呢？我标注一下，或许大家就可以理解了，如图 6-122 所示。

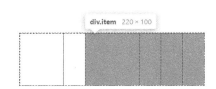

图 6-121　数量和网格线名称同时设置时的效果示意

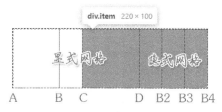

图 6-122　数量和网格线名称同时设置时
网格线命名标注示意

在显式网格中，B 名称只有 1 个，但是我们设置的是 grid-column-start:B 4，也就是第四个名称为 B 的网格线作为起始边缘，数量不够怎么办？系统会自动创建几个隐式网格。

在网格布局中，隐式网格都创建于显式网格的后面或者下面，这里是列的起始位置，因此创建在显式网格的后面，也就是网格线 D 的后面。在本例中需要再额外创建 3 个格子，才能满足 4 个名称为 B 的网格线的需求，于是就有了图 6-122 所示的 B2 至 B4 的网格线标注。

因此，最终 .item 元素的区间就是图 6-122 所示的 C 至 B4 的区域。

至于最终的网格尺寸，是因为 B 至 C 和 D 至 B4 这 4 个格子平分剩余尺寸（因为设置的是 auto）导致的。

（4）span<number>表示当前网格会自动跨越指定的网格数量。

（5）span <name>表示当前网格会自动扩展，直到选中指定的网格线名称。与 span 关键字相关的语法在后面会专门介绍。

（6）auto 是默认值，表示自动，默认跨度是 1 个格子。

下面看一个比较简单也比较常用的，水平区间和垂直区间都设置了的案例，CSS 代码和 HTML代码如下：

```css
.container {
    grid-template-columns: [第一根纵线] 80px [纵线 2] auto [纵线 3] 100px [最后的结束线];
    grid-template-rows: [第一行开始] 25% [第一行结束] 100px [行 3] auto [行末];
}
.item-a {
    grid-column-start: 2;
    grid-column-end: 纵线 3;
    grid-row-start: 第一行开始;
    grid-row-end: 3;
}
<div class="container">
    <div class="item-a"></div>
</div>
```

效果如图 6-123 所示，中间的黄色色块区域就是 .item-a 这个 grid 子项的范围，各条网格线的名称和序号我也做了标注。

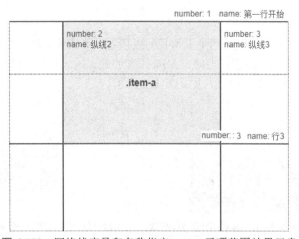

图 6-123 网格线序号和名称指定 grid 子项范围效果示意

每条网格线都有内置的<integer>数值，从 1 开始计数，图 6-123 所示的网格布局为 3×3 的九宫格，因此水平和垂直方向都是 4 条网格线（含边缘），从左往右数 4 条线的<integer>值依次是 1、2、3、4，从上往下数也是一样的。

在本例中，所有网格线都命名为中文名称，例如"第一根纵线"，就是最左边的竖直网格线。因此，最终效果也就不难理解了。

- "grid-column-start:2"表示.item-a 网格左侧开始于第二条网格线。
- "grid-column-end:纵线 3"表示.item-a 网格右侧结束于名称为"纵线 3"的网格线。
- "grid-row-start:第一行开始"表示.item-a 网格上方开始于名称为"第一行开始"的网格线。
- "grid-row-end:3"表示.item-a 网格下方结束于第三条网格线。

4 个边缘确定了，自然 grid 子项的范围也就确定了。

深入 span 关键字的样式表现

下面我们再来看一下 span 关键字的作用。

span 关键字和传统的<table>元素中单元格使用的 HTML 中的 colspan 属性和 rowspan 属性的作用是类似的，表示合并单元格（网格）。

举个比较简单的例子，CSS 和 HTML 代码如下：

```
.item-b {
    grid-column-start: 2;
    grid-column-end: span 纵线 3;
    grid-row-start: 第一行开始;
    grid-row-end: span 3;
}
<div class="container">
    <div class="item-b"></div>
</div>
```

效果如图 6-124 所示，中间的黄色色块区域就是.item-b 这个 grid 子项的范围。 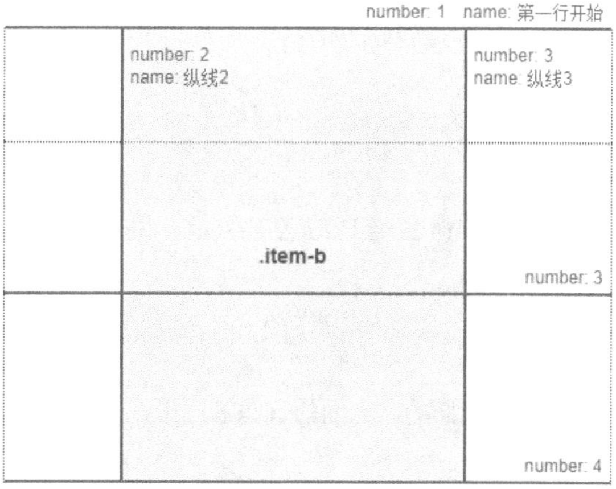

图 6-124　使用 span 关键字指定 grid 子项范围效果示意

具体作用过程如下。

（1）"grid-column-start:2"表示.item-b 网格左侧开始于<integer>为 2 的网格线。

（2）"grid-column-end:span 纵线 3"表示.item-b 多列网格合并,合并的网格结束于\<name\>为"纵线 3"的网格线。

（3）"grid-row-start:第一行开始"表示.item-b 网格上方开始于\<name\>为"第一行开始"的网格线。

（4）"grid-row-end:span 3"表示.item-b 网格总共有 3 行进行合并。

接下来重点讲一下 span 语法的细节。

（1）span \<number\>中的\<number\>不能是负值，也不能是 0，也不能是小数。

不建议 grid-column-start 和 grid-column-end 同时使用 span \<number\>语法，因为完全没有必要，且 grid-column-end 设置的 span \<number\>值不会产生任何效果，例如：

```
grid-column-start: span 6;
grid-column-end: span 2;
```

等同于：

```
grid-column-start: span 6;
```

而：

```
grid-column-start: span 2;
grid-column-end: span 6;
```

等同于：

```
grid-column-start: span 2;
```

但可以将两者分开设置，例如：

```
grid-column-start: span 2;
grid-column-end: 4;
```

表示区间范围是 2 个格子，结束于第四条网格线。又如：

```
grid-column-start: 2;
grid-column-end: span 4;
```

表示区间范围是 4 个格子，开始于第二条网格线。

（2）span \<name\>语法也有不少细节，例如：

```
.item {
    grid-column-start: span B;
    grid-column-end: 4;
}
```

如果网格布局中有 1 个网格线的命名是 B 或者 B-start，例如：

```
.container {
    display: grid;
    grid-template-columns: [A] 80px [B] auto [C] 100px [D] auto auto;
}
```

则有和没有 span 关键字的效果都是一样的，上面的代码等同于：

```
.item {
    grid-column-start: B;
    grid-column-end: 4;
}
```

因此效果是.item 元素跨越第二和第三列，如图 6-125 所示。

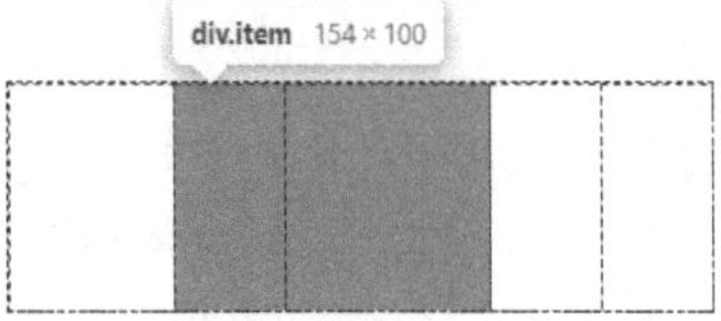

图 6-125   只有 1 个网格线命名匹配时的样式表现示意

如果网格布局中有多个网格线的命名是 B 或者是 B-start，例如：

```
.container {
    display: grid;
    grid-template-columns: [B] 80px [B] auto [B] 100px [D] auto auto;
}
```

则 span B 表示离 grid-column-end 位置最近的一个网格线 B，而如果属性值是 B 而不是 span B，则起始位置会是离 grid-column-end 位置最远的一个网格线 B。

两者的对比效果如图 6-126 所示，值为 span B 的场景下的.item 元素仅跨越第三列，而值为 B 的场景下的.item 元素跨越第一至第三列。

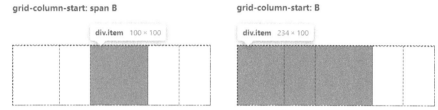

图 6-126　多个网格线命名匹配时候的样式表现示意

读者可以在浏览器中进入 https://demo.cssworld.cn/new/6/3-8.php 页面，或者扫描右侧的二维码查看这一案例，页面中有配套的演示。

如果网格布局中没有网格线的命名是 B 或者 B-start，例如：

```
.container {
    display: grid;
    grid-template-columns: [A] 80px [C] auto [C] 100px [D] auto auto;
}
```

则此时 span 关键字就会自己在显式网格对应方位的边上创建名称为 B 的隐式网格线。

只看定义有些不知所云，配合实际的样式表现就知道意思了。grid-column-start/grid-row-start 是起始方位，那么 span 关键字就会在第一个显式网格的前面创建一个隐式网格，然后新的隐式网格线名称就是 B。grid-column-end/grid-row-end 是结束方位，那么 span 关键字就会在显式网格后面创建一个网格线名称为 B 的隐式网格。因此，下面的 CSS 代码的最终效果是.item 元素仅跨越第一至第四列，其中第一列是新建的隐式网格，效果如图 6-127 所示。

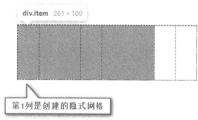

图 6-127　没有匹配的网格线时的样式表现示意

```
.item {
    grid-column-start: span B;
    grid-column-end: 4;
}
```

6.3.17　缩写属性 grid-column 和 grid-row

grid-column 和 grid-row 都是缩写属性，前者是 grid-column-start/grid-column-end 属性的缩写，后者是 grid-row-start/grid-row-end 属性的缩写。两者的缩写在语法上使用

斜杠分隔，如下所示：

```
grid-column: <grid-line> [ / <grid-line> ]?
grid-row: <grid-line> [ / <grid-line> ]?
```

其实就是使用斜杠把原始 CSS 属性的值原封不动地区分开，且不讲究顺序，当然，开发的时候还是建议把起始范围写在前面。语法示意如下：

```
.item-b {
    grid-column: 2 / span 纵线 3;
    grid-row: 第一行开始 / span 3;
}
```

可以将其认为是：

```
.item-b {
    grid-column-start: 2;
    grid-column-end: span 纵线 3;
    grid-row-start: 第一行开始;
    grid-row-end: span 3;
}
```

6.3.18　缩写属性 grid-area 外加区域范围设置

grid-area 是一个缩写属性，它是 grid-row-start、grid-column-start、grid-row-end 和 grid-column-end 这 4 个 CSS 属性的缩写。

在所有 CSS 缩写属性中，grid-area 算是比较特殊的一个，常见的缩写属性就是把子 CSS 属性通过某种语法合在一起，但是 grid-area 缩写属性除简单的语法合并之外，在语法层面，还可以直接使用 grid-template-areas 设置的名称作为属性值，从而非常便捷地实现区域范围设置。

但实际上，grid-template-areas 设置的名称还是通过影响 grid-row-start、grid-column-start、grid-row-end 和 grid-column-end 的值来影响 grid-area 属性的样式表现的，这一点后面会详细介绍。现在，我们先来了解一下最简单且最常用的非正式语法：

```
grid-area: <area-name> | <row-start> / <column-start> / <row-end> / <column-end>
```

先讲一下这一语法中的几个关键点。

- <area-name>指区域名称，由 grid-template-areas 属性创建。
- <row-start> / <column-start> / <row-end> / <column-end>指占据网格区域的行列起止位置。

<area-name>语法的使用案例在介绍 grid-template-areas 属性的时候已经展示过了，这里简单演示一下/语法的使用，例如：

```
.container {
    grid: 1fr 1fr 1fr / 1fr 1fr 1fr 1fr;
}
.item {
    grid-area: 1 / 2 / 3 / 4;
}
```

创建了一个 4×3 的显式网格，同时.item 元素设置了 grid-area:1/2/3/4，结果.item 元素占据的网格范围如图 6-128 中间黄色区域所示。

grid-area:1/2/3/4 声明表示水平网格线位置起止分别是 1 和 3，垂直网格线位置起止分别是 2 和 4。于是得到图 6-128 所示的 2×2 大小的区域。

我们日常的网格布局开发都比较简单，上面这些知识点已经足够应付，接下来会深入 grid-area 属性讲解更多的细节，这些细节属于进阶知识。

1. 进一步深入 grid-area 属性

grid-area 属性的正式语法如下：

```
grid-area: <grid-line> [ / <grid-line> ]{0,3}
```

可见 grid-area 属性的范围全部都是通过网格线的名称或序号确定的，那为何 grid-area 属性直接使用 grid-template-areas 属性指定的网格名称也是有效的呢？原因就在于当我们使用 grid-template-areas 属性创建的网格名称的时候，浏览器会自动给当前网格周围的网格线进行命名，且命名不会被 grid-template-rows 或 grid-template-columns 属性中的网格线命名覆盖。举个例子：

```
.container {
    display: grid;
    grid: ". . ." 1fr
          ". A ." 1fr
          ". . ." 1fr / 1fr 1fr 1fr;
}
```

这里创建了一个 3×3 的网格，并将最中间的网格命名为 A，此时，浏览器会做一件事情，那就是会把网格 A 四周的网格线自动命名为 A-start 和 A-end，如图 6-129 所示。

因此，我们设置 grid-area:A 本质上是运行下面的 CSS 代码：

```
grid-area: A-start / A-start / A-end / A-end;
```

图 6-128　grid-area:1/2/3/4 网格范围示意

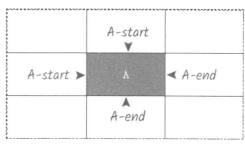

图 6-129　自动为网格线命名示意

grid-area 属性支持 1～4 个网格线名称，不同数量的名称对应的含义说明如下。

（1）如果 grid-area 属性有完整的 4 个值，则这 4 个值依次表示 grid-row-start、grid-column-start、grid-row-end 和 grid-column-end 这 4 个属性。这和其他非对齐控制的网格布局属性一样，row 在前，column 在后；start 在前，end 在后。例如：

```
grid-area: 4 A / span 4 / B / D;
```

等同于

```
grid-row-start: 4 A;
grid-column-start: span 4;
grid-row-end: B;
grid-column-end: D;
```

（2）如果 grid-area 属性有 3 个值，也就是把 grid-column-end 值省略了。如果 grid-column-start 值是自定义的命名，则认为 grid-column-end 值也是这个自定义命名的值；如果 grid-column-start 值是其他值，则认为 grid-column-end 值是 auto。因此：

```
grid-area: A / B / C;
```

等同于

```
grid-area: A / B / C / B;
```

而

```
grid-area: 1 / 2 / 3;
```

等同于

```
grid-area: 1 / 2 / 3 / auto;
```

（3）如果 grid-area 属性是 2 个值，说明 grid-row-end 值也被省略了。如果 grid-row-start 值是自定义的命名，则认为 grid-row-end 值也是这个自定义命名的值；如果 grid-row-start 值是其他值，则认为 grid-row-end 值是 auto。因此：

```
grid-area: A / B;
```

等同于

```
grid-area: A / B / A / B;
```

而

```
grid-area: 1 / 2;
```

等同于

```
grid-area: 1 / 2 / auto / auto;
```

（4）如果 grid-area 属性仅有 1 个值，说明 grid-column-start 值也被省略了。如果 grid-row-start 值是自定义的命名，则 4 个值都使用该命名；如果 grid-row-start 值是其他值，则认为剩下的其他 3 个值是 auto。因此：

```
grid-area: A;
```

等同于

```
grid-area: A / A / A / A;
```

而

```
grid-area: 2;
```

等同于

```
grid-area: 2 / auto / auto / auto;
```

2. grid-area 属性经典应用

grid-area 属性的经典应用是可以让 2 个元素轻松实现层叠效果。举个例子，如下 HTML 和 CSS 代码：

```
<figure>
    <img src="11.jpg">
    <figcaption>自然风景</figcaption>
</figure>
figure {
    display: inline-grid;
}
```

```
figure > img,
figure > figcaption {
    grid-area: 1 / 2;
}
```

此时，图片的标题信息就可以和图片自然重叠在一起了，因为这两个元素的 grid-area 属性值指向的是同一个网格。

读者可以在浏览器中进入 https://demo.cssworld.cn/new/6/3-9.php 页面，或者扫描右侧的二维码查看对应的布局效果。

6.3.19　grid 子项对齐属性 justify-self 和 align-self

justify-self 属性用来设置单个网格元素的水平对齐方式，align-self 属性则用来设置单个网格元素的垂直对齐方式。

justify-self 属性和 align-self 属性的语法如下：

```
.item {
    justify-self: auto | normal | stretch | start | end | center | baseline;
    align-self: auto | normal | stretch | start | end | center | baseline;
}
```

除了 auto 属性值，其他各个属性值的含义与 justify-items 和 align-items 属性中属性值的含义是一样的，因此，这里就用非常简短的文字描述一下。

- auto 是默认值，表示使用 grid 容器上设置的 justify-items 或 align-items 属性值。
- normal 通常表现为 stretch 拉伸，如果是具有内在尺寸和原始比例的元素，则表现为 start。
- stretch 指 grid 子项拉伸。
- start 指 grid 子项起始位置对齐。
- end 指 grid 子项结束位置对齐。
- center 指 grid 子项居中对齐。
- baseline 指 grid 子项第一行文本基线对齐。

6.3.20　缩写属性 place-self

使用 place-self 属性可以让 align-self 和 justify-self 属性写在单个声明中，其语法如下：

```
place-self: <align-self> <justify-self>?
```

一些语句使用示意如下：

```
place-self: auto center;
place-self: normal start;
place-self: center;             /* 等同于 center auto */
place-self: last baseline normal;
```

至此，网格布局的内容都介绍完毕了。虽然网格布局很强大，可以实现非常健壮的二维布局效果，但是我并不认为目前网格布局的语法是一个成功的设计。因为它的规则和细节过多，需要学习的内容过于庞杂（从网格布局在本书中所占篇幅就可以看出），这会带来高昂的入门成本，削弱了网格布局的传播性，使其不易在 CSS 社区中流行，也就不易掀起热度，从而影响这种技术的生命力。

6.4　CSS Shapes 布局

使用 CSS Shapes 布局可以实现不规则的图文环绕效果，它需要和 `float` 属性配合使用。

兼容性

　CSS Shapes 布局的兼容性还是很不错的，移动端可用，企业内部使用的中后台项目也可用，其兼容性如表 6-8 所示。

表 6-8　CSS Shapes 布局兼容性（数据源自 Caniuse 网站）

IE	Edge	Firefox	Chrome	Safari	iOS Safari	Android Browser
✘	✘	62+ ✔	37+ ✔	7.1+ ✔	8.0+ ✔	5+ ✔

与 CSS Shapes 布局相关的属性并不多，包括 `shape-outside`、`shape-margin` 和 `shape-image-threshold` 这 3 个 CSS 属性，学习成本比网格布局和弹性布局小很多。

6.4.1　详细了解 shape-outside 属性

`shape-outside` 属性是 `shapes` 布局的核心，其支持的属性值分为如下 4 类。

- `none` 表示默认值。
- `<shape-box>`表示图形盒子。
- `<basic-shape>`表示基本图形函数。
- `<image>`表示图像类。

下面详细讲解一下。

- `none` 很好理解，表示普通的矩形环绕。
- `<shape-box>`（图形盒子）是图形相关布局中的一个名词，`<shape-box>`比 `clip-path` 属性中的`<geometry-box>`（几何盒子）支持的盒子类型要少一些，就只有 CSS2.1 中的 4 种基本盒模型，分别是 `margin-box`、`border-box`、`padding-box` 和 `content-box`。`<shape-box>`的作用是指定文字环绕时依照哪个盒子的边缘来计算。
- `<basic-shape>`指基本形状函数，它和 `clip-path` 剪裁属性支持的基本形状函数一模一样。
- `<image>`指图像类，包括 URL 链接图像、渐变图像、`cross-fade()`函数图像、`element()` 函数图像等。本节只介绍常用的 URL 链接图像和渐变图像，其他图像类型就不介绍了。

下面是不同类型属性值的使用示意：

```
/* 关键字属性值 */
shape-outside: none;
shape-outside: margin-box;
shape-outside: padding-box;
shape-outside: border-box;
shape-outside: content-box;
```

```
/* 函数值 */
shape-outside: circle();
shape-outside: ellipse();
shape-outside: inset(10px 10px 10px 10px);
shape-outside: polygon(10px 10px, 20px 20px, 30px 30px);

/* <url>值 */
shape-outside: url(image.png);

/* 渐变值 */
shape-outside: linear-gradient(45deg, rgba(255, 255, 255, 0) 150px, red 150px);
```

下面我们就通过实例快速了解各个类型的属性值的作用和表现。

1. 关键字属性值

HTML 代码如下：

```
<span class="shape"></span>
<p>文字内容文字内容......</p>
```

这里绘制了一个明显区分了 border-box、padding-box 和 content-box 的双层结构，以方便观察使用不同<shape-box>的布局效果，CSS 代码如下：

```
.shape {
    float: left;
    width: 60px; height: 60px;
    padding: 10px; margin: 10px;
    border: 10px solid;
    border-radius: 50%;
    background-color: currentColor;
    background-clip: content-box;
    color: #cd0000;
    shape-outside: none;  /* 或margin-box、border-box、padding-box, content-box */
}
```

shape-outside 属性值分别为 none、margin-box、border-box、padding-box 和 content-box 时的效果如图 6-130 所示。仔细观察文字和图形接触的位置，正好都是指定的盒子类型对应的位置。

图 6-130　shape-outside 在不同属性值下的效果示意

眼见为实，读者可以在浏览器中进入 https://demo.cssworld.cn/new/6/4-1.php 页面，或者扫描右侧的二维码查看效果。

2．基本的形状函数

CSS 世界中的"基本的形状函数"指的就是下面这 4 个形状函数，这几个形状函数在其他与形状相关的 CSS 属性中也是适用的，例如 clip-path 属性，大家可以专门记忆一下。

- circle() 表示圆。
- ellipse() 表示椭圆。
- inset() 表示内矩形（包括圆角矩形）。
- polygon() 表示多边形。

（1）circle()——圆。

circle() 函数的语法如下：

```
circle( [<shape-radius>]? [at <position>]? )
```

其中问号?表示 0 或 1，也就是说 shape-radius（圆半径）和 position（圆心位置）都是可以省略的。因此，下面的写法都是合法的：

```
shape-outside: circle();
shape-outside: circle(50%);
shape-outside: circle(at 50% 50%);
shape-outside: circle(50% at 50% 50%);
shape-outside: circle(50px at 50px 50px);
```

使用 circle() 函数可以实现类似图 6-131 所示的环绕效果。

和使用 border-radius 实现的圆形环绕相比，circle() 函数要更加灵活一些，例如想要实现一个半圆的环绕效果，可以这样：

```
shape-outside: circle(50% at 0% 50%);
```

效果如图 6-132 所示。

图 6-131　使用 circle() 函数实现的最基本　　　图 6-132　使用 circle() 函数实现半圆
　　　　　的文字环绕效果示意　　　　　　　　　　　　文字环绕效果示意

（2）ellipse()——椭圆。

ellipse() 函数的语法如下：

```
ellipse( [<shape-radius>]{2}]? [at <position>]? )
```

其中，<shape-radius>指的是水平半径和垂直半径，<position>指的是椭圆的圆心位置。

以下是一些合法使用的语句示意：

```
shape-outside: ellipse();
shape-outside: ellipse(50px 75px);
```

```
shape-outside: ellipse(at 50% 50%);
shape-outside: ellipse(50px 75px at 50% 50%);
```

水平半径和垂直半径除了支持具体数值，还支持 `farthest-side` 和 `closest-side` 这两个关键字，顾名思义，两者分别表示最长边的长度和最短边的长度。例如：

```
ellipse(farthest-side closest-side at 25% 25%)
```

表示将浮动元素 25% 25% 的位置作为原点，以距离浮动元素边缘最长的距离作为椭圆的 x 坐标，以距离浮动元素边缘最短的距离作为椭圆的 y 坐标，效果如图 6-133 左图所示。图 6-133 右图则用来示意为什么会有左图的效果。首先，25% 25% 位置指的是 100px×100px 大小的浮动元素的位置，然后以这个点为圆心绘制椭圆，最后把文字按照这个椭圆形状的轮廓进行环绕，才有了最终的效果。

图 6-133 使用 `ellipse()` 函数实现文字环绕效果示意

（3）`inset()`——内矩形（包括圆角矩形）。

`inset()` 函数语法如下：

```
inset( <shape-arg>{1,4} [round <border-radius>]? )
```

其中 `shape-arg` 是必须参数，可以是 1~4 个值，这 4 个值分别表示以当前元素的 4 个边缘为起点，从顶部、右侧、底部和左侧向内偏移的大小，这就是这 4 个值可以定义矩形形状边缘位置的原理。这 4 个值是支持缩写的，也就是我们可以根据场景使用 1 个、2 个、3 个或 4 个值，具体的缩写规则和 `margin`、`padding` 等属性的缩写规则一致，这里就不展开介绍了。

`<border-radius>` 则表示矩形形状的圆角大小，可以不设置。

因此，下面这些写法都是合法的：

```
shape-outside: inset(10px);
shape-outside: inset(10px 20px);
shape-outside: inset(10px 20px 30px);
shape-outside: inset(10px 20px 30px 40px);
shape-outside: inset(10px 20px 30px 40px round 10px);
```

上面最后一行 CSS 代码可以实现图 6-134 所示的环绕布局效果，图 6-134 右图还显示了圆角矩形轮廓在 100px×100px 大小的浮动元素中的位置。

图 6-134 使用 `inset()` 函数实现文字环绕效果示意

（4）polygon()——多边形。

polygon()函数的语法反而是最好理解的：

```
polygon( [<fill-rule>,]? [<shape-arg> <shape-arg>]# )
```

fill-rule 表示填充规则，可以是 nonzero 和 evenodd，默认值是 nonzero。这两个填充规则是图形领域必须要掌握的基础知识，具体内容会在介绍 clip-path 属性的时候展开。

polygon()函数的常见用法如下：

```
polygon( x1 y1, x2 y2, x3 y3, ... )
```

小括号中的值就是多边形的点坐标，例如：

```
shape-outside: polygon(0 0, 0 100px, 100px 200px);
shape-outside: polygon(0 0, 100px 0, 0 50px, 100px 100px, 0 100px);
```

上面两句 CSS 代码分别可以实现图 6-135 左图和右图所示的效果。

图 6-135　使用 polygon()函数实现文字环绕效果示意

这里有一个知识点，Firefox 浏览器内置了一个形状编辑器，你可以在 Inspector 面板中通过点击多边形可视化地生成我们需要的 polygon()坐标代码。

（5）复盘汇总。

读者可以在浏览器中进入 https://demo.cssworld.cn/new/6/4-2.php 页面，或者扫描右侧的二维码查看上面提到的所有函数及其对应的效果。

需要说明一下，演示页面中看到的红色图形只是为了方便让大家知道函数设置的形状是什么样子而额外生成的，实际开发的时候可以直接省略，也可以换成其他字符或者位图，如照片、风景画、插画等。

3．图像类

这里只讲 URL 图像和渐变图像，因为这两种类型最常用。

（1）URL 不规则图像。

已知有一个鹦鹉轮廓的 PNG 图像，如图 6-136 所示。

使用下面的 CSS 代码，就可以实现文字环绕鹦鹉轮廓的布局效果：

```
.shape {
    float: left;
    width: 200px; height: 300px;
    /* 文字环绕这个鹦鹉 */
    shape-outside: url(./birds.png);
    /* 鹦鹉赋色并显示 */
    background-color: #cd0000;
    mask: url(./birds.png) no-repeat;
}
```

图 6-136　鹦鹉轮廓示意

实现的效果如图 6-137 所示。

眼见为实，读者可以在浏览器中进入 https://demo.cssworld.cn/new/6/4-3.php
页面，或者扫描右侧的二维码查看效果。

实现的原理是浏览器会解析图像的透明和非透明区域，在默认设置下，浏览器会让文字沿着图像的非透明区域边缘排列，实现文字环绕不规则图形布局的效果。

不过，也正是因为浏览器参与图像解析，出于安全考虑，使用的 URL 图像是有跨域限制的，不是同域名的图像是没有沿着图像边缘环绕的效果的，除非图像请求的 Access-Control-Allow-Origin 头信息中配置了当前域名站点。

（2）gradient 渐变与环绕。

这里的渐变可以是线性渐变、径向渐变、锥形渐变和对应的重复渐变。例如绘制一个斜向线性渐变，CSS 代码如下：

```
.shape {
    float: left;
    width: 150px; height: 120px;
    --gradient: linear-gradient(to right bottom, #cd0000, transparent 50%, transparent
90%, #cd0000);
    shape-outside: var(--gradient);
    background: var(--gradient);
}
```

实现的效果如图 6-138 所示。

图 6-137　文字环绕鹦鹉轮廓的布局效果示意

图 6-138　斜向线性渐变效果中的文字
排版效果示意

眼见为实，读者可以在浏览器中进入 https://demo.cssworld.cn/new/6/4-4.php
页面，或者扫描右侧的二维码查看效果。

CSS Shapes 布局中有一个 CSS 属性名为 shape-image-threshold，使用它可以指定文字环绕图像的边界透明度值，经常和渐变配合使用，这个在后面会介绍。

6.4.2　了解 shape-margin 属性

shape-margin 属性很好理解，其作用就是控制文字环绕图形时文字与元素边界的距离。这个属性很有用，因为在 Shapes 布局中，文字环绕有时候是无视 margin 属性的，想要让文字和元素边界保持一定距离，多半还得用 shape-margin 属性。使用示意：

```
/* 长度值 */
shape-margin: 10px;
shape-margin: 20mm;
```

```
/* 百分比值 */
shape-margin: 60%;
```

虽然该属性包含了 margin，但是其行为表现和 CSS 的 margin 属性却有很大的差别。首先，shape-margin 只支持 1 个属性值，margin 则支持 1～4 个属性值；其次 shape-margin 的有效数值范围是有限制的，即从 0 到浮动元素的边界，当 shape-margin 的属性值超过浮动元素边界的时候，布局效果如同普通浮动布局效果，没有不规则的图形环绕效果。

还是拿鹦鹉举例吧，不同 shape-margin 属性值的表现如图 6-139 所示，在这个例子中，shape- margin 属性值超过 100px 之后，对最终的布局效果已经没有任何影响了。

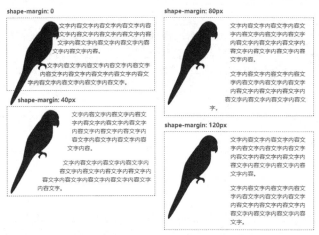

图 6-139　不同 shape-margin 属性值下的图形环绕效果示意

眼见为实，读者可以在浏览器中进入 https://demo.cssworld.cn/new/6/4-5.php 页面，或者扫描右侧的二维码查看效果。

6.4.3　了解 shape-image-threshold 属性

threshold 这个单词是"阈值"的意思，shape-image-threshold 指图像环绕时候的半透明阈值，默认是 0.0，也就是图像透明度为 0 的区域边界才能被文字环绕。同理，如果属性值是 0.5，则表示透明度小于 0.5 的区域都可以被文字环绕。

这个属性非常实用，也很好理解。例如，我们设置一个从实色到透明的倾斜线性渐变图形，该图形的透明度范围从 0 到 1 都覆盖了，因此设定不同的 shape-image-threshold 属性值一定会产生不同的布局变化，我们不妨选几个属性值做一个测试：

```
shape-image-threshold: 0.0;
shape-image-threshold: 0.3;
shape-image-threshold: 0.6;
shape-image-threshold: 0.8;
```

结果如图 6-140 所示，可以看到 shape-image-threshold 值越大，文字覆盖渐变图形的范围也越大。

图 6-140　不同 `shape-image-threshold` 属性值下的图形环绕效果示意

眼见为实，读者可以在浏览器中进入 https://demo.cssworld.cn/new/6/4-6.php 页面，或者扫描右侧的二维码查看效果。

6.4.4　CSS Shapes 布局案例

这里举一个文字在圆形内沿着弧线边界排版的案例。

（1）圆形内排版的问题。

如果容器是一个矩形，那么很多人都可以实现在该容器中的文字排版，因为 CSS 排版默认就是矩形适应的，例如：

```css
p {
    padding: 10px;
    width: 12em;
    background: deepskyblue;
    color: #fff;
}
```

效果如图 6-141 左图所示。

但是，如果设置了过大的圆角，CSS 代码如下：

```css
p {
    padding: 10px;
    width: 12em;
    background: deepskyblue;
    color: #fff;
    border-radius: 50%;
}
```

则文字排版效果就比较差了，如图 6-141 右图所示，可以看到部分文字直接被隐藏了，文字距离上、下、左、右边缘的最远距离也不一致，阅读体验很不好。

图 6-141　圆形内排版问题示意

此时，使用 CSS Shapes 布局就可以让文字在圆圈内也实现完美排版。

（2）CSS Shapes 布局与环形排版。

CSS Shapes 布局可以让文字围绕图片布局，环绕的边界是根据 Alpha 通道透明度决定的，于是，我们只需要绘制两个内凹的圆弧径向渐变，并让这个圆弧正好和元素的圆角圆弧匹配，这样岂不是就能实现文字环绕圆形内圈布局的效果了？

试试就知道了。首先，需要在文字前面插入两个元素，一个左浮动，另一个右浮动，然后绘制内凹圆弧的径向渐变。HTML 代码如下：

```
<p class="circle">
    <before></before><after></after>
    ...文字内容
</p>
```

CSS 代码如下：

```
.circle {
    border-radius: 50%;
    width: 207px; height: 240px;
    color: white;
    background-color: deepskyblue;
    padding: 10px;
}
before {
    float: left;
    width: 50%; height: 100%;
    shape-outside: radial-gradient(farthest-side ellipse at right, transparent 100%, red);
}
after {
    float: right;
    width: 50%; height: 100%;
    shape-outside: radial-gradient(farthest-side ellipse at left, transparent 100%, red);
}
```

在页面中运行一下，结果如图 6-142 所示，实现的效果还真不错。

图 6-142   使用 CSS Shapes 布局实现圆形内排版效果示意

眼见为实，读者可以在浏览器中进入 https://demo.cssworld.cn/new/6/4-7.php 页面，或者扫描右侧的二维码查看效果。

第 7 章

不同设备的适配与响应

2015 年，前端行业突然变得很火热，这是因为移动端开发的兴起，衍生出了一个很重要的前端热点，那就是学会对各种不同的设备进行适配和响应。

CSS 这门语言一向与时俱进，自然，很多专门用来适配各类设备的 CSS 新特性也随之出现，例如第 6 章出现的弹性布局和网格布局都可以实现有弹性的布局，从而适配各种尺寸的设备。本章接下来要详细介绍的 CSS 新特性同样可以用来适配各类设备。

7.1 @media 规则

@media 规则是用来匹配不同设备的，例如，响应式布局中常用的宽度查询与适配，CSS 代码如下：

```
aside {
    width: 200px;
    float: left;
}
/* 当设备屏幕的宽度小于 480px 的时候隐藏侧边栏 */
@media only screen and (max-width: 480px) {
    aside {
        display: none;
    }
}
```

实现的效果是：在设备屏幕宽度足够的时候，页面会显示侧边栏；在设备屏幕的宽度小于480px 的时候，页面会隐藏侧边栏，便于主内容的呈现。其中，@media only screen and (max-width: 480px)就是具有代表性的@media 规则，这条规则由以下 4 部分组成：

- 媒体查询修饰符 only；
- 媒体类型 screen；
- 媒体条件 and；
- 媒体特性 max-width。

7.1.1   @media 规则的详细介绍

下面我对@media 规则的 4 个部分逐一展开介绍。

1. 媒体查询修饰符

CSS 媒体查询有两个修饰符，一个是 only，另一个是 not，其中 not 表示否定的意思。例如，运行下面的代码：

```
<link rel="stylesheet" media="not screen and (color)" href="example.css" />
```

需要注意的是，not 否定的不是媒体类型，而是后面整个查询语句，也就是说，不是否定 screen，而是否定 screen and (color)。

only 修饰符很有意思，它本身并没有任何效果，将其去掉或加上，最终效果是没有任何变化的。那么，这个修饰符有什么用呢？其实，它在现在这个年代已经没有什么用了。在很早的时候，浏览器就已经开始支持@media 规则了，当年它还被用来区分 IE7 浏览器和 IE8 浏览器。这些老旧的浏览器有一个"坏习惯"，它们会忽视无法识别的媒体条件和媒体特性，例如，会把 screen and (color)识别成 screen，这很容易产生致命的样式问题。于是，为了让老旧的浏览器干脆不要识别一些新的查询语句，就设计了 only 修饰符，放在媒体类型的前面。这样 only screen and (color)查询语句中的 CSS 代码就再也不会被老旧的浏览器解析了，因为这些老旧的浏览器认为 only 是非法的。

今时不同往日，如今这些老旧的浏览器都已被淘汰，only 修饰符就没有再使用的必要了。

2. 媒体类型

大家只需要关心 screen、print 和 all 这 3 个媒体类型就可以了，对于曾经支持的 speech、tv 等 8 个媒体类型，大家直接忽略即可，目前在规范中已经将它们舍弃了，浏览器也已经放弃了对它们的支持。例如，现在屏幕阅读器都是识别 screen，而不是识别 speech。

print 查询中的 CSS 代码只会在打印和打印预览的时候生效；而在打印之外的场景均使用 screen，因此，screen 媒体类型最常用；all 则表示匹配所有设备，无论是打印设备还是其他普通的现实设备。

来看一个例子。想要在打印的时候使页面的头部和尾部不参与打印，可以使用下面的 CSS 代码：

```
@media print {
    header, footer {
        display: none;
    }
}
```

另外，我们可以使用逗号同时指定多个媒体类型，例如：

```
@media screen, print { ... }
```

3. 媒体条件

媒体条件有 3 个，即 not、and 和 or。

not 表示否定某个媒体特性，例如 not (color)表示非彩色设备。虽然规范文档中就是列举 not (color)作为案例的，但是根据我的测试，这里的 not 应该是作为修饰符而不是媒体条件起作用的，因为类似 screen not (color)这样的语句是无效的。

and 和 or 则是有效且常用的，前者表示条件同时满足，后者表示满足之一即可，例如：

```
/* 如果设备更新频率慢，或者不支持鼠标行为 */
@media (update: slow) or (hover: none) {}
```

```
/* 宽度在 320px~480px，同时分辨率是 150dpi 的设备 */
@media only screen
    and (min-width: 320px)
    and (max-width: 480px)
    and (resolution: 150dpi) {
        body { line-height: 1.4; }
}
```

4．媒体特性

媒体特性指的是对媒体特性的描述信息，包括浏览器、用户设备和使用环境等特性。

表 7-1 展示了目前可用的一些媒体特性，表中无底色的行中的特性在 IE9 浏览器中也是被支持的，表中底色越深，表示对应行中的特性的规范出现的时间越晚，整体而言，其兼容性也越差。

表 7-1 媒体特性信息表

名称	含义

aspect-ratio	表示输出设备（可以认为是显示器）可视区域的宽度和高度的比例。
	我曾见过有开发者使用此特性判断手机是横屏还是竖屏。例如：
	`/* 宽高比大于 1，认为是横屏 */`
	`@media (min-aspect-ratio: 1/1) {}`
	不过，这种检测方法并不一定准确，因为软键盘弹出的时候，即使是竖屏，也可能会出现宽高比大于 1 的情况

color	表示输出设备颜色的位数，如果是 0，则表示不是彩色设备，例如一些墨水屏的阅读器。
	下面的 CSS 代码可以查询任意彩色设备：
	`@media (color) { }`
	我们还可以使用 min-color 和 max-color 变体进行查询。例如：
	`/* 设备至少 8 位颜色 */`
	`@media (min-color: 8) {}`
	此媒体特性在日常开发中很少使用，了解即可

color-index	表示输出设备颜色查找表的完整数量。
	我们可以使用 min-color-index 和 max-color-index 变体进行查询。例如：
	`/* 在颜色查找表数量大于 15000 的时候 */`
	`@media (min-color-index: 15000) {}`
	此媒体特性在日常开发中很少使用，了解即可

grid	表示输出设备是否基于网格构建的。现在的计算机和手机屏幕都是基于位图构建的，只有过去那些只能显示文本的手机才是基于网格构建的。因此，此媒体特性无使用的可能性，了解即可

height	用于设备的高度的查询与匹配，很实用。例如：
	`/* iPhone X 高度 */`
	`@media (height: 812px) {}`
	请勿再使用有些开发者曾经用过的 device-height 了，因为它已经被规范舍弃了，请使用 height 代替。
	min-height 和 max-height 变体查询也经常会被用到。例如：
	`/* 如果高度小于 600px */`
	`@media (max-height: 600px) {}`

名称	含义

width	最实用的媒体特性,表示设备的宽度的查询与匹配。在网页中,高度是无限的,宽度是有限的,因此,宽度的查询和匹配特性是高频使用的,是响应式布局和常规移动设备适配必用的媒体特性。例如:
	`/* 可以姑且认为是移动设备 */`
	`@media (max-height: 480px) {}`

monochrome	表示与通过单色帧缓存区的每像素的字节数量进行匹配。例如:
	`/* 支持单色像素的设备 */`
	`@media (monochrome) {}`
	`/* 不支持单色像素的设备 */`
	`@media (monochrome:0) {}`
	IE 浏览器并不支持此特性,在日常开发中很少使用,了解即可

orientation	判断设备是横屏还是竖屏。支持 landscape 和 portrait 两个值,分别表示横屏和竖屏。例如:
	`/* 横屏 */`
	`@media (orientation: landscape) {}`
	`/* 竖屏 */`
	`@media (orientation: portrait) {}`
	由于 orientation 媒体特性是通过对比视区的高度和宽度来确定设备是横屏还是竖屏的,因此也会存在软键盘弹出时把竖屏当作横屏的情况

resolution	表示设备的分辨率检测。例如:
	`/* 精确匹配 */`
	`@media (resolution: 150dpi) {}`
	`/* 分辨率大于 72dpi */`
	`@media (min-resolution: 72dpi) {}`
	`/* 分辨率小于 300dpi */`
	`@media (max-resolution: 300dpi) {}`
	Safari 浏览器并不支持此特性,因此在生产环境中应慎用

scan	表示设备接受的图像投影的绘制方法检测,例如电视上的图像绘制分为隔行(interlace)扫描和渐进(progressive)扫描。目前没有任何浏览器支持此媒体特性,快速了解一下即可
display-mode	这是 Web App Manifest 规范中定义的媒体特性,可以知道当前 Web 应用的显示模式,共支持下面 4 个值。 • fullscreen:全屏显示,没有任何浏览器部件。 • standalone:如同独立的应用程序,有独立的窗口,有自己的程序启动图标,没有导航元素,但是会有状态栏。 • minimal-ui:如同独立的应用程序,但有一个用来导航的最小 UI 元素集,具体有什么元素在不同浏览器中是不一样的。 • browser:在浏览器中打开,是浏览器的一个标签页。 IE 浏览器不支持此媒体特性,只在离线开发时常用

名称	含义
any-hover	表示是否有任意输入设备可以经过某个元素。此特性后面会专门介绍
hover	表示主输入设备是否可以经过某个元素，例如是否连接了鼠标。此特性后面会专门介绍
any-pointer	表示是否有任意输入设备可以触控操作，以及如果可以触控操作，精度应为多少。此特性后面会专门介绍
pointer	表示主输入设备是否可以触控操作，以及如果可以触控操作，精度应为多少。此特性后面会专门介绍
color-gamut	表示对设备的色域的检测，也就是对支持的颜色范围的检测。支持 srgb、p3 和 rec2020 这 3 个关键字属性值的特性检测，例如： @media (color-gamut: srgb) {} IE、Edge 和 Firefox 浏览器都不支持此媒体特性，在日常中很少用到
overflow-block	表示检测内容高度超出容器时的行为表现是滚动还是分页。此媒体特性只有 Firefox 浏览器支持，没有实用价值，可以忽略
overflow-inline	表示检测内容宽度超出容器时的行为表现是滚动还是不显示。此媒体特性只有 Firefox 浏览器支持，没有实用价值，可以忽略
update	表示检测设备的内容刷新的频率是快还是慢。例如： @media (update: fast) {} @media (update: slow) {} 目前没有任何浏览器支持此媒体特性，可以忽略
forced-colors	表示检测用户是否使用了强制颜色模式。例如： @media (forced-colors: none) {} @media (forced-colors: active) {} 目前没有任何浏览器支持此媒体特性，可以忽略
inverted-colors	表示检测用户设备是否反转了颜色。例如： @media (inverted-colors: none) {} @media (inverted-colors: inverted) {} 目前仅 Safari 浏览器支持此媒体特性，实用价值不高，了解即可
light-level	表示检测环境亮度级别。支持 normal、dim 和 washed 这 3 个值，目前没有任何浏览器支持此媒体特性，可以忽略
prefers-color-scheme	可以用来检测用户是否使用了深色模式。此媒体特性会很实用，浏览器支持也不错，后面会专门介绍
prefers-contrast	表示检测当前 Web 内容是高对比度还是低对比度。此特性对提升无障碍阅读能力很有用，只是目前还没有任何浏览器支持此媒体特性，可以暂时放一边
prefers-reduced-motion	可以用来检测用户是否配置了没有必要的动画选项。此媒体特性还算有用，浏览器支持也不错，后面会专门介绍
prefers-reduced-transparency	表示检测用户是否配置了减少透明度的设置。但因为目前透明度的性能开销很有限，所以此媒体特性对性能提高的价值有限，而且目前没有任何浏览器支持此媒体特性，可以忽略

名称	含义
scripting	表示检测是否禁用了 JavaScript，作用有点类似于<noscript>元素。但因为今时不同往日，禁用 JavaScript 的场景已经极其罕见，所以此媒体特性的价值有限，而且目前没有任何浏览器支持此媒体特性，可以忽略

CSS 规范中还在不断涌现新的媒体特性，例如 video-width、video-height 和 video-resolution 等，不过目前这些媒体特性依然处于规范讨论阶段，并不稳定，因此就没有介绍。除了上述规范特性，各个浏览器还有一些私有的媒体特性，但大多数都不实用。不过 device-pixel-ratio 媒体特性除外，Chrome 和 Firefox 浏览器均支持它，调用它时应分别加上 -webkit- 私有前缀和 -moz- 私有前缀。

device-pixel-ratio 表示设备像素比，可以将其理解为屏幕密度。由于这个媒体特性并不属于 CSS 规范，虽然目前兼容性还不错，但不建议使用，请使用 resolution 媒体特性代替，示意如下：

```
/* 设备像素比等于 2 */
@media (-webkit-device-pixel-ratio: 2) { ... }
/* 等同于 */
@media (resolution: 2dppx) { ... }

/* 设备像素比不小于 2 */
@media (-webkit-min-device-pixel-ratio: 2) { ... }
/* 等同于 */
@media (min-resolution: 2dppx) { ... }

/* 设备像素比不大于 2 */
@media (-webkit-max-device-pixel-ratio: 2) { ... }
/* 等同于 */
@media (max-resolution: 2dppx) { ... }
```

媒体特性虽然多，但大多数媒体特性都不实用，只有 width 和 height 媒体特性，以及宽高比和屏幕分辨率等媒体特性比较实用，不过它们也比较简单，这里就不展开介绍了。

接下来介绍两个新的但很实用的媒体特性集。

7.1.2 对深色模式和动画关闭的支持检测

本节介绍两个最新规范制定的，浏览器已经支持的，且确实比较实用的媒体特性。

1. prefers-color-scheme

prefers-color-scheme 媒体特性可以用来检测当前网页是否处于深色模式（或称黑暗模式）中，其支持的参数值如下。

- no-preference 表示系统没有告知用户使用的颜色方案。
- light 表示系统倾向于使用浅色模式。
- dark 表示系统倾向于使用深色模式。

之所以单独介绍 prefers-color-scheme，除该媒体特性的兼容性非常好之外，更重要的原因是这个媒体特性非常实用。就目前趋势来看，操作系统支持深色模式已经是板上钉钉的事情，这里说的操作系统不仅包括 Windows、macOS，还包括所有升级后的 iOS 和 Android。这也就意味着，以后的 Web 产品支持深浅两种主题是大概率事件，尤其是用户群广泛的产品，届时，必定会大规模使用 prefers-color-scheme。

prefers-color-scheme 使用示意如下：

```
/* 深色模式 */
@media (prefers-color-scheme: dark) {
    body { background: #333; color: white; }
}
/* 浅色模式 */
@media (prefers-color-scheme: light) {
    body { background: white; color: #333; }
}
```

如果需要在 JavaScript 代码中对系统的深浅主题进行判断，可以使用原生的 window.matchMedia() 方法，例如：

```
// 是否支持深色模式
// 返回 true 或 false
window.matchMedia("(prefers-color-scheme: dark)").matches;
```

prefers-color-scheme 是 CSS 世界中被迅速支持的媒体特性之一，目前所有现代浏览器均支持此媒体特性，读者可以完全放心大胆地使用。

下面介绍一个对现有网页快速进行深色模式改造的技巧，代码如下：

```
@media (prefers-color-scheme: dark) {
    body {
        filter: invert(1) hue-rotate(180deg);
        background-color: #000;
    }
    img {
        filter: invert(1) hue-rotate(180deg);
    }
}
```

对浅色模式、文字颜色和背景色等直接使用滤镜进行反相，自然就变成深色模式了，无须逐个对颜色进行重置，一行简单的 filter:invert(1) 就可以搞定。不过对于图片元素，如果进行反相操作，效果会很奇怪。此时，可以再次反相，将图片还原成真实颜色。

这就是上面的 CSS 代码的作用原理，而图 7-1 展示的就是某个页面应用上述 CSS 代码后在深色模式和浅色模式下的渲染效果对比图。

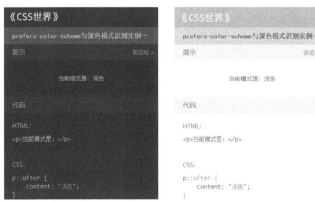

图 7-1 演示页面在深色模式和浅色模式下的渲染效果对比示意

眼见为实，读者可以在浏览器中进入 https://demo.cssworld.cn/new/7/1-1.php 页面，或者扫描右侧的二维码，然后将浏览器切换到深色模式进行体验。

在 Windows 10 操作系统中，在桌面单击鼠标右键，选择"个性化"→"颜色"→"默认应用模式"，就可以设置浏览器为深色主题了，此时，页面的 UI 也会同步变化，效果会很酷。

不过，需要提醒一下大家，`filter:invert(1)`这种"偷懒"的技巧只适合用于不太重要的页面。根据我的实际开发经验，`filter` 滤镜在 Safari 浏览器中会带来潜在的渲染问题。

2. prefers-reduced-motion

`prefers-reduced-motion` 媒体特性的兼容性和 `prefers-color-scheme` 是一样的，毕竟属于体验增强特性，大家可以无顾虑地使用。

`prefers-reduced-motion` 用来检测操作系统是否设置了关闭不必要动画的操作，其支持的参数值如下。

- `no-preference` 表示用户没有通知系统任何首选项。
- `reduced` 表示用户已通知系统，他们更喜欢删除或者替换基于运动的动画，因为该类型动画会引发前庭功能紊乱患者的不适（类似晕车），或者一部分人就是单纯动画疲劳，也可能想要更省电。

几乎所有操作系统都有对应的关闭不必要动画的首选项，具体设置方式如下。

- Windows 10：设置→轻松使用→在 Windows 中显示动画。
- Windows 7：控制面板→轻松访问→使计算机更易于查看→关闭所有不必要的动画（如果可能）。
- macOS：系统偏好→辅助使用→显示器→渐弱动态效果。
- iOS：设置→通用→辅助功能→渐弱动态效果。
- Android 9+：设置→辅助功能→移除动画（或者高级视觉效果）。

根据我查到的一些信息，关闭操作系统动画的用户并不少，尤其是对用户基数很大的产品而言。对于这部分用户，尤其是前庭功能紊乱的用户，在 Web 产品中进行相应的体验优化还是很有必要的。

其实，我们要做的事情很简单：如果用户选择了关闭动画，那么我们要让 Web 应用中的动画同步关闭。例如，弹框出现就不需要有弹一下的动画效果，评论框也不需要从下方出现，直接让评论框显示出来就可以。CSS 代码示意如下：

```css
@media (prefers-reduced-motion) {
    .example-1 {
        animation: none;
    }
    .example-2 {
        transition: none;
    }
}
```

甚至可以像下面这样：

```css
@media (prefers-reduced-motion) {
    * {
        animation: none;
        transition: none;
    }
}
```

prefers-reduced-motion 媒体特性的使用真的很简单，没有太多的技术含量，但对部分用户而言，这个特性很重要，所以提升产品的用户体验、让世界变得更温暖并不需要多大多深奥的技术，重要的是心意和关心各类用户群体的意识。

7.1.3 对鼠标行为和触摸行为的支持检测

本节内容也是与用户体验密切相关的。

先从一个例子说起。有这样一个交互效果：当鼠标经过图片的时候，在图片上方显示一段描述文字。这个交互效果可以使用:hover 伪类轻松地实现。假设 HTML 代码结构如下：

```
<figure>
    <img src="1.jpg">
    <figcaption>图片描述</figcaption>
</figure>
```

则核心 CSS 代码如下：

```
figcaption {
    display: none;
}
figure:hover figcaption {
    display: block;
}
```

结果这个功能在移动端出现了问题。因为:hover 伪类在移动端，尤其在 iOS 的 Safari 浏览器中的交互会很奇怪，可以触发但是不容易触发，而且触发后的 hover 状态不太容易消除，体验并不好。所以，为了在移动端也能无障碍地实现这个交互效果，交互设计师决定让<figcaption>元素在移动端默认显示，于是就有了下面的 CSS 代码：

```
figcaption {
    display: none;
}
figure:hover figcaption {
    display: block;
}
@media (max-width: 480px) {
    figcaption {
        display: block;
    }
}
```

这个问题看起来是解决了，实际上却还有很多问题。例如，如果手机横屏了怎么办？使用 iPad 访问岂不是也不太容易显示图片信息？其实问题的本质在于，仅通过屏幕宽度判断是不是触屏设备是非常片面和不准确的，只能应付大部分场景，而不能准确覆盖所有场景。

好在这个困扰多年的体验问题现在终于有了完美的 CSS 解决方法，那就是 CSS 世界新出现的支持检测鼠标行为和触摸行为的媒体特性。

1. any-hover

any-hover 媒体特性可用于测试是否有任意可用的输入装置可以悬停（就是 hover 行为）在元素上。例如，鼠标这个输入装置就可以控制鼠标指针的位置，以及悬停在元素上。因此，下个不太严谨的结论，any-hover 其实就是用来检测设备是否接入了鼠标的。

any-hover 媒体特性支持下面两个关键字属性值。

- none 表示没有输入装置可以实现悬停效果，或者没有可以实现指向的输入装置。
- hover 表示一个或多个输入装置可以触发元素的悬停交互效果。

回到本节最开始的案例，其实真正希望的是<figcaption>元素在不支持悬停效果的设备上显示，因此，完美的 CSS 代码应该是下面这样的：

```
figcaption {
    display: none;
}
figure:hover figcaption {
    display: block;
}
@media (any-hover: none) {
    figcaption {
        display: block;
    }
}
```

眼见为实，读者可以在浏览器中进入 https://demo.cssworld.cn/new/7/1-2.php 页面，或者扫描右侧的二维码查看效果。

在传统的桌面端浏览器访问该页面会显示图 7-2 左图所示效果，图片上的提示信息在鼠标经过图片时才会出现，而在移动端访问，图片提示信息直接就显示了，如图 7-2 右图所示。

图 7-2　any-hover 媒体特性下的传统设备和触摸设备的样式对比示意

兼容性

　　any-hover 媒体特性被 Edge16+浏览器支持，具体兼容性如表 7-2 所示。该媒体特性在 CSS 新特性中算是兼容性不错的，考虑到 any-hover 媒体特性的作用是体验增强，因此在生产环境中大可放心使用，无须顾虑陈旧设备。

表 7-2　**any-hover 媒体特性的兼容性**（数据源自 Caniuse 网站）

IE	Edge	Firefox	Chrome	Safari	iOS Safari	Android Browser
✘	16+ ✔	64+ ✔	41+ ✔	9+ ✔	9+ ✔	5+ ✔

2. hover

和 any-hover 近似的还有一个名为 hover 的媒体特性。

hover 媒体特性的语法和作用与 any-hover 是一样的，两者的主要区别在于，any-hover 检测任意输入装置，而 hover 只检测主要的输入装置。

hover 支持的属性值有以下几个。

- none 表示主输入装置根本无法悬停或无法方便地悬停（例如，使用长点击来模拟悬停，而长点击这种交互并不方便），或者没有主输入装置。
- hover 表示主输入装置可以触发元素的悬停交互。

将前面介绍的 any-hover 的案例的 CSS 代码改成下面这样，在绝大多数场景下的效果也是一样的：

```
figcaption {
    display: none;
}
figure:hover figcaption {
    display: block;
}
@media (hover: none) {
    figcaption {
        display: block;
    }
}
```

由于 hover 媒体特性的兼容性更好，且从 Edge12+就开始支持 hover 了，因此，如果是针对传统桌面端网页的体验优化，可以优先使用 hover 媒体特性。

3. pointer 和 any-pointer

与 hover 和 any-hover 媒体特性相对应的还有 pointer 和 any-pointer 媒体特性。

hover 是与悬停事件相关的，而 pointer 是与点击事件相关的。pointer 和 any-pointer 媒体特性主要用于识别当前环境，判断是否可以非常方便地进行点击操作。

any-pointer 支持 3 个属性值，含义分别如下。

- none 表示没有可用的点击设备。
- coarse 表示至少有一个设备的点击不是很精确。例如，使用手指操作手机就属于点击不精确。
- fine 表示有点击很精准的设备。例如，用鼠标操作的计算机浏览器。

pointer 也支持 3 个属性值，含义分别如下。

- none 表示主输入装置点击不可用。
- coarse 表示主输入装置点击不精确。
- fine 表示主输入装置点击很精准。

接下来讲一下我对 pointer 和 any-pointer 媒体特性使用场景的看法。

pointer 和 any-pointer 查询语法的设计初衷非常好，当我们知道一个设备的点击是精确还是不精确之后，我们就能进行相应的体验升级和改进。例如，如果用户的点击操作很精确，我们就可以使用一个传统按钮；如果用户的点击操作不是很精确，那我们就可以做一个大大的、宽宽的按钮，方便用户点击操作。

不过在实际开发中，并没有做这样的区分，都是直接扩大点击区域。例如，使<a>包含整段描述，将按钮做得足够大；小图标按钮也通过使用 padding 或者透明 border 来扩展点击区域。

根本轮不到使用 `pointer` 和 `any-pointer` 查询语法进行区分。也就是说，`pointer` 和 `any-pointer` 最实用的场景其实并不是移动端，而是宽屏的桌面端网页。

随着物联网的不断发展，各种各样的触屏设备陆续出现，它们的屏幕尺寸都很大，例如汽车的中控屏、医院或银行的自助机屏幕和各种平板设备等。在这些设备上浏览网页的时候，由于设备宽度足够大，一般在 1200px 以上，因此最终显示的是桌面端网页。而我们在开发桌面端网页的时候，往往都是基于用户有一个灵敏的鼠标这样一个前提来设计和开发的，这就会导致在大屏触摸设备下体验较差。这时候，`pointer` 和 `any-pointer` 查询语法就很有用了。例如，点击不精确的时候让复选框尺寸变大（浏览器默认的复选框尺寸相当小）：

```
@media (pointer: coarse) {
    input[type="checkbox"] {
        width: 30px;
        height: 30px;
    }
}
```

眼见为实，读者可以在浏览器中进入 https://demo.cssworld.cn/new/7/1-3.php 页面，或者扫描右侧的二维码查看效果。

该页面在可以使用鼠标的浏览器中是图 7-3 左图所示的效果，复选框是原始的大小；而在没有连接鼠标的平板电脑上访问，复选框就会被放大，手指就很容易选中复选框，效果如图 7-3 右图所示。

图 7-3　`pointer` 媒体特性下可以精确点击和不能精确点击时复选框的样式对比示意

`pointer` 和 `any-pointer` 查询语法都是从 Edge12+浏览器开始被支持的，也就是除了 IE 浏览器，两者在其他浏览器中都可以使用，兼容性算是不错的。

最后，对本节内容做一个小结。媒体特性有很多，但大多数会因为兼容性和实用性等原因而很少被使用。比较实用的是宽度、高度、横竖屏和屏幕分辨率等媒体特性，因为，不使用这些媒体特性是没办法实现功能需求的。熟悉这些媒体特性的开发者比较多，本书就不做过多介绍了。

但是，有一些我认为非常重要且非常实用的与用户体验细节密切相关的媒体特性，由于没有与功能强相关，前端开发者用不到，因此常常被忽略，我估计很多前端开发者都没有见过这些媒体特性，这部分内容我要重点介绍一下。

要体现出 CSS 和 JavaScript 不一样的价值，就要用 CSS 做出独一无二的用户体验。`prefers-color-scheme`、`prefers-reduced-motion`、`hover`、`pointer` 等媒体特性就可以突显 CSS 的价值，大家一定要重视并在项目中积极实践，努力让 Web 产品的体验更加温暖。

7.2　环境变量函数 env()

环境变量函数 `env()` 规范的制定和兴起是由于 iPhone X 这类带有"刘海屏"和底部触摸条的移动设备的出现，如果按钮和底部触摸条在一起显示，就会出现交互冲突的问题，而 `env()` 函数可以让网页内容显示在设备的安全区域范围。

当然，环境变量函数 env() 的功能和作用绝不仅仅是设置安全边距这么简单，通过使用 env() 函数，很多原本需要特殊权限才可以访问的信息就可以作为全局变量在整个页面文档中使用。只是，虽然 env() 函数的规划很长远，但是由于目前规范还只停留在第一阶段的草案阶段，内容很少，因此目前可以在实践中应用的就只有设置安全边距。

env() 函数的语法和 var() 函数的语法很相似，它们的区别在于，env() 函数可以用在媒体查询语句中，甚至用在选择器中，但 var() 函数只能作为属性值或作为属性值的一部分。或者说，凡是可以使用 var() 函数的地方一定可以使用 env() 函数，但是反过来却不成立。

下面是 env() 函数的一些使用示意：

```
/* 直接使用 4 个安全内边距值 */
env(safe-area-inset-top);
env(safe-area-inset-right);
env(safe-area-inset-bottom);
env(safe-area-inset-left);

/* 使用 4 个安全内边距值，同时设置兜底尺寸值 */
env(safe-area-inset-top, 20px);
env(safe-area-inset-right, 1em);
env(safe-area-inset-bottom, 0.5vh);
env(safe-area-inset-left, 1.4rem);
```

这里出现的 safe-area-inset-top、safe-area-inset-right、safe-area-inset-bottom 和 safe-area-inset-left 就是浏览器自己定义的属性名称，大家可以将其理解为 CSS 环境变量值，表示设备 4 个方向的安全内边距大小，具体如图 7-4 所示。

图 7-4 手机设备安全区域和对应 CSS 变量值示意

下面我强调两个细节。

（1）和通常的 CSS 属性不同，env() 函数中的属性是区分大小写的，因此，下面 CSS 代码中的 padding-left 值一定是 50px：

```
padding-left: env(SAFE-AREA-INSET-LEFT, 50px);
```

SAFE-AREA-INSET-LEFT 是无法识别的属性，因此，会使用兜底的 50px 作为 padding-left 的属性值。

（2）要想使 safe-area-inset-*属性表现出准确的间距，一定要确保 viewport 相关的

`<meta>`信息如下：

```
<meta name="viewport" content="viewport-fit=cover">
```

因此，如果当前的 iOS 的 Safari 浏览器的版本支持 env() 函数，使用了 env() 函数却没有效果，那么可以检查一下`<meta>`信息设置得是否正确。

兼容性

env() 函数的规范虽然出现得很晚，但是浏览器的支持很迅速，完整的兼容性如表 7-3 所示。

表 7-3 env() 函数的兼容性（数据源自 Caniuse 网站）

IE	Edge	Firefox	Chrome	Safari	iOS Safari	Android Browser
✘	✘	65+ ✔	69+ ✔	11.1+ ✔	11.3+ ✔	5+ ✔

可以这么说，需要用到安全边距的设备一定支持 env() 函数，因此，大家放心使用该函数就好，不要顾及兼容性问题。

7.3 rem 和 vw 单位与移动端适配最佳实践

不同手机的宽度不尽相同，尺寸小的只有 320px，尺寸大一点的有 360px、375px、414px 等常见宽度。

不同的设备宽度给布局带来了困扰，虽然弹性布局和网格布局具有宽度自适应性，可以保证布局不乱，但面对文字阅读的体验问题却无能为力。例如，16px 大小的文字在 375px 宽的屏幕下显示正合适，但是在 414px 宽的屏幕下就会显得偏小，阅读体验不太好。

如何解决上述的体验问题呢？聪明的前端开发者会想到一个 CSS3 单位——rem，其中，"r" 是 root 的意思，在 HTML 网页中，root 指的就是`<html>`元素，正如 CSS 伪类:root 的目标元素和 html 属性选择器一样。例如，已知

```
html {
    font-size: 16px;
}
```

则 0.5rem 就是 8px，1rem 就是 16px，2rem 就是 32px。

如果根字号大小是 20px，CSS 代码如下：

```
html {
    font-size: 20px;
}
```

则 0.5rem 就是 10px，1rem 就是 20px，2rem 就是 40px。

所以，要想使整个网页保持弹性其实很简单，让元素的宽高和文字的尺寸大小都使用 rem 单位，然后在不同宽度的设备下设置准确的根字号大小就可以了。

于是，衍生出下面两种做法。

（1）设定临界点字号。代码如下：

```
html {
    font-size: 16px;
}
@media (min-width: 414px) {
    html {
        font-size: 18px;
    }
}
@media (min-width: 600px) {
    html {
        font-size: 20px;
    }
}
```

（2）头部嵌入一段 JavaScript 代码，根据屏幕尺寸设置对应的根字号大小。例如，下面是曾经在业界用过一段时间的计算公式：

```
document.documentElement.style.width = document.documentElement.clientWidth / 7.5 + 'px';
```

然而，上面两种做法都有不足。

第一种做法对于非临界点尺寸的设备很不友好，例如 Pixel 2 手机的宽度是 411px，不属于任何临界点，代码中使用的根字号是 16px，显然偏小，最终的体验就不好。

第二种做法的优点在于任何宽度的手机都有对应的根字号设置，但是缺点很多。首先，在我看来，CSS 布局效果使用了 JavaScript，这是"原罪"[①]；其次，根字号会线性放大，如果是使用 iPad 等设备访问，则会看到超级夸张的字号和布局尺寸；最后，基准字号是 50px，与默认的 16px 相去甚远，日后想要推翻之前的适配策略（例如改成 16px 的基准字号）则改动巨大，举步维艰。

于是，聪明的前端开发者会想到使用另一个 CSS 新特性来优化上面的两种做法，那就是视区相对单位 vw。

7.3.1　了解视区相对单位

视区相对单位指的是相对于浏览器视区尺寸（viewport）的单位，具体包括下面 4 个。

- vw——视区宽度百分值。
- vh——视区高度百分值。
- vmin——vw 或 vh，取小的那个值。
- vmax——vw 或 vh，取大的那个值。

以最常用的 vw 单位为例，100vw 表示 1 个视区宽度，在手机的浏览器中，视区宽度就等于手机的像素宽度。例如，在 iPhone X 中，100vw 就等同于 iPhone X 设备的宽度，由于 iPhone X 设备宽度是 375px，10vw 表示视区宽度的 1/10，因此在 iPhone X 中 10vw 对应的宽度是 37.5px。

由于 vw 单位和设备的宽度相关联，因此，在遇到需要根据设备宽度进行弹性根字号设置的需求时，自然而然就会想到使用 vw 单位，这个后面会详细介绍。

趁这个机会，我用简短的几句话介绍一下 vh 单位的经典应用，那就是当内容高度不足一屏时，让底部栏贴在浏览器窗口的底部；当内容高度超过一屏时，让底部栏贴在页面最下方。

[①] JavaScript 的主要缺点是功能耦合，不利于维护，后置执行可能会有体验问题：一旦 JavaScript 异常，布局会毁掉。

下面介绍一下最佳实践方法。假设 HTML 代码结构如下：

```html
<div class="container">
    <content></content>
    <footer></footer>
</div>
```

则使用如下几行 CSS 代码即可实现想要的布局效果：

```css
.container {
    display: flex;
    flex-direction: column;
    min-height: 100vh;
}
footer {
    margin-top: auto;
}
```

其中，最精彩的就是 `min-height:100vh`，也就是让容器元素的高度至少保持一个视区的高度。

这个经典布局有对应的演示页面，读者可以在浏览器中进入 https://demo.css world.cn/ new/7/3-1.php 页面，或者扫描右侧的二维码查看效果。

接下来回到重点——vw 单位下的最佳移动端适配方案。

7.3.2 calc()函数下的最佳实践

有了 vw 单位，再配合 `calc()` 函数进行计算，无须使用任何 JavaScript 代码，我们就可以实现基于设备宽度的移动端布局适配方案。例如，希望 375px～414px 的宽度区间的根字号大小是 16px～18px，就可以这么设置：

```css
html {
    font-size: 16px;
}
@media screen and (min-width: 375px) {
    html {
        /* 375px 宽度使用 16px 基准尺寸，414px 宽度时根字号大小正好是 18px */
        font-size: calc(16px + 2 * (100vw - 375px) / 39);
    }
}
@media screen and (min-width: 414px) {
    html {
        font-size: 18px;
    }
}
```

重点是 `calc(16px + 2 * (100vw - 375px) / 39)`，我们可以套用公式计算一下。

（1）如果设备宽度是 375px，则 `font-size` 属性的计算值是：

```
16px + 2 * (100vw - 375px) / 39
↓
16px + 2 * (375px - 375px) / 39
↓
16px
```

（2）如果设备宽度是 400px，则 `font-size` 属性的计算值是：

```
16px + 2 * (100vw - 375px) / 39
↓
```

```
16px + 2 * (400px - 375px) / 39
↓
17.28  2px
```

（3）如果设备宽度是 414px，则 `font-size` 属性的计算值是：

```
16px + 2 * (100vw - 375px) / 39
↓
16px + 2 * (414px - 375px) / 39
↓
18px
```

这样，无论手机的宽度是多少，都可以有一个合适的根字号大小。

此时只需要把视觉稿对应的 px 尺寸使用 rem 表示就可以了。例如，视觉稿上图片尺寸是 120px×80px，则我们布局的时候使用：

```
img {
    width: 7.5rem;
    height: 5rem;
}
```

3px 的间隙就可以这样表示：

```
.container {
    gap: calc(3 / 16rem);
    /* 也可以直接设置成： */
    /* gap: .1875rem; */
}
```

这样，在 414px 宽度的 iPhone Plus 下，所有布局尺寸和图文内容都会按适当的比例放大，表现出适当的弹性。也就是说，虽然视觉稿是针对 375px 宽度设计的，但是在 414px 宽度的设备下也可以有同样完美的视觉表现。

1. 最佳实践范例代码

下面这段 CSS 代码是我最常用的基于 rem 和 vw 单位并配合 `calc()` 函数的移动端适配代码，大家可以自行微调或者直接复制粘贴到自己的项目中使用，例如 `screen and` 可以删除，`1000px` 之后的尺寸可以使用固定值等：

```
html {
    font-size: 16px;
}
@media screen and (min-width: 375px) {
    html {
        /* 375px 作为 16px 基准，414px 宽度时正好对应 18px 的根字号大小 */
        font-size: calc(16px + 2 * (100vw - 375px) / 39);
    }
}
@media screen and (min-width: 414px) {
    html {
        /* 屏幕宽度从 414px 到 1000px，根字号大小累积增加 4px（18px-22px） */
        font-size: calc(18px + 4 * (100vw - 414px) / 586);
    }
}
@media screen and (min-width: 1000px) {
    html {
        /* 屏幕宽度从 1000px 往后每增加 100px，根字号大小就增加 0.5px */
        font-size: calc(22px + 5 * (100vw - 1000px) / 1000);
    }
}
```

这段代码的优点是兼容性非常强，尺寸有弹性，纯 CSS 驱动，同时在宽屏下布局尺寸不至于过大（1000px 宽度屏幕下的字号是 22px，使用之前的 JavaScript 计算方法的话，1000px 宽度屏幕下的字号大约是 43px，尺寸太大）。

如果想参考实际使用案例，可以访问起点中文网页面，图 7-5 展示的就是 375px（左图）和 414px（右图）下的 1∶1 比例的布局效果。

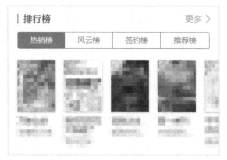

图 7-5　375px 和 414px 下的 1∶1 比例的布局效果示意

当然，随着越来越多的浏览器支持 clamp() 函数，我们也可以使用下面这种更加精简的语法：

```
html {
    font-size: 16px;
    font-size: clamp(16px, calc(16px + 2 * (100vw - 375px) / 39), 22px);
}
```

根字号的变化范围虽然不及 @media 语法实现得精细，但贵在代码比较精简。

2．rem 单位不是万能的

上面的 rem 单位布局方法并不是万能的，首先渲染尺寸并不总是整数，例如，1.25rem 在 375px 宽度屏幕下的计算值是 20px，但是在 414px 宽度屏幕下的计算值却是 22.5px。非整数尺寸偶尔会带来一些渲染的问题，例如，当 SVG 图标尺寸不是整数的时候，边缘可能会出现奇怪的间隙；又如，需要精确知道若干个列表的高度之和的时候，如果列表的高度不是整数，则最终的高度值和实际的渲染高度值会有误差。在这些场景下，可以将对应元素的 rem 单位改成 px 单位进行表示。

7.3.3　适合新手的纯 vw 单位的布局

虽说上面的最佳实践代码实现的效果最好，但是，在布局的时候，开发者还是需要知道一些基础的自适应布局技巧。

对于刚入行的新人，由于他们对 CSS 的理解可能还比较浅，布局的思维方式还停留在搭积木的思维模式上，表现为给元素设置固定宽、高并进行拼接，布局方式为固定布局。固定布局确实更容易上手，因为它和现实中房屋建造的特点一致，但是固定布局缺乏弹性，并不能很好地适配各种尺寸，因此对于新手而言，移动端开发一直是一件让人头疼的事情。

这个时候，vw 单位的出现就成了救命稻草。使用 vw 单位，既可以采用固定布局，又能实现不同尺寸的适配。于是，一种纯 vw 单位的布局方式很快就在 CSS 开发新人中广为流传。

在这种纯 vw 单位的布局方式下，布局尺寸和图文大小既不使用 px 单位，也不使用 rem 单位，而是统一使用 vw 单位。例如，视觉稿上图片的尺寸是 120px×80px，使用 vw 单位表示就是：

```
img {
    width: 32vw;
    height: 21.333vw;
}
```

又如，3px 的间隙使用 vw 单位表示就是：

```
.container {
    gap: calc(3 * 100vw / 375);
    /* 也可以直接设置成： */
    /* gap: .8vw; */
}
```

一切单位皆是 vw。于是，开发的时候只需要使用 vw 单位按照 1∶1 的尺寸将视觉稿复刻下来，就可以做到无论是什么宽度的设备，都会等比例缩放，不用担心因为设备宽度不一样而出现错位或无法对齐等布局问题。

但是，不建议在长期维护的大型项目中使用纯 vw 布局方式，因为这种布局方式一旦确定，后期更换布局的成本会非常高，这种布局方式比较适合用在运营活动页面中。

另外，纯 vw 单位的布局方式就像搬砖砌墙，虽然简单直接，但是并不利于对 CSS 的深入学习。因此，建议在有了一定的 CSS 基础之后，使用基于 rem 和 vw 单位并配合 calc() 函数的适配方案进行布局开发，徜徉在 CSS 世界中，感受 CSS 布局新特性的美。

7.4　使用 touch-action 属性控制设备的触摸行为

touch-action 属性是移动端中与手势触摸密切相关的 CSS 属性，它源自 Windows Phone 手机，属于微软系，后来被 Chrome 浏览器吸收借鉴，Firefox 浏览器跟着支持，现在 Safari 浏览器也已经完全支持（iOS 13 之前是部分支持），是一个在移动端可以畅行的 CSS 属性。

7.4.1　touch-action 属性的常见应用

目前 touch-action 属性有两个常见的应用，下面具体介绍一下。

1. touch-action:manipulation 取消 300 ms 的点击延时

touch-action:manipulation 表示浏览器只允许进行滚动和持续缩放操作，所以类似双击缩放这种非标准操作就不被允许。想当初，之所以 click 事件在移动端有 300 ms 延时，就是因为要避免点击行为和手机双击行为发生冲突。

于是，当我们设置 touch-action:manipulation 时，取消了双击行为，300 ms 延时也就不复存在了。因此，下面的 CSS 声明可以用来避免点击后浏览器延时 300 ms 的问题：

```
html {
    touch-action: manipulation;
}
```

2. touch-action:none 解决 treated as passive 错误

随便新建一个空白页面，运行如下 JavaScript 代码：

```
document.addEventListener('touchmove', function (event) {
    event.preventDefault();
});
```

在移动端模式下滑动页面，就可以看到下面这样的一大堆错误：

[Intervention] Unable to preventDefault inside passive event listener due to target being treated as passive. See…

错误提示如图 7-6 所示。

图 7-6　"treated as passive" 错误提示示意

此时，使用下面的 CSS 代码可以避免报错，让 touchmove 事件正常执行：

```
html {
    touch-action: none;
    overflow: hidden;
}
body {
    touch-action: auto;
    height: 100vh;
    position: relative;
    overflow: auto;
}
```

读者可以在浏览器中进入 https://demo.cssworld.cn/new/7/4-1.php 页面，或者扫描右侧的二维码查看效果。

不过，此方法改变了默认的滚动行为，比较适合原本就需要对默认滚动行为进行重置的单页，而对于传统的网页，建议还是使用 JavaScript，通过传递 passive:false 参数设置来解决这个问题，具体示意如下：

```
document.addEventListener('touchmove', function (event) {
    event.preventDefault();
}, {
    passive: false
});
```

7.4.2　了解 touch-action 属性各个属性值的含义

touch-action 属性支持的属性值有：

```
touch-action: auto;
touch-action: manipulation;
touch-action: none;
touch-action: pan-x;
touch-action: pan-y;
touch-action: pan-left;
touch-action: pan-right;
touch-action: pan-up;
touch-action: pan-down;
touch-action: pinch-zoom;
```

这些属性值的具体含义如下。

- `auto` 是默认值，表示手势操作完全由浏览器决定（如 `<meta>` 元素的 `viewport` 属性通过设置 `user-scalable=no/yes` 来确定是否允许缩放）。
- `manipulation` 表示浏览器只允许进行滚动和持续缩放操作，类似双击缩放这种非标准操作就不可以。此属性值可以用来解决点击后延时 300ms 的问题。iOS 9.3 就已经支持该值。
- `none` 表示不进行任何手势相关的行为，例如，你想用手指滚动网页就不行，双击放大或缩小页面也不可以，所有这些行为都要自定义。另外，从这个属性值开始，一直到最后一个属性值 `pinch-zoom`，都是 iOS 13 才开始支持的。
- `pan-x` 表示支持手指头水平移来移去的操作。
- `pan-y` 表示支持手指头垂直移来移去的操作。
- `pan-left` 表示支持手指头往左移动，移动开始后往右可以恢复的操作。
- `pan-right` 表示支持手指头往右移动，移动开始后往左可以恢复的操作。
- `pan-up` 表示支持手指头往上移动，移动开始后往下可以恢复的操作。
- `pan-down` 表示支持手指头往下移动，移动开始后往上可以恢复的操作。
- `pinch-zoom` 表示支持手指头缩放页面的操作。

上述部分属性值可以组合使用，`pan-x`、`pan-left` 和 `pan-right` 一组，`pan-y`、`pan-up` 和 `pan-down` 一组，`pan-zoom` 单独一组。这 3 组属性值可以任意组合，例如：

```
.example {
    touch-action: pan-left pan-up pan-zoom;
}
```

表示可以左移、上移和缩放。

这些关键字属性值适合用在需要自定义手势行为的场景下，虽不常用，但很实用。

兼容性

`touch-action` 属性的兼容性如表 7-4 所示。

表 7-4　**touch-action** 属性的兼容性（数据源自 Caniuse 网站）

IE	Edge	Firefox	Chrome	Safari	iOS Safari	Android Browser
10+ ✔	12+ ✔	57+ ✔	36+ ✔	✘	9.3～12.4（部分） 13.0+ ✔	5+ ✔

7.5　image-set()函数与多倍图设置

`image-set()` 函数的性质与 `element()` 函数、`cross-fade()` 函数的性质是一样的，它们都属于 `<image>` 数据类型，不过就实用性而言，`image-set()` 函数明显高了不只一个级别。为了避免 `image-set()` 函数被埋没，这里就不将其和第 10 章中会介绍的 `cross-fade()` 函数、`element()` 函数放在一起介绍了。

`image-set()` 函数可以根据不同设备的屏幕密度或者分辨率来显示不同的背景图（`background-`

image）或者遮罩图片（mask-image）等。例如：

```
.example {
    background-image: image-set(url(1.jpg) 1x, url(1-2x.jpg) 2x, url(1-print.jpg) 600dpi);
}
```

注意，图片地址需要写在 url() 函数里，url() 函数中不用添加引号，W3C 的 CSS Images Module Level 4 规范文档和 MDN 文档中的示例在 Chrome 浏览器下是无效的。例如，下面这个 W3C 规范文档中出现的语法示意是目前的 Chrome 浏览器无法识别的：

```
/* 该语法暂时无效 */
.example {
    background-image: image-set("foo.png" 1x, "foo-2x.png" 2x, "foo-print.png" 600dpi);
}
```

这段 CSS 代码的作用是：如果屏幕是 1 倍屏，也就是设备像素比是 1∶1 的话，就使用 1.jpg 作为背景图；如果屏幕是 2 倍屏及以上，就使用 1-2x.jpg 作为背景图；如果设备的分辨率大于 600dpi，就使用 1-print.jpg 作为背景图。

dpi 表示每英寸点数。通常屏幕每英寸包含 72 点或 96 点，打印文档的 dpi 要大得多，一般 dpi 值在 600 以上，我们就可以认为是打印设备了。

另外，1x、2x 中的 x 其实是 dppx 的别称，表示每像素单位的点数，也可以理解为屏幕密度。

HTML 中有一个名为 srcset 的属性，这个属性与 image-set() 函数无论是名称还是语法都有相似之处，例如：

```
<img src="1.jpg" srcset="1-2x.png 2x">
```

不过 srcset 属性比较复杂，还包括 sizes 属性和 w 描述符，本书不做介绍，有兴趣的读者可以阅读我博客上的一篇文章《响应式图片 srcset 全新释义 sizes 属性 w 描述符》（https://www.zhangxinxu.com/wordpress/2014/10/responsive-images-srcset-size-w-descriptor/）。

下面通过一个案例进一步熟悉 image-set() 函数，代码如下：

```
.image-set {
  width: 128px; height: 96px;
  background: url(fallback.jpg);
  background: image-set(
    url(w128px.jpg) 1x,
    url(w256px.jpg) 2x,
    url(w512px.jpg) 3x);
  background-size: cover;
}
```

上面的 CSS 代码表示 1 倍屏加载 w128px.jpg，2 倍屏加载 w256px.jpg，3 倍及以上倍数屏加载 w512.jpg。

读者可以在浏览器中进入 https://demo.cssworld.cn/new/7/5-1.php 页面，或者扫描右侧的二维码查看实际的渲染效果。

具体结果如下。

- 在普通的显示设备下加载的是 128px 规格的图片，如图 7-7 左图所示。
- 如果打开开发者工具，进入移动端预览模式，如 iPhone 6/7/8，则加载的是 256px 规格的图片，如图 7-7 中间图所示。
- iPhone 6/7/8 Plus 是 3 倍屏，因此，如果使用 iPhone 6/7/8 Plus 模式预览，则加载的是 512px 规格的图片，如图 7-7 右图所示。

图 7-7　image-set()函数适配效果示意

兼容性

image-set()函数的兼容性如表 7-5 所示。

表 7-5　**image-set()** 函数的兼容性（数据源自 Caniuse 网站）

IE	Edge	Firefox	Chrome	Safari	iOS Safari	Android Browser
✘	✘	✘	21+ (-webkit-) ✔	6.0+ (-webkit-) ✔	6.0+ (-webkit-) ✔	4.4+ (-webkit-) ✔

可以看到，所有移动端的常见浏览器均支持该函数，而且很早就已经提供了支持，因此读者可以放心使用该函数。

即便在桌面端浏览器中，image-set()函数也可以放心使用，不用担心会影响内容的呈现，因为它是一个渐进增强特性。实际开发时，在 image-set()语句之前加一行 backgr ound:url();语句兜底就可以了，这样就算浏览器不支持 image-set()函数，界面样式依然表现良好。例如，上面的演示页面在 Firefox 浏览器中显示的就是兜底图片，如图 7-8 所示。

当然，兼容性更好的做法还是使用@media 规则，例如：

```
@media (resolution: 2dppx) {
    .example {
        background: url(1-2x.jpg);
    }
}
@media (min-resolution: 3dppx) {
    .example {
        background: url(1-3x.jpg);
    }
}
```

图 7-8　Firefox 浏览器显示是兜底图片示意

IE9+浏览器均支持这种方法，只是语法烦琐一点而已。

虽然 image-set()函数的设计初衷是好的，但是实用性很一般，因为在实际开发中往往会设置直接加载 2 倍图，1 倍图是不加载的。这样做一是因为现在流量便宜，二是因为无须准备多张不同尺寸的图片，可以减少开发和维护成本。

只有下面两种情况才需要用到 image-set()函数。

（1）不同屏幕密度下显示的是完全不同的图，而不是只有尺寸不一样的图。例如，在 1 倍屏下显示造型简单的图标，在多倍屏下显示细节丰富的图标。

（2）用户体验和流量收益足够明显的场景。例如类似 WeChat 这种用户基数很大的产品；或者给流量费用较高、信号较差的地区开发的产品。

第 8 章

CSS 的变量函数 var()与自定义属性

我们在日常开发中所说的 CSS 变量，实际上是 CSS 的变量函数 var()与 CSS 自定义属性的统称。当然，业界有时也会把 CSS 自定义属性称为 CSS 变量，但是在本书中，我认为 CSS 自定义属性只是 CSS 变量的一部分。

在我心中，CSS 变量是所有 CSS 新特性中最具颠覆性的，可以说它给 CSS 这门语言带来了质的提升，包括 3 个方面。

（1）CSS 变量本身的作用也就是任何语言"变量"的作用，它使开发和维护成本更低了，例如让整站的换肤功能很容易就实现了。

（2）CSS 变量改变了在图形交互效果的实现中 JavaScript 语言和 CSS 语言所占据的比重。在传统的复杂图形效果的实现中，JavaScript 语言往往渗透很深，且会参与多个 DOM 交互细节；如今有了 CSS 变量，JavaScript 语言在整个交互效果的实现中仅用于修改一个全局的自定义属性值。开发的门槛降低了，产品的体验升级了，更重要的是 CSS 语言的参与度大大提升了，这对提高 CSS 语言的地位有着非常重要的意义。

（3）CSS 变量使 CSS 自定义语法的扩展成为可能。例如，attr()是一个我认为同样具有颠覆性的函数，目前没有任何浏览器提供对它的支持，而且短期内也看不到有浏览器提供支持的迹象，但是它可以借助 CSS 变量的某些特性进行模拟支持。

因此，CSS 变量值得专门用一章进行介绍。

8.1 CSS 变量的语法、特性和细节

CSS 变量的语法由两部分组成，一部分是 CSS 变量的声明，另一部分是 CSS 变量的使用。其中，CSS 变量的声明由 CSS 自定义属性及其对应的值组成，而 CSS 变量的使用则通过变量函数 var()调用 CSS 自定义属性实现。例如：

```
:root {
    --primary-color: deepskyblue;
}
button {
```

```
background-color: var(--primary-color);
}
```

在这段 CSS 代码中，`--primary-color` 是 CSS 自定义属性（名），deepskyblue 是 CSS 自定义属性值，`--primary-color:deepskyblue` 表示 CSS 变量的声明，而 `var(--primary-color)` 表示 CSS 变量的使用。

通过上面的简单示例，相信读者对 CSS 变量已经有了初步的认识，下面我们就来看一看 CSS 自定义属性的命名。

8.1.1 CSS 自定义属性的命名

各种语言中的变量的命名都有对数字字符的限制。例如，CSS 选择器和 CSS 动画的命名是不能直接以数字开头的，需要转义才行；JavaScript 中的变量不能是数值类型的。但是，CSS 自定义属性值是支持数字命名的。例如：

```
body {
    --1: #369;
    background-color: var(--1);
}
```

此时，<body>元素显示色值为#369 的背景色。

CSS 自定义属性也支持使用短横线和空格命名，例如：

```
body {
    /*支持短横线 */
    ---: #369;
    background-color: var(---);
    /* 支持空格 */
    -- : deepskyblue;
    color: var(-- );
}
```

在命名 CSS 自定义属性时，中文等 CJK 文字也是可以随意使用的，例如：

```
body {
    /* 支持中文 */
    --深蓝: #369;
    background-color: var(--深蓝);
}
```

虽然 CSS 自定义属性的命名限制较少，但是还是不支持包含$、[、]、^、(、)、%、"等特殊字符的命名，要使用这些特殊字符，需要使用反斜杠转义。例如，下面的语法是合法的，但是如果没有反斜杠就是非法的：

```
:root {
    /* 特殊字符需要转义 */
    --\$: deepskyblue;
    color: var(--\$);
}
```

8.1.2 var()函数的语法和特性

var()函数的完整语法为：

```
var( <custom-property-name> [, <declaration-value> ]? )
```

其中，<custom-property-name>指的就是自定义属性名；<declaration-value>指的是声明值，可以理解为备选值或缺省值，当前面的自定义属性一定无效时，就会使用<declaration-value>定义的值。举个例子，已知 HTML 语句如下：

```
<p>背景颜色是？</p>
```

则下面的两段 CSS 语句会让<p>元素的背景色渲染为后备属性值 deepskyblue。

```
p {
    background-color: var(--any-what, deepskyblue);
}
```

或者：

```
p {
    --any-what:;      /* 分号前面没有空格 */
    background-color: var(--any-what, deepskyblue);
}
p {
    --any-what: inherit;     /* initial、unset 和 revert 等全局关键字的效果一样 */
    background-color: var(--any-what, deepskyblue);
}
```

记住，后备 CSS 自定义属性值只在前面的自定义属性一定无效的时候才渲染，如果 var() 函数的第一个参数值可能有效，则后备 CSS 自定义属性值是不会渲染的，而且可能会产生一些有趣的现象。

1. var()函数参数非法的有趣现象

请看下面这个例子：

```
body {
    --color: 20px;
    background-color: deeppink;
    background-color: var(--color, deepskyblue);
}
```

请问，此时<body>元素的背景色什么？

A. transparent   B. 20px   C. deeppink   D. deepskyblue

这个问题鲜有人能够回答正确。正确答案是"A. transparent"。

这是 var() 函数非常有意思的一点：只要第一个参数值可能有效，哪怕这个参数值是一个乱七八糟的东西，这个 var() 函数依然会正常解析。下面重点来了：如果第一个参数值是不合法的，则 var() 函数解析为当前 CSS 属性的初始值或继承值（如果有继承性），也就是按照 unset 全局关键字的规则渲染。（注意，只是渲染规则类似，并不等同于直接设置 unset 关键字。）

上面的案例中的 background-color 属性值显然不能是 20px，因为背景色的值是颜色值，不能是长度值，20px 显然是不合法的，所以会使用 background-color 的初始值 transparent 代替，于是，上面的 CSS 代码等同于：

```
body {
    --color: 20px;
    background-color: #369;
    background-color: transparent;
}
```

　　我们可以利用这种特性让 CSS 变量同时开启和关闭一个或多个不同的属性值，从而让 CSS 代码更加简洁。例如：

```
<button>点击我</button>
button {
    --open: ;  /* 这里的空格不能省略 */
    color: #2a80eb;
    -webkit-text-fill-color: #fff;
    border-radius: 4px;
    padding: 9px 20px;
    border: 1px solid var(--open, rgba(0,0,0,.1));
    box-shadow: var(--open, inset 0 1px 2px rgba(0,0,0,.1));
    background: var(--open, linear-gradient(#0003, transparent)) currentColor;
    text-shadow: var(--open, -1px -1px #0003);
    transition: .15s;
}
button:active {
    --open: inherit;
}
```

　　此时，点击按钮，更深的边框色、渐变背景、内阴影以及文字阴影效果都出现了，如图 8-1 所示。如果使用传统方法实现，`border` 属性和 `background` 属性一定要设置两次。现在使用 CSS 变量实现，只需要一个 CSS 变量就可以开启多个不同 CSS 属性的变化了。

　　眼见为实，读者可以在浏览器中进入 https://demo.cssworld.cn/new/8/1-1.php 页面，或者扫描右侧的二维码查看效果。

图 8-1　CSS 变量开启多个 CSS 属性变化效果示意

　　简单讲一下实现原理，`--open: ;`前面有一个空格，也就是`--open`属性值是一个空格，在语法上是可能有效的。但是空格对于 `box-shadow` 和 `background` 等 CSS 属性是无效的，因此，`box-shadow` 和 `background` 等 CSS 属性均解析为初始值，等同于：

```
border: 1px solid currentColor;
box-shadow: none;
background: none currentColor;
text-shadow: none;
```

　　上面的 CSS 语句就是按钮默认的样式表现，接下来点击按钮触发 `:active` 伪类后，会运行 `--open: inherit` 这个CSS声明，全局CSS关键字作为CSS自定义属性值一定无效，因此 `var()` 函数会使用后备 CSS 属性值进行渲染，此时的 CSS 属性解析等于下面的 CSS 代码：

```
border: 1px solid rgba(0,0,0,.1);
box-shadow: inset 0 1px 2px rgba(0,0,0,.1);
background: linear-gradient(#0003, transparent) currentColor;
text-shadow: -1px -1px #0003;
```

2. var()函数的空格尾随特性
请看下面这个例子：

```
html {
    font-size: 14px;
```

```
    }
    body {
        --size: 20;
        font-size: 16px;
        font-size: var(--size)px;
    }
```

请问，此时 `<body>` 元素的 `font-size` 大小是多少？

A. medium   B. 14px   C. 16px   D. 20px

如果以为 `font-size` 大小是 20px 就错了，正确的答案应该是"B. 14px"。

此处 `font-size:var(--size)px` 等同于 `font-size:20 px`，注意，20 后面有一个空格，这属于不合法的 `font-size` 属性值。由于语法上 `var(--size)px` 又是合法的，因此会重置 `font-size:16px`，最终使用父元素设置的字号大小 14px。

若想把数值类型的自定义属性值变成长度值，可以使用 `calc()` 函数，例如：

```
    body {
        --size: 20;
        font-size: calc(var(--size) * 1px);
    }
```

此时，`<body>` 元素的 `font-size` 大小就是 20px。

当然，如果条件允许，最快捷的方法还是直接定义自定义属性值为长度值，例如：

```
    body {
        --size: 20px;
        font-size: var(--size);
    }
```

8.1.3   CSS 自定义属性的作用域

CSS 自定义属性的作用域并不是全局的。举个例子，HTML 代码结构如下：

```
    <body>
        <div class="box"></div>
    </body>
```

CSS 代码如下：

```
    body {
        background-color: var(--color);
    }
    .box {
        --color: deepskyblue;
    }
```

此时，`<body>` 元素是没有背景色的，也就是说 CSS 自定义属性并没有在 `<body>` 元素中生效，这是因为定义 `--color` 属性的 `.box` 元素是 `<body>` 元素的子元素。

但是，反过来却是没问题的，例如：

```
    body {
        --color: deepskyblue;
    }
    .box {
        background-color: var(--color);
    }
```

此时 .box 元素的背景色就是 deepskyblue。

这就是 CSS 自定义属性，尤其是全局使用的自定义属性都设置在 :root 伪类中的原因，这样可以保证所有页面和任意标签元素都能使用这个自定义属性。

1. 本质上是继承特性

CSS 自定义属性这种只能由元素自身或者后代元素使用的特性，本质上就是继承特性。也就是说，HTML 文档树中，后代元素可以原封不动地继承祖先元素设置的 CSS 自定义属性值。

2. Shadow DOM 中的元素也能继承

在通常情况下，Shadow DOM 中的 CSS 样式拥有自己独立的作用域，除非借助目前兼容性还不太好的 ::part 伪元素，否则外面的 CSS 设置是无法影响 Shadow DOM 中的 CSS 样式的。

但是，有时候我们希望可以在页面环境中通过设置 CSS 改变 Web 组件 Shadow DOM 中的样式，应该怎么办呢？告诉大家一个窍门，那就是 CSS 自定义属性，这是目前为数不多的可以直接控制 Shadow DOM 样式的入口。举个例子，自定义一个 `<ui-button>` 类型的按钮：

```
<ui-button>按钮</ui-button>
```

为了保持按钮原本无障碍访问的特性，这里使用 Shadow DOM 插入一个原生的 `<button>` 按钮，并配置一些默认的样式，相关 JavaScript 代码如下（假设 `<ui-button>` 元素对象是变量 button）：

```
var shadow = button.attachShadow({ mode: 'closed' });
// Shadow DOM中的样式和按钮
shadow.innerHTML = `<style>
button {
    padding: 9px 1em;
    border: var(--ui-button-border, 1px solid #ccc);
    border-radius: var(--ui-button-radius, 4px);
    background-color: var(--ui-button-background, #fff);
    color: var(--ui-button-color, #333);
}
</style>
<button>${button.textContent}</button>`;
```

此时的 Shadow DOM 结构如图 8-2 所示。

那么问题来了，如果用户想要改变按钮的样式，通过传统的选择器方式是无法获取的，而 ::part 伪类元素目前兼容性还不太好，因此目前可靠的解决之道就是借助 CSS 自定义属性穿透 Shadow DOM 中的 CSS 作用域限制。例如：

```
<ui-button>
  #shadow-root (closed)
    <style>
      button {
        padding: 9px 1em;
        border: var(--ui-button-border, 1px solid #ccc);
        border-radius: var(--ui-button-radius, 4px);
        background-color: var(--ui-button-background, #fff);
        color:  var(--ui-button-color, #333);
      }
    </style>
    <button>按钮</button>
    "按钮"
</ui-button>
```

图 8-2　Shadow DOM 中的样式和按钮的结构示意

```
<ui-button type="primary">按钮</ui-button>
```

此时，就可以通过属性选择器和 CSS 自定义属性改变按钮的样式了：

```
[type="parmary"] {
    --ui-button-border: 1px solid transparent;
    --ui-button-background: deepskyblue;
    --ui-button-color: #fff;
}
```

原始按钮和设置 CSS 自定义属性后，按钮的样式对比如图 8-3 所示。

图 8-3　Shadow DOM 中的按钮通过 CSS 自定义属性重置后的效果示意

读者可以在浏览器中进入 https://demo.cssworld.cn/new/8/1-2.php 页面，或者扫描右侧的二维码查看效果。

8.1.4　CSS 自定义属性值的细节

关于 CSS 自定义属性值，有一些大家可能不知道的细节。

1. CSS 自定义属性值可以是任意值或表达式

下面是一个常见的线性渐变语法：

```
.example {
    background: linear-gradient(to top, deeppink, deepskyblue);
}
```

其中，to top 可以使用 CSS 自定义属性表示，例如：

```
.example {
    --direction: to top;
    background: linear-gradient(var(--direction), deeppink, deepskyblue);
}
```

单个色值可以使用 CSS 自定义属性表示，例如：

```
.example {
    --fromColor: deeppink;
    --toColor: deepskyblue;
    background: linear-gradient(to top, var(--fromColor), var(--toColor));
}
```

起止色值也可以使用 CSS 自定义属性表示，例如：

```
.example {
    --gradientColor: deeppink, deepskyblue;
    background: linear-gradient(to top, var(--gradientColor));
}
```

整个渐变函数的参数值也可以使用 CSS 自定义属性表示，例如：

```
.example {
    --gradient: to top, deeppink, deepskyblue;
    background: linear-gradient(var(--gradient));
}
```

整个渐变函数的表达式同样可以使用 CSS 自定义属性表示，例如：

```
.example {
    --linear-gradient: linear-gradient(to top, deeppink, deepskyblue);
    background: var(--linear-gradient);
}
```

CSS 自定义属性值适应性之强，令人咋舌。在实际开发中，我们常借助 CSS 自定义属性值的这个特性简化 CSS 代码。例如，一个内联的 SVG 背景图像会在多处使用，这种情况下就可以把应用 SVG 图像的语法表示为 CSS 自定义属性值：

```
:root {
    --icon-check: url("data:image/svg+xml,%3Csvg viewBox='0 0 32 32'%3E%3Cpath
fill='green' d='M28.027 5.161l-17.017 17.017-7.007-7.007-3.003 3.003 10.010 10.010
20.020-20.020z'%3E%3C/path%3E%3C/svg%3E");
}
.icon-check {
    background: var(--icon-check) no-repeat center / 16px;
    /* 尺寸限制 */
    display: inline-block;
    width: 20px; height: 20px;
}
.valid-pass::after {
    content: var(--icon-check);
    /* 尺寸限制 */
    display: inline-block;
    width: 20px; height: 20px;
}
```

此时，无论是 .icon-check 元素的背景图像，还是 .valid-pass 元素的内容图像，都可以正常显示，效果如图 8-4 所示。

图 8-4　背景图像和内容图像使用同一个 CSS 自定义属性值后的效果示意

读者可以在浏览器中进入 https://demo.cssworld.cn/new/8/1-3.php 页面，或者扫描右侧的二维码查看效果。

还有一种实用的场景，就是当需要使用 -webkit- 私有前缀的时候，使用 CSS 自定义属性可以简化我们的代码。例如，使用 mask-image 语句设置遮罩图片时，使用 CSS 自定义属性就无须写两次完整的渐变函数值：

```
.example {
    --maskGradient: linear-gradient(transparent, black);
    -webkit-mask-image: var(--maskGradient);
    mask-image: var(--maskGradient);
}
```

同时，我们可以借助 CSS 变量的这种支持任意类型值的特性来模拟很多浏览器尚未支持的 CSS 新特性，例如 attr() 函数，这一点会在后面进行介绍。

2. CSS 自定义属性值可以相互传递

在定义 CSS 自定义属性的时候，可以直接引入 CSS 自定义属性，例如：

```
body {
    --green: #4CAF50;
    --successColor: var(--green);
}
```

CSS 自定义属性还可以用在 calc() 函数中，例如：

```
body {
    --columns: 4;
    --margins: calc(24px / var(--columns));
}
```

CSS 自定义属性值可以相互传递的特性在比较复杂的布局或者交互效果中比较有用，有助于降低 CSS 代码的复杂度。

3．CSS 自定义属性不能自身赋值

在传统的程序语言中，变量是可以基于自身再次赋值的，例如 JavaScript 代码：

```
var foo = 1;
foo = foo * 10;
// 此时的 foo 是 10
```

但是，CSS 自定义属性却没有这样的功能，例如：

```
:root {
    --primary-color: deepskyblue;
}
.some-class {
    --primary-color: var(--primary-color, #2a80eb);
    /* --primary-color 会被认为是非法的，color 的颜色为当前上下文的颜色 */
    color: var(--primary-color);
}
```

在上面这个例子中，`.some-class` 中 `color` 的计算值既不是 `deepskyblue`，也不是 `#2a80eb`，而是其初始值，表现为当前上下文的颜色。此时的自定义属性`--primary-color` 会被认为是非法的。

4．CSS 自定义属性不支持用在媒体查询中

例如下面的语法是非法的，浏览器无法识别：

```
:root {
    --maxWidth: 640px;
}
/* 不合法，语法无效 */
@media (max-width: var(--maxWidth)) {}
```

`env()` 函数是可以用在媒体查询中的。

8.2　CSS 自定义属性的设置与获取

这里简单介绍一下 CSS 自定义属性在 HTML 标签和 JavaScript 中的设置与获取。

8.2.1　在 HTML 标签中设置 CSS 自定义属性

在 HTML 标签中设置 CSS 自定义属性的方法和在 HTML 标签中设置普通的 CSS 属性的方法是一样的，直接将要设置的属性写在 `style` 属性中即可，例如：

```
<div style="--color: deepskyblue;">
    <img src="1.jpg" style="border: 10px solid var(--color);">
</div>
```

就会实现类似图 8-5 所示的这种效果。

图 8-5　在 HTML 标签中设置 CSS 自定义属性的效果示意

8.2.2　在 JavaScript 中设置和获取 CSS 自定义属性

假设有如下 HTML 代码：

```
<div id="box">
    <img src="1.jpg" style="border: 10px solid var(--color);">
</div>
```

要想让 var(--color) 生效，运行下面 JavaScript 代码即可：

```
box.style.setProperty('--color', 'deepskyblue');
```

也就是使用 setProperty() 方法。

普通的 CSS 属性可以直接在 style 对象上设置，例如，下面两种写法都是可以的：

```
box.style.color = 'deepskyblue';
box.style['color'] = 'deepskyblue';
```

但是，自定义属性却不行。例如，下面两种写法都是无效的：

```
/* 设置无效 */
box.style.--color = 'deepskyblue';
box.style['--color'] = 'deepskyblue';
```

因此，只能借助 setProperty() 方法进行设置。

同样，在 JavaScript 中，CSS 自定义属性的获取需要使用 getPropertyValue() 方法，例如：

```
// 获取 --color CSS 变量值
var cssVarColor = getComputedStyle(box).getPropertyValue('--color');
// 输出 cssVarColor 值，结果是 deepskyblue
console.log(cssVarColor);
```

8.3 使用 content 属性显示 CSS 自定义属性值的技巧

有时候需要让 CSS 变量中的自定义属性值能够同时作为字符内容在页面中呈现。我们很快就会想到使用::before 和::after 伪元素配合 content 属性来实现，但是，把 CSS 自定义属性值作为 content 属性值是没有任何效果的。例如：

```
/* 无效 */
.bar::before {
    content: var(--percent);
}
```

那该如何实现呢？这里分享一个实用的技巧，那就是借助 CSS 计数器呈现 CSS 自定义属性值，示意代码如下：

```
/* 有效 */
.bar::before {
    counter-reset: progress var(--percent);
    content: counter(progress);
}
```

虽然 content 属性本身不支持 CSS 自定义属性值，但是 counter-reset 属性后面的计数器初始值是支持的，于是我们可以来一招"移花接木"，从而让 CSS 自定义属性值作为字符在页面中显示。

一起来看一个实现进度条效果的例子。传统的实现方法是使用 JavaScript 代码改变已经加载完成的进度条元素的宽度，并使用 JavaScript 代码实时更新加载完成的进度值。现在，我们只需要定义一个表示加载进度的 CSS 自定义属性就可以轻松实现这个效果，图 8-6 所示的就是最终实现的效果。

HTML 代码结构非常简单，没有任何嵌套：

图 8-6 CSS 自定义属性实现的进度条效果示意

```
<label>图片 1: </label>
<div class="bar" style="--percent: 60;"></div>
<label>图片 2: </label>
<div class="bar" style="--percent: 40;"></div>
<label>图片 3: </label>
<div class="bar" style="--percent: 20;"></div>
```

关键是 CSS，大家可以重点关注这里 CSS 变量的应用技巧，见下面代码中的加粗部分：

```
.bar {
    height: 20px; width: 300px;
    background-color: #f2f2f2;
}
.bar::before {
    display: block;
    /* 进度值信息显示 */
    counter-reset: progress var(--percent);
    content: counter(progress) '%\2002';
    /* 宽度的设置 */
    width: calc(1% * var(--percent));
    color: #fff;
    background-color: deepskyblue;
    text-align: right;
    white-space: nowrap;
    overflow: hidden;
}
```

加载的进度值信息是使用 CSS 计数器呈现的，counter(progress) '%\2002' 这里的 \2002 表示空格，主要是为了让进度值文字内容和进度条右侧边缘之间有一定的距离。

读者可以在浏览器中进入 https://demo.cssworld.cn/new/8/3-1.php 页面，或者扫描右侧的二维码查看效果。

兼容性

CSS 变量的兼容性如表 8-1 所示。

表 8-1　CSS 变量的兼容性（数据源自 Caniuse 网站）

IE	Edge	Firefox	Chrome	Safari	iOS Safari	Android Browser
✘	16+ ✔	31+ ✔	49+ ✔	9.1+ ✔	9.3+ ✔	5+ ✔

从表 8-1 可以看出，CSS 变量的兼容性其实已经很不错了，至少 CSS 自定义属性在我所在的公司目前是可以随意使用的。

如果希望兼容陈旧的设备，可以试试 GitHub 站点上一个名为 css-vars-ponyfill 的项目，其可以让 CSS 变量兼容到 IE9+。

8.4　CSS 变量的自定义语法技术简介

CSS 自定义属性支持任意类型的属性值，我们可以借助这一特性自定义 CSS 语法，或者模拟全新的 CSS 语法。

8.4.1　使用 CSS 变量自定义全新的 CSS 语法

CSS 新世界中的新特性虽然很多，但是仍然有部分功能是无法实现的。例如，虽然目前 CSS Color Level 4 支持非常多的颜色写法，但是唯独不支持颜色关键字的半透明效果。所以我就会思考这样一个问题：有没有可能自创一个 CSS 函数语法，实现颜色关键字的半透明效果？例如，自创一个 keyword() 函数：

```
color: keyword(red, 50%)
color: keyword(red, 0.5)
color: keyword(red / 50%)
color: keyword(red / 0.5)
```

显然，浏览器肯定无法识别上面的语法，图 8-7 所示就是 Chrome 浏览器中语法无效的提示。

那有没有办法让浏览器认为 keyword() 函数也是合法的呢？还真有，那就是使用 CSS 自定义属性，让 CSS 自定义属性作为信使使整个语法合法化，例如：

```
body {
    --keyword: keyword(red, 50%); 合法
     color: var(--keyword);
}
```

此时，浏览器会认为上面的 color 属性语法是合法的，图 8-8 所示是 Chrome 浏览器中语法合法的效果。

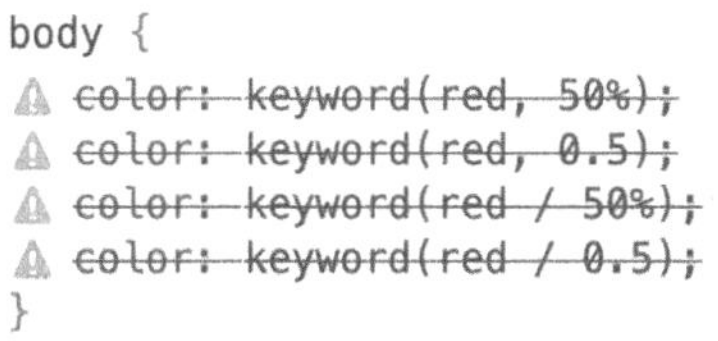

```
body {
⚠ color: keyword(red, 50%);
⚠ color: keyword(red, 0.5);
⚠ color: keyword(red / 50%);
⚠ color: keyword(red / 0.5);
}
```

图 8-7　自定义的 keyword() 函数无效示意

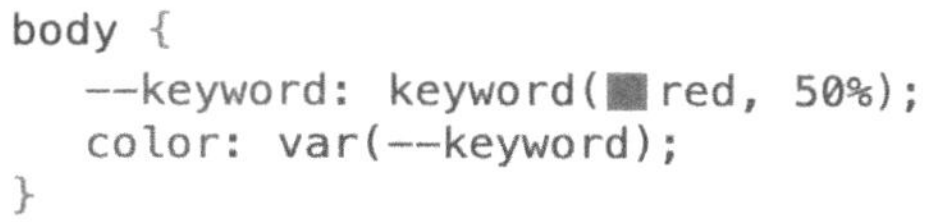

```
body {
    --keyword: keyword(█ red, 50%);
    color: var(--keyword);
}
```

图 8-8　keyword() 函数语法合法示意

接下来要做的事情就简单了。既然语法合法，那我们就可以使用 JavaScript 获取使用了 keyword() 函数的元素，再将其转换成浏览器可识别的颜色函数，从而实现我们想要的效果。具体实现原理如下。

（1）获取页面中所有包含 keyword() 函数的自定义属性。

（2）遍历并观察所有 DOM，如果设置了对应的自定义属性，则将 keyword() 函数语法转换成浏览器能够识别的 rgba() 函数语法。

基于上述原理，我写了一个 JavaScript 代码片段，大家只需要在页面中引入下面这段 HTML 代码，就可以畅快自如地使用自定义的 keyword() 函数了：

```
<script src="https://www.zhangxinxu.com/study/202008/keyword-color.js"></script>
```

例如，页面中有如下 HTML 和 CSS 代码：

```
<body>
    <p>文字颜色是？</p>
</body>
body {
    --keyword: keyword(blue, 50%);
    color: var(--keyword);
```

```
    /* 支持自定义属性嵌套 */
    --aaa: keyword(blue, 0.1);
    --bbb: var(--aaa);
    background-color: var(--bbb);

    font-size: 3rem;
}
```

图 8-9 自定义的 keyword () 函数语法生效示意

实现的效果如图 8-9 所示，无论是背景色还是文字颜色都表现出了符合预期的半透明效果。

眼见为实，读者可以在浏览器中进入 https://demo.cssworld.cn/ new/8/4-1.php 页面，或者扫描右侧的二维码查看效果。

当然，如果你有其他想要的自定义函数效果，也可以使用类似的方法实现。

8.4.2　CSS 变量模拟 CSS 新特性

CSS 中的有些非常棒的新特性还没有被浏览器所支持，attr() 函数的新语法就是其中之一。如果浏览器支持 attr() 函数的新语法，那么我们就可以使用任意 HTML 自定义属性控制元素的样式。例如，按钮的背景色和圆角大小全部取自 HTML 属性，CSS 代码如下：

```
button {
    background-color: attr(bgcolor color);
    border-radius: attr(radius px, 4px);
}
```

则下面的 HTML 代码就会呈现各式各样的按钮效果：

```
<button bgcolor="skyblue" radius="4">按钮</button>
<button bgcolor="#00000040" radius="1rem">按钮</button>
<button bgcolor="red" radius="50%">按钮</button>
<button bgcolor="orange" radius="100% / 50%">按钮</button>
```

最终的按钮效果如图 8-10 所示。

可以看出，如果浏览器支持了 attr() 函数的新语法，那么我们日常的组件开发就会迎来巨大的改变，许多组件的接口可以直接交给 CSS 完成。只可惜，attr() 函数的新语法目前没有被任何浏览器所支持。

图 8-10　attr() 函数下的按钮效果示意

但是没关系，有了 CSS 变量，我们可以轻轻松松实现 attr() 函数的模拟，原理和上面自定义的 keyword() 函数是一样的。

（1）CSS 自定义属性作为信使传递 attr() 函数，保证语法的合法性，例如：

```
button {
    --attr-bg: attr(bgcolor color);
    background-color: var(--attr-bg);
}
```

（2）获取页面中所有包含 attr() 函数的自定义属性。

（3）遍历并观察所有 DOM，如果设置了对应的自定义属性，则将 attr() 函数语法转换成浏览器能够识别的常规自定义属性语法。

基于上述原理，我写了一个 JavaScript 代码片段，大家只需要在页面中引入下面这段 HTML 代码，就可以畅快自如地使用 attr() 函数的新语法了。

```
<script src="https://www.zhangxinxu.com/study/202008/css-attr.js"></script>
```

例如，页面中有如下 HTML 和 CSS 代码：

```
<button bgcolor="skyblue" radius="4">按钮</button>
<button bgcolor="#00000040" radius="1rem">按钮</button>
<button bgcolor="red" radius="50%">按钮</button>
<button bgcolor="orange" radius="100% / 50%">按钮</button>
button {
    border: 0;
    padding: .5em 1em;
}
button {
    --attr-bg: attr(bgcolor color);
    background-color: var(--attr-bg);
    --attr-radius: attr(radius px, 4px);
    border-radius: var(--attr-radius);
}
```

实现的效果如图 8-11 所示，按钮表现出了符合预期的效果。

图 8-11　attr() 函数的模拟生效示意

同时，如果我们手动修改按钮元素的 bgcolor 或 radius 属性值，按钮的样式也会同步变化。

眼见为实，读者可以在浏览器中进入 https://demo.cssworld.cn/new/8/4-2.php 页面，或者扫描右侧的二维码查看效果。

在实际开发中，按钮元素往往需要一个默认的主样式，这种情况下可以通过属性选择器对样式进行区分，例如：

```
button {
    color: #fff;
    background-color: deepskyblue;
}
button[bgcolor] {
    --attr-bg: attr(bgcolor color);
    background-color: var(--attr-bg);
}
button[radius] {
    --attr-radius: attr(radius px, 4px);
    border-radius: var(--attr-radius);
}
```

这样自定义的 HTML 属性无论设置还是不设置，都不会影响按钮的正常显示。

当然，不只是 attr() 函数，很多 CSS 的新特性都可以使用同样的原理进行模拟支持，核心就是使用 CSS 变量将语法合法地过渡。

CSS 变量的内容至此介绍完毕，现在再回过头看看本章开头提到的 "CSS 变量是所有 CSS 新特性中最具颠覆性的" 这一说法，是不是一点儿也不为过？

第 9 章

文本字符处理能力的升级

在 CSS2.1 版本中，CSS 的文本字符处理能力已经很强了，毕竟 CSS2.1 是专为图文展示服务的。到了 CSS 新世界，CSS 对文本字符的处理能力得到了进一步的加强。在新增的特性中，除几个文字的美化装饰效果比较常用之外，其余新增的特性都是对细节和高级应用场景的增强支持，在日常开发中并不常用，建议将其归为 CSS 广度知识的学习范畴。

9.1　文字的美化与装饰

CSS 文本字符的基本能力在 CSS2.1 的时候就已经很好了，CSS 新世界中并没有任何具有颠覆性的与文本字符相关的新特性，我觉得比较实用的就是几个与文字的美化和装饰相关的 CSS 新属性。

9.1.1　文字阴影属性 text-shadow

`text-shadow` 是文字阴影，`box-shadow` 是盒阴影，两者语法类似，但仍有两点区别。

（1）`text-shadow` 不支持 `inset` 关键字，也就是 `text-shadow` 只有外阴影，没有内阴影。

（2）`text-shadow` 不支持阴影扩展，也就是 `text-shadow` 最多支持 3 个数值，分别表示水平偏移、垂直偏移和模糊大小，例如：

```
/* 分别往右方、下方偏移 1px，同时模糊 2px */
text-shadow: 1px 1px 2px black;
```

而 `box-shadow` 属性最多支持 4 个数值。

除了上面两点区别，`text-shadow` 和 `box-shadow` 属性的其他语法特性都是一样的，包括支持任意数量的阴影叠加。我们可以利用这一特性实现文字 3D 立体投影效果，例如：

```
<span class="text-shadow-3d">立体投影</span>
.text-shadow-3d {
    font-size: 60px;
    color: deepskyblue;
    text-shadow: 1px 1px #005A79, 2px 2px #005A79, 3px 3px #005A79, 4px 4px #005A79, 5px
5px #005A79, 6px 6px #005A79, 7px 7px #005A79, 8px 8px #005A79;
}
```

实现的效果如图 9-1 所示。

利用这一特性也可以实现文字外描边效果，例如：

```
<p class="text-stroke-out">外描边</p>
.text-stroke-out {
    font-size: 60px;
    color: #fff;
    /* 如果描边宽度只有 1px，则只需要 4 个方向的偏移，
    因为这里描边宽度为 2px，所以使用了 8 个方向的偏移 */
    text-shadow: 0 2px deeppink, 2px 0 deeppink, 0 -2px deeppink, -2px 0 deeppink, 2px
2px deeppink, -2px -2px deeppink, -2px 2px deeppink, 2px -2px deeppink;
}
```

实现的效果如图 9-2 所示。

图 9-1 文字 3D 立体投影效果示意　　　　图 9-2 文字外描边效果示意

读者可以在浏览器中进入 https://demo.cssworld.cn/new/9/1-1.php 页面，或者扫描右侧的二维码查看上面两个例子的效果。

text-shadow 属性可以在::first-line 和::first-letter 这两个伪元素中生效。IE9 浏览器并不支持 text-shadow 属性，从 IE10 浏览器才开始支持该属性。

至于其他就没什么好说的了，都是常规的文字阴影效果，text-shadow 属性的表现还是非常稳定的。

9.1.2 文字描边属性 text-stroke

接下来介绍两个非标准但比较实用的 CSS 属性：text-stroke 和 text-fill-color。顾名思义，两者分别用来实现文字描边效果和文字颜色填充效果。

这两个 CSS 属性从老的 webkit 内核浏览器（如早期的 Chrome 和 Safari 浏览器）就开始私有支持，很意外地，Edge 浏览器和 Firefox 浏览器也对这两个非标准且私有的 CSS 属性提供了支持，而且更让人震惊的是，Edge 浏览器、Firefox 浏览器和 Chrome 浏览器一样，都采用了-webkit-私有前缀的语法。

兼容性

-webkit-text-stroke 和-webkit-text-fill-color 的兼容性如表 9-1 所示。

表 9-1 -webkit-text-stroke 和-webkit-text-fill-color 的兼容性
（数据源自 Caniuse 网站）

IE	Edge	Firefox	Chrome	Safari	iOS Safari	Android Browser
✘	15+ ✔	49+ ✔	4+ ✔	3.1+ ✔	3.2+ ✔	2.1~2.3, 4+ ✔

目前没有任何浏览器支持不需要-webkit-私有前缀的语法，并且我认为在很长一段时间内都会一直这样。因为在实际代码演示的时候，都会使用-webkit-text-stroke 和-webkit-text-fill-color 这样的属性名。

另外，text-stroke 和 text-fill-color 属性的兼容性在移动端好到出奇，读者可以放心大胆使用。

下面先着重介绍一下文字描边属性 text-stroke。

1. text-stroke 属性的语法

text-stroke 属性的语法并不复杂，它与 border 和 background 属性类似，是若干个 CSS 属性的缩写。

text-stroke 属性是 text-stroke-width 和 text-stroke-color 这两个 CSS 属性的缩写，分别表示文字描边的宽度和文字描边的颜色。有别于 border 属性，text-stroke 属性无法指定文字描边的类型，只支持实线描边，不支持点线或者虚线描边，也无法指定描边是外描边还是内描边或居中描边（SVG 描边中的 stroke 属性支持虚线描边和外描边）。该属性的语法简单示意如下：

```
.stroke {
    -webkit-text-stroke: 2px red;
}
```

等同于：

```
.stroke {
    -webkit-text-stroke-width: 2px;
    -webkit-text-stroke-color: red;
}
```

text-stroke 属性的另外一个和 border 属性的不同之处是宽度的默认值。border-width 属性的宽度默认值是 medium，最终表现等同于设置值为 3px，但是 text-stroke-width 属性的宽度默认值却是 0（虽然 text-stroke-width 属性也支持 medium 关键字），这就意味着，当我们使用 text-stroke 属性的时候，是一定要设置描边的宽度值的。

至于描边的颜色，理论上可以不设置。但是由于描边的颜色默认是 color 属性的计算值，和文字自身的颜色一致，因此，如果不设置描边的颜色，最终的样式表现并不是描边，而是文字加粗效果，例如：

```
.stroke {
    font-size: 40px;
    -webkit-text-stroke: 2px;
}
```

实现的效果如图 9-3 所示。

考虑到实际开发的时候，确实存在需要使用特别粗的文字来表示强调的场景，因此上面的案例还是有一定的使用价值的。

2. text-stroke 是居中描边

虽然 text-stroke 属性和 text-fill 属性都是很早就被 Chrome 浏览器所支持，但是 text-stroke 属性的使用频率远小于 text-fill 属性，原因就在于 text-stroke 的文字描边效果是居中描边。

在日常开发中，文字的笔画粗细都是 1px～2px，如果此时再设置一个居中描边效果，文字原本的颜色几乎都会被描边颜色覆盖，效果会很糟糕。例如下面这个例子，设置了 40px 粗细的文字和 2px 粗细的描边效果：

```
.stroke {
    font-size: 40px;
    -webkit-text-stroke: 2px red;
}
```

结果如图 9-4 所示。可以看到，下方设置了描边的文字中原本的黑色只剩丝丝残余，因为描边的一半，也就是 1px 粗细的红色描边覆盖了原本的黑色文字轨迹，所以最终的效果就变得有些奇怪。

文本描边
文本描边

没有描边
有描边

图 9-3　文字描边产生的加粗效果示意　　　　图 9-4　文字描边是居中描边效果示意

我们实际开发更需要的则是外描边效果。不过存在即合理，虽然 text-stroke 属性无法实现我们预想的描边效果，但是可以用来实现削弱文字字重的效果。

3. text-stroke 实现低字重字体效果

现代开源字体，例如思源黑体、思源宋体和苹方等字体，都有丰富的字重，给字体设置 font-weight:100 和 font-weight:400 后可以明显看出文字的笔画粗细不一样；但是对于微软雅黑字体，由于其缺失字重，设置 font-weight:100 和 font-weight:400 渲染出来的文字效果都是一样的，笔画都是正常粗细。这就很难满足挑剔的设计师的需求，在一些弱表现场景，设计师其实希望文字笔画更细一点，以实现精致的效果。

设置字体笔画的粗细在 macOS 中很好实现，因为苹方等字体字重丰富；而在用户使用率最高的 Windows 操作系统中，内置的中文字体字重缺失，就无法渲染出极细的文字。但是，有了 text-stroke 的居中描边特性，理论上，在 Windows 操作系统中就有了字重缺失的解决方案。方法就是将描边颜色设置成和文字所在的背景色一样的颜色。

	14px	16px	20px	24px
0.1px	描边	描边	描边	描边
0.2px	描边	描边	描边	描边
0.5px	描边	描边	描边	描边
1px			描边	描边

图 9-5 就是在 Chrome 浏览器 1 倍屏中不同描边宽度的渲染效果图。

图 9-5　Chrome 浏览器 1 倍屏中文字描边后的粗细效果示意

可以看到文字笔画确实变细了，但同时文字看起来变淡了，或者说文字变淡让文字看起来更细了。出现这种效果的原因很简单，即屏幕密度太低。屏幕最小的显示单位为 1px，所以，要想使描边宽度小于 1px 的描边效果生效，就需要用特殊的文字边缘渲染算法进行视觉上的处理，这种算法处理就会导致文字颜色看起来比较淡。

如果屏幕密度较高，例如 iMac 的 5K 屏幕和手机屏幕，渲染出的效果就会很理想。读者可以在浏览器中进入 https://demo.cssworld.cn/new/9/1-2.php 页面，或者扫描右侧的二维码查看效果。

例如，在 3 倍屏的 Android 手机中，最终的渲染效果如图 9-6 所示（1/2 缩放大小）。

	14px	16px	20px	24px
0.1px	描边	描边	描边	描边
0.2px	描边	描边	描边	描边
0.5px	描边	描边	描边	描边
1px		描边	描边	描边

图 9-6　Android 手机 3 倍屏中文字描边后的粗细效果示意

因此，`text-stroke` 属性在让文字笔画变细并降低文字字重的技术上是没有任何问题的，关键就看用户的显示器的屏幕密度是否足够。根据我个人的相关实践，移动端项目使用此技术没有任何顾虑；如果是桌面端项目，用户的显示设备一般都是普通的 1 倍屏显示器，因此建议在文字字号较大的场景中使用该技术，效果会好很多。

回到外描边效果这里，如果想要实现文字的外描边效果，一种方法是使用 `text-shadow` 属性模拟，这一点在 9.1.1 节已经展示过了。不过 `text-shadow` 实现的并不是真正的外描边效果，因为一个矩形四面投影的时候，4 个边角实际上会有空隙，如果再加上 4 个边角的投影以修复间隙的问题，又会有重复投影的问题，所以 `text-shadow` 实现的是近似的外描边效果。

实际上，使用 `text-stroke` 属性是可以实现效果更好的外描边效果的，只是操作上要复杂一些，不适合大段文字的场景。实现该效果的原理很简单：设置两层文字，下层的文字有描边，上层的文字没有描边。例如：

```
<span class="text-stroke-out" data-content="外描边">外描边</span>
.text-stroke-out {
    font-size: 60px;
    -webkit-text-stroke: 4px deeppink;
    letter-spacing: 4px;
}
[data-content]::before {
    content: attr(data-content);
    position: absolute;
    -webkit-text-stroke: 0;
    color: deepskyblue;
}
```

效果如图 9-7 所示，可以看出描边效果非常规整，令人舒适。

外描边

图 9-7　文字描边产生的加粗效果示意

读者可以在浏览器中进入 https://demo.cssworld.cn/new/9/1-3.php 页面，或者扫描右侧的二维码查看效果。

9.1.3　文字颜色填充属性 text-fill-color

使用 `text-fill-color` 属性可以对文字进行颜色填充，还可以覆盖 `color` 属性设置的颜色，注意，只是覆盖 color 的渲染表现，实际上元素的颜色计算值还是由 color 属性决定的。

text-fill-color 属性的语法使用示意如下：

```
-webkit-text-fill-color: transparent;
-webkit-text-fill-color: deepskyblue;
-webkit-text-fill-color: #228bff;
-webkit-text-fill-color: rgba(100, 200, 0, .6);
```

理论上应该存在名为 text-fill 的 CSS 属性，这样正好和 text-stroke 属性相呼应，但实际上并没有，在相关的规范（非标准 CSS 属性和 DOM API 规范）中 text-fill 属性一次也没有出现，只有 text-fill-color 属性。

这确实有些令人意外，因为只有颜色填充而没有图像填充的现象在 Web 中是很少见的，例如 background 相关属性有 background-color 和 background-image；SVG 中的 fill 属性既可以填充颜色，又可以填充图像。

我能想到的唯一原因是 text-fill-color 属性本身就能实现文字的图像填充效果。例如，实现用渐变图像填充文字的效果：

```
<span class="text-fill-gradient">文字渐变填充效果</span>
.text-fill-gradient {
    font-size: 60px;
    -webkit-text-fill-color: transparent;
    background: linear-gradient(to right, skyblue, deeppink, deepskyblue);
    -webkit-background-clip: text;
}
```

效果如图 9-8 所示。

又如，使用普通的 URL 图像进行文字填充，例如：

```
<span class="text-fill-url">文字 URL 图像填充效果</span>
.text-fill-url {
    font-size: 60px;
    -webkit-text-fill-color: transparent;
    background: url(1.jpg) no-repeat center / 100%;
    -webkit-background-clip: text;
}
```

实现的效果如图 9-9 所示。

文字渐变填充效果

图 9-8　文字渐变填充效果示意

文字URL图像填充效果

图 9-9　使用 URL 图像进行文字填充效果示意

读者可以在浏览器中进入 https://demo.cssworld.cn/new/9/1-4.php 页面，或者扫描右侧的二维码查看上面两个例子的效果。

text-fill-color 属性还有另外一个作用，那就是在改变文字颜色的同时保护 color 属性。为什么 color 属性需要被保护呢？主要有以下两个原因。

（1）color 属性具有继承性，可以通过改变祖先元素的 color 值改变子元素的样式，方便维护与管理。

（2）CSS 中很多事物的默认颜色都是由 color 属性决定的，例如输入框中光标颜色、边框色、盒阴影颜色和文字阴影颜色等。此时，如果希望光标颜色和文字颜色不一样，或者希望在 CSS

文字阴影语法上省略色值的同时让阴影颜色和文字颜色不一样，则文字颜色就不能使用 color 属性实现，color 属性需要被保护。

下面通过两个例子展示上面提到的 color 属性需要被保护的场景。

1. 容器元素改变 color 值实现换肤

HTML 代码结构如下，创建了一个很常见的信息模块：

```
<section class="module">
    <h4>模块标题</h4>
    <content>
        <ul>
            <li>文字描述</li>
            <li>文字描述</li>
            <li>文字描述</li>
        </ul>
        <button>了解更多</button>
    </content>
</section>
```

想要让这个信息模块在不同的场景中有不同的配色效果，换肤功能的传统实现方法是在换肤的时候找到所有色值，然后一个一个替换，这个方法太低效且不利于维护。其实可以让所有颜色都继承祖先元素的 color 色值，在想要换肤的时候，只要容器元素改变 color 属性值就可以了。

但是，带有背景色的标题栏和按钮的换肤是一个难点，例如主题色是黑色，则此时按钮是黑底白字：

```
button {
    background-color: black;
    color: #fff;
}
```

black 是此时的主题色，要想 black 继承祖先元素的 color 属性值，我们第一反应就是使用 currentColor 关键字，代码如下：

```
button {
    background-color: currentColor;
    color: #fff;
}
```

但是，上面的写法显然是无效的，因为 button 选择器自己设置了 color:#fff，所以此时 background-color 的值也是#fff，而非祖先元素的 color 属性值。这就是一个典型的 color 属性需要被保护的场景，此时，按钮文字颜色设为白色，就不能使用 color 属性，但可以使用 text-fill-color 属性，代码如下：

```
button {
    color: inherit;     /* 因为按钮元素默认自身也有色值，所以这里重置 */
    background-color: currentColor;
    -webkit-text-fill-color: #fff;
}
```

此时，按钮的 background-color 色值就是由祖先元素决定的。

接下来把上面的颜色设置技巧应用到其他元素上，就有下面的 CSS 代码（布局相关 CSS 代码略）：

```
.module {
    border: 1px solid;
}
```

```
.module h4 {
    -webkit-text-fill-color: #fff;
    background-color: currentColor;
}
.module button {
    border: 0;
    -webkit-text-fill-color: #fff;
    color: inherit;
    background-color: currentColor;
}
.module ul {
    color: #333;
}
```

实现的效果如图 9-10 所示。

此时，要想改变模块的颜色，只需要改变当前模块所处的颜色值，同时边框色、标题栏和按钮的背景色都会一起跟着变化，例如：

```
<section class="module" data-theme="a">
<section class="module" data-theme="b">
/* 主题颜色设置 */
[data-theme="a"] {
    color: deepskyblue;
}
[data-theme="b"] {
    color: deeppink;
}
```

简简单单的一句 color 属性设置语句就让整个模块的配色大变样，效果如图 9-11 所示。

图 9-10　颜色均由 color 控制的模块效果示意　　图 9-11　模块 color 值改变后的样式效果示意

眼见为实，读者可以在浏览器中进入 https://demo.cssworld.cn/new/9/1-5.php 页面，或者扫描右侧的二维码查看效果。

此方法比使用 CSS 变量的方法的兼容性要好。

2. 简化 text-shadow 的代码

9.1.1 节提到了一个 3D 投影效果的案例，相关 CSS 代码如下：

```
.text-shadow-3d {
    font-size: 60px;
    color: deepskyblue;
```

```
    text-shadow: 1px 1px #005A79, 2px 2px #005A79, 3px 3px #005A79, 4px 4px #005A79, 5px
5px #005A79, 6px 6px #005A79, 7px 7px #005A79, 8px 8px #005A79;
}
```

其中，色值#005A79 出现了 8 次，如果要更换阴影色值，就需要替换 8 处，因此代码维护就比较
麻烦，但可以使用 text-fill-color 属性进行优化，CSS 代码如下：

```
.text-shadow-3d {
    font-size: 60px;
    -webkit-text-fill-color: deepskyblue;
    color: #005A79;
    text-shadow: 1px 1px, 2px 2px, 3px 3px, 4px 4px, 5px 5px, 6px 6px, 7px 7px, 8px 8px;
}
```

最终效果和优化之前是一样的，如图 9-12 所示。优化后代码更少了，也更容易维护了，要想
修改投影的颜色，只需要修改 color 属性值，即只需要修改一处。

图 9-12　text-fill-color 属性优化后的 3D 投影效果示意

读者可以在浏览器中进入 https://demo.cssworld.cn/new/9/1-6.php 页面，或者
扫描右侧的二维码查看效果。

9.1.4　学会使用 text-emphasis 属性进行强调装饰

过去要想对某部分文字进行强调，通常的做法是加粗文字，或者给文字使用一个高亮的颜色；
现在有了新的选择，即使用 text-emphasis 属性对文字进行强调装饰。

text-emphasis 家族总共有如下 4 个 CSS 属性：

- text-emphasis-color；
- text-emphasis-style；
- text-emphasis-position；
- text-emphasis。

其中，text-emphasis 是 text-emphasis-color 和 text-emphasis-style 这两个
CSS 属性的缩写。注意，text-emphasis 并不包含 text-emphasis-position 属性，
text-emphasis-position 属性是独立的。

1. text-emphasis-color

text-emphasis-color 属性没什么好说的，它用来设置强调的字符的颜色，初始值就是
当前文字的颜色。

2. text-emphasis-style

text-emphasis-style 语法主要有下面 3 类：

```
text-emphasis-style: none
text-emphasis-style: [ filled | open ] || [ dot | circle | double-circle | triangle |
sesame ]
text-emphasis-style: <string>
```

其中，text-emphasis-style:none 是默认声明，表示没有任何强调装饰。text-emphasis-style:<string>表示使用任意单个字符作为强调装饰符，例如，使用爱心字符：

```
宝贝，<span class="emphasis">爱你</span>，<span class="emphasis">比心</span>！
.emphasis {
    -webkit-text-emphasis-style: '❤;
    text-emphasis-style: '❤;
}
```

实现的效果如图 9-13 所示，可以看到对应的文字上方出现了爱心字符（因为应用了 emoji 字体，所以呈现的是 emoji 字符）。

❤ ❤　❤ ❤

宝贝，爱你，比心！

图 9-13　使用爱心字符作为强调装饰符的效果示意

眼见为实，读者可以在浏览器中进入 https://demo.cssworld.cn/new/9/1-7.php 页面，或者扫描右侧的二维码查看效果。

这里讲几个细节。

（1）显示的强调装饰符的字号大小是主文字内容字号大小的一半，例如文字的大小是 16px，则上方的强调字符的大小则是 8px。因此，在文字字号不是很大的时候，尽量不要使用造型复杂且字符区域较小的字符，如星号（*）和井号（#）等符号会在普通的显示设备中缩成一团，用户完全看不出来是什么字符。

（2）如果行高不是很高，则强调装饰符会自动增加当前这一行所占据的高度。

（3）强调装饰符和正文之间的距离是无法通过设置行高等属性进行调节的，距离的大小主要由字体决定。

（4）如果指定的是多个字符，则只会使用第一个字符作为强调装饰符。例如：

```
text-emphasis-style: 'CSS 新世界';
```

等同于：

```
text-emphasis-style: 'C';
```

最后看一下 text-emphasis-style 内置的几个装饰符效果，它们分别是 dot（点）、circle（圆）、double-circle（双层圆）、triangle（三角）和 sesame（芝麻点）。每一种装饰符都有实心和空心两种类型，这两种类型是由 filled 和 open 这两个关键字决定的。例如：

```
/* 实心的圆点 */
text-emphasis: filled dot;
/* 空心的圆点 */
text-emphasis: open dot;
```

由于内置字符都默认使用实心字符，因此 text-emphasis:filled dot 的效果等同于 text-emphasis:dot。如果 text-emphasis-style 的属性值只有 filled 或 open，则会采用 dot 作为强调装饰符。例如：

```
/* 等同于 text-emphasis: filled dot */
text-emphasis: filled;
/* 等同于 text-emphasis: open dot */
text-emphasis: open;
```

至于各个强调装饰符具体的效果，我特意制作了一个表，方便大家查看，如表 9-2 所示。

表 9-2　强调装饰符的效果示意

关键字属性值	filled	open	微软雅黑效果	宋体效果
dot	'•' (U+2022)	'◦' (U+25E6)	重于泰山	重于泰山
circle	'●' (U+25CF)	'o' (U+25CB)	重于泰山	重于泰山
double-circle	'◉' (U+25C9)	'◎' (U+25CE)	重于泰山	重于泰山
triangle	'▲' (U+25B2)	'△' (U+25B3)	重于泰山	重于泰山
sesame	'﹅' (U+FE45)	'﹆' (U+FE46)	重于泰山	重于泰山

各个强调装饰符的字形大小受字体影响较大，大家要根据实际场景选择合适的强调装饰符。

3. text-emphasis-position

`text-emphasis-position` 属性用来指定强调装饰符的位置，默认位置是在文字的上方，我们可以指定强调装饰符在文字的下方，也可以指定在文字竖向排版的时候强调装饰符是位于文字左侧还是位于文字右侧。

`text-emphasis-position` 属性的语法如下：

```
text-emphasis-position: [ over | under ] && [ right | left ]
```

使用示意如下：

```
text-emphasis-position: over left;
text-emphasis-position: under right;
text-emphasis-position: under left;

text-emphasis-position: left over;
text-emphasis-position: right under;
text-emphasis-position: left under;
```

`text-emphasis-position` 的初始值是 over right。right 定位用在文字竖向排版的时候，例如在设置 `writing-mode: vertical-rl` 后就可以看到强调装饰符在文字右侧了，效果如图 9-14 所示。

图 9-14　强调装饰符在文字右侧的效果示意

`text-emphasis-position` 属性在中文场景下还是很常用的，因为中文习惯在文字底部设置强调装饰符表示强调，有别于日文和韩文。

因此，在强调中文内容时，除了要设置强调装饰符，还要设置强调装饰符的位置在文字底部，例如：

```css
.chinese-emphasis {
    -webkit-text-emphasis: dot;
    text-emphasis: dot;
    -webkit-text-emphasis-position: under right;
    text-emphasis-position: under right;
}
```

这里有一个小细节，在 Chrome 浏览器中，`text-emphasis-position` 属性可以只设置垂直方向的方位值，无须设置水平方向的方位值。例如，下面的语法在 Chrome 浏览器中也是可以识别的：

```
-webkit-text-emphasis-position: under;
```

但是请注意，Chrome 浏览器的这个做法其实是不对的，与规范中的描述不相符。规范要求

text-emphasis-position 属性值同时包含水平方位和垂直方位,因此建议大家还是同时设置两个值。

```
-webkit-text-emphasis-position: under right;
```

4. text-emphasis

text-emphasis 是 text-emphasis-color 和 text-emphasis-style 这两个 CSS 属性的缩写,使用示意:

```
text-emphasis: circle deepskyblue;
```

就语法和语义而言,text-emphasis 属性比较简单,没有隐藏细节。

唯一值得一提的是 text-emphasis 是一个继承属性,也就是祖先元素设置了强调效果后,子元素也会应用。这一点就和 text-decoration 属性完全不同,text-decoration 属性是没有继承性的。另外一点小区别是 text-emphasis 属性会影响文字占据空间的高度,而 text-decoration 属性不会。

兼容性

text-emphasis 属性的兼容性如表 9-3 所示。

表 9-3 **text-emphasis** 属性的兼容性(数据源自 Caniuse 网站)

IE	Edge	Firefox	Chrome	Safari	iOS Safari	Android Browser
✘	✘	46+ ✔	25+ ✔ -webkit-	6.1+ ✔	7+ ✔	4.4+ ✔ -webkit-

9.2 文字的旋转与阅读方向

虽然 writing-mode 和 unicode-bidi 属性已经可以满足大多数的文字竖向排版场景,但是在深入到具体细节的时候,还是有可以完善的地方,这些需要完善的细节就是本节要介绍的内容。

9.2.1 文字方向控制属性 text-orientation

原先的竖向排版中的英文字符都是以顺时针旋转 90 度的方式呈现的,例如:

```
<p>CSS 新世界</p>
p {
    writing-mode: vertical-rl;
}
```

效果如图 9-15 所示,可以看到文字竖向排版,同时"CSS"这 3 个字母顺时针旋转了 90 度。

虽然在常规的中英文混合的场景中使用上面的排版方式的体验是最好的,但是,总会存在英文字符正立显示效果更好的情况。例如,如果"这个问题的答案是 A 和 C"这句话是竖向排版的,显然字母 A 和字母 C 正立显示效果是最好的,最利于阅读。于是,开发者就设计了 text-orientation 属性,它可以设置竖向排版时中文和英文字符的方向。

`text-orientation` 属性的语法如下：

`text-orientation: mixed | upright | sideways`

先讲一下这一语法中的几个关键点。

- `mixed` 是默认值，表示中文和英文的文字显示方向是不一致的，中文字符是正立的，而英文字符则顺时针旋转 90 度后显示，效果如图 9-15 所示。
- `upright` 表示中文和英文的文字显示方向都是默认的正立显示，没有旋转，效果如图 9-16 所示。

图 9-15　默认竖向排版下的中英文字符的方向示意

图 9-16　`upright` 关键字属性值下的
中英文字符的方向示意

- `sideways` 表示中文和英文的文字显示方向都是顺时针旋转 90 度，效果如图 9-17 所示。

图 9-17　`sideways` 关键字属性值下的中英文字符的方向示意

读者可以在浏览器中进入 https://demo.cssworld.cn/new/9/2-1.php 页面，或者扫描右侧的二维码查看以上 3 个关键字属性值的效果。

`text-orientation` 属性是具有继承性的。

> **兼容性**
>
> 现代浏览器都支持 `text-orientation` 属性，Safari 浏览器目前需要使用 `-webkit-` 私有前缀，具体的兼容性如表 9-4 所示。
>
> 表 9-4　**`text-orientation`** 属性的兼容性（数据源自 Caniuse 网站）
>
> | IE | Edge | Firefox | Chrome | Safari | iOS Safari | Android Browser |
> |----|------|---------|--------|--------|------------|-----------------|
> | ✘ | ✘ | 41+ ✔ | 48+ ✔ | 10.1+ ✔
-webkit- | 10+ ✔ | 5+ ✔ |

9.2.2　文字横向合并属性 text-combine-upright

`text-orientation` 属性虽然可以让数字和英文直立显示，但是该属性似乎并没有怎么提升阅读体验，例如图 9-16 所示的排版效果不见得比图 9-15 的可读性更强，甚至可能还不如图 9-15。思来想去，CSS 这 3 个字符还是横向合并时的阅读体验最好，有没有什么方法能够实现这种排版效果呢?有，那就是使用 text-combine-upright 属性。

text-combine-upright 属性可以让 2～4 个字符横向合并显示。例如:

```
<p class="upright"><span>CSS</span>新世界</p>
.upright {
    writing-mode: vertical-rl;
}
.upright span {
    -ms-text-combine-horizontal: all;
    -webkit-text-combine: horizontal;
    text-combine-upright: all;
}
```

此时的排版效果如图 9-18 所示。您也可以在浏览器中进入 https://demo.cssworld.cn/new/9/2-2.php 页面，或者扫描右侧的二维码查看对应的效果。

图 9-18　text-combine-upright 属性实现字符横向合并效果示意

text-combine-upright 属性的语法如下:

```
text-combine-upright: none | all | digits <integer>?
```

其中:

- none 是默认值，表示字符不会参与横向合并;
- all 表示所有类型的字符都会参与横向合并，不过一个标签内最多只能合并 4 个字符;
- digits <integer>?表示仅数字字符参与横向合并，这种语法多用在日期的垂直排版中，例如可以实现图 9-19 所示的排版效果，并且实现这种效果无须在数字外面嵌套标签，直接把 text-combine-upright 属性设置在容器元素上，里面的所有数字就会自动横向合并;此外，<integer>表示参与横向合并的数字的数量，可以不进行设置，此时会认为数量是 2，数字范围不能在 2～4 之外，否则会被认为是不合法的。

不过，可惜的是，根据我的实测，目前没有任何浏览器支持 digits 关键字属性值，因此目前字符的横向合并效果只能使用关键字属性值 all 来实现。

和普通水平排版的区别

在上面的案例中，重置<span>元素的排版方式也可以让数字横向排列，例如:

```
.upright {
    writing-mode: vertical-rl;
}
.upright span {
    writing-mode: initial;
}
```

但是，用这种水平排版方式排列后的字符所占据的宽度是每个字符累加的宽度，而不是单个字符宽度，会影响垂直排版的定位与对齐，如图 9-20 中的箭头所示。

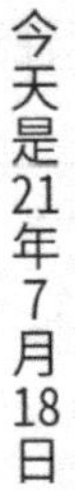

今天是21年7月18日

图 9-19　digits 属性值可以实现的效果示意

CSS
新世界

图 9-20　writing-mode 还原实现的水平效果示意

而 text-combine-upright 属性实现的水平排版，则会让 2~4 个字符（包括中文）全部在一个字符宽度中。

text-combine-upright 属性这种合并字符的特性在水平布局中也是有效的，因此，正常的文档排版中的特殊名词也是可以使用此属性进行特殊处理的，只要字符数量在 2~4 个即可。

兼容性

IE 浏览器使用-ms-text-combine-horizontal 属性实现字符的横向合并效果，其语法和 text-combine-upright 属性一样，Safari 浏览器则使用-webkit-text-combine 属性，且支持的属性值不是 all，而是 horizontal，具体的兼容性如表 9-5 所示。

表 9-5　**text-combine-upright** 属性的兼容性（数据源自 Caniuse 网站）

IE	Edge	Firefox	Chrome	Safari	iOS Safari	Android Browser
11✔	✔	48+✔	9+✔	5.1+✔	5+✔	5+✔

9.2.3　了解 unicode-bidi 属性的新属性值

unicode-bidi 属性总是和 direction 属性配合使用，用来设置字符水平流向的细节。过去，unicode-bidi 属性支持下面这几个属性值：

```
unicode-bidi: normal;
unicode-bidi: embed;
unicode-bidi: bidi-override;
```

在 CSS 新世界中，它又多支持了下面这 3 个值：

```
unicode-bidi: plaintext;
unicode-bidi: isolate;
unicode-bidi: isolate-override;
```

我们通过一个例子了解一下上面这 6 个属性值的区别。例如，HTML 代码结构如下：

```
<p><button>button 按钮？</button><span>span 标签？</span>匿名内联元素？</p>
```

其中<p>元素中有 3 小段内联元素，分别是内联替换元素<button>、内联元素<span>和匿名内联元素（没有标签的文本）。

现在，设置<p>元素的水平流向是从右往左，在<span>元素中设置一个用来做视觉区分的背景色，代码如下：

```
p {
    direction: rtl;
}
span {
    background-color: skyblue;
}
```

此时，`<button>`和`<span>`元素在应用不同的 `unicode-bidi` 属性值之后的效果如图 9-21 所示，最上方的是默认文档流方向下的效果，左下方和右下方分别是传统属性值和新属性值的效果。

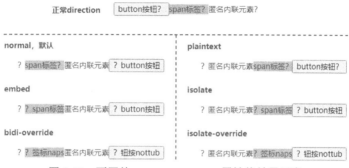

图 9-21　不同的 `unicode-bidi` 属性值效果示意

从图 9-21 所示的`<button>`和`<span>`元素中字符的排序方向可以看出，属性值 `isolate` 对应传统的属性值 `embed`，属性值 `isolate-override` 对应传统的属性值 `bidi-override`，因为元素内的字符的双向算法是一样的，具体表现如下。

- 属性值 `isolate` 和 `embed` 的作用都是让中文字符和英文字符从左往右排列，让问号和加号等字符从右往左排列。
- 属性值 `isolate-override` 和 `bidi-override` 的作用都是让所有字符从右往左排列。

新属性值的不同之处就在于，`isolate` 和 `isolate-override` 会让元素（即使是内联元素）作为独立的个体参与到兄弟元素之间的方位排列，其算法表现就如同图片、按钮元素，或者问号、加号等字符。

因此，可以看到图 9-21 所示的 `isolate` 和 `isolate-override` 对应的`<span>`元素排到了从右向左数第二个，此时`<span>`元素使用的已经不是普通的内联元素的算法，而是和图片等元素一样的排列算法。

读者可以在浏览器中进入 https://demo.cssworld.cn/new/9/2-3.php 页面，或者扫描右侧的二维码查看 `unicode-bidi` 的 6 个属性值的效果。

属性值 plaintext

这里专门讲一下属性值 `plaintext`。本身 `direction` 属性就很少使用，`unicode-bidi` 属性更是几乎不用，属性值 `isolate` 和 `isolate-override` 又是为应对小众场景而设计的。我们在日常开发中使用属性值 `isolate` 和 `isolate-override` 的概率极低。因此，对于 CSS 新世界中的 3 个新属性值，大家只要关心使用概率更高的属性值 `plaintext` 即可。

使用 `plaintext` 属性值可以在不改变当前文档的水平流向的前提下，让所有字符按照默认的从左往右的流向排列。

在 3.2 节的 CSS 逻辑属性与对称布局实例中就用到过 plaintext 属性值（演示效果见 https:// demo.cssworld.cn/new/3/2-3.php），演示效果中右侧的文字就使用了 unicode-bidi: plaintext。因为中文的问号的排列算法是独立的，所以如果没有设置 unicode-bidi:plaintext 声明，这个问号就会移到句子的最前面，就会有图 9-22 所示的效果。

虽然有时候重置 direction 属性值也有效果，但是 direction 属性值重置为 ltr 的时候，相关的 CSS 逻辑属性的方位也会颠倒，并会出现意料之外的布局状况。因此，建议使用 unicode-bidi: plaintext 声明，这样既可以让文字从左往右排列，又不会改变当前的文档流方向。

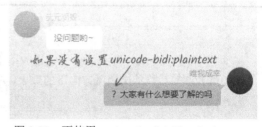

图 9-22　不使用 unicode-bidi:plaintext 声明的效果示意

9.3　文本字符的尺寸控制

本节将讲解几个用来控制文本字符尺寸的 CSS 新特性。

9.3.1　text-size-adjust 属性到底有没有用

早年的时候，会通过设置 text-size-adjust:none 解决 Chrome 浏览器中 font-size 无法小于 12px 的问题，例如设置 font-size:10px 后，最终显示的文字大小却是 12px。后来，Chrome 浏览器取消了通过设置 text-size-adjust:none 让文字小于 12px 的特性，于是在前端圈子里，text-size-adjust 属性几乎就无人问津了。

这是不是意味着 text-size-adjust 属性没有用了呢？我只能这么说，目前在桌面端浏览器中，text-size-adjust 属性确实一无是处，但是在移动端，尤其在 iOS 中，该属性还是有一些应用场景的。

在 iPhone 的微信 App 或者原生的 Safari 浏览器中，在默认情况下，当手机从竖屏变成横屏的时候，由于页面变宽了，为了让文字阅读更轻松，iPhone 会使用算法让文字变大。结果如图 9-23 所示，竖屏时的文字尺寸一切正常，但是横屏的时候，标题字号和部分正文列表的字号明显增大了。

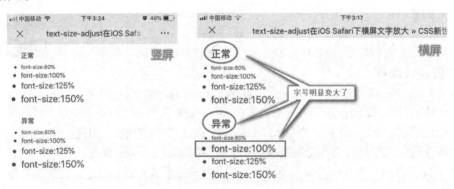

图 9-23　横屏时的文字放大效果示意

读者可以使用 iPhone 进入 https://demo.cssworld.cn/new/9/3-1.php 页面，或者扫描右侧的二维码查看这个案例。

如果将所有文字都放大，那也是合理的，但是有些文字内容被放大了，有些并没有被放大，这就带来了阅读体验的问题。iPhone 横屏的字号自动调整的初衷是好的，但是最终调整的效果并不尽如人意，因此真实项目中需要禁止这种字号自动调整的行为，并使用 rem、vw 等技术手动调整文字的字号。

如何禁止呢？其实很简单，因为 iPhone 这种横屏时字号自动调整的行为就是 text-size-adjust 属性决定的，所以我们只需要在全局设置 text-size-adjust 属性值为 none 即可，代码如下：

```
body {
    -webkit-text-size-adjust: none;
}
```

桌面端的 Safari 浏览器和 Firefox 浏览器并不支持 text-size-adjust 属性，并且 Chrome 浏览器不支持 -webkit- 私有前缀开头的语法。也就是说，仅有 iOS 的 Safari 浏览器支持 -webkit-text-size-adjust，不必担心上面的语法会影响其他浏览器。

因此，在移动端的 Web 开发中，务必设置 -webkit-text-size-adjust:none。

9.3.2　使用 ch 新单位换个心情

这里和大家聊聊从 IE9 浏览器开始支持的 CSS 新单位——ch。

ch 与 em、rem 和 ex 一样，是 CSS 中为数不多和字符相关的相对单位。与单位 em 和 rem 相关的字符是 "m"，与 ex 相关的字符是 "x"，和 ch 相关的字符则是 "0"，没错，就是阿拉伯数字 0。1ch 表示 1 个 "0" 字符的宽度，所以 "000000" 所占据的宽度就是 6ch。

由于字符的宽度不仅受字体影响，加粗和倾斜效果也会影响字符的宽度，因此，ch 的尺寸是不固定的，在不同的浏览器和不同的操作系统中所占据的尺寸是不一样的。所以，ch 单位并不适用于需要精确尺寸的场景，其设计初衷主要是保证文本内容的阅读体验，并且是为英文阅读设计的。

无论是中文还是英文，如果一行的文字内容过多，对于用户的阅读都是不友好的，一是会降低阅读速度，二是会分散用户的注意力。对于中文阅读，我们可以使用 em 进行宽度指定。例如，我们希望每一行的汉字是 42 个字，以保证最佳阅读体验，则可以设置：

```
article {
    max-width: 42em;
}
```

但是对于英文，一直没有类似的单位，于是，开发者设计了 ch 单位。例如，在英文阅读中，包括空格在内，每行以 60～100 个字符为宜，于是我们就可以设置一个比较合理的阅读宽度：

```
article {
    max-width: 68ch;
}
```

当然，上面的宽度设置还是一种近似的宽度设置，并不表示最终一行真的有 68 个英文字符，因为字符 "i" 和字符 "m" 的宽度都和 "0" 不一样，除非使用的是等宽字体。因此，如果想要使用 ch 单位精准限制字符个数，一定要在等宽字体的场景下使用。

```css
.font-mono {
    font-family: Menlo, Monaco, Consolas, "Liberation Mono", "Courier New", monospace;
}
```

不妨试试 ch 单位

在使用中文语言的产品中，似乎没有使用 ch 单位的理由，其实不然。在 Web 布局中，有非常多的场合并不需要精确的距离和尺寸，此时不妨试试 ch 单位。

例如，实现一个包含 4 位验证码字符的验证码输入框，目前的普遍做法是将验证码输入框的宽度设置为 80px 或者 120px 等固定的宽度值，此时就可以使用 ch 单位，如下所示（预留 2ch 的安全距离）：

```css
input {
    width: 6ch;
}
```

又如，按钮元素左右会预留一点内边距，我经常会使用 ch 单位来设置：

```css
button {
    padding: 0 1ch;
}
```

再如，分隔线左右需要有空格大小的外间距，使用 ch 单位设置就比较合适：

```css
.separator::before {
    content: '|';
    margin: 0 1ch;
}
```

可以使用 ch 单位的类似场景还有很多。在尺寸与字符相关且对具体的尺寸值要求不严格的情况下，就可以使用 ch 单位。

9.3.3　使用 tab-size 属性控制代码缩进的大小

使用 `tab-size` 属性可以控制 Tab 键输入的空格（U+0009）的长度大小。

`tab-size` 属性的语法如下：

```
tab-size: <integer> | <length>
```

其属性值说明如下。

- `<integer>` 为整数值。表示 Tab 键输入的空格的宽度等于几个 Space 键输入的空格（U+0020）的宽度。例如：

  ```css
  tab-size: 2;
  ```

  表示每个 Tab 键输入的空格的宽度等同于 2 个 Space 键输入的空格的宽度。

- `<length>` 为长度值。表示每个 Tab 键输入的空格的宽度值。例如：

  ```css
  tab-size: 2em;
  ```

  表示每个 Tab 键输入的空格的宽度等同于 2 个常规汉字的宽度。

我们只需要关心属性值 `<integer>`，至于属性值 `<length>`，大家在日常开发中使用到的概率几乎为 0。

`tab-size` 属性的作用场景很单一，但很实用。

在技术文档中，一定会使用大量的 `<pre>` 元素来展示程序代码，因为 `<pre>` 元素中

`white-space` 的属性值是 `pre`，空格不会发生合并，Tab 键输入的空格缩进或者 Space 键输入的空格缩进都可以准确显示出来，方便代码阅读。但是有一个问题，那就是在所有浏览器中，每个 Tab 键输入的空格的宽度等同于 8 个 Space 键输入的空格的宽度，而在编辑器中却不是这样的。在编辑器中，每个 Tab 键输入的空格的宽度等同于 4 个 Space 键输入的空格的宽度，这就会导致在 `<pre>` 元素中使用 Tab 键缩进的代码产生过度缩进的效果。

来看一个案例。图 9-24 是我正在使用的编辑器，其中上面一段代码中的缩进是使用 Tab 键输入的空格，下面一段代码中的缩进是使用 Space 键输入的空格。大家仔细对比，就会发现两处的空格尺寸没有任何区别。但是，一旦在页面中渲染出来，使用 Tab 键输入的缩进距离比在编辑器中显示的要更大一些，如图 9-25 中箭头所示。

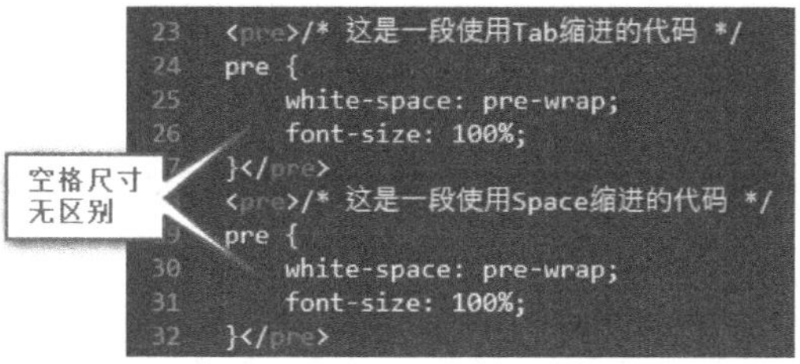

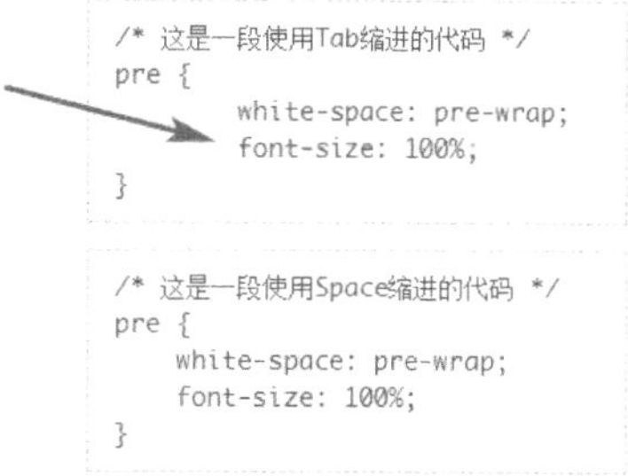

图 9-24　Tab 空格和 Space 空格在编辑器中并无差异　图 9-25　使用 Tab 键输入的缩进在页面渲染后距离过大

这显然不是开发者想要的缩进大小。过去，开发者只能通过一些手段，把使用 Tab 键输入的空格转换成使用 Space 键输入的空格来解决使用 Tab 键输入空格的缩进距离过大的问题；现在无须这么麻烦，使用 `tab-size` 属性即可实现：

```
pre {
    -moz-tab-size: 4;
    tab-size: 4;
}
```

此时，原本的 8 空格缩进变成了图 9-26 所示的 4 空格缩进。

图 9-26　8 空格缩进变成 4 空格缩进之后的效果示意

读者可以在浏览器中进入 https://demo.cssworld.cn/new/9/3-2.php 页面，或者扫描右侧的二维码查看效果。

以上案例就是 `tab-size` 属性目前唯一的应用场景，即设置源代码展示时使用 Tab 键输入的空格的缩进距离。

`tab-size` 属性的出现改变了我们编写代码的习惯。在过去，一些规范指南中推荐使用 Space 键输入空格，但是现在，毫无疑问，更推荐使用 Tab 键输入空格。一是文件尺寸小，二是可以非常方便地控制源代码展示时的缩进距离，例如，如果展示区域宽度不足，我们可以设置 `tab-size:2`。但是，如果想让 4 个普通空格变成 2 个空格的距离，单靠 CSS 是无能为力的。因此，在 CSS 重置代码中，必须要加上下面这段 CSS 代码：

```css
pre {
    -moz-tab-size: 4;
    tab-size: 4;
}
```

兼容性

`tab-size` 属性的兼容性如表 9-6 所示。

表 9-6　**tab-size** 属性的兼容性（数据源自 Caniuse 网站）

IE	Edge	Firefox	Chrome	Safari	iOS Safari	Android Browser
✗	✗	4+ ✔ -moz-	21+ ✔	6.1+ ✔	7+ ✔	4.4+ ✔

可以看出，现代浏览器很早就支持 `tab-size` 属性了。至于 IE 和 Edge 浏览器，如果必须要兼容，可以引入一段 JavaScript 代码进行适配，就是把使用 Tab 键输入的空格转换成使用 Space 键输入的空格，使用一个正则表达式就可以实现：

```javascript
str = str.replace(/\t/g, '    ');
```

9.4　文字渲染与字体呈现

本节带大家深入了解文字渲染和字体呈现的细节。

9.4.1　了解 text-rendering 属性

`text-rendering` 属性的实用性较弱，但并不是说这个属性没有用，而是浏览器默认已经选择了最佳的 `text-rendering` 属性值。所以，建议大家快速了解一下 `text-rendering` 属性即可，增加一点横向的知识。

一句话：`text-rendering` 属性用来告诉浏览器，对于文字内容的渲染，是速度优先、可读性优先还是几何精度优先。其语法如下：

```css
text-rendering: optimizeSpeed;
text-rendering: optimizeLegibility;
text-rendering: geometricPrecision;
text-rendering: auto;
```

先讲一下这一语法中的几个关键点。

- `optimizeSpeed` 表示浏览器渲染文本的时候是速度优先，这个属性值会禁用文字的自动字距调整和字符相连特性。
- `optimizeLegibility` 表示浏览器渲染文本的时候是可读性优先，这个属性值会启用文字的自动字距调整和字符相连特性。
- `geometricPrecision` 表示浏览器渲染文本的时候是几何精度优先。
- `auto` 表示浏览器自己判断文字渲染时是速度优先、可读性优先还是几何精度优先。

下面深入了解一下各个属性值的含义。

1. optimizeSpeed 和 optimizeLegibility

在中文场景下，`optimizeSpeed` 和 `optimizeLegibility` 这两个属性值的表现是看不出区别的，因为目前中文字体普遍缺乏字距和连字特征。但是在英文场景下，这些特性很常见，例如微软的 Calibri、Candara、Constantia、Corbel 或者 DejaVu 字体系列。

我们通过一个案例快速了解一下 `optimizeSpeed` 和 `optimizeLegibility` 的区别，HTML 和 CSS 代码如下：

```
<p class="optimizeSpeed">ff fi fl ffl - optimizeSpeed</p>
<p class="optimizeLegibility">ff fi fl ffl - optimizeLegibility</p>
p {
    font: 1.5rem "Constantia", "Times New Roman", "Georgia", "Palatino", serif;
}
.optimizeSpeed {
    text-rendering: optimizeSpeed;
}
.optimizeLegibility {
    text-rendering: optimizeLegibility;
}
```

效果如图 9-27 所示（截自 Chrome 浏览器）。可以看到，应用属性值 `optimizeSpeed` 的 "fi" "fl" 等字符没有连在一起，而应用属性值 `optimizeLegibility` 的 "fi" "fl" 等字符连在一起渲染了。渲染后，字符之间更紧凑，间距更小，可读性更好。

ff fi fl ffl - optimizeSpeed

ff fi fl ffl - optimizeLegibility

字符连写

图 9-27　属性值为 `optimizeLegibility` 的字符连写效果示意

读者可以在浏览器中进入 https://demo.cssworld.cn/new/9/4-1.php 页面，或者扫描右侧的二维码查看效果。

2. geometricPrecision

`geometricPrecision` 有两个应用场景，一是字距的非线性调整，二是小数像素的精确渲染。具体如下。

（1）某些字体在字号较大的时候很好看，但是如果文字字号很小，且文字之间的间距只是单纯地线性缩放，那么视觉上可能就不好看。使用 `geometricPrecision` 属性值可以让字距非线性缩放，让这些文字更好看。

（2）SVG 中的文字的最终大小由指定的字体大小和 SVG 元素本身的缩放比例共同决定。请看下面这个例子：

```
<svg width="600" height="80" viewBox="0 0 600 80">
    <text font-size="60" x="0" y="1em">《CSS 新世界》这本书不错！</text>
</svg>
```

最终浏览器渲染的文字大小是由 `font-size="60"` 和 SVG 元素在页面中的尺寸共同决定

的，例如有 CSS 代码：

```
svg {
    width: 100px;
}
```

那么最终渲染的文字大小就是 60px × (100 / 600)，也就是 10px，此时
效果如图 9-28 所示（截自 Chrome 浏览器）[①]。

如果 SVG 是一个宽度自适应的元素，例如：

```
svg {
    width: 100%;
}
```

图 9-28   SVG 实现文字
大小为 10px 的效果示意

那么，最终的文字大小的计算值就不一定是整数，例如 103px 宽度对应的文字大小是 10.3px，106px
宽度对应的文字大小是 10.6px。由于字体系统缺乏对应的小数值，因此，文字都会按照 10px 渲染，
这将导致文字阶梯缩放。

但是，当渲染引擎完全支持时，geometricPrecision 将允许文字流畅地缩放。虽然缩放
后的效果并不是最好看的，但是尺寸是最精确的。

geometricPrecision 仅在 Windows 和 Linux 操作系统中有效。另外，根据 MDN 文档上
的描述，Firefox 浏览器中 geometricPrecision 值的表现等同于 optimizeLegibility 值。

3. 使用 auto 值足矣

虽然 text-rendering 的几个关键字属性值均有其作用和价值，但是实际开发的时候我们
并不需要专门设置，因为 text-rendering 属性的初始值 auto 自动为我们选择了最合适的渲
染方式。例如设置 text-rendering 属性值为 auto 后，在目前比较新的浏览器中，浏览器会
自动开启高质量的字距和连字效果，我们无须再去专门设置。

另外，text-rendering 属性并不是 CSS 规范中的属性，而是在 SVG 规范中制定的属性。
但是在 SVG 中定义 text-rendering 属性的规范与字距和连字并无关系，而是与清晰度、抗锯
齿等特性相关。

兼容性

最后附上 text-rendering 属性的兼容性，现代浏览器很早就对该属性提供了支持，如
表 9-7 所示。

表 9-7   **text-rendering** 属性的兼容性（数据源自 Caniuse 网站）

IE	Edge	Firefox	Chrome	Safari	iOS Safari	Android Browser
✘	18✔	3+✔	4+✔	5+✔	4.2+✔	3+✔

9.4.2   了解文字平滑属性 font-smooth

font-smooth 属性用来设置文字的抗锯齿渲染。不过目前没有任何浏览器支持 font-smooth

---

① 这是在 Chrome 浏览器中实现文字大小小于 12px 的技巧之一。

属性，而都是采用 font-smoothing 属性。

　　这就出现了一个奇怪的现象：明明浏览器支持的是 font-smoothing 属性，但是所有正式的文档都使用 font-smooth 属性作为标题。这是因为 font-smooth 属性曾经在 W3C 规范文档中出现过，而 font-smoothing 属性从没获得过名正言顺的名分，登不了"大雅之堂"。

　　目前，Chrome 等 webkit 内核浏览器使用的是 -webkit-font-smoothing 属性，Firefox 浏览器中使用的是 -moz-osx-font-smoothing 属性。

　　先讲一下 -webkit-font-smoothing 属性的值和含义。

- auto 是初始值，由浏览器决定文字的抗锯齿渲染程度。大多数时候的表现效果等同于 subpixel-antialiased。
- none 表示关闭抗锯齿，字体边缘锋利。
- antialiased 表示字体像素级平滑，在深色背景上会让文字看起来更细。
- subpixel-antialiased 表示字体亚像素级平滑，主要为了在非视网膜设备下有更好的显示效果。

-moz-osx-font-smoothing 属性的值和含义如下。

- auto 表示浏览器只能选择字体渲染表现。
- grayscale 表示灰度抗锯齿渲染。从效果上看，类似于 webkit 下的 antialiased 属性值的效果，可以让深色背景下的文字看起来更细。

　　按照我个人的使用经验，文字平滑属性 font-smoothing 在 Windows 操作系统中不实用，它的各个属性值看不出差别；但是在 macOS X 和 macOS 中的渲染效果比较明显，可以看到使用不同属性值的文字有明显的粗细变化。

　　例如，在非 Retina 屏幕的 iMac 显示器中，微软雅黑字体的渲染效果又粗又重，效果极差，在应用 -webkit-font-smoothing:antialiased 声明后，文字的粗细效果立刻正常了很多。

　　类似上面这样的场景就可以使用下面的 CSS 代码：

```
body {
    -webkit-font-smoothing: antialiased;
}
@media (min-resolution: 2dppx) {
    /* Retina 屏幕下仍使用默认的 subpixel-antialiased 渲染 */
    body {
        -webkit-font-smoothing: auto;
    }
}
```

　　不过，随着显示器的屏幕密度越来越高，中文字体的字重效果越来越丰富，font-smooth 属性的应用前景愈发暗淡，目前它已经变成了非标准 CSS 属性。因此大家简单了解一下该属性即可。

9.4.3　font-stretch 属性与字符胖瘦控制

　　font-stretch 属性同样需要字体中有对应的或窄或宽的字体面，否则是没有效果的。
　　由于常见的中文字体均没有包含多个字体面，因此 font-stretch 属性在中文场景中作用有限，它主要用来设置英文字体的字形缩放。

　　`font-stretch` 属性支持关键字属性值和百分比值，使用示意如下：

```
/* 关键字属性值 */
font-stretch: ultra-condensed;
font-stretch: extra-condensed;
font-stretch: condensed;
font-stretch: semi-condensed;
font-stretch: normal;
font-stretch: semi-expanded;
font-stretch: expanded;
font-stretch: extra-expanded;
font-stretch: ultra-expanded;

/* 百分比值 */
font-stretch: 50%;
font-stretch: 100%;
font-stretch: 200%;
```

先讲一下各个关键字属性值的含义。

- `normal` 就是正常的字体宽窄表现。
- `semi-condensed`、`condensed`、`extra-condensed`、`ultra-condensed` 表示字形不同程度地收缩，其中 `ultra-condensed` 是收缩程度最厉害的。对应的缩放比例如表 9-8 所示。
- `semi-expanded`、`expanded`、`extra-expanded`、`ultra-expanded` 表示字形不同程度地扩展，其中 `ultra-expanded` 是扩展程度最厉害的。对应的缩放比例如表 9-8 所示。
- `<percentage>` 表示字形拉伸的百分比，范围是 50%～200%，包括 50% 和 200%。最近几年浏览器才开始支持百分比属性值，通常不建议使用。

表 9-8 所示为不同关键字属性值对应的拉伸百分比。

表 9-8　`font-stretch` 关键字属性值对应的百分比值

关键字属性值	百分比值
ultra-condensed	50%
extra-condensed	62.5%
condensed	75%
semi-condensed	87.5%
normal	100%
semi-expanded	112.5%
expanded	125%
extra-expanded	150%
ultra-expanded	200%

1．系统内置英文字体的拉伸面

虽然 font-stretch 属性支持多达 9 个不同拉伸程度的关键字属性值，但是，该属性需要字体本身有匹配数量的压缩面。然而，很多字体是没有的，且有一些经典的英文字体也仅仅包含一个窄面和一个宽面而已。这个时候，所有 font-stretch 属性的百分比计算值小于 100% 的文字会被渲染为窄面，所有 font-stretch 属性的百分比计算值大于 100% 的文字会被渲染为宽面。

例如，Windows 操作系统中的 Arial 字体和 macOS 中的 Helvetica Neue 字体进行字体拉伸面测试后的效果如图 9-29 所示。

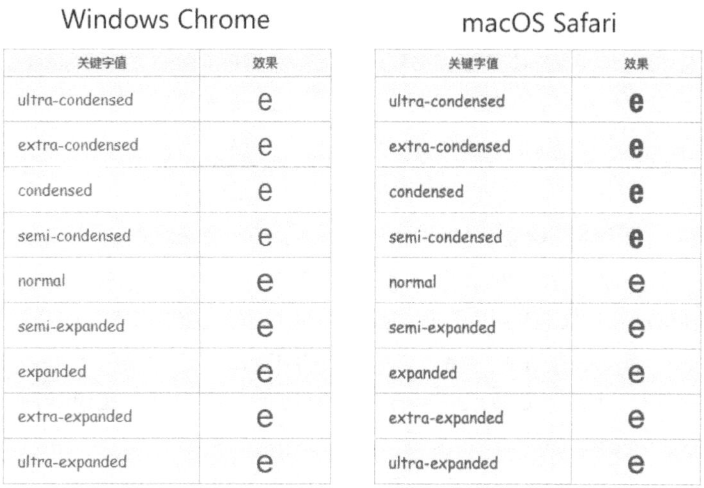

Windows Chrome　　　　　　　　　　macOS Safari

关键字值	效果
ultra-condensed	e
extra-condensed	e
condensed	e
semi-condensed	e
normal	e
semi-expanded	e
expanded	e
extra-expanded	e
ultra-expanded	e

关键字值	效果
ultra-condensed	e
extra-condensed	e
condensed	e
semi-condensed	e
normal	e
semi-expanded	e
expanded	e
extra-expanded	e
ultra-expanded	e

图 9-29　常见系统字体的拉伸面范围测试结果示意

结果发现，无论是 Arial 字体还是 Helvetica Neue 字体都只有窄面和正常面，并没有出现宽面，也就是 font-stretch 属性可以让 Arial 字体或者 Helvetica Neue 字体的字符更窄且排列更紧密，但是并不能让这些字体的字符更宽且排列更疏松。

读者可以在浏览器中进入 https://demo.cssworld.cn/new/9/4-2.php 页面，或者扫描右侧的二维码查看效果。

2．自定义字体与完整拉伸面

要想让每个 font-stretch 属性都能显示对应的拉伸效果，只能通过自定义字体实现，即引入一个包含所有拉伸面的字体。

例如，我们使用一个名为"League Mono"的采用 SIL Open Font License （OFL）开源协议的变量字体做一个测试，CSS 代码如下：

```
@font-face {
    src: url("LeagueMonoVariable.ttf");
    font-family: "LeagueMonoVariable";
    font-style: normal;
    font-stretch: 1% 500%; /* Chrome 浏览器必须设置 */
}
.target {
    font-family: "LeagueMonoVariable";
    font-stretch: ～;
}
```

实现的不同 font-stretch 属性值下的文字拉伸效果如图 9-30 所示。

关键字值	效果
ultra-condensed (50%)	e
extra-condensed (62.5%)	e
condensed (75%)	e
semi-condensed (87.5%)	e
normal (100%)	e
semi-expanded (112.5%)	e
expanded (125%)	e
extra-expanded (150%)	e
ultra-expanded (200%)	e

图 9-30　League Mono 自定义字体下的文字拉伸效果示意

可以看到，文字拉伸的细节明显多了很多。读者可以在浏览器中进入 https://demo.cssworld.cn/ new/9/4-3.php 页面，或者扫描右侧的二维码查看效果。

font-stretch 属性的兼容性非常好，从 IE9 浏览器就开始提供支持，因此大家大可放心使用。不过不建议使用其中的百分比值，因为百分比值是后来才支持的新语法，IE 浏览器对此并不支持。

9.4.4　font-synthesis 属性与中文体验增强

终于遇到一个专门为中文场景设计的 CSS 属性了，准确地说是为 CJK 文字设计的 CSS 属性。大多数标准的西方字体都包含粗体和斜体，通过下面的 CSS 代码就可以实现文字的加粗和倾斜效果：

```
.example {
    font-weight: bold;
    font-style: italic;
}
```

CJK 字体是不包含粗体和斜体的，但是，在默认情况下，浏览器还是可以通过字形变化合成 CJK 文字的加粗和倾斜效果。不过这样会导致文字的阅读效果不佳，尤其是使用了倾斜效果的中文，例如：

```
.chinese-italic {
    font-style: italic;
}
```

效果如图 9-31 所示，文字笔画都扭曲了，实在是惨不忍睹。

因此，在实际开发的时候，我们总是避免对中文应用文字倾斜的字体样式。但是，如果是在中英文混合的场景中，要求英文为斜体且中文还是正常的非倾斜状态，这就不好办了。font-synthesis 属性就是为这样的场景而设计的，它可以让英文依然保持倾斜，而中文永远是最佳的非倾斜状态。

图 9-31　中文字体倾斜状态下的糟糕的渲染效果示意

font-synthesis 属性的语法如下：

```
font-synthesis: none | [ weight || style ]
```

语法使用示意如下：

```
font-synthesis: none;
font-synthesis: weight;
font-synthesis: style;
/* 默认值 */
font-synthesis: weight style;
```

先讲一下各个关键字属性值的含义。

- none 表示粗体和斜体都不需要合成。
- weight 表示如果需要，可以合成粗体字体。
- style 表示如果需要，可以合成斜体字体。

font-synthesis 属性的初始值是 weight style，表示就算字体中没有对应的粗体和斜体，也会通过字形变化合成粗体效果和斜体效果。

因此，在一段中英文混合的文字中，如果希望英文字符倾斜而中文字符不倾斜，可以设置 font-synthesis:none，例如：

```
<em>Don't synthesize me! 直立。</em>
em {
    font-synthesis: none;
}
```

在 Firefox 浏览器中的效果如图 9-32 所示，虽然 font-style 设置的是倾斜样式，但是中文字符依然保持了非倾斜样式。

Don't synthesize me! 直立。

图 9-32　倾斜样式下中文字体依然保持直立效果示意

读者可以在浏览器中进入 https://demo.cssworld.cn/new/9/4-4.php 页面，或者扫描右侧的二维码查看效果。

兼容性

看起来 font-synthesis 属性还挺酷的，但是，很可惜也很奇怪，Chrome 浏览器并不支持 font-synthesis 属性，而 Firefox 浏览器和 Safari 浏览器都支持该属性，如表 9-9 所示。

表 9-9　**font-synthesis** 属性的兼容性（数据源自 MDN 网站）

IE	Edge	Firefox	Chrome	Safari	iOS Safari	Android Browser
✘	✘	34+ ✔	✘	9+ ✔	9+ ✔	✘

好不容易遇到一个专门有益于中文场景的 CSS 属性，Chrome 浏览器却不支持，实在有些搞不懂 Chrome 浏览器开发者的想法，目前也只能在小范围内渐进增强使用了。

9.5　字体特征和变体

字体特征和变体①指 OpenType 字体中包含的不同字形或字符样式。其中的 OpenType 字体是 Adobe 和微软联合开发的一种字体，字体文件的原始后缀可能是.otf、.otc、.ttf 或.ttc。OpenType 目前是国际标准组织（International Organization for Standardization，ISO）的公开标准，于 2007 年 3 月以 ISO/IEC 14496-22 发布。而"不同字形或字符样式"指的是连字（将 fi 或 ffl 等字符组合在一起的特殊字形）、字距（调整特定字母形式对之间的间距）、分数、数字样式和其他一些字符。

每一种字体特征或变体都有一个对应的字符特征值，均采用 4 个字符形式进行表示，例如：

```
font-feature-settings: "kern" 1;
```

这里的"kern"就是字符特征值，表示应用字体的间距特征，类似的效果如图 9-33 所示。

并不是所有字体都包含字体特征，也不存在某个字体包含所有字体特征，字体特征最终的表现效果取决于字体设计师而不是程序算法（中文字体加粗和倾斜的效果大多是由算法控制的）。

图 9-33　应用字体的间距特征效果示意

本节主要内容就是介绍如何使用 CSS 属性在 Web 中呈现这些字体特征或变体。

我先介绍一下比 font-feature-settings 属性更推荐使用的 font-variant 属性。

9.5.1　升级后的 font-variant 属性

CSS2.1 规范中的 font-variant 属性很简单，作用也很单一，那就是实现英文字母的小型大写效果，包括 IE6 在内的浏览器都对其提供了支持。

font-variant 属性的语法如下：

```
font-variant: normal;
font-variant: small-caps;
```

例如：

```
<p class="normal">CSS new world! </p>
<p class="small">CSS new world! </p>
p.normal {
    font-variant: normal;
}
p.small {
    font-variant: small-caps;
}
```

对比效果如图 9-34 所示，可以看到下面一段文字中，虽然"NEW WORLD"这几个字母都是大写形式，字符尺寸却小了一些，这就是英文字母的小型大写效果。

之后，在 CSS Fonts Module Level 3 规范中，font-variant 属性迎来了巨大的变革和升级，其不再只是一个

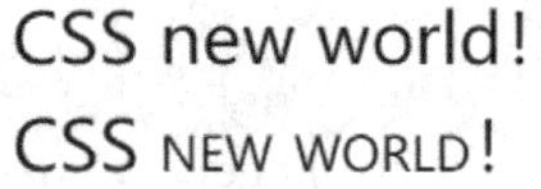

图 9-34　font-variant:small-caps
效果示意

---

① 注意，这里的字体变体和可变字体不是一个概念，大家千万不要混淆。

单一的 CSS 属性，而变成了 `font-variant-caps`、`font-variant-numeric`、`font-variant-alternates`、`font-variant-ligatures` 和 `font-variant-east-asian` 属性的缩写，专门用来显示对应字体特征的变体效果。

因为传统的类似"kern"这样的特征值都是缩写，单看其名称不知道是什么意思，所以出现了升级版的 `font-variant` 属性，所有特征值全部使用完整的关键字属性值代替，这样在看到属性值时就知道使用的是字体的哪种变体了。

下面我就详细介绍一下 `font-variant` 属性的 5 个子属性，由于 `font-variant` 属性在日常开发中不太常用，因此这一部分内容不必精读。

1. 了解 font-variant-caps 属性

CSS2.1 中的 `font-variant` 属性转变成这里的 `font-variant-caps` 属性，同时 `font-variant-caps` 属性多支持了几个属性值。`font-variant-caps` 属性的语法如下：

```
font-variant-caps: normal | small-caps | all-small-caps | petite-caps | all-petite-caps |
unicase | titling-caps
```

先讲一下这一语法中的几个关键点。

- `normal` 表示字符的大小写由其他 CSS 属性决定，例如 `text-transform` 属性。
- `small-caps` 表示小型大写字母，对应的 OpenType 特征值是"smcp"（可以作为 `font-feature-settings` 的属性值）。
- `all-small-caps` 表示无论是大写字母还是小写字母，全部都变成小型大写字母，对应的 OpenType 特征值是"c2sc"和"smcp"。例如：

```
<p class="small">CSS new world! </p>
<p class="all-small">CSS new world! </p>
.small {
    font-variant: small-caps;
}
.all-small {
    font-variant: all-small-caps;
}
```

对比效果如图 9-35 所示，可以看到下面一段文字中原本大写的"CSS"这 3 个字母的尺寸也变小了。

- `petite-caps` 表示特小型大写字母，对应的 OpenType 特征值是"pcap"。特小型大写字母和小型大写字母的区别在于两者与字母 x 高度的对比，一般来说，小型大写字母的高度等于字母 x 的高度，也就是和大部分小写字母的高度一样，都是 1ex。但是在部分字体中，小型大写字母会比字母 x 略高一些，如 Tiro Typeworks 设计的一些字体中的小型大写字母比字母 x 高 30%（完全大写的字母比字母 x 高 70%）。于是，和字母 x 高度一致的字体形式就称为"特小型大写字母"（Petite Caps），而比字母 x 高的字体形式则称为"小型大写字母"（Small Caps）。在常规字体下，`petite-caps` 属性值和 `small-caps` 属性值的表现一致，都是浏览器通过缩小大写字母的尺寸而模拟出来的小型大写字母的效果。实际上，真正设计过的小型大写字母效果在笔画上是被优化过的，其保持了更合适的纵横比以保证可读性。

CSS NEW WORLD!

CSS NEW WORLD!

图 9-35 `font-variant:all-small-caps` 效果示意

- all-petite-caps 表示无论是大写字母还是小写字母，全部都变成特小型大写字母，对应的 OpenType 特征值是"c2pc"和"pcap"。使用示意如下：

```
.c2pc {
    font-variant-caps: all-petite-caps;
    font-feature-settings: "c2pc", "pcap";
}
```

- unicase 是一种混合模式，可以有小型大写字母、大写字母或大型小写字母。对应的 OpenType 特征值是"unic"。Windows 操作系统下的 Arial 字体就包含"unic"特征值，因此，我们使用下面的 CSS 代码测试下这个关键字的效果，代码如下：

```
<p class="unicase">CSS new world! </p>
<p class="unicase arial">CSS new world! </p>
<p class="uppercase arial">CSS new world! </p>
.unicase {
    font-variant: unicase;
}
.arial {
    font-family: Arial;
}
.uppercase {
    text-transform: uppercase;
}
```

这一段代码设置了非 Arial 字体下的 unicase 值效果、Arial 字体下的 unicase 值效果和 Arial 字体下的大写字母效果，最终的效果如图 9-36 所示。

从图 9-36 中我们可以明显看出值 unicase 的作用。例如，在第二段文字中，字母 "new" 虽然字符尺寸变大了，却依然是小写状态，而最后的叹号 "!" 却变得很小，这就是属性值 unicase 的混合表现。同时，如果字体没有包含"unic"特征，则大写字母会变成小型大写字母。

图 9-36　值 unicase 在 Arial 字体下的效果示意

- titling-caps 表示使目标字符显示为标题大写字母，对应的 OpenType 特征值是 "titl"。标题大写字母是专门为标题设计的大写字母的变体，通过减小笔画宽度避免全大写的标题的表现过于强烈。

以上就是 font-variant-caps 属性的基本特性。最后说一点，Safari 浏览器也是支持 font-variant-caps 属性的，目前 MDN 文档中的兼容性信息是错误的。

2. 了解 font-variant-numeric 属性

font-variant-numeric 属性主要用来设置数字的变体效果。

font-variant-numeric 属性语法复杂，属性值冗长生僻，应用场景有限，实在不是一个讨人喜欢的 CSS 属性。但是为了成为 CSS 高手，我们还是要看看 font-variant-numeric 支持的一些属性值。

font-variant-numeric 属性的语法如下：

```
font-variant-numeric: normal;
font-variant-numeric: [ lining-nums | oldstyle-nums ] || [ proportional-nums |
tabular-nums ] || [ diagonal-fractions | stacked-fractions ] || ordinal || slashed-zero;
```

font-variant-numeric 属性只支持两种书写形式，一种就是使用初始值 normal，另一种就是使用 5 类关键字属性值的随机组合。使用示意如下：

```
font-variant-numeric: slashed-zero;
/* 数字样式 */
font-variant-numeric: lining-nums;
font-variant-numeric: oldstyle-nums;
/* 数字尺寸 */
font-variant-numeric: proportional-nums;
font-variant-numeric: tabular-nums;
/* 分数值 */
font-variant-numeric: diagonal-fractions;
font-variant-numeric: stacked-fractions;
/* 组合使用 */
font-variant-numeric: oldstyle-nums stacked-fractions;
```

下面来看一下各个关键字属性值的含义，看看有没有哪个值可以优化数字的显示效果。

- normal 表示使用正常的数字效果，不使用变体字形。
- ordinal 表示强制使用序数标记特殊的标志符号。例如无须使用 \<sup\> 标签就可以让字符 "1st，2nd，3rd，4th，5th" 表现为图 9-37 所示的上标效果。

$$1^{st}, 2^{nd}, 3^{rd}, 4^{th}, 5^{th}$$

图 9-37 特殊的数字标志符号表现为上标效果示意

读者可以在浏览器中进入 https://demo.cssworld.cn/new/9/5-1.php 页面，或者扫描右侧的二维码查看值 ordinal 的效果。

值 ordinal 对应的 OpenType 特征值是 "ordn"，操作系统中常规的英文字体并没有包含此特征，使用专门设计过的字体才可以实现数字序列化的效果。

- slashed-zero 关键字属性值强制使用带斜线的 0。当需要明确区分字母 O 和数字 0 时，此关键字非常有用。其对应的 OpenType 特征值是 "zero"。

如果仔细观察，你会发现 Chrome 工具栏中的代码部分的 0 都是带斜线的，如图 9-38 所示。

\<p\>Today is 2020-06-24.\</p\>

图 9-38 带斜线的数字 0 效果示意

不过此时数字 0 带有斜杠，并不是 font-variant-numeric 属性的作用，而是代码使用的字体中的字符 0 就是带有斜线的，例如，运行下面这段代码：

```
body {
    font-family: Menlo, Monaco, consolas;
}
```

会发现页面中的数字 0 中间都有一根斜线。

这里的属性值 slashed-zero 指的是针对同一种字体，如果设置了 font-variant-numeric: slashed-zero，就会显示带斜线的 0，如果没有相关设置，则使用不带斜线的 0。读者可以在浏览器中进入 https://demo.cssworld.cn/new/9/5-2.php 页面，或者扫描右侧的二维码查看这一案例的效果。

案例效果如图 9-39 所示，上下两行字使用的是同一种字体，但是上面这行字中的 0 没有斜线；下面这行字因为使用了 slashed-zero，所以 0 中有斜线。

- lining-nums 和 oldstyle-nums 用来控制数字的样式，其中，lining-nums 表示数字沿着基线对齐，对应的 OpenType 特征值是"lnum"；oldstyle-nums 表示数字采用传统对齐方式，如数字 3、4、5、7、9 会下沉，效果如图 9-40 所示（使用系统字体 Georgia 示意），oldstyle-nums 对应的 OpenType 特征值是"onum"。

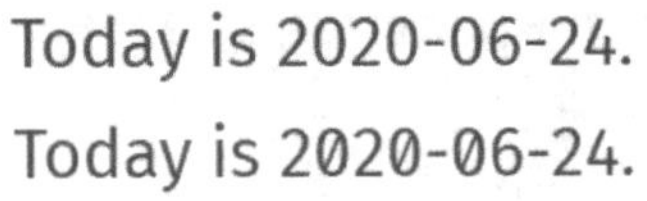

Today is 2020-06-24.

Today is 2020-06-24.

0123456789

图 9-39 属性值 slashed-zero 使用效果示意    图 9-40 属性数字 3、4、7、9 下沉效果示意

- proportional-nums 和 tabular-nums 用来控制数字的尺寸。其中，proportional-nums 表示每个数字占据的宽度并不一致，宽度大小由字形大小决定，其对应的 OpenType 特征值是"pnum"，效果如图 9-41 所示，数字 1 占据的空间明显比其他几个数字小。tabular-nums 表示每个数字占据的宽度都是一样的，数字就好像被约束在宽度一致的表格中，其对应的 OpenType 特征值是"tnum"，效果如图 9-42 所示，数字 1 占据的空间和其他几个数字是一样的。

0123456789

0123456789

图 9-41 属性值 proportional-nums 下的数字效果示意    图 9-42 属性值 tabular-nums 下的
数字效果示意

- diagonal-fractions 和 stacked-fractions 用来控制分数的样式。其中，diagonal-fractions 表示让分子和分母尺寸变小并将两者用斜线隔开，其对应的 OpenType 特征值是"frac"，效果如图 9-43 所示（源自官方文档）。stacked-fractions 表示让分子和分母尺寸变小并将两者使用水平线隔开，其对应的 OpenType 特征值是"afrc"，效果如图 9-44 所示（源自官方文档）。

2 1/3 ▶ 2⅓

2 1/3 ▶ 2⅓

图 9-43 属性值 diagonal-fractions
下的分数效果示意    图 9-44 属性值 stacked-fractions
下的分数效果示意

IE 浏览器和 Edge 浏览器是不支持 font-variant-numeric 属性的，但现代浏览器全部都支持该属性。不过这里的支持仅仅是语法上的支持，要想看到符合定义的效果，需要使用对应 OpenType 字体才行。

3. 了解 font-variant-alternates 属性

`font-variant-alternates` 属性主要用来让字体发生变化，包括样式和风格的变化，以及字符集和字符的变化，从而让字体变得花哨，或者变成装饰字符、注释字符等。这些变化对应的 OpenType 参数往往包含序号数字，因此，在语法上，`font-variant-alternates` 属性值以函数为主，具体代码如下：

```
font-variant-alternates: normal;
font-variant-alternates: stylistic() || historical-forms || styleset(#) ||
character-variant(#) || swash() || ornaments() || annotation();
```

其中，关键字属性值 `historical-forms` 表示启用历史常用但现在不常用的字形，对应的 OpenType 特征值是"hist"，效果如图 9-45 所示。

剩余的属性值均是函数值，这些函数的参数都是一个自定义的名称，而这个自定义的名称需要使用 `@font-feature-values` 规则进行定义。例如：

lost website
loſt webſite

图 9-45　历史字形效果对比示意

```
/* 在 Font One 字体中定义 nice-style */
@font-feature-values Font One {
    @styleset {
        nice-style: 12;
    }
}
/* 在 Font Two 字体中定义 nice-style */
@font-feature-values Font Two {
    @styleset {
        nice-style: 4;
    }
}
/* 应用定义的 nice-style */
.nice-look {
    font-family: Font One, Font Two;
    font-variant-alternates: styleset(nice-style);
}
```

若将上面的语句对应的语法使用中文表示，示意代码如下：

```
@font-feature-values 字体名 {
    @函数名 {
        自定义名称: 12;
    }
}
.example {
    font-family: 字体名;
    font-variant-alternates: 函数名(自定义名称);
}
```

先讲一下各个函数值的含义。

- `stylistic()` 函数允许对单个字符进行样式替换，其对应的 OpenType 特征值是 "salt"。

  这里举个例子，演示一下 `font-variant-alternates` 属性函数值的用法，代码如下：

  ```
  <p>CSS selector &amp; new world</p>
  <p class="stylistic">CSS selector &amp; new world</p>
  ```

```
/* 自定义字体名称为 Exo */
@font-face {
    font-family: "Exo";
    src: url(exo-bold.woff2) format("woff2");
}
/* 在自定义字体中自定义标识符 any-style */
@font-feature-values Exo {
    @stylistic {
        any-style: 1;
    }
}
/* 应用字体 */
p {
    font-family: Exo;
}
/* 应用文字变体 */
.stylistic {
    font-variant-alternates: stylistic(any-style);
}
/*
 * 不支持 font-variant-alternates 属性的浏览器使用 font-feature-settings 属性
 * 例如 Chrome 浏览器
 */
@supports not (font-variant-alternates:normal) {
    .stylistic {
        font-feature-settings: "salt" 1;
    }
}
```

此时 normal 状态下的文字效果和应用 stylistic() 函数的文字效果如图 9-46 所示，其中字形发生变化的字符使用了天蓝色进行区分，并使用了三角符号进行标注。

图 9-46　应用 stylistic() 函数的文字效果示意

眼见为实，读者可以在浏览器中进入 https://demo.cssworld.cn/new/9/5-3.php 页面，或者扫描右侧的二维码查看效果。

- styleset() 函数启用字符集的样式变化，其对应的 OpenType 特征值是从"ss01"到"ss20"。苹果的 San Francisco 字体包含这些特征。

- character-variant() 函数启用字符的样式变化。该函数和 styleset() 函数类似，不同之处在于 character-variant() 函数下的单个字符的样式具有独立性，和一组其他字符显示的时候，不一定具有连贯的样式。character -variant() 函数对应的 OpenType value 特征值是从"cv01"到"cv99"。

- swash() 函数表示启用花式字形，例如夸张的衬线、端点、尾部、笔锋等，其对应的 OpenType 特征值是"swsh"和"cswh"。图 9-47 下边一行的文字就是某手写字体在应用"swsh"特征值后的效果，可以看到笔画非常夸张。

- ornaments() 函数启用装饰字形，效果如图 9-48 所示，其对应的 OpenType 特征值是

"ornm"。图 9-48 下边一行的文字就是某字体应用"ornm"特征值后的效果，可以看到字母变成完全不相关的图形了。

图 9-47　应用"swsh"特征值的文字效果示意　　　　图 9-48　应用"ornm"特征值的文字效果示意

- annotation()函数启用注释字形，如带圆圈的数字或虚实反转的字符，其对应的 OpenType 特征值是"nalt"。例如，Adobe 的"Kozuka Mincho Pr6n"日文字体就支持注释字形，效果如图 9-49 所示（字体特征示意，并非该字体效果）。

图 9-49　注释字形效果示意

其中第一个字符是正常字形，从第二个字符开始，全部都是注释字形，使用的字体特征值分别是"nalt"、"nalt 1"、"nalt 2"、"nalt 3"、"nalt 4"、"nalt 5"、"nalt 6"和"nalt 7"。

兼容性

font-variant-alternates 属性的兼容性和其他几个属性不一样，Chrome 浏览器居然不提供支持，具体如表 9-10 所示。

表 9-10　**font-variant-alternates** 属性的兼容性（数据源自 Caniuse 网站）

IE	Edge	Firefox	Chrome	Safari	iOS Safari	Android Browser
✘	✘	34+ ✔	✘	9.1+ ✔	9.3+ ✔	✘

在 Chrome 浏览器中，可以使用 font-feature-settings 属性代替。

4. 了解 font-variant-ligatures 属性

font-variant-ligatures 属性主要用来设置文字的连字变体，总共支持 10 个非全局关键字属性值。

font-variant-ligatures 属性的语法如下：

```
font-variant-ligatures: normal;
font-variant-ligatures: none;
font-variant-ligatures: [ common-ligatures | no-common-ligatures ] ||
[ discretionary-ligatures | no-discretionary-ligatures ] || [ historical-ligatures |
no-historical-ligatures ] || [ contextual | no-contextual ];
```

先讲一下这一语法中的几个关键点。

- `normal` 是默认值，表示可以使用常规的连字效果和上下文形式，以便有更好的阅读体验。至于具体什么时候使用，是由字体、语言和脚本类型共同决定的。

- `none` 表示禁用所有连字和上下文形式，甚至禁用常用连字和上下文形式。

- `common-ligatures` 和 `no-common-ligatures` 用来控制最常用的连字效果。其中，`common-ligatures` 表示使用连字效果，如 fi 连字、ffi 连字、th 连字等，对应的 OpenType 特征值是"`liga`"和"`clig`"；`no-common-ligatures` 表示不使用连字效果。

- `discretionary-ligatures` 和 `no-discretionary-ligatures` 用来控制特殊的连字效果，至于效果表现则由设计师决定。其中，`discretionary-ligatures` 表示使用特殊连字效果，对应的 OpenType 特征值是"`dlig`"。图 9-50 所示的就是一种特殊连字效果，其并非严格意义上的连字效果，主要用于协调字形与周围上下文的形状。`no-discretionary-ligatures` 表示不使用特殊连字效果。

- `historical-ligatures` 和 `no-historical-ligatures` 用来控制古老的历史书中文字的连字效果。其中，`historical-ligatures` 表示使用古代连字效果，对应的 OpenType 特征值是"`hlig`"；`no-historical-ligatures` 表示不使用古代连字效果。

- `contextual` 和 `no-contextual` 用来控制上下文连字效果，也就是连字效果是否出现由前后的字母决定。其中，`contextual` 表示使用上下文连字效果，其对应的 OpenType 特征值是"`calt`"，示意效果如图 9-51 所示。`no-contextual` 表示不使用上下文连字效果。

图 9-50 特殊连字效果示意    图 9-51 上下文连字效果示意

现代浏览器都支持 `font-variant-ligatures` 属性，在实际项目中使用该属性的时候可以使用 `font-feature-settings` 属性作为候补，这样可以兼容到 IE10。

5. 了解 font-variant-east-asian 属性

`font-variant-east-asian` 属性用来设置 CJK 语言字符的字形变化，其语法如下：

```
font-variant-east-asian: normal;
font-variant-east-asian: ruby;
font-variant-east-asian: [ jis78 | jis83 | jis90 | jis04 | simplified | traditional ];
font-variant-east-asian: [ proportional-width | full-width ];
```

先讲一下这一语法中的几个关键点。

- `normal` 表示字形不会发生变化。

- `ruby` 指日文排版中经常会出现的上标形式的尺寸较小的假名，其作用是标注读者可能不熟悉的汉字的含义（有点类似汉字的汉语拼音标注）。由于 ruby 字体通常较小，为了便于阅读，字体创建者通常会专门针对这种场景进行设计，例如会让字体的笔画稍微加粗以提高对比度。这里的 `ruby` 关键字属性值就可以触发字体中针对 ruby 设计的字形，其对应的 OpenType 特征值也是"`ruby`"。

- jis78、jis83、jis90 和 jis04 表示对应年份的日语字符集。例如 jis78 中的"78"表示使用 1978 年制定的规范,"jis"指的是 Japanese Industrial Standard,是日语字符集规范名称的第一个词组,具体如表 9-11 所示。

表 9-11 font-variant-east-asian 日语关键字属性值

关键字属性值	定义字形的标准	对应的 OpenType 特征值
jis78	JIS C 6226:1978	jp78
jis83	JIS C 6226:1983	jp83
jis90	JIS X 0208:1990	jp90
jis04	JIS X 0213:2004	jp04

- simplified 和 traditional 分别表示使用简体字形和使用繁体字形,对应的 OpenType 特征值是"smpl"和"trad"。

  有人看到这里文字可以指定简繁体,就一下子兴奋起来,觉得网站中文字的简繁体转换就是写一行 CSS 代码的事情,然而,请淡定一点,这里的简繁体转换是需要字体本身有专门的简繁体设计才行的。

  据我所知,常见的 Web 中文字体中,只有苹方字体(PingFang SC)内置了繁体字形,具有使用 font-variant-east-asian 属性实现简繁体转换的能力。

  可惜苹方字体只在 OS X 和 iOS 操作系统中存在,Windows 和 Android 操作系统中是没有这个字体的。Windows 内置的"Yu Gothic"日文字体虽然可以进行简繁体转换,不过转换的仅仅是日语中的部分汉字。

  下面看一个例子,HTML 和 CSS 代码如下:

```
<p title="简体">勤学好问, 知书达理</p>
<p class="traditional" title="字形转换的繁体">勤学好问, 知书达理</p>
<p title="真正的繁体">勤學好問, 知書達理</p>
p {
    font-family: "PingFang SC" "Yu Gothic", system-ui;
    font-size: 2rem;
}
.traditional {
    font-variant-east-asian: traditional;
}
```

总共 3 行文字,第一行文字是纯简体,第二行文字使用本节的 traditional 关键字属性值进行繁体转换,第三行是纯繁体,在 Windows 10 和 OS X 操作系统下的 Chrome 浏览器中的效果如图 9-52 所示。

图 9-52 使用 font-variant-east-asian 实现繁体转换效果示意

读者可以在浏览器中进入 https://demo.cssworld.cn/new/9/5-4.php 页面，或者扫描右侧的二维码查看效果。（Android 手机中通常没有效果。）

提醒一点，`traditional` 关键字属性值触发的仅是字形变化，并不是真正意义上的繁体转换，例如图 9-52 中 Yu Gothic 字体下第二行的"勤"字和第三行真正的繁体字字形是有区别的。又例如简体字将一些字进行了合并处理，比如乾（干）燥、樹幹（干）、干（干）戈，北斗（斗）、戰鬥（斗），下面（面）、下麵（面），这些字转换成繁体字后会出现错误。

目前，无论是在技术层面还是在应用层面，使用 `font-variant-east-asian` 属性实现网站文字的简繁体转换都是具有可行性的。这是因为对大多数简体中文网站而言，简繁体转换本质上就是一个锦上添花的功能，如果增加此功能，对于习惯使用繁体字的用户就更加友好。由于这个功能使用一行 CSS 代码就可以实现，成本极低，却可以让所有使用苹果设备的用户有繁体阅读的选择，投入产出比极高，因此具有极高的可行性。

但是此技术很难大规模流行，症结在于包含繁体特征的中文字体严重稀缺。要解决这个问题，设计师需要根据 OpenType 字体制作规范，在"trad"特征值下绘制对应的繁体字形，这是一项工作量巨大的任务，因为汉字数量实在太多了。就算这样的字体被设计出来，单个字体文件的大小至少为 10MB，并不适合在 Web 中引入，因此使用 `font-variant-east-asian` 属性实现简繁体转换这一技术的流行与否还是取决于各个操作系统开发商，由他们来决定是否在操作系统中内置相关的中文字体。

- `proportional-width`、`full-width` 用来控制 CJK 语言字符的尺寸。其中，`proportional-width` 表示字符可以有不同的尺寸，其对应的 OpenType 特征值是"pwid"。

通常情况下，中文标点符号和中文汉字的宽度是一样的，即宽度为 1em。`proportional-width` 关键字的含义就是中文标点符号占据的宽度由标点符号的字形宽度决定，尺寸可以和汉字的宽度不一致。`full-width` 表示字符都是相同的尺寸（包括数字等字符），单个字符占据空间近似正方形，且宽度为 1em。其对应的 OpenType 特征值是"fwid"。虽然在通常情况下，中文标点符号和中文汉字的宽度是一样的，但是数字和字母的

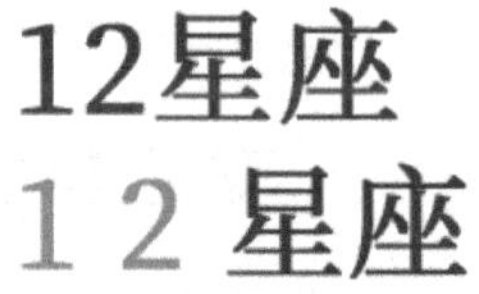

图 9-53 "fwid"特征值效果示意

宽度却是由字形决定的。`full-width` 关键字的作用就是让数字和字母占据与中文汉字一样的宽度，就像图 9-53 所示的这样，数字"1"和"2"的宽度与后面汉字的宽度是一样的。

6. 最后说说 font-variant 属性

`font-variant` 属性就是上述 5 个子 CSS 属性的缩写，语法也很简单，具体如下：

```
font-variant: normal;
font-variant: none;
font-variant: font-variant-caps || font-variant-numeric || font-variant-alternates ||
font-variant-ligatures || font-variant-east-asian;
```

该属性支持任意多个 `font-variant` 子属性值的叠加，且没有顺序要求。一些使用示意如下：

```
font-variant: no-common-ligatures proportional-nums;
font-variant: common-ligatures tabular-nums;
font-variant: small-caps slashed-zero;
```

在所有 CSS 属性中，`font-variant` 属性是学习投入产出比最低的 CSS 属性，没有之一。

`font-variant` 属性应用场景少，支持的属性值多而杂，更关键的是，该属性需要使用专门设计过的字体，而中文字体的设计成本非常高。目前我在 Adobe 官方中就没有找到任何一款包含 OpenType 特征的中文字体，这就导致 `font-variant` 属性的所有新特性在中文场景下的应用价值几乎为零。该属性唯一的用处就是可以对中文网页中的数字和字母进行细节处理。

不过，虽然 `font-variant` 属性在 Web 开发中的实用价值低，但是在学习的过程中，了解很多关于字体设计的进阶知识是可以终身受益的。

9.5.2　了解字距调整属性 font-kerning

`font-kerning` 属性的作用是调整字形间距，其底层的作用机制就是激活字体的 "kern" 特征值以实现文字的变体效果。

这个 CSS 属性在日文（假名）和英文中比较实用。以英文举例，英文字符的形状是不规则的，有的宽，有的窄，有的圆润光滑，有的棱角分明，这就会导致不同英文字符排列在一起的时候字符间的距离不一致。而 `font-kerning` 可以有效利用字符间的间隙，使字间距更紧密，效果如图 9-54 所示。

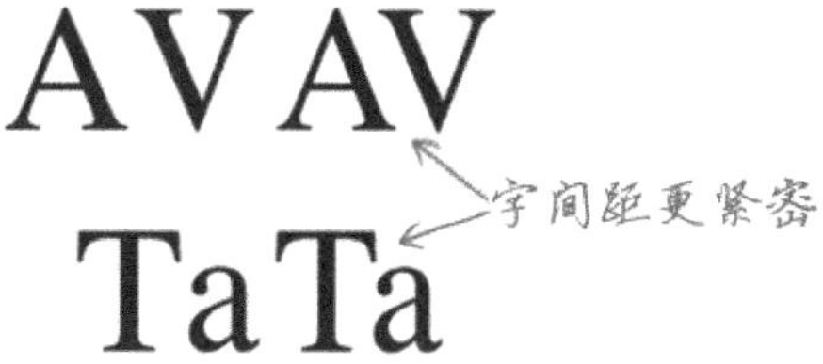

`font-kerning` 属性的语法如下：

图 9-54　英文字符不同字间距效果示意

```
font-kerning: auto | normal | none
```

先讲一下这一语法中的几个关键点。

- `auto` 是默认值，表示浏览器自己决定是否要调整字距。例如当字号，也就是 `font-size` 属性值比较小的时候，如果进行字距调整就会显得很奇怪，因此，浏览器会禁止字距调整。
- `normal` 表示应用字距调整。
- `none` 表示不根据字体文件中的字距信息进行字距调整。

`font-kerning` 属性在目前的中文场景下的使用价值有限，并不是技术对其不支持，而是没有必要，且缺乏专门设计的字体。

- 没有必要是因为中文汉字本身就是方方正正的，不需要根据字形进行字距调整，除非是行书、草书或者某些中文手写体字体。
- 缺乏专门设计的字体指的是虽然中文手写体字体有间距调整的需求，但是这类字体都缺乏对应的字体特征设计，因此就算设置了 `font-kerning` 属性，也是无效的。

兼容性

最后讲一下 `font-kerning` 属性的兼容性。该属性在 IE 浏览器和 Edge 浏览器中都是没效果的；在 iOS 的 Safari 浏览器中使用时，目前需要添加 `-webkit-` 私有前缀，具体如表 9-12 所示。

表 9-12 **font-kerning** 属性的兼容性[①]（数据源自 Caniuse 网站）

IE	Edge	Firefox	Chrome	Safari	iOS Safari	Android Browser
✘	✘	34+ ✔	33+ ✔	9.1+ ✔	8+ ✔ -webkit-	4.4.4+ ✔

9.5.3　font-feature-settings 属性的定位

font-feature-settings 属于级别更低一点的设置字体特征和变体的 CSS 属性，从 IE10 浏览器就开始提供支持了。该属性支持的 OpenType 特征值要比 font-variant 属性支持的更广泛，但是由于 font-variant 属性更高效、更容易理解，渲染表现更容易符合预期，因此，推荐优先使用 font-variant 属性。

例如，实现所有文字的小型大写效果，两个属性的使用代码如下：

```
<p class="variant">CSS new world! </p>
<p class="feature-settings">CSS new world! </p>
p {
    font-size: 3rem;
    font-family: Georgia;
}
.variant {
    font-variant: all-small-caps;
}
.feature-settings {
    font-feature-settings: "smcp", "c2sc";
}
```

font-variant: all-small-caps

CSS NEW WORLD!

CSS NEW WORLD!

font-feature-settings: "smcp", "c2sc"

图 9-55　font-variant 属性的
效果更容易符合预期

最终的效果如图 9-55 所示，可以看到使用 font-feature-settings 属性的这一行文字最后的叹号的尺寸并没有变小，而使用 font-variant 属性的这一行文字最后的叹号的表现符合我们的预期。

font-feature-settings 属性的语法相对简单很多，具体如下：

```
font-feature-settings: normal;
font-feature-settings: [ <string> [ <integer> | on | off ]? ]#
```

一些使用示意如下：

```
font-feature-settings: "smcp";
font-feature-settings: "smcp" on;
font-feature-settings: "swsh" 2;
font-feature-settings: "smcp", "swsh" 2;
```

OpenType 字体的字体特征值非常多，由于篇幅原因，就不在本书中完整展示了。大家有兴趣的话可以去维基百科中搜索"List of typographic features"获得完整的特征值列表，有一百几十个特征值。

---

① 浏览器对这个 CSS 属性的支持历史非常久远，这里显示了无须加 -webkit- 私有前缀的浏览器的兼容性。

我自己也整理过常用的 50 多个 OpenType 特征值在 `font-feature-settings` 属性下的样式表现，有兴趣的读者可以阅读我的一篇文章《CSS font-feature-settings 50+关键字属性值完整介绍》（https://www.zhangxinxu.com/wordpress/2018/12/css-font-feature-settings-keyword-value/）。

在过去，`font-feature-settings` 属性是用于显示文字变体的主要属性，如今，`font-feature-settings` 属性已经降级成了 `font-variant` 属性的候补方案。但是实际上，站在实用主义的角度，`font-feature-settings` 属性的使用还是必不可少的，其可以起到兜底的作用。因此，在实际开发的时候，`font-feature-settings` 属性和 `font-variant` 属性都会用到，例如：

```
.all-small-caps {
    font-variant: all-small-caps;
    font-feature-settings: "smcp", "c2sc";
}
```

由于 `font-variant` 属性的优先级更高，因此，支持 `font-variant` 属性的浏览器使用 `font-variant` 属性的值进行解析，不支持 `font-variant` 属性的浏览器使用 `font-feature-settings` 属性的解析效果。

当然，你也可以使用下面这种更安全、更稳妥的用法：

```
.all-small-caps {
    font-feature-settings: "smcp", "c2sc";
}
@supports (font-variant-caps: all-small-caps) {
    .small-caps {
        font-feature-settings: normal;
        font-variant-caps: all-small-caps;
    }
}
```

9.6 可变字体

可变字体（Variable Fonts）是一种与时俱进的新的字体技术，运用该技术可以使用更小的字体文件在 Web 上实现更丰富的排版效果，甚至可以实现字形的动画效果。总之，可变字体是字体技术未来的发展趋势，等 5G 技术成熟，流量不再是大问题的时候，中文的可变字体也会绽放不一样的光彩。

本节会详细介绍可变字体的相关知识。

9.6.1 什么是可变字体

在 OpenType 字体成为国际标准约 10 年后，OpenType 字体迎来了一个巨大的变化，那就是在 2016 年发布的 1.8 版规范中引入了"可变字体"的功能。

什么是可变字体呢？传统的字体中不同的字重往往都是不同的字体文件，例如思源黑体的 7 个字重就是 7 个独立的文件，如图 9-56 所示。

独立的字体文件会带来下面两个问题。

（1）总的字体文件会很大，例如思源黑体的 7 个字体文件总大小为 55.7MB。

（2）只能支持最多 7 种字重效果，无法实现更精细的笔画粗细控制。

由于以上问题，这就有了可变字体。可变字体将原本不同的字体文件合并在一个字体文件中，如图 9-57 所示。

▤ SourceHanSansCN-Bold.otf	
▤ SourceHanSansCN-ExtraLight.otf	
▤ SourceHanSansCN-Heavy.otf	
▤ SourceHanSansCN-Light.otf	
▤ SourceHanSansCN-Medium.otf	
▤ SourceHanSansCN-Normal.otf	
▤ SourceHanSansCN-Regular.otf	

图 9-56　思源黑体的 7 个字重　　　　图 9-57　多个静态字体文件合并到 1 个可变字体文件中示意
　　　　　对应 7 个文件示意

但是请注意，这种合并并不是单纯地把静态文件一个接一个地合在一起，而是基于某种规则将它们进行整合。其中一个显著的特点就是不同笔画粗细、不同拉伸程度的字形的控制点的数量是一致的，如图 9-58 所示。

文字笔画从细到粗的变化只需要改变控制点的位置，于是，使用动态字体的时候，我们就能精确实现各种字重效果，例如：

图 9-58　细体和粗体控制点数量示意

```css
.example {
    font-weight: 625;
}
```

过去，我们只能设置 `font-weight` 为 100 的倍数。但是，使用可变字体之后，`font-weight` 属性值可以是任意的，只要不超过上下限，都可以看到对应的字重变化，自然实现字体笔画粗细变化的动画效果也不在话下。

由于可变字体中不同笔画粗细、不同拉伸程度的字形包含了大量相同的信息，因此可变字体的大小要远远小于独立的静态字体的大小。我找到的一些资料显示，可变字体文件的大小为一个一个独立的字体文件的总大小的 50%。也就是说，如果将思源黑体这个字体制作成可变字体，其字体文件大小应该小于 30 MB，在 5G 网络环境下，可以很快地加载出来。因此在未来，中文可变字体在 Web 中大规模应用是绝对可行的。

可变字体的变化轴

变化轴（variation axis）是可变字体中非常重要的一个概念。

变化轴又分为"注册变化轴"和"自定义变化轴"。注册变化轴可以理解为官方定义的变化轴，总共有 5 个，分别是字重、字宽、斜体、倾斜和视觉尺寸；自定义变化轴是字体设计师根据需要自己创造的变化轴，没有任何限制，数量几乎无限，只需要给它一个 4 个字母的标签以便在外部识别即可。例如：

```css
font-variation-settings: 'wght' 375, 'GRAD' 66;
```

这里的'wght'就是注册变化轴，'GRAD'就是自定义变化轴。注意，这里的大小写命名是有要求的，注册变化轴都是小写的，自定义变化轴请使用大写。

下面我们一起了解一下可变字体中的 5 个注册变化轴。

（1）Weight 轴。

Weight 轴用来控制文字的粗细变化，当然，随着文字变粗，其所占据的宽度也会跟着变大。

Weight 轴对应传统的 `font-weight` 属性，如果字体不是可变字体，则 `font-weight` 属性值的范围只能是 100～900，且必须是 100 的倍数；但是如果应用的字体是可变字体，且包含 Weight 轴，则 `font-weight` 属性值的理论范围可以是 1～1000 的任意整数。理论范围毕竟是理论范围，实际上设计师不会让字重在这么大的范围内波动，因为字重为 1 的时候，文字几乎就看不见了，没有什么意义。

除了可以使用 `font-weight` 属性对可变字体的笔画粗细进行精细化设置，还可以使用 `font-variation-settings` 属性进行设置。例如，当字重为 480 的时候：

```
.weight-axis-480 {
    font-weight: 480;
    /* 或者 */
    font-variation-settings: 'wght' 480;
}
```

图 9-59 所示为某可变字体的 Weight 轴在不同字重下的文字渲染效果。

图 9-59　包含 Weight 轴的可变字体在不同字重下的效果示意

（2）Width 轴。

Width 轴对应传统的 `font-stretch` 属性，可以对文字进行拉伸设置。理论上，只要拉伸值大于 0 都可以渲染，但是大多数字体的 Width 轴的拉伸值范围都在默认的 100%左右，不会太大，也不会太小。使用示意如下：

```
.width-axis-75 {
    font-stretch: 75%;
    /* 或者 */
    font-variation-settings: 'wdth' 75;
}
```

图 9-60 所示为某可变字体的 Width 轴在不同拉伸值下的文字渲染效果。

图 9-60　包含 Width 轴的可变字体在不同拉伸值下的效果示意

需要注意的是，这里的 `font-stretch` 属性下的拉伸效果并不是单纯的缩放，而是设计师精心设计过的窄文字或宽文字效果，可以让窄屏或者宽屏下的文字有更好的排版效果。

（3）Italic 轴。

Italic 轴对应传统的 `font-style:italic` 声明，表示是否应用斜体。斜体的变化没有中间值，只有 0 和 1 这两个值，0 表示正立状态，1 表示斜体状态。例如，下面的 CSS 代码就表示可变字体的斜体：

```css
.italic-axis {
    font-style: italic;
    /* 避免非可变字体应用 font-style:italic 也发生倾斜 */
    font-synthesis: none;
    /* 或者 */
    font-variation-settings: 'ital' 1;
}
```

效果如图 9-61 所示（截自 Firefox 浏览器）。

（4）Slant 轴。

Slant 轴对应传统的 `font-style:oblique` 声明，可以对文字进行倾斜设置。例如，倾斜 15 度可以这么设置：

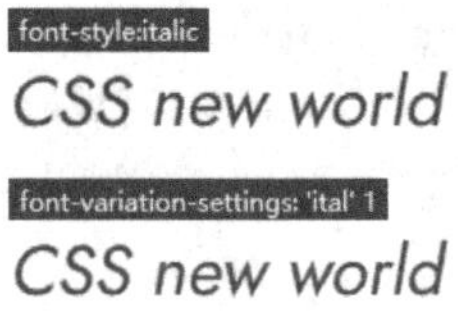

图 9-61　包含 Italic 轴的可变字体的斜体效果示意

```css
.slant-axis-15 {
    font-style: oblique 15deg;
    /* 或者 */
    font-variation-settings: 'slnt' 75;
}
```

Slant 轴可设置的倾斜角度范围为-90～90deg，不过常用的倾斜角度都在 0～20deg 这个范围。图 9-62 所示为某可变字体的 Slant 轴在不同角度值下的文字渲染效果。

图 9-62　包含 Slant 轴的可变字体在不同角度值下的效果示意

从图 9-62 可以发现，`font-style:oblique+angle` 的语法并没有表现出符合预期的倾斜效果。根据我的测试，无论是在 Chrome 浏览器还是在 Firefox 浏览器中均是如此，因此，建议使用 `font-variation-settings` 属性设置 Slant 轴的动态效果。

（5）Optical-size 轴。

Optical-size 轴对应最近开发的 `font-optical-sizing` 属性，不过 `font-optical-sizing` 的属性值并不是具体的数值大小，而是 `normal` 或者 `none` 这两个关键字属性值。因此，在实现可变字体的 Optical-size 轴的变化效果的时候，只能使用 `font-variation-settings` 属性。例如：

```css
.optical-size-axis-10 {
    font-variation-settings: 'opsz' 10;
}
```

Optical-size 轴用来改变文字的视觉尺寸，包括笔画粗细、字宽和拉伸。

图 9-63 所示为某可变字体的 Optical-size 轴在不同的尺寸值下的文字渲染效果。

图 9-63　包含 Optical-size 轴的可变字体在不同尺寸值下的效果示意

可以看出，Optical-size 的值越小，文字的视觉尺寸反而越大。

以上就是对 5 个注册变化轴的简单介绍，读者可以在浏览器中进入 https://demo.cssworld.cn/new/9/6-1.php 页面，或者扫描右侧的二维码查看上面的效果。

由于字体可能具有超多的字重、字宽和视觉尺寸，因此，只需要一个可变字体，我们就能实现非常有质感的文字排版效果，大大提升 Web 页面的阅读体验，并方便地实现响应式字体效果（即在 A 场景下使用该字体的一种效果，在 B 场景下使用该字体的另外一种效果，特别适合用在需要适配各类终端的场景）。

如果设计师足够聪明，字重变化可以不用来改变字重，而是用来把文字从 A 造型变成 B 造型，于是，配合 animation 属性或者 transition 属性，一个美观的字体动画效果就制作出来了。我们还可以让可变字体的变化特征和滚动行为相结合，实现很有创意的交互效果。

总之可变字体的应用场景是相当广泛且有价值的，目前，已经有多个中文字体制作商明确表示支持可变字体，可变字体未来可期。

9.6.2　可变字体与 font-variation-settings 属性

可变字体在 Web 中的应用离不开 font-variation-settings 属性，该属性可以用来设置可变字体中的注册变化轴或者自定义变化轴中设计好的具体的样式。

相关案例在 9.6.1 节已经展示了很多，这里就直接介绍相关的语法。font-variation-settings 属性语法如下：

```
font-variation-settings: normal | [ <string> <number> ]#
```

先讲一下这一语法中的几个关键点。

- normal 是默认值，表示使用默认的文字设置效果。
- <string> <number>中的<string>是一个由 4 个 ASCII 字符组成的字符，表示可变字体中的注册变化轴或者自定义变化轴的名称，其中字符范围为（U+20）～（U+7E）。注册变化轴使用小写名称，自定义变化轴使用大写名称。例如下面的代码一看就知道是自定义变化轴，因为名称是大写的：

```
font-variation-settings: "XHGT" 0.7;
```

<number>表示需要设置的值，该值为数值，不带任何单位，具体数值范围由前面的轴的类型决定。

表 9-13 所示为 font-variation-settings 属性中使用的注册变化轴的名称和对应的 CSS 属性。

表 9-13　**font-variation-settings** 属性中使用的注册变化轴的名称和对应的 CSS 属性

轴名称	CSS 属性
wght	font-weight
wdth	font-stretch
ital	font-style:italic
slnt	font-style:oblique + angle
opsz	font-optical-sizing

使用示意如下：

```
font-variation-settings: 'wght' 480;
font-variation-settings: 'wdth' 75;
font-variation-settings: 'ital' 1;
font-variation-settings: 'slnt' 75;
font-variation-settings: 'opsz' 10;
```

在实际开发中，可变字体往往需要作为自定义字体引入，此时要注意，其 Mime Type 值与传统的字体是有所不同的，可变字体的后缀可以是 `format("truetype-variations")`、`format("woff-variations")` 或 `format("woff2-variations")`。例如，下面的可变字体使用的是 `format("woff2-variations")` 格式声明：

```
@font-face {
    font-family: "Amstelvar VF";
    src: url("./AmstelvarAlpha-VF.woff2") format("woff2-variations");
    font-weight: 100 900;
    font-stretch: 30% 100%;
     font-style: normal;
}
p {
    font-family: "Amstelvar VF";
}
```

兼容性

`font-variation-settings` 属性的兼容性同时也是可变字体的兼容性，Edge 浏览器对其提供了支持，完整兼容性信息如表 9-14 所示。

表 9-14　可变字体的兼容性（数据源自 Caniuse 网站）

IE	Edge	Firefox	Chrome	Safari	iOS Safari	Android Browser
✘	17+ ✔	62+ ✔	66+ ✔	11+ ✔	11+ ✔	5+ ✔

可见该属性的兼容性还是很给力的，现在万事俱备，只欠可变字体了。

9.6.3　了解 font-optical-sizing 属性

`font-optical-sizing` 属性的作用很简单，即决定是否允许可变字体通过 Optical-size 变化轴改变文字渲染尺寸。`font-optical-sizing` 属性的语法如下：

```
font-optical-sizing: auto | none
```

其中 auto 是默认值，表示可变字体的视觉尺寸可以调整变化；none 则表示浏览器不会修改字形的形状以获得最佳阅读效果。

我们通过一个例子了解一下这两个属性值的作用，HTML 和 CSS 代码如下：

```
<p class="optical-sizing" title="font-optical-sizing:auto">CSS new world</p>
<p class="no-optical-sizing" title="font-optical-sizing:none">CSS new world</p>
@font-face {
    font-family: "Amstelvar VF";
    src: url("./AmstelvarAlpha-VF.woff2") format("woff2-variations");
```

```
}
p {
    font-size: 2rem;
    font-family: "Amstelvar VF";
}
.no-optical-sizing {
    font-optical-sizing: none;
}
```

效果如图 9-64 所示。

从图 9-64 中可以看出，就算无须使用 `font-variation-settings` 属性进行专门的 Optical-size 变化轴尺寸设置，只要可变字体包含 Optical-size 变化轴，浏览器就会自动根据当前的文字尺寸进行视觉上的优化，例如，本例中的文字变得更紧凑了，线条也更细了。设置 `font-optical-sizing:none` 可以阻止这种视觉上的优化，因此，在图 9-64 中，上下两行文字的尺寸等视觉表现有着明显的不同。

图 9-64　`font-optical-sizing` 属性值对比效果示意

眼见为实，读者可以在浏览器中进入 https://demo.cssworld.cn/new/9/6-2.php 页面，或者扫描右侧的二维码查看效果。

`font-optical-sizing` 属性和 `font-variation-settings` 属性的兼容性是一样的，都是与可变字体密切相关的 CSS 属性，如表 9-13 所示。

第 10 章

图片等多媒体的处理

本章将介绍与图片、视频等多媒体元素视觉表现相关的 CSS 新特性。

10.1　图片和视频元素的内在尺寸控制

图片或者视频等替换元素的内在尺寸 100%适应于外部指定的尺寸，这就会导致在 CSS 设置的宽高比与内在尺寸的比例不一致的情况下，图片或视频会被拉伸。这些情况显然不是开发者希望看到的。在过去，这样的问题并没有特别好的解决办法，开发者往往利用具有内部尺寸的元素在没有指定高宽的情况下依然保持比例的特性，仅设置宽度值，或者仅设置高度值，让图片既有自适应的特性，又能保持比例。

但是，这种做法有一个缺点，那就是在第一次加载图片的时候，如果图片还没有加载完毕，浏览器会认为内在尺寸是 0。例如：

```
img {
    width: 100%;
}
```

上面的 img 仅设置了宽度而没有设置高度，于是，在图片还没有加载完毕的时候，图片占据的高度是 0；等图片加载完毕，高度又会恢复。这样一个突然的高度变化在视觉层面就表现为页面内容跳动出现，图片会不断触发重绘，不仅性能不佳，用户体验也不好。

为了应对上面这样的场景，开发者就设计了新的 CSS 属性，即 object-fit 和 object-position 属性。这两个 CSS 属性就表现而言，类似于 background-size 和 background-position 属性，都可以让图片的视觉区域在保持比例的情况下适应外部设定的尺寸，区别在于前两个属性控制内联图像，后两个属性控制背景图像。

在实际开发中，object-fit 很常用，object-position 则很少被用到，因为默认的居中适应就是我们需要的效果。

这里先介绍一下超级好用的 object-fit 属性。

10.1.1　超级好用的 object-fit 属性

object-fit 属性只支持关键字属性值，具体有 5 个值，语法如下：

```
object-fit: fill | contain | cover | none | scale-down
```

使用示例如下：

```
object-fit: fill;
object-fit: contain;
object-fit: cover;
object-fit: none;
object-fit: scale-down;
```

在这些关键字属性值中，大家要重点关注 contain 和 cover 这两个属性值，因为两者几乎占据了全部的 object-fit 属性使用场景。下面我就依次介绍一下每个属性值的具体含义。

1. fill

fill 是默认值，表示"填充"，替换内容会拉伸，填满整个 content-box 的尺寸，不保证保持原有的比例。例如，有一张图像的原始比例是 4:3，然后应用了下面的 CSS 代码：

```
img {
    width: 200px; height: 200px;
    padding: 20px;
    border: 20px solid rgba(20, 30, 255, .5);
    object-fit: fill;
}
```

效果如图 10-1 所示，可以看到图像出现了明显的拉伸效果，且拉伸填充的区域是 content-box 区域。

2. contain

contain 表示"包含"，替换内容保持原有尺寸比例，同时替换内容一定可以在 content-box 中完整显示，至少一个方向的尺寸和 content-box 保持一致。此关键字属性值可能会让 content-box 出现留白，例如：

```
img {
    width: 200px; height: 200px;
    padding: 20px;
    border: 20px solid rgba(20, 30, 255, .5);
    object-fit: contain;
}
```

效果如图 10-2 所示，图片的上方和下方出现了留白。

图 10-1　fill 关键字属性值下　　　　　图 10-2　contain 关键字属性值下图片完整
　　　图片拉伸显示效果示意　　　　　　　　　　显示同时显示区域留白示意

3. cover

cover 表示"覆盖"，替换内容同样会保持原始的尺寸比例，同时替换内容会完全覆盖 content-box 区域，至少一个方向的尺寸和 content-box 保持一致。此关键字可能会让替换内容的部分区域不可见，例如：

```
img {
    width: 200px; height: 200px;
    padding: 20px;
    border: 20px solid rgba(20, 30, 255, .5);
    object-fit: cover;
}
```

效果如图 10-3 所示，图片完全覆盖显示区域，同时图片左右两边有部分区域被隐藏了。

4. none

none 表示替换内容的尺寸显示为原始的尺寸，无视外部的尺寸设置。如果图片尺寸较小，就会在四周产生大量留白；如果图片尺寸较大，则会有较大面积的图片区域被剪裁。在实际开发中，此关键字很少被使用。

5. scale-down

scale-down 的样式表现就好像依次设置了 none 和 contain 关键字，然后选取呈现的尺寸较小的那个效果。例如：

```
img {
    width: 200px; height: 200px;
    padding: 20px;
    border: 20px solid rgba(20, 30, 255, .5);
    object-fit: scale-down;
}
```

效果如图 10-4 所示。当图片尺寸足够大的时候，样式表现等同于 contain 关键字的样式表现，如图 10-4 左侧所示；如果图片尺寸较小，则样式表现等同于 none 关键字的样式表现，如图 10-4 右侧所示。

图 10-3　cover 关键字属性值下图片完全覆盖显示区域示意　　图 10-4　scale-down 关键字属性值在不同尺寸图片下的显示效果示意

读者可以在浏览器中进入 https://demo.cssworld.cn/new/10/1-1.php 页面，或者扫描右侧的二维码查看以上 5 个关键字值的效果。

在实际开发中，通常缩略图使用 cover 关键字，列表图使用 contain 关键字，全屏大图预览使用 scale-down 关键字。

object-fit 属性在现代浏览器中的兼容性非常好，Android 4.4.4 就开始支持了，在移动端可以放心使用。

10.1.2　理解 object-position 属性的作用规则

object-position 要比 object-fit 单纯得多，用于控制替换内容的位置。object-position 的初始值是 50% 50%，也就是说默认是居中效果。所以，无论 object-fit 的值是哪一个关键字属性值，图片都是水平、垂直居中的。因此，要实现尺寸大小不固定图片的水平、垂直居中效果，可以试先将 `<img>` 元素的宽度设置为容器的宽度大小，然后设置 object-fit:none。

与 background-position 类似，object-position 的值类型为 `<position>`，因此 object-position 属性的定位能力还是很强的。例如，让替换内容一直定位在 content-box 区域的右下角：

object-position: 100% 100%;

又如，让替换元素在相对于 content-box 区域右下角 20px 10px 的地方定位：

object-position: right 20px bottom 10px;

效果如图 10-5 所示，均符合预期表现。

图 10-5　object-position 属性基本效果示意

读者可以在浏览器中进入 https://demo.cssworld.cn/new/10/1-2.php 页面，或者扫描右侧的二维码查看效果。

就我个人而言，我经常将 object-position 属性用在用户头像的显示上。例如，服务器存储的用户头像是 3：4 的，而设计师设计的头像是 1：1 的，此时，为了让用户头像中的脸部尽可能出现在视区中，我会使用 object-position 属性进行设置，例如：

```
.avatar {
    object-fit: cover;
    object-position: top;
}
```

Img Sprites 技术

object-position 是一个被低估的 CSS 属性，过去使用 background-position 定位实现的 CSS Sprites 技术和配合 animation 属性实现的无损 Gif 模拟技巧，现在都可以使用 object-position 属性实现，我称之为"Img Sprites 技术"。

例如，5.4.8 节演示的暂停"心花怒放"效果的案例就可以改用<img>元素实现，HTML 和 CSS 代码如下：

```
<img class="love" src="heart-animation.png">
.love {
    width: 100px; height: 100px;
    object-fit: cover;
    animation: heart-burst steps(28) .8s infinite both;
}
@keyframes heart-burst {
    0% {
        object-position: 0%;
    }
    100% {
        object-position: 100%;
    }
}
```

就代码量而言，这个方法要比使用 background-position 定位实现的方法更简洁。最终效果如图 10-6 所示。

图 10-6　object-position 属性实现的无损 gif 动图效果示意

最终效果是一个动画效果，读者可以在浏览器中进入 https://demo.cssworld.cn/new/10/1-3.php 页面，或者扫描右侧的二维码查看。

使用 object-position 实现上面效果的优势除代码更简洁、尺寸控制更方便之外，还有一个很大的优点就是可以使用<img>元素诸多内置的特性。例如想要在 CSS 中设置 background-image 图像实现懒加载是成本比较高的一件事情，

但是，如果设置的是<img>内联图像，那么只需要一个 loading 属性就可以实现懒加载，例如：

```
<img src="heart-animation.png" loading="lazy">
```

10.2　使用 image-orientation 属性纠正图片的方向

有时候上传图片会遇到这样一个问题：上传到服务器的图片和在前台预览的图片的方向是不一致的，如图 10-7 所示。

这是因为手机拍摄的照片的可交换图像文件格式（exchangeable image file format，Exif）信息中都会包含旋转信息，常见的图像查看软件、手机 App 或者 Chrome 浏览器新标签窗口打开图片时，可以根据图形中的旋转信息自动对图像的方向进行纠正。但 IE/Edge 浏览器和旧版 Chrome 浏览器访问的网页中的<img>图像不能自动旋转。因此，为了让网页中的图片也能根据 Exif 信息中的 Orientation 值进行旋转，开发者就设计了 image-orientation 属性。

`image-orientation` 属性的语法如下：

```
image-orientation: from-image | none;
```

先讲一下这一语法中的几个关键点。

- `from-image` 为初始值，表示如果图片包含旋转信息，则自动旋转图片。
- 如果照片没有 Exif 信息，则表现为 `none` 关键字属性值。`none` 表示无论照片是否包含 Exif 信息，都不进行旋转。

Chrome 81 版本开始支持 `image-orientation` 属性，因此，在 Chrome 81+浏览器中，就算是在网页中使用<img>元素显示图片，图片也会自动旋转，之前提到的前台预览图和上传到服务器的图片不一致的问题在 Chrome 81+浏览器中是不存在的。但是 IE 和 Edge 浏览器还是会有这样的问题。

举个例子，有一张图片的 Exif 信息中 Orientation 值是 6（总共有 8 个不同的旋转角度值），给这张图片分别应用 `from-image` 和 `none` 这两个属性值，代码如下：

```html
<h4>image-orientation:from-image</h4>
<img class="from-image" src="./exif.jpg">
<h4>image-orientation:none</h4>
<img class="none" src="./exif.jpg">
.from-image {
    image-orientation: from-image;
}
.none {
    image-orientation: none;
}
```

在 Chrome 浏览器中的效果如图 10-8 所示。

image-orientation:from-image

image-orientation:none

在浏览器中预览的图片　　　　实际上传到服务器的图片

图 10-7　浏览器预览图和上传到服务器的图片的
方向不一致示意

图 10-8　Chrome 浏览器中不同 image-
orientation 属性值效果示意

但是，在 Edge 浏览器中，由于 Edge 浏览器不支持 image-orientation 属性，因此图片均没有发生旋转，还是原始方向，效果如图 10-9 所示。

image-orientation:from-image

image-orientation:none

截自Edge18

图 10-9　Edge 浏览器中 image-orientation 属性值效果示意

眼见为实，读者可以在浏览器中进入 https://demo.cssworld.cn/new/10/2-1.php
页面，或者扫描右侧的二维码查看效果。

在日常开发中很少会遇到需要使用 image-orientation 属性的场景，因为在 Web 中展示的图片都是经过服务器处理过的图片，例如服务器会对图像进行压缩，同时去除图片的 Exif 信息等。只有在预览原图的时候，才需要用到 image-orientation 属性。

要么设置 image-orientation:none 让所有浏览器中的图片都不自动旋转，要么使用 JavaScript 程序（例如使用 exif.js）获取照片 Exif 信息中的 Orientation 值，然后使用 Canvas 技术重新绘制图片，让 Edge 等浏览器下的图片也能自动旋转。

在 CSS 规范 *CSS Images Module Level3* 中，关于 image-orientation 属性有这么一句话："This property is optional for implementations."（此属性的实现是可选的，也就是浏览器厂商可以自己决定要不要支持实现该属性。）不过，我看到了最新的 Safari 14 浏览器开始支持该属性，我认为浏览器对 image-orientation 属性的支持会继续下去的。

根据 MDN 文档中的说法，CSS 规范不推荐 image-orientation 属性并不是指浏览器放弃对图片自动旋转的支持，而是考虑使用<img>（也可能是<picture>）元素的某个新的 HTML 属性实现图片自动旋转。

总之，读者可以放心学习与 image-orientation 属性相关的知识，它在浏览器中一定会有用武之地。

10.3　image-rendering 属性与图像的渲染

image-rendering 属性用来设置图像的缩放算法，主要针对 PNG 和 JPG 这类位图。

image-rendering 属性可以设置在 \<img\>元素上，也可以设置在\<img\>元素的祖先元素上。在现代浏览器中，image-rendering 属性还可以设置 background 图像和 canvas 画布图像的缩放算法。image-rendering 属性只有在图像发生缩放的时候才会有效果。

image-rendering 属性在不同浏览器中应用的属性值均不相同，我们先来看一下其支持的标准属性值，语法如下：

```
image-rendering: auto | crisp-edges | pixelated
```

先讲一下这一语法中的几个关键点。

- auto 表示浏览器自动选择使用何种图像缩放算法，通常表现为平滑缩放。
- crisp-edges 表示不使用平滑缩放算法，因此，缩放的图像会有较高的对比度和较锐利的边缘，也不会有模糊的感觉。常用的算法包括邻近算法和其他像素艺术算法，如 2×SaI 和 hqx 系列算法。
- pixelated 表示当放大图像时，必须使用邻近算法，使图像看起来由大像素块组成；当缩小图像时，使用与 auto 关键字属性值相同的算法。

由于历史原因，各个浏览器用来控制图像算法的属性和属性值并不完全一致。

- IE 浏览器使用非标准的声明-ms-interpolation-mode: nearest-neighbor。
- Firefox 浏览器支持关键字属性值 crisp-edges，但是并不支持 pixelated。
- Chrome 浏览器则支持关键字属性值 pixelated，但并不支持 crisp-edges 关键字属性值，取而代之的关键字属性值是私有的-webkit-optimize-contrast。

于是，可以得到下面的 CSS 组合代码：

```css
.auto {
    image-rendering: auto;
}
/* 图像边缘锐化 */
.crisp-edges {
    image-rendering: -webkit-optimize-contrast;
    image-rendering: crisp-edges;
}
/* 图像像素化 */
.pixelated {
    -ms-interpolation-mode: nearest-neighbor;
    image-rendering: pixelated;
}
```

然而，在实际开发中，上面的划分是不靠谱的，pixelated 和 crisp-edges 应该合并在一起，互相起到兜底作用。这是因为在实际测试中发现，Chrome 浏览器中的 pixelated 关键字属性值的渲染效果和 Firefox 浏览器中的 crisp-edges 的渲染效果是一样的，所以对于 image-rendering 属性，更好的分组应该是 auto 和其他，示意代码如下：

```css
.auto {
    image-rendering: auto;
}
.pixelated-crisp-edges {
    -ms-interpolation-mode: nearest-neighbor;
    image-rendering: pixelated;
    image-rendering: crisp-edges;
}
```

下面通过一个案例了解一下 image-rendering 属性值在图像放大或缩小时候的渲染效果：

```
/*小图变大*/
<img class="auto" src="big.jpg">
<img class="pixelated-crisp-edges" src="big.jpg">
/*大图变小*/
<img class="auto" src="small.jpg">
<img class="pixelated-crisp-edges" src="small.jpg">
```

在 Chrome 和 Firefox 浏览器中的效果如图 10-10 所示，可以重点关注圈出的区域，对比效果最为明显。

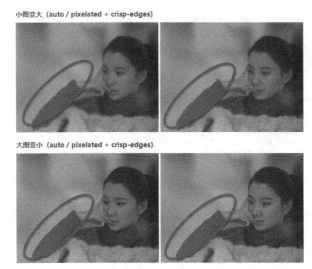

图 10-10　image-rendering 属性值在图像放大或缩小时的渲染效果示意

图 10-10 中圈出的区域的细节可能看不清楚，于是，我做了一个局部放大对比图，如图 10-11 所示。

图 10-11　使用 image-rendering 属性的渲染效果放大对比示意

读者可以在浏览器中进入 https://demo.cssworld.cn/new/10/3-1.php 页面，或者扫描右侧的二维码查看实际渲染效果。

image-rendering 属于功能增强的 CSS 属性，大家无须关心其兼容性，放心使用即可。

在常规的场景中，图像采用平滑效果肯定是更好的，因此是用不到 image-rendering 属性的。但是，如果网页的设计风格是像素化风格或者锐化风格（例如一些像素风格的游戏介绍页面），就可以使用 image-rendering 属性改变图像的缩放算法，进而改变图像的渲染效果。

10.4 不常用的图像类型函数

常用的图像类型函数有 url() 图像函数、*-gradient() 渐变函数和 image-set() 图像设置函数，其中渐变函数和图像设置函数在前面均已介绍过，这里再介绍两个不常用的图像类型函数，分别是 cross-fade() 交叉淡入淡出函数和 element() 元素图像化函数。

其实图像类型函数还包括 image() 函数和 paint() 函数。目前没有任何浏览器支持 image() 函数，因此本书不做介绍；paint() 函数则属于 CSS Houdini 体系中的内容，会放在本书最后一章进行介绍。

10.4.1 实现图像半透明叠加的 cross-fade()函数

cross-fade() 函数可以让两张图像半透明混合，例如：

```
<div class="cross-fade-image"></div>
.cross-fade-image {
    width: 300px; height: 300px;
    background: no-repeat center / contain;
    background-image: -webkit-cross-fade(url(1.jpg), url(2.jpg), 50%);
    background-image: cross-fade(url(1.jpg), url(2.jpg), 50%);
}
```

运行以上代码会产生图 10-12 所示的效果。

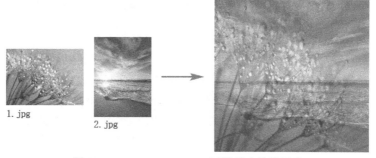

图 10-12　cross-fade()函数基本效果示意

2.jpg 这张图像以 50%的透明度和 1.jpg 进行了混合渲染。

眼见为实，读者可以在浏览器中进入 https://demo.cssworld.cn/new/10/4-1.php 页面，或者扫描右侧的二维码查看效果。

这个案例使用的是 cross-fade() 函数的传统语法，具体如下：

<image-combination> = cross-fade(<image>, <image>, <percentage>)

其中<percentage>指的是透明度值，它只会改变第二张图像的透明度，最终的效果是第一张图像完全不透明和第二张图像半透明叠加的效果。

这一行代码中有一个细节，虽然语法上是<image>数据类型，但是以往的<image>数据类型和现在的<image>数据类型是不同的。根据我的测试，这里的<image>数据类型只有使用 url()函数才有效果，例如渐变函数虽然在语法上是合法的，图像却表现为完全透明的效果。

另外还有一个很有趣的细节，经 cross-fade()函数处理后的图像的实际尺寸是受<percentage>透明度值影响的。如果透明度值是 0%，则处理后图像的尺寸是 1.jpg 的尺寸；如果透明度值是 100%，则处理后图像的尺寸是 2.jpg 的尺寸；如果透明度值在 0%~100%，则处理后图像的尺寸在 1.jpg 和 2.jpg 的尺寸范围内变化。

1．cross-fade()函数的新语法

cross-fade()函数的新语法可以指定任意数量的透明叠加图像，同时可以分别指定每张图像的透明度，用法示意如下：

```
cross-fade(url(green.png) 75%, url(red.png) 75%);
cross-fade(url(red.png) 20%, url(yellow.png) 30%, url(blue.png) 50%);
```

也可以不指定透明度值，则未指定透明度值的图像的透明度值是用 100%减去已经指定的透明度百分比值，然后除以未指定透明度值图像的数量得来的。

例如，下面代码中的两张图像各自透明度是 50%：

```
/* 50% white, 50% black */
cross-fade(url(white.png), url(black.png));
```

又如，下面代码中有一张图像指定了 20%的透明度，于是两张没有指定透明度的图像平分剩余的 80%的透明度：

```
/* 20% red, 40% yellow, 40% blue */
cross-fade(url(red.png) 20%, url(yellow.png), url(blue.png));
```

虽然新的 cross-fade()函数语法更灵活、更强大，甚至可以使用色值进行混合，但是很遗憾，目前没有任何现代浏览器支持这一新语法，因此，对于新语法大家了解一下即可。

2．cross-fade()函数的实际应用

在原图上叠加水印的效果可以用 cross-fade()函数实现，可惜，在实际开发的时候大家并没有这么做。一方面是因为知道 cross-fade()函数的人不多，另一方面是可以直接使用半透明的 PNG 图片实现水印效果，且兼容性更好。换句话说，水印效果非常适合使用 cross-fade()函数实现，但是还有其他成本较低的实现方法。因此，实际开发中并没有多少人这么用。

cross-fade()函数似乎走进了死胡同，但"柳暗花明又一村"，出现了一个有趣的现象。cross-fade()函数应用最多的场景并不是多张图像的半透明叠加，而是单张背景图像的半透明处理。原因很简单，就是技术的不可替代性。虽然 CSS 新特性非常多，但是所有这些常用的新特性，没有任何特性可以在不影响元素中的文字内容的透明度的情况下实现元素的背景图像半透明。

例如，某背景图在深色模式下太亮了，希望调整背景图的明暗度。如果是一个内联的<img>图像，那很好处理，无论是滤镜、遮罩还是透明度设置都可以实现想要的效果，但是偏偏这里是背景图像，元素中包含了其他文字内容，如果设置滤镜、遮罩或透明度，那么就会影响文字的正常显示。这种情况下，cross-fade()函数就派上用场了。

方法很简单，我们使用一张透明图片作为第一张混合图片，这样就可以随意调整背景图像的透明度了，代码如下所示（私有前缀略）：

```
.dark {
    background-image: cross-fade(
    url(data:image/gif;base64,R0lGODlhAQABAIAAAP///wAAACH5BAEAAAAALAAAAAABAAEAAAICRAEA
    Ow==),url(2.jpg),40%);
}
```

图 10-13 所示的就是使用上面的方法实现的降低背景图透明度的效果。

图 10-13　使用 `cross-fade()` 函数调整背景图透明度效果示意

眼见为实，读者可以在浏览器中进入 https://demo.cssworld.cn/new/10/4-2.
php 页面，或者扫描右侧的二维码查看效果。

兼容性

`cross-fade()` 函数在移动端的兼容性非常好，非常陈旧的手机设备也支持该函数，可以
放心使用，具体兼容性如表 10-1 所示。

表 10-1　**`cross-fade()` 函数的兼容性**（数据源自 Caniuse 网站）

IE	Edge	Firefox	Chrome	Safari	iOS Safari	Android Browser
✘	✘	✘	17+ ✔	5.1+ ✔	5+ ✔	4.4+ ✔

10.4.2　神奇的 element()函数

CSS 中的 `element()` 函数是一个非常神奇的函数，它可以让页面中任意 DOM 元素的渲染效
果变成图像。

`element()` 函数的语法如下：

`element(#id)`

其中 id 就是页面中 DOM 元素的 id 值。

例如，页面上有一个按钮的 id 为 button，如果想让<div>元素的背景图片是这个按钮，则
可以使用下面的 CSS 代码：

```
div {
    background: -moz-element(#button);
    background: element(#button);
}
```

在 Firefox 浏览器中就会有图 10-14 所示的效果。

并且，背景图并不是静止的，而是随着原始元素的样式同步变化的。例如，当鼠标指针经过按钮时，按钮会改变颜色并高亮显示，此时，背景图中的按钮也同步变化了，效果如图 10-15 所示。

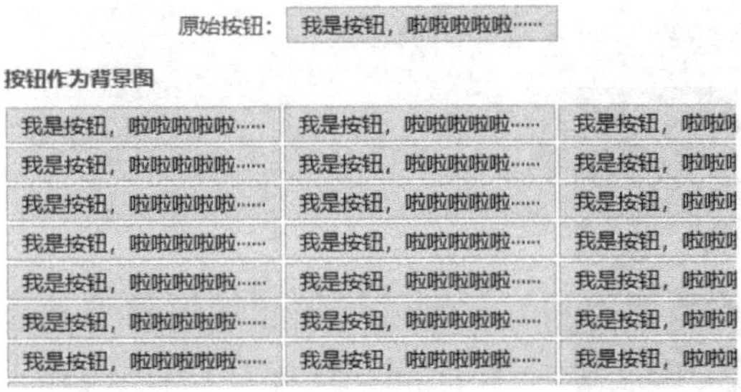

图 10-14　使用 element() 函数让
按钮元素成为背景图示意

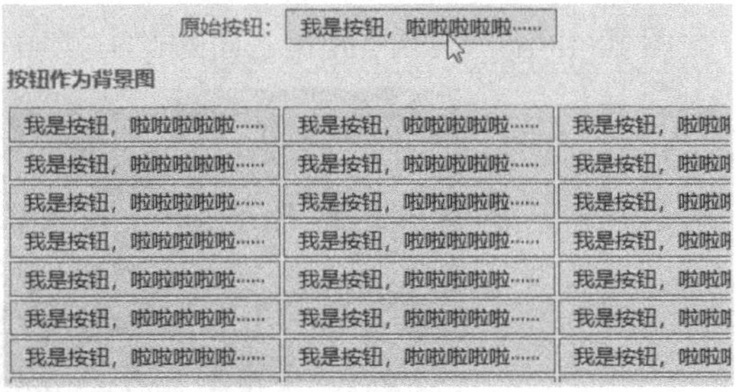

图 10-15　当鼠标指针经过按钮时，背景图中的
按钮样式同步发生变化示意

只可惜这么神奇的函数只有 Firefox 浏览器提供支持，而且根据我个人的判断，Chrome 浏览器是不会跟进支持的，即使这个函数目前已经属于 CSS 规范。为什么呢？

因为我认为 Chrome 浏览器如果要支持该函数的话，早就支持了，Firefox 浏览器从 2006 年就开始支持 element() 函数了，我从 2011 年知道这个函数开始，就一直关注 Chrome 浏览器是否会提供支持，结果 10 年过去了，Chrome 浏览器完全没有任何要支持 element() 函数的迹象。

虽然只有 Firefox 浏览器支持 element() 函数，但是并不表示 element() 函数一无是处。在实现元素的倒影效果的时候，element() 函数可就有用多了，因为 Firefox 浏览器并不支持 CSS 倒影属性 box-reflect，可以使用 element() 函数模拟倒影效果，这样，就能保证所有现代浏览器都有倒影效果了。相关案例在第 12 章，这里暂不演示。

第 11 章

更绚丽的视觉表现

本章介绍两个已经可以在实际项目中大规模应用的 CSS 新特性，它们可以实现非常绚丽的视觉表现效果，适用于任意 HTML 元素，这两个 CSS 新特性就是滤镜和混合模式。

有些人思维还停留在几年前，以为那些"炫酷"的 CSS 新特性都用不了，实际上不是的，现代浏览器的版本的更新和迭代是非常迅速的。

考虑到滤镜和混合模式所带来的视觉表现效果的提升，大家务必要认真学习这两个特性。

兼容性

filter 属性从 2013 年就开始受到浏览器的广泛支持，其兼容性如表 11-1 所示。

表 11-1 **filter** 属性的兼容性（数据源自 Caniuse 网站）

IE	Edge	Firefox	Chrome	Safari	iOS Safari	Android Browser
✘	13+ ✔	35+ ✔	18+ ✔	6+ ✔	6+ ✔	4.4+ ✔

CSS 混合模式则是在 2014 年底受到支持的，算一算到现在已经很多年了，具体的兼容性如表 11-2 所示。

表 11-2 CSS 混合模式的兼容性（数据源自 Caniuse 网站）

IE	Edge	Firefox	Chrome	Safari	iOS Safari	Android Browser
✘	✘	32+ ✔	41+ ✔	8+ ✔	8+ ✔	5+ ✔

可以看到，只要项目无须兼容 IE 和 Edge 浏览器，CSS 混合模式都是可以使用的，例如中后台、内部系统和移动端项目等，可以放心使用的场景还是非常多的。

11.1 深入了解 CSS 滤镜属性 filter

我先来介绍 `filter` 属性。

11.1.1 filter 属性支持的滤镜函数详解

`filter` 属性总共支持 10 个滤镜函数，如表 11-3 所示。

表 11-3 `filter` 属性支持的滤镜函数

滤镜	释义
`filter:blur(5px)`	模糊
`filter:brightness(2.4)`	亮度
`filter:contrast(200%)`	对比度
`filter:drop-shadow(4px 4px 8px blue)`	投影
`filter:grayscale(50%)`	灰度
`filter:hue-rotate(90deg)`	色调旋转
`filter:invert(75%)`	反相
`filter:opacity(25%)`	透明度
`filter:saturate(230%)`	饱和度
`filter:sepia(60%)`	褐色

下面具体介绍这 10 个函数。

1. 模糊滤镜函数 blur()

使用 `blur()` 函数可以让元素或者图像产生高斯模糊的效果，例如：

```
img {
    filter: blur(5px);
}
```

实现的效果如图 11-1 所示。

`blur()` 函数支持任意长度值，但是不支持百分比值。

`blur()` 函数的参数值表示高斯函数的标准偏差值，可以理解为屏幕上互相融合的像素数量。因此，`blur()` 函数的参数值越大，图像的模糊效果越明显。

由于图像的边缘区域的像素点数量不足，因此，图像边缘的模糊效果是半透明的，有时候我们不希望看到这种效果。例如：

```
<div class="box">
    <img src="1.jpg" width="256" height="192">
    <span>文字内容</span>
</div>
.box {
    width: 256px; height: 192px;
    overflow: hidden;
}
.box img {
```

```
    filter: blur(5px);
}
```

结果图片的边缘泛白（如果图片在黑色背景中，边缘则会染黑），如图 11-2 所示。

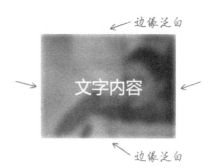

图 11-1　使用 blur() 函数的效果示意　　图 11-2　使用 blur() 函数后图像边缘泛白效果示意

这个问题的解决方法有很多种，一种是在高斯模糊的图片下面再增加一张同样的、没有设置高斯模糊的图片；另一种方法则是适当放大图片，这个方法的适用面要更广一些，CSS 代码示意如下：

```
.box img {
    transform: scale(1.1);
    filter: blur(5px);
}
```

此时图像的边缘就没有半透明效果了，是我们想要的效果，如图 11-3 所示。

当然，如果不考虑兼容性，最好的解决方法肯定是使用 backdrop-filter 属性实现高斯模糊效果，边缘默认不会泛白。

除了常规的模糊效果，blur() 函数还可以用来实现径向模糊或者局部模糊效果。例如，实现径向模糊效果的代码如下（遮罩属性的 -webkit- 私有前缀略）：

```
<div class="box-blur">
    <img src="./example.jpg" class="radial-blur">
    <img src="./example.jpg">
</div>
.box-blur {
    width: 256px; height: 192px;
    position: relative;
    overflow: hidden;
}
.radial-blur {
    position: absolute;
    left: 0; right: 0; top: 0; bottom: 0;
    filter: blur(20px);
    mask-image: radial-gradient(transparent, transparent 10%, black 60%);
    transform: scale(1.2);
}
```

效果如图 11-4 所示。

图 11-3　适当放大图像后边缘半透明效果消失示意　　　　图 11-4　径向模糊效果示意

又如，实现局部模糊效果的代码如下（遮罩的 -webkit- 私有前缀略）：

```
<div class="box-blur">
    <img src="./example.jpg" class="local-blur">
    <img src="./example.jpg">
</div>
.box-blur {
    width: 256px; height: 192px;
    position: relative;
    overflow: hidden;
}
.radial-blur {
    position: absolute;
    left: 0; right: 0; top: 0; bottom: 0;
    filter: blur(12px);
    mask: no-repeat center;
    mask-image: linear-gradient(black, black), linear-gradient(black, black);
    mask-size: cover, 60px 60px;
    mask-composite: exclude;
    mask-composite: source-out;
    transform: scale(1.1);
}
```

效果如图 11-5 所示。

图 11-5　局部模糊效果示意

读者可以在浏览器中进入 https://demo.cssworld.cn/new/11/1-1.php 页面，或者扫描右侧的二维码查看径向模糊和局部模糊效果。

2．亮度滤镜函数 brightness()

brightness() 函数可以用来调节元素的亮度，例如：

```
img {
    filter: brightness(2.4);
}
```

效果如图 11-6 所示，图像明显变亮了。

brightness() 函数的参数值支持数值和百分比值，范围是 0 到无穷大。参数值 0 或 0% 表示纯黑色，参数值 1 或 100% 表示正常的亮度，0~1 或 0%~100% 的亮度是线性变化的。随着参数值逐渐大于 1 或大于 100%，元素的亮度也会逐渐提升。

brightness() 函数的参数值可以为空，此时等同于使用参数值 1，即：

```
filter: brightness();
/* 等同于 */
filter: brightness(1);
```

在深色模式下，如果希望降低图像的亮度，使用 brightness() 函数就非常合适，例如：

```
img {
    filter: brightness(0.75);
}
```

除了常规的明暗调整，brightness() 函数还可以用来实现黑白着色效果。例如，某个图标在白色按钮中是黑色，而在黑色按钮中是白色，如图 11-7 所示。

图 11-6　使用 brightness() 函数的效果示意　　　图 11-7　按钮中图标变色场景示意

按照以前的实现方法，通常会准备两个不同颜色的图标，然后根据类名进行切换。而现在，我们可以借助 CSS 滤镜一步到位，无论是 <img> 内联图标、background-image 背景图标、SVG 内联图标还是 icon fonts 图标，都有统一的解决方案，并且只需要一行 CSS 代码：

```
.button-primary .icon {
    filter: brightness(100);
}
```

使用 brightness() 函数后，再设置足够大的亮度值就可以让图标变成白色了。

眼见为实，读者可以在浏览器中进入 https://demo.cssworld.cn/new/11/1-2.php 页面，或者扫描右侧的二维码查看效果。

使用 brightness() 函数改变图标颜色的方法只适用于黑白两色之间切换，如果需要设置其他色值，可使用 mask 遮罩实现，相关技术会在第 12 章介绍。

3. 对比度滤镜函数 contrast()

contrast() 函数可以用来调节元素的对比度，例如：

```
img {
    filter: contrast(2);
}
```

效果如图 11-8 所示，图像的对比度明显增强了。

contrast() 函数的参数值支持数值和百分比值，范围是 0 到无穷大。参数值 0 或 0% 表示毫无对比度，表现为纯灰色，色值是 #808080，使用 RGB 色值表示为 rgb(128,128,128)，也就是 gray 颜色关键字对应的色值。注意，这里说的是纯灰色，图像会直接变成一个灰色色块，而不是图像灰度。参数值 1 或 100% 表示正常的对比度。随着参数值逐渐大于 1，元素的对比度也会逐渐提升。

contrast() 函数的参数值可以为空，此时等同于使用参数值 1，即：

```
filter: contrast();
/* 等同于 */
filter: contrast(1);
```

contrast()函数除了可以调节常规的对比度，还可以和其他函数配合，实现融合粘滞效果，相关案例可参见 11.1.2 节的内容。

4. 投影滤镜函数 drop-shadow()

使用 drop-shadow()函数可以给元素设置符合真实世界阴影规则的投影效果。

drop-shadow()函数语法如下：

```
filter: drop-shadow(x 偏移, y 偏移, 模糊大小, 色值);
```

例如：

```
img {
    filter: drop-shadow(4px 4px 8px blue);
}
```

效果如图 11-9 所示，图像边缘出现了蓝色的投影效果。

图 11-8　使用 contrast()函数的效果示意　　图 11-9　使用 drop-shadow()函数的效果示意

要想进一步了解 drop-shadow()函数，最好的方法就是将其和 CSS 盒阴影属性 box-shadow 进行对比。首先从语法上来看，drop-shadow()函数最多只支持 3 个数值，而 box-shadow 属性最多支持 4 个数值，其中第四个数值表示扩展。例如：

```
/* 不合法 */
filter: drop-shadow(4px 4px 8px 4px);
/* 合法 */
box-shadow: 4px 4px 8px 4px;
```

也就是说，drop-shadow()函数不支持扩展，因为真实世界的投影是没有所谓的扩展的。

drop-shadow()函数没有内投影效果，而 box-shadow 属性可以使用 inset 关键字实现内阴影效果。例如：

```
/* 合法 */
box-shadow: inset 5px 5px 10px;
```

也就是说，drop-shadow()函数不支持 inset 关键字，因为真实世界的投影是没有所谓的内投影的。

drop-shadow()函数不支持投影叠加，box-shadow 属性则允许无限累加投影，例如：

```
/* 合法 */
box-shadow: 5px 5px, -5px -5px;
```

也就是说，drop-shadow()函数不支持使用逗号语法重叠多个投影，因为真实世界的投影随着光源增多会互相削弱，而不会累加。

这么一对比，似乎 drop-shadow()函数功能很弱，各种语法都不支持。其实不然，drop-shadow()函数有一个很厉害的特性，也就是这一个特性，让其大放异彩！那就是，使用

drop-shadow() 函数实现的投影是符合真实世界表现的投影，凡是透明镂空的地方，一定会留下相应的阴影轮廓。相对的，box-shadow 属性实现的是盒阴影，只会在方方正正的盒子的四周留下阴影效果，无论是镂空还是凸出的图形都不会有阴影效果。

实践出真知，下面我们用 border 实现一个虚线框：

```
.dashed {
    width: 100px; height: 100px;
    border: 10px dashed deepskyblue;
```

效果如图 11-10 所示。

接下来分别应用 box-shadow 盒阴影属性和 drop-shadow() 函数：

```
box-shadow: 5px 5px 8px;
drop-shadow(5px 5px 8px)
```

实现的效果如图 11-11 所示。

图 11-10　普通的虚线框效果示意

图 11-11　使用 box-shadow 属性和 drop-shadow() 函数的效果对比示意

可以看出明显的区别，即盒阴影只会在 border box 盒子周围一圈显示阴影，透明的虚线框和中间的镂空部分都看不到阴影效果（如图 11-11 左图所示），而 drop-shadow() 函数会在每一个虚线框的实线部分下方留下独立的投影效果（如图 11-11 右图所示）。

眼见为实，读者可以在浏览器中进入 https://demo.cssworld.cn/new/11/1-3.php 页面，或者扫描右侧的二维码查看效果。

drop-shadow() 函数在很多场景下非常实用，例如使用 CSS 绘制的小三角应用 drop-shadow() 函数也能有投影效果，图 11-12 的圆圈中的部分就是实际项目中使用 drop-shadow() 函数实现的小三角投影效果。

如果使用 box-shadow 属性，只能让主体区域有阴影，而不能让小三角有阴影，如图 11-13 所示。

图 11-12　使用 drop-shadow() 函数实现的小三角投影效果示意

图 11-13　使用 box-shadow 属性无法实现小三角阴影效果示意

5. 灰度滤镜函数 grayscale()

使用 `grayscale()` 函数可以实现元素的去色效果，让所有彩色值变成灰度值。例如：

```
img {
    filter: grayscale(70%);
    /* 等同于 grayscale(0.7) */
}
```

原本色彩饱满的图像黯然失色了，如图 11-14 所示。

　　`grayscale()` 函数的参数值支持数值和百分比值，范围是 0 到无穷大。参数值为 1 或 100% 的时候表现为完全灰度；参数值大于 1 或 100% 的时候也表现为完全灰度，因此，通常没有必要设置大于 1 的数值或百分比值；0 或 0% 表示正常的图像表现。在 0～1 或 0%～100% 范围区间的灰度是线性变化的。

　　`grayscale()` 函数的参数值可以为空，此时等同于使用参数值 0，即：

```
filter: grayscale();
/* 等同于 */
filter: grayscale(0);
```

　　`grayscale()` 函数比较经典的应用是在特殊的节日让网页变灰，这个效果只需一行 CSS 代码即可实现：

```
body {
    filter: grayscale(1);
}
```

　　`grayscale()` 函数比较实用的场景是实现网站中徽章点亮的效果，如图 11-15 所示。使用传统方法实现类似的效果需要准备彩色和灰色两张图像，有了 `grayscale()` 函数则只需要准备一张彩色图像。

图 11-14　使用 `grayscale()` 函数的效果示意　　　　图 11-15　网站中荣誉徽章点亮效果示意

6. 色调旋转滤镜函数 hue-rotate()

`hue-rotate()` 函数可以调整元素的色调，但饱和度和亮度保持不变，例如：

```
img {
    filter: hue-rotate(90deg);
}
```

原本暖色调为主的图像整体偏绿了，如图 11-16 所示。

`hue-rotate()` 函数的参数值支持角度值，例如 `90deg` 或 `0.5turn` 等，角度值的范围没有限制，每 360 度就是一个循环。

由于 `hue-rotate()` 函数不会改变任意灰度色值（包括黑色和白色），因此，可以利用该函数非常方便地复制出包含众多色彩的小组件，如按钮元素。传统按钮都是通过具体色值进行赋色的，例如图 11-17 所示的这些按钮和其对应的色值。

图 11-16　使用 `hue-rotate()` 函数的效果示意　　图 11-17　传统的按钮需要使用具体色值
进行赋色效果示意

传统按钮的实现方法有如下缺点。

- 代码量多。不同颜色的按钮需要使用不同的色值进行设置，有时候 `:hover` 和 `:active` 状态对应的每一个按钮也需要进行额外的色值设置。
- 扩展成本高。例如开发者想要新增一个紫色按钮，那么肯定会求助于设计师，因为开发者自己选取的紫色效果不一定好。

如果使用 `hue-rotate()` 函数，就可以有效规避上述缺点。

我们的做法很简单，只需要先编写一个主按钮的样式，然后用一行 CSS 代码实现其他颜色的按钮，例如：

```css
.btn {
    filter: hue-rotate(60deg);
}
```

另外一个色调的按钮就实现了，此时，主按钮所有 `:hover` 和 `:active` 状态都保留了，并且由于按钮只是色调上发生了变化，因此，最终的按钮样式一定和主按钮非常搭配。

图 11-18 展示了以 10deg 为梯度扩展的另外 35 个按钮的效果，可以看到按钮的风格一致。

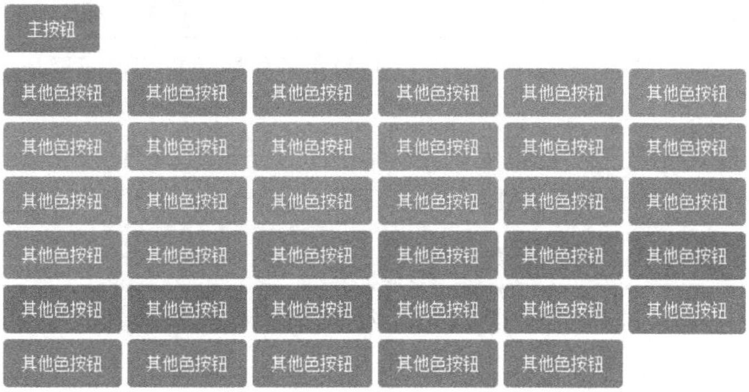

图 11-18　使用 `hue-rotate()` 函数实现的按钮效果示意

对比显真章，以其中一个红色按钮样式的实现为例，表 11-4 中对比了传统实现方法和使用

hue-rotate()函数实现方法的代码量和效果。

表 11-4 传统实现方法和 hue-rotate()函数实现方法的对比

	传统实现方法	**hue-rotate()** 函数实现方法

CSS 代码	`.button-warning,`
	`.button-warning.disabled,`
	`.button-warning.disabled:hover,`
	`.button-warning.loading,`
	`.button-warning.loading:hover {`
	`  border: 1px solid #f4615c;`
	`  background-color: #f4615c;`
	`  color: #fff;`
	`}`
	`.button-warning:hover,`
	`input.button-warning:focus,`
	`button.button-warning:focus {`
	`  background-color: #ff7772;`
	`  border-color: #ff7772;`
	`  color: #fff;`
	`}`
	`.button-warning:not(.disabled):active,`
	`.button-warning:not(.loading):active {`
	`  background-color: #dc5652;`
	`  border-color: #dc5652;`
	`}`
		`.button-warning {`
		`filter:hue-rotate(140deg);`
		`}`

最终效果	红按钮	红按钮

从表 11-4 可以看到，使用 hue-rotate()函数实现按钮效果的代码量是很少的，因此开发速度是极快的。

由于所有 filter 属性支持的滤镜函数都支持 animation 动画效果，因此使用 hue-rotate()函数可以轻松实现元素的色彩无限变化效果，例如下面的 CSS 代码实现了一个 360 度色调无缝旋转动画：

```
@keyframes hue {
    from { filter: hue-rotate(0deg); }
    to { filter: hue-rotate(360deg); }
}
```

这个动画可以用在任何元素上，尤其是那些色彩丰富的元素，这样可以得到非常精彩的色彩流动效果。例如，图 11-19 所示的彩色文字渐变动画效果可以使用如下代码实现：

```
<h2 class="flow-slogan">CSS 新世界</h2>
.flow-slogan {
    font-size: 100px;
    -webkit-background-clip: text;
    -webkit-text-fill-color: transparent;
    background-image: linear-gradient(to right, red, yellow, lime, aqua, blue, fuchsia);
    animation: hue 6s linear infinite;
}
```

图 11-19　系统文字渐变动画效果示意

眼见为实，读者可以在浏览器中进入 https://demo.cssworld.cn/new/11/1-4.php 页面，或者扫描右侧的二维码查看效果。

7. 反相滤镜函数 invert()

invert() 函数可以让元素的亮度和色调同时反转。例如：

```
img {
    filter: invert(75%);
}
```

或者：

```
img {
    filter: invert(.75);
}
```

均可以实现图 11-20 所示的反相效果。

invert() 函数的参数值支持数值和百分比值，范围是 0 到无穷大。参数值为 1 或 100% 的时候图像表现为完全反相。单纯从语法上来说，值可以大于 1 或者大于 100%，但是效果不会再进一步变化。0 或 0% 表示正常的图像表现。

invert() 函数可以和 hue-rotate() 函数一起使用，实现反转元素亮度的效果，下面这段 CSS 代码在实现深色模式效果的时候很实用：

```
filter: invert(1) hue-rotate(180deg);
```

8. 透明度滤镜函数 opacity()

opacity() 函数可以改变元素的透明度，效果和 opacity 属性类似，例如：

```
img {
    filter: opacity(25%);
}
```

或者：

```
img {
    filter: opacity(.25);
}
```

均可以实现图 11-21 所示的 25% 半透明效果。

图 11-20 使用 invert() 函数的效果示意　　图 11-21 使用 opacity() 函数的效果示意

opacity() 函数的参数值支持数值和百分比值，范围是 0 到无穷大。参数值为 0 或 0% 的时候图像表现为完全透明；参数值为 1 或 100% 或者更大的值时，图像均是正常表现。

opacity() 函数和 opacity 属性的区别在于，在部分浏览器中，使用 opacity() 函数可以启用硬件加速，性能会更好。不过由于 opacity 属性本身性能就非常好，因此没有任何必要使用 opacity() 函数。另外，同时使用 opacity() 函数和 opacity 属性的时候，元素的透明度效果会互相累加，也就是最终渲染图像的透明度会进一步降低。

9. 饱和度滤镜函数 saturate()

saturate() 函数可以调整元素的饱和度，例如：

```
img {
    filter: saturate(230%);
}
```

效果如图 11-22 所示，图像的饱和度明显提升了。

saturate() 函数的参数值支持数值和百分比值，范围是 0 到无穷大。参数值 0 或 0% 表示毫无饱和度，表现为灰度效果，等同于 grayscale(1)；参数值 1 或 100% 表示正常的饱和度；随着参数值逐渐大于 1，元素的饱和度也会逐渐提升。

saturate() 函数的参数值可以为空，此时等同于使用参数值 1，即：

```
filter: saturate();
/* 等同于 */
filter: saturate(1);
```

10. 褐色滤镜函数 sepia()

sepia() 函数可以让元素的视觉效果向褐色靠拢，例如：

```
img {
    filter: sepia(60%);
}
```

效果如图 11-23 所示，图像有了一点老照片的味道。

图 11-22 使用 saturate() 函数的效果示意　　图 11-23 使用 sepia() 函数的效果示意

sepia() 函数的参数值支持数值和百分比值，范围是 0 到无穷大。当参数值为 1 或 100%，或者大于 1 或 100% 时，图像均表现为深褐色；当参数值为 0 或 0% 时，图像还是原始效果。

sepia() 函数的参数值可以为空，此时等同于使用参数值 0，即：

```
filter: sepia();
/* 等同于 */
filter: sepia(0);
```

sepia() 函数在日常开发中使用不多，主要是用来实现老照片效果。

11.1.2 更进一步的滤镜技术

filter 属性支持的 10 个滤镜函数是可以任意累加的，因此可以产生很多其他效果。

理论上，我们可以使用 filter 属性实现从颜色 A 到颜色 B 的转化。例如，使用下面的代码可以实现从黑色 #000000 转换成红色 #ff0000 的效果：

```
filter: invert(11%) sepia(81%) saturate(7450%) contrast(114%);
```

不过，虽然 filter 属性有这样的能力，但是并不实用，其着色能力不如 mask 属性的混合模式好用，因此这里不展开讲解。

接下来，介绍一个实现元素融合效果的技术，就是同时使用模糊滤镜函数和对比度滤镜函数，CSS 代码如下：

```
.container {
    filter: blur(10px) contrast(5);
}
```

图 11-24　融合粘滞效果示意

此时 .container 中的任意元素只要相互靠近，就会出现图 11-24 所示的相互融合粘滞效果。

眼见为实，读者可以在浏览器中进入 https://demo.cssworld.cn/new/11/1-5.php 页面，或者扫描右侧的二维码查看效果。

这种融合效果常用来模拟火焰或者水滴落下的效果。CodePen 网站上有很多类似的案例，大家有兴趣可以搜索下。

11.1.3 引用 SVG 滤镜技术

filter 还支持直接引用 SVG 滤镜，语法如下：

```
/* 外链 */
.filter {
    filter: url("filter.svg#filter-id");
}
/* 内联 */
.filter {
    filter: url("#filter-id");
}
```

1. 融合粘滞效果

同样是融合粘滞效果，使用 SVG 滤镜实现的效果要比使用 CSS 滤镜实现的效果好很多。在页面任意位置放入下面这段 SVG 代码即可实现融合粘滞效果：

```
<svg width="0" height="0" style="position:absolute;">
  <defs>
```

```
  <filter id="goo">
    <feGaussianBlur in="SourceGraphic" stdDeviation="10" result="blur" />
    <feColorMatrix in="blur" mode="matrix" values="1 0 0 0 0 0 1 0 0 0 0 0 1 0 0 0
0 0 19 -9" result="goo" />
    <feComposite in="SourceGraphic" in2="goo" operator="atop"/>
  </filter>
  </defs>
</svg>
```

需要融合粘滞元素的父元素只需要添加下面这一行 CSS 代码：

```
filter: url("#goo");
```

图 11-25 展示的就是使用 SVG 滤镜实现的两个小球融合的效果。

使用这里的内联 SVG 滤镜的好处是不会让元素里面的文字消失。11.1.2 节介绍的 CSS 滤镜融合方法可能会隐藏元素里面的文字，而这里的 SVG 滤镜则不会，因此 SVG 滤镜可以实现一些很棒的效果。例如，在原本一个很普通的"分享"图标飞出的效果上加上融合效果，图标的动态效果就立刻变得灵动了起来，如图 11-26 所示。

图 11-25　使 SVG 滤镜实现的
两个小球融合的效果示意

图 11-26　SVG 滤镜精彩案例效果示意

眼见为实，读者可以在浏览器中进入 https://demo.cssworld.cn/new/11/1-6.php 页面，或者扫描右侧的二维码查看效果。

2．水波荡漾效果

SVG 滤镜可以以非常简单的方式实现很多很酷的动态效果，例如图 11-27 展示的水波荡漾效果。

图 11-27　点击图片出现的水波荡漾效果示意

实现方法比较简单，只要在页面任意位置粘贴如下 SVG 代码即可：

```
<svg style="position:absolute;height:0;clip:rect(0 0 0 0);">
  <defs>
    <filter id="filterRipple">
      <feImage xlink:href="data:image/png; base64,..." x="0" y="0" width="512"
height="512" result="ripple"></feImage>
      <feDisplacementMap xChannelSelector="G" yChannelSelector="R"
color-interpolation-filters="sRGB" in="SourceGraphic" in2="ripple"
scale="0"></feDisplacementMap>
```

```
      <feComposite operator="in" in2="ripple"></feComposite>
      <feComposite in2="SourceGraphic"></feComposite>
    </filter>
  </defs>
</svg>
```

将需要出现水波荡漾效果的元素进行如下设置：

```
filter: url(#filterRipple);
```

然后在点击图片的时候改变<feImage>元素的 x、y、width、height 属性值就可以实现水波荡漾效果了。

眼见为实，读者可以在浏览器中进入 https://demo.cssworld.cn/new/11/1-7.php 页面，或者扫描右侧的二维码查看效果。

11.2　姐妹花滤镜属性 **backdrop-filter**

CSS 背景滤镜属性 backdrop-filter 是一个人见人爱的属性，它可以非常轻松地实现毛玻璃效果等美观的滤镜特效。

11.2.1　backdrop-filter 属性与 filter 属性的异同

backdrop-filter 属性的学习成本极低，因为它和 filter 属性的语法几乎是一模一样的。表 11-5 对 backdrop-filter 属性和 filter 属性的语法进行了对比，可以看出两者的语法十分接近，几乎没有额外的学习成本。

表 11-5　**backdrop-filter** 属性和 **filter** 属性的语法对比

backdrop-filter 属性的语法	**filter** 属性的语法
/* 关键字属性值 */ backdrop-filter: none;	/* 关键字属性值 */ filter: none;
/* URL 方式外链 SVG filter */ backdrop-filter: url(example.svg#filter);	/* URL 方式外链 SVG filter */ filter: url(example.svg#filter);

/* <filter-function>值 */
backdrop-filter: blur(2px);
backdrop-filter: brightness(60%);
backdrop-filter: contrast(40%);
backdrop-filter: drop-shadow(4px 4px 10px blue);
backdrop-filter: grayscale(30%);
backdrop-filter: hue-rotate(120deg);
backdrop-filter: invert(70%);
backdrop-filter: opacity(20%);
backdrop-filter: sepia(90%);
backdrop-filter: saturate(80%);
	/* <filter-function>值 */
	filter: blur(2px);
	filter: brightness(60%);
	filter: contrast(40%);
	filter: drop-shadow(4px 4px 10px blue);
	filter: grayscale(30%);
	filter: hue-rotate(120deg);
	filter: invert(70%);
	filter: opacity(20%);
	filter: sepia(90%);
	filter: saturate(80%);

backdrop-filter 属性和 filter 属性的区别在于 backdrop-filter 属性是让当前元素所在区域后面的内容应用滤镜效果，要想看到滤镜效果，需要当前元素本身是半透明或者完全透明的；而 filter 属性是让当前元素自身应用滤镜效果。

我们通过一个例子来了解一下 backdrop-filter 属性是如何起作用的。一张图像如果使用 filter 属性应用高斯模糊，则该图像的四周会有柔化的问题，但是改用 backdrop-filter 属性则没有此问题，例如：

```
<div class="container filter">
    <img src="1.jpg" width="256">
</div>
<div class="container backdrop-filter">
    <img src="1.jpg" width="256">
</div>
/* 使用 filter 属性实现模糊 */
.filter img {
    filter: blur(5px);
}
/* 使用 backdrop-filter 属性实现模糊 */
.backdrop-filter::before {
    content: "";
    position: absolute; inset: 0;
    -webkit-backdrop-filter: blur(5px);
    backdrop-filter: blur(5px);
}
```

所得效果如图 11-28 所示，可以看到使用 backdrop-filter 属性实现的模糊效果的图像边缘非常整齐（如图 11-28 右侧所示效果），是预期的效果。

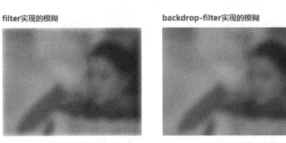

图 11-28　filter 属性和 backdrop-filter 属性实现的模糊效果对比示意

眼见为实，读者可以在浏览器中进入 https://demo.cssworld.cn/new/11/2-1.php 页面，或者扫描右侧的二维码查看效果。

同时，我们也可以看到，要让 backdrop-filter 属性生效很简单，只要在需要有滤镜效果的地方覆盖一个元素，即使没有背景也依然可以生效。需要注意的是，虽然同样是透明不可见，设置 opacity:0 依然有背景滤镜效果，但是设置 visibility:hidden 是没有背景滤镜效果的。

backdrop-filter 属性最实用的能力就是实现毛玻璃效果，我甚至认为 backdrop-filter 属性设计的初衷就是实现毛玻璃效果。

11.2.2　backdrop-filter 属性与毛玻璃效果

毛玻璃效果在前端圈形成讨论是在 iOS 7 面世的时候，和高斯模糊不同，毛玻璃效果不是让当前元素模糊,而是让当前元素所在的区域后面的内容模糊,如图 11-29 所示。

通过 canvas 等手段可以实现近似的静态毛玻璃效果,但是上层显示的元素的位置和尺寸是不固定的,因此,毛玻璃效果在过去很难实现。iOS 7 面世两年后,iOS 9 支持了一个名为 backdrop- filter 的 CSS 属性,它可以非常方便地实现毛玻璃效果,又过了几年,Edge 浏览器和 Chrome 浏览器也相继支持了 backdrop-filter 属性。目前八成以上的浏览器都已经支持毛玻璃效果了,大家可以放心大胆地在实际项目中使用此属性,投入产出比极高。

这里通过两个简单的案例来示意如何使用 backdrop-filter 属性轻松实现毛玻璃效果。

1. 案例 1:弹框毛玻璃

目前主流的弹框均使用半透明的黑色遮罩层,其实我们可以多设置一行 CSS 代码,让视觉效果更好:

```
dialog {
    -webkit-backdrop-filter: blur(5px);
    backdrop-filter: blur(5px);
}
```

结果黑色半透明背景后面的内容都模糊了,呈现出毛玻璃效果,如图 11-30 所示。

图 11-29　iOS 中的毛玻璃效果示意　　图 11-30　黑色半透明遮罩后面内容模糊效果示意

眼见为实,读者可以在浏览器中进入 https://demo.cssworld.cn/new/11/2-2.php 页面,或者扫描右侧的二维码查看效果。

2. 案例 2:下拉毛玻璃

在我们以前实现的下拉效果中,下拉框浮层一定会有一个实色背景,例如图 11-31 所示的下拉框浮层就有白色背景。

现在有了 backdrop-filter 属性,我们实现的效果可以更好。很简单,只要把下拉框浮层原来的实色 background-color 变成半透明，再使用 backdrop-filter 属性设置背景模糊就可以了，例如：

```css
.droplist {
    background: hsla(0, 0%, 100%, .75);
    -webkit-backdrop-filter: blur(5px);
    backdrop-filter: blur(5px);
}
```

此时效果就会变成图 11-32 展示的毛玻璃效果。

图 11-31　下拉框浮层白色背景示意

图 11-32　下拉框浮层背景毛玻璃效果示意

眼见为实，读者可以在浏览器中进入 https://demo.cssworld.cn/new/11/2-3.php 页面，或者扫描右侧的二维码查看效果。

可以看到毛玻璃效果的实现成本非常低，效果非常好，而且使用的时候无须关心浏览器的兼容性，因为就算浏览器不支持 backdrop-filter 属性，也只是表现为传统的实现效果而已。例如要实现这里的下拉框浮层毛玻璃效果，如果要兼顾传统浏览器，可以这样处理：

```css
.droplist {
    background-color: #fff;
}
@supports (-webkit-backdrop-filter:none) or (backdrop-filter:none) {
    .droplist {
        background: hsla(0, 0%, 100%, .75);
        -webkit-backdrop-filter: blur(5px);
        backdrop-filter: blur(5px);
    }
}
```

限制 backdrop-filter 属性大规模使用的唯一因素就是性能。如果你的页面非常复杂，有很多的动画和频繁的交互行为，则 backdrop-filter 属性可能会造成卡顿，此时就需要酌情使用。

另外，关于 backdrop-filter:opacity() 声明的渲染表现可能会出乎很多开发者的意料，例如，运行以下代码后得到的最终效果并不是 .droplist 背后的元素都透明了，在 Chrome 浏览器中变成了纯黑色，如图 11-33 所示。在 Edge 和 Safari 浏览器中则毫无效果，没有任何渲染表现（使用其他透明度值也是如此）。

```css
.droplist {
    background: transparent;
```

```
        -webkit-backdrop-filter: opacity(0);
        backdrop-filter: opacity(0);
}
```

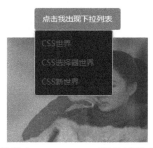

图 11-33　Chrome 浏览器中 opacity() 背景滤镜表现为纯黑色效果示意

因此，对于 backdrop-filter 属性，请勿使用 opacity() 函数作为属性值。

兼容性

最后，附上 backdrop-filter 属性的兼容性表，如表 11-6 所示。

表 11-6　**backdrop-filter** 属性的兼容性（数据源自 Caniuse 网站）

IE	Edge	Firefox	Chrome	Safari	iOS Safari	Android Browser
✘	17+✔ -webkit-	✘	79+✔	9+✔ -webkit-	9+✔ -webkit-	5+✔

11.3　深入了解 CSS 混合模式

CSS 有下面 3 个混合模式相关属性：

- background-blend-mode 属性用于混合元素背景图案、渐变和颜色；
- mix-blend-mode 属性用于元素与元素之间的混合；
- isolation 属性用在祖先元素上，限制 mix-blend-mode 属性设置的混合模式的应用范围。

其中，mix-blend-mode 属性和 background-blend-mode 属性支持的混合模式类型是一样的，总共有 16 种混合模式类型，如表 11-7 所示。

表 11-7　混合模式类型

混合模式类型	释义
normal	正常
multiply	正片叠底
screen	滤色
overlay	叠加
darken	变暗

续表

混合模式类型	释义
lighten	变亮
color-dodge	颜色变淡
color-burn	颜色加深
hard-light	强光
soft-light	柔光
difference	差值
exclusion	排除
hue	色调
saturation	饱和度
color	颜色
luminosity	亮度

下面我就以 mix-blend-mode 属性为例，详细介绍各种混合模式的效果和应用场景。

11.3.1　详细了解各种混合模式效果

通常设计师对各种混合模式都比较了解，因为在设计软件中需要经常使用各种混合模式，熟练的设计师一看原始图和混合模式类型就知道最终的表现是什么了。但是前端开发者，尤其后端开发者出身的前端开发者可能就比较茫然了，如果大家希望在前端的视觉表现领域有所建树，一定要熟练掌握本节的所有混合模式。

所有这些混合模式的算法在任意图形图像处理领域都是通用的，一次学习，终生受用。

1. mix-blend-mode:multiply

值 multiply 的混合效果是正片叠底，最终效果表现的色值的计算公式是：

$$C = \frac{AB}{255}$$

例如，已知颜色关键字 deepskyblue 的 RGB 色值是 rgb(0,192,255)，颜色关键字 deeppink 的 RGB 色值是 rgb(255,20,147)，则这两种颜色进行正片叠底混合后的色值是 rgb(0,15,147)，计算过程如下：

$$R = 0 \times 255 \div 255 = 0$$
$$G = 192 \times 20 \div 255 \approx 15$$
$$B = 255 \times 147 \div 255 = 147$$

使用代码测试一下，混合后的色值确实是 rgb(0,15,147)，表现为深蓝色，如图 11-34 所示。

不少混合模式也会展示同样参数的计算公式，计算方法都是类似的，即将 A 和 B 的 RGB 色值依次放在公式里进行计算，最终的值 C 就是混合后的值。

回到正片叠底，任意颜色和黑色（色值是 0）正片叠底后一定是黑色，任意颜色和白色（色值是 255）正片叠底后一定是当前颜色。由于 A 和 B 的 RGB 色值最大就是 255，因此，除和黑、白两色混合时颜色不变之外，和其他颜色混合的正片叠底效果一定是会变暗的。也就是说，正片叠底可以增强两张图像中暗的部分，其表现就像两张半透明相片叠在一起放在发光的桌子上，因此称为"正片叠底"。

在 Web 开发中，正片叠底主要用来将浅色的素材进行背景合成。例如，图 11-35 展示的是一张浅色的素材图。

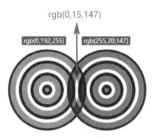

图 11-34　deepskyblue 和 deeppink 正片　　　图 11-35　浅色素材图示意
　　　　　叠底混合后为深蓝色示意

此时，将这张浅色的素材图和任意的风景照或者人物照片进行正片叠底，均会产生斑驳老照片的效果，如图 11-36 所示。

图 11-36　浅色素材与任意照片正片叠底后的斑驳质感示意

眼见为实，读者可以在浏览器中进入 https://demo.cssworld.cn/new/11/3-2.php 页面，或者扫描右侧的二维码查看效果。

2. mix-blend-mode:screen

值 screen 的混合效果是滤色，最终效果的色值的计算公式是：

$$C = 255 - \frac{(255 - A)(255 - B)}{255}$$

screen 的效果和 multiply 正好相反，multiply 的效果是混合后颜色变暗，而 screen 则是混合后颜色变亮。因为滤色混合模式将两个混合颜色的互补色值相乘，然后除以 255。

滤色模式具有以下一些直观的特性：

- 任何颜色和黑色进行滤色混合后，还是呈现原来的颜色；
- 任何颜色和白色进行滤色混合后得到的仍是白色；

- 任何颜色和其他颜色进行滤色混合后，颜色会更浅，有点类似漂白的效果。

图 11-37 展示了滤色模式的混合效果，可以看到 deepskyblue 和 deeppink 交界的区域颜色更淡了。

滤色模式非常适合用于在图像中创建霓虹辉光效果，这一特性在 Web 开发中也同样有用。

我们经常需要对一些图像素材添加场景特效，如各种天气效果或者霓虹辉光效果等。传统做法是使用一张透明的 PNG 图像作为前景图，但是使用 PNG 透明前景图有下面两个缺点：

- 效果不自然，缺少与底图完全融为一体的感觉；
- 图片文件实在是太大了，动不动就上百 KB。

现在我们只要准备一张底色为黑色的 JPG 图像就可以了。JPG 图像和底图的融合效果更好（因为使用滤色混合模式的时候，黑色会被视为透明），且由于是 JPG 格式，图像文件大小只有 PNG 图像的 1/10。例如，使用图 11-38 作为原始底图，图像中有森林和小鹿。

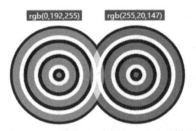

图 11-37　deepskyblue 和 deeppink 在滤色
模式下的混合效果示意

图 11-38　包含森林和小鹿的原始底图示意

然后有图 11-39 所示的 4 张前景素材图，这些图像的背景都是黑色的。

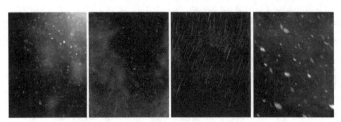

图 11-39　4 张黑色背景的素材图示意

紧接着让图 11-39 所示的素材图应用滤色混合模式和底图进行混合，就会出现图 11-40 所示的光、雾、雨、雪特效。

可以看到最终混合后的图像效果很棒、很自然，而且这里使用的前景素材图的尺寸为 300px ×400px，文件大小仅 20KB 左右。

图 11-40　使用滤色混合模式实现的自然特效效果示意

眼见为实，读者可以在浏览器中进入 https:// demo.cssworld.cn/new/ 11/ 3-3.php
页面，或者扫描右侧的二维码查看效果。

另外，无论是正片叠底、滤色，还是接下来要介绍的混合模式，都不仅仅
适用于图像，还适用于视频元素。例如，我们希望网页中有烟花播放的动态效
果，无须使用 WebGL 这么复杂的技术，直接准备一个烟花播放的视频，由于视
频默认的背景色都是黑色的，因此，我们只需要设置视频的混合模式是 screen，烟花播放动画
就出现了，CSS 代码如下所示：

```
video {
    mix-blend-mode: screen;
}
```

很多运营活动中"炫酷"的动态效果都可以使用这个思路实现，准备一个黑底的 MP4 动态效
果视频，使用滤色模式进行混合，投入产出比相当高。

3．mix-blend-mode:overlay

值 overlay 的混合效果是叠加，最终效果的色值的计算公式所示（A 表示底图的色值）。

- 当 $A \leqslant 128$ 时：

$$C = \frac{AB}{128}$$

- 当 $A > 128$ 时：

$$C = 255 - \frac{(255 - A)(255 - B)}{128}$$

从上面公式可以看出，在底图色值小于或等于 128 的时候，采用了类似"正片叠底"的算法，
而底图色值大于 128 的时候，采用了类似"滤色"的算法，因此，叠加这种混合模式的底图的高
光（白色）和阴影（黑色）的颜色会被保留，其他颜色的饱和度和对比度会有一定的提高，混合
后的图像看起来会更鲜亮。叠加的效果如图 11-41 所示。

叠加效果在 Web 中主要有两个应用场景，一个是在图像上显示文字水印，另一个是着色叠加。

实现水印效果很简单，使用深色文字，将混合模式设置为叠加，再将文字旋转一定角度即可，例
如，以下代码实现的水印效果如图 11-42 所示。

```
<div class="water">
    <img src="1.jpg">
</div>
.water {
    width: 256px; height: 192px;
    position: relative;
}
```

```
.water::before {
    content: "cssworld.cn";
    position: absolute;
    mix-blend-mode: overlay;
    text-shadow: 10ch 2em, -10ch 2em, 10ch -2em, -10ch -2em, 0 -5em, 0 5em;
    transform: rotate(-30deg);
    left: calc(50% - 5ch); top: 90px;
}
```

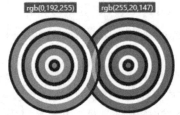

图 11-41 叠加模式下的混合效果示意　　图 11-42 使用叠加模式实现的文字水印效果示意

　　着色叠加适合给浅色的文字内容赋色，可以通过将一个带背景色的矩形方块覆盖在文字上来实现。例如，一段文本要实现搜索关键词高亮显示的效果，我们无须将匹配的文本用一个专门的标签包裹起来进行颜色设置，因为这会改动 HTML 的 DOM 结构，可以直接使用色块覆盖文字，然后设置混合模式为叠加。例如：

```
ui-overlay {
    position: absolute;
    background: red;
    mix-blend-mode: overlay;
    z-index: 9;
}
```

此时 <ui-overlay> 元素就可以在不改变 DOM 结构的情况下改变特定区域的文字的颜色，效果如图 11-43 所示。

图 11-43 通过色块覆盖和叠加模式实现的文字着色效果示意

　　读者可以在浏览器中进入 https://demo.cssworld.cn/new/11/3-4.php 页面，或者扫描右侧的二维码查看上面的文字水印案例和搜索关键词高亮显示案例。

4．mix-blend-mode:darken

　　值 darken 的混合效果是变暗，表示将两种颜色的 RGB 通道值依次进行比较，哪个色值小就使用哪个色值。最终效果的色值的计算公式是：

$$C = \min(A, B)$$

　　例如，将 deepskyblue[rgb(0,192,255)] 和 deeppink[rgb(255,20,147)] 进行变暗混合，最后的色值是 rgb(0,20,147)，计算过程如下：

$$R = \min(0, 255) = 0$$
$$G = \min(192, 20) = 20$$
$$B = \min(255, 147) = 147$$

所得效果如图 11-44 所示。

　　变暗混合模式的作用和变亮混合模式的作用是类似的，我们下面统一介绍。

5．mix-blend-mode:lighten

　　值 lighten 的混合效果是变亮，表示将两个颜色的 RGB 通道值依次进行比较，哪个色值大就使用哪个色值。最终效果的色值的计算公式是：

$$C = \max(A, B)$$

例如，将 deepskyblue[rgb(0,192,255)] 和 deeppink[rgb(255,20,147)] 进行变亮混合，最后的色值是 rgb(255,192,255)，计算过程如下：

$$R = \max(0, 255) = 255$$
$$G = \max(192, 20) = 192$$
$$B = \max(255, 147) = 255$$

所得效果如图 11-45 所示。

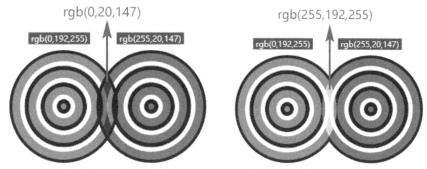

图 11-44　变暗混合模式下的混合效果示意　　　　图 11-45　变亮混合模式下的混合效果示意

变暗和变亮这两个混合模式在 Web 中的作用是类似的，可以实现任意 PNG 图标的变色效果，比 mask 遮罩属性的变色效果更自由；可以实现任意文字的填充效果，比 background-clip:text 声明实现的效果更丰富；也可以实现任意不规则形状的剪裁效果，比 clip-path 属性更灵活。所有这些效果的实现，只需要图标、文字或者形状是纯黑色即可。

例如，要实现文字渐变效果，只需要设置文字为黑色，然后在文字上覆盖一层渐变颜色，同时设置混合模式为 lighten。这是因为任何颜色和黑色进行变亮混合后都会保留当前的颜色，具体 CSS 代码如下：

```
<div class="gradient-text">CSS 新世界</div>
.gradient-text {
    position: relative;
    font-size: 3rem;
    /* 文字颜色设为黑色 */
    color: black;
    /* 背景颜色设为白色 */
    background: #fff;
}
.gradient-text::before {
    content: "";
    position: absolute;
    left: 0; right: 0; top: 0; bottom: 0;
    background: linear-gradient(to right, deepskyblue, deeppink);
    /* 混合模式设为 lighten */
    mix-blend-mode: lighten;
}
```

所得效果如图 11-46 所示。

CSS新世界

图 11-46 变亮模式实现的文字渐变效果示意

`background-clip:text` 声明实现的文字渐变效果本质上是使用背景图填充文字，但是 CSS 背景所能实现的视觉效果是有限的。但是使用混合模式时，进行混合的可以是任意元素，且这些元素可以随意进行变换或设置动画效果。于是很显然，使用变亮混合模式实现的文字填充效果要比使用 `background-clip:text` 声明实现的文字填充效果丰富得多。

例如使用条纹背景进行混合，同时让条纹背景不断旋转，就可以实现纹理不断变化的文字填充效果了，关键代码如下：

```
<div class="complex-text">CSS 新世界</div>
.complex-text {
    position: relative;
    overflow: hidden;
}
.complex-text::before {
    content: "";
    position: absolute;
    width: 300px; height: 300px;
    left: calc(50% - 150px); top: calc(50% - 150px);
    background: repeating-linear-gradient(-135deg, deepskyblue 0px 4px, deeppink 5px 9px);
    mix-blend-mode: lighten;
    animation: spin 6s linear infinite;
}
@keyframes spin {
    form { transform: rotate(0); }
    to { transform: rotate(360deg); }
}
```

所得效果如图 11-47 所示。

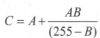

图 11-47 纹理不断变化的文字填充效果示意

眼见为实，读者可以在浏览器中进入 https:// demo.cssworld.cn/new/11/ 3-5.php 页面，或者扫描右侧的二维码查看效果。

`darken` 和 `lighten` 这两种混合模式在 Web 开发中非常实用，原理简单且效果多样，限于篇幅原因，就不一一列举相关案例了。

6. mix-blend-mode:color-dodge

值 `color-dodge` 的混合效果是颜色变淡，最终效果的色值的计算公式是：

$$C = A + \frac{AB}{(255 - B)}$$

混合效果如图 11-48 所示，可以看到在保留底部图层的颜色的基础上，颜色变得更淡了，整体效果就好似混合区域的对比度降低了。

`color-dodge` 颜色变淡混合模式可以用来保护底图的高光，适合处理高光下的人物照片，通过将照片和特定颜色混合，可以改变整个照片的色调（暖色调或是冷色调），而不会影响人物高光区域的细节。

7．mix-blend-mode:color-burn

值 color-burn 的混合效果是颜色加深，最终效果的色值的计算公式是：

$$C = A - \frac{(255-A)(255-B)}{B}$$

混合后的效果如图 11-49 所示，可以看到在保留底部图层的颜色的基础上，颜色变得更深了，整体效果就好似混合区域的对比度增强了。

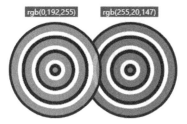

图 11-48　颜色变淡混合模式效果示意

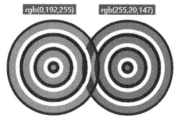

图 11-49　颜色加深混合模式效果示意

color-burn 颜色加深混合模式可以用来保护底图的阴影，适合处理"幽深秘境"一类的照片，通过将照片和特定颜色混合，可以营造更加幽深的氛围。

8．mix-blend-mode:hard-light

值 hard-light 的混合效果是强光，就好像耀眼的聚光灯照射过来，表现为图像亮的地方更亮，暗的地方更暗。最终效果的色值的计算公式如下所示：

- 当 $B \leqslant 128$ 时：

$$C = \frac{AB}{128}$$

- 当 $B > 128$ 时：

$$C = 255 - \frac{(255-A)(255-B)}{128}$$

hard-light 和 overlay 的区别在于，hard-light 根据上层元素的色值判断是使用正片叠底还是滤色模式，overlay 则根据下层元素的色值进行判断。具体表现为：当上层元素的色值大于 128 的时候，运行滤色算法，底色变亮，有助于增强图像的高光；当上层元素的色值小于或等于 128 时，运行正片叠底算法，底色变暗，可增强图像的暗部。

deeppink 和 deepskyblue 这两个颜色使用强光模式混合后的效果如图 11-50 所示。

9．mix-blend-mode:soft-light

值 soft-light 的混合效果是柔光，就好像发散的光源四处弥漫，它的表现效果和 hard-light 有类似之处，只是表现没有 hard-light 那么强烈。例如纯黑或纯白的上层元素与底层元素混合后的效果仅仅是元素轻微变暗或变亮，而不是变成纯黑或纯白。柔光混合模式的计算公式比较复杂，如下所示。

- 当 $B \leqslant 128$ 时：

$$C = \frac{AB}{128} + \left(\frac{A}{255}\right)^2 (255 - 2 \cdot B)$$

- 当 $B > 128$ 时：

$$C = 255 - \frac{(255 - A)(255 - B)}{128}$$

柔光的混合效果如图 11-51 所示。

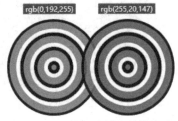
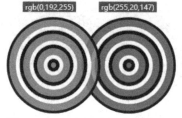

图 11-50　强光混合模式效果示意　　　　图 11-51　柔光混合模式效果示意

为了让大家直观感受到强光和柔光效果的差别，我做了一个演示页面，读者可以在浏览器中进入 https://demo.cssworld.cn/new/11/3-6.php 页面，或者扫描右侧的二维码查看效果。二者的对比效果如图 11-52 所示。

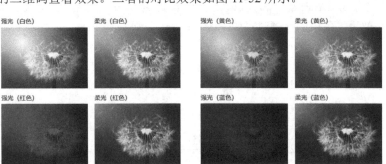

图 11-52　强光和柔光对比效果示意

可以看出，对于自然景色的图像，柔光模式的着色效果要更自然一些。

10．mix-blend-mode:difference

值 difference 的混合效果是差值，最终颜色的色值是用较浅颜色的色值减去较深颜色的色值的结果，计算公式是：

$$C = |A - B|$$

混合效果如图 11-53 所示。如果上层元素的颜色是白色，则最终混合的颜色是底层元素颜色的反色。我们可以使用这一特性实现文字在不同图形区域显示不同颜色的效果。例如，图 11-54 展示的效果就是使用差值混合模式实现的，图像所在的区域的文字是白色，其余区域的文字颜色则是黑色。

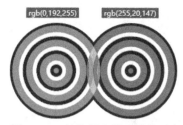

图 11-53 差值混合模式效果示意

实现原理如下。

背景图和文字正常排版，然后使用一个白色鸟图像覆盖在底部鸟图像的上面，设置混合模式为difference差值，这样，这块区域的文字颜色就变成白色了。

鸟图像的原图是黑色，这里使用了CSS mask遮罩让小鸟变色。

图 11-54 差值混合模式实现的文字自动
根据不同背景变色效果示意

实现的原理是鸟图像通过 mask 遮罩设置为白色，然后设置差值混合模式，关键 CSS 代码如下：

```
.difference {
    /* 鸟图像设置为白色 */
    background-color: #fff;
    -webkit-mask: url(bird.png);
    /* 使用差值模式进行混合 */
    mix-blend-mode: difference;
}
```

读者可以在浏览器中进入 https://demo.cssworld.cn/new/11/3-7.php 页面，或者扫描右侧的二维码查看完整代码。

11. mix-blend-mode:exclusion

值 exclusion 的混合效果是排除，最终的混合效果和 difference 模式是类似的，区别在于 exclusion 的对比度要更低一些。最终效果的色值的计算公式是：

$$C = A + B - \frac{AB}{128}$$

混合效果如图 11-55 所示，乍一看似乎和 difference 模式的混合效果并无差异，但实际上是有细微的颜色区别的。因为本书演示混合模式效果的颜色均是高饱和度颜色，所以二者的差异不明显。

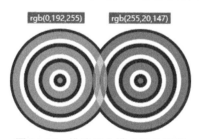

图 11-55 排除混合模式效果示意

下面还是通过具体的案例了解一下 exclusion 和 difference 的差异所在。读者可以在浏览器中进入 https://demo.cssworld.cn/new/11/3-8.php 页面，或者扫描右侧的二维码查看效果。

可以看到图 11-56 所示的对比效果，图像饱和度越高，exclusion 和 difference 的差异越小；图像饱和度越低，exclusion 和 difference 的差异也就愈发明显。

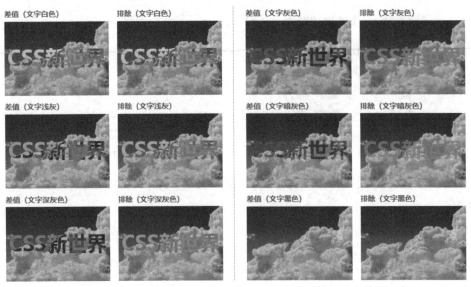

图 11-56 difference 和 exclusion 混合模式差异对比效果示意

同时可以看出，对于白色和黑色这两个颜色，使用 exclusion 和 difference 进行混合的效果是一样的，白色会发生反色，黑色则不变。

接下来要介绍的 4 种混合模式都属于颜色系混合模式。

12．mix-blend-mode:hue

值 hue 表示色调混合，作用是将颜色混合，使用底层元素的亮度和饱和度，以及上层元素的色调。混合效果如图 11-57 所示。

需要注意的是，所有颜色系混合模式（色调、饱和度、颜色和亮度）都不要使用黑色进行混合，因为这样会挖掉底层元素的颜色信息，导致最终混合后的颜色是灰色。例如图 11-57 所示的深天空蓝（hsl(195,100%,50%)）和纯黑色（hsl(0,0%,0%)）进行色调混合最后的色值应该是红色（hsl(0,100%,50%)）才对，但最后效果却是灰色，因为黑色元素的颜色信息丢失了。

将照片和渐变色进行色调混合，就可以让照片呈现出丰富多彩的色调效果。

13．mix-blend-mode:saturation

值 saturation 表示饱和度混合，混合后的颜色保留底图的亮度和色调，并使用顶图的饱和度。混合效果如图 11-58 所示。

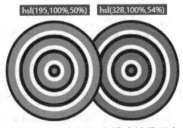

图 11-57 色调混合模式效果示意

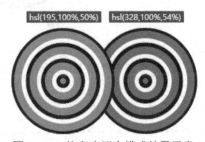

图 11-58 饱和度混合模式效果示意

14．mix-blend-mode:color

值 color 表示颜色混合，混合后的颜色保留底图的亮度，并使用顶图的色调和饱和度。混合效果如图 11-59 所示。

同样，颜色混合模式也可以通过使用 CSS 渐变让照片的色调变得丰富起来，例如，图 11-60 展示了风景照和渐变色盘混合后的效果。

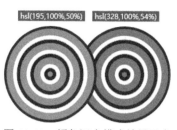

图 11-59　颜色混合模式效果示意

图 11-60　图像和渐变使用颜色混合模式的效果示意

眼见为实，读者可以在浏览器中进入 https://demo.cssworld.cn/new/11/3-9.php 页面，或者扫描右侧的二维码查看效果。

15．mix-blend-mode:luminosity

值 luminosity 表示亮度混合，混合后的颜色保留底图的色调和饱和度，并使用顶图的亮度，效果和 color 模式正好是相反的。混合效果如图 11-61 所示。

亮度混合模式并不适合将色彩丰富的图像作为底图，因为图像中的各种颜色的亮度是不一样的，如果替换成有规律的亮度值，效果会很奇怪，绝不是我们想要的效果，如图 11-62 所示。

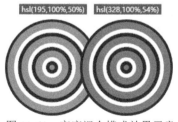

图 11-61　亮度混合模式效果示意

图 11-62　图像作为亮度混合模式的底图时的槽糕效果示意

当底图是渐变图像或纯色图像，而上层元素是复杂图像的时候，适合使用亮度混合模式，这和 color 模式正好相反。

16．小结

以上 15 个混合模式，除了实现基本的图像处理效果，还能为常规的 Web 开发提供更多的解决思路。

本书在介绍每个混合模式的时候都配置了两个圆环混合的效果示意，读者可以在浏览器中进入 https://demo.cssworld.cn/new/11/3-1.php 页面，或者扫描右侧的二维码查看效果。

11.3.2　滤镜和混合模式的化合反应

滤镜可以实现很多很酷的图像效果，混合模式也可以实现很多很酷的图像效果，那么要是同时使用两者，图像效果岂不是可以更上一层楼？确实如此！我们来看几个同时使用滤镜和混合模式的图像处理案例。

1．使用白天素材模拟夜晚

使用白天拍摄的素材模拟夜晚的效果如图 11-63 所示。

传统实现方法都是使用两张图片，但是现在我们只需要一张图片，然后配合一点 CSS 代码就能实现我们想要的效果：

```
.night {
    width: 256px; height: 256px;
    background: rgba(0,40,140,.6) url(./house-bed.jpg);
    background-size: 100%;
    background-blend-mode: darken;
    filter: brightness(80%) grayscale(20%) contrast(1.2);
}
```

图 11-63　使用白天素材模拟夜晚效果示意

无论是阴天、晚霞还是灯光环境，都可以使用滤镜加混合模式进行模拟。关键问题是，我怎么才能知道该使用哪种滤镜、哪种混合模式呢？滤镜参数和混合模式使用的颜色又是什么呢？

关于滤镜和混合模式选择的问题，需要大家对各种滤镜的效果和各种混合模式的效果非常熟悉，当看到某个滤镜或者混合模式时，脑中就可以浮现对应的效果。多看多了解，形成印象之后，一看到目标效果，自然就知道该怎么转换。

至于滤镜参数和混合模式颜色使用的问题，只要滤镜和混合模式选取正确，其实就只需要微调参数，滤镜的参数值和混合模式的颜色可以根据实时的渲染效果进行调整。

2．照片美化处理

在过去，对照片进行美化，需要使用 Adobe Photoshop 等软件，或者借助 Canvas 与图像算法。现在无须这么麻烦了，使用纯 CSS 就能实现，而且美化后的照片效果既多样又精致，如图 11-64

所示（效果源自开源项目 CSSgram，可访问 https://demo.cssworld.cn/new/11/3-10.php 查看）。

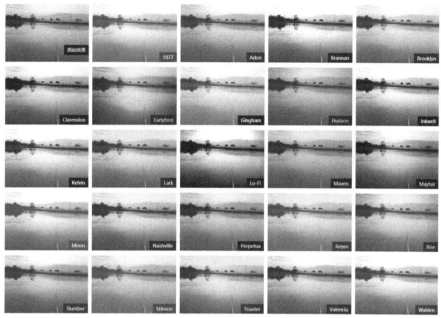

图 11-64　CSS 实现的各种照片效果示意

以其中的 "1977" 效果的相关代码为例：

```
<figure class="_1977">
  <img src="10.jpg">
</figure>
._1977 {
    position: relative;
    /* 应用滤镜 */
    filter: contrast(1.1) brightness(1.1) saturate(1.3);
}
._1977:after {
    content: '';
    height: 100%; width: 100%;
    position: absolute;
    left: 0; top: 0;
    pointer-events: none;
    background: rgba(243,106,188,.3);
    /* 应用混合模式 */
    mix-blend-mode: screen;
}
```

3. 照片风格化处理

除了常规的图像效果处理，滤镜和混合模式还可以实现风格化的图像效果，例如可以实现图 11-65 所示的素描、彩铅和水彩效果。

究竟如何实现呢？以素描效果为例，相应的 HTML 和 CSS 代码如下：

```
<div class="sketch"></div>
.sketch {
```

```
    width: 256px; height: 171px;
    background: url(10.jpg) -2px -2px, url(10.jpg);
    background-size: 258px 173px;
    background-blend-mode: difference;
    filter: brightness(3) invert(1) grayscale(1);
}
```

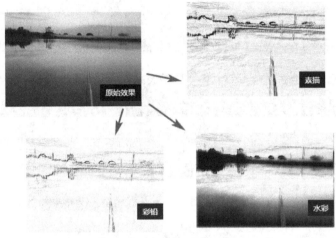

图 11-65　CSS 滤镜和混合模式实现素描、彩铅和水彩效果示意

可以看出代码并不复杂，难的是对图像处理的理解和感知。

读者可以在浏览器中进入 https://demo.cssworld.cn/new/11/3-10.php 页面，或者扫描右侧的二维码，对素描和水彩等效果的实现原理一探究竟。

11.4　混合模式属性 background-blend-mode

background-blend-mode 属性可以在各个背景图像之间应用混合模式。

background-blend-mode 属性的使用频率要明显低于 mix-blend- mode 属性，原因有以下两个。

- 真实世界的照片很少作为 background-image 背景图像呈现，因为不利于无障碍访问，而混合模式设计的初衷就是处理这类照片。
- background-blend-mode 属性的作用机制不像 mix-blend-mode 属性那么单纯，很多开发者并不能很好地驾驭它。例如使用混合模式让透明背景的小图标变成渐变图标，很多人会使用 mix-blend-mode 属性实现，但是能够使用 background-blend-mode 属性实现的人寥寥无几。

因此，目前 background-blend-mode 属性更常见的应用是丰富 CSS 的背景纹理。

11.4.1　background-blend-mode 属性的常见应用

使用 CSS 渐变和 background 多背景特性实现背景纹理效果并不是什么新鲜事，业界有很多这样的案例（如 CSS3 Patterns Gallery）。

但是，很多人并不知道，有了 background-blend-mode 属性之后，我们能够实现的纹理的颜色丰富度直接提升了一个级别，例如以前纵横交错的两个纯色纹理最多只有两种颜色，但是一旦应用混合模式，就会多出一种颜色，纹理的丰富度立刻就提升了。举个例子：

```
<div class="pattern"></div>
.pattern {
    width: 300px; height: 180px;
    --gradient: transparent 20px, lightcoral 0 40px, transparent 0 60px;
    background: repeating-linear-gradient(var(--gradient)),
        repeating-linear-gradient(90deg, var(--gradient)), floralwhite;
    /* 应用正片叠底混合模式 */
    background-blend-mode: multiply;
}
```

上面的纹理背景只有一种颜色，那就是 lightcoral，但是由于应用了正片叠底混合模式，纹理纵横交错的地方就又多了一个更深一点的颜色，具体变化效果如图 11-66 所示。

相比传统的借助半透明颜色丰富视觉表现的方法，使用混合模式实现要更简单，同时视觉表现的效果也要更好，颜色也更自然。

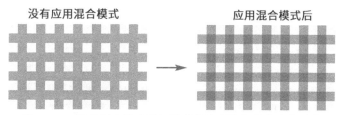

图 11-66　背景混合模式增加了背景纹理的色彩丰富度示意

读者可以在浏览器中进入 https://demo.cssworld.cn/new/11/4-1.php 页面，或者扫描右侧的二维码查看上述案例对应的演示效果。

下面讲一下为何使用 background-blend-mode 属性让透明图标变色不是一件容易的事情。

11.4.2　深入了解 background-blend-mode 属性的作用细节

首先，讲两个知识点。

- background-blend-mode 属性本身就带有隔离特性，也就是一个元素应用 background-blend-mode 背景混合模式，最终的效果只会受当前元素的背景图像和背景颜色影响，不会受视觉上处于当前区域的其他任意元素影响。
- 应用 background-blend-mode 属性后，不仅各张图像之间要进行混合，各张图像还要和背景色进行混合。

接下来讲一下大家可能不知道的知识点，这也是很多人搞不清楚 background-blend-mode 属性渲染机制的原因。

1. 背景顺序影响混合效果

混合效果和 background 属性中背景图像的顺序密切相关。在 CSS 多背景中，语法越靠后的背景图像的层级越低，这也是 background-color 要写在最后语法才合法的原因，即背景色的层级永远是最低的。

例如，对于下面两个元素：

```
<div class="ball"></div>
<div class="ball2"></div>
```

设置背景混合模式为叠加，但是两个元素的背景图像的顺序是相反的，代码如下：

```
.ball {
    width: 200px; height: 200px;
    border-radius: 50%;
    background: linear-gradient(deeppink, deeppink), linear-gradient(deepskyblue,
deepskyblue);
    /* 应用叠加混合模式 */
    background-blend-mode: overlay;
}
.ball2 {
    width: 200px; height: 200px;
    border-radius: 50%;
    background: linear-gradient(deepskyblue, deepskyblue), linear-gradient(deeppink,
deeppink);
    /* 应用叠加混合模式 */
    background-blend-mode: overlay;
}
```

所得效果如图 11-67 所示，.ball 元素表现为 deeppink 叠加底层的 deepskyblue，最终混合颜色偏蓝；.ball2 元素表现为 deepskyblue 叠加底层的 deeppink，最终混合颜色偏紫。

2. 混合效果是多个混合属性同时作用的结果

很多开发者并不清楚，background-blend-mode 属性其实可以设置多个混合模式值，分别对应不同的背景图像，这一点和只支持一个混合模式值的 mix-blend-mode 属性是不一样的。例如：

图 11-67　不同背景顺序下相同的混合模式
得到的效果示意

```
.ball {
    background: linear-gradient(deeppink, deeppink),
        linear-gradient(deepskyblue, deepskyblue);
    background-blend-mode: overlay;
}
```

实际上等同于：

```
.ball {
    background: linear-gradient(deeppink, deeppink),
        linear-gradient(deepskyblue, deepskyblue);
    background-blend-mode: overlay overlay;
}
```

两个渐变色层其实都使用了叠加混合模式,由于 deeppink 渐变层在最上层,因此 deeppink 渐变层实际上叠加的是 deepskyblue 渐变层和背景色（这段代码的背景色是透明的），而

deepskyblue 渐变层叠加的只有背景色。

　　换言之，实际上每张背景图像都有一个自己的混合模式值，这和 mix-blend-mode 属性有着巨大区别！通常，在使用 mix-blend-mode 属性的场景中，我们只会把混合模式设置在顶层元素上，而不会给每一层元素都设置，于是这就带来了一个由此及彼的严重的思维误区，一些开发者会以为背景混合模式设置的值也是作用在顶层的背景图像上的，结果却发现 background-blend-mode 属性的渲染表现和预期的不一样。

　　我们通过一个案例演示一下 background-blend-mode 属性的多个值是如何与背景图像一一对应的，代码如下：

```
<div class="box"></div>
.box {
    width: 200px; height: 200px;
    background: linear-gradient(to right bottom, deeppink 50%, transparent 50%),
        linear-gradient(to top right, deeppink 50%, transparent 50%),
        darkblue;
    background-blend-mode: multiply, screen;
    position: relative;
}
/* 中间原始的 deeppink 色值 */
.box::before {
    content: '';
    position: absolute;
    width: 33%; height: 33%;
    inset: 0;
    margin: auto;
    background-color: deeppink;
}
```

此时 .box 元素总共呈现出 5 种颜色，每种颜色的 RGB 色值及其产生的原理如图 11-68 所示。

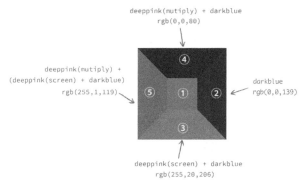

图 11-68　背景混合模式作用原理示意

下面针对图 11-68 所示内容做一些细节的解释。

- 中间标注了序号①的正方形区域没有应用任何混合模式，颜色为 deeppink，作用是方便和区域③、区域⑤处的颜色进行对比。
- 区域②就是背景色 darkblue，因为两个斜向渐变均没有覆盖到这个区域，所以此处是设置的背景色。
- 区域③和区域⑤是下层渐变，也就是 background 属性值中位置靠后的渐变，对应的混合模式是 background-blend-mode 属性值靠后的那个，也就是 screen（滤色模式），可以让颜色变亮。

- 区域④和区域⑤是上层渐变，也就是 background 属性值中位置靠前的渐变，对应的混合模式是 background-blend-mode 属性值靠前的那个，也就是 multiply（正片叠底模式），可以让颜色变暗。

- 区域③的颜色表现为渐变色 deeppink 和背景色 darkblue 进行滤色混合的效果，可以看出最终呈现的颜色比 deeppink 更亮，最终混合后的色值是 rgb(255,20,206)。

- 区域④的颜色表现为渐变色 deeppink 和背景色 darkblue 进行正片叠底混合的效果，可以看出最终呈现的颜色比 darkblue 更暗，最终混合后的色值是 rgb(0,0,80)。

- 区域⑤最复杂，理解了这个，也就理解了大多数的 background-blend-mode 属性的渲染表现了。区域⑤总共有 3 层，分别是：上层的 deeppink，混合模式是 multiply；下层的 deeppink，混合模式是 screen；底层的背景色 darkblue。于是，最终的色值表现是上层的 deeppink 使用 multiply 混合下层的 deeppink 和背景色 darkblue 使用 screen 混合后的色值。由于下层的 deeppink 和背景色 darkblue 使用 screen 混合后的色值就是区域③的颜色。因此，区域⑤的颜色就是 deeppink 和区域③的色值 rgb(255,20,206) 进行正片叠底混合后的色值，结果是 rgb(255,1,119)。

以上就是 .box 元素呈现出 5 个颜色的原理。

3. background-blend-mode 属性与渐变图标的实现

最后再看看，为何大多数人没办法使用 background-blend-mode 属性实现渐变图标的效果。

例如，现在有一个颜色很深的删除小图标，理论上，我们可以使用 lighten 混合模式实现渐变效果，因为 lighten 的效果是哪个颜色浅就使用哪个颜色。由于图标本身颜色很深，因此，一定会显示渐变色，只要给图标加一个白色背景就可以。于是，按照这个思路，很多人就写了下面的 CSS 代码：

```
.icon-delete {
    background: linear-gradient(deepskyblue, deeppink),
        url(delete.png), white;
    background-blend-mode: lighten;
}
```

乍一看，逻辑上似乎无懈可击，渐变色和白底黑色的图标进行变亮混合，怎么想黑色图标也应该变成渐变色啊，但很遗憾，最终的图标并不是渐变色，而是纯白色，为什么会有这样的结果呢？这是因为这里 background-blend-mode:lighten 中的 lighten 实际上是一个缩写（或者说简写），而真实的计算值应该是 lighten lighten，代码如下：

```
.icon-delete {
    background: linear-gradient(deepskyblue, deeppink),
        url(delete.png), white;
    /* 实际上的计算值 */
    background-blend-mode: lighten lighten;
}
```

也就是删除图标 delete.png 也应用了混合模式 lighten，和白色背景色进行了混合，所以最后变成了纯白色。

知道了问题所在，也就知道该如何解决了。很简单，让 delete.png 和白色背景色混合后还保持原始图标的模样即可，使用下面两种 CSS 方法均可以：

```
.icon-delete {
    background: linear-gradient(deepskyblue, deeppink),
        url(delete.png), white;
    /* PNG 图标的混合模式单独设置成 darken */
    background-blend-mode: lighten,darken;
}
```

或者：

```
.icon-delete {
    background: linear-gradient(deepskyblue, deeppink),
        url(delete.png), white;
    /* PNG 图标的混合模式单独设置成 normal */
    background-blend-mode: lighten,normal;
}
```

推荐使用 normal 关键字，因为这样更巧妙，性能也更好一点。最终实现的效果如图 11-69 所示。

删除

图 11-69　背景混合模式实现的渐变图标效果示意

眼见为实，读者可以在浏览器中进入 https://demo.cssworld.cn/new/11/4-2.php 页面，或者扫描右侧的二维码查看效果。

当然，实现渐变图标效果更好的方法肯定是使用 mask 属性。这里使用混合模式实现的渐变图标带有白色的背景颜色，并不是完美的实现方法，主要目的还是让大家了解 background-blend-mode 属性的渲染细节。

4. background-blend-mode 属性的补全规则

当 background-blend-mode 的属性值的数量和 background-image 的属性值的数量不匹配的时候，应遵循下面的应用规则。

（1）如果 background-blend-mode 的属性值的数量大于 background-image 的属性值的数量，则多出来的混合模式会被忽略，例如：

```
.example {
    background: linear-gradient(deepskyblue, deeppink), white;
    background-blend-mode: lighten, darken;
}
```

等同于：

```
.example {
    background: linear-gradient(deepskyblue, deeppink), white;
    background-blend-mode: lighten;
}
```

（2）如果 background-blend-mode 的属性值的数量少于 background-image 属性值的数量，则会重复完整的 background-blend-mode 属性值进行补全，例如：

```
.example {
    background: linear-gradient(deepskyblue, deeppink),
        linear-gradient(deepskyblue, deeppink),
        linear-gradient(deepskyblue, deeppink), white;
    background-blend-mode: lighten, darken;
}
```

等同于：

```
.example {
    background: linear-gradient(deepskyblue, deeppink),
        linear-gradient(deepskyblue, deeppink),
        linear-gradient(deepskyblue, deeppink), white;
    background-blend-mode: lighten, darken, lighten;
}
```

也就是说，会将"`lighten, darken`"一起进行重复，而不是只重复最后一个混合模式值。因此，补全的值为 `lighten`。

11.5　使用 isolation: isolate 声明隔离混合模式

`isolation: isolate` 声明的作用很单纯，就是用来隔离混合模式，限制混合模式的作用范围。

11.5.1　isolation 属性

`isolation` 属性除了支持全局关键字，还支持 `auto` 和 `isolate` 这两个关键字属性值，使用示例如下：

```
isolation: auto;
isolation: isolate;
```

具体分析如下。

- `auto` 是默认值，表示混合模式隔离与否根据具体情况而定。
- `isolate` 表示对混合模式进行隔离。

由于 `auto` 就是默认的样式表现，没什么好说的，因此我们只需要关心 `isolation:isolate` 这个声明就好了。

当元素应用了混合模式的时候，在默认情况下，该元素会混合 z 轴上所有层叠顺序比其低的层叠元素。但是，有时候我们希望混合模式效果只应用到某一个元素或某一组元素上，此时该怎么办呢？`isolation:isolate` 就是为了解决这个问题而生的。

举个例子，有如下 HTML 和 CSS 代码：

```
<div class="box">
    <div class="inner">
        <img src="1.jpg" class="mode">
    </div>
</div>
.box {
    background: linear-gradient(deepskyblue, deeppink);
}
.inner {
    background: url(7.jpg);
}
.mode {
    mix-blend-mode: overlay;
}
```

此时，7.jpg 这张图片不仅和 1.jpg 这张背景图片发生了混合，还和渐变背景发生了混合，效果如图 11-70 所示。

如果希望实现的效果仅仅是两张图片发生混合，而不与渐变背景发生混合，这时候应该怎么办呢？可以给 .inner 这层<div>元素增加 isolation:isolate 这段 CSS 声明进行隔离，形成一个混合模式作用域，作用域以外的其他元素不会出现混合效果。CSS 代码如下：

```
.inner {
    isolation: isolate;
}
```

那么就会发现，7.jpg 会直接覆盖在渐变背景上，和.box 元素发生了隔离，而不是与.box 元素叠加混合，具体效果如图 11-71 所示。

图 11-70　混合模式层叠渐变背景效果示意　　　　　图 11-71　和渐变背景隔离后的混合效果示意

眼见为实，读者可以在浏览器中进入 https://demo.cssworld.cn/new/11/5-1.php 页面，或者扫描右侧的二维码查看效果。

11.5.2　isolation:isolate 声明的作用原理

isolation:isolate 声明之所以可以隔离混合模式，本质上是因为 isolation:isolate 创建了一个新的层叠上下文（stacking context）（有对层叠上下文不太了解的读者可以参阅《CSS 世界》第 214 页第 7 章相关内容）。isolation:isolate 本身并没有做什么特殊的事情，或者我可以这么大胆地说："isolation:isolate 除了创建层叠上下文，没有任何其他作用！"

可能有人会发出疑问:岂不是任何可以创建层叠上下文的属性都可以隔离 mix-blend-mode 属性的混合效果？没错，就是这样子的！**只要元素可以创建层叠上下文，就可以隔离 mix-blend-mode 属性！**

因此，除了 isolation:isolate 声明，下面这些情况下的 CSS 语句也是可以隔离混合模式的。

- position:relative 或 position:absolute 定位元素的 z-index 值不为 auto。
- position:fixed 固定定位元素。
- flex 子项的 z-index 值不为 auto。

- 元素的 opacity 属性值不是 1。
- 元素的 clip-path 属性值不是 none。
- 元素的 transform 属性值不是 none。
- 元素的 mix-blend-mode 属性值不是 normal。
- 元素的 filter 属性值不是 none。
- 元素的 contain 属性值不是 none。
- will-change 指定的属性值为 opacity、clip-path、transform、mix-blend-mode、filter 和 contain 中的任意一个，例如：

  ```
  will-change: transform
  ```
- 元素的 -webkit-overflow-scrolling 设为 touch。

大家有兴趣的话，可以将演示页面 https://demo.cssworld.cn/new/11/5-1.php 中的 isolation: isolate 修改为上述类型语句，就可以看到隔离混合模式后的效果了。

当然，在实际开发中还是建议使用语义更好的 isolation:isolate 声明对 mix-blend-mode 属性进行隔离。

isolation 属性的兼容性和 mix-blend-mode 属性的兼容性是一模一样的，因为两者是同时被开发出来的。

更丰富的图形处理

本章的内容同样与图形的视觉表现有关。区别在于，第 11 章介绍的是改变图形本身渲染特性的 CSS 属性，而本章介绍的是改变图形的外形表现的 CSS 属性。如果以服装制作为例，那么第 11 章介绍的是如何染色，本章介绍的是如何裁衣。

12.1 超级实用的 CSS 遮罩

CSS 遮罩属性非常实用，它可以让一个元素按照某张图像的轮廓显示。有非常多的图形表现效果只能使用遮罩实现，因此 CSS 遮罩在 CSS 世界中有着独一无二的地位。

CSS 遮罩的发展经历了两个阶段，第一个阶段是 WebKit/Blink 浏览器私有支持的阶段，根据 Caniuse 网站上的数据，Chrome 浏览器从 2010 年就开始支持 CSS 遮罩了。因此，如果是传统的遮罩语法，在开发移动端的项目时，大家可以放心使用，无须担心任何兼容性问题。第二个阶段是 CSS 遮罩成为 CSS 规范的阶段，这个阶段扩展了 `mask-mode`、`mask-repeat`、`mask-position`、`mask-clip`、`mask-origin`、`mask-size` 和 `mask-composite` 等遮罩属性，让 CSS 遮罩的创造空间有了巨大的提升，CSS 的 `mask` 属性也成为众多遮罩属性的缩写。

新的 CSS 遮罩的语法和 CSS 背景的语法有非常多的相似之处，大家在学习的时候，可以把 CSS 背景相关的知识迁移过来帮助理解。

接下来将详细介绍所有这些 CSS 遮罩属性。在展开介绍之前，我们先做一个小小的约定，目前在项目中使用 CSS 遮罩一定要设置 -webkit-私有前缀，但是为了阅读方便，接下来的内容中所有与遮罩相关的 CSS 属性均使用无私有前缀的名称。

12.1.1 mask-image 属性的详细介绍

`mask-image` 属性是 CSS 遮罩第一阶段就支持的 CSS 属性，兼容性非常好，作用是设置使用遮罩效果的图像。

这里有一点需要说明，虽然浏览器很早就支持 `mask-image` 属性，但是只支持是部分传统的属性值，例如 `url()` 函数，很多新特性是第二阶段才出来的，可能会有浏览器不支持的情况，这一点会在接下来的内容中有所体现。

我们先看一下 `mask-image` 属性的语法：

```
mask-image: none | <image> | <mask-source>
```

先讲一下这一语法中的几个关键点。

- `none` 是默认值，表示默认无遮罩图片。
- `<image>`表示图像数据类型，包括 CSS 渐变图像、`url()`函数、`image-set()`函数、`cross-fade()`函数和 `element()`函数等。
- `<mask-source>`表示遮罩元素类型，主要指 SVG 遮罩元素。

下面我详细介绍一下各种图像类型的遮罩效果和细节。

1. 带有半透明的 PNG 图像的遮罩效果

我们从最简单、最基础的遮罩效果说起，HTML 和 CSS 代码如下：

```
<img src="8.jpg" class="mask-image">
.mask-image {
    mask: no-repeat center / contain;
    mask-image: url(bird.png);
}
```

也就是 8.jpg 这张 JPG 图片的遮罩图像是 bird.png。

所得效果如图 12-1 所示，照片的可见区域变成了鸟的形状。所谓遮罩效果，就是只会显示遮罩图像非透明区域的内容，如果用来实现遮罩效果的鸟儿图像不是背景透明的 PNG 图片，而是白色背景的 JPG 图片，则最终的遮罩效果就会是矩形，而不是图 12-1 所示的这样。

图 12-1　使用 PNG 图片作为遮罩图像的效果示意

眼见为实，读者可以在浏览器中进入 https://demo.cssworld.cn/new/12/1-1.php 页面，或者扫描右侧的二维码查看效果。

2. SVG 图形遮罩效果展示

除了常见的 GIF、PNG 等位图图片，SVG 矢量图片也可以作为 `mask-image` 的遮罩图像。

假设下面这个案例的 HTML 代码和上面的案例是一样的，CSS 代码如下，使用 `url()` 函数直接内联 SVG 代码：

```
.mask-image {
    mask-image: url("data:image/svg+xml,%3Csvg viewBox='0 0 32 32'%3E%3Cpath d='M28.027
5.1611-17.017 17.017-7.007-7.007-3.003 3.003 10.010 10.010 20.020-20.020z'%3E%3C/
path%3E%3C/svg%3E");
    mask-repeat: no-repeat;
}
```

　　SVG 图像作为背景图像、遮罩图像和内容图像的时候，默认会按照当前匹配元素的尺寸进行等比例缩放，因此，最终的效果如图 12-2 所示。

图 12-2　使用 SVG 图像作为遮罩图像的效果示意

　　试想一下，在这个例子中，如果把<img>元素换成纯色或者渐变的普通元素，是不是就可以实现 SVG 小图标的换色效果呢？

　　眼见为实，读者可以在浏览器中进入 https://demo.cssworld.cn/new/12/1-2.php 页面，或者扫描右侧的二维码查看效果。

3．用渐变图像实现遮罩效果

　　在实际开发过程中，使用渐变图像实现遮罩效果是最常用的，也是最实用的，因为此时的渐变图像是代码生成的，相比 url() 函数外链的图像，其资源开销小，开发成本低，维护更加方便。

　　例如，下面的 CSS 代码可以让一张方形的图片呈现弧形效果：

```
<img src="1.jpg" class="mask-image">
.mask-image {
    width: 256px; height: 192px;
    mask-image: radial-gradient(600px 80px at top, transparent 150px, black 152px 1000px,
transparent 0),
        radial-gradient(600px 80px at bottom, transparent 150px, black 152px 1000px,
transparent 0);
}
```

所得效果如图 12-3 所示。

图 12-3　使用渐变图像作为遮罩实现的弧形照片效果示意

　　眼见为实，读者可以在浏览器中进入 https://demo.cssworld.cn/new/12/1-3.php 页面，或者扫描右侧的二维码查看效果。

4．SVG 图形中<mask>元素作为遮罩图像

　　无论是内联的 SVG 还是外链的 SVG 文件，如果其中包含<mask>遮罩元素，也可以作为 mask-image 属性的合法属性值，也就是第 2 章展示的正式语法中的<mask-source>数据类型。

　　<mask-source>数据类型并不常用，日常开发中还是使用 PNG 图像和 SVG 图像更方便。

但这并不表示<mask-source>数据类型一无是处，它有一个不可替代的巨大优势，就是让 IE9 在内的浏览器也能实现遮罩效果。因此，<mask>元素作为遮罩图像还是值得关注的。

假设有如下 SVG 代码：

```
<svg width="50" height="50" version="1.1">
    <ellipse cx="25" cy="25" rx="20" ry="10"></ellipse>
    <rect x="15" y="5" width="20" height="40" rx="5" ry="5"></rect>
</svg>
```

SVG 的形状如图 12-4 所示，像一个"小蜜蜂"。

下面我们要把这个"小蜜蜂"形状转化为遮罩元素。理论上，我们直接套一个<mask>标签就可以了，类似下面这样：

```
<svg>
    <mask id="mask">
        <ellipse cx="25" ...></ellipse>
        <rect x="15" ...></rect>
    </mask>
</svg>
```

图 12-4　示例用的 SVG 形状

但是很遗憾，在 CSS 中，这样处理是没有任何效果的，主要问题在于尺寸识别会有障碍。

通常的做法是设置<mask>元素的 maskContentUnits 属性值为 objectBoundingBox，然后将<mask>元素内的图形尺寸全部限定在 1px×1px 的范围内。于是，本案例需要的 SVG <mask>相关代码理论上应该是下面这样的：

```
<svg>
    <mask id="mask" maskContentUnits="objectBoundingBox">
        <ellipse cx=".5" cy=".5" rx=".4" ry=".2" fill="white"></ellipse>
        <rect x=".3" y=".1" width=".4" height=".8" rx=".1" ry=".1" fill="white"></rect>
    </mask>
</svg>
```

仔细观察，会发现上面的<ellipse>和<rect>元素都新增了 fill="white"。这段新增的 SVG 属性代码是必需的，因为 SVG 的<mask>的遮罩模式和普通图片的遮罩模式是不一样的，其遮罩类型是 luminance，也就是基于亮度来进行遮罩的，而普通图片默认遮罩类型是 alpha，也就是基于透明度来进行遮罩的。

由于<ellipse>和<rect>这两个形状使用 fill="white"填充，白色亮度最高，因此才能有完全遮罩效果。如果不设置 fill 属性，或者换成 fill="black"，则会因为填充色亮度为 0 而导致遮罩效果是完全透明的。

当然，还有另外的方法，就是通过 mask-type 或 mask-mode 来设置 SVG 的 <mask>遮罩类型为 alpha，用法为 mask-type:alpha。这样黑色填充也能有遮罩效果，不过考虑到 mask-type 属性的兼容性不算好，还是使用 fill="white"实现更好一点。

一切准备就绪，我们可以先测试一下<mask-source>数据类型的遮罩效果。

首先，隐藏内联在页面中的包含<mask>元素的 SVG 元素。请注意，不能使用 display:none 或 visibility:hidden 进行隐藏，否则我们的遮罩效果就会失效。需要使用其他的方法隐藏，例如：

```
svg {
    width: 0; height: 0;
    position: absolute;
}
```

或者:

```
svg {
    position: absolute;
    left: -999px; top: -999px;
}
```

接下来,就可以对任意元素应用<mask>元素遮罩了。根据最终的效果不同,需要将遮罩分为普通元素的遮罩和 SVG 元素的遮罩。

(1)普通 HTML 元素与内联<mask>元素。这里的普通 HTML 元素指除 SVG 元素之外的其他元素,例如<img>、<p>和<div>等常见的 HTML 标签元素。

有如下 HTML 和 CSS 代码:

```
<img src="1.jpg" class="mask-image">
.mask-image {
    width: 256px; height: 192px;
    /* 指向页面中内联的<mask>元素 */
    mask-image: url(#mask);
}
```

结果显示 Chrome 浏览器并不支持普通元素的<mask-source>遮罩效果,Firefox 浏览器表现符合预期,如图 12-5 所示。

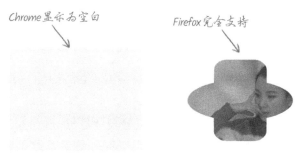

图 12-5　Chrome 浏览器并不支持普通元素的<mask-source>遮罩效果示意

眼见为实,读者可以在浏览器中进入 https://demo.cssworld.cn/new/12/1-4.php 页面,或者扫描右侧的二维码查看效果。

目前看不到 Chrome 浏览器对这个特性有进一步支持的迹象,Firefox 是对 CSS 的 mask 遮罩支持最好的浏览器,无须私有前缀,且对各种规范中描述的特性都提供了支持。但是,如果应用<mask>元素遮罩的是 SVG 元素,则又是另一番截然不同的景象。

(2)SVG 元素与内联<mask>元素。应用遮罩的是 SVG 元素,HTML 代码如下:

```
<svg width="256" height="192">
    <image xlink:href="1.jpg" class="mask-image" width="256" height="192"></image>
</svg>
```

CSS 代码如下:

```
.mask-image {
    width: 256px; height: 192px;
    mask: url(#mask);
    mask-image: url(#mask);
}
```

结果所有浏览器（包括 IE9 浏览器在内）都表现为预期的"小蜜蜂"遮罩效果，如图 12-6 所示。

图 12-6 SVG 元素支持<mask-source>遮罩效果示意

眼见为实，读者可以在浏览器中进入 https://demo.cssworld.cn/new/12/1-5.php 页面，或者扫描右侧的二维码查看效果。

然而，在这个例子中，IE 浏览器和 Chrome 浏览器的遮罩效果生效，并不是因为它们支持 mask-image 属性，而是因为支持 mask 属性，这里逻辑生效的原理类似于直接在 SVG 的<image>元素上设置 mask 属性，示例代码如下：

```
<svg width="256" height="192">
    <image xlink:href="1.jpg" mask="url(#mask)" width="256" height="192"></image>
</svg>
```

类似的还有 fill、stroke 等 SVG 属性可以直接作为 CSS 属性使用，这个会在第 14 章具体介绍。

另外，如果原始的 SVG 尺寸和应用遮罩的元素的尺寸是已知的，则还可以通过设置 transform 缩放让 SVG 尺寸和遮罩尺寸保持一致。

例如，遮罩元素尺寸是 256px×192px，SVG 元素尺寸是 50px×50px，因此，可以让 SVG 元素的水平尺寸放大 5.12 倍（256 / 50），垂直尺寸放大 3.84 倍（192 / 50），相关的 SVG 代码如下所示：

```
<svg>
    <mask id="mask">
        <ellipse transform="scale(5.12, 3.84)" cx="25" cy="25" rx="20" ry="10"
fill="white"></ellipse>
        <rect transform="scale(5.12, 3.84)" x="15" y="5" width="20" height="40" rx="5"
ry="5" fill="white"></rect>
    </mask>
</svg>
```

此时，下面的代码对应的效果和图 12-6 一模一样（IE9+浏览器同样支持）：

```
<svg width="256" height="192">
    <image xlink:href="1.jpg" class="mask-image" width="256" height="192"></image>
</svg>
.mask-image {
    mask: url(#mask);
}
```

眼见为实，读者可以在浏览器中进入 https://demo.cssworld.cn/new/12/1-5.2.php 页面，或者扫描右侧的二维码查看效果。

5. 外链 SVG 文件的<mask>元素作为遮罩元素

把上面 1-5.php 示例中内联的 SVG 代码变成独立的 SVG 文件后使用，假设此 SVG 文件的名称是 ellipse-rect.svg，则 CSS 代码如下：

```
.mask-image {
    -webkit-mask-image: url(ellipse-rect.svg#mask);
    mask: url(ellipse-rect.svg#mask);
    mask-image: url(ellipse-rect.svg#mask);
}
```

此时，无论是普通 HTML 元素，还是 SVG 元素（代码如下所示），遮罩效果都只会在 Firefox 浏览器中出现，如图 12-7 所示；在 IE 浏览器、Edge 浏览器和 Chrome 浏览器中均无效。

```
<img src="1.jpg" class="mask-image">
<svg width="256" height="192">
    <image xlink:href="1.jpg" class="mask-image"></image>
</svg>
```

图 12-7　Firefox 浏览器支持外链 SVG 中<mask>元素遮罩效果示意

眼见为实，读者可以在浏览器中进入 https://demo.cssworld.cn/new/12/1-6.php 页面，或者扫描右侧的二维码查看效果。

因此，使用外链 SVG 文件的<mask>元素作为遮罩元素的实用价值是很低的，大家了解一下即可。

6. image-set()、cross-fade()或 element()作为遮罩图像

所有<image>数据类型的值都可以作为遮罩图像，自然也就包括 image-set()、cross-fade()和 element()这 3 个图像函数。

（1）image-set()图像函数语法示意如下：

```
.mask-image {
    -webkit-mask-image: -webkit-image-set(url(bird.png) 1x, url(ellipse-rect.svg) 2x);
    mask-image: image-set(url(bird.png) 1x, url(ellipse-rect.svg) 2x);
}
```

表示 1 倍屏中使用 bird.png 作为遮罩图像，2 倍屏中使用 ellipse-rect.svg 作为遮罩图像。

（2）cross-fade()图像函数语法示意如下：

```
.mask-image {
    -webkit-mask-image: -webkit-cross-fade(url(bird.png), url(ellipse-rect.svg), 50%);
    mask-image: cross-fade(url(bird.png), url(ellipse-rect.svg), 50%);
}
```

表示 ellipse-rect.svg 保持 50%的透明度进行遮罩渲染。

（3）element()图像函数语法示意如下：

```
.mask-image {
    -webkit-mask-image: -webkit-element(#title);
    mask-image: -moz-element(#title);
    mask-image: element(#title);
}
```

表示把 id 属性值是 title 的元素作为遮罩图像进行处理。

以上 3 个图像函数的效果如图 12-8 所示。

图 12-8　各个图像函数的遮罩效果示意

眼见为实，读者可以在浏览器中进入 https://demo.cssworld.cn/new/12/1-7.php 页面，或者扫描右侧的二维码查看效果。

12.1.2　mask-mode 属性的简单介绍

mask-mode 属性的默认值是 match-source，作用是根据资源的类型自动采用合适的遮罩模式。例如，如果遮罩效果使用的是 SVG 中的<mask>元素，则此时的 mask-mode 属性的计算值是 luminance，表示基于亮度判断是否要进行遮罩。如果是其他场景，则计算值是 alpha，表示基于透明度判断是否要进行遮罩。因此，mask-mode 支持下面 3 个属性值：

```
mask-mode: match-source;
mask-mode: luminance;
mask-mode: alpha;
```

mask-image 支持多图片，因此 mask-mode 也支持多属性值，例如：

```
mask-mode: alpha, match-source;
```

使用搜索引擎搜索遮罩素材的时候，往往搜索的结果都是白底的 JPG 图片，因此使用默认的遮罩模式是没有预期的遮罩效果的。此时，就非常适合设置遮罩模式为 luminance。例如：

```
<img src="8.jpg" class="mask-image">
.mask-image {
    mask: url(bird.jpg) no-repeat center / contain;
    mask-mode: luminance;
}
```

所得效果如图 12-9 所示，bird.jpg 图片的白色部分变透明了。

目前，仅 Firefox 浏览器支持 mask-mode 属性，Chrome 浏览器并不提供支持，但是可以使用非标准的 mask-source-type 属性代替（没有私有前缀），例如：

```
.mask-image {
    mask-mode: luminance;
    mask-source-type: luminance;
}
```

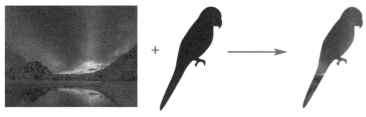

图 12-9　`mask-mode:luminance` 让 JPG 图片也能有遮罩效果示意

12.1.3　mask-repeat 属性的简单介绍

`mask-repeat` 属性的默认值是 `repeat`，作用类似于 `background-repeat` 属性。
`mask-repeat` 属性支持以下一些单属性值：

```
mask-repeat: repeat-x;
mask-repeat: repeat-y;
mask-repeat: repeat;
mask-repeat: no-repeat;
mask-repeat: space;
mask-repeat: round;
```

同时，根据我的测试，Chrome 和 Firefox 浏览器都支持 x 轴和 y 轴两轴同时表示，例如：

```
mask-repeat: repeat space;
mask-repeat: repeat repeat;
mask-repeat: round space;
mask-repeat: no-repeat round;
```

由于 `mask-image` 支持多遮罩图片，因此 `mask-repeat` 也支持多属性值，例如：

```
mask-repeat: space round, no-repeat;
mask-repeat: round repeat, space, repeat-x;
```

每个属性值的含义如下。

- `repeat-x` 表示水平方向平铺。
- `repeat-y` 表示垂直方向平铺。
- `repeat` 是默认值，表示水平和垂直方向均平铺。
- `no-repeat` 表示不平铺，会看到只有一个遮罩图形位于左上角。
- `space` 与 `background` 属性中的 `space` 的含义是类似的，表示遮罩图片尽可能地平铺，同时不进行任何剪裁。
- `round` 表示遮罩图片尽可能靠在一起，没有任何间隙，同时不进行任何剪裁。这意味着图片可能会产生缩放效果。

12.1.4　mask-position 属性的简单介绍

`mask-position` 和 `background-position` 支持的属性值和属性值的表现基本上都是一样的。例如，`mask-position` 的默认计算值是 `0% 0%`，也就是相对左上角定位。
`mask-position` 属性支持单个关键字（缺省关键字的解析为 `center`）：

```
mask-position: top;
mask-position: bottom;
mask-position: left;
```

```
mask-position: right;
mask-position: center;
```

也支持垂直和水平方向两个关键字：

```
mask-position: right top;
```

也可以使用长度值或者百分比值：

```
mask-position: 30% 50%;
mask-position: 10px 5rem;
mask-position: right 20px top 20px;
```

还支持多属性值：

```
mask-position: 0 0, center;
```

总之，`mask-position` 属性的表现非常稳健，兼容性也不错，现代浏览器均提供支持。

12.1.5 mask-clip 属性的详细介绍

`mask-clip` 属性用来设置遮罩效果显示的盒子区域。`mask-clip` 属性支持的属性值如下：

```
mask-clip: border-box;
mask-clip: padding-box;
mask-clip: content-box;

mask-clip: no-clip;

mask-clip: fill-box;
mask-clip: stroke-box;
mask-clip: view-box;
```

`mask-clip` 属性和 `background-clip` 属性的性质是类似的，例如：

* 默认值相同，都是 `border-box`。
* 都不支持 `margin-box`。
* 都支持多属性值，如：

```
mask-clip: content-box, border-box;
```

它们之间的区别在于 `mask-clip` 支持的属性值要多一点，主要是多了几个不太实用的给 SVG 元素使用的属性值。

1. 关于 border-box、padding-box 和 content-box

`mask-clip` 的几个属性值中比较有实用价值的是 `border-box`、`padding-box` 和 `content-box` 这 3 个关键字的属性值，原因很简单——Chrome 浏览器仅支持这 3 个关键字。

下面举个例子解释一下这 3 个关键字属性值的效果，HTML 和 CSS 代码如下：

```
<img src="1.jpg" class="mask-image">
.mask-image {
    width: 200px; height: 150px;
    border: 20px solid deepskyblue;
    padding: 20px;
    box-shadow: 20px 0, -20px 0;  /* 测试 no-clip */
    background-color: deeppink;
    mask-image: url(border-arc.png);
}
```

渲染效果如图 12-10 所示，遮罩效果在对应的盒子中显示。

图 12-10　`mask-clip` 常用属性值效果示意

2. 关于 no-clip 属性

`mask-clip` 属性支持一个名为 `no-clip` 的属性值，我个人觉得这个值的效果还是很稀奇的，它的作用是不对元素的遮罩效果做区域上的限制，言外之意就是只要是元素身上"长出来"的东西，都可以应用遮罩效果。例如，轮廓（outline）、盒阴影（box-shadow）都是可以应用遮罩效果的。上面 `.mask-image` 元素设置了 `box-shadow: 20px 0, -20px 0`，如果应用 `mask-clip:no-clip` 声明，就会有图 12-11 所示的效果。

可以看到，元素左右两侧 **20px** 大小的盒阴影也被应用了遮罩效果。只可惜目前仅 Firefox 浏览器对 `no-clip` 属性提供支持。

3. 关于 fill-box、stroke-box 和 view-box

`fill-box`、`stroke-box` 和 `view-box` 这 3 个关键字属性值要应用在 SVG 元素上才有效果。

- `fill-box` 表示遮罩应用的区域是图形填充区域形成的边界盒子，正确与错误的遮罩应用的区域示意如图 12-12 所示。

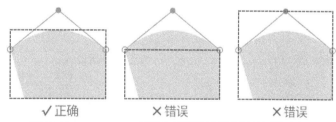

图 12-11　属性值 no-clip 让盒阴影　　　图 12-12　fill-box 正确与错误的遮罩应用的区域示意
　　　　　也有了遮罩效果示意

- `stroke-box` 表示的遮罩区域把描边占据的区域也包含在内。
- `view-box` 表示使用最近的 SVG 视口作为参考盒子。如果 SVG 代码中的 `viewBox` 属性有设置，则遮罩区域盒子位于 `viewBox` 属性建立的坐标系的原点，尺寸由 `viewBox` 属性中的宽高值决定。

举个例子看一下各个属性值的效果，SVG 代码如下：

```
<svg width="280" height="140" viewbox="0 0 280 140">
    <ellipse cx="140" cy="70" rx="120" ry="50" class="mask-svg stroke-box"></ellipse>
</svg>
```

下面的 CSS 代码设置了填充、描边和遮罩：

```
.mask-svg {
    fill: deeppink;
    stroke: deepskyblue;
    stroke-width: 20px;

    mask-image: url(border-arc.png);
}
```

结果 `fill-box` 和 `stroke-box` 这两个值的效果出现了明显的区别，如图 12-13 所示（截自 Firefox 浏览器）。

 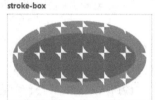

图 12-13 `fill-box` 和 `stroke-box` 的效果示意

眼见为实，读者可以在浏览器中进入 https://demo.cssworld.cn/new/12/1-8.php 页面，或者扫描右侧的二维码查看所有 `mask-clip` 属性值的效果。

12.1.6 mask-origin 属性的简单介绍

`mask-origin` 属性表示遮罩效果起始点，其与 `background-origin` 有很多类似之处。它支持如下属性值：

```
mask-origin: content-box;
mask-origin: padding-box;
mask-origin: border-box;
mask-origin: fill-box;
mask-origin: stroke-box;
mask-origin: view-box;
```

其中默认值是 `border-box`。它也支持多属性值：

```
mask-origin: content-box, border-box;
```

`mask-origin` 和 `mask-clip` 的属性值很类似，含义也是一样的，这里就不赘述了。

同样，`content-box`、`padding-box` 和 `border-box` 这 3 个关键字属性值因为 Chrome 浏览器提供了支持，所以实用；而 `fill-box`、`stroke-box` 和 `view-box` 这 3 个关键字属性值因为不被 Chrome 浏览器支持，因此不太实用，大家了解一下即可。

12.1.7 mask-size 属性的简单介绍

`mask-size` 属性的性质和 `background-size` 属性类似，支持的关键字属性值也类似，作用是控制遮罩图片尺寸。`mask-size` 属性的默认值是 `auto`，它支持 `contain` 和 `cover` 两个关键字属性值：

```
mask-size: cover;
mask-size: contain;
```

也支持长度值和百分比值（垂直方向的尺寸值如果省略，会自动计算为 `auto`）：

```
mask-size: 50%;
mask-size: 3em;
mask-size: 12px;

mask-size: 50% auto;
mask-size: 3em 25%;
mask-size: auto 6px;
```

同样支持多属性值：

```
mask-size: 50%, 25%, 25%;
mask-size: 6px, auto, contain;
```

只要熟悉 background-size 属性，学习 mask-size 属性就很容易，因此就不展开讲解了。

12.1.8　了解 mask-type 属性

mask-type 属性的功能和 mask-mode 属性类似，都是设置不同的遮罩模式，但还是有一个很大的区别，就是 mask-type 属性只能作用在 SVG 元素上，因为其本质上是由 SVG 属性演变而来的，Chrome 等浏览器都支持该属性。而 mask-mode 是一个针对所有元素类型的 CSS 属性，Chrome 等浏览器并不支持该属性，目前仅 Firefox 浏览器对其提供支持。

由于 mask-mode 属性只能作用在 SVG 元素上，因此默认值表现为 SVG 元素默认遮罩模式，也就是默认值是 luminance 亮度遮罩模式。如果需要支持透明度遮罩模式，可以这么设置：

```
mask-type: alpha;
```

12.1.9　mask-composite 属性的详细介绍

mask-composite 属性表示同时使用多张图片进行遮罩时的合成方式，它支持如下属性值：

```
mask-composite: add;
mask-composite: subtract;
mask-composite: intersect;
mask-composite: exclude;
```

各属性值释义如下。

- add 表示遮罩累加，是默认值。
- subtract 表示遮罩相减，也就是遮罩图片重合的区域不显示。这就意味着，遮罩图片越多，遮罩区域越小。
- intersect 表示遮罩相交，也就是遮罩图片重合的区域才显示遮罩。
- exclude 表示遮罩排除，也就是遮罩图片重合的区域被当作透明的。

假设有两个遮罩图像，一个是矩形，另一个是圆形，如图 12-14 所示。

图 12-14　用来展示遮罩合成方式的两个图形效果示意

对应的 CSS 代码如下：

```
mask-image: circle.svg, rect.svg;
```

代码中顺序越往后的图像层级越低，因此，rect.svg 的位置在 circle.svg 的下方。在 W3C 的合成和混合规范中,处在上方的元素称为"source",表示资源元素;处在下方的元素称为"destination",表示目标元素。这里,circle.svg 就是 "source",rect.svg 则是 "destination"。

下面讲一下不同的 mask-composite 的属性值的合成效果。

- mask-composite: add 表现为 "source over"(W3C 的 "compositing and Blending" 规范中的专业词汇),也就是 circle.svg 覆盖在 rect.svg 的上方,两者共同组成最终的遮罩图像,效果如图 12-15 所示。
- mask-composite: subtract 表现为 "source out",也就是扣除上面的 circle.svg 覆盖的区域,最终表现为 circle.svg 和 rect.svg 重叠的区域消失,效果如图 12-16 所示。
- mask-composite: intersect 表现为 "source in",也就是 circle.svg 和 rect.svg 重叠的部分作为遮罩区域,效果如图 12-17 所示。

图 12-15　mask-composite:add 合成效果示意

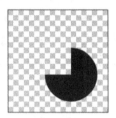
图 12-16　mask-composite:subtract 合成效果示意

- mask-composite: exclude 表现为 "xor",也就是最终合成的遮罩区域是非重叠的部分,效果如图 12-18 所示。

图 12-17　mask-composite:intersect 合成效果示意

图 12-18　mask-composite:exclude 合成效果示意

属性值 exclude 经常用于渐变图像,可以实现反向遮罩效果,是比较实用的一个属性值。exclude 属性值最常见的应用是实现镂空的遮罩效果。例如,下面的代码就可以实现图 12-19 所示的中间有一个鸟儿镂空的图形效果:

```
<img src="1.jpg" class="mask-image">
.mask-image {
    mask: url(../images/bird.png) no-repeat center / contain,
        linear-gradient(black, black);
    -webkit-mask-composite: xor;
    mask-composite: exclude;
}
```

图 12-19　镂空遮罩效果示意

眼见为实，读者可以在浏览器中进入 https://demo.cssworld.cn/new/12/1-9.php 页面，或者扫描右侧的二维码查看效果。

上面的 CSS 代码中的 `-webkit-mask-composite:xor` 可能会让你感到困惑，怎么这里的属性值是 `xor` 呢？其实这段 CSS 声明是专门给 Chrome、Safari 等浏览器使用的，因为 Chrome 浏览器中 `mask-composite` 的属性值不是 CSS Masks 规范中的值，而是 Compositing 和 Blending 规范中的值。

Chrome 浏览器的属性值

Chrome 浏览器支持的 `mask-composite` 属性的属性值和 Firefox 浏览器支持的是不一样的，具体如下：

```
-webkit-mask-composite: source-over;
-webkit-mask-composite: source-in;
-webkit-mask-composite: source-out;
-webkit-mask-composite: source-atop;
-webkit-mask-composite: destination-over;
-webkit-mask-composite: destination-in;
-webkit-mask-composite: destination-out;
-webkit-mask-composite: destination-atop;
-webkit-mask-composite: xor;
-webkit-mask-composite: copy;
-webkit-mask-composite: plus-lighter;
-webkit-mask-composite: clear;
```

在控制台输入 `-webkit-mask-composite` 属性就可以看到上面这些属性值的提示，如图 12-20 所示。

各个属性值的具体含义如下。

- `source-over` 表示遮罩区域累加，效果和 CSS 规范中的 `add` 值是一样的。
- `source-in` 表示遮罩区域是交叉重叠的区域，效果和 CSS 规范中的 `intersect` 值是一样的。
- `source-out` 表示遮罩区域是上层图像减去其和下层图像重叠的区域，效果和 CSS 规范中的 `subtract` 值是一样的。
- `source-atop` 表示保留底层图像区域，并在其上方累加上层和下层图像重叠的区域。
- `destination-over` 表示下层遮罩图像叠加在上

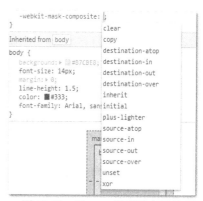

图 12-20　Chrome 浏览器支持的 `-webkit-mask-composite` 属性值示意

层遮罩图像上。不过，由于默认的遮罩模式是基于 alpha 通道计算的，也就是基于透明度计算的，因此 source-over 和 destination-over 效果都是一样的，除非遮罩模式是基于亮度计算的，两者才会有明显的区别。destination-*这几个值和上面 source-* 几个属性值的区别就是，source-*是上层图像对下层图像如何，而 destination-*是下层图像对上层图像如何，大家可以理解为上下层图像的位置调换了。

- destination-in 表示遮罩区域是交叉重叠的区域。
- destination-out 表示遮罩区域是下层图像减去其和上层图像重叠的区域。
- destination-atop 表示保留上层图像区域，并在上方累加上层和下层图像重叠的区域。
- xor 表示上层图像和下层图像重叠的区域透明，效果和 CSS 规范中的 exclude 属性值是一样的。
- copy 表示忽略下层图像，只使用上层图像区域作为遮罩区域。
- plus-lighter 含义不详，规范文档中并没有任何相关的描述。我个人觉得应该表示自然光混合效果，适合用在 mask-source-type 属性值为 luminance 的场景下。
- clear 含义不详。当遮罩图像有多张的时候，最终的遮罩效果是完全透明的。

12.1.10 CSS 遮罩的一些经典应用示例

适合 CSS 遮罩的应用场景很多，这里举两个比较实用的示例。

1. PNG/SVG 背景图标变色最佳实践

在过去，想要改变 PNG 小图标的颜色，只能重新制作一份目标颜色的图标，很麻烦。如果希望直接通过设置 color 属性值改变小图标的颜色，更是天方夜谭。现在，有了 CSS 遮罩，想要改变 PNG 小图标的颜色，直接设置 color 属性值就可以了。如何实现呢？例如，有一个"删除"小图标，名称是 delete.png，则使用下面这段 CSS 代码，就可以实现这个小图标的任意变色效果了：

```
.icon-delete {
    display: inline-block;
    width: 20px; height: 20px;
    /* 背景色设为当前 color 的颜色 */
    background-color: currentColor;
    /* 小图标图像作为遮罩图像使用 */
    --mask: url(delete.png) no-repeat center / 1.125em 1.125em;
    -webkit-mask: var(--mask);
    mask: var(--mask);
}
```

此时，如果使用一个颜色选择器来不断改变小图标元素所在上下文的文字颜色，就会看到小图标的颜色也跟着一起变了，效果如图 12-21 所示。

图 12-21 使用 CSS 遮罩实现背景图标任意变色效果示意

将原本作为背景图像的小图标改成遮罩图像，这样，背景色块就只会显示小图标的形状，看起来就像小图标变色了。

眼见为实，读者可以在浏览器中进入 https://demo.cssworld.cn/new/12/1-10.php 页面，或者扫描右侧的二维码查看效果。

小图标不仅可以实现纯色变化，还可以实现任意的渐变颜色变化，例如：

```css
.icon-delete {
    background: linear-gradient(deepskyblue, deeppink);
    mask: url(delete.png) no-repeat center;
}
```

可以得到图 12-22 所示的渐变小图标效果。

滤镜、混合模式都能改变小图标的颜色，但是，这些方法都有局限，所以用 CSS 遮罩实现小图标的变色效果是最佳实践。

图 12-22　CSS 遮罩实现的渐变小图标效果示意

虽说是最佳实践，但是上面的代码并不是完美的，因为应用遮罩的当前元素的 `outline` 效果会失去，这对于无障碍访问是有影响的，解决方法是将图标遮罩的执行放在伪元素中，也就是在 `.icon-delete::before{}` 语句中应用遮罩效果，这样，`.icon-delete` 元素依然可以有 `outline` 轮廓效果。

2. 大尺寸 PNG 图片的尺寸优化

PNG 格式图片的尺寸和图片的色彩丰富度是正相关的，色彩越丰富，文件的尺寸越大。例如，图 12-23 所示的 PNG 图片的大小为 259KB。

由于此图包含丰富的彩色渐变和光影效果，对 PNG 图片进行压缩一定会失真，因此这张 PNG 图片是不能压缩的。有人会想到，既然图片色彩丰富，那不如将其转换成 JPG 图片，文件的大小一定会小很多。确实是这样，但是这里的图片需要保留背景透明的特性，如图 12-24 所示。而 JPG 格式的图片是无法保留背景的透明特性的。

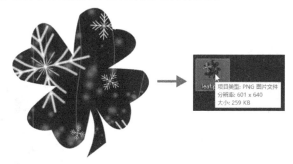

図 12-23　大尺寸 PNG 图片示意　　　　　　図 12-24　图片边角透明效果示意

看起来似乎无解了。其实不然，我们可以借助 `mask` 属性来优化 PNG 图片的尺寸。

所谓遮罩，就是只显示遮罩图像的非透明区域，因此只需要准备一张边角透明的任意颜色的遮罩图像，就可以让 JPG 图片边角的白色区域变透明，具体做法如下：

（1）把 PNG 图片保存为 JPG 图片，图片的大小可以从 259KB 减小到 55.6KB，减小了大约 78.53%，如图 12-25 所示。

（2）根据 PNG 图片的轮廓制作纯色 PNG 图片，并将纯色 PNG 图片命名为 leaf-mask.png，效果如图 12-26 所示。

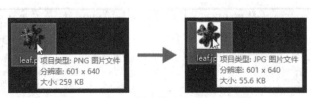

图 12-25　PNG 图片格式转为 JPG 图片
格式后的文件大小变化示意

图 12-26　PNG 图片使用纯色填充
效果示意

　　PNG 图片的文件大小之所以大，就是因为其色彩过于丰富，如果把图片变成纯色，图片文件大小可以降低很多。例如，图 12-26 所示图片的实际文件大小都不到 4KB。

　　（3）使用 CSS 遮罩让 JPG 图片边角的白色区域透明，假设 JPG 图片使用的是<img>元素，HTML 代码如下：

```
<img src="leaf.jpg">
```

使用下面的 CSS 代码就可以让 JPG 图片有和原始 259KB 大小的 PNG 图片一样的效果：

```
img {
    -webkit-mask-image: url(leaf-mask.png);
    mask-image: url(leaf-mask.png);
}
```

虽然使用的是 JPG 图片，但是最终呈现的边角依然是透明的，效果如图 12-27 所示。

图 12-27　使用 JPG 图片和 CSS 遮罩实现的效果示意

　　眼见为实，读者可以在浏览器中进入 https://demo.cssworld.cn/new/12/1-11.php 页面，或者扫描右侧的二维码查看效果。

　　以上就是使用 CSS 遮罩进一步优化 PNG 图片尺寸的步骤。最后，我们一起看一下优化前后的结果对比，如图 12-28 所示，原来图片的尺寸约为 260KB，优化后的图片的尺寸是 56KB+4KB（纯色遮罩图像的尺寸），图片大小减小了足足有 76.9%，而且是在 PNG 极致压缩的基础上进一步压缩了超过 76%！

leaf.png	PNG 图片文件	260 KB
leaf.jpg	JPG 图片文件	56 KB
leaf-mask.png	PNG 图片文件	4 KB

图 12-28　优化前后图片文件大小对比示意

　　这个优化技术的效果立竿见影，在性能要求较高的页面中可以发挥巨大的作用，比任何压缩软件都好用。

另外，由于遮罩图像的解析有跨域的限制，因此，大小不足 5KB 的纯色的 PNG 背景遮罩图像可以直接转换为 Base64 格式并内联在 CSS 文件中，类似这样：

```
img {
    --mask-img: url(data:image/png;base64,iVBORw0KG...==);
    -webkit-mask-image: var(--mask-img);
    mask-image: var(--mask-img);
}
```

这样做既节约了资源请求数，又没有跨域问题，相比直接使用 URL 地址连接，使用 Base64 格式内联是更好的做法。

12.1.11 了解-webkit-mask-box-image 和 mask-border 属性

-webkit-mask-box-image 和 mask-border 属性实现的都是边框遮罩效果。它们之间的区别有以下几点。

- 语法细节不同。例如，-webkit-mask-box-image 的属性值使用空格分隔，不会用到斜杠，而 mask-border 属性是多个 CSS 属性的缩写，会使用斜杠进行属性值的区分。
- -webkit-mask-box-image 是非标准 CSS 属性，mask-border 是标准 CSS 属性。
- -webkit-mask-box-image 属性在 webkit 内核浏览器中兼容性极佳，因此，在移动端项目可以放心大胆使用；而 mask-border 属性在我书写这段内容的时候还没有被任何浏览器支持，暂无实用价值。

下面分别对这两个 CSS 属性进行介绍。

1. 了解-webkit-mask-box-image 属性

background 和 mask 有很多相似之处，一个是背景图像，另一个是背景遮罩。同样，这里的-webkit-mask-box-image 属性和 border-image 属性也是这种关系，border-image 属性表示边框图像，而-webkit-mask-box-image 属性则表示边框遮罩。

就语法而言，-webkit-mask-box-image 和 border-image 属性也是有很多相似之处的。-webkit-mask-box-image 属性的语法如下：

```
-webkit-mask-box-image: none;
-webkit-mask-box-image: <mask-box-image> [<top> <right> <bottom> <left> <x-repeat>
<y-repeat>]
```

属性值总共由下面 3 部分组成。

- <mask-box-image>表示用来实现边框遮罩效果的图像，可以是 url()图像，也可以是渐变图像。
- <top> <right> <bottom> <left>表示遮罩图像 4 个方向上各自的剪裁划分的偏移大小，可以是数值或百分比值，无论是语法还是含义都和 border-image-slice 属性很类似，可以把遮罩图像划分成 9 份，像九宫格那样，依次填入元素的边框区域中。
- <x-repeat> <y-repeat>表示各个方向边框遮罩图像的平铺方式，支持 repeat、

stretch、round、space 等关键字属性值，这么一看，是不是和 border-image-repeat 属性又很像？

因此，只要按照理解 border-image 属性的方式理解 -webkit-mask-box-image 属性，很快就能知道 -webkit-mask-box-image 属性是如何工作的了。

我们一起来看一个 -webkit-mask-box-image 属性的应用案例。不使用伪元素，实现一个包括小三角在内都有渐变效果的提示框效果，如图 12-29 所示。

实现的步骤是这样的，首先从免费的小图标网站找一个窄一点的 tooltip 小图标，类似图 12-30 这样。

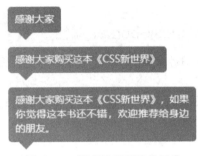

图 12-29   渐变提示框效果示意

图 12-30   用来实现边框遮罩效果的
小图标 SVG 图形示意

然后使用如下 HTML 和 CSS 代码实现图 12-29 所示的效果：

```
<ui-tips>感谢大家</ui-tips>
<ui-tips>感谢大家购买这本《CSS 新世界》</ui-tips>
<ui-tips>感谢大家购买这本《CSS 新世界》，如果你觉得这本书还不错，欢迎推荐给身边的朋友</ui-tips>
ui-tips {
    display: inline-block;
    padding: 12px 15px 24px;
    color: #fff;
    background: linear-gradient(45deg, deepskyblue, deeppink);
    /* 应用边框遮罩效果 */
    -webkit-mask-box-image: url("data:image/svg+xml,%3Csvg width='60' height='60'
viewBox='0 0 1024 1024' %3E%3Cpath d='M170.667 85.333h682.666c46.934 0 85.334 38.4 85.334
85.334v512c0 46.933-38.4 85.333-85.334 85.333H682.667L512 938.667 341.333
768H170.667c-46.934 0-85.334-38.4-85.334-85.333v- 512c0-46.934 38.4-85.334
85.334-85.334z'/%3E%3C/svg%3E") 10 10 20 40;
}
```

其中有几个需要注意的点。

- SVG 图像的宽高设置（也就是 width='60' height='60'）是必须要进行的，否则 SVG 图像会随着容器尺寸的变化而发生变化，最终效果不能适应各种场景。
- SVG 图像的宽高尺寸要小，最好小于最小内容的宽高值，在本例中 SVG 图像的宽高都为 60px，如果再大一些，例如 100px，那么可能文字内容少的时候效果就会有瑕疵。
- 只能实现小三角在一侧的效果，不能实现小三角居中定位的效果，因为在九宫格的边框剪裁分配中，中间区域的图像只能是拉伸或者平铺等方式，没有 no-repeat 类型。

读者可以在浏览器中进入 https://demo.cssworld.cn/new/12/1-12.php 页面，或者扫描右侧的二维码查看图 12-29 所示的效果。

实际上，图 12-29 所示的效果是可以用纯 CSS 方式实现的，主要使用 clip-path 属性和 mask 属性，只是需要很高的 CSS 水平。这里不展开讲，大家可以把注意力放在本节后面出现的两种更容易理解的方法上。

2. 了解 mask-border 属性

虽然目前 mask-border 属性的兼容性不好，但是它毕竟是 CSS 规范属性，是未来之星。

mask-border 属性和 border-image 属性在语法上极为相似。首先，mask-border 属性也是以下多个 CSS 属性的缩写：

- mask-border-mode；
- mask-border-outset；
- mask-border-repeat；
- mask-border-slice；
- mask-border-source；
- mask-border-width。

下面逐项讲解一下。

- mask-border-mode 属性表示边框遮罩的模式，支持 alpha 和 luminance 这两个关键字属性值，分别表示遮罩效果是基于透明度还是基于亮度。使用示例如下：

```
mask-border-mode: luminance;
mask-border-mode: alpha;
```

- mask-border-outset 属性表示边框遮罩效果向外偏移的大小，支持长度值和数值，如果值是数值，则表示边框宽度 border-width 属性值的倍数。使用示例如下：

```
/* 长度值 */
mask-border-outset: 2rem;
/* 数值 */
mask-border-outset: 1.5;
/* 垂直 | 水平 */
mask-border-outset: 1 1.2;
/* 上 | 水平 | 下 */
mask-border-outset: 30px 2 25px;
/* 上 | 右 | 下 | 左 */
mask-border-outset: 10px 20px 15px 5px;
```

- mask-border-repeat 属性表示遮罩图像的平铺方式，支持 stretch、repeat、round、space 等关键字属性值，使用示例如下：

```
mask-border-repeat: stretch;
mask-border-repeat: repeat;
mask-border-repeat: round;
mask-border-repeat: space;
```

默认值是 stretch 拉伸效果。

- mask-border-slice 属性表示对遮罩图像进行九宫格划分的方式，支持 4 个方位的划分，支持的参数值类型和效果与 border-image-slice 属性一致，这里不展开，简单示意一下语法的使用：

```
mask-border-slice: 40%;
mask-border-slice: 10% 40%;
mask-border-slice: 30 40% 45;
mask-border-slice: 5 10 10 5;
mask-border-slice: 10% fill 5 10;
```

- mask-border-source 属性表示使用的遮罩图像资源，支持任意的<image>数据类型的图像，常见的有 url()图像和渐变图像。使用示例如下：

```
mask-border-source: none;
mask-border-source: url(border-mask.png);
mask-border-source: linear-gradient(to top, skyblue, pink);
```

- mask-border-width 属性表示边框遮罩效果应用的宽度，支持长度值和百分比值。使用示例如下：

```
mask-border-width: auto;
mask-border-width: 1rem;
mask-border-width: 25%;
mask-border-width: 3;
mask-border-width: 2em 3em;
mask-border-width: 5% 15% 10%;
mask-border-width: 5% 2em 10% auto;
```

回到 mask-border 属性这里，mask-border 属性的缩写语法和 border-image 属性基本一样，只是多了一个 mask-border-mode 属性。这里有一些使用示例，读者可以快速了解一下 mask-border 属性缩写的语法：

```
/* source | slice */
mask-border: url('border-mask.png') 25;
/* source | slice | repeat */
mask-border: url('border-mask.png') 25 space;
/* source | slice | width */
mask-border: url('border-mask.png') 25 / 35px;
/* source | slice | width | outset | repeat | mode */
mask-border: url('border-mask.png') 25 / 35px / 12px space alpha;
```

因为目前尚未有浏览器支持该属性，所以这里就不做案例展示了。它可以实现的效果和 -webkit-mask-box-image 属性类似，但显然要比 -webkit-mask-box-image 属性功能更强。

12.2   同样实用的 CSS 剪裁属性 clip-path

clip-path 属性可以用来对任意元素的可视区域进行剪裁。

相比 CSS2.1 中的 clip 属性，clip-path 属性不需要将元素设置为绝对定位就能生效，并且剪裁的形状类型要远比 clip 属性丰富得多。clip 属性只能进行矩形剪裁，而 clip-path 属性不仅可以进行矩形剪裁，圆形、多边形和不规则形状都是可以剪裁的。

同时 clip-path 属性是 CSS 新特性中兼容性非常好的几个 CSS 属性之一, iOS 7 和 Android 4.4 这些非常古老的手机系统都支持 clip-path 属性，因此在移动端项目中可以放心使用 clip-path 属性。

clip-path 属性功能强大，兼容性又好，但其普及度还不高，因此 clip-path 属性被不少前端开发者称为"宝藏 CSS 属性"。

12.2.1 快速了解 clip-path 属性的各个属性值

clip-path 属性支持多种不同类型的属性值，示意如下：

```
/* 关键字属性值 */
clip-path: none;

/* <clip-source> 值类型 */
clip-path: url(resources.svg#someId);

/* <geometry-box> 值类型 */
clip-path: margin-box;
clip-path: border-box;
clip-path: padding-box;
clip-path: content-box;
clip-path: fill-box;
clip-path: stroke-box;
clip-path: view-box;

/* <basic-shape> 值类型 */
clip-path: inset(100px 50px);
clip-path: circle(50px at 0 100px);
clip-path: polygon(50% 0%, 100% 50%, 50% 100%, 0% 50%);
clip-path: path('M0.5,1 C0.5,1,0,0.7,0,0.3 A0.25,0.25,1,1,1,0.5,0.3
A0.25,0.25,1,1,1,0.3 C1,0.7,0.5,1,0.5,1 Z');
```

上面示意的语法中出现了 3 个不同的属性值类型，分别是<clip-source>、<geometry-box>
和<basic-shape>。由于这几个属性值类型看起来太过术语化了，因此这 3 个属性值类型接下
来分别使用“资源剪裁”“盒子剪裁”“基本图形剪裁”代替。

其中，Firefox 浏览器支持所有类型的剪裁，而很早就支持 clip-path 属性的 Chrome、Safari
浏览器只支持部分语法。clip-path 属性背后的历史和 mask 属性很类似，其一开始是作为
webkit/blink 内核浏览器的私有 CSS 属性存在的，后来因为比较实用，就被加入了 CSS 规范文档
中，然后 Firefox 浏览器就根据最新的规范进行了完整的特性支持，但是 Chrome 等浏览器还是止步于
原来的那些特性支持，少部分比较实用的在 CSS 规范中定义的新特性并未被支持或很晚才被支持。

因为 CSS 的 mask 属性和 clip-path 属性都与图形外形表现相关，同时它们有着相似的历
史和浏览器兼容性，所以 CSS 遮罩和 CSS 剪裁常常被同时提起。

哪些语法是 Chrome 浏览器暂时不支持的呢？

（1）对于“资源剪裁”，Chrome 浏览器仅支持使用内联 SVG 元素进行剪裁，不支持引用外链
SVG 元素进行剪裁，也就是下面的语法在 Chrome 浏览器下是有效果的：

```
.example {
    -webkit-clip-path: url(#someId);
}
```

但是，下面的语法就是无效的：

```
.example {
    /* Chrome 浏览器不支持 */
    -webkit-clip-path: url(resources.svg#someId);
}
```

（2）对于“盒子剪裁”，所有值都不被 Chrome 浏览器支持。

下面具体看一下各个数据类型值的样式表现，大家可以把学习的重点放在"资源剪裁"和"基本图形剪裁"上。

1．资源剪裁

这里的"资源剪裁"中的"资源"指的就是 SVG 中的<clipPath>元素，因此，"资源剪裁"本质上是 SVG 剪裁。目前"资源剪裁"主要用来实现小图标效果。例如，下面的 SVG 代码是介绍 mask 属性时用到的"小蜜蜂"图形：

```
<svg width="50" height="50" version="1.1">
    <ellipse cx="25" cy="25" rx="20" ry="10"></ellipse>
    <rect x="15" y="5" width="20" height="40" rx="5" ry="5"></rect>
</svg>
```

想要将"小蜜蜂"图形作为小图标使用，只需要嵌套一层<clipPath>标签，然后把尺寸设置成剪裁元素需要的尺寸即可。

有两种方法，第一种方法是使用 transform 属性缩放 SVG，例如剪裁元素的尺寸是 20px×20px，SVG 的尺寸是 50px×50px，因此，SVG 尺寸需要缩小到原来的 40%，此时就有如下 SVG 代码：

```
<svg width="0" height="0">
  <clipPath id="someId">
    <ellipse transform="scale(0.4, 0.4)" cx="25" cy="25" rx="20" ry="10"></ellipse>
    <rect transform="scale(0.4, 0.4)" x="15" y="5" width="20" height="40" rx="5"
ry="5"></rect>
  </clipPath>
</svg>
```

第二种方法是设置 clipPathUnits="objectBoundingBox"，此时需要把所有坐标值以数值 1 为基准进行重计算，例如：

```
<svg width="0" height="0">
  <clipPath id="someId" clipPathUnits="objectBoundingBox">
    <ellipse cx=".5" cy=".5" rx=".4" ry=".2"></ellipse>
    <rect x=".3" y=".1" width=".4" height=".8" rx=".1" ry=".1"></rect>
  </clipPath>
</svg>
```

无论哪种方法都可以将任意 HTML 元素剪裁为"小蜜蜂"图形效果，只需要将 url() 函数中的参数指向<clipPath>元素的 id 即可，例如：

```
.icon {
    display: inline-block;
    width: 20px; height: 20px;
    background-color: deepskyblue;
    clip-path: url(#someId);
}
```

实现的效果如图 12-31 所示。

图 12-31 SVG 资源的 clip-path 剪裁效果示意

　　眼见为实，读者可以在浏览器中进入 https://demo.cssworld. cn/new/12/2-1.php 页面，或者扫描右侧的二维码查看效果。

　　第一种方法使用 `transform` 属性缩放，优点是计算方便，不足是只能用到尺寸固定的元素上；第二种方法使用 `clipPathUnits` 属性，优点是可以自动适配任意尺寸元素的剪裁，不足是数值的重计算有些复杂，需要借助工具。

　　另外，如果需要兼容 IE 浏览器，则需要使用 SVG 元素进行剪裁，普通的 HTML 元素是没有剪裁效果的，例如：

```
<svg width="20" height="20">
  <rect fill="deepskyblue" class="icon" width="20" height="20"></rect>
</svg>
```

则包括 IE9 在内的所有浏览器中都有剪裁效果（上面的演示示例可以看到此效果）。

　　下面我就简单介绍一下 ClipPath Sprites 技术。在实际开发中，为了方便图标管理，往往会把众多小图标合在一个 SVG 元素中，我把这种处理技术称为"ClipPath Sprites 技术"。

　　这种图标的合并均是通过工具完成的（一个在线工具，参见 https://www.zhangxinxu.com/sp/svgo/），把原始的 SVG 小图标拖到界面中，此工具就会自动压缩 SVG，同时合成可以用来剪裁的 SVG 资源合集。例如，下面的 SVG 代码就是"纸飞机""眼睛""评论"这 3 个图标通过工具生成的`<clipPath>`合集代码：

```
<svg version="1.1"width="0" height="0" style="position:absolute;">
<clipPath id="paper-plane"><path transform="scale(0.0390625, 0.0390625)" d="..."/>
</clipPath>
<clipPath id="eye"><path transform="scale(0.034724, 0.0390625)" d="..."/> </clipPath>
<clipPath id="comment"><path transform="scale(0.0390625, 0.0390625)" d="..."/>
</clipPath>
</svg>
```

此时就可以不断重复使用这些剪裁资源实现图标效果了，例如：

```
<ul>
    <li><i class="icon" style="--clipPath:url(#paper-plane)"></i>分享</li>
    <li><i class="icon" style="--clipPath:url(#eye)"></i>预览</li>
    <li><i class="icon" style="--clipPath:url(#comment)"></i>评论</li>
</ul>
.icon {
    display: inline-block;
    width: 20px; height: 20px;
    background-color: currentColor;
    clip-path: var(--clipPath);
    vertical-align: middle;
    margin-right: 1ch;
}
```

效果如图 12-32 所示。

- ◹ 分享
- ◉ 预览
- ◯ 评论

图 12-32　使用 ClipPath Sprites 技术实现的小图标效果示意

眼见为实，读者可以在浏览器中进入 https://demo.cssworld.cn/new/12/2-2.php
页面，或者扫描右侧的二维码查看效果。

由于图标效果是通过剪裁实现的，因此实现的图标效果支持任意色值，只
需要改变图标元素或者容器元素的颜色即可。渐变图标效果也是可以轻松实现
的，例如：

```
.icon {
    background: linear-gradient(deepskyblue, deeppink);
    ...
}
```

此时的渐变图标效果如图 12-33 所示。

如果你愿意，还可以把图片、按钮和文字等元素全部剪裁
成小图标的形状，这就是 ClipPath Sprites 技术的优势所在，即
支持任意元素的剪裁效果（如果不考虑 IE 浏览器）。

- 分享
- 预览
- 评论

最后，此技术有一个小小的注意点，那就是内联的 SVG 元
素不能使用 display:none 或者 visibility:hidden 进行

图 12-33   使用 ClipPath Sprites 技术
实现的渐变图标效果示意

隐藏，否则剪裁元素会被隐藏，并且此技术只适合填充模式的小图标，不适合描边小图标。

2．盒子剪裁

盒子剪裁只需要关心 margin-box、border-box、padding-box 和 content-box 这几
个盒子类型即可。fill-box、stroke-box 和 view-box 这 3 个盒子类型需要和 SVG 元素配
合使用，在实际开发中用到的概率较小，大家了解一下即可，具体含义参见 12.1.5 节。

这些盒子类型需要配合其他类型的值一起使用，例如：

```
clip-path: padding-box polygon(50% 0%, 100% 100%, 0% 100%);
```

下面这个例子可以非常直观地对比出 margin-box、border-box、padding-box 和
content-box 值的区别。下面的 HTML 和 CSS 代码中 4 个<img>元素分别应用不同的盒子
类型：

```
<img src="1.jpg" class="clip-path margin-box">
<img src="1.jpg" class="clip-path border-box">
<img src="1.jpg" class="clip-path padding-box">
<img src="1.jpg" class="clip-path content-box">
.clip-path {
    width: 200px; height: 150px;
    margin: 20px; padding: 20px;
    border: 20px solid deepskyblue;
    background-color: deeppink;

    --basic-shape: polygon(0% 0%, 100% 0%, 50% 100%);
    clip-path: var(--geometry-box) var(--basic-shape);
}
.margin-box {
    --geometry-box: margin-box;
}
.border-box {
    --geometry-box: border-box;
}
```

```
.padding-box {
    --geometry-box: padding-box;
}
.content-box {
    --geometry-box: content-box;
}
```

结果剪裁的区域有了明显的区分，如图 12-34 所示（截自 Firefox 浏览器）。

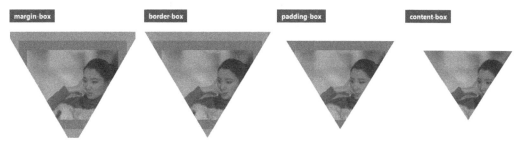

图 12-34　Firefox 浏览器中不同盒子类型下的对比效果示意

如果安装了 Firefox 浏览器，读者可以在浏览器中进入 https://demo.cssworld. cn/new/12/2-3.php 页面，或者扫描右侧的二维码查看效果。

3. 基本图形剪裁

基本图形剪裁是 clip-path 属性高频使用的一种剪裁方式，其可以实现剪裁效果的基本形状函数包括 inset()、circle()、ellipse()、polygon() 和 path()。

（1）使用 inset() 函数可以剪裁出矩形和圆角矩形形状，它是和 clip 属性中的 rect() 函数关系最近的一个函数。

clip-path 属性的 inset() 函数和 clip 属性中的 rect() 函数在语法的书写上有相似之处，例如：

```
.clip-me {
    /* rect()函数 */
    /* position:fixed 亦可 */
    position: absolute;
    clip: rect(30px 150px 150px 20px);

    /* inset()函数，无须定位属性 */
    clip-path: inset(30px 150px 150px 20px);
}
```

但是请注意，两者的语法解释不一样。rect(30px 150px 150px 20px) 和 inset(30px 150px 150px 20px) 这两个函数表达式中的 4 个值都表示最终剪裁效果的上边缘、右边缘、下边缘和左边缘，但是，这 4 个值对应的相对于剪裁元素的计算边缘方位是不同的，具体如下。

- rect() 函数的 4 个值只对应 2 个方位，分别是元素的上、左、上、左。
- inset() 函数的 4 个值对应 4 个方位，分别是元素的上、左、下、右。

我专门制作了一张对比示意图，如图 12-35 所示，rect()函数中右侧剪裁位置是相对于左边缘计算的，而 inset()函数中是相对于右边缘计算的。

相比 rect()函数，inset()函数支持百分比值，还多了一个圆角语法。例如下面的语法是合法的：

```
/* 合法 */
clip-path: inset(10% 20% 30% 40%);
```

但是 clip 属性中的 rect()函数使用百分比值却是非法的：

```
/* 非法 */
clip: rect(10% 20% 30% 40%);
```

inset()函数还支持圆角的设置，语法如下（注意 round 的位置和顺序）：

```
inset(<length-percentage>{1,4} round <'border-radius'>);
```

所以，下面 CSS 代码中的 15%才是剪裁偏移大小，很多人会搞错，以为 10% 50% 10% 50%是剪裁偏移，15%是圆角大小，并不是这样，round 关键字后面的值才是圆角大小：

```
/* 偏移大小 15%，圆角大小 10% 50% 10% 50% */
clip-path: inset(15% round 10% 50% 10% 50%);
```

上面这行 CSS 代码对应的效果如图 12-36 所示，是一个柠檬形状的剪裁效果。

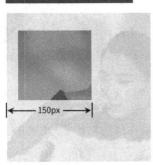

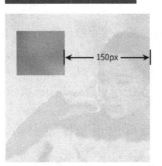

图 12-35　rect()函数和 inset()函数语法解释差异示意　　图 12-36　使用 inset()函数圆角剪裁效果示意

相比 border-radius 创建的圆角，使用 inset()函数剪裁的圆角要更加灵活，可以准确指定哪片区域有圆角效果，例如希望图 12-36 所示的圆角剪裁效果中有更大面积的人物头像，则可以这么设置：

```
clip-path: inset(15% 0% 15% 30% round 10% 50% 10% 50%);
```

最终的效果如图 12-37 所示。

inset()函数中的圆角也支持内圆角和外圆角，或者这么说吧：凡是 border-radius 属性支持的圆角值，inset()函数也都支持。例如：

```
img {
    clip-path: inset(15% 0% 15% 30% round 50% 50% 0% 0% / 100% 100% 0% 0%);
}
```

可以得到图 12-38 所示的拱形门剪裁效果。

图 12-37　指定剪裁区域的圆角剪裁效果示意　　图 12-38　使用 inset() 函数实现的拱形门剪裁效果示意

（2）circle() 函数可以用来剪裁圆形形状，其语法如下：

```
circle( [ <shape-radius> ]? [ at <position> ]? )
```

可以看出，无论是圆角大小尺寸，还是位置信息，都是可以省略的，也就是我们可以不设置任何参数，直接使用 circle() 函数。例如：

```
img {
    width: 256px; height: 192px;
    clip-path: circle();
}
```

效果如图 12-39 所示，选取最短边作为剪裁半径。

circle() 函数可以指定圆心的位置，于是我们能够轻松实现任意大小的 1/2 圆形或者 1/4 圆形剪裁效果，例如：

```
/* 以右下角为圆心进行圆形剪裁 */
img {
    clip-path: circle(180px at right bottom);
}
```

所得的效果如图 12-40 所示。

图 12-39　使用 circle() 函数实现的　　　图 12-40　使用 circle() 函数实现的
　　　　圆形剪裁效果示意　　　　　　　　　　　　1/4 圆形剪裁效果示意

circle() 函数的半径值支持百分比值，例如下面的语法是合法的：

```
clip-path: circle(40% at right 10% bottom 10%);
```

（3）ellipse() 函数可以用来剪裁椭圆形状，语法如下：

```
ellipse( [ <shape-radius>{2} ]? [ at <position> ]? )
```

ellipse() 函数和 circle() 函数的区别在于前者多了一个半径（半轴）值。与 circle() 函数一样，ellipse() 函数中的参数值都是可以省略的。例如：

```
img {
    width: 256px; height: 192px;
    clip-path: ellipse();
}
```

所得的效果如图 12-41 所示，选取元素的长边作为长半轴，短边作为短半轴。

ellipse() 函数的半径（半轴）值同样支持百分比值，例如：

```css
img {
    clip-path: ellipse(30% 50% at 75% 50%);
}
```

所得的效果如图 12-42 所示。

图 12-41　使用 ellipse() 函数实现的椭圆
剪裁效果示意

图 12-42　使用 ellipse() 函数设置百分比值
指定半轴和圆心效果示意

（4）polygon() 函数是所有基本函数中讨论最多、出镜频率最高的一个函数，一是因为其语法简单易上手，二是因为其功能强大，可以有很多衍生的应用。先看一下 polygon() 函数的语法：

```
polygon( <fill-rule>? , [ x, y ]# )
```

其中，<fill-rule>数据类型表示填充规则，值可以是 nonzero 或 evenodd，具体含义会在 12.2.2 节深入介绍，平常开发中使用默认的填充类型即可，不需要关心这个值。剩下的参数是坐标值，具体如下：

```
polygon(x0 y0, x1 y1, x2 y2, x3 y3, ... )
```

最终的效果就是坐标点一个一个连起来形成的多边形图形，其中，最后 1 个点和第 1 个点会自动连在一起，因此绘制一个三角形只需要 3 个点坐标。

理论上，polygon() 函数可以用来剪裁任意的多边形和任意的非曲线图形，甚至在线条足够多的情况下，可以一定程度上模拟曲线效果。

图 12-43 所示为 1~20 个绘制点绘制的多边形效果，可以看到，绘制点越多，最终的图形效果也越接近正圆。

在 12.1.11 节使用-webkit-mask-box-image 属性实现的渐变提示效果也可以使用 polygon() 函数近似实现，HTML 和 CSS 代码如下：

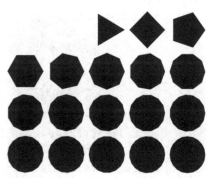

图 12-43　polygon() 函数中不同数量
的绘制点绘制出的多边形效果示意

```html
<ui-tips>感谢大家</ui-tips>
<ui-tips>感谢大家购买这本《CSS 新世界》</ui-tips>
<ui-tips>感谢大家购买这本《CSS 新世界》，如果你觉得这本书还不错，欢迎推荐给身边的朋友</ui-tips>
ui-tips {
    display: inline-block;
    padding: 12px 15px 24px;
    color: #fff;
    background: linear-gradient(45deg, deepskyblue, deeppink);
    /* 上方的圆角使用圆角属性实现 */
```

```
border-radius: 6px 6px 0 0;
/* 下方的圆角和三角使用 polygon()函数实现 */
clip-path: polygon(0 0, 100% 0, 100% calc(100% - 22px), calc(100% - 2px) calc(100%
- 18px), calc(100% - 6px) calc(100% - 16px), calc(15% + 18px) calc(100% - 16px), calc(15%
+ 9px) calc(100% - 6px), 15% calc(100% - 16px), 0 calc(100% - 16px), 6px calc(100% -
16px), 2px calc(100% - 18px), 0 calc(100% - 22px));
}
```

实现的效果如图 12-44 所示。

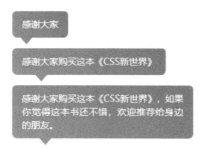

图 12-44　使用 polygon() 函数实现的渐变提示框效果示意

眼见为实，读者可以在浏览器中进入 https://demo.cssworld.cn/new/12/2-4.php 页面，或者扫描右侧的二维码查看效果。

除了规则的多边形，polygon() 函数还可以实现不规则的复合多边形效果，原理很简单，重复的连线的剪裁效果是透明的。举个例子，双三角图标可以使用 polygon() 函数实现，代码如下（在实际开发中推荐使用百分比值）：

```
.double-triangle {
    clip-path: polygon(5px 10px, 16px 3px, 16px 10px, 26px 10px, 26px 3px, 37px 10px,
26px 17px, 26px 10px, 16px 10px, 16px 17px)
}
```

路径点和最终的效果如图 12-45 所示。

polygon() 函数语法虽简单，但是坐标的设置是很麻烦的事情，简单图形的坐标还可以想象出来，复杂的图形就比较花时间了。不用急，业界有不少 Clip Path 生成器，读者可以通过搜索 "CSS clip-path maker" 获取。

（5）path() 函数可以剪裁出任意图形效果，是一个功能非常强大的剪裁函数，其他所有基本形状函数都可以使用 path() 函数表示。

图 12-45　使用 polygon() 函数实现的双三角图标效果示意

path() 函数的语法如下：

```
path( [ <fill-rule>, ]? <string> )
```

其中<string>指的是路径字符内容，举个简单的例子示意一下：

```
<button class="icon-arrow"></button>
.icon-arrow {
    width: 32px; height: 32px;
    background: linear-gradient(45deg, deepskyblue, deeppink);
    clip-path: path("M16.016 1.157l-15.015 15.015h9.009v16.016h12.012v-16.016h9.009z");
```

```
    transition: .2s;
}
.icon-arrow:active {
    clip-path: path("M16.016 31.187l15.015-15.015h-9.009v-16.016h-12.012v16.016h-9.009z");
}
```

在现代浏览器中可以看到图 12-46 所示的渐变图标效果，点击该图标的时候还会有酷酷的路径变化动画效果。

图 12-46　使用 path() 函数实现渐变图标效果示意

读者可以在浏览器中进入 https://demo.cssworld.cn/new/12/2-5.php 页面，或者扫描右侧的二维码查看效果。

以上就是对 clip-path 属性的不同类型属性值的介绍。接下来，再介绍一下 clip-path 属性的几个细节：

（1）剪裁效果发生的时候，元素原始的位置是保留的，不会发生布局上的变化，这为 clip-path 属性在图形动态效果领域大显身手打下了技术基础。

（2）被剪裁的区域不能响应点击行为，也不能响应 :hover 伪类和 :active 伪类。这一点和 mask 属性不同，元素应用 mask 属性遮罩效果后，透明的部分依然是可以点击的。

（3）clip-path 属性的几个基本图形函数都是支持动画效果的，但是需要关键坐标点的数量在动画前后保持一致。对于 path() 函数，还需要路径的指令保持一致才会有动画效果。

12.2.2　深入了解 nonzero 和 evenodd 填充规则

clip-path 属性中的 polygon() 函数支持一个名为 <fill-rule> 的数据类型，表示填充规则。

无论是 SVG、Canvas 还是 CSS，只要涉及路径填充，都离不开填充规则，并且用来表示填充规则的参数名也都是完全一致的，即 nonzero 和 evenodd。换句话说，弄懂了 nonzero 和 evenodd 这两个填充规则，不仅在 CSS 这门语言中受用，在 SVG、Canvas 和其他与路径填充相关的程序开发语言中都是受用的。

1．差异对比

如果填充对象是一个三角形，则这两种填充规则没什么区别，效果如图 12-47 所示。

如果填充对象是两个三角形，并且两者重叠，差异就出现了，效果如图 12-48 所示。

可以看到，在 evenodd 填充模式下，有些区域并没有被填充。你难免会好奇：究竟哪些区域要填充，哪些区域不需要填充呢？

下面就深入介绍一下 nonzero 和 evenodd 填充规则是怎样执行的。

2．一切都是交叉点的选择

填充规则的关键，就是确定复杂路径构成的图形的内部和外部。内部则填充，外部则透明。

顾名思义，"nonzero 规则"就是"非零规则"，用通俗的话讲，就是计算某些值是不是 0，如果不是 0 则表示内部，表现为填充；如果是 0 则表示外部，表现为不填充。"evenodd 规则"就是"奇偶规则"，用通俗的话讲，就是计算某些值是不是奇数，如果是奇数则表示内部，表现为填充；如果是偶数则表示外部，表现为不填充。

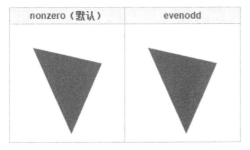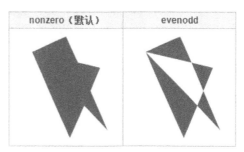

图 12-47　填充一个三角形时，
nonzero 和 evenodd 填充效果示意

图 12-48　填充两个重叠的三角形时，
nonzero 和 evenodd 填充效果示意

下面关键来了，这里的"计算某些值"究竟计算的是什么值呢？nonzero 规则和 evenodd 规则计算的值还不一样，nonzero 是计算顺时针和逆时针数量，evenodd 是计算交叉路径数量。

为了示意更加直观，我们可以把图 12-48 所示的三角图形的路径方向和序号标记下来，如图 12-49 所示。

我们要判断某一个区域在路径内部还是路径外部，只需要在这个区域内任意找一个点，然后以这个点为起点，发射一条无限长的射线。

对于 nonzero 规则：起始值为 0，射线会和路径相交，如果路径方向和射线方向形成的是顺时针方向则值加 1，如果是逆时针方向则值减 1，如果最后数值为 0，则是路径的外部；如果数值不是 0，则是路径的内部。因此该规则又被称为"非 0 规则"。

例如，从图 12-50 所示的 A 点随便发出一条射线，结果经过了路径 5 和路径 2。我们顺着路径前进方向和射线前进方向，可以看到合并后的运动方向都是逆时针，因此最后计算值是-2，不是 0。所得结果表示 A 点处于内部，可以被填充。

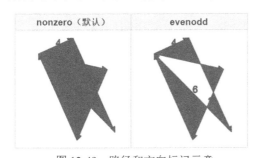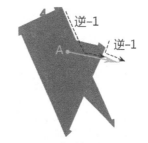

图 12-49　路径和方向标记示意

图 12-50　非零规则计数示意

再看外部的例子，我同样制作了一个示意图，如图 12-51 所示。从图 12-51 所示的 B 点发出一条射线，会经过两条路径，分别是路径 2 和路径 3，我们顺着路径前进方向和射线前进方向可以看到，合并后的运动方向一个是逆时针，一个是顺时针，因此，最后的计算值是 0。所得结果表示 B 点处于外部，不被填充。

对于 evenodd 规则：起始值为 0，射线会和路径相交，每交叉一条路径，值就加 1，最后看总计算数值，如果是奇数，则认为是路径内部；如果是偶数，则认为是路径外部。

例如，从图 12-52 所示的 A 点随便发出一条射线，射线经过了路径 5 和路径 2，交叉的路径个数为 2，是偶数，因此 A 点所在区域属于路径外部，不填充。

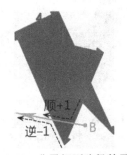

图 12-51　非零规则路径外示意　　　　　图 12-52　奇偶规则路径外示意 1

又如，从图 12-53 所示的 B 点发出一条射线，经过路径 2 和路径 3，交叉的路径个数为 2，是偶数，因此 B 点所在区域属于路径外部，不填充。

最后看一下图 12-54 所示的 C 点，其发出的射线总共和 3 个路径交叉，是奇数，因此 C 点所在区域属于路径内部，要填充。

图 12-53　奇偶规则路径外示意 2　　　　　图 12-54　奇偶规则路径内示意 3

以上就是 nonzero 规则和 evenodd 规则的介绍，相信大家不难理解。

另外，在有些文档下，"非 0 规则"顺时针是−1，逆时针是+1，这也是正确的，并不影响对结果的判断。

12.2.3　clip-path 属性的精彩应用示例

clip-path 属性在日常开发中的应用还挺多的，无论是图形绘制还是动画表现，使用 clip-path 属性实现都是最佳方案，这里举两个例子。

1.　全新的元素显示与隐藏方式

由于 clip-path 属性在应用剪裁效果的时候元素原始的位置完全保留，不用担心会影响布局，因此，clip-path 属性开辟了一系列全新的元素显示与隐藏交互效果。这种场景似曾相识，那就是 transform 属性。同样，元素在应用变换效果的时候元素原始的位置完全保留，不用担心会影响布局，因此，transform 属性开辟了一系列全新的元素显示与隐藏交互效果，例如缩放、滑动等效果。所有 clip-path 基本图形函数都可以实现动画效果。例如，元素以圆形的方式慢

慢呈现，或者以多边形的方式呈现等。

我根据自己的想法制作了几种效果，读者可以在浏览器中进入 https://demo.cssworld.cn/new/12/2-6.php 页面，或者扫描右侧的二维码查看。

我将其用在了幻灯片广告播放交互中，包括下面 5 种剪裁动画：

- 圆形效果；
- 三角效果；
- 带圆角的矩形效果；
- 菱形效果；
- 十字星到矩形效果。

对应的动画效果大致如图 12-55 所示。

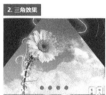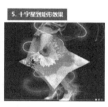

图 12-55　使用 clip-path 属性实现的效果示意

相关 CSS 代码其实很简单，设定好完全剪裁时的 CSS 样式，再设定好完全显示时的 CSS 样式，浏览器会自动完成中间的动画效果。以圆形效果为例，其 animation 相关代码如下：

```
.in {
    animation: clipCircleIn .6s;
}
@keyframes clipCircleIn {
    0% {
        clip-path: circle(0 at 50% 50%);
    }
    100% {
        clip-path: circle(200px at 50% 50%);
    }
}
```

2. 再来实现一次渐变提示框效果

虽然使用 polygon() 函数也能实现近似圆角的渐变提示框，但是坐标值的确定实在是太耗费时间了，且只适用于圆角大小比较小的场景。最好的实现方法其实还是利用伪元素，将圆角矩形和下方的小三角形两侧进行剪裁叠加。这样更符合人类的主观认识，语法也更加简单，可以快速手写出来，别人也能看得懂代码的含义，更利于日后的维护和交接。

实现的代码如下所示，剪裁的比例均使用百分比值，以适应各种尺寸的提示框：

```
<ui-tips>感谢大家</ui-tips>
<ui-tips>感谢大家购买这本《css 新世界》</ui-tips>
<ui-tips>感谢大家购买这本《css 新世界》，如果你觉得这本书还不错，欢迎推荐给身边的朋友<ui-tips>
ui-tips {
    display: inline-block;
    max-width: 250px;
    padding: 10px 15px 26px;
```

```
    color: #fff;
    position: relative;
    z-index:0;
}
ui-tips::before,
ui-tips::after {
    content: "";
    background: linear-gradient(45deg, deepskyblue, deeppink);
    position: absolute;
    left: 0; right: 0; top: 0; bottom: 0;
    z-index: -1;
}
/* 剪裁圆角矩形 */
ui-tips::before {
    clip-path: inset(0% 0% 16px round 6px);
}
/* 剪裁三角形矩形 */
ui-tips::after {
    clip-path: polygon(calc(2em + 18px) calc(100% - 16px), calc(2em + 9px) calc(100%
    - 6px), 2em calc(100% - 16px));
}
```

我们其实还可以把小三角的尺寸作为 CSS 变量来设置，这样日后维护和扩展更方便，且代码的性质更接近于一个 CSS 渐变提示框组件。最终实现的效果如图 12-56 所示。

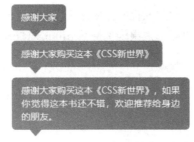

图 12-56   使用 inset() 和 polygon() 函数实现的渐变提示框效果示意

眼见为实，读者可以在浏览器中进入 https://demo.cssworld.cn/new/12/2-7.php 页面，或者扫描右侧的二维码查看效果。

12.3   -webkit-box-reflect 属性与倒影效果的实现

在 CSS 中可以轻松实现倒影效果，主要是通过 -webkit-box-reflect 属性来实现。

webkit 内核浏览器早年私有支持了三大与图形表现相关的 CSS 属性，分别是 -webkit-mask、-webkit-clip-path 和这里要讲的 -webkit-box-reflect。不过，-webkit-box-reflect 属性的运气并没有 -webkit-mask 和 -webkit-clip-path 这两个 CSS 属性那么好，因为一直到现在，-webkit-box-reflect 还是非标准的 CSS 属性，所以 Firefox 浏览器一直没有对 -webkit-box-reflect 属性进行支持，但是，Firefox 浏览器有其他特性可以实现部分倒影效果。

本节将介绍 -webkit-box-reflect 属性和 Firefox 浏览器中倒影效果的实现方法。

12.3.1 -webkit-box-reflect 属性的简单介绍

最简单的倒影效果实现只需要一行 CSS 代码：

```
-webkit-box-reflect: below;
```

得到图 12-57 所示的效果。

属性值 `below` 用来指定倒影的方位。除了方位可以指定，倒影的偏移大小和倒影的遮罩图像都是可以设置的，`-webkit-box-reflect` 属性完整的语法如下：

```
-webkit-box-reflect: [ above | below | right | left ]?
<length>? <image>?
```

图 12-57 使用-webkit-box-reflect 属性实现的最基本的倒影效果示意

这一语法分为方位、偏移大小和遮罩图像这 3 部分。

- 方位：可以是 `above`、`below`、`left` 和 `right` 这 4 个值中的任意一个，分别表示在上、下、左、右进行倒影。
- 偏移大小：表示倒影和原始元素的偏移距离，可以是数值，也可以是百分比值。如果是百分比值，则百分比大小是相对于元素自身尺寸计算的，与 `transform` 属性中 `translate()` 函数的百分比计算规则是一致的。
- 遮罩图像：可以实现对元素倒影的遮罩控制，支持 `url()` 函数图像、渐变图像等。

因此，我们可以有如下的一些代码书写方法：

```
-webkit-box-reflect: below;
-webkit-box-reflect: right;
-webkit-box-reflect: right 10px;
-webkit-box-reflect: below 0 linear-gradient(transparent, white);
-webkit-box-reflect: below 0 url(shuai2.png);
```

对应的效果如图 12-58 所示。

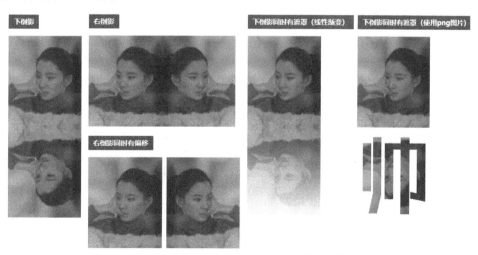

图 12-58 -webkit-box-reflect 各类属性值效果示意

眼见为实，读者可以在浏览器中进入 https://demo.cssworld.cn/new/12/3-1.php 页面，或者扫描右侧的二维码查看效果。

下面小结一下几点说明。

（1）倒影和 outline、box-shadow 属性一样，其不占据尺寸空间，同时倒影也无法响应点击事件。

（2）如果倒影的偏移值是使用百分比值设置的，那么这个百分比值对应的尺寸计算方位是根据倒影方向自动识别的。例如倒影方向是 below 或 above，则偏移百分比值是根据原始元素的高度计算的；如果倒影方向是 left 或 right，则偏移百分比值是根据元素的宽度来计算的。

（3）遮罩图像可以使用任意的 CSS 渐变语法，包括锥形渐变，不过这里的遮罩图像一次最多只能设置一张图像。

（4）使用遮罩图像的时候，倒影的偏移值是不能缺省的。如果没有偏移，请使用 0 占位，这也是为何上面的演示代码中有个 0。遮罩图像自身也会因倒影而翻转。例如图 12-58 中最后一个倒影效果的遮罩图像是一个"帅"字，而这个原始的"帅"字图像是倒立的，如图 12-59 所示。

遮罩图虽然倒立，但是由于倒影也会翻转遮罩图，因此就看到了正的"帅"字效果。

（5）倒影效果具有实时渲染特性，也就是说，如果我们对原始图像进行剪裁，倒影也会被剪裁。例如，以下代码实现了一个正圆倒影效果，如图 12-60 所示。

```
img {
    clip-path: circle(50% at bottom);
    -webkit-box-reflect: below;
}
```

图 12-59 "帅"字倒立效果示意

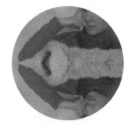

图 12-60 -webkit-box-reflect 属性的
倒影效果实时渲染示意

（6）遮罩图像是没有跨域限制的，而 mask-image 属性使用的遮罩图像是有跨域限制的。

12.3.2 Firefox 浏览器实现投影效果的解决方案

虽然 Firefox 浏览器不支持-webkit-box-reflect 属性，却可以使用 element() 图像函数（参见 10.4.2 节）实现近似的投影效果。

无论是倒影的偏移、遮罩效果还是无法响应点击行为的特性，Firefox 浏览器均可以模拟。例如，12.3.1 节倒影案例页面中的所有效果在 Firefox 浏览器中均可以使用 element() 图像函数实现。

眼见为实，读者可以在浏览器中进入 https://demo.cssworld.cn/new/12/3-2.php 页面，或者扫描右侧的二维码查看效果。

在 Firefox 浏览器中实现的效果如图 12-61 所示。

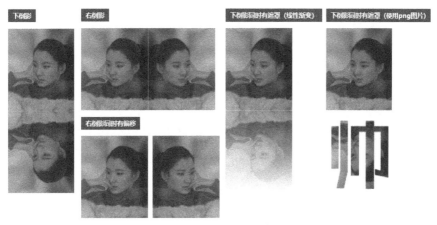

图 12-61　Firefox 浏览器实现的倒影效果示意

从图 12-61 可以看出，该有的倒影效果都有。同时，当图像的内容发生替换的时候，倒影内容也会跟着一起变化，效果如图 12-62 所示。由此可见 element() 图像函数与 -webkit-box-reflect 属性实现的效果相差无几。

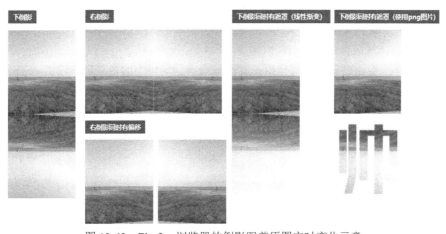

图 12-62　Firefox 浏览器的倒影跟着原图实时变化示意

这里演示一下最后两个带遮罩效果的倒影在 Firefox 浏览器中的实现过程，HTML 和 CSS 代码如下：

```
<h4>下倒影同时有遮罩（线性渐变）</h4>
<p class="reflect-below-mask"><img id="reflectBelowMask" src="1.jpg"></p>
<h4>下倒影同时有遮罩（使用 PNG 图片）</h4>
<p class="reflect-below-img"><img id="reflectBelowImg" src="1.jpg"></p>
/* 使用伪元素模拟倒影效果 */
.reflect-below-mask::after,
.reflect-below-img::after {
    content: "";
    display: block;
```

```
    position: absolute;
    width: 150px; height: 180px;
    pointer-events: none;
    transform: scaleY(-1);
}
/* 让伪元素的背景由原始元素生成 */
.reflect-below-mask::after {
    background: -moz-element(#reflectBelowMask) right / cover;
    mask-image: linear-gradient(transparent, white);
}
/* 使用图像实现遮罩 */
.reflect-below-img::after {
    background: -moz-element(#reflectBelowImg) right / cover;
    mask-image: url(shuai.png);
}
```

这一效果的实现原理如下。

- 使用伪元素模拟倒影效果，不占据多余的 HTML 元素，也无法被机器识别，和真实倒影性质接近。
- 倒影元素设置为绝对定位，这样大多数场景下是不会影响布局的。设置 `pointer-events:none` 无视所有点击事情，模拟倒影元素的穿透性。
- 最终的一步就是倒影元素一定要使用 `element()` 函数作为背景图出现，这样才是一个和原始元素效果实时同步的倒影效果。
- 如果有遮罩效果，可以使用 `mask` 属性实现，Firefox 浏览器对 `mask` 属性的支持度很高，大家放心使用。

所有这些细节让 Firefox 浏览器可以实现类似 `-webkit-box-reflect` 属性实现的倒影效果。当然，Firefox 浏览器也只是近似模拟，实测下来有些场景中的效果还是没有 `-webkit-box-reflect` 属性强。例如在 Firefox 浏览器中，上面案例中的倒影并不会随着原始图像同步变化，因为 `element()` 函数只能实时同步内容的变化。不过，要解决这个问题也很简单，在 `<img>` 外面再套一层标签，把父元素作为倒影图像即可，这是因为此时 `<img>` 元素属于倒影元素的子元素，变成了内容的一部分，代码如下所示：

```
<div class="reflect-below-mask">
    <p id="reflectBelowMask"<>img src="1.jpg"></p>
</div>
```

12.4　使用 offset 属性实现元素的不规则运动

要让一个元素按照不规则路径进行运动，在过去实现成本比较低、兼容性也比较好的方法是使用"SVG SMIL animation"，现代浏览器均提供支持。有兴趣的读者可以阅读我的一篇文章《超级强大的 SVG SMIL animation 动画详解》（https://www.zhangxinxu.com/wordpress/2014/08/so-powerful-svg-smil-animation/）进行了解。

SVG SMIL animation 虽然强大，但是缺点也很明显。

- 由于其本质上是 SVG，而 SVG 对文字、按钮等元素的展示并不友好，因此，使用起来不够灵活，无法实现复杂模块内容的不规则运动。
- 由于各类效果都是基于 HTML 属性生成的，因此存在同一个效果无法简单复用的问题，例如，

A 和 B 两个元素的动画路径和效果是一样的，却需要分别设置，无法像 CSS 类那样简单复用。

`offset` 属性出现后，因为其使用简单、维护方便、效果显著等优点立即成了实现元素偏移运动的首选属性，尤其是不规则路径的运动效果，更是有着独一无二、不可替代的竞争优势。

举个简单的例子，要实现一匹马儿沿着崎岖路径跑动的动画，只需要一个马儿元素和几行 CSS 代码就可以了，用这样简单的代码实现这样的动画效果在过去是难以想象的。例如：

```
<img src="horse.png" class="horse-run">

<!-- 与马儿运动本身无关，为了方便大家看清运动轨迹 -->
<svg width="280" height="150" viewBox="0 0 280 150">
    <path d="M10,80 q100,120 120,20 q140,-50 160,0" stroke="#cd0000" stroke-width="2"
fill="none" />
</svg>
.horse-run {
    offset-path: path("M10,80 q100,120 120,20 q140,-50 160,0");
    animation: motion 3s linear infinite;
}
@keyframes motion {
    100% { offset-distance: 100%;}
}
```

实现的效果如图 12-63 所示，这里截取了运动的几个画面示意一下。

图 12-63　图片元素沿着不规则路径运动示意

眼见为实，读者可以在浏览器中进入 https://demo.cssworld.cn/new/12/4-1.php 页面，或者扫描右侧的二维码查看效果。

从上面这个简单的例子不难看出，`offset` 属性的确挺好用的，但是 `offset` 属性有一个缺点，那就是 Safari 浏览器并不提供对它的支持，具体的兼容性如表 12-1 所示。

兼容性

表 12-1　**offset** 属性的兼容性（数据源自 Caniuse 网站）

IE	Edge	Firefox	Chrome	Safari	iOS Safari	Android Browser
✘	✘	72+ ✔	46+ ✔	✘	✘	5+ ✔

Safari 浏览器的不支持导致面向用户的产品使用 `offset` 属性的成本陡然升高，要么无视 Safari 浏览器，要么 Safari 浏览器降级处理，要么在 Safari 浏览器下使用 SVG SMIL animation 特殊处理。

如果 Safari 浏览器不支持的是其他普通的 CSS 属性，我会建议大家了解即可。但是 `offset` 属性实现的效果实在是太棒了，强烈建议大家重点学习。`offset` 属性用起来很简单，但是外行人一看，会觉得你技术很牛！

offset 属性是多个 CSS 属性的缩写，相关属性包括：

- offset-anchor；
- offset-distance；
- offset-path；
- offset-position；
- offset-rotate。

在具体介绍上面 5 个 CSS 属性之前，先简单说说 offset 属性的历史。

12.4.1　了解 offset 属性演变的历史

前端开发者可能对 offset 属性比较陌生，但是如果说起 offset-path 属性，不少前端开发者就会有印象了，这是整个 offset 属性家族中最重要的一个属性。

其实，offset-path 属性一开始并不叫作 offset-path，而叫作 motion-path，为什么后来变了呢？那是因为 motion-path 描述的是静态的位置，并没有"运动"（motion）的含义在其中，因此，motion-path 这个命名是不合理的。于是，在 W3C 官方的 CSS Motion Path Module 的规范文档，全部都使用 offset-path 这个名称，本着遵循规范文档的原则，Chrome 浏览器就对原本支持的 motion-path 属性进行了更改，而且是统一更改，也就是将原来的以 motion- 开头的属性全都变成以 offset- 开头的属性，例如原来的 motion-path 变成了 offset-path，原来的 motion-offset 变成了规范的 offset-distance 等。

根据我查阅的一些资料的说法，motion-path 语法于 2015 年 9 月开始被支持，在 Chrome M58 版本被移除，废弃于 2017 年 4 月。目前，已经没有任何浏览器支持 motion-path 属性了。

以上就是 offset 属性简短的演变史，下面开始进入正题。

12.4.2　offset-anchor 属性的简单介绍

offset-anchor 属性用来确定偏移运动的锚点，也就是确定元素中沿着轨迹运动的点。

我们先通过一个例子快速了解一下 offset-anchor 属性的具体表现，还是马儿沿着不规则路径跑动的例子，只不过这次是两匹马儿，一匹马儿的偏移锚点位置是左上角，CSS 代码如下：

```
.horse-1 {
    offset-anchor: 0 0;
}
```

另一匹马儿的偏移锚点位置为右下角，CSS 代码如下：

```
.horse-2 {
    offset-anchor: right bottom;
}
```

现在让这两匹马儿沿着指定路径开始偏移，结果马儿在起始偏移、偏移途中和偏移末尾的时候与偏移路径的位置关系会表现为图 12-64 所示这样，可以看到上方的马儿的左上角坐标和下方的马儿的右下角坐标一直和偏移路径保持重叠。

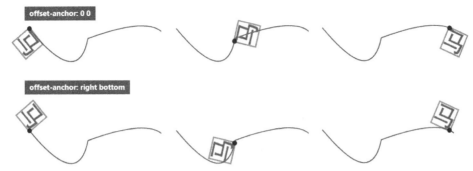

图 12-64　offset-anchor 属性基本作用效果示意

眼见为实，读者可以在浏览器中进入 https://demo.cssworld.cn/new/12/4-2.php 页面，或者扫描右侧的二维码查看效果。

offset-anchor 属性的语法比较简单，具体如下：

```
offset-anchor: auto | <position>
```

这一语法中有以下两个需要注意的点。

（1）auto：初始值。在通常情况下，auto 关键字属性值表示使用和 transform-origin 属性一样的值，这就很有意思了，offset-anchor 和 transform-origin 这两个看起来毫无关系的属性居然产生了关联。auto 关键字属性值在有一种场景下并不是使用 transform-origin 的属性值，而是使用 offset-position 的属性值，那就是 offset-path 属性值是 none 的时候。

（2）<position>：<position>属性值没什么好说的，就是具体的锚点位置，下面是一些语法示意：

```
offset-anchor: top;
offset-anchor: 25% 75%;
offset-anchor: 0 0;
offset-anchor: 1cm 2cm;
offset-anchor: 10ch 8em;
offset-anchor: bottom 10px right 20px;
offset-anchor: right 3em bottom 10px;
```

12.4.3　offset-distance 属性的简单介绍

offset-distance 属性表示偏移的距离大小，也就是元素沿着路径移动的距离，支持百分比值和长度值，下面是一些语法示意：

```
/* 默认值 */
offset-distance: 0;
/* 偏移 50%距离 */
offset-distance: 50%;
/* 固定的长度值 */
offset-distance: 50px;
```

如果移动的路径是一个封闭的路径，则我们可以实现一个不断循环、无限运动的动画效果。请看下面这个例子，利用等边三角形路径实现了一个"三龙戏珠"的加载效果：

```
<i class="loading"><i></i></i>
.loading {
    display: inline-block;
```

```
    width: 40px; height: 40px;
    color: deepskyblue;
    background: radial-gradient(currentColor 2px, transparent 3px);
    animation: spin 6s linear infinite reverse;
}
.loading::before,
.loading::after,
.loading > i {
    content: "";
    position: absolute;
    width: 5px; height: 5px;
    background-color: currentColor;
    border-radius: 50%;
    /* 盒阴影模拟龙尾效果 */
    box-shadow: 0 6px 0 -.5px, 0 12px 0 -1px, 0 18px 0 -1.5px, 0 24px 0 -2px;
    /* 沿着等边三角形路径运动 */
    offset-path: path("M20 0 L5.858 30L34.142 30Z");
    offset-rotate: auto 90deg;
    /* 无限循环运动 */
    animation: motion 1.5s linear infinite, shadow .5s linear infinite alternate;
}
/* 通过延时让元素分别在 3 条边上运动 */
.loading::before {
    animation-delay: -.5s;
}
.loading::after {
    animation-delay: -1s;
}

@keyframes motion {
    100% { offset-distance: 100%; }
}
@keyframes shadow {
    50% { box-shadow: 0 6px 0 -.5px, 0 12px 0 -1px, 0 18px 0 -1.5px, 0 24px 0 -2px;}
    0%, 100% { box-shadow: 0 0 0 -.5px, 0 0 0 -1px, 0 0 0 -1.5px, 0 0 0 -2px;}
}
@keyframes spin {
    100% { transform: rotate(360deg);}
}
```

某一时间帧下的效果如图 12-65 所示。

图 12-65 offset-distance 属性动画与元素的路径运动效果示意

读者可以在浏览器中进入 https://demo.cssworld.cn/new/12/4-3.php 页面，或者扫描右侧的二维码查看完整的动画效果。

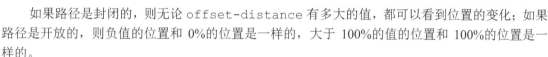

`offset-distance` 属性值可以是负值，也可以大于 100%。例如，下面的语法都是合法的：

```
offset-distance: -50%;
offset-distance: 200%;
```

如果路径是封闭的，则无论 `offset-distance` 有多大的值，都可以看到位置的变化；如果路径是开放的，则负值的位置和 0%的位置是一样的，大于 100%的值的位置和 100%的位置是一样的。

12.4.4 offset-path 属性的详细介绍

`offset-path` 属性指的是运动的路径，支持多种路径类型，但从语法而言，它和 `clip-path` 属性有众多相似之处。其语法如下：

```
offset-path: none;
offset-path: ray( [ <angle> && <size> && contain? ] );
offset-path: <path()>;
offset-path: <url>;
offset-path: [ <basic-shape> || <geometry-box> ];
```

其中<url>数据类型可以直接使用页面内联 SVG 元素中任意图形元素的路径，<basic-shape>则包括 inset、circle、ellipse、polygon 等基本图形函数。

这么一看，`offset-path` 属性还挺强大的，只可惜现实世界总是充满遗憾，上面这么多函数，仅仅 `path()` 函数的兼容性良好。其他所有函数，要么对其提供支持的浏览器很少，如 `ray()` 函数，要么就完全没有浏览器提供支持。

接下来就看一下 `ray()` 函数、`url()` 函数和<basic-shape>基本图形函数的遗憾之处。

1. 关于 ray()函数

`ray()` 函数是 `offset-path` 属性独有的函数类型，表示射线状的偏移，其尺寸与当前元素的包含块元素密切相关。

目前 `ray()` 函数并不实用，原因并不在于 `ray()` 函数本身，而在于 `offset-position` 属性。无论是 Chrome 浏览器还是 Firefox 浏览器，目前对 `offset-position` 属性的支持都有问题：Firefox 浏览器不提供支持；Chrome 浏览器的渲染效果和规范定义并不符合，规范中百分比值是相对于包含块元素的尺寸计算的，但是实际的渲染效果却不是。于是这导致 `ray()` 函数的渲染解析效果和 CSS 规范中的描述有偏差。

但是，随着浏览器的发展，浏览器对各个属性的支持会越来越成熟，所以了解一下 `ray()` 函数还是有用的，`ray()` 函数的语法如下：

```
offset-path: ray( [ <angle> && <size> && contain? ] )
```

`ray()` 函数的偏移路径是一条射线，射线的起始位置默认是元素的中心点，由 `offset-anchor` 属性决定。射线的角度由<angle>参数决定，角度的方向和位置与 CSS 渐变中的<angle>角度是一样的，0deg 表示方向朝上，正角度值表示沿顺时针方向旋转。射线的距离由<size>参数决定，支持 closest-side、closest-corner、farthest-side、farthest-corner 和 sides

这几个值，表示射线终止的位置是包含块元素的短边、长边、近角或远角。

<size>数据类型中的值 sides 表示射线和包含块元素交点的距离，如果射线的初始位置不在包含块元素内，则 sides 表示的距离是 0。

参数 contain 表示当前元素是否在射线覆盖的圆形区域之内，可以通过下面这个例子快速了解 contain 参数的作用。HTML 代码如下：

```
<div class="container">
    <div class="box box-red"></div>
    <div class="box box-blue"></div>
</div>
```

CSS 代码如下：

```
.container {
    width: 200px; height: 200px;
    transform-style: preserve-3d;
}
.box {
    width: 50px; height: 50px;
    offset-distance: 100%;
    offset-position: 50% 50%;
    offset-rotate: 0deg;
    position: relative;
}
.box-red {
    background-color: red;
    offset-path: ray(45deg closest-side);
}
.box-blue {
    background-color: blue;
    offset-path: ray(180deg closest-side);
}
```

理论上的效果如图 12-66 所示。

如果 ray() 函数设置了 contain 参数，则变化的 CSS 代码如下：

```
.box-red {
    offset-path: ray(45deg closest-side contain);
}
.box-blue {
    offset-path: ray(180deg closest-side contain);
}
```

理论上的效果如图 12-67 所示，元素在射线覆盖的圆形区域内。

仔细观察图 12-66 和图 12-67 中蓝色（下方）方块和红色（上方）方块的位置，就能明白 ray() 函数的 3 个参数的作用和表现了。

2. 关于 url()函数

url() 函数的参数指向 SVG 图形元素的 ID，这样，就可以使用 SVG 图形元素对应的路径作为偏移路径。这些 SVG 图形元素包括<circle>、<ellipse>、<line>、<path>、<polygon>和<rect>等。

例如，已知页面上有如下 SVG 元素：

```
<svg width="280" height="150" viewBox="0 0 280 150">
    <path id="road" d="M10,80 q100,120 120,20 q140,-50 160,0" />
</svg>
```

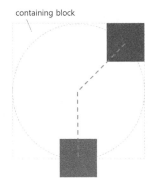

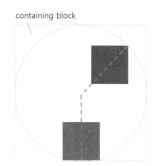

图 12-66　没有设置 contain 参数时候的效果示意　　　图 12-67　设置 contain 参数时候的效果示意

则理论上下面的 CSS 代码可以让元素按照#road 对应的<path>元素的路径偏移：

```
offset-path: url('#road');
```

只可惜，目前 Chrome 浏览器和 Firefox 浏览器尚未支持 url()函数语法，想要在实际项目中应用 url()函数语法，需要另辟蹊径，接下来会有所介绍。

3. offset-path 属性中的基本图形函数

offset-path 属性支持的基本图形函数和 clip-path 属性支持的基本图形函数一模一样，语法也是一模一样的，因此具体的语法含义就不展开了，下面是一些语法使用示意：

```
offset-path: inset(50% 50% 50% 50%);
offset-path: circle(50% at 25% 25%);
offset-path: ellipse(30% 50% at 75% 50%);;
offset-path: polygon(30% 0%, 70% 0%, 100% 50%, 30% 100%, 0% 70%, 0% 30%);
```

只可惜，目前尚未有任何浏览器支持 offset-path 属性中的基本图形函数，要不然其一定是 offset-path 属性中最常用的一种属性值。

自然，可以和<basic-shape>同时使用的<geometry-box>数据类型目前也没有被任何浏览器支持，例如：

```
offset-path: margin-box;
offset-path: inset(50% 50% 50% 50%) margin-box;
```

4. url()函数和其他基本函数的模拟支持处理

由于所有 url()函数和其他基本函数都可以转变成 path()函数，而 Chrome 和 Firefox 浏览器都对 path()函数提供支持，因此，想要让 Chrome 和 Firefox 浏览器支持 url()函数和其他基本函数语法是有可能的，我们只需要想办法把 url()函数和其他基本函数转换成 path()函数。

可以借助 CSS 自定义属性来将 url()函数和其他基本函数转换成 path()函数，拿 circle()函数举例，CSS 代码如下：

```
.example {
    --offset-path: circle(40%);
    offset-path: var(--offset-path);
}
```

如果浏览器支持 `circle()` 函数语法，则上面的语句可以被浏览器正常渲染；如果浏览器不支持 `circle()` 函数语法［可以通过 JavaScript 的 `CSS.supports()` 方法检测］，则我们要识别自定义属性 `--offset-path` 的值并进行转化。为此，我专门写了一个名为 offset-path.js 的文件，只要引入该 JavaScript 文件，在需要模拟支持的元素上设置 `is-offset-path` 属性，就可以有 `url()` 函数和其他基本函数的语法效果了。

眼见为实，读者可以在浏览器中进入 https://demo.cssworld.cn/new/12/4-4.php 页面，或者扫描右侧的二维码查看效果。

上述演示页面展示了 `url()` 函数、`circle()` 函数和 `polygon()` 函数的使用效果，如图 12-68 所示。

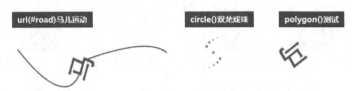

图 12-68　`offset-path` 部分函数模拟支持后的效果示意

`url()` 函数使用的关键 HTML 和 CSS 代码如下：

```
<img src="horse.png" class="horse-run" is-offset-path>
<svg width="280" height="150" viewBox="0 0 280 150">
    <path id="road" d="M10,80 q100,120 120,20 q140,-50 160,0" stroke="#cd0000"
stroke-width="2" fill="none" />
</svg>
.horse-run {
    position: absolute;
    --offset-path: url(#road);
    offset-path: var(--offset-path);
    animation: motion 3s linear infinite;
}
```

`circle()` 函数使用的关键 HTML 和 CSS 代码如下：

```
<i class="loading" is-offset-path></i>
.loading {
    --offset-path: circle(40%);
}
.loading::before,
.loading::after  {
    content: "";
    offset-path: var(--offset-path);
    offset-rotate: auto 90deg;
    animation: motion 1s linear infinite;
}
.loading::before {
    animation-delay: -.5s;
}
```

`polygon()` 函数使用的关键 HTML 和 CSS 代码如下：

```
<img src="horse.png" class="horse-polygon" is-offset-path>
.horse-polygon {
    --offset-path: polygon(30% 0%, 70% 0%, 100% 50%, 30% 100%, 0% 70%, 0% 30%);
```

```
offset-path: var(--offset-path);
animation: motion 3s linear infinite;
}
```

可以看出和正常的使用几乎没有多大的区别。

12.4.5 快速了解 offset-position 属性

offset-position 属性的作用是定义路径的起始点。offset-position 属性有 3 个特点：语法简单、细节繁多、支持较差。

1. 语法

offset-position 属性的语法和 offset-anchor 属性的语法类似：

```
offset-position: auto | <position>
```

下面讲一下这一语法中两个关键点。

* auto 是初始值，表示偏移路径的起始点是元素正常的位置。
* <position>用来指定偏移路径起始点的位置。

2. 细节

offset-position 属性的特殊性和包含的细节远比其语法要复杂得多。

* 如果元素的 position 属性的计算值是 static，则 offset-position 属性是无效的。
* 如果 offset-path 的属性值包含<geometry-box>数据类型（margin-box、padding-box、border-box），或者使用了基本形状函数 [circle() 和 ellipse()除外]，则 offset-position 属性也是无效的。
* offset-position 的属性值不是 auto 的时候会创建新的层叠上下文和包含块，类似于 transform 属性。
* offset-position 设置具体的定位值的表现和绝对定位是极度相似的，区别就在于绝对定位是脱离文档流的，位置的变化不会影响兄弟元素，但是 offset-position 属性产生的位移依然在当前布局中。
* offset-position 产生的位置偏移是相对于包含块区域计算的，而不是相对于自身，这一点和 offset-anchor 属性不同。

当路径的起始点发生了变化（即 offset-position 值发生了变化）时，那么很自然的，元素在应用 offset 偏移的时候也会发生位置的变化，因此，offset-position 本质上是一个定位属性。CSS 世界中有不少属性和定位相关，offset-position 属性在其中处于怎样一种角色呢？对于这个问题我专门整理了一个表，如表 12-2 所示。

表 12-2　一些定位属性的特征

属性	定位计算方式	脱离文档流	影响后面的兄弟元素	创建层叠上下文
absolute/fixed 定位	包含块	是	否	是
relative 位移	自身	否	否	是，需要 z-index 非 auto
translate 位移	自身	否	否	是
offset-position	包含块	否	是	是，需要值非 auto

从表 12-2 可以看出，不得不使用 offset-position 的场景还是比较少的，offset-position 适合用在非绝对定位同时相对于包含块定位计算的场景。

3. 支持

offset-position 属性带来的变化比较多，或许是因为 Firefox 浏览器一直没有支持这个 CSS 属性。Chrome 浏览器虽然在语法上支持该属性，但是渲染表现与规范中描述和示例的效果大相径庭。

因此，现阶段只要了解 offset-position 属性即可，后续 offset-position 属性的规范描述可能会有调整，当然这是我的直觉判断。

12.4.6　理解 offset-rotate 属性

offset-rotate 属性（在旧版浏览器中叫作 offset-rotation 属性）用来定义元素沿着 offset-path 路径运动时的方向和角度，这个 CSS 属性比 offset-position 属性实用太多了。

offset-rotate 属性的语法如下：

```
offset-rotate: [ auto | reverse ] || <angle>
```

因此，下面的书写都是合法的：

```
offset-rotate: auto;
offset-rotate: auto 45deg;

offset-rotate: reverse;
offset-rotate: reverse 45deg;

offset-rotate: 90deg;
offset-rotate: .5turn;
```

先讲一下这一语法中的几个关键点。

- auto 是初始值，表示元素沿着垂直于路径切线的方向运动。
- <angle>表示元素按照指定的角度运动，例如设置 offset-rotate: 30deg 后，则元素会一直保持相对于元素正常状态旋转 30° 的角度进行运动，效果如图 12-69 所示。

图 12-69　offset-rotate:30deg 实现的效果示意

- auto <angle>这种语法并不多见，却是一个非常巧妙的设计。auto <angle>表示元素沿着垂直于路径切线的方向运动，但是元素自身需要增加一点旋转角度。auto <angle>参数很实用。
- reverse 的含义和 auto 类似，区别在于方向是反的，等同于设置了 auto 180deg。例如，设置 offset-rotate: reverse 后，元素会旋转 180°，然后继续沿着路径切线角度运动，效果如图 12-70 所示。

图 12-70　`offset-rotate:reverse` 实现的效果示意

好了，以上就是对 `offset` 各个子属性的介绍，最后简短说一下 `offset` 这个缩写属性。`offset` 属性是缩写语法，不建议大家深入学习，原因有两个。

- `offset` 属性的语法相当复杂，学习成本高。
- `offset` 子属性的兼容性参差不齐，盲目缩写会导致整条语句失效。

因此，个人建议将常用的几个子属性加入缩写，其余 CSS 属性还是分开书写，例如：

```
.example {
    offset: path("M20 0 L5.858 30L34.142 30Z") auto 90deg;
    offset-position: 50% 50%;
}
```

第 13 章
用户行为与体验增强

本章会详细介绍与用户行为和用户体验增强相关的 CSS 属性，这些 CSS 属性通常都比较零散，语法和作用也相对简单，下面开始了解这些 CSS 属性的价值所在吧！

13.1 滚动行为相关

本节要介绍的 CSS 属性均是与滚动行为相关的，大家可以重点关注一下 CSS Scroll Snap，这是 CSS 世界中一个独立且完整的 CSS 模块，包含大量的 CSS 属性和特性。我们先从几个简单的与滚动相关的 CSS 属性讲起。

13.1.1 scroll-behavior 属性与页面平滑滚动

scroll-behavior 是一个交互效果渐进增强的 CSS 属性。scroll-behavior 属性的语法很简单：

```
scroll-behavior: auto;
scroll-behavior: smooth;
```

其中 auto 是初始值，不太常用，一般都是在滚动容器元素上使用 scroll-behavior:smooth 这句 CSS 声明，让容器的滚动变得平滑。

下面通过一个案例快速了解一下 scroll-behavior:smooth 的作用和效果。

我在《CSS 世界》一书的第 174 页（6.4.5 节）介绍了一种"focus 锚点定位"选项卡切换技术，读者可以在浏览器中进入 https://demo.cssworld.cn/6/4-3.php 页面，或者扫右侧的二维码查看效果。

虽然选项卡切换技术是正常的，但是选项卡切换的效果太生硬了，没有动画且不够平滑。现在有了 scroll-behavior 属性，想要让选项卡在切换的时候有平滑的动画效果实在是太简单了，只要在容器元素的 CSS 代码中新增一句 scroll-behavior:smooth 就可以了。

```
.box {
    scroll-behavior: smooth;
    overflow: hidden;
}
```

平滑切换选项卡的过程如图 13-1 所示。

图 13-1　`scroll-behavior:smooth` 平滑切换选项卡的过程效果示意

眼见为实，读者可以在浏览器中进入 https://demo.cssworld.cn/new/13/1-1.php 页面，或者扫描右侧的二维码查看效果。

更简单、更实际的用途

其实 `scroll-behavior` 属性的使用没有那么多花哨的技法，你记住这么一句话：**凡是需要滚动的地方都加一句 `scroll-behavior:smooth`。**

不用管用不用得到，也不用管浏览器兼容性如何，你都可以加上这一句代码。浏览器如果支持它自然是锦上添花，浏览器如果不支持它还是原来的状态。

举个例子，桌面端中的网页默认滚动代码在 `<html>` 标签上，移动端中的网页默认滚动代码大多数在 `<body>` 标签上，于是，只要加上这么一句：

```
html, body { scroll-behavior:smooth; }
```

此时，经常使用的锚点定位功能就有了平滑定位功能，而不是瞬间跳转的效果了，例如返回页面顶部功能，HTML 代码示意如下：

```
<a href="#">返回顶部</a>
```

此时点击"返回顶部"按钮，就会看到页面以平滑滚动的方式回到页面顶部，交互效果立刻提升了。

使用该属性低成本，高收益，所以，我建议在 CSS 重置中加上这么一条规则：

```
html, body { scroll-behavior:smooth; }
```

兼容性

虽然目前 Safari 浏览器并不支持 `scroll-behavior` 属性，如表 13-1 所示，但是大家仍然可以放心使用该属性。

表 13-1　`scroll-behavior` 属性的兼容性（数据源自 Caniuse 网站）

IE	Edge	Firefox	Chrome	Safari	iOS Safari	Android Browser
✘	✘	36+ ✔	61+ ✔	✘	✘	5+ ✔

13.1.2　使用 overscroll-behavior 属性实现当滚动嵌套时终止滚动

滚动嵌套在 Web 页面开发中还是很常见的，如图 13-2 所示。

在默认情况下，局部滚动的滚动条滚动到底部边缘再继续滚动的时候，外部容器滚动条会继续跟着滚动。但是，有时候我们希望局部滚动的滚动条滚动到底部之后，滚动行为就停止。例如下拉列表框中的滚动条滚动到底部的时候，如果外部容器的滚动条还继续滚动，可能就会把列表带走，这是不好的用户体验。该如何实现滚动停止呢？可以使用 overscroll-behavior 属性。

1. overscroll-behavior 属性简介

overscroll-behavior 属性可以设置 DOM 元素滚动到边缘时的行为。

overscroll-behavior 属性的语法如下：

```
overscroll-behavior: [ contain | none | auto ]{1,2}
```

它支持 1～2 个值，因此，下面的写法都是合法的：

```
/* 单个关键字属性值 */
overscroll-behavior: auto;      /* 默认值 */
overscroll-behavior: contain;
overscroll-behavior: none;

/* 两个值，分别表示 x 方向和 y 方向 */
overscroll-behavior: auto contain;
```

图 13-2　滚动嵌套效果示意

先讲一下这一语法中的几个关键点。

- auto：默认值，表现为我们默认看到的滚动行为，即滚动条滚动到边缘后继续滚动外部的可滚动容器。
- contain：默认的滚动溢出行为只会表现在当前元素的内部（例如"反弹"效果或刷新），不会对相邻的滚动区域进行滚动。例如浮层滚动（带弹性效果）时，底层元素不会滚动。
- none：相邻的滚动区域不会发生滚动，并且会阻止默认的滚动溢出行为。

contain 和 none 的行为差异主要体现在移动端。

overscroll-behavior 属性的效果还是需要通过实际的案例才能感受得到，读者可以在浏览器中进入 https://demo.cssworld.cn/new/13/1-2.php 页面，或者扫描右侧的二维码查看效果。

进入上面的实例页面，滚动边框中的内容，效果如图 13-3 所示，会发现滚动条在滚动到底部后，再怎么滚动，外部容器的滚动条也是纹丝不动。

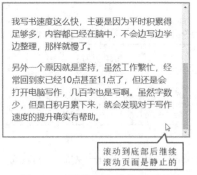

图 13-3　子元素滚动效果示意

整个交互过程没有任何 JavaScript 代码的参与，就只需要一行简简单单、普普通通的 CSS 代码——overscroll-behavior:contain。

```
zxx-scroll {
    display: block;
    width: 280px; height: 200px;
    padding: .5em 1em;
    border: solid deepskyblue;
    overflow: auto;
    overscroll-behavior: contain;
    -ms-scroll-chaining: contain;
}
```

2．其他相关语法

overscroll-behavior属性和overflow属性类似，也支持分解为overscroll-behavior-x和overscroll-behavior-y两个独立的CSS属性，分别表示水平滚动和垂直滚动的边界行为。它们的语法和overscroll-behavior属性类似，这里就不进一步展开了。

兼容性

在兼容性这一方面，目前Safari浏览器并不支持overscroll-behavior属性，而Chrome和Firefox浏览器均提供支持，IE浏览器则有效果相似的属性-ms-scroll-chaining（支持属性值chained和none），不过在Windows 8及以上版本的操作系统中才生效，具体信息如表13-2所示。

表13-2　**overscroll-behavior**属性的兼容性（数据源自Caniuse网站）

IE	Edge	Firefox	Chrome	Safari	iOS Safari	Android Browser
10+ ✔	✔	59+ ✔	65+ ✔	✘	✘	5+ ✔

由于overscroll-behavior本身属于体验增强的CSS属性，因此可以在实际项目中大胆使用，如果浏览器支持自然体验更好，浏览器如果不支持也就是保持现在这个样子而已。

13.1.3　了解overflow-anchor属性诞生的背景

提到overflow-anchor属性诞生的背景，就不得不提到一个名为"滚动锚定"的浏览器行为。

1．滚动锚定是什么

大家可能有过这样的浏览体验：在某个图片很多的页面中（如漫画网站），如果上方的图片加载过慢，那么下方已经加载出来的图片就会逐渐被推下去，然后自己又要重新去滚动定位。这是一个不太友好的浏览器体验。

于是，Chrome 56（2017年）和Firefox 66（2019年）对浏览器的这种滚动行为进行了优化，实现了一种"滚动锚定"的交互行为。具体描述为：当前视口上面的内容突然出现的时候，浏览器会自动改变滚动高度，让视口区域内容固定，就像滚动效果被锚定一样。

因此，在Chrome浏览器和Firefox浏览器中，当你阅读文章或者看漫画的时候，是感觉不到页面跳动的，这就是滚动锚定在起作用。

2．overflow-anchor属性出现的背景

浏览器自认为正确的事情对于用户而言并不一定是正确的。

　　例如，点击下方的一个按钮，会在上方加载一些数据，此时，用户希望的是加载的数据内容把下方的按钮推开，优先展示加载的内容。滚动锚定在这种情况下反而拖了后腿，禁止滚动锚定反而是更好的做法。如何禁止呢？可以使用 overflow-anchor 属性。overflow-anchor 属性的语法比较简单，如下：

```
overflow-anchor: auto | none
```

其中 overflow-anchor:auto 是初始声明，表示浏览器自己决定滚动锚定的行为，通常表现为执行滚动锚定。overflow-anchor:none 则表示禁止滚动锚定的行为。

　　下面通过一个案例让大家体验一下滚动锚定的效果，读者可以在浏览器中进入https://demo.cssworld.cn/new/13/1-3.php 页面，或者扫描右侧的二维码查看效果。

　　这个案例中有两个局部滚动元素，其中第一个设置的是 overflow-anchor:auto，第二个设置的是 overflow-anchor:none。接下来分别滚动这两个元素，结果会有图 13-4 所示的效果。

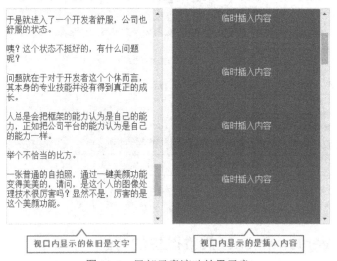

图 13-4　局部元素滚动效果示意

　　可以看到，左侧的内容滚动后，虽然滚动容器内新增了很多元素，但是视窗中的内容没有变化，仍是文字内容，只是滚动条的位置变了；而右侧的内容滚动后，新增的元素直接出现在了视口之中，原来的视口中的文字内容不知道被推到哪里去了。左侧的行为就是"滚动锚定"，右侧的行为则是"没有滚动锚定"。

　　通常滚动锚定行为是我们需要的，因此，平常需要使用 overflow-anchor 属性的场景比较少。

　　还是那句话，类似 overflow-anchor 这样的属性，虽然平时用得少，但是一旦遇到合适的场景，就有很大的作用，所以了解它绝对不亏。

兼容性

　　Safari 浏览器并不支持 overflow-anchor 属性，因此在 Safari 浏览器中，图 13-4 所示的两个案例的滚动效果是一样的，具体的兼容性如表 13-3 所示。

表 13-3　**overflow-anchor** 属性的兼容性（数据源自 Caniuse 网站）

IE	Edge	Firefox	Chrome	Safari	iOS Safari	Android Browser
✘	✘	66+ ✔	56+ ✔	✘	✘	5+ ✔

13.1.4　CSS Scroll Snap 简介

CSS Scroll Snap 是 CSS 中一个独立的模块，可以让网页容器滚动停止的时候，自动平滑定位到指定元素的指定位置，包含以 scroll- 和 scroll-snap- 开头的诸多 CSS 属性。

另外，本书只介绍新的 CSS Scroll Snap 语法，IE 和 Edge 浏览器支持的 scroll-snap-points-x、scroll-snap-points-y 等被规范舍弃的旧语法不做介绍。

先通过一个简单的案例了解一下 CSS Scroll Snap 的基本效果，读者可以在浏览器中进入 https://demo.cssworld.cn/new/13/1-4.php 页面，或者扫描右侧的二维码查看效果。

无论你是用桌面端浏览器访问还是用手机扫码访问上面的演示页面，只要你水平滚动页面上的图片区域就会发现，当滚动行为停止的时候，图片就会自动调整位置，使自己在滚动视口的居中位置显示，效果如图 13-5 所示。

图 13-5　滚动容器中的列表元素自动居中显示示意

这就是 CSS Scroll Snap 的作用，可以让页面滚动停留在你希望用户关注的重点区域。相关 HTML 和 CSS 代码如下：

```
<div class="scroll-x">
    <img src="1.jpg">
    <img src="2.jpg">
    <img src="3.jpg">
    <img src="4.jpg">
</div>
.scroll-x {
```

```
    max-width: 414px; height: 420px;
    scroll-snap-type: x mandatory;
    white-space: nowrap;
    overflow: auto;
}
.scroll-x img {
    scroll-snap-align: center;
}
```

容器使用 scroll-snap-type 属性，子元素使用 scroll-snap-align 属性，过去必须通过 JavaScript 代码计算才能实现的定位效果就这么轻松实现了。注意，在 iOS 中，Safari 浏览器中需要同时设置滚动容器 -webkit-overflow-scrolling:touch 才有效果。

下面介绍一下与 CSS Scroll Snap 模块相关的 CSS 属性。CSS Scroll Snap 模块相关的 CSS 属性可以分为两类，一类作用在滚动容器上，另一类作用在滚动定位子元素上，具体如表 13-4 所示。

表 13-4　CSS Scroll Snap 模块相关的 CSS 属性

作用在滚动容器上	作用在滚动定位子元素上
scroll-snap-type	scroll-snap-align
scroll-snap-stop	scroll-margin
scroll-padding	scroll-margin-top
scroll-padding-top	scroll-margin-right
scroll-padding-right	scroll-margin-bottom
scroll-padding-bottom	scroll-margin-left
scroll-padding-left	scroll-margin-inline
scroll-padding-inline	scroll-margin-inline-start
scroll-padding-inline-start	scroll-margin-inline-end
scroll-padding-inline-end	scroll-margin-block
scroll-padding-block	scroll-margin-block-start
scroll-padding-block-start	scroll-margin-block-end
scroll-padding-block-end	

乍一看属性好多，其实把同类型的 CSS 合并一下，我们就会发现需要了解的 CSS 属性屈指可数，具体如表 13-5 所示。

表 13-5　合并后的 CSS Scroll Snap 模块相关的 CSS 属性

作用在滚动容器上	作用在滚动定位子元素上
scroll-snap-type	scroll-snap-align
scroll-snap-stop	scroll-margin/scroll-margin-*
scroll-padding/scroll-padding-*	

作用在容器上的 scroll-padding 相关属性和作用在子元素上的 scroll-margin 相关属性都是用来调整定位点的位置的，与定位效果没有必然关系，且语法上与 padding 和 margin 属性一致，因此本书不做展开介绍。我们只需要关心 scroll-snap-type、scroll-snap-stop

和 `scroll-snap-align` 这 3 个 CSS 属性就可以了。

1. scroll-snap-type 属性

`scroll-snap-type` 属性的作用是确定定位方式是水平滚动定位，还是垂直滚动定位。它支持的属性值有以下几个。

- `none`：默认值，表示滚动时忽略捕捉点，也就是我们平时使用的滚动。
- `x`：捕捉水平定位点。
- `y`：捕捉垂直平定位点。
- `block`：捕捉和块状元素排列一个滚动方向的定位点，默认文档流下指的就是垂直轴。
- `inline`：捕捉和内联元素排列一个滚动方向的定位点，默认文档流下指的就是水平轴。
- `both`：横轴、纵轴都捕捉。
- `mandatory`：表示"强制"，为可选参数。强制定位，也就是如果存在有效的定位点位置，则滚动容器必须在滚动结束时进行定位。
- `proximity`：表示"大约"，为可选参数。可能会定位，类似这种表意模糊的词是最难理解的，这个值的作用表现为让浏览器自己判断要不要定位。

其实大多数时候，参数 `mandatory` 和 `proximity` 的效果是类似的，只有在滚动容器的窗口尺寸比子元素的尺寸还要小的时候，参数 `mandatory` 和 `proximity` 的差异才会体现出来。

读者可以在浏览器中进入 https://demo.cssworld.cn/new/13/1-5.php 页面，或者扫描右侧的二维码访问这个演示页面，感受 `mandatory` 和 `proximity` 参数值不同的效果。

两者的对比效果如图 13-6 所示，左侧的图片只要有滚动距离，就一定是垂直居中显示的。但是，右侧的 `proximity` 属性值对应的图片可能不是垂直居中显示的。

图 13-6　`mandatory` 和 `proximity` 参数值的对比效果示意

问题来了，为什么会设计 `proximity` 属性值这样模糊的定位状态呢？

答案其实很简单，为了让滚动容器在尺寸不足的时候，不会出现部分区域或部分元素永远不可见的情况。例如，在本例中，使用 `mandatory` 定位的图片靠近上下边缘的区域是永远看不到的，但是使用 `proximity` 定位的图片却不是这样。

最后，说一下业界的使用建议：在绝大多数场景下，都是使用 `mandatory` 属性值进行强制定位，但是，如果容器尺寸较小，有部分重要内容必须要显示，则使用 `proximity` 属性值进行非强制定位。

2. scroll-snap-stop 属性

`scroll-snap-stop` 属性表示是否允许滚动容器忽略捕获位置。它支持的属性值有两个。

- normal：默认值，可以忽略捕获位置。
- always：不能忽略捕获位置，且必须定位到第一个捕获元素的位置。

这个属性很有用，可以保证我们每次只滚动一屏或一个指定元素，而不会一下子滚动多屏或多个元素。只可惜，根据我的测试，目前还没有浏览器能表现出预期的效果，例如在 Chrome 浏览器中虽然属性合法，但并无符合定义的行为发生，Firefox 浏览器则完全不支持该 CSS 属性。

3．scroll-snap-align 属性

scroll-snap-align 属性是作用在滚动容器子元素上的，表示捕获点是上边缘、下边缘或中间位置。它支持的属性值有以下几个。

- none：默认值，不定义位置。
- start：起始位置对齐，如垂直滚动、子元素和容器同上边缘对齐。
- end：结束位置对齐，如垂直滚动、子元素和容器同下边缘对齐。
- center：居中对齐，子元素中心和滚动容器中心一致。

scroll-snap-align 还支持同时使用两个属性值，例如：

```
scroll-snap-align: start end;
```

最后总结一下，虽然 CSS Scroll Snap 包括的 CSS 属性很多，但是在实际开发中我们只需要编写下面两行 CSS 代码：

```
scroll-snap-type: x/y
scroll-snap-align: start/end/center
```

CSS Scroll Snap 规范也在慢慢成熟，之后还会原生支持当捕捉定位完成时触发的 JavaScript 事件。

兼容性

就目前的 CSS 样式表现而言，CSS Scroll Snap 的兼容性已经足够在移动端项目中使用，具体如表 13-6 所示。所以，在移动端，图片列表的水平浏览其实就可以使用 CSS Scroll Snap 来实现，无须再使用任何 JavaScript 代码。

表 13-6　CSS Scroll Snap 规范的兼容性（数据源自 Caniuse 网站）

IE	Edge	Firefox	Chrome	Safari	iOS Safari	Android Browser
10+ ✔ -ms-旧语法	12+✔ -ms-旧语法	68+ ✔	69+ ✔	11+ ✔	11+ ✔	5+ ✔

13.1.5　CSS Scrollbars 与滚动条样式的自定义

在过去，想要对滚动条的样式进行自定义，只能使用浏览器私有的方法。例如，IE 浏览器有一套自己的私有方法，只是自定义的效果不忍直视。又如业界用得比较多的 Chrome 浏览器和 Safari 浏览器支持的私有方法，即使用::webkit-scrollbar/::webkit-scrollbar-*进行自定义，效果还是很不错的，具体可参见《CSS 世界》一书第 169 页（6.4.3 节）中的相关案例。

由于大多数用户使用的是 Windows 操作系统，且 Windows 操作系统中默认的滚动条样式比较粗糙，因此对滚动条样式进行自定义的需求比较常见，于是官方就开始着手制定定义滚动条样式的 CSS 规范草案。这个草案被称为"CSS Scrollbars 模块规范"，包括 `scrollbar-width` 和 `scrollbar-color` 这两个 CSS 属性。

与 webkit 内核浏览器支持的私有方法相比，CSS 规范中定义的两个 CSS 属性使用更简单、更容易上手。

1. scrollbar-width

`scrollbar-width` 属性用来设置滚动条的宽度，仅支持关键字属性值，并不支持具体的长度值，语法如下：

```
scrollbar-width: auto | thin | none;
```

先讲一下这一语法中的几个关键点。

- `auto`：采用系统默认的滚动条样式。
- `thin`：如果系统有窄的滚动条选项就使用这个窄的滚动条，如果没有就使用比系统默认滚动条宽度窄一点的宽度。根据我的测试，在 Windows 操作系统中，此关键字对应的滚动条宽度是 8px，但是在部分主题下，滚动条边缘两侧 1px 处的颜色偏浅，因此看上去要比 8px 小一点。
- `none`：滚动条不显示，但是页面还是可以正常滚动。

2. scrollbar-color

`scrollbar-color` 属性用来设置滚动条的颜色，语法如下：

```
scrollbar-width: auto | dark | light | <color>{2};
```

先讲一下这一语法中的几个关键点。

- `auto`：采用系统默认的滚动条颜色，具体的颜色值由操作系统使用的主题决定。
- `dark`：显示为深色滚动条，它可以是系统提供的滚动条的深色变体，也可以是带有深色的自定义滚动条。
- `light`：显示为浅色滚动条，它可以是系统提供的滚动条的浅色变体，也可以是带有浅色的自定义滚动条。
- `<color>`：专门指定滚动条的颜色，其中第一个颜色值表示点击滑块的颜色，对应 webkit 内核浏览器私有的 `::-webkit-scrollbar-thumb` 伪元素，第二个颜色值表示滚动轨道的颜色，对应 webkit 内核浏览器私有的 `::-webkit-scrollbar-track` 伪元素。

目前还没有浏览器支持 `dark` 和 `light` 这两个值，我们只需要关心和使用 `scrollbar-color: <color> <color>` 语法。

下面通过一个案例快速了解 `scrollbar-width` 属性和 `scrollbar-color` 属性的作用和表现，读者可以访问 https://demo.cssworld.cn/new/13/1-6.php 进行查看。

可以看到图 13-7 所示的效果，其中左侧效果截自 Chrome 浏览器，右侧效果截自 Firefox 浏览器。

其中，设置窄滚动条的 CSS 代码如下：

```
.scroll-thin {
    height: 150px;
    border: 1px solid #666;
    /* Firefox 标准 CSS 属性自定义 */
```

```
    scrollbar-width: thin;
    scrollbar-color: #bbb #ddd;
}
/* Chrome 浏览器私有方法 */
.scroll-thin::-webkit-scrollbar {
    width: 8px; height: 8px;
}
.scroll-thin::-webkit-scrollbar-thumb {
    background-color: #bbb;
}
.scroll-thin::-webkit-scrollbar-track {
    background-color: #ddd;
}
```

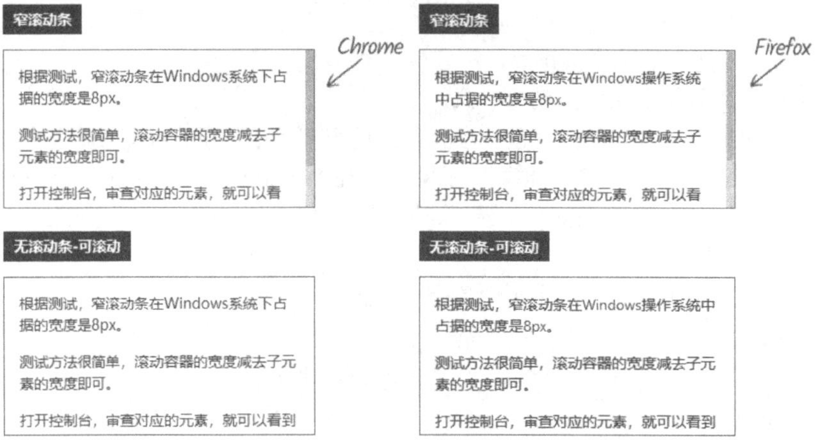

图 13-7　Windows 操作系统中现代浏览器自定义滚动条效果示意

隐藏滚动条，同时元素可以滚动的 CSS 代码如下：

```
.scroll-none {
    height: 150px;
    border: 1px solid #666;
    /* Firefox 浏览器标准 CSS 属性自定义 */
    scrollbar-width: none;
}
/* Chrome 浏览器私有方法 */
.scroll-none::-webkit-scrollbar {
    width: 0; height: 0;
}
```

兼容性

　　scrollbar-width 属性和 scrollbar-color 属性的兼容性如表 13-7 所示，目前仅 Firefox 浏览器提供支持。

表 13-7　scrollbar-width 属性和 scrollbar-color 属性的兼容性（数据源自 MDN 网站）

IE	Edge	Firefox	Chrome	Safari	iOS Safari	Android Browser
✘	✘	64+ ✔	✘	✘	✘	✘

Chrome 浏览器使用私有方法自定义滚动条样式，Firefox 浏览器使用标准 CSS 属性自定义滚动条样式，于是，目前所有现代浏览器都可以对滚动条进行样式自定义了。

由于 macOS 和移动端操作系统的默认滚动条样式就挺不错，无须进行样式自定义，因此，滚动条样式自定义的需求主要存在 Windows 操作系统中。在实际开发的时候，首先需要借助 JavaScript 判断当前的操作系统，然后进行自定义设置。

按照我个人的判断，Chrome 浏览器和 Safari 浏览器短时间内支持 `scrollbar-width` 属性和 `scrollbar-color` 属性的概率并不大。

13.2　点击行为相关

有一些 CSS 属性与用户的点击行为相关，下面就简单介绍一下。

13.2.1　你不知道的 pointer-events:none 声明

`pointer-events` 属性是一个非常常用的 CSS 新特性，很多人可能会自认为掌握得还不错，这里我就说说你可能不知道的一些事情。

1. 不要用来禁用按钮

`pointer-events:none` 声明可以让元素无视点击、鼠标悬停和拖拽等行为，于是很多开发者会将其用在按钮元素上来实现禁用效果，例如：

```
button.disabled {
    opacity: .4;
    pointer-events: none;
}
```

我见过太多的开发者使用上面这样的 CSS 代码了，注意，这并不是推荐做法，有时候甚至是糟糕的，主要有两个问题：

（1）`pointer-events:none` 并不能阻止键盘行为，按钮元素依然可以通过 Tab 键被 `focus` 聚焦，并且可以在 `focus` 聚焦状态下通过 Enter 键触发点击事件，也就是设置 `pointer-events:none` 声明实现的禁用效果只是部分禁用，并不是真正意义上的禁用。

（2）`pointer-events:none` 影响无障碍访问，例如，在按钮被禁用的时候，可以通过 `title` 属性或其他提示组件在鼠标指针悬停在按钮上时显示禁用的原因，如果设置了 `pointer-events:none`，则无法显示这些提示效果。移动端的无障碍阅读是通过触摸触发的，如果设置了 `pointer-events:none`，就会影响识别。

因此，对于按钮元素，设置禁用最好的方法就是使用原生的 `disabled` 属性，然后配合 `:disabled` 伪类实现，例如：

```
<button disabled>按钮</button>
button:disabled {
    opacity: .4;
}
```

记住，`pointer-events:none` 不适合链接、按钮等控件元素，而适合作用在装饰性的或仅用作视觉表现的非控件元素上，例如让一些覆盖元素不影响下层元素正常的操作。

2. 具有继承性

`pointer-events` 属性还有另外一个特性，那就是具有继承性，也就是子元素的 `pointer-events` 属性值可以覆盖祖先元素的 `pointer-events` 属性值。

这个继承性在关键时候很管用。例如，有一个弹框，其 HTML 代码结构如下：

```
<dialog>
    <div class="container">中间的弹框主体</div>
</dialog>
```

其中 `<dialog>` 包含覆盖整个屏幕的半透明黑色覆盖层，`.container` 元素是弹框主体元素，现在有一个需求：点击黑色半透明覆盖层依然可以选中下层的元素。请问如何实现？

此时继承性就可以发挥作用了，CSS 代码如下：

```
dialog {
    pointer-events: none;
}
.container {
    pointer-events: auto;
}
```

于是，虽然半透明黑色覆盖层覆盖了下层的弹框主体，但是弹框主体内容还是保留了正常的点击操作。

3. 还支持很多其他属性值

`pointer-events` 属性还支持众多其他属性值，完整的语法如下：

```
pointer-events: auto | none | visiblePainted | visibleFill | visibleStroke | visible | painted | fill | stroke | all
```

除了 `auto` 和 `none` 这两个关键字属性值，其他值都是作用在 SVG 元素上的，例如：

```
svg {
    pointer-events: visiblePainted;
}
```

各个属性值的具体含义如下。

- `visiblePainted`：SVG 元素响应鼠标事件首先需要 `visibility` 的计算值是 `visible`，同时鼠标指针移动到填充区域的时候 `fill` 不是 `none`，移动到描边区域的时候 `stroke` 不是 `none`。换句话说，肉眼可见的有描边或有填充的地方都可以响应鼠标事件。
- `visibleFill`：SVG 元素响应鼠标事件首先需要 `visibility` 的计算值是 `visible`，同时鼠标指针经过的区域需要是填充区域，无论有没有填充颜色或图案都可以响应，但是同时会忽略描边区域。换句话说，鼠标指针经过 SVG 元素的描边区域不会有任何鼠标响应事件发生。
- `visibleStroke`：和 `visibleFill` 关键字属性值的区别就是描边和填充的地位调换了。对于属性值 `visibleStroke`，鼠标指针经过描边区域可以影响鼠标事件，但是经过填充区域不会有任何响应。
- `visible`：SVG 元素只需要 `visibility` 的计算值是 `visible` 就能影响点击事件，不管 `fill` 属性值是不是 `none`，也不管 `stroke` 属性值是不是 `none`。换句话说，只要元素显示，任意描边或填充区域都可以响应鼠标事件。
- `painted`：和 `visiblePainted` 关键字属性值的区别在于，对于 `painted` 属性值，就

算元素的 `visibility` 计算值是 `hidden`，也是可以影响鼠标事件的，例如点击或者悬停效果等。

- `fill`：类似的，`fill` 关键字并不需要 SVG 元素的 `visibility` 计算值是 `visible`，就算 `visibility` 计算值是 `hidden`，鼠标一样可以点击填充区域。
- `stroke`：SVG 元素的 `visibility` 计算值就算是 `hidden`，描边区域也能响应鼠标事件，填充区域则不能响应鼠标事件。
- `all`：和 `painted` 关键字的区别在于，`painted` 关键字需要 `fill` 或者 `stroke` 的属性值不是 `none`，而 `all` 关键字没有这个限制。

我专门为上述关键字属性值的效果制作了一个演示页面，读者可以在浏览器中进入 https://demo.cssworld.cn/new/13/2-1.php 页面，或者扫描右侧的二维码查看效果。

例如，值 `visibleStroke` 的效果就会像图 13-8 所示这样，虽然鼠标经过了中间的填充区域，但是元素的 `:hover` 伪类效果没有被触发（图 13-8 左图），但是如果鼠标经过了旁边的描边，则可以看到元素的样式变化了（图 13-8 右图），执行了 `:hover` 伪类设置的效果。

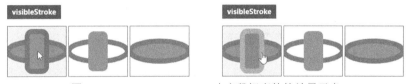

图 13-8 `visibleStroke` 响应鼠标事件的效果示意

13.2.2 触摸行为设置属性 touch-action

`touch-action` 属性是用来设置触摸行为的，主要用在移动端开发中，详见 7.4 节。

13.3 拉伸行为相关

本节介绍与用户拉伸行为相关的 CSS 属性。

resize 属性应用指南

如果仔细观察 `<textarea>` 元素，就会发现 `<textarea>` 元素的右下角有一个特殊的记号，如图 13-9 所示，左图是 Chrome 浏览器中 `<textarea>` 元素的样式，右图是 Firefox 浏览器中 `<textarea>` 元素的样式。

图 13-9 `<textarea>` 元素右下角的拉伸记号

按住 `<textarea>` 元素右下角的记号并上下左右拉伸，就会发现 `<textarea>` 元素的高度和宽度发生变化了，这个拉伸效果的背后就是 `resize` 属性在起作用。

resize 属性的语法如下：

```
resize: none | both | horizontal | vertical | block | inline;
```

先讲一下这一语法中的几个关键点。

- none：初始值，表示没有拉伸效果，常用来重置<textarea>元素内置的拉伸行为，代码如下：

```
textarea {
    resize: none;
}
```

- both：既可以水平方向拉伸，也可以垂直方向拉伸。
- horizontal：仅可以水平方向拉伸，此时鼠标的指针也会变成水平方向的拉伸样式。
- vertical：仅可以垂直方向拉伸，此时鼠标的指针也会变成垂直方向的拉伸样式。
- block：后期新增的属性值，目前现代浏览器都提供支持。其表示沿着块级元素的排列方向拉伸，默认是垂直方向，也可能是水平方向，这取决于 writing-mode 的值。
- inline：和 block 属性值类似，只是 inline 表示内联元素的排列方向。默认是水平方向，如果使用 writing-mode 属性改成垂直排版，则 inline 的拉伸方向就会变成垂直方向。

1. resize 属性作用的条件

resize 属性并不是设置了就有效果，而是有一些限制条件，包括如下条件。

- 不支持内联元素。
- 如果是块级元素，需要 overflow 属性的计算值不是 visible。

因此，下面的 CSS 代码是不会出现拉伸效果的：

```
div {
    resize: both;
}
```

需要同时设置 overflow 属性，例如：

```
div {
    overflow: hidden;
    resize: both;
}
```

2. resize 属性生效的原理

设置了 resize 属性的元素通过拉伸改变元素的尺寸是通过设置元素的 width 属性值和 height 属性值实现的，如图 13-10 所示。

```
▶ <textarea style="margin: 0px; width: 275px; height: 122px;
…</textarea> == $0
```

图 13-10　resize 拉伸尺寸通过改变 width 属性值和 height 属性值实现示意

因此，如果希望元素拉伸的尺寸不是无限的，可以通过设置 min-width、min-height、max-width 和 max-height 这些 CSS 属性值进行限制。

例如，希望拉伸的元素宽度最小为 200px，最大为 600px，则可以这么设置：

```
div {
    min-width: 200px;
```

```
max-width: 600px;
overflow: hidden;
resize: both;
}
```

另外，在 Chrome 浏览器中，`resize` 属性的拖拽条和滚动条是同源的，也就是在自定义滚动条尺寸的时候，`resize` 属性拖拽条的尺寸也会跟着变化，例如：

```
textarea::-webkit-scrollbar {
    width: 50px; height: 50px;
}
```

效果如图 13-11 所示。

图 13-11　`resize` 属性拖拽条区域变人示意

`resize` 属性拖拽条的样式可以使用`::-webkit-resizer` 伪元素进行自定义，例如换成另外的拖拽图标：

```
::-webkit-scrollbar {
    background-image: url(resize.png);
}
```

兼容性

　　现代浏览器都支持 `resize` 属性，由于 `resize` 属性生成的拖拽区域太小，在移动端体验并不好，因此 iOS 的 Safari 浏览器并未对其提供支持，完整兼容性如表 13-8 所示。

表 13-8　**`resize` 属性的兼容性**（数据源自 MDN 网站）

IE	Edge	Firefox	Chrome	Safari	iOS Safari	Android Browser
✘	✘	5+ ✔	4+ ✔	4+ ✔	✘	5+ ✔

13.4　输入行为相关

　　本节介绍与用户输入行为相关的 CSS 属性。

使用 cater-color 属性改变插入光标的颜色

　　使用 `caret-color` 属性可以改变输入框插入光标的颜色，同时又不改变输入框里内容的颜色。例如：

```
input {
    color: #333;
    caret-color: red;
}
```

结果光标颜色变成红色，文字颜色还是黑色，效果如图 13-12 所示。

caret-color 属性不仅对原生的输入表单控件有效, 也适用于设置 contenteditable 的普通 HTML 标签。例如:

```
[contenteditable="true"] {
    width: 120px;
    border: 1px solid #ddd;
    padding: 3px;
    line-height: 20px;
    color: #333;
    caret-color: red;
}
<div contenteditable="true">文字</div>
```

效果如图 13-13 所示。

图 13-12　光标颜色红色示意

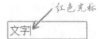

图 13-13　可输入标签的光标颜色为红色示意

兼容性

　　所有现代浏览器均支持 caret-color 属性, 读者可以放心使用, 完整的兼容性如表 13-9 所示。

表 13-9　**caret-color** 属性的兼容性 (数据源自 MDN 网站)

IE	Edge	Firefox	Chrome	Safari	iOS Safari	Android Browser
✘	✘	53+ ✔	57+ ✔	11.1+ ✔	11.3+ ✔	5+ ✔

13.5　选择行为相关

　　本节主要介绍与用户选择行为相关的 CSS 属性和伪元素。

13.5.1　聊聊 user-select 属性

　　一提到 user-select 属性, 大多数开发者第一反应就是可以禁止图文被选中, 相关的 CSS 代码如下:

```
body {
    -webkit-user-select: none;
    user-select: none;
}
```

　　该属性多用在原生 App 的内嵌页开发中, 保持和原生 App 一样的文字选中体验, 因此它算是一个比较常用的 CSS 属性。然而, user-select:none 其实只是 user-select 属性其中一个功能, 如果大家进一步深入学习, 就会发现 user-select 属性还可以有其他方面的应用。

　　user-select 属性的语法如下:

```
user-select: auto | text | none | contain | all
```

其中, text 表示文字和图片可以被选中, 无须过多讲解; contain 表示元素可以被选中, 目前没有任何浏览器对其提供支持，可以无视；属性值 all 很关键，这是一个被低估的属性值。

all 的含义并不是所有类型的内容都可以被选中，而是元素的内容需要整体选择，例如：

```
section {
    user-select: all;
}
```

此时，<section>元素自身或<section>元素的任意文字内容（包括子元素中的文字内容）只要被点击（无论是鼠标左键还是右键点击），<section>元素里面所有图文内容都会被选中。

如果需要整体复制一段文本内容，例如一些 App 口令，那么 user-select:all 就很实用。又如在需要对某片段内容进行增删处理的时候，user-select:all 也非常有用，其可以模拟浏览器原生的整体选中效果，方法是使用一张透明图像作为子元素覆盖在需要编辑的元素中。这个效果还挺实用的，为此我做了一个演示页面，读者可以在浏览器中进入 https://demo.cssworld.cn/new/13/5-1.php 页面，或者扫描右侧的二维码查看效果。

点击列表任意位置，就可以看到列表有了被选中的效果，如图 13-14 所示。这个选中效果是浏览器原生选中效果，适用于任意的场景，且无须自己定义选中样式，是非常好的一种技术实现策略。

图 13-14　user-select:all 模拟浏览器原生选中效果示意（左图截自 Chrome、右图截自 Firefox）

最后说一说 user-select 属性的其他细节。

（1）无论将 user-select 属性值设为什么，::before 和::after 伪元素生成的内容都表现为 none，也就是生成的内容永远无法被选中。user-select 的初始值是 auto，会有下面这样的渲染表现。

- 如果将父元素的 user-select 属性值设置为 all，则当前元素的 user-select 属性值表现也是 all。
- 如果将父元素的 user-select 属性值设置为 none，则当前元素的 user-select 属性值表现也是 none。

因为父元素 user-select 设置的效果在子元素中也有，有人就认为 user-select 属性有继承性，不是的，user-select 属性没有继承性，只是初始值 auto 的渲染表现而已。

（2）Safari 浏览器一直需要添加-webkit-私有前缀，Firefox 浏览器以 69 版本开始不需要再添加-moz-私有前缀，如果项目需要兼容 IE 浏览器，则需要添加-ms-私有前缀（IE10+支持）。因此，对于 user-select 属性，为了安全起见，所有私有前缀都可以加上，示例如下：

```
body {
    -webkit-user-select: none;
    -moz-user-select: none;
    -ms-user-select: none;
    user-select: none;
}
```

（3）IE 浏览器虽然不支持 all 值，但是支持非规范的 element 值，其含义和 contain 一样，可以用来选择元素。

13.5.2 使用::selection 改变文字被选中后的颜色

使用::selection 伪元素可以改变文字被选中后的颜色和背景色，例如：

```
<p class="maroon">感谢大家购买《CSS 新世界》。</p>
.maroon::selection {
    background: maroon;
    color: #fff;
}
```

此时.maroon 元素中"《CSS 新世界》"被选中后的效果如图 13-15 所示。

使用::selection 伪元素不仅可以改变被选中文字的颜色和背景色，理论上还能改变文字阴影颜色、下划线颜色和轮廓颜色等，其支持的 CSS 属性如下所示。

- color。
- background-color。
- cursor。
- caret-color。
- outline 和非缩写 CSS 属性。
- text-decoration 和相关 CSS 属性。
- text-emphasis-color。
- text-shadow。
- stroke-color、fill-color 和 stroke-width 属性。

不过测试下来，上面这些规范中描述的应该支持的 CSS 属性只有部分被支持，包括常用的 color 属性、background-color 属性、text-emphasis-color 属性和 text-shadow 属性，目前其他 CSS 属性在浏览器中还看不到对应的渲染效果，可能以后会慢慢支持。

例如，当文字被选中的时候，设置强调符号的颜色是其他颜色：

```
.maroon {
    -webkit-text-emphasis: circle;
    text-emphasis: circle;
}
.maroon::selection {
    background: maroon;
    color: #fff;
    -webkit-text-emphasis-color: red;
    text-emphasis-color: red;
}
```

在 Chrome 浏览器中，就会有图 13-16 所示的效果。

感谢大家购买《CSS新世界》。

图 13-15 文字被选中后背景色变成栗色效果示意

感谢大家购买《CSS新世界》。

图 13-16 文字强调符号被选中后变色示意

使用::selection 伪元素不仅可以改变被选中文字的样式，被选中的图像的样式也是可以修改的。例如：

```
img::selection {
    background-color: maroon;
}
```

可以看到图像被选中后覆盖了一层半透明栗色的效果，如图 13-17 所示。左图截自 Chrome 浏览器，右图截自 Firefox 浏览器（颜色要更浅一点）。

 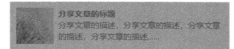

图 13-17 图片被选中后呈现栗色效果示意

眼见为实，读者可以在浏览器中进入 https://demo.cssworld.cn/new/13/5-2.php 页面，或者扫描右侧的二维码查看效果。

::selection 伪元素主要用在桌面端网页中，因为框选方便。

::selection 伪元素被很多大型网站使用，例如，微博、哔哩哔哩等会使用它进行全局设置，把整站的文字或图像被选中后的背景色设置为网站的主题色或标志（Logo）色，加强品牌色的视觉传达效果。

兼容性

　　::selection 伪元素的兼容性还是很不错的，IE9 浏览器也对它提供支持，完整的兼容性如表 13-10 所示。

表 13-10 ::selection 伪元素的兼容性（数据源自 Caniuse 网站）

IE	Edge	Firefox	Chrome	Safari	iOS Safari	Android Browser
9+ ✔	12+ ✔	2+ ✔	4+ ✔	3.1+ ✔	✘	4.4+ ✔

13.6　打印行为相关

　　相比正常浏览的页面，打印页面的时候往往需要隐藏一些不需要的信息，例如隐藏头部和底部，只留中间的主体信息，这些需求都是通过媒体查询语句实现的，例如：

```
@media print {
    header, footer {
        display: none;
    }
}
```

　　但是，还有一些细节，例如分页的时候希望内容不断开，打印的时候希望保留背景色等，这时就需要使用特别的 CSS 属性进行处理了。本节就介绍这些与打印行为相关的 CSS 属性。

13.6.1　快速了解 color-adjust 属性

　　打印页面的时候，为了节约墨水，默认情况下，背景色是不打印的。color-adjust 属性可以用来设置打印页面的时候是否打印背景色。color-adjust 属性原本是一个非标准属性，不过现在已经加入了 CSS Color Module Level 4 的规范草案，成为 CSS 标准属性，日后"前途光明"。color-adjust 这个 CSS 属性的作用用更严谨的话表述就是：是否允许浏览器自己调节颜色以便有更好的阅读体验。也就是该 CSS 属性不仅仅针对打印。

color-adjust 属性的语法如下：

```
color-adjust: economy;
color-adjust: exact;
```

先讲一下这一语法中的几个关键点。

- economy 是默认值，表现为浏览器（或其他客户端）对元素进行样式上的调整，调整的规则由浏览器自己决定，以便达到更好的输出效果。例如，当打印时，浏览器会选择省略所有背景图像，并调整文本颜色，以确保对比度，保证白纸上的阅读效果是最佳的。目前的显示器设备已经很强大了，除传统打印机以外的显示设备似乎遇不到这种"节省背景色""节省色值"的场景。实际并非如此，例如，macOS 有了很酷的黑夜模式，这就是一个需要增加对比度的场景，应该赋予设备自由调节样式表现的能力。以后还会有其他设备，出现其他的阅读场景，因此，从面向未来的角度讲，color-adjust 属性是有其存在的价值的。

- exact 是告诉浏览器，我设置的这些颜色和背景等元素都是有必要的、精确匹配的，你不要自作聪明帮我做调整。

  例如，为了便于阅读，我们会给表格增加灰色背景，但是，如果打印的时候去掉表格的灰色背景，那么阅读体验反而会受到影响。此时，我们可以设定灰色背景颜色是"精确"的，这样，灰色背景就能正常打印，下面会通过专门的案例来讲解。

color-adjust 属性案例一则

使用 CSS 绘制一个带有灰色背景的表格，然后对整个表格元素应用下面的 CSS 代码：

```
table {
    -webkit-print-color-adjust: exact;
    color-adjust: exact;
}
```

此时，按下 Ctrl+P 组合键或者使用浏览器的"打印"功能，就可以看到默认值 economy 和属性值 exact 之间的渲染差异了，具体如图 13-18 所示。

color-adjust:economy（默认）		
《CSS世界》		2018年
《CSS选择器世界》		2019年
《CSS新世界》		2021年

color-adjust:exact		
《CSS世界》		2018年
《CSS选择器世界》		2019年
《CSS新世界》		2021年

图 13-18 economy 和 exact 之间的渲染差异示意

可以看到，在默认情况下，表格的背景色都缺失了，渲染效果是比较省墨的白色；但是设置了 color-ad just: exact 声明之后，表格灰白交错的背景色就显示出来了。

眼见为实，读者可以在浏览器中进入 https://demo.cssworld.cn/new/13/6-1.php 页面，或者扫描右侧的二维码查看效果。

color-adjust 属性除了可以在打印状态下控制颜色的显示，还可以用在使用 puppeteer 制作 PDF 的场景，以及其他一些场景中。这些场景虽然在日常开发时不常用到该属性，但是一旦用到就会事半功倍。

兼容性

在兼容性上，根据 CSS 规范文档，Chrome 和 Firefox 都支持 `color-adjust` 属性。然而根据我的测试，Chrome 浏览器支持的其实是 `-webkit-print-color-adjust` 属性，其可以看成 `color-adjust` 加入规范之前的非标准 CSS 属性。`color-adjust` 属性完整的兼容性如表 13-11 所示。

表 13-11 **color-adjust** 属性的兼容性（数据源自 Caniuse 网站）

IE	Edge	Firefox	Chrome	Safari	iOS Safari	Android Browser
✘	✘	48+ ✔	19+ ✔	6+ ✔	6+ ✔	5+ ✔

13.6.2 page-break 系列属性与分页的控制

这里的 `page-break` 指的是 `page-break-before`、`page-break-after` 和 `page-break-inside` 这几个 CSS 属性，这些是在 CSS2.1 中定义的 CSS 属性，用来设置当内容出现分隔时的布局与渲染方式。在 CSS 世界中，内容分隔出现的场景主要有 3 个，一个是 CSS 分栏，一个是打印分页，最后一个就是 CSS Regions。

现代浏览器已经完全舍弃 CSS Regions，因此本书不会做任何介绍。

`page-break` 系列属性在新的 CSS 规范中变成了 `break` 系列属性，也就是把属性前面的 `page-` 全部去掉，使用新的规范名称 `break-before`、`break-after` 和 `break-inside`，其中 `break-inside` 这个 CSS 属性在 6.1.3 节已经介绍过了，这里不再赘述。

本节介绍的重点放在 `break-before` 和 `break-after` 这两个 CSS 属性上。

break-before 和 break-after

`break-before` 和 `break-after` 这两个 CSS 属性的语法是一样的，作用也是类似的，因此放在一起介绍。

`break-before` 属性的作用是让当前元素作为一栏或一页的起始元素，`break-after` 的作用是让当前元素作为一栏或一页的末尾元素。`break-before` 属性和 `break-after` 属性支持的属性值非常多，正式语法如下：

```
break-before: auto | avoid | always | all | avoid-page | page | left | right | recto |
verso | avoid-column | column | avoid-region | region;
break-after: auto | avoid | always | all | avoid-page | page | left | right | recto |
verso | avoid-column | column | avoid-region | region;
```

上面这些属性值按照不同的作用场景共分为 4 组。

- 常规中断值有 `auto`、`avoid`、`always`、`all`。
- 分页使用的值有 `avoid-page`、`page`、`left`、`right`、`recto`、`verso`。
- 分栏使用的值有 `avoid-column`、`column`。
- 分区使用的值有 `avoid-region`、`region`。

虽然支持非常多的属性值，但是我们没有必要都了解。例如浏览器都不支持 CSS Regions，分区使用的属性值自然可以无视，还有很多用在复杂场景下的值也无须深入，毕竟 `break-before` 属性

和 `break-after` 属性已经是不常用的 CSS 属性了，要是属性值再复杂，岂不是劝退所有开发者？

对于 `break-inside` 属性，我们只需要了解 `avoid` 这个属性值；对于 `break-before` 和 `break-after` 属性，我们只需要了解 `column` 和 `page` 这两个属性值。

- `column` 用在 CSS 分栏布局中，如果是 `break-before` 属性，则表示元素是分栏第一个元素；如果是 `break-after` 属性，则表示元素是分栏最后一个元素。
- `page` 用在打印布局中，如果是 `break-before` 属性，则表示元素是分页第一个元素；如果是 `break-after` 属性，则表示元素是分页最后一个元素。

下面通过案例了解一下 `column` 和 `page` 这两个属性值的作用表现。HTML 代码如下：

```
<h2>CSS 世界</h2>
<p>CSS2.1 相关知识，CSS 世界知识体系的地基，大量的细节与原理，阅读体验酣畅淋漓，受益匪浅。</p>
<h2>CSS 选择器世界</h2>
<p>CSS 选择器相关知识，系统介绍 CSS 选择器使用的经验、细节和衍生出来的高级应用技巧，以及大量全新的 CSS 选择器知识。</p>
<h2>CSS 新世界</h2>
<p>CSS2.1 之后的 CSS 新特性介绍，涵盖布局、视觉表现和移动开发等方面，是一个全新的世界。</p>
```

如果设置如下的 CSS 代码，则在 Chrome 浏览器和 IE 浏览器中可以看到<h2>标题元素一定是在分栏的最上面显示的，如果分栏数量不足，则会自动创建新的分栏，效果如图 13-19 所示。

```
h2 {
    break-before: column;
}
```

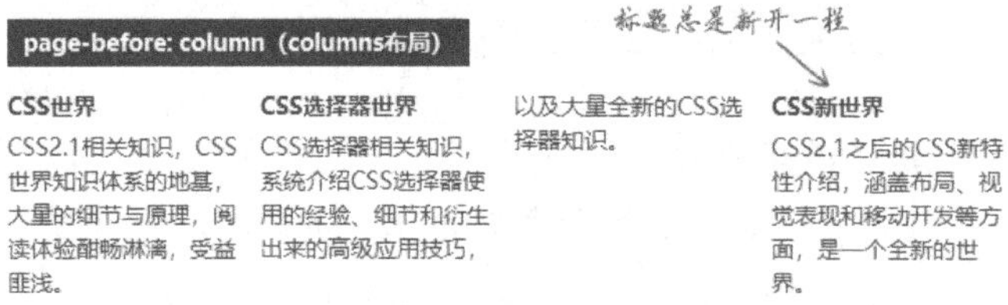

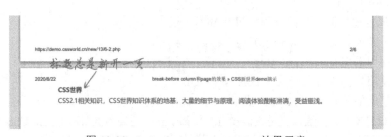

图 13-19 `break-before:column` 效果示意

如果设置如下的 CSS 代码，则页面在打印预览的时候，会看到<h2>标题元素一定是在某一页的最上面的，即便上一页有足够多的内容空间，效果如图 13-20 所示。

```
h2 {
    break-before: page;
}
```

图 13-20 `break-before:page` 效果示意

例如，图书的每一章的标题一定是新开页，使用 `break-before:page` 就可以轻松实现这样的需求，并且没有可替代的实现方案，因此 `break-before:page` 在打印排版的开发中是非常实用的 CSS 声明。

需要注意的是，Firefox 浏览器和 Safari 浏览器不支持 column 这个属性值，但是 page 这个属性值的兼容性则没有任何问题，IE10+浏览器均支持。

眼见为实，读者可以在浏览器中进入 https://demo.cssworld.cn/new/13/6-2.php 页面，或者扫描右侧的二维码查看 column 和 page 这两个属性值的作用表现。

13.6.3 orphans/widows 属性与内容行数的限制

orphans 和 widows 属性用来限制在分栏、分页和分区中内容的最小行数，其中 orphans 属性用来限制底部行数，widows 属性用来限制顶部行数。orphans 属性和 widows 属性语法都很简单，支持整数数值，表示最小行数。使用示意如下：

```
orphans: 3;
widows: 3;
```

下面这个例子演示了 orphans 属性和 widows 属性的作用。HTML 代码如下：

```
<div class="columns orphans">
    <p>无论文字内容数量是多少，底部至少显示 3 行。</p>
</div>
<div class="columns orphans">
    <p>无论文字内容数量是多少，底部至少显示 3 行。无论文字内容数量是多少，底部至少显示 3 行。</p>
</div>
<div class="columns orphans">
    <p>无论文字内容数量是多少，底部至少显示 3 行。无论文字内容数量是多少，底部至少显示 3 行。无论文字内容数量是多少，底部至少显示 3 行。</p>
</div>
```

设置分栏布局，然后设置 orphans 属性的属性值为 3，CSS 代码如下：

```
.columns {
    columns: 2;
    gap: 10px;
}
.orphans p {
    orphans: 3;
}
```

此时就可以看到图 13-21 所示的效果。

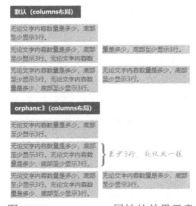

图 13-21 orphans 属性的效果示意

仔细对比图 13-21 所示的分栏布局表现，大家就会看出设置了 orphans 属性的布局和没有设置 orphans 属性的布局的区别。设置了 orphans 属性的第二段文字只有左侧这一栏，且正好是 3 行，而默认的分栏布局是 2 栏，其中左栏 2 行、右栏 1 行。这就是 orphans:3 的作用，保证新栏或新页底部内容至少显示 3 行，哪怕另外一栏或者一页是空白的。

widows 属性的作用和 orphans 属性类似，区别就在于 widows 属性设置的是顶部最小内容行数。

眼见为实，读者可以在浏览器中进入 https://demo.cssworld.cn/new/13/6-3.php 页面，或者扫描右侧的二维码查看 orphans 和 widows 这两个属性的作用表现。

由于分页效果需要使用大段的内容，不太好测试，因此上面的演示页面仅示意了 orphans 属性和 widows 属性在分栏状态下的效果。

除了 Firefox 浏览器不支持 orphans 属性和 widows 属性，其他浏览器全部提供支持，IE 浏览器从 IE8 就开始提供支持了。

13.6.4　了解@page 规则

@page 规则虽然名为"规则"，但是从其作用表现来看，可以将其看成打印时的文档元素。我们可以使用@page 规则调整打印页面的边距，例如：

```
@page {
    margin: 2in 3in;
}
```

需要注意的是，只有部分属性可以在@page 规则中生效，这些属性就是前面介绍的与打印行为相关的几个属性和 margin 属性，其他 CSS 属性就算设置了也是没有任何作用的。

@page 规则还可以和几个很特殊的伪类一起使用，表示控制不同的打印文档，这些伪类包括:first、:left、:right 和:blank。其中，:first 表示第一个打印页面，:left 和:right 分别表示左侧页面和右侧页面，这与文档的主书写方向有关，:blank 表示空的打印页。

例如，使用:first 调整第一个打印页面的边距：

```
@page :first {
    margin: 2in 3in;
}
```

@page 规则的兼容性和 orphans 属性类似，都不被 Firefox 浏览器支持，其他所有浏览器都提供支持，IE 浏览器从 IE8 就开始提供支持。

纵观前面所有与打印行为相关的属性就会发现，Firefox 浏览器的支持力度一直不高，甚至比 IE 浏览器的支持力度还低。因此，记住这句话：如果要打印网页，远离 Firefox 浏览器。

13.7　性能增强

本节介绍几个与 CSS 性能增强相关的属性。

13.7.1　慎用 will-change 属性提高动画性能

will-change 属性的作用很单纯，就是"增强页面渲染性能"，那它是如何增强的呢？

在现代浏览器中，3D 变换会启用 GPU 加速[①]。例如，应用 translate3D()、scaleZ() 之类的变换函数会启用 GPU 加速。但是，这些 CSS 语句在我看来属于"hack 性能加速法"，因为实际上大多数的动画不需要 z 轴的变化，但 CSS 还是假模假样地声明了，欺骗浏览器并不是一种值得说道的做法。而 will-change 属性则天生为性能加速而设计，顾名思义——"我要变化了"，礼貌而友好。

当我们通过某些行为（点击、移动或滚动）触发页面进行大面积绘制的时候，浏览器往往是没有准备的，只能被动使用 CPU 去计算与重绘。由于没有事先准备，因此会产生卡顿现象，而 will-change 属性会在真正的行为触发之前告诉浏览器："我待会儿就要变化了，你要做好准备。" 于是，浏览器准备好 GPU，从容应对即将到来的内容或形状的变化。

1. will-change 属性的语法

will-change 属性的语法如下：

```
will-change: auto;
will-change: scroll-position | contents | <custom-ident>
```

使用示意如下：

```
will-change: auto;
will-change: scroll-position;
will-change: contents;
/* 下面是<custom-ident>的示例 */
will-change: transform;
will-change: opacity;
will-change: left, top;
```

下面讲一下各个属性值都应该在什么状况下使用。如果发现滚动动画卡顿，则可以试试 scroll-position；如果是内容变化，则可以试试 contents；如果是其他 CSS 属性动画性能不佳，掉帧明显，则可以试试<custom-ident>类型的属性值。

虽然<custom-ident>数据类型指的是任意自定义的名称，但是只有 CSS 属性对应的名称才有效果。也就是说，虽然下面的语法都是正确的，却没有任何效果：

```
will-change: aaa;
will-change: bbb;
will-change: ccc;
```

因此，在实际的操作中，will-change 属性的属性值都是合法的 CSS 属性。

再说一个有趣的现象，transform 和 opacity 的动画性能是最高的，其他 CSS 属性，如 margin、padding、border-width 和 background-position 等，都是动画性能低下的 CSS 属性，因此，will-change 属性的属性值应该是 margin 和 padding 之类的 CSS 属性。但是实际上，我们平常开发看到更多的 will-change 属性值是 transform 和 opacity 属性。

为什么呢？原因就在于使用的方向"歪"了。

现代浏览器不是过去的 IE 浏览器，性能都是不错的，就算 margin 和 padding 等 CSS 属性

[①] GPU 即图形处理器，是与处理和绘制图形相关的硬件。GPU 是专为执行复杂的数学和几何计算而设计的，可以让 CPU 从图形处理的任务中解放出来，从而执行其他更多的系统任务，如页面的计算与重绘。

的性能低下，也只是相对而言的，用在日常开发中是不会出现用户可以感知的动画卡顿的，也就是说，虽然 will-change 属性的设计初衷是提高动画性能，但是需要使用 will-change 属性提高动画性能的需求并不多见，因此很少见到下面的 CSS 代码：

```
will-change: margin, padding;
```

也就是说，使用 will-change 属性提高动画性能的需求并非普遍需求，而 will-change: transform 或 will-change:opacity 属性并不是用来提高动画性能的，而是为了创建新的层叠上下文，或者是为了解决 iOS 的 Safari 浏览器中的一些奇怪的渲染问题。

will-change 属性有一个隐藏的特性，那就是使用某个 CSS 属性作为属性值之后，元素会有与当前 CSS 属性类似的行为。例如，元素设置 will-change:transform 后会有与元素设置 transform 属性（属性值不是 none）一样的行为，包括：

- 会创建新的层叠上下文，影响元素的层级；
- 会影响混合模式的渲染计算；
- 设置 overflow:hidden 会隐藏内部溢出的绝对定位元素。

因此，will-change:transform 经常出现，不是为了提升动画性能，而是为了背后的渲染特性，它可以解决 iOS Safari 浏览器中一些奇怪的渲染问题。will-change:opacity 经常出现的原因也是类似的。

最后，如果 will-change 属性的属性值是一个 CSS 缩写属性，如设置 will-change: background 声明，则所有与 background 缩写相关的属性发生变化的时候都会触发性能加速。

2．慎用 will-change 属性

既然 will-change 属性可以提高渲染性能，我们是否可以给所有动画元素都设置 will-change 属性呢？

千万不要这么做，will-change 属性提高渲染性能是有成本的。这个成本就是 GPU 内存，在移动端设备上，更直观的反映是手机会发烫，电量消耗会特别快。

日常的动画效果都是非常流畅的，根本没有必要使用 will-change 属性来加速。同时，就算使用 will-change 属性也要遵循最小化影响原则，例如不要设置 will-change 属性在默认状态中，否则“GPU 层”会一直存在，GPU 开销也会一直存在，一旦匹配 will-change 属性的元素较多，性能开销就很大了。因此，避免使用下面的 CSS 代码：

```
.will-change {
    will-change: transform;
    transition: transform 0.3s;
}
.will-change:hover {
    transform: scale(1.5);
}
```

更推荐的做法是在父元素的:hover 伪类状态中声明 will-change 属性，这样鼠标指针移出当前元素的时候会自动清除 GPU 开销，代码如下：

```
.will-change-parent:hover .will-change {
    will-change: transform;
}
.will-change {
    transition: transform 0.3s;
}
.will-change:hover {
```

```
    transform: scale(1.5);
}
```

注意，不能在当前元素的:hover 伪类中设置 will-change 属性，也就是不能使用下面的写法：

```
.will-change {
    transition: transform 0.3s;
}
.will-change:hover {
    will-change: transform;
    transform: scale(1.5);
}
```

因此 will-change 属性需要预声明才有意义。悬停效果几乎总是先由父元素触发，然后才到子元素，因此 will-change 属性需要在父元素的:hover 伪类状态中设置。

如果使用 JavaScript 代码添加 will-change 属性，则事件结束或动画完毕的时候一定要及时清除 will-change 属性。

例如，点击某个按钮，然后某个元素会执行动画效果。当用户点击一个按钮时，先执行的是 mousedown 事件，紧接着才是 click 事件，因此，我们可以在执行 mousedown 事件的时候添加 will-change 属性，动画结束的时候再使用动画效果自带的回调函数移除 will-change 属性，代码如下所示（target 表示目标动画元素）：

```
dom.onmousedown = function() {
    target.style.willChange = 'transform';
};
dom.onclick = function() {
    // target 元素执行动画
};
target.onanimationend = function() {
    // 动画结束，用回调函数移除 will-change 属性
    this.style.willChange = 'auto';
};
```

兼容性

所有现代浏览器均支持 will-change 属性，完整的兼容性如表 13-12 所示。

表 13-12　**will-change** 属性的兼容性（数据源自 Caniuse 网站）

IE	Edge	Firefox	Chrome	Safari	iOS Safari	Android Browser
✘	✘	36+ ✔	36+ ✔	9.1+ ✔	9.3+ ✔	5+ ✔

13.7.2　深入了解 contain 属性

contain 属性是 CSS Containment 模块规范中定义的 CSS 属性，作用是提高 Web 页面的渲染性能。

Web 网页的 HTML 本质上是一个 DOM 树，在默认情况下，某一个节点的样式变化会触发整个文档树的重绘和重计算，这是 DOM 渲染最大的性能开销。

contain 属性可以让局部的 DOM 树结构成为一个独立的部分，和页面其他的 DOM 树结构

完全隔离，这样在这部分内容发生变化的时候，重绘与重计算只会在这个局部 DOM 树结构内部发生。于是，性能就会有非常显著的提升。contain 属性非常适合用在复杂页面的某个小组件上，可以有效避免"牵一发而动全身"的情况出现。

contain 属性理论上应该是一个让人足够兴奋的属性，但是由于浏览器本身的渲染性能越来越好，因此，目前在日常开发中，绝大多数页面是完全不需要考虑所谓的渲染性能问题的。即使有上万个 DOM 节点，Chrome 浏览器也能在很短的时间内渲染出来。

在过去，contain 属性可以提升超过 100 倍的渲染性能，但是同样的测试页面，使用 contain 属性和不使用 contain 属性看起来并没有多大的区别。这样就出现了一个很尴尬的情况，浏览器自身足够优秀，导致 contain 属性并没有多少机会绽放光彩。

根据我自己的相关测试，在有些场景下，使用 contain 属性还是会有性能上的提升的。读者可以在浏览器中进入 https://demo.cssworld.cn/new/13/7-1.php 页面，或者扫描右侧的二维码查看这个测试页面。

1000 层标签嵌套，最内部元素被点击时内容会发生变化。在 Firefox 浏览器中，设置了 contain: strict 的元素在被点击的时候几乎没有渲染时间的开销，如图 13-22 所示。

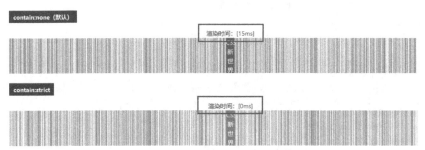

图 13-22　设置 contain:strict 后的渲染时间示意

因此，contain 属性还是有一定的实用价值的。

1. CSS Containment 中的一些概念

想要彻底了解 contain 属性，需要对 CSS Containment 中的限制类型有所了解，限制类型如下：

- Size Containment；
- Layout Containment；
- Style Containment；
- Paint Containment。

不同的限制类型对应不同的渲染限制，了解它们有助于更精准地进行性能提升控制。

（1）**Size Containment**。

Size Containment 可以被近似地理解为"尺寸限制"，为什么说近似呢？这是因为我们日常所说的"尺寸限制"指的是 max-width/min-width 这种最大/最小尺寸限制，但是这里的"尺寸限制"指的是内部元素的变化不会影响当前元素尺寸的变化。

举个简单的例子，有一个图片元素，其 HTML 代码如下：

```
<img src="1.jpg">
```

此时，这张图片就有一个尺寸，这个尺寸在默认状态下是 1.jpg 这张图片的原始尺寸。现在，我们将 1.jpg 修改为另外一个不同尺寸的 2.jpg，则<img>元素的尺寸就会跟着变化。但是，如果给这个图片元素应用 Size Containment，则无论 src 属性链接的图片尺寸有多大，<img>元素的尺寸都不会发生变化，这就是"尺寸限制"的含义。

下面问题来了，"尺寸限制"的行为是如何实现的呢？很简单，让浏览器直接无视元素里面的内容就可以了，也就是假设元素里面的元素不存在；如果是替换元素，就认为替换内容不存在。因此，Size Containment 状态下的元素的 content-box 尺寸都是 0×0，如果没有设置边框等样式，这个元素就是不可见的。因此，实际开发的时候，应用 Size Containment 的元素一定是需要设置具体的 width 和 height 属性的，也就是必须设置具体的尺寸值。

不是所有元素都支持 Size Containment 的，不支持 Size Containment 的元素包括设置了 display:contents 和 display:none 的元素，内部 display 类型是 table 的元素，<td>、<th>和<tr>这些内部表格元素，常规的内联元素等。

实际上，在 CSS 渲染的性能优化中，Size Containment 出场的机会并不多，按照 CSS 规范文档中的说法，特别适合使用 Size Containment 的场景是使用 JavaScript 根据包含块元素的尺寸设置内部元素尺寸，这样可以有效避免某种"无限循环"。

举个例子，inline-block 水平的元素的尺寸是根据元素里面的内容决定的，现在希望元素里面内容的尺寸永远比 inline-block 的尺寸小 1px。按照字面上的需求，我们可以先使用 JavaScript 获取 inline-block 水平的尺寸，再去修改元素里面子元素的尺寸。但是，这种做法会带来一个问题，那就是 inline-block 的尺寸是根据元素里面子元素的尺寸变化的，如果子元素尺寸变小了，岂不是 inline-block 元素的尺寸也要变小，这又会导致子元素尺寸再次变小……一个循环的过程就产生了。

使用 Size Containment 可以有效避免这样的渲染情况出现，因为 inline-block 元素的尺寸摆脱了对内部元素内容尺寸的依赖。

（2）**Layout Containment**。

Layout Containment 指的是"布局限制"，可以想象成对元素的骨架、框架或者渲染盒子进行了封闭，形成了一个真正意义上的"结界"。这些限制会给元素带来很多和普通元素不一样的特性。

- 会形成一个全新的包含块，无论是绝对定位元素还是固定定位元素的 left 和 top 偏移都会相对于这个包含块元素计算。transform 属性也有这个特性，在 transform 属性值不是 none 的元素中的固定定位元素的样式表现如同绝对定位。contain:layout 也可以让设置了 position:fixed 的固定定位元素像绝对定位元素那样表现，即 left 和 top 值是相对于设置了 contain:layout 的元素偏移的，而不是相对于浏览器窗体的，并且元素可以滚动，而不是位置固定。
- 会创建一个全新的层叠上下文，除了可以改变元素重叠时的层级表现，还可以限制混合模式等 CSS 特性的渲染范围。
- 会创建一个新的块状格式化上下文（Block Formatting Context，BFC），因此，Layout Containment 状态下的元素是不会受到浮动元素干扰的。

Layout Containment 还有下面这些大家可以不用在意的特性。

- 如果 overflow 的属性值是 visible、clip 或两者的组合，则元素内任意元素内容的溢出都不会影响外部元素的布局。

- 内部的元素可以分栏、分区，但是不能传播到父元素。

- 基线消失，或者可以认为底边缘是基线。

和 Size Containment 类似，Layout Containment 同样对隐藏元素、表格元素（不包括 `table-cell` 元素）和纯内联元素无效。

（3）Style Containment。

Style Containment 和很多人预想的不一样，并不是指常规的样式限制，而是指 CSS 计数器和其他相关内容生成的限制。例如，CSS 计数器属性 `counter-increment` 和 `counter-set` 是受到整个 DOM 树中的计数器影响的。

例如，父元素执行一次 `counter-increment`，子元素又执行一次 `counter-incre ment`，则最终的计数值是父、子元素的累加值。但是，如果设置了 Style Containment，则计数范围就会被限定在元素的子树上，而不是整个树。

举个例子，HTML 和 CSS 代码如下：

```
<div></div>
body {
    counter-reset: n 2;
}
div {
    contain: style;
    counter-reset: n;
}
div::before, div::after {
    content: counters(n, '.') " ";
}
div::after {
    counter-increment: n 2;
}
```

在这个例子中，`counter-reset` 属性被限制在了<div>元素的子树中，外部元素设置的同名 `counter-reset` 则会被忽视，因此，最终并不会出现序号级联的效果。但是，如果删除 `contain:style` 这段 CSS 样式，则计数器的范围限制就没有了，于是就有了序号级联的效果。最终的对比效果如图 13-23 所示。

图 13-23 `contain:style` 对计数器范围的限制示意

眼见为实，读者可以在浏览器中进入 https: //demo.cssworld.cn/ new/13/7-2.php 页面，或者扫描右侧的二维码查看效果。

Style Containment 除了限制计数器的作用范围，对其他 content 内容生成特性同样适用，包括 `open-quote`、`close-quote`、`no-open-quote` 和 `no-close-quote`。

content 内容生成虽然很实用，但是很遗憾，目前除了基本的数字序号生成，

平常很少见到 content 属性的其他高级应用，因此，Style Containment 也被拖累成一个出场机会很少的限制特性。目前 Firefox 浏览器并不支持 Style Containment，因此我不看好 Style Containment 的未来。

（4）**Paint Containment**。

就表现而言，Paint Containment 和 Layout Containment 有不少相似之处，都会成为绝对定位和固定定位元素的包含块，会创建新的层叠上下文和格式化上下文。

当然，它们的不同之处也很明显，那就是 Paint Containment 不会渲染任何包含框以外的内容，哪怕 overflow 属性值是 visible；并且 Paint Containment 依然会保留溢出内容对布局的影响（例如会改变元素的基线位置）。请看下面这个例子：

```
<button>基线对齐</button>
<p>感谢大家购买《CSS 新世界》，如果你觉得内容不错，欢迎分享给周围的小伙伴。</p>
p {
    display: inline-block;
    width: 150px; height: 36px;
    padding: 10px;
    background: skyblue;
}
```

此时，按钮就会和<p>元素保持基线对齐，而此时<p>元素的基线就是内部文本的基线，于是会有图 13-24 所示的效果。

接下来继续给<p>元素设置 contain:paint，CSS 代码如下：

```
p {contain: paint;}
```

结果溢出容器的文字内容直接不渲染了，表现为透明不可见，但是大家可以发现，<p>元素的基线位置依旧和之前一样，效果如图 13-25 所示。

图 13-24　按钮和大段文字默认的　　　　图 13-25　contain:paint 不渲染容器外的
　　　基线对齐表现示意　　　　　　　　　　　　　文字内容示意

这就是 contain:paint 和 overflow:hidden 隐藏容器外元素重要的区别之一。

2．contain 属性的语法

明白了 CSS Containment 的 4 种限制类型，学习 contain 属性的语法就轻松多了。

contain 属性的语法如下：

```
contain: none;
contain: strict;
contain: content;
contain: [ size || layout || style || paint ]
```

先讲一下这一语法中的几个关键点。

- Size Containment 限制类型对应属性值 size，不妨就称为 size 类型。
- Layout Containment 限制类型对应属性值 layout，不妨就称为 layout 类型。
- Style Containment 限制类型对应属性值 style，不妨就称为 style 类型。
- Paint Containment 限制类型对应属性值 paint，不妨就称为 paint 类型。

此时，`strict` 和 `content` 这两个属性值的含义就一目了然了。

- `strict` 表示对除 `style` 类型以外的类型都进行限制。此属性值等同于 `contain: size layout paint` 的设置。
- `content` 表示对除 `size` 和 `style` 类型以外的类型都进行限制。此属性值等同于 `contain: layout paint`，表现为元素内内容渲染，元素外内容不渲染。

大家可以根据合适的场景选择合适的 `contain` 属性值来优化 CSS 渲染的性能。

兼容性

`contain` 属性本身是一个增强体验的 CSS 属性，因此无论兼容性如何，我们都可以放心大胆地在实际项目中使用。

目前 Safari 浏览器还没有支持 `contain` 属性，Chrome 和 Firefox 浏览器均支持 `contain` 属性（准确地讲，Firefox 是绝大部分支持）。该属性完整的兼容性信息如表 13-13 所示。

表 13-13　`contain` 属性的兼容性（数据源自 Caniuse 网站）

IE	Edge	Firefox	Chrome	Safari	iOS Safari	Android Browser
✘	✘	69+ ✔	52+ ✔	✘	✘	5+ ✔

13.7.3　content-visibility 属性

`content-visibility` 属性可以让浏览器决定是否渲染视区以外的元素的内容，借此提高页面的渲染性能。

根据目前我查阅到的某个案例的数据，渲染时间是 232 ms 的网页使用 `content-visibility` 属性优化后可以降低到 30 ms。看起来这个属性很强大，但是我保持“谨慎的乐观”，因为如果 `content-visibility` 属性真的这么好，浏览器应该会默认支持，所以很明显，`content-visibility` 属性带来的性能提升一定是牺牲了某些东西才实现的，例如快速滚动页面时的加载体验。

当浏览器决定不渲染某个元素里面的内容的时候，元素会开启 Layout Containment、Style Containment 和 Paint Containment，如果元素没有设置具体的高、宽值，则尺寸可能是 0。随着浏览器页面的滚动，元素进入视区后会再次渲染，此时就会出现内容跳动的情况，这种体验反而糟糕。

目前 Chrome 85+浏览器已经支持了 `content-visibility` 属性，大家如果对这个属性感兴趣，可以试试使用类似下面的 CSS 代码给自己的项目做一个测试，看看效果如何：

```
article {
    content-visibility: auto;
    contain-intrinsic-size: 1000px;
}
```

其中 `contain-intrinsic-size` 属性可以理解为内容的占位尺寸。

由于 `content-visibility` 属性目前尚未成熟，因此暂时就说这么多。

SVG 元素的 CSS 控制

CSS 世界中有不少 CSS 属性或 CSS 属性值是与 SVG 元素相互作用的。例如，11.1.3 节介绍过的 filter:url(#id) 和 12.4.4 节介绍过的 offset:url(#id) 就是使用的 SVG 元素的滤镜元素和路径元素；又如 mask 属性和 clip-path 属性的属性值 fill-box、stroke-box 和 view-box 只能作用在 SVG 元素上。这些都是 CSS 属性值和 SVG 元素产生关联的例子，实际上，还有很多 CSS 属性可以和 SVG 元素产生关联，这些 CSS 属性均源自 SVG 元素的标签属性。

14.1 使用 CSS 属性直接绘制 SVG 图形

先看一个例子。一个传统的 SVG 圆形效果，其 SVG 代码大致结构如下：

```
<svg>
    <circle cx="150" cy="75" r="60"></circle>
</svg>
```

可以得到图 14-1 所示的效果（为了便于查看效果，<svg> 元素的轮廓使用虚线示意）。

实际上，直接使用 CSS 代码可以实现和图 14-1 一模一样的圆形效果，SVG 代码如下：

```
<svg>
    <circle class="circle"></circle>
</svg>
```

CSS 代码如下：

```
.circle {cx: 150px;cy: 75px;r: 60px;}
```

其中，属性 cx、cy 和 r 均源自 <circle> 元素的原生属性。

类似的 CSS 属性还有很多，例如，表示路径的 d 属性，表示左上角坐标的 x 属性和 y 属性，表示椭圆长半轴和短半轴的 rx 属性和 ry 属性。有了这些 CSS 属性，基本的 SVG 图形效果完全可以使用 CSS 绘制，包括多边形、矩形（含圆角矩形）、椭圆和任意不规则形状。例如，圆角矩形效果的示意代码如下：

```
<svg>
    <rect class="rect"></rect>
</svg>
```

```
.rect {
    x: 30px;y: 15px;
    width: 240px;height: 120px;
    rx: 10px;ry: 10px;
}
```

效果如图 14-2 所示。

图 14-1　CSS 直接使用 SVG<circle>原始
属性绘制的圆形效果示意

图 14-2　CSS 直接使用 SVG 属性绘制的
圆角矩形效果示意

又如，椭圆效果的示意代码如下：

```
<svg>
    <ellipse class="ellipse"></ellipse>
</svg>
.ellipse {
    cx: 150px;cy: 75px;
    rx: 100px;ry: 60px;
}
```

效果如图 14-3 所示。

我们甚至可以使用 d 属性值实现任意路径的图形效果。需要注意的是 CSS 中的 d 属性值不能是裸露的路径字符串，且只能写在 path() 函数中。例如，使用 d 属性值实现菱形效果，相关代码如下：

```
<svg>
    <path class="diamond">
</svg>
.diamond {
    d: path('M150 10L240 75L150 140L60 75');
}
```

效果如图 14-4 所示。

图 14-3　CSS 直接使用 SVG 属性绘制的
椭圆效果示意

图 14-4　CSS 直接使用 SVG 属性绘制的
菱形效果示意

读者可以在浏览器中进入 https://demo.cssworld.cn/new/14/1-1.php 页面，或者扫描右侧的二维码查看以上几个 CSS 绘制的 SVG 图形效果。

SVG 图形 CSS 化的意义何在

下面关键问题来了，明明 SVG 元素自身的标签属性用得好好的，为何还需要用 CSS 实现呢？

其实，SVG 属性在 CSS 语言中通用是一个老传统，例如 `fill` 和 `stroke` 属性从 IE9 浏览器开始就被支持了，因此支持 `cx` 和 `cy` 等属性也是顺理成章的，毕竟可以给开发带来很多便利。

1. 增强了复用性

CSS 属性有一个天然的优势，那就是如果 CSS 属性和合适的 CSS 选择器配合使用，那么样式效果会有极高的复用性。

假设页面中有 10 个 SVG 圆形效果，如果使用传统的 SVG 代码表示，则相关代码如下：

```
<svg>
    <circle cx="150" cy="75" r="60"></circle>
</svg>
<svg>
    <circle cx="150" cy="75" r="60"></circle>
</svg>
...
<!-- 剩余略 -->
```

上述代码除了有代码量略大的缺点，最致命的问题就是维护性极其糟糕，如果后期需求发生变化，例如设计师想要把所有圆形的半径从 60px 改成 75px，开发者就需要一次性修改 10 处地方，要是这些 SVG 元素并不是在一个页面中，而是散落在项目的各个页面，那维护起来更是心力交瘁。

但是，如果使用 CSS 代码绘制，情况就会完全不一样。相关代码如下：

```
<svg>
    <circle class="circle"></circle>
</svg>
<svg>
    <circle class="circle"></circle>
</svg>
...
<!-- 剩余略 -->
.circle {cx: 150px;cy: 75px;r: 60px;}
```

此时，想要将所有圆形的半径从 60px 改成 75px，就非常轻松，只需要将 CSS 代码中的 `r:60px` 改成 `r:75px` 就可以了，且不必担心改动会有遗漏。

2. 通过外部手段重置 SVG 设置成为可能

以 SVG 圆形效果绘制为例，有如下 SVG 代码：

```
<svg>
    <circle cx="150" cy="75" r="60"></circle>
</svg>
```

由于客观条件受限，开发者无法直接修改`<circle>`元素的半径，只能通过 CSS 修改。因为 CSS 也能设置`<svg>`元素的绘制，所以只需将下面这一段 CSS 代码中 SVG 的圆形半径从 60px 改成 75px：

```
circle {
    r: 75px;
}
```

效果如图 14-5 所示。

改动生效的原因就在于 CSS 选择器的优先级均大于 HTML 属

图 14-5　CSS 直接重置 SVG 圆形半径后的效果示意

性中的设置，因此所有 SVG 中通过属性设置的特性，只要有对应的 CSS 属性，均可以在 CSS 样式中进行重置。

3. SVG 的动画效果实现更方便了

还是以 SVG 圆形效果为例，有如下 SVG 代码：

```
<svg>
    <circle cx="150" cy="75" r="60"></circle>
</svg>
```

想要圆形面积不断放大和缩小，该如何实现？

一种方式是使用 JavaScript 不断修改 r 属性的值。这可以借助 Web Animation API 实现，但是显然比 CSS 实现更麻烦。

有人会想到对<circle>元素进行 transform 缩放来实现动画效果，可惜由于 SVG 图形变换和 CSS 图形变换的坐标系不同，因此 transform 缩放实现的并不是居中放大效果。有人会想到对<svg>元素进行 transform 缩放来实现动画效果，如果这个<SVG>元素只有一个<circle>元素还好，但是如果<svg>元素还包含其他图形元素，这种方法就会有问题。其实，有非常简单的方法，那就是直接使用 animation 改变 r 属性的值。CSS 代码如下：

```
circle {
    animation: zoomInOut 1s infinite alternate;
}
@keyframes zoomInOut {
    from { r: 60px; }
    to { r: 75px; }
}
```

此时就可以看到 SVG 圆形不断放大和缩小的效果了。读者可以在浏览器中进入 https://demo.cssworld.cn/new/14/1-2.php 页面，或者扫描右侧的二维码查看效果。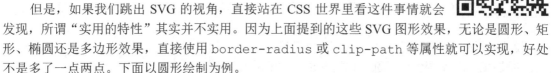

通过上面的介绍，是不是觉得 CSS 支持 SVG 图形绘制还算挺实用的特性？

但是，如果我们跳出 SVG 的视角，直接站在 CSS 世界里看这件事情就会发现，所谓"实用的特性"其实并不实用。因为上面提到的这些 SVG 图形效果，无论是圆形、矩形、椭圆还是多边形效果，直接使用 border-radius 或 clip-path 等属性就可以实现，好处不是多了一点两点。下面以圆形绘制为例。

（1）使用 border-radius 属性实现的圆形效果可以是任意 HTML 元素，非常灵活，但是在 SVG 中只能应用在<circle>元素上。

（2）使用 border-radius 属性实现的圆形效果是一个独立的个体，但是<circle>元素必须在<svg>元素中才有效果，并且定位、视区大小等都受到<svg>元素的严格限制，因此，圆形效果绘制的参数需要根据<svg>元素的尺寸和视区大小动态计算，使用成本比较高。

（3）使用 border-radius 属性实现的圆形效果兼容性更好，IE9 及其以上版本的浏览器都支持，而使用 cx、cy 等属性绘制的 SVG 圆形效果，IE 浏览器是不支持的，只有现代浏览器才支持。注意，是 IE 浏览器不支持 CSS 利用 SVG 的图形绘制属性进行 SVG 绘制，并不是 IE 浏览器不支持 SVG 本身，IE9 及其以上版本浏览器都是支持 SVG 效果的，且支持情况良好。

在 Web 开发领域，只要是 CSS 支持的特性，就天然具有绝对的实用优势。因为 CSS 这门语言就是为 Web 开发量身定制的,其非常适合图文排版与布局,自然在 Web 开发中有很强的实用性,而 SVG 设计的目的是展示矢量图形,使用的是和 Web 网页完全不同的定位和显示规则。

　　因此,当 CSS 也能绘制矢量图形效果后,SVG 的优势就陡然下降了。也就是说,如果没有本书介绍的这些新的 CSS 图形表现特性,现在会是一个 SVG 当道的年代。但是,请大家务必意识到这一点,CSS 介入的图形绘制只是部分内容和 SVG 发生了重合,也就是说,虽然 CSS 可以很好地取代部分 SVG 特性,但是依然还有很多的图形特性只能通过 SVG 完成。

　　例如,在传统的 Web 文档流布局中是无法实现让文字沿着曲线路径排列的,但是在 SVG 中使用<textPath>元素可以轻松实现。又如,虽然现代浏览器支持 CSS 各种各样的颜色表示方法(见 3.9.4 节),但是并没有任何语法支持设置颜色关键字的半透明值。此时有这样一个需求,希望图形的背景颜色是 50%透明度的 deepskyblue,但是边框颜色还是 deepskyblue,该如何表示 50%透明度的 deepskyblue 呢?

　　在经典的 CSS 世界中,上面的需求需要借助 animation 的“奇技淫巧”实现(见 5.4.8 节,代码量颇大),但是借助 SVG 的 fill-opacity 属性,我们就可以轻松实现颜色关键字半透明,同时不影响其他样式。我们直接看代码。还是使用圆形进行示意:

```
<svg>
    <circle cx="150" cy="75" r="60"></circle>
</svg>
circle {
    fill: deepskyblue;
    fill-opacity: 50%;
}
```

效果如图 14-6 所示。

　　就算图形填充的是渐变、图片、纹理,也可以这样设置为半透明,非常方便。可惜这么好的特性只能用在 SVG 元素中,以至于我时不时“妄想”要是有一个 background-opacity 这样的 CSS 属性就好了。

图 14-6　半透明颜色关键字的
效果示意

　　当然,SVG 的关键字属性值半透明特性也不算高价值的特性,因为在 CSS 中通过 HTML 标签嵌套或者使用::before/::after 伪元素也可以实现类似的效果。因此,接下来有必要介绍一些 SVG 中可替代性较低的 CSS 属性了。

14.2　CSS 属性下的填充设置

　　目前,包括 IE9 在内的所有浏览器均可以直接通过设置 fill 属性来设置 SVG 中元素的填充样式。在不同的 SVG 元素中,fill 属性表示的含义会有所不同,例如在<animateTransform>元素中,fill 属性表示动画最终的状态。不过我们这里仅讨论 fill 属性作为基本图形元素的样式填充的情况,这些基本元素包括<altGlyph>、<circle>、<ellipse>、<path>、<polygon>、<polyline>、<rect>、<text>、<textPath>、<tref>和<tspan>。

14.2.1　fill 属性在 Web 开发中的应用

　　fill 属性有一个很实用的特性,那就是它有着类似于继承性的样式表现。举个例子,<svg>

元素中有一个圆形和一个矩形，代码如下：

```
<svg>
    <circle cx="150" cy="75" r="60"></circle>
    <rect x="30" y="45" width="240" height="60"></rect>
</svg>
```

在默认状态下，圆形和矩形都会使用 black 色值进行填充，如果我们想要修改填充颜色为其他颜色，无须分别给每一个元素设置 fill 属性，直接将 fill 属性设置在<svg>元素上就可以了，例如：

```
<svg fill="skyblue">
    <circle cx="150" cy="75" r="60"></circle>
    <rect x="30" y="45" width="240" height="60"></rect>
</svg>
```

此时，<circle>元素和<rect>元素全部都填充为了天蓝色，效果如图 14-7 所示。

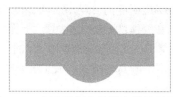

图 14-7   半透明颜色关键字的效果示意

同样，当 fill 属性作为 CSS 属性使用的时候，这种类似于继承的特性也保留了下来，并且不受标签元素类型的影响。什么意思呢？例如，cx 和 cy 这些属性只能作用在<circle>、<ellipse>这些元素上，对于其他元素，如<div>、<span>和<rect>等，cx 和 cy 属性是无效的。但是 fill 属性没有这些限制，任何 HTML 元素都可以设置，例如：

```
body {
    fill: currentColor;
}
```

此时在整个页面中，所有内联 SVG 元素都会使用当前的文字颜色作为填充颜色（前提是所有 SVG 元素都没有设置 fill 属性）。这个特性成了 SVG Sprites 技术的理论基础之一，也让 SVG 的 fill 属性成了 Web 中最常用的 SVG CSS 属性。

我们不妨把上面出现的几个简单图形都变成<symbol>元素，并集合到一个<svg>元素中以方便管理[①]，代码如下：

```
<svg style="display:none;">
    <symbol id="icon-circle" viewBox="0 0 150 150"><circle cx="75" cy="75"
r="60"></circle></symbol>
    <symbol id="icon-rect" viewBox="0 0 150 150"><rect x="10" y="25" width="130"
height="100"></rect><symbol>
    <symbol id="icon-ellipse" viewBox="0 0 150 150"><ellipse cx="75" cy="75" rx="65"
ry="50"></ellipse></symbol>
    <symbol id="icon-diamond" viewBox="0 0 150 150"><path d="M75 10L140 75L75 140L10
75"></symbol>
</svg>
```

此时，这些图形元素就可以重复使用了，同时可以使用 color 属性控制这些图形的颜色。例如，要想让图标全部使用深红色，则可以设置 SVG 图标元素的祖先元素的 color 属性值为 darkred；要想将图标变成绿色，则可以设置 color: green；要想将图标变成深天蓝色，则可

---

① 在实际开发中，<symbol>集合都是由工具完成的。

以设置 `color: deepskyblue`。相关代码如下：

```
<p style="color: darkred;">
    <svg><use href="#icon-circle"></use></svg>圆形
    <svg><use href="#icon-rect"></use></svg>矩形
    <svg><use href="#icon-ellipse"></use></svg>椭圆
    <svg><use href="#icon-diamond"></use></svg>菱形
</p>
<p style="color: green;">
    ...同上...
</p>
<p style="color: deepskyblue;">
    ...同上...
</p>
```

最终可以得到图 14-8 所示的效果。

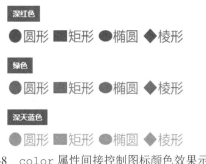

图 14-8 `color` 属性间接控制图标颜色效果示意

眼见为实，读者可以在浏览器中进入 https://demo.cssworld.cn/new/14/2-1.php 页面，或者扫描右侧的二维码查看效果。

试想一下，上面例子中的圆形、矩形等如果换成真实的复杂形状的图标，岂不是一个矢量的、颜色任意可变的图标效果就能轻松实现了？

由于 IE9 浏览器也支持 `fill` 属性控制图标颜色的这个特性，因此，使用 `fill` 属性控制图标颜色是当前最流行的技术之一，被称为 SVG Sprites 技术。不过这一技术非本书重点，相关技术细节就不展开了，感兴趣的读者可以去我的博客搜索相关资料。

14.2.2 快速了解 fill-opacity 和 fill-rule 属性

`fill-opacity` 和 `fill-rule` 这两个与填充相关的 CSS 属性在 CSS 代码中并不常用，因此，这里简单快速介绍一下，大家知道有这么两个属性，了解它们大致的作用即可。

1. 了解 fill-opacity 属性

`fill-opacity` 属性用来设置填充颜色或者填充图像的透明度。例如，使用 SVG 定义一个渐变，代码如下：

```
<!-- 不能使用 display:none 隐藏 -->
<svg style="position:absolute; left:-999px;">
  <defs>
    <linearGradient id="myGradient">
      <stop offset="0%"  stop-color="deeppink" />
      <stop offset="100%" stop-color="deepskyblue" />
```

```
      </linearGradient>
    </defs>
</svg>
```

然后使用渐变对圆形进行填充，同时设置 50% 的透明度，代码如下：

```
<svg>
    <circle class="circle" cx="150" cy="75" r="60"></circle>
</svg>
.circle {
    fill: url(#myGradient);
    /* Chrome 和 Firefox 浏览器中还可以写成： */
    /* fill-opacity: 50%; */
    fill-opacity: 0.5;
}
```

就可以得到图 14-9 所示的半透明渐变效果了。

图 14-9　IE 浏览器中的半透明渐变效果示意

和 fill 属性的兼容性一样，IE 浏览器也支持 fill-opacity 属性，并且从 IE9 浏览器就开始支持，因此图 14-9 所示的效果在 IE9 浏览器中也可以看到。

眼见为实，读者可以在浏览器中进入 https://demo.cssworld.cn/new/14/2-2.php 页面，或者扫描右侧的二维码查看效果。

要知道，IE9 浏览器是不支持 CSS 渐变的，因此，如果项目需要兼容 IE9 浏览器，同时需要使用渐变效果（例如颜色选择组件），则可以使用 SVG 渐变，并使用 fill 属性进行填充，以及使用 fill-opacity 属性控制透明度。

另外，fill-opacity 同样表现出了继承性，也就是在祖先元素上设置 fill-opacity，SVG 子元素都会继承这个填充透明度，例如：

```
body {
    fill-opacity: .5;
}
```

则所有 SVG 元素的填充透明度都为 50%（如果元素本身没有指定 fill-opacity 属性）。

因此，当我们需要批量改变 SVG 小图标的透明度的时候，就可以在祖先元素对应的 CSS 代码中设置 fill-opacity 值。此时并不推荐使用 opacity 属性，因为 opacity 属性并不具有继承性，子元素无法重置父元素设置的透明度，还会影响其他普通元素的透明度。例如：

```
<p class="opacity">
    <svg><use href="#icon-circle"></use></svg>圆形
    <svg><use href="#icon-rect"></use></svg>矩形
    <svg><use href="#icon-ellipse"></use></svg>椭圆
    <svg><use href="#icon-diamond"></use></svg>菱形
</p>
```

此时就可以像下面这样设置，让所有图形都半透明，同时又不会影响文字的透明度：

```
.opacity {
    fill-opacity: .5;
}
```

如果希望最后一个图标的透明度是正常的，也是可以轻松实现的，直接像下面这样设置就可以了：

```
.opacity svg:last-child {
    fill-opacity: 1;
}
```

2. 了解 fill-rule 属性

`fill-rule` 属性表示路径发生交叉时的填充规则，支持 `nonzero` 和 `evenodd` 这两个属性值。`nonzero` 和 `evenodd` 的填充规则在 12.2.2 节已经介绍过了，这里不再赘述。

下面举个简单的例子演示一下 `fill-rule` 作为 CSS 属性的应用。已知 SVG 元素的代码如下：

```
<svg viewBox="-10 -10 220 120">
    <polygon class="nonzero" points="50,0 21,90 98,35 2,35 79,90"/>
    <polygon class="evenodd" points="150,0 121,90 198,35 102,35 179,90"/>
</svg>
```

对 `.nonzero` 和 `.evenodd` 两个类选择器分别设置下面的 CSS 代码：

```
.nonzero {
    stroke: deepskyblue;
    fill-rule: nonzero;
}
.evenodd {
    stroke: deepskyblue;
    fill-rule: evenodd;
}
```

结果可以看到，使用默认值 `nonzero` 的多边形是完全填充的，使用 `evenodd` 的多边形的中间区域没有填充，是镂空的，效果如图 14-10 所示。

`fill-rule` 作为 CSS 属性从 IE9 浏览器就开始被支持，因此，IE 浏览器中也是可以看到图 14-10 所示的效果的。

图 14-10 `fill-rule` 不同属性值实现的效果示意

眼见为实，读者可以在浏览器中进入 https://demo.cssworld.cn/new/14/2-3.php 页面，或者扫描右侧的二维码查看效果。

`fill-rule` 属性在 Web 开发中出场机会并不多，实际上大家可能遇到过应该使用它的场景，但是忽视了，例如这个场景：设计师在设计软件中绘制小图标的时候，有时候就会使用 `evenodd` 填充规则，但是将这样的图标导出，进行压缩变成了 SVG Sprites 后再使用的时候，开发者就会发现图形效果不对。此时，开发者不知道导致图

形效果不对的原因，就会让设计师重新绘制，且不让设计师使用一些高级的技巧，就用钢笔工具纯勾图。实际上，这种场景并不需要麻烦设计师，需要的只是下面的 CSS 代码：

```
svg {
    fill-rule: evenodd;
}
```

14.3　CSS 属性下的描边设置

从技术的角度讲，SVG 的描边属性 stroke 也应该可以在 SVG Sprites 技术中应用，但是在实际开发中均使用 fill 属性进行填充，图 14-11 所示的线条风格的图标也是如此。

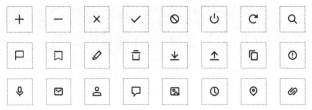

图 14-11　线条风格的图标效果示意

这样做的原因在于一致性。具体来讲就是任意的 SVG 图标都可以换转成填充模式，哪怕元素的 SVG 图标是通过 stroke 描边属性实现的。但是并不是所有图标都可以转换成描边模式，例如想要使用 stroke 及其相关属性实现一个实心圆是极其困难的。

因此，主流的 SVG 图标均使用 fill 属性进行颜色设置。

于是，SVG 中 CSS 支持的描边属性在 Web 中的应用就不如 fill 属性那么高频，但是这并不表示描边属性没有作用，有一些非常经典的 Web 应用就需要 SVG 的描边能力来实现，本节就重点介绍 SVG 中 CSS 属性支持的描边属性在 Web 中的应用。

14.3.1　使用 stroke 属性实现全兼容的文字描边效果

text-stroke 属性可以设置文字的描边效果，但是 IE 浏览器并不支持，如果项目需要兼容 IE 浏览器，这个技术方案就不行。有没有什么办法让 IE 浏览器中的文字也有描边效果呢？可以试试使用 SVG 元素衍生出来的 stroke 和 stroke-width 属性。实现方式和传统 HTML 类似。例如，传统 HTML 代码可能是这样的：

```
<section>
    <p>感谢您购买<span>CSS 新世界</span></p>
</section>
```

IE 浏览器也兼容的方法对应的代码则是这样的：

```
<svg>
    <text>感谢您购买<tspan>CSS 新世界</tspan></text>
</svg>
```

SVG 中的<text>标签对应传统 HTML 中的<p>标签，SVG 中的<tspan>标签对应传统 HTML 中的<span>标签。此时，就可以对<text>标签和<tspan>标签进行 CSS 设置，控制文字的描边效果了，例如使用下面的 CSS 代码：

```
text {
    font-size: 50px;
    font-weight: bold;
    fill: white;
    stroke: deepskyblue;
}
tspan {
    stroke: deeppink;
    stroke-width: 2px;
}
```

可以得到图 14-12 所示的效果（截自 IE11 浏览器）。

图 14-12　IE 浏览器也兼容的文字描边效果示意

眼见为实，读者可以在浏览器中进入 https://demo.cssworld.cn/new/14/3-1.php 页面，或者扫描右侧的二维码查看效果。

由于 SVG 中的文本内容不会自动换行，因此，该技术更适合单行文字内容，或者是内容宽度固定的多行文字内容。

在本例中，出现了两个与描边相关的 CSS 属性，它们是 stroke 和 stroke-width 属性。除这两个属性之外，还有其他几个可能会用到的控制描边细节的 CSS 属性，下面就简单介绍一下。

- stroke-linecap 属性表示描边端点表现方式，可用属性值有 butt（默认值）、round 和 square，各个属性值的表现如图 14-13 所示。stroke-linecap 属性需要在非闭合路径中才能看到效果。
- stroke-linejoin 属性表示描边转角的表现方式，可用值有 miter（默认值）、round 和 bevel，各个属性值的表现如图 14-14 所示。

图 14-13　stroke-linecap 各个属性值的

效果示意

图 14-14　stroke-linejoin 各个属性值的

效果示意

- stroke-miterlimit 属性表示描边相交形成的锐角的表现方式，默认大小是 4。锐角形成的间距小于 4 的位置表现为平角，不再显示为锐角。例如，有一条折线，折线的角度非常小，如果此时 stroke-linejoin 的属性值是 bevel，表示"平角"，则效果如图 14-15 所示。可以看到图 14-15 所示的效果还是可以的，没什么问题。但如果 stroke-linejoin 的属性值是 miter，表现为尖角，则这个尖角就会很长，显得很难看，效果如图 14-16 所示。

图 14-15　stroke-linejoin:bevel
平角效果示意

图 14-16　stroke-linejoin:miter
尖角效果示意

此时就体现出 stroke-miterlimit 属性的作用了，即可以设置超过特定的距离就显示平角，而不是尖角，避免出现长长的尖角尾巴。因此，stroke-miterlimit 属性只有在 stroke-linejoin 属性值是 miter 的时候才有效，同时 stroke-miterlimit 的属性值越大，锐角的损耗就越大。

- stroke-opacity 属性表示描边透明度，默认属性值是 1，范围是 0～1。尽量不要使用百分比值，因为 IE 浏览器和 Edge 浏览器并不支持。

上面介绍的这几个与描边相关的 CSS 属性多与描边细节相关，对经常与 SVG 打交道的开发者而言是非常实用的，重点是传统的 CSS 属性中并不存在与之对应的 CSS 属性，具有不可替代性。

例如，使用 stroke-linejoin:bevel 实现图 14-12 所示的文字描边效果要更好看，因为没有描边的尖角，描边和字体本身的无衬线风格保持了一致，此时效果如图 14-17 所示。

图 14-17　stroke-linejoin:bevel 设置后的文字描边效果示意

14.3.2　使用 stroke-dasharray 属性实现伸缩自如的虚线效果

在传统的 CSS 领域，想要实现虚实比例可以自由定义的虚线框是很困难的，目前的方案几乎都需要借助 CSS 线性渐变，且只适用于直线或方方正正的图形，非常不方便。但是，如果使用 SVG 中与虚线描边相关的 CSS 属性 stroke-dasharray，你就会发现原来实现伸缩自如的虚线效果是如此简单。

例如实现一个长短相间的拉链式的虚线框效果，相关代码如下：

```
<svg>
    <rect x="10" y="10" width="280" height="130"></rect>
</svg>
<svg>
    <circle cx="150" cy="75" r="60"></circle>
</svg>
rect,
circle {
    fill: none;
    stroke: deepskyblue;
    stroke-width: 4px;
    stroke-dasharray: 14px 4px 4px 4px;
}
```

可以得到图 14-18 所示的虚线效果。

图 14-18　stroke-dasharray 属性实现的长短相间的虚线效果示意

眼见为实，读者可以在浏览器中进入 https://demo.cssworld.cn/new/14/3-2.php 页面，或者扫描右侧的二维码查看效果。

stroke-dasharray 属性的语法很好理解，就是设置的属性值不断循环，然后依次显示实色长度、透明长度、实色长度、透明长度……例如 stroke-dasharray:4px 1px 2px 等同于将属性值 "4px 1px 2px" 不断循环，因此

等同于下面的 CSS 设置：

```
stroke-dasharray:4px 1px 2px 4px 1px 2px 4px 1px 2px……
```

对应的效果如图 14-19 所示。

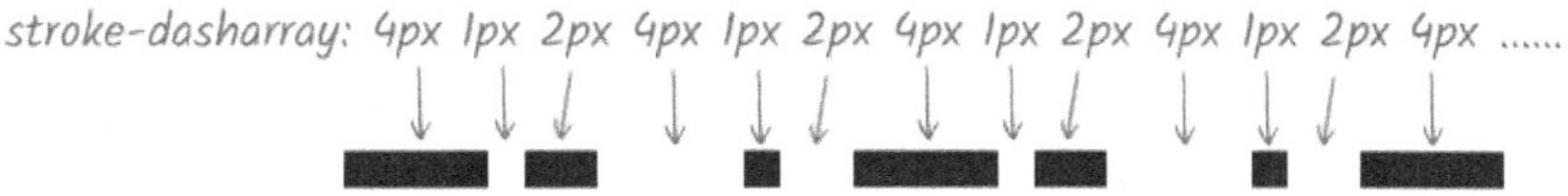

图 14-19　`stroke-dasharray` 属性值作用原理示意

因此，理论上通过 `stroke-dasharray` 属性可以实现任意比例和任意比例数量的虚线效果，不过日常开发还是以规律的虚线效果为主，因此，`stroke-dasharray` 属性值的使用场景不会很多。

14.3.3　stroke-dashoffset 属性的经典 Web 应用举例

`stroke-dashoffset` 属性可以设置描边的起始偏移，如果偏移距离足够大，描边就会看不见；如果偏移为 0，描边就会完整显示。这个起始偏移特性非常强大，使用 `stroke-dashoffset` 属性可以实现很多看上去很难实现的效果。这里举两个 `stroke-dashoffset` 属性在 Web 开发中非常经典且实用的应用案例。

1. 任意 SVG 路径的描边动画效果

给大家介绍一个成本极低但效果极佳的动画效果，那就是 SVG 元素的路径描边动画，它可以让任意 SVG 图形以线条动画的方式出现，适合用在注重视觉表现的运营活动页面中。例如，我用鼠标画了一个自己签名的 SVG 图形，然后使用了下面这段 CSS 代码：

```
path {
    stroke-dasharray: 1000;
    stroke-dashoffset: 1000;
    animation: dash 5s linear infinite;
}
@keyframes dash {
    to {stroke-dashoffset: 0;}
}
```

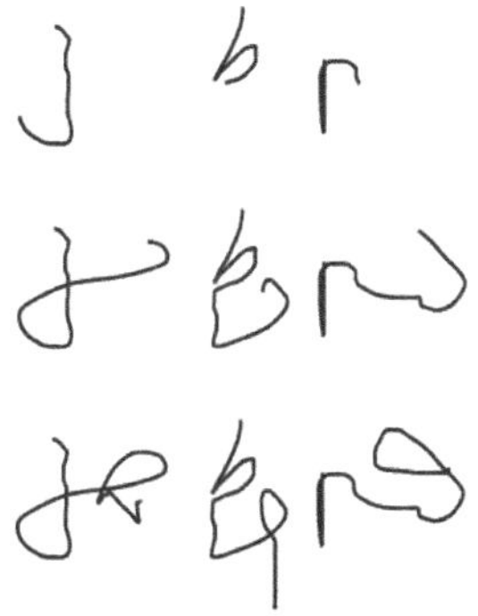

结果自己的签名就像有人书写一样，笔画一点一点地出现了，效果如图 14-20 所示。

图 14-20　签名动画效果示意

眼见为实，读者可以在浏览器中进入 https://demo.cssworld.cn/new/14/3-3.php 页面，或者扫描右侧的二维码查看效果。

原理很简单，首先使用 `stroke-dasharray` 属性设置一个尺寸足够大的虚线。由于 `stroke-dasharray` 属性先显示实色部分，再显示透明部分，因此，默认状态下，元素的描边就是实线效果。此时再设置 `stroke-dashoffset` 属性值，让虚线起始位置正好偏移实色部分的长度，这样描边显示的是透明部分，描边是不可见的。然后执行 `animation` 动画，让 `stroke-dashoffset` 属性值慢慢变成 0，虚线的实色部分就会慢慢出现，于是一个描边动画效果就出现了。

这种描边动画效果的实现不受 SVG 图形类型影响，CSS 代码固定、统一且简短，使用性价比超高。除了这里演示的签名动画效果，如果我们需要分步展示一些要点，或者实现图片悬停的描边效果，以及注意事项的引导提示效果等，都可以使用这里的 SVG 描边动画技术。

IE9 浏览器是支持 `stroke-dasharray` 属性的，但是在 IE10 和 IE11 浏览器中该属性是没有动画效果的，不是 CSS 不支持 SVG 的 `stroke` 相关属性，而是 `animation` 不支持 `stroke` 相关属性的动画，Edge 浏览器则可以正常表现动画。不过这完全不影响我们在项目开发中对 `stroke-dasharray` 属性的使用，因为动画效果本身是增强视觉体验的，IE 浏览器直接使用静止描边效果即可。

2. 圆环进度条效果

不使用任何 JavaScript 代码该如何实现图 14-21 所示的彩色渐变圆环进度条效果呢？

想要使用传统的 CSS 属性实现图 14-21 所示的效果是极其困难的，需要相当深厚的 CSS 功力。但是如果借助 SVG 描边特性，配合使用 `stroke-dashoffset` 属性，则实现的难度会大幅度降低。

实现原理很简单，设置两个 SVG `<circle>` 元素，下层的 `<circle>` 元素使用灰色描边，作为进度槽；上层的 `<circle>` 元素设置为虚线描边，同时使用渐变进行描边填充。然后通过改变 `stroke-dashoffset` 的属性值就可以让渐变描边一点一点地出现，于是一个彩色渐变圆环进度条效果就实现了。

图 14-21　彩色渐变圆环进度条效果示意

相关的 SVG 和 CSS 代码如下：

```
<svg width="440" height="440" viewBox="0 0 440 440">
    <circle cx="220" cy="220" r="170"></circle>
    <circle cx="220" cy="220" r="170" transform="rotate(-90 220 220)" class=
"circle-bar"></circle>
    <text class="text" x="50%" y="50%" dominant-baseline="middle" text-anchor=
"middle">0%</text>
</svg>
circle {
    stroke-width: 50px;
    fill: none;
    stroke-dasharray: 1069px;
    /* 灰色进度槽 */
    stroke: #f0f1f5;
}
/* 渐变进度条 */
.circle-bar {
    /* stroke-dashoffset 慢慢变小，进度条就会慢慢出现 */
    stroke-dashoffset: 1069px;
    stroke: url(#gradient);
}
```

只需要改变第二个 `<circle>` 元素的 `stroke-dashoffset` 属性值，就能设置对应的进度效果了，非常简单，一行 CSS 代码就能实现这个实用的 Web 交互效果。

眼见为实,读者可以在浏览器中进入 https://demo.cssworld.cn/new/14/3-4.php 页面,或者扫描右侧的二维码查看效果。

其中的 1069px 是圆环的周长,使用公式 Length = Math.PI * *r* * 2 计算得来。由于圆形描边是从 3 点钟方向开始的,因此第二个<circle>元素设置了 transform="rotate(-90 220 220)"逆时针旋转 90 度让描边从圆的顶部开始。

如果是不规则路径,则可以使用下面两行 JavaScript 代码获得路径的长度值:

```
var path = document.querySelector('path');
var length = path.getTotalLength();
```

14.4　CSS 属性下的标记设置

SVG 中图形主要由 3 部分组成,一是填充,二是描边,三就是这里要介绍的标记。

标记的作用是标记路径起止点和路径转折点,标记的图形可以是圆形、矩形、椭圆等常见的 SVG 图形。理论上,我们不使用标记元素也能对路径的起止点进行标记,额外绘制一个圆,与路径的起止点和转折点对齐即可,但是这样的成本比较高,尤其是当路径的数值发生变化的时候,标记元素的位置也会跟着一起变化。但是,如果用<marker>元素进行标记,我们只需要关心标记的形状是什么,标记图形会自动与路径的起止点或转折点对齐,并且标记图形是可以无限重复使用的。

SVG 中的标记多用在传统 SVG 图形表示中,在 Web 开发中不如填充和描边那么常用,因此,本节对 SVG 标记相关的 CSS 属性的介绍不会很深入。

SVG 中有 3 个标记属性在 CSS 中也是受到支持的,它们是 marker-start、marker- end 和 marker-mid。

14.4.1　了解 marker-start/marker-end 属性与起止点的标记

无论是 marker-start、marker-end 还是 marker-mid 属性的使用,都需要在页面中提前设置<marker>标记元素,这个<marker>元素可以在一个单独的 SVG 中,也可以和需要使用标记效果的元素放在同一个 SVG 中。

为了方便管理与高效重复使用,本节所使用的标记元素全部都在一个独立的 SVG 元素中,相关 SVG 代码如下所示,定义了一个圆形标记和一个三角标记:

```
<svg width="0" height="0" style="position: absolute;">
    <defs>
        <marker id="markerCircle" markerWidth="8" markerHeight="8" refX="4" refY="4">
            <circle cx="4" cy="4" r="2.5" />
        </marker>
        <marker id="markerArrow" markerWidth="12" markerHeight="12" refX="2" refY="6"
orient="auto">
            <path d="M2,3 L2,10 L8,6 L2,3" />
        </marker>
    </defs>
</svg>
```

　　此时，任意 SVG 基本图形都可以在起止点或者转折点使用上面的圆形标记和三角标记，例如顺手画一条直线：

```
<svg width="150" height="20">
    <line x1="10" y1="10" x2="130" y2="10"></line>
</svg>
```

接下来就可以使用 CSS 代码让这条直线的起止点有标记效果了，相关 CSS 代码如下：

```
line {
    stroke: red;
    stroke-width: 2px;
    marker-start: url(#markerCircle);
    marker-end: url(#markerArrow);
}
```

此时就有图 14-22 所示的图形效果了。

My Love ●━━━━▶ Your Heart

图 14-22　直线的起止点使用了圆形和三角进行标记

　　眼见为实，读者可以在浏览器中进入 https://demo.cssworld.cn/new/14/4-1.php 页面，或者扫描右侧的二维码查看效果。

14.4.2　了解 marker-mid 属性与转折点的标记

　　使用 marker-mid 属性可以让元素在转折点位置显示标记，请注意，是 marker-mid 不是 marker-middle。

　　举个简单的例子，SVG 代码如下：

```
<svg>
    <polyline points="20,100 50,60 80,80 110,20 140,60 170,40 200,90">
</svg>
```

此时设置 marker-mid 属性值为圆形标记，那么折线的转角位置就会自动显示圆圈效果，相关 CSS 代码如下：

```
svg {
    width: 240px; height: 120px;
    border-left: 2px solid;
    border-bottom: 2px solid;
}
polyline {
    fill: none;
    stroke: red;
    stroke-width: 2px;
    marker-mid: url(#markerCircle);
}
```

此时就有图 14-23 所示的图形效果了。

图 14-23   使用 `marker-mid` 属性让路径转折点显示圆圈图形效果示意

眼见为实，读者可以在浏览器中进入 https://demo.cssworld.cn/new/14/4-2.php 页面，或者扫描右侧的二维码查看效果。

`marker-start`、`marker-end` 和 `marker-mid` 属性兼容性都很好，IE9 及其以上版本的浏览器是可以无障碍使用的。不过有一点需要注意，那就是在 IE 浏览器中，如果`<marker>`标记元素没有设置 `stroke` 或 `fill` 属性，则 CSS 中设置的 `stroke` 和 `fill` 属性会影响标记图形效果的显示，这个特性其实是不正确的，但 Edge 浏览器已经没有这个问题了。因此，如果要兼容 IE 浏览器，那么`<marker>`标记元素就需要设置 `stroke="none"`，或是指定 `fill` 属性的填充值。

14.5   其他常见的 SVG CSS 属性

接下来介绍其他一些由 SVG 属性衍生出的 CSS 属性，IE 浏览器并不支持这些属性，它们只在现代浏览器中才有效果，因此兼容性不如填充、描边和标记属性。

虽然不是那种非常频繁使用的 CSS 属性，但是它们各有各的作用，关键时候还是很实用的。

14.5.1   使用 paint-order 属性实现外描边效果

`paint-order` 属性应用在 SVG 图形元素上，可以用来设置是先绘制描边还是先绘制填充。

在 SVG 中，同时设置描边和填充是很常见的，而 SVG 图形的描边和 CSS 中的 `-webkit-text-stroke` 描边是一样的，都是居中描边。居中描边就带来一个问题，如果描边再粗一点，说不定就看不见文字原本的颜色了，那就不是描边效果，而是加粗效果了，这并不符合我们的预期。例如，图 14-24 所

没有描边
有描边

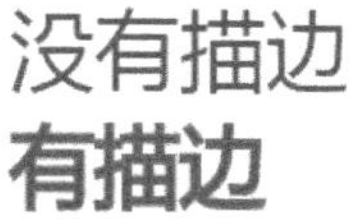

图 14-24   居中描边效果的问题示意

示的第二行文字为黑色，使用了红色描边后，几乎就看不到文字原本的黑色了。

那么问题来了，有没有什么办法可以实现外描边效果呢？对于 CSS 文本，可以使用 `text-shadow` 代替，在 SVG 中可以使用 `paint-order` 属性进行控制。

我们看下面这个例子。一个 SVG 元素中有两个`<text>`元素，其中一个设置了 `paint-order: stroke`，代码如下：

```
<svg>
    <text x="5" y="50">感谢您的正版支持</text>
    <text x="5" y="120" class="paint-order">感谢您的正版支持</text>
</svg>
svg {
    background-color: deepskyblue;
```

```
        fill: crimson;stroke: white;stroke-width: 6px;
        font-size: 36px;
}
.paint-order {
        paint-order: stroke;
}
```

这两行文字描边效果区别明显，上面一行使用默认描边效果的文字已经完全被白色的描边效果覆盖，而下面一行使用 paint-order 属性设置了优先描边的文字则显示正常，文字本身效果完全展示了出来，具体如图 14-25 所示。

图 14-25　使用 paint-order 属性实现的外描边效果示意

原因很简单，因为填充是后执行的，所以文字的红色填充色覆盖了居中描边内侧的白色部分，视觉表现上就是外描边效果了。

眼见为实，读者可以在浏览器中进入 https://demo.cssworld.cn/new/14/5-1.php 页面，或者扫描右侧的二维码查看效果。

了解 paint-order 属性的语法

paint-order 属性的语法如下：

```
paint-order: normal;
paint-order: fill || stroke || markers;
```

|| 表示可以并存，因此下面的写法都是合法的：

```
paint-order: fill;
paint-order: stroke;
paint-order: markers;

paint-order: fill markers;
paint-order: markers stroke;
...

paint-order: fill markers stroke;
paint-order: markers fill stroke;
paint-order: stroke markers fill;
...
```

先讲一下这一语法中的几个关键点。

- normal 是默认值，表示绘制顺序是 fill、stroke、markers，即先执行填充，再执行描边，最后执行标记。
- fill 表示先执行填充。
- stroke 表示先执行描边，再执行填充或者标记。之所以 paint-order:stroke 可以实现外描边效果，实际上是因为内侧的描边被填充覆盖了。
- markers 表示先执行标记。

14.5.2　使用 vector-effect 属性让描边不会缩放

设置了 viewBox 属性的 SVG 元素中的 stroke 描边默认会跟随 SVG 尺寸的变化而变化，例如：

```css
.icon {
    width: 50px; height: 50px;
    fill: none;
    stroke-width: 2px;
    stroke: #2486ff;
    stroke-linecap: round;
}
```

SVG 代码如下：

```html
<svg class="icon" viewBox="0 0 50 50">
    <circle cx="25" cy="25" r="20"/>
    <path d="M25 15 L 25 35"/>
    <path d="M15 25 L 35 25"/>
</svg>
```

此时，SVG 图标表现为 2px 宽度的描边效果，如图 14-26 所示。

此时，如果我们把图标的尺寸加倍，变成 100px×100px，代码如下：

```html
<svg class="icon" style="width:100px; height:100px;" viewBox="0 0 50 50">...</svg>
```

则可以看到图标的 stroke 描边宽度也加倍了，现在描边宽度为 4px，效果如图 14-27 所示。

图 14-26　2px 描边效果的图标

图 14-27　图标尺寸加倍后描边的宽度也加倍了

这就是 SVG 的 stroke 描边的默认特性，即描边会跟随 SVG 尺寸的变化而变化。

但是，有些时候，我们希望图标无论尺寸多大，描边的大小都是设定的宽度值。这样，就算拉伸后的宽高比例与拉伸前不一致，图标表现也良好。此时，就可以使用 vector-effect 属性，使用的方法很简单，就是给对应的 SVG 设置 vector-effect:non-scaling-stroke。例如，上面的加号图标可以使用下面的 CSS 代码：

```css
circle, path {
    vector-effect: non-scaling-stroke;
}
```

此时 100px×100px 尺寸的图标就会变成图 14-28 所示的效果，虽然图标的尺寸加倍了，但是元素的描边宽度依然是设置的 2px。

图 14-28　图标尺寸加倍但描边宽度依然是 2px

眼见为实，读者可以在浏览器中进入 https://demo.cssworld.cn/new/14/5-2.php 页面，或者扫描右侧的二维码查看效果。

我们通过图 14-29 所示对比可以明显看出 vector-effect 属性的作用。

vector-effect 属性非常适合用在 SVG 尺寸自适应的场景中，例如一个波形 SVG 需要适应不同的页面容器，此时如果单纯地缩放 SVG 就会产生变形，使用 vector-effect 属性设置后就无惧尺寸变化了。

我这里使用一个拉伸的图标示意，就是把上面的圆形加号图标换成矩形加号，因为矩形加号适合水平拉伸，相关 SVG 代码如下：

```
<svg viewBox="0 0 50 50" preserveAspectRatio="none">
    <rect x="5" y="5" width="40" height="40"/>
    <path d="M25 15 L 25 35"/>
    <path d="M15 25 L 35 25"/>
</svg>
```

接下来设置图标宽度为百分比宽度，例如使用 50%宽度示意：

```
svg {
    width: 50%;
}
```

由于图标拉伸前后的宽高比例不一致，因此垂直线条过宽，整个图标的效果看上去很不协调，如图 14-30 左图所示。此时，就非常适合设置 vector-effect:non-scaling-stroke 声明，这样可以让水平线条和垂直线条保持原始的描边尺寸和比例，如图 14-30 右图所示。

```
rect, path {
    vector-effect: non-scaling-stroke;
}
```

图 14-29　设置与不设置 vector-effect
属性的效果对比示意

图 14-30　使用 vector-effect 属性解决
实际需求效果示意

同样，vector-effect 作为 CSS 属性只适用于现代浏览器，IE 浏览器和 Edge 浏览器均不提供支持。

14.5.3　使用 text-anchor 属性让文字块水平居中显示

text-anchor 属性主要用在 SVG 的<text>、<tspan>等元素上，用来设置元素设置的 *x*

坐标值是作为文本元素的起点坐标、中心点坐标还是终点坐标。就行为表现而言，text-anchor
有些类似 CSS 中的 text-align 属性。

text-anchor 属性的语法如下：

```
text-anchor: start | middle | end
```

其中，middle 属性值是最实用的，可以实现文本的水平居中效果。各个属性值对应的对齐效果如
图 14-31 所示，由上往下依次为 start、middle 和 end 的效果，其中的红点表示的是文本的 x 坐标值。

例如，SVG 代码如下：

```
<svg>
    <text x="50%" y="40%">感谢您对<tspan x="50%" y="60%">《CSS 新世界》<tspan>的支持</text>
</svg>
```

可以看到文本框元素<text>和文本段<tspan>元素均设置了水平坐标 x 的值为 50%，也就是定
位点是 SVG 水平居中位置。此时，通过设置 text-anchor:middle 就可以让文本都居中显示：

```
text {
    text-anchor: middle;
}
```

最终的对齐效果如图 14-32 所示，可以看到文本相对于 SVG 元素都是水平居中显示的。

图 14-31 text-anchor 属性值对应的效果示意

图 14-32 text-anchor:middle
实现的水平居中效果示意

眼见为实，读者可以在浏览器中进入 https://demo.cssworld.cn/new/14/5-3.php
页面，或者扫描右侧的二维码查看效果。

但是，如果仔细观察图 14-32 所示文字就会发现，虽然上下两行的垂直坐
标都是按照居中的数值（40% 和 60%）设置的，但是实际渲染的文字并没有垂
直居中对齐，这是怎么回事呢？原因在于文字是默认沿着基线对齐的，要想让
文字垂直居中对齐，可以使用 dominant-baseline 属性。

14.5.4 使用 dominant-baseline 属性让文字块垂直居中显示

dominant-baseline 属性的作用是设置 SVG 中文本内容的对齐方式，它只能对<text>、
<tspan>等元素生效，常见的属性值包括下面这些：

```
dominant-baseline: auto | baseline | text-bottom | alphabetic | ideographic | middle |
central | mathematical | hanging | text-top
```

可以看到 dominant-baseline 支持的属性值还挺多的，不过我们只需要了解 baseline、middle 和 hanging 这 3 个值就够用了。这 3 个值的垂直对齐位置关系如图 14-33 所示。

回到 14.5.3 节使用的案例，要想文本同时垂直居中对齐，则可以设置 dominant-baseline: middle，CSS 代码如下：

```
text {
    text-anchor: middle;
    dominant-baseline: middle;
}
```

这样 SVG 中的文本就能水平且垂直居中对齐了，效果如图 14-34 所示。

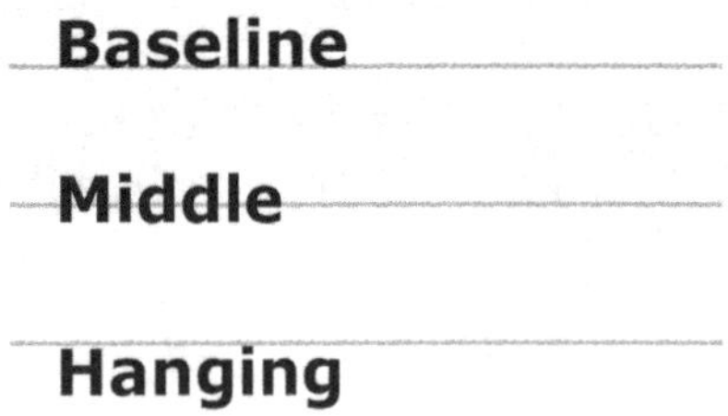

Baseline

Middle

Hanging

图 14-33　dominant-baseline 属性中几个
常用属性值的垂直对齐位置示意

感谢您对
《CSS新世界》的支持

图 14-34　使用 dominant-baseline:middle
实现的水平且垂直居中对齐效果示意

眼见为实，读者可以在浏览器中进入 https://demo.cssworld.cn/new/14/5-4.php 页面，或者扫描右侧的二维码查看效果。

14.5.5　alignment-baseline 和 dominant-baseline 属性的区别

CSS 中还有一个名为 alignment-baseline 的属性，被称为垂直对齐基线。就渲染效果来看，alignment-baseline 和 dominant-baseline 属性的区别并不明显，不少场景下是可以互相代替的。

但是，当 SVG 中一段文本的字号有大有小的时候，就可以看出 alignment-baseline 和 dominant-baseline 属性的区别了。dominant-baseline 表示绝对主基线，会对文本整体进行垂直对齐设置；alignment-baseline 是针对局部的文本进行垂直对齐设置。

下面通过一个简单的例子演示一下两者的区别，SVG 代码如下：

```
<svg>
    <text x="50%" y="50%">感谢支持<tspan>CSS 新世界<tspan></text>
</svg>
```

然后，设置 <tspan> 元素为较大的字号，相关 CSS 代码如下：

```
text {
    font-size: 1.5rem;
    text-anchor: middle;
}
tspan {
    font-size: 2.25rem;
}
```

最后，给<text>元素分别设置 alignment-baseline:middle 和 dominant-baseline:middle，就可以看到不一样的效果了。Chrome 浏览器中的效果如图 14-35 所示。

图 14-35　使用 alignment-baseline 和 dominant-baseline 属性实现的效果对比示意

可以看到，在 Chrome 浏览器中，alignment-baseline:middle 声明只能让"感谢支持"4 个字垂直居中对齐，"CSS 新世界"这几个字依然在默认的垂直对齐位置；dominant-baseline:middle 声明不仅可以让"感谢支持"4个字垂直居中对齐，还可以让"CSS 新世界"这几个字也垂直居中对齐。

眼见为实，读者可以在浏览器中进入 https://demo.cssworld.cn/new/14/5-5.php 页面，或者扫描右侧的二维码查看效果。

由于 alignment-baseline 属性在 CSS 中的兼容性不及 dominant-baseline 属性，例如 Firefox 浏览器尚未支持 alignment-baseline 属性，因此在实际开发中，建议使用 dominant-baseline 属性。

第 15 章

Houdini 是 CSS 新的未来吗

CSS Houdini 在 2017 年刚刚面世的时候，在前端圈子掀起过一阵波澜，很多人认为 Houdini 可以让 CSS 这门语言有全新的未来，因为 CSS Houdini 能完成的事情太让人兴奋了。

它为什么会让人兴奋呢？我们不妨看看 CSS Houdini 的定义和描述。CSS Houdini 并不是某个具体的 CSS 特性，而是一系列底层 API 的通道。这些 API 公开了浏览器中 CSS 渲染引擎的部分内容，使开发者可以通过这些 API 借助浏览器渲染引擎重新定义 CSS 的样式和布局效果。

这是颠覆性的改变，过去要想使用某个 CSS 新特性，必须要等到浏览器支持才行，但是，有了 CSS Houdini 之后，开发者就可以根据实际开发需求自己定义 CSS 新特性，创造全新的布局方式。Web 产品的精彩程度一定会迎来质的提升。

但近 3 年间，CSS Houdini 就像落水的巨石，只在入水的那一刻发出"扑通"一声巨响，之后就归于沉寂了，很少再听到同行提起。于是，你不禁会问：CSS Houdini 真的是 CSS 新的未来吗？这个问题的答案大家可以在看完 CSS Houdini 的各个 API 之后自己做一个判断，当然，我也会在最后讲一下我的看法。

目前，CSS Houdini 囊括的底层 API 包括下面这些：

- CSS Paint API；
- CSS Properties & Values API；
- CSS Parser API；
- CSS Layout API；
- CSS Typed OM；
- Animation Worklet；
- Font Metrics API。

其中部分 API 目前还看不到有浏览器支持的迹象，对它们我会一笔带过。

下面开始根据实用程度或深或浅地介绍各个 API。

15.1 了解 CSS Paint API

CSS Paint API 是浏览器最早支持的 Houdini 特性之一。

其实 CSS Paint API 在前面出现过，在讲<image>数据类型的时候曾经出现过一个名为 paint() 的图像函数，这个图像函数就是 CSS Paint API 的特征之一，例如：

```
.example {
    background-image: paint(custom-paint-name);
}
```

paint() 函数可以简单理解为（注意不能等同）Canvas 画布元素。Web 中有 3 个图像类型：一是<img>，二是<svg>（参见第 14 章），三是<canvas>元素。paint() 函数本质上就是把<canvas>画布元素的特性集成到了 CSS 中。

下面通过一个案例介绍 CSS Paint API，这个案例演示了如何使用 CSS Paint API 实现图 15-1 所示的透明网格背景效果。

完整的 CSS 代码和 JavaScript 代码如下：

```
.box {
    width: 180px; height: 180px;
    /* transparent-grid 自己命名 */
    background-image: paint(transparent-grid);
}
```

图 15-1　透明网格背景效果示意

绘制图形的 JavaScript 代码务必作为模块引入，例如，新建一个名为 paint-grid.js 的文件，在页面上使用如下所示的代码进行引入：

```
if (window.CSS) {
    CSS.paintWorklet.addModule('paint-grid.js');
}
```

paint-grid.js 文件对应的代码如下：

```
// transparent-grid 命名和 CSS 中的对应
registerPaint('transparent-grid', class {
    paint(context, size) {
        // 两个格子颜色
        var color1 = '#fff', color2 = '#eee';
        // 格子尺寸
        var units = 8;
        // 横轴、竖轴循环遍历
        for (var x = 0; x < size.width; x += units) {
            for (var y = 0; y < size.height; y += units) {
                context.fillStyle = (x + y) % (units * 2) === 0 ? color1 : color2;
                context.fillRect(x, y, units, units);
            }
        }
    }
});
```

这段代码在 Chrome 浏览器中可以实现图 15-1 所示的效果。

眼见为实，读者可以在浏览器中进入 https://demo.cssworld.cn/new/15/1-1.php 页面，或者扫描右侧的二维码查看效果。

以上就是使用 CSS Paint API 的固定套路。

- 在 CSS 中使用 paint() 函数，例如 paint(abc)。
- 在 JavaScript 中添加模块 CSS.paintWorklet.addModule('abc.js')。
- abc.js 中的代码套路是固定的，开发者只需要在下面的注释位置添加图形绘制代码即可：

```
registerPaint('abc', class {
    paint(context, size, properties) {
        // 在这里添加绘制代码……
    }
});
```

下面对 paint(context, size, properties) 的 3 个参数进行简单介绍。

- context 表示绘制上下文，全称是 PaintRenderingContext2D，PaintRendering Context2D 和 Canvas 的 CanvasRenderingContext2D 是"近亲"，也可以说 Paint RenderingContext2D 是 CanvasRenderingContext2D 的"阉割"版。出于安全方面的考虑，部分 Canvas API 在 PaintRenderingContext2D 中不可用，这些可用和不可用的 API 如表 15-1 所示。

表 15-1 **PaintRenderingContext2D** 可用和不可用的 API

可用 API	不可用 API
CanvasState	CanvasImageData
CanvasTransform	CanvasUserInterface
CanvasCompositing	CanvasText
CanvasImageSmoothing	CanvasTextDrawingStyles
CanvasFillStrokeStyles	–
CanvasShadowStyles	–
CanvasRect	–
CanvasDrawPath	–
CanvasDrawImage	–
CanvasPathDrawingStyles	–
CanvasPath	–

如果读者对表 15-1 所示的 API 不是很了解，但对它们很感兴趣，可以访问 Canvas API 中文网，里面有我重写的完整的 Canvas API 中文文档。

- size 是一个包含了绘制尺寸的对象，其数据结构如下：

```
{
    width: 180,
    height: 180
}
```

size 的大小受到 background-size 属性大小的影响，因此，对于重复背景，可以借助 background-repeat 属性进行平铺循环，不用非得在 JavaScript 代码中循环绘制。例如，图 15-1 所示的效果还可以使用如下 CSS 代码实现：

```
.box {
    width: 180px; height: 180px;
    background-image: paint(transparent-grid);
    background-size: 16px 16px;
}
```

　　paint-grid.js 中只需要填充"白、灰、灰、白"4 个格子就好了，无须循环，对应的

JavaScript 代码如下：

```
registerPaint('transparent-grid', class {
    paint(context, size) {
        // 两个格子颜色
        var color1 = '#fff', color2 = '#eee';
        // 两个白色格子
        context.fillStyle = color1;
        context.fillRect(0, 0, 8, 8);
        context.fillRect(8, 8, 8, 8);
        // 两个灰色格子
        context.fillStyle = color1;
        context.fillRect(0, 4, 8, 8);
        context.fillRect(4, 0, 8, 8);
    }
});
```

- `properties` 可以用来获得获取到的 CSS 属性和 CSS 属性值，包括 CSS 变量值和其他一些参数。

15.1.1　CSS 变量让 CSS Paint API 如虎添翼

上面的案例展示了 CSS Paint API 的基本使用方法，虽然看上去新潮，但并没有体现出 CSS Paint API 的过人之处。

用 JavaScript 加 Canvas API 绘制一个格子图案，再将其转换成 Base64 图片，直接作为元素的背景图片显示，也是一样的效果。而且兼容性更好（IE9+都支持），所有 Canvas API 都能用，没有限制。对比一看，完全没有使用 CSS Paint API 的理由。

没错！如果我们只需要一个静态背景，直接用 Canvas 绘制图片，再将其转换成 Base64 图片 ［`toDataURL()`函数］或者 Blob 图片 ［`toBlob()`函数］会更好。

CSS Paint API 的优势在于：**它作为一个 CSS 属性值，渲染是实时的**，它会自动跟随浏览器的重绘机制进行渲染。因此，只要我们的绘制的参数和 CSS 变量相关联，那么只需要修改 CSS 变量值，所有绘制效果就会实时刷新，这可就有趣多啦！

还是上面的透明格子的例子，我们可以将格子的颜色和格子的尺寸作为 CSS 自定义属性提取出来，代码如下：

```
.box {
    width: 180px; height: 180px;
    --color1: #fff;
    --color2: #eee;
    --units: 8;
    background: paint(custom-grid);
}
```

我们可以在使用 JavaScript 代码绘制的时候获取这些定义的 CSS 自定义属性，代码如下：

```
registerPaint('custom-grid', class {
    // 获取 3 个变量
    static get inputProperties() {
        return [
            '--color1',
            '--color2',
            '--units'
        ]
    }
```

```
    paint(context, size, properties) {
        // 两个格子颜色
        var color1 = properties.get('--color1').toString();
        var color2 = properties.get('--color2').toString();
        // 格子尺寸
        var units = Number(properties.get('--units'));
        // 绘制代码，和之前一样……
    }
});
```

在默认状态下，背景图还是图 15-1 所示的效果，但是如果我们修改了 CSS 代码中的自定义属性值，则我们可以看到背景图实时变化了，例如：

```
.box-reset {
    --color2: skyblue;
    --units: 16;
}
```

此时背景图的效果就会如图 15-2 所示，格子的颜色变成了天蓝色，格子的尺寸也变大了。

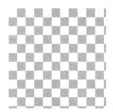

图 15-2　CSS 自定义属性值重置后，背景图的渲染效果也跟着变化了

眼见为实，读者可以在浏览器中进入 https://demo.cssworld.cn/new/15/1-2.php 页面，或者扫描右侧的二维码查看效果。

15.1.2　简单的总结

CSS Paint API 更适用于动态场景，也就是说，它更加适合和 CSS 变量配合使用的场景，因为可以发挥实时绘制渲染的特性。如果是纯静态展示，直接就用 JavaScript 加 Canvas 实现就可以了，这样更灵活高效。

由于 CSS Paint API 的使用离不开 JavaScript 的绘制，且绘制的语法均来自 Canvas，因此，对 Canvas 很熟悉的开发者学习 CSS Paint API 是毫无压力的。然而，业界中对 Canvas 得心应手的前端开发者比例极少，因此对大多数 CSS 开发者来说，CSS Paint API 的学习成本并不低。

一项技术能不能兴起，取决于该技术的学习和产出比，如果需要花大把时间学习，最终的收益却很少，这个技术就算设计初衷再好也会被冷落，然后会慢慢被遗忘直到最后无人问津。

CSS Paint API 就面临这样的处境，偶尔拿出来玩一玩，还挺有趣；真要在实际项目中大范围使用，它就呈现出兼容性不佳、使用成本高的问题，因此最终被束之高阁了。

15.2　了解 CSS Properties & Values API

CSS Properties & Values API 可以用来精确定义自定义属性的类型、默认值和是否具有继承性等。在 JavaScript 中通过 `CSS.registerProperty()` 方法进行定义，在 CSS 中则使用

@property 规则进行定义。其中 CSS.registerProperty() 方法从 Chrome 78 版本开始支持，而 @property 规则从 Chrome 85 版本开始支持，两者的支持时间是不一致的。基本上，只要浏览器支持 @property 规则，就没有必要使用 CSS.registerProperty() 方法了，因为 CSS 特性在 CSS 中进行定义的成本显然要比在 JavaScript 中定义的成本更低。

　　CSS Properties & Values API 的经典应用就是让 CSS 渐变背景支持 transition 过渡效果或者 animation 动画效果。

　　下面这段代码是通常使用的渐变代码：

```
<canvas class="default"></canvas>
.default {
    --start-color: deepskyblue;
    --end-color: deeppink;
    background: linear-gradient(var(--start-color), var(--end-color));
    transition: --start-color .5s, --end-color .5s;
}
.default:hover,
.default:active {
    --end-color: deepskyblue;
    --start-color: deeppink;
}
```

　　此时，若鼠标指针悬停到 <canvas> 元素上，我们就会看到渐变是瞬间变化的，并没有发生过渡效果。

　　但是，如果借助 CSS Properties & Values API 重新定义 --start-color 和 --end-color 这两个自定义属性，则效果就会发生明显的变化。演示代码如下：

```
<canvas class="registered"></canvas>
@property --start-color-register {
    syntax: '<color>';
    inherits: false;
    initial-value: #000000;
}
@property --end-color-register {
    syntax: '<color>';
    inherits: false;
    initial-value: #000000;
}

.registered {
    --start-color-register: deepskyblue;
    --end-color-register: deeppink;
    background:linear-gradient(var(--start-color-register),var(--end-color-register));
    transition: --start-color-register .5s, --end-color-register .5s;
}
.registered:hover,
.registered:active {
    --start-color-register: deeppink;
    --end-color-register: deepskyblue;
}
```

　　使用@property 规则重新定义了渐变起止颜色的两个 CSS 自定义属性，此时将鼠标指针悬停到<canvas>元素上，就可以感受到流畅的过渡效果了。

　　目前暂时仅在 Chrome 浏览器中有效果，读者可以在浏览器中进入 https://demo.cssworld.cn/new/15/2-1.php 页面，或者扫描右侧的二维码查看效果。

　　悬停时的效果如图 15-3 所示。

图 15-3　注册 CSS 自定义属性后，支持的 transition 过渡效果示意

　　上面的例子使用 CSS 的@property 规则重新定义了 CSS 自定义属性，同样，我们也可以使用 JavaScript 代码对 CSS 自定义属性进行重新定义，代码如下：

```
if (window.CSS) {
    CSS.registerProperty({
        name: '--start-color-register',
        syntax: '<color>',
        inherits: false,
        initialValue: 'black'
    });
    CSS.registerProperty({
        name: '--end-color-register',
        syntax: '<color>',
        inherits: false,
        initialValue: 'black'
    });
}
```

　　可以看到，无论是在 CSS 中使用@property 规则进行定义还是在 JavaScript 中使用 CSS.registerProperty()方法进行定义，其核心的语法都是类似的，有 4 个关键要素：自定义属性名称、语法、继承性和初始值。

- 自定义属性名称指的就是 CSS 自定义属性的名称。
- 语法使用 syntax 表示，后面的值是 CSS 数据类型，例如<color>、<length>、<integer>、<number>、<time>、<resolution>、<percentage>和<length-percentage>等。
- 继承性的值是 true 或 false。
- 初始值表示自定义属性的初始值。在 CSS 中使用短横线连接的命名格式 initial-value，在 JavaScript 使用驼峰命名格式 initialValue。

　　总的来看，CSS Properties & Values API 对 CSS 这门语言带来了一定的改变，但并不是非常显著。

15.3　了解 CSS Parser API

　　CSS Parser API 是一个公开的、可以直接解析 CSS 或类似 CSS 语言的 API，开发者能够自己创造 CSS 语法，通过 CSS Parser API 进行解析和应用，从而满足各类需求。

可以通过下面两个例子了解 CSS Parser API 的雏形。

（1）CSS 规则集的解析：

```
var background = window.cssParse.rule("background: green");
  console.log(background.styleMap.get("background").value); // "green"

  var styles = window.cssParse.ruleSet(".foo { background: green; margin: 5px; }");
  console.log(styles.length) // 5
  console.log(styles[0].styleMap.get("margin-top").value) // 5
  console.log(styles[0].styleMap.get("margin-top").type) // "px"
```

（2）样式文件的解析：

```
const style = fetch("style.css").then(response => CSS.parseStylesheet(response.body));
style.then(console.log);
```

不过，目前 CSS Parser API 的规范文档还处于非常早期的阶段，上面出现的 API 名称并不一定是最终的 API 名称，各大浏览器也尚不支持，因此大家目前可以忽略 CSS Parser API。

15.4　详细了解 CSS Layout API

CSS Layout API 可以让开发者自定义布局方式，例如实现瀑布流布局效果、全新的表格布局效果等。

CSS Layout API 的使用分为两部分。

第一部分是在 CSS 中设置自定义的布局名称，和弹性布局、网格布局一样，其也是使用 `display` 属性，区别在于 CSS Layout API 自定义的布局使用 `layout()` 函数表示。例如，自定义一个瀑布流布局并命名为"masonry"，则在 CSS 中使用的语法如下：

```
.container {
    display: layout(masonry);
}
```

第二部分是使用 JavaScript 书写关于如何布局的功能模块。CSS Layout API 已经约定好了布局模块书写的语法，如果单看规范文档，会觉得像"天书"一样，无从下手。实际上，自定义布局的代码书写是有固定套路的，也就是大体的 JavaScript 代码框架都是固定的，只需要在指定的函数位置书写对容器元素与容器子元素的位置和尺寸进行设置的代码就可以实现想要的效果了。

举个例子，要自定义一个瀑布流布局效果，JavaScript 部分的代码该如何书写呢？

首先需要在页面中调用瀑布流布局的相关模块，如 `layoutWorklet`，具体代码如下：

```
if ('layoutWorklet' in CSS) {
    // 把自定义的瀑布流布局脚本添加到 layoutWorklet 中
    CSS.layoutWorklet.addModule('masonry.js');
}
```

然后就是重点也是难点所在：masonry.js 的代码该如何书写？其实 masonry.js 的基本结构非常简单，代码如下：

```
registerLayout('masonry', class {
    async layout(children, edges, constraints, styleMap, breakToken) {
        // 这里写瀑布流布局的相关代码
```

```
    }
});
```

从上面的例子可以看出，CSS Layout API 大的框架并不难理解，很容易上手。但是，熟练使用 CSS Layout API 对大部分前端开发者来说还是有难度的，因为需要对 CSS 的尺寸体系有一定程度的了解，才能知道其中关于定位和布局的 API 是什么意思（需要理解 3.1 节和 3.2 节的内容）。

我整理了 CSS Layout API 中出现的属性名称及其对应的含义（假设在默认的文档流方向下），如表 15-2 所示。

表 15-2　CSS Layout API 中需要了解的属性名称及其含义

属性名	对应含义
inlineSize	内联方向的尺寸，对应于 width 属性
blockSize	块级方向的尺寸，对应于 height 属性
inlineOffset	相对于容器元素在内联方向的偏移，默认是左侧偏移的大小
blockOffset	块级方向的偏移，默认是顶部偏移的大小
minContentSize	最小内容尺寸
maxContentSize	最大内容尺寸
availableInlineSize	可用内联方向的尺寸，通常表示可用宽度
availableBlockSize	可用块级方向的尺寸，通常表示可用高度
fixedInlineSize	固定的内联方向的尺寸，水平方向的宽度通常是可以确定的，因此即使没有设置 width 属性也是有值的
fixedBlockSize	固定的块级方向的尺寸，如果 height 设置的是 auto，属性值会是 null
percentageInlineSize	内联方向的百分比尺寸
percentageBlockSize	块级方向的百分比尺寸
inlineStart	水平起始方向 content-box 外边缘到 border box 外边缘的距离，在默认文档流下就是 padding-left 和 border-width-left 外加滚动条宽度（如果有）的计算值之和
inlineEnd	水平结束方向 content-box 外边缘到 border box 外边缘的距离
blockStart	垂直起始方向 content-box 外边缘到 border box 外边缘的距离
blockEnd	垂直结束方向 content-box 外边缘到 border box 外边缘的距离
inline	整个水平方向 content-box 外边缘到 border box 外边缘的距离之和
block	整个垂直方向 content-box 外边缘到 border box 外边缘的距离之和

在展示 CSS 自定义布局模块基本结构代码那里出现了下面的 JavaScript 代码：

```
layout(children, edges, constraints, styleMap, breakToken)
```

这个 layout() 函数是整个 CSS Layout API 的核心，其中出现了 5 个参数值，理解了这 5 个参数值，也就理解了 80% 的 CSS Layout API。其中，前 3 个参数与表 15-2 所示的这些属性密切相关，第四个参数 styleMap 用来获取外部设置的样式（主要是 CSS 自定义属性值），最后一个参数 breakToken 用于打印，可以暂时不用关心。

所以，接下来将重点介绍 children、edges、constraints 和 styleMap 这 4 个参数。

15.4.1 layout()函数的参数之间的逻辑关系

下面就详细介绍一下 layout() 函数的各个参数。

1. 参数 children

参数 children 表示设置了 display:layout(xxx) 元素的子元素们，包含了与子元素布局相关的一些信息。

我们可以通过循环来获取所有子元素的布局信息，例如：

```
children.forEach(child => {
    // child……
});
```

上面代码中出现的变量 child 包含 1 个属性和 2 个方法，可以获取子元素的尺寸等信息，具体如下：

- styleMap；
- child.intrinsicSizes()；
- child.layoutNextFragment(constraints, breakToken)；

需要注意下面几点。

- child.styleMap 可以用来获取子元素的样式信息，具体参见 "参数 styleMap" 小节。
- child.intrinsicSizes() 方法返回的是一个 Promise 对象，称为 IntrinsicSizes 对象，支持下面这两个属性。
  - IntrinsicSizes.minContentSize（只读）。
  - IntrinsicSizes.maxContentSize（只读）。

  也就是说，child.intrinsicSizes() 返回的最小内容尺寸和最大内容尺寸的大小。
- child.layoutNextFragment(constraints, breakToken) 方法返回的也是一个 Promise 对象，被称为 LayoutFragment 对象，其中包括下面的两个只读属性和两个可写属性。
  - LayoutFragment.inlineSize（只读）。
  - LayoutFragment.blockSize（只读）。
  - LayoutFragment.inlineOffset（可写）。
  - LayoutFragment.blockOffset（可写）。

在 CSS Layout API 的实际应用中，两个高频使用的属性是 LayoutFragment.inlineOffset 和 LayoutFragment.blockOffset，因为它们可以对子元素的偏移位置进行设置，实现我们想要的布局定位效果。

child.layoutNextFragment() 方法中的 constraints 参数就是接下来要介绍的 layout() 函数中的 constraints 参数。

2. 参数 edges

edges 又被称为 LayoutEdges 对象，它所有属性都是只读的，用来返回容器元素内容边缘到边框边缘的距离，支持下面这些属性：

- LayoutEdges.inlineStart（只读）；
- LayoutEdges.inlineEnd（只读）；
- LayoutEdges.blockStart（只读）；
- LayoutEdges.blockEnd（只读）；
- LayoutEdges.inline（只读）；
- LayoutEdges.block（只读）。

以上各个属性的含义如表 15-2 所示，当使用 LayoutFragment.inlineOffset 和 LayoutFragment.blockOffset 对子元素进行定位的时候，往往需要用到 LayoutEdges 对象，以确保定位的精确，因为 LayoutFragment.inlineOffset 和 LayoutFragment. blockOffset 的定位是相对于 border-box 边缘的。

3. 参数 constraints

constraints 又被称为 LayoutConstraints 对象，它所有属性都是只读的，用来返回布局容器的尺寸信息，支持下面这些属性：

- LayoutConstraints.availableInlineSize（只读）；
- LayoutConstraints.availableBlockSize（只读）；
- LayoutConstraints.fixedInlineSize（只读）；
- LayoutConstraints.fixedBlockSize（只读）；
- LayoutConstraints.percentageInlineSize（只读）；
- LayoutConstraints.percentageBlockSize（只读）。

各个属性的含义如表 15-2 所示，其中需要注意的是上面这些属性并非全部被浏览器支持，目前 Chrome 浏览器仅支持 fixedInlineSize 和 fixedBlockSize 这两个属性，其他属性暂时还不能使用，以后可能会支持。

4. 参数 styleMap

styleMap 又被称为 StylePropertyMapReadOnly 对象，是一个不包含 set() 和 clear() 等写入函数的类 Map 结构的数据类型，主要用来获取容器元素或者子元素的常规 CSS 属性值或 CSS 自定义属性值，多使用 get() 函数单个获取。例如，有下面的 CSS 代码：

```
.container {
    --gap: 10;
    display: layout(someLayout);
}
```

此时使用 styleMap.get('--gap') 就能获得--gap 属性值。

需要注意的是，styleMap 获得的 CSS 属性需要提前指定好（通过静态属性 inputProperties 完成），例如：

```
registerLayout('someLayout', class {
    // 指定可以输入的 CSS 属性
    static inputProperties = ['line-height'];
    async layout(children, edges, constraints, styleMap, breakToken) {
        // 可以得到容器元素的行高
        let lineHeightParse = styleMap.get('line-height');
    }
});
```

15.4.2　文本居中同时一侧对齐的布局案例

上面的参数和属性介绍属于基础理论知识，可以让我们了解 CSS Layout API 的内核，接下来将通过具体的案例讲解具体的使用方法。

由于瀑布流布局的案例过于复杂，因此，这里我会以一个更简单也更实用的案例来演示如何使用 CSS Layout API 自定义一种全新的布局效果。

已知有一个数字列表，相关 HTML 代码如下：

```
<section align="right">
    <p>102.00</p>
    <p>23.80</p>
    <p>12,334.00</p>
    <p>2.88</p>
    <p>99.99</p>
</section>
```

为了方便看出数字的大小，这个列表显然需要右对齐，但是由于列表宽度较大，简单的右对齐可能会有大量留白。此时产品经理就希望这列数字在个体右对齐的同时整体居中对齐（有点类似于 3.7.2 节提到的 `text-align:"."center`），效果如图 15-4 所示。

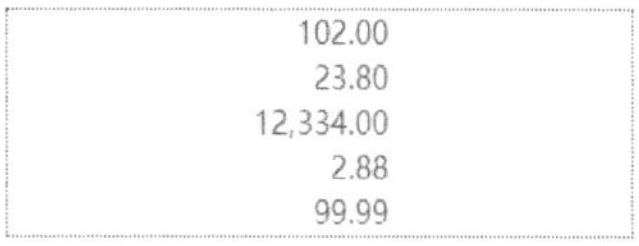

过去只能通过在列表元素的外面再包裹一层元素的方法实现该效果，现在有了 CSS Layout API，我们就可以自己创造一种对齐布局方式，例如我们定义这种全新布局的名称是 `center`，再可以对列表容器元素进行如下设置：

图 15-4　字符列表个体右对齐的同时整体居中对齐效果示意

```
section {
    display: layout(center);
}
```

新建一个名为 layout-center.js 的文件，用来书写布局代码，然后在页面中引入该文件模块：

```
CSS.layoutWorklet.addModule('layout-center.js');
```

layout-center.js 的代码如下：

```
registerLayout('center', class {
    // 需要获取相应的 CSS 属性值
    static inputProperties = ['line-height', 'text-align'];
    // 需要，不能省略
    async intrinsicSizes(children, edges, styleMap) {}
    // 主布局方法
    async layout(children, edges, constraints, styleMap, breakToken) {
        // 获取外部 CSS 属性值，主要是行高和对齐方式
        let lineHeight = styleMap.get('line-height').value;
        let textAlign = styleMap.get('text-align').value;
        // 返回所有子元素的内容长度信息
        const childrenSizes = await Promise.all(children.map((child) => {
            return child.intrinsicSizes();
        }));
        // 求得最大内容宽度，对齐时需要
        const maxContentSize = childrenSizes.reduce((max, childSizes) => {
            return Math.max(max, childSizes.maxContentSize);
        }, 0) + edges.inline;
```

```
// 下面这 4 个 const 语句是固定且必要的
const availableInlineSize = constraints.fixedInlineSize - edges.inline;
const availableBlockSize = constraints.fixedBlockSize ?
    constraints.fixedBlockSize - edges.block : lineHeight;
const childConstraints = { availableInlineSize, availableBlockSize };
const childFragments = await Promise.all(children.map((child) => {
    return child.layoutNextFragment(childConstraints);
}));

// 垂直偏移的起始距离
let blockOffset = edges.blockStart;
// 设置每一个子元素的垂直偏移大小
childFragments.forEach((fragment, index) => {
    // 设置当前子元素的水平偏移大小
    fragment.inlineOffset = Math.max(0, availableInlineSize - maxContentSize) / 2;
    // 右对齐需要增加最大内容尺寸的偏差值
    if (textAlign == 'right' || textAlign == 'end') {
        fragment.inlineOffset += (maxContentSize - childrenSizes[index].maxContentSize);
    }
    // 设置当前子元素的垂直偏移大小
    fragment.blockOffset = blockOffset;
    // 偏移递增
    blockOffset += lineHeight;
});

// 最终容器元素的高度值
const autoBlockSize = blockOffset + edges.blockEnd;

return {
    autoBlockSize,
    childFragments,
};
    }
});
```

上面代码中各个语句的含义均使用注释描述了，不难理解。无论是纸质书还是电子书都不方便对代码进行增删调试，因此读者可以在浏览器中进入 https://demo.cssworld.cn/new/15/4-1.php 页面，或者扫描右侧的二维码查看效果。

CSS Layout API 目前在 Blink 内核浏览器（如 Chrome 浏览器或改用 Blink 内核的 Microsoft Edge 浏览器）中才有效果。如果你的浏览器版本比较新，却看不到效果，请尝试使用 Canary 金丝雀版本，或者在地址栏输入 chrome://flags 然后开启 Experimental Web Platform features 这一项进行体验。

上面的演示页面还展示了个体左对齐的同时整体居中对齐的效果，具体如图 15-5 所示。

图 15-5　字符列表个体左对齐的同时整体居中对齐效果示意

CSS Layout API 还有不少其他细节知识。例如，元素设置了 `display:layout(xxx)` 之后，

其原本的尺寸就会"崩塌",不习惯的开发者可能会比较茫然,不知道发生了什么事情,此时需要在 JavaScript 代码中以 `autoBlockSize` 属性形式对元素的高度进行返回处理。又如,由于布局效果需要在 JavaScript 模块引入之后执行,因此在页面加载的过程中会看到页面内容跳动,这就需要通过一些技术手段来规避(上面的实例页面是通过设置 `margin` 为负值来避免内容跳动的)。

另外,在实际开发的时候,CSS Layout API 常与 CSS 自定义属性配合使用,这样会表现出更加灵活的动态特性。例如如果我们使用 CSS Layout API 实现瀑布流布局效果,那么各个元素之间的间隙和每一栏的宽度就需要使用 CSS 自定义属性进行设置。这样,当需要调整间隙或者宽度的时候,只需要修改对应的 CSS 自定义属性值就可以了,CSS 变量的语义和优势就发挥出来了。

综上所述,CSS Layout API 是非常强大的特性,它可以让 Web 布局有更多的想象空间,由于现在浏览器还没有将其完全开放给用户,因此其实用性暂时还不足。同时由于学习成本比较高,需要同时对 CSS 和 JavaScript 有一定的造诣才能驾驭,因此,CSS Layout API 以后注定是小部分开发者的"玩具",最终出现的局面一定是少部分人创造语法,大部分人直接使用语法。

15.5 快速了解 CSS Typed OM

CSS Typed OM 的全称是 CSS Typed Object Model,它是一种全新的对 CSS 样式进行处理的多个 API 接口的合集。

过去,我们对 CSS 样式进行处理的方法是使用 `HTMLElement.style` 或者使用 `getComputedStyle(dom)`,然而这两个方法返回的值常常需要进行二次处理,比较麻烦,例如:

```
console.log(getComputedStyle(document.body).lineHeight);
```

返回的值可能是关键字属性值"`normal`",也可能是长度值字符串,例如"20px"。实际开发的时候我们需要的仅仅是前面的数值 20,于是我们就需要对 CSS 属性值进行二次解析处理,先判断它是不是关键字属性值,如果是长度值还需要提取前面的数值,比较麻烦,而且对性能也是有影响的。

使用 CSS Typed OM 就不会出现上面的问题。例如,在 CSS Typed OM 中,样式的获取使用的是 `computedStyleMap()` 方法,代码如下:

```
const styleMap = document.body.computedStyleMap();
```

此时 `styleMap` 就是一个包含所有计算样式的 `StylePropertyMapReadOnly` 对象,`StylePropertyMapReadOnly` 对象是一个包含只读方法的 Map 对象(需要对 ES6 Map 对象有所了解)。

于是就能获得 CSS 中与 `line-height` 属性值相关的信息:

```
const cssValue = styleMap.get('line-height');
```

此时 `cssValue` 可能是 `CSSKeywordValue` 对象(关键字属性值),也可能是 `CSSUnitValue` 对象(长度值)。

如果是 `CSSUnitValue` 对象,我们可以使用 `cssValue.value` 获取前面的数值,使用 `cssValue.unit` 获取后面的单位;如果是 `CSSKeywordValue` 对象,我们可以使用 `cssValue.value` 获取关键字属性值,如"`normal`",此时 `cssValue.unit` 就是 `undefined`。这省略了传统方法中自己编写逻辑对 CSS 属性值进行解析的过程。

CSS Typed OM 是 CSS Houdini 中支持较早的 API，因此相对比较成熟，兼容性较好，相关文档也较多。

当然，CSS Typed OM 的能力绝不只有上面这一点内容，不过由于几乎所有 CSS Typed OM 知识点都是 JavaScript 领域的内容，本书作为一本专注于 CSS 的书，不方便进一步展开介绍，读者若有兴趣可以查询相关资料。

15.6　简单了解 Animation Worklet

Animation Worklet 也属于 Houdini 的一部分，Chrome 71 就开始对其部分支持，它可以让动画的帧率按照设备本身的刷新率运行。例如现在手机的常见刷新率是 120f/s，使用 Animation Worklet 就可以让动画有 120f/s 的刷新率，因此动画会非常平滑与流畅。其最重要的应用场景就是可以让动画和滚动的位置进行绑定，而不是和时间绑定。

在移动端，随着滚动的进行改变某些布局效果是很常见的，Animation Worklet 可以以一种更简单、更高性能的方式实现这样的交互效果。

例如下面这个例子，使用 Animation Worklet 实现视差滚动效果。读者可以在 Chrome 浏览器中进入 https://demo.cssworld.cn/new/15/6-1.php 页面，或者扫描右侧的二维码查看交互效果。

滚动中间的列表容器，就可以看到随着滚动的进行，上面的图片并不是直接被滚走的，而是带有一定的"钝性"，也就是滚走的速率明显比列表内容慢，可参见图 15-6 所示的效果。这种交互就很富有层次感，大家在体验的时候也会注意到这个效果很流畅，这个效果就是使用 Animation Worklet 实现的。

图 15-6　富有层次感的视差滚动效果示意

具体实现如下，首先使用 `CSS.animationWorklet.addModule()` 方法添加动画工作集模块，这个模块对应的 JavaScript 代码很简单，就是注册一个动画器：

```
registerAnimator('passthrough', class {
    animate(currentTime, effect) {
        effect.localTime = currentTime;
    }
});
```

然后就可以使用 `WorkletAnimation` 方法实现我们想要的效果了，具体代码如下：

```
async function init() {
    // 注册动画
    await CSS.animationWorklet.addModule('passthrough.js');
    // 关联动画
    new WorkletAnimation('passthrough', new KeyframeEffect(document.querySelector('img'), [{
        transform: 'translateY(0)'
    }, {
        transform: 'translateY(100px)'
    }], {
        duration: 2000,
        fill: 'both'
    }), new ScrollTimeline({
        scrollSource: document.querySelector('#container'),
        orientation: 'vertical',
        timeRange: 2000
    })).play();
}
if (CSS.animationWorklet) {
    init();
}
```

可以看到，整个代码中没有出现任何滚动事件，也没有看到类似 `scrollTop` 这样的滚动距离获取，却实现了布局随着滚动变化的交互效果。既简洁又高效，这就是 Animation Worklet 的优势。

但是，对于普通的动画行为，显然 CSS 的 `transition` 和 `animation` 属性是最好的实现方法。对于复杂动画，如果只是常规的属性变化，则可以使用 Web Animation API 来实现，Animation Worklet 更适合实现有高性能开销的与滚动相关的交互场景。

15.7　了解 Font Metrics API

Font Metrics API 可以用来获得文本字符的尺寸和位置，对于文字尺寸的获取非常有用。在 CSS 中，想要知道一段文本应该在哪个位置换行是非常困难的，且几乎是无解的，需要使用其他技巧处理。

Font Metrics API 提供了名为 `document.measureText(text, styleMap)` 的方法，可以返回 `FontMetrics` 对象，`FontMetrics` 对象包含大量只读属性，例如：

- `FontMetrics.width`；
- `FontMetrics.height`；
- `FontMetrics.boundingBoxLeft`；
- `FontMetrics.boundingBoxRight`；
- `FontMetrics.emHeightAscent`；
- `FontMetrics.emHeightDescent`；
- `FontMetrics.boundingBoxAscent`；
- `FontMetrics.boundingBoxDescent`；
- `FontMetrics.fontBoundingBoxAscent`；
- `FontMetrics.fontBoundingBoxDescent`。

除了上面列出的属性，还有一些别的属性。

这些属性里最实用的自然是 `FontMetrics.width`，它可以返回字符内容在指定样式下占据的宽度，使文本内容的精确换行与排版变得可能。

例如，可以实现文章标题无论字数多少都一行显示的效果，具体表现为标题文字多则字号小，标题文字少则字号大。又如，可以实现图片完全居中的环绕效果，因为现在有能力在字符内容中留下精确的空白尺寸。

`document.measureText()` 方法和 Canvas 中的 `CanvasRenderingContext2D.measureText()` 方法非常相似，它们的功能和作用也是一样的，只是 `CanvasRenderingContext2D.measureText()` 方法返回的是 `TextMetrics` 对象。

目前 Font Metrics API 的规范文档仅处于建议阶段，短时间内看不到任何浏览器有支持的迹象，因此大家简单了解一下就可以了，本书不再进一步展开介绍。

至此，与 CSS Houdini 相关的 API 全部都介绍过了，现在回到本章一开始就抛出的问题：CSS Houdini 真的是 CSS 新的未来吗？

你现在有没有自己的结论呢？下面我就说说我对这个问题的看法。我认为，**CSS Houdini 绝对不是 CSS 的未来**。

这样说的原因有下面几个：

（1）出于安全性方面的考虑，浏览器厂商绝对不会开放过多的底层 API 给开发者，因此，CSS Houdini 带来的新特性是有肉眼可见的天花板的，它的度就那么多，不可能达到颠覆的程度。

（2）学习和使用成本过高。CSS Houdini 中的所有 API 模块均离不开 JavaScript 代码的参与，而且均采用 ES6+以上的 JavaScript 特性设计，例如 `Promise`、`Map` 对象等，这不是 JavaScript 初学者能驾驭的。最关键的是，使用 CSS Houdini 仅熟练 JavaScript 语法是不够的，例如 CSS Paint API 需要开发者对 Canvas API 非常熟悉，CSS Layout API 需要开发者对 CSS 尺寸和布局体系有深入了解，这些领域的知识都需要开发者有多年的积累才能掌握。

换句话说，CSS Houdini 适合同时精通 CSS 和 JavaScript 的开发者，如果开发者精通 CSS 但 JavaScript 薄弱，或者精通 JavaScript 但 CSS 薄弱，那么使用 CSS Houdini 进行原创开发是很吃力的。这就注定 CSS Houdini 的开发工作一定只有少部分资深前端开发者参与。一项技术要想兴起和流行，简单易上手是非常重要的一个要求，CSS Houdini 没有这个优势，其未来注定命运多舛。

但是，需要自定义背景或者自定义 CSS 布局的场景其实是有限的，如果以后有一个 CSS Houdini 框架，只要引入这个框架，在 CSS 中写几行代码就有效果，那么 CSS Houdini 会迎来发展的机遇。

（3）浏览器厂商的态度存疑。从 CSS Houdini 被提出来到我写下这段文字，间隔了 3 年多，Firefox 浏览器和 Safari 浏览器没有对任何 CSS Houdini API 模块有过支持。例如我觉得还挺实用的 CSS Paint API 和 CSS Layout API，目前 Firefox 浏览器对它们的支持还处于考虑阶段，也不知道还要考虑多久。对于 CSS Layout API，完全没有看到 Safari 浏览器有要对其提供支持的迹象。

由于 Safari 浏览器迟迟没有支持，因此所有面向外部用户的产品都无法使用 CSS Houdini。它连使用场景都没有，如何成为 CSS 的未来呢？所以，CSS Houdini 并不是 CSS 的未来，而仅仅是对 CSS 世界的增强，起到锦上添花的作用。我们可以学习，可以了解，但不必过分深入研究。

至此，本书内容已全部结束，感谢您阅读到此处，希望本书的内容可以为您的学习与成长带来帮助。